常见动物疫病
实验室检测汇编

姬普雨　张川　张博　主编

化学工业出版社

·北京·

内 容 简 介

本书详细介绍了动物养殖中各种病毒病（包括禽流感、新城疫、鸡马立克氏病、鸡传染性支气管炎、鸡传染性法氏囊病、鸡产蛋下降综合征、禽白血病、鸭病毒性肠炎、猪瘟、非洲猪瘟、猪繁殖与呼吸综合征、猪圆环病毒病、口蹄疫、小反刍兽疫等）、细菌病（包括鸡白痢、鸡伤寒、禽传染性鼻炎、猪丹毒、猪肺疫、猪链球菌病、布鲁氏菌病、牛结核病、牛出血性败血病等）的实验室检测方法；另外，还介绍了我国动物防疫、实验室生物安全管理等方面的重要法律法规。全书内容非常全面实用，是广大兽医实验室检验员及兽医工作者的良好参考用书。

图书在版编目（CIP）数据

常见动物疫病实验室检测汇编/姬普雨，张川，张博主编. —北京：化学工业出版社，2020.12
ISBN 978-7-122-38181-1

Ⅰ.①常⋯ Ⅱ.①姬⋯ ②张⋯ ③张⋯ Ⅲ.①兽疫-实验室诊断 Ⅳ.①S851.3

中国版本图书馆 CIP 数据核字（2020）第 244316 号

责任编辑：邵桂林　　　　　　　　　　装帧设计：韩　飞
责任校对：王佳伟

出版发行：化学工业出版社（北京市东城区青年湖南街 13 号　邮政编码 100011）
印　　装：北京盛通商印快线网络科技有限公司
787mm×1092mm　1/16　印张 24½　字数 597 千字　2021 年 2 月北京第 1 版第 1 次印刷

购书咨询：010-64518888　　　　　售后服务：010-64518899
网　　址：http://www.cip.com.cn
凡购买本书，如有缺损质量问题，本社销售中心负责调换。

定　　价：180.00 元
版权所有　违者必究

本书编写人员名单

主　　　编　姬普雨　张　川　张　博
副　主　编　曹金明　李　超　李亚卓　夏威风　王　艳
　　　　　　刘彩丽　左志丽　杨高杰　李　嵩
其他编写人员（按姓氏笔画排序）
　　　　　　丁　立　丁利民　王　飞　王　瑞　朱维荣
　　　　　　庄艳玲　刘少博　闫　良　孙巍巍　李亚杰
　　　　　　李红亚　李娜娜　肖浩鹏　张　宁　张　扬
　　　　　　张洪杰　陈　冲　封静余　赵姝宇　侯军文
　　　　　　徐海军　董　振　蔡璐宇　澹　斐

随着规模化、集约化养殖的不断发展，畜禽养殖密度不断加大，加之动物疫病多样化、复杂化，疫病防控面对的挑战越来越大，传统的检测方式已无法满足动物疫病的诊断需求，本书根据细菌病、病毒病的分类，从病原特征、临床症状、病理变化、流行病学特征、预防及治疗、实验室检测等六个方面，根据《中国农业标准汇编》，选取现行国家标准或行业标准，对常见、多发动物疫病及防控措施进行了详细的论述。既可作为兽医实验室检验员的培训教材，又可作为兽医工作者的参考资料。

由于水平有限、时间较紧，难免存在许多缺点和不足，诚请广大读者提出宝贵意见，以便再版时修正。

在本书完成之际，要感谢所有参编者，他们在完成日常繁重工作的同时，积极参与本书的撰写，对他们的无私奉献和辛勤劳动表示崇高的敬意。

本书编写组
2020 年 11 月

前　言

目 录

➡ 第一章 病毒病 001

第一节　禽病 002
　一、禽流感 002
　二、新城疫 018
　三、鸡马立克氏病 029
　四、鸡传染性支气管炎 034
　五、鸡传染性喉气管炎 042
　六、鸡传染性法氏囊病 048
　七、鸡产蛋下降综合征 055
　八、禽白血病 061
　九、鸭病毒性肠炎 073
　十、鸭病毒性肝炎 077
　十一、小鹅瘟 081

第二节　猪病 086
　一、猪瘟 086
　二、非洲猪瘟 095
　三、猪繁殖与呼吸综合征 101
　四、猪圆环病毒病 111
　五、猪轮状病毒病 119
　六、猪传染性胃肠炎 124
　七、猪流行性腹泻 128
　八、猪伪狂犬病 130
　九、猪细小病毒病 137

第三节　牛、羊病 143
　一、口蹄疫 143
　二、小反刍兽疫 153
　三、牛病毒性腹泻 162

四、绵羊痘和山羊痘 ·· 170

五、牛结节性皮肤病 ·· 178

第二章 细菌病 **181**

第一节 禽病 ·· 182

一、鸡白痢 ·· 182

二、鸡伤寒 ·· 188

三、禽传染性鼻炎 ·· 189

四、鸡败血支原体 ·· 197

五、禽霍乱 ·· 202

六、鸭传染性浆膜炎 ·· 209

第二节 猪病 ·· 212

一、猪丹毒 ·· 212

二、猪肺疫 ·· 220

三、猪链球菌病 ··· 229

四、猪附红细胞体 ·· 237

五、副猪嗜血杆菌病 ·· 245

六、猪传染性萎缩性鼻炎 ··································· 253

七、猪支原体肺炎 ·· 265

第三节 牛、羊病 ··· 276

一、布鲁氏菌病 ··· 276

二、牛结核病 ··· 287

三、牛传染性胸膜肺炎 ······································ 291

四、牛出血性败血病 ·· 297

五、魏氏梭菌病 ··· 302

附 录 相关法律、法规 **309**

附录一 中华人民共和国动物防疫法（2015 年修正） ········· 310

附录二 重大动物疫情应急条例 ······························· 318

附录三 病原微生物实验室生物安全管理条例 ················· 324

附录四 病原微生物实验室生物安全环境管理办法 ············· 334

附录五 动物疫情报告管理办法 ······························· 337

附录六 兽医实验室生物安全管理规范 ······················· 339

附录七 兽药管理条例 ··· 364

附录八 动物诊疗机构管理办法 ······························· 373

附录九 执业兽医管理办法 ····································· 377

附录十 一、二、三类动物疫病名录 ·························· 380

参考文献 **383**

第一章

病毒病

第一节

禽 病

一、禽流感

禽流感是由禽流感病毒引起的一种急性传染病，可引起禽类死亡，属于人畜共患病，根据其临床表现和致死率，可将其分为高致病性禽流感、低致病性禽流感和非致病性禽流感。低致病性禽流感可使禽类出现轻度呼吸道症状，食量减少，下痢，产蛋量下降，出现零星死亡。高致病性禽流感最为严重，通常无典型临床症状，发病急，体温升高，食欲废绝，伴有出血综合征，并随之死亡，死亡率高达100%，给养禽企业造成毁灭性的打击，我国将其列为一类动物疫病，世界动物卫生组织将其列为A类传染病。

（一）病毒特征

禽流感病毒（AIV），属于甲型流感病毒，RNA病毒的正黏病毒科，分为甲、乙、丙三个型，其中甲型流感病毒多发于禽类，一些甲型流感病毒也可感染猪、马、海豹等各种哺乳动物及人类，乙型和丙型流感病毒则分别见于海豹和猪的感染。根据禽流感病毒对鸡和火鸡的致病性的不同，分为高、中、低/非致病性三级。

病毒呈多形性，其中球形直径为80～120nm，有囊膜，基因组为分阶段单股复链RNA。依据其外模血凝素（H）和神经氨酸酶（N）蛋白抗原性的不同，可将其分为16个H亚型（H1～H16）和9个N亚型（N1～N9），其中H5和H7亚型毒株可导致高致病性禽流感的发生，引起人类、禽类、畜类共患急性传染病。禽流感病毒抗原性变异的频率很高，主要以抗原漂移和抗原转变的方式，抗原漂移可引起HA和/或NA的次要抗原变化，而抗原转变可引起HA和/或NA的主要抗原变化。抗原漂移：抗原性漂移可由编码HA和/或NA蛋白的基因发生点突变引起的，是在免疫群体中筛选变异体的反应，它可引起致病性更强病毒的出现。抗原性转变：抗原性转变是当细胞感染两种不同禽流感病毒时，病毒基因组的片段特性允许发生片段重组，从而引起突变。另外，禽流感病毒因其会随外界环境刺激（药物刺激、射线刺激等）及简单的基因结构不断发生变异使其能逃脱动物产生的特异性抗体，这样，原有的抗体即失去了作用，病毒可以使动物重新发病，因此，就目前的防疫和技术手段而言，禽流感病毒是消灭不了的。

禽流感病毒会侵害鸡呼吸系统和生殖系统，造成肉鸡生长缓慢，蛋鸡产蛋下降，侵害鸡群的生殖系统（卵巢和输卵管）后，造成卵泡停止发育或损伤，卵子被破坏变形，破裂掉入腹腔，造成卵黄性腹膜炎。感染鸡群可出现输卵管充血、水肿等病理变化，引起产蛋率的下降，产出畸形蛋沙壳蛋和软壳蛋，持续时间可长达1～2个月，引发严重的经济损失。康复鸡有一定比例（10%～30%）终身停产。病愈后很难恢复到原有水平。

（二）临床症状

高致病性禽流感往往突然暴发，鸡无任何临床症状而死亡，病程稍长的可见其精神萎靡，不食，羽毛松乱，头、翅膀下垂，鸡冠和肉髯呈暗紫色，头部水肿（图1-1），结膜肿胀发炎，鼻腔内有黏性分泌物，常摇头，呼吸困难。有些病例出现下痢和神经症状，抽搐，运动失调，瘫痪和半瘫痪，失明。潜伏期从几小时到数天，最长可达21天。表现为突然死亡，高死亡率，饲料和饮水消耗量及产蛋量急剧下降，脚鳞出血（图1-2）和神经紊乱。鸭鹅等水禽有明显神经和腹泻症状，可出现角膜炎症（图1-3），甚至失明。

图1-1　精神萎靡，鸡冠和肉髯呈暗紫色，头部水肿

图1-2　脚鳞出血　　　　　　　　图1-3　鸭、鹅等水禽角膜炎症

低致病性禽流感又叫温和型禽流感，主要表现呼吸道症状，产蛋率下降，发病率高，但死亡率低，病程较长。感染后往往造成禽群的免疫力下降，对各种病原的抵抗力降低，常常易发生并发或继发感染。当这类毒株感染伴随有其他病原的感染时，死亡率变化范围较广（5%～97%），高死亡率主要出现在青年鸡、产蛋鸡或严重应激的鸡，损伤主要发生在呼吸道、生殖道、肾或胰腺。因此低致病性禽流感对养禽业的危害也是很严重的。

不同种类和日龄的家禽感染低致病性禽流感后有不同的表现：

鸡：初期表现体温升高，精神沉郁，叫声减小，缩颈，嗜睡，采食量减少或急骤下降，嗉囊空虚，排黄绿色稀便。呼吸困难，咳嗽，打喷嚏，张口呼吸。后期部分鸡只有神经症状，表现头颈向后仰，抽搐，运动失调，瘫痪等。产蛋鸡感染后，蛋壳质量变差、畸形蛋增多，会出现软壳蛋、无壳蛋、褪色蛋等。2～3天产蛋开始下降，7～14天产蛋可下降到 5%～10%，严重的鸡可停止产蛋。持续 1～5 周产蛋开始上升，但恢复不到原来的水平。一般经 1～2 个月逐渐恢复到 90%～70% 的水平。种鸡还表现种蛋受精率下降 20%～40%，并导致 10% 左右的死胚，苗雏弱雏率增加，10%～20% 的雏鸡在 1 周内出现死亡。

鸭：鸭群和病鸭采食变化不大，有的鸭群采食量还增加。病鸭精神沉郁，离群呆立，羽毛无光泽、蓬松，脱羽，不愿下水，下水后鸭体吃水深，上岸后羽毛难以干燥。病鸭腹泻，个别鸭拉暗红色稀粪。病程稍长的鸭出现衰竭死亡。早期死亡的鸭只往往体况较好，多为体重大的，剖检其嗉囊和肌胃都有饲料，类似猝死症。病鸭群产蛋量下降，7 天内产蛋率可由 95% 迅速下降到 60%；60% 产蛋率的鸭群发病后，产蛋率可下降到 30% 左右。产白壳蛋、沙壳蛋、畸形蛋，蛋壳变薄。康复后，产蛋率仅能恢复到 75% 左右。

（三）病理变化

病毒主要侵入呼吸道黏膜的上皮细胞，引起上皮细胞增生、坏死、黏膜局部充血、水肿和浅表溃疡等卡他性病变。4～5d 后，基底细胞层病变可扩展到支气管、细支气管、肺泡和支气管周围组织，引起黏膜水肿、充血、淋巴细胞浸润，并伴有微血管栓塞、坏死、小动脉瘤形成和出血等，引发全身毒血症样反应。少数重症进行性肺炎除细支气管炎症变化外，可有肺泡壁水肿、纤维蛋白渗出，单核细胞浸润和透明膜形成，以及肺出血等，引起诸多并发症。其特征是角膜混浊，眼结膜出血、溃疡；翅膀、嗉囊部皮肤表面有红黑色斑块状出血等，还常见脚胫鳞片红褐色出血斑块，头部眼周围、耳和肉髯水肿，颈和胸部皮下有淡黄色胶冻样液体（图 1-4）和充血；腺胃乳头轻度出血、腺胃和肌胃的交界处黏膜轻度出血（图 1-5）；胰腺出血，胰腺表面有量的白色或淡黄色坏死点；口腔、肌胃角质膜下、十二指肠出血；胸部肌肉、脂肪、胸骨内面小点出血；心脏也有散在出血点；肝、脾、胃、肺常见有灰黄色坏死灶；心包有充血或积液，有些病例有纤维素样渗出物，心肌有灰白色坏死性条纹；蛋鸡或种鸡，卵泡充血、出血、萎缩，输卵管内可见乳白色分泌物或凝块，有的见卵泡破裂引起的卵黄性腹膜炎。

图 1-4　颈和胸部皮下有淡黄色胶冻样渗出物

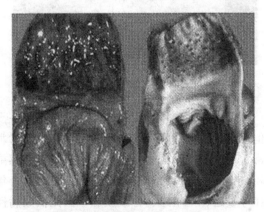

图 1-5　腺胃乳头、肌层出血，两胃交界处带状出血

鸡低致性禽流感的主要剖检病变表现在以下三个方面。①呼吸系统：呼吸道尤其是鼻窦，典型特征是出现卡他性、纤维蛋白性、浆液纤维素性、黏脓性或纤维素性脓性的炎症。气管黏膜充血水肿，偶尔出血。②生殖系统病变：蛋鸡的卵巢炎症、卵泡出血、变性

和坏死，输卵管水肿，浆液性、干酪样渗出，卵黄性腹膜炎。③消化系统病变：腺胃、肌胃出血，肠道出血及溃疡。

病死鸭解剖主要表现为：早期气管充血、出血严重，似红地毯状，支气管内有黄白色的干酪样渗出物。肝脏轻微肿大。后期解剖可见气管充血、出血严重，支气管有黄白色的干酪样物堵塞，肝脏有纤维素性渗出，心包液混浊，气囊混浊有干酪样物附着。胰脏肿大、出血，肠道黏膜充血、出血（图1-6）。输卵管黏膜充血、水肿。卵泡充血、出血。乳脂腺有干酪样坏死。

图1-6　肝脏有纤维素性渗出，心包液混浊，肠道黏膜充血、出血

（四）流行病学特征

高致病性禽流感病毒主要通过空气进行传播，借助病毒表面的血凝素（H），与呼吸道黏膜上皮细胞表面的相应受体结合，吸附可宿主的呼吸道上皮细胞上。又借助病毒表面的神经氨酸酶（N）作用于核蛋白的受体，使病毒和上皮细胞的核蛋白结合，在核内组成RNA型可溶性抗原，并渗出至胞质周围，复制子代病毒，通过神经氨酸酶作用，以出芽方式排出上皮细胞。一个复制过程的周期为4～6h，排除的病毒扩散至附近细胞，产生炎性反应，临床上出现发热，肌肉痛和白细胞减低等全身毒血样反应。禽流感病毒常从病禽的眼、鼻腔分泌物和粪便中排出，病毒受到了这些有机物的保护极大地增加了存活时间。此外，禽流感病毒可以在自然环境中，特别是凉爽和潮湿的环境中存活很长时间，粪便中病毒的传染性在4℃条件下可以保持长达30～50d，20℃为7d。

高致病性禽流感病毒与普通流感病毒相似，一年四季均可流行，但在冬季和春季容易流行，因此，禽流感病毒在低温条件下抵抗力较强。各种品种和不同日龄的禽类均可感染高致病性禽流感，发病急、传播快，其致死率可达100%。禽流感呈世界性分布，绝大多数呈隐性感染，不表现任何临诊症状；由H5及H7亚型所致时，常出现临诊症状甚至死亡。许多家禽、野禽和鸟类都对禽流感病毒敏感，在自然条件下，鸡、火鸡、鸭最易感，鹅次之。禽流感主要是横向传播，一般为接触性传播，禽类通过消化道和呼吸道感染。尚没有证据表明该病毒可垂直传播，但在感染蛋鸡所产蛋中可分离到禽流感病毒。哺乳动物如猪等也可传播本病。候鸟、观赏鸟类等携带病毒迁徙可能是禽流感世界性流行的主要原因。

低致病性禽流感主要以水平传播为主，即是指群体之间或个体之间以水平形式横向平行传播，如通过空气、粪便、饮料和饮水等传播，其中粪便是低致病性禽流感传播的主要渠道。低致病性禽的病因主要是外界病源侵入感染，例如一些野生鸟类携带低致病性禽流感的现象就很普通。低致病性禽流感具有疫病传播快、生产危害大的特点，多发于春季和秋冬交替季节，目前已是全球性的问题。

（五）预防及治疗

要预防禽流感的发生和大面积扩散，当禽流感发生时，养殖户应提高对禽流感的防范意识，加大对禽流感的预防控制。疫苗接种是目前最有效的预防措施，要定期对家禽进行禽流感疫苗的注射，对饲养环境进行清洁和消毒。由于本病血清亚型较多，不同亚型之间不能产生交叉免疫，对禽流感疫苗的选择要具有针对性，要选择合适的毒株、高保护力和高抗体的疫苗，要使用国家批准的疫苗接种。制定合理、科学的免疫程序，定期进行抗体测定，对抗体较低、离散度较高的禽群进行及时的补免补防。

（1）免疫接种　严格认真地做好禽流感的疫苗免疫，特别是春秋两季禽流感高发季节集中免疫，根据抗体检测结果，每隔 3～4 个月进行一次 H5 亚型、H7 亚型和 H9 亚型禽流感的免疫接种，可以抵抗本血清型的流感病毒，抗体维持时间一般为 10 周以上，免疫密度要达到 100%，免疫抗体合格率要达到 70% 以上。

（2）切实做好饲养管理　采取封闭式饲养，防止野鸟从门窗进入禽舍；防止水源和饲料被野禽粪便污染，定期对禽舍及周围环境周围进行消毒，加强带鸡消毒，定期消灭禽场内的有害昆虫及鼠类。提高禽群的抵抗力，尽量减少应激的发生，注意秋冬、冬春的季节变化，做好防寒保暖工作。

（3）对于出现死亡和产蛋率下降的鸡群可以使用提高免疫力的中草药配合敏感的抗菌药物用于治疗肠炎和输卵管炎，如并发呼吸道症状，再配合多西环素或泰乐菌素等，出现产蛋率下降时，饲料中添加维生素 B_{12}、亚硒酸钠、维生素 E 等。

发生低致病性禽流感时应采取"免疫为主，治疗、消毒、改善饲养管理和防止继发感染为辅"的综合措施。通过及时治疗，争取缩短病程，控制继发感染，使鸡群较快耐过，减轻损失。一般来说，所用药物应包括以下功效：抑制病毒增殖（须在发病早期用药）；增强机体免疫功能，使机体对感染的病毒尽快产生免疫力；退热，促使病鸡精神好转，尽快恢复正常采食；防止细菌性继发感染，阻止死亡，缓解呼吸道症状，保护生殖系统。前三项功效可考虑以中药制剂为主，抗菌以西药为主。具体方法如下：

（1）禽流感多价卵黄抗体或抗血清，雏鸡用量 1～2ml，青年鸡和成年鸡 2～3ml，肌内注射，每天 1 次，连用 2d。

（2）中药与抗菌西药结合，如每羽成年鸡按板蓝根注射液（口服液）1～4ml，一次肌内注射/口服；阿莫西林按 0.01%～0.02% 浓度混饮或混饲，每天 2 次，连用 3～5d。

（3）用金丝桃素（贯叶、连翘提取物），预防剂量为每吨饲料中添加 400g，连用 7d；治疗剂量为每只鸡用 50～60 毫克，连用 3～4d。

（六）实验室检测

依据标准：GB/T 18936—2003。

1. 病毒分离与鉴定技术

（1）材料准备

1）病料的采集：死禽采集气管、脾、肺、肝、肾和脑组织样品，进行分别处理或者同时处理；活禽病料采集应包括气管或泄殖腔拭子，尤其是采集气管拭子更好；小珍禽用拭子采样容易造成损伤，可采集新鲜粪便。

2）病料应放在含有抗生素的 pH 值应调至 7.0～7.4 的等渗磷酸盐缓冲液（PBS）内（无 PBS 可用 25%～50% 的甘油盐水）。抗生素的选择应视当地情况而定，组织和气管拭子悬液中应含有青霉素（2000IU/ml）、链霉素（2mg/ml）、庆大霉素（50μg/ml）和制霉菌素（1000IU/ml），但粪便和泄殖腔拭子，所有的抗生素应提高 5 倍，加入抗生素后 pH 值应调至 7.0～7.4。在室温防治 1～2h 后，样品应尽快处理，没有条件的可在 4℃ 存放几天，也可与低温条件下保存（−70℃ 贮存最好）。

3）病料的处理：将棉拭子充分捻动、拧干后弃去拭子；粪便、捻碎的组织用含抗生素的 pH 7.0～7.4 的等渗 PBS 溶液配成 10～20g/100ml（g/ml）的悬液。样品经 1000r/min 离心 10min，取上清液作为接种材料。

（2）病毒分离

1）样品接种：取处理好的样品，以 0.2ml/胚的量经尿囊腔途径接种 9～11 日龄 SPF 鸡胚，每个样品接种 5 个胚，与 35～37℃ 孵化箱内孵育，18h 后每 8h 观察鸡胚死亡情况。

2）病毒收获：无菌收取 18h 以后的死胚以及 96h 仍存活鸡胚的鸡胚尿囊液，测血凝活性，阳性反应说明可能有正黏病毒科的流感病毒；若无血凝活性或血凝价很低，则用尿囊液继续传 2 代，若仍为阴性，则认为病毒分离阴性。

（3）病毒鉴定

1）A 型流感病毒的特异性鉴定：样品接种鸡胚后，若鸡胚尿囊液具有血凝活性，可用具有血凝活性鸡胚的绒毛囊膜（CAM）制成抗原，与 A 型禽流感病毒标准阳性血清进行 AGID 试验，检测样品中是否含有 A 流感病毒。

① 抗原制备：从具有血凝活性的鸡胚中取出绒毛尿囊膜，用 pH7.2 的 PBS 冲洗后，将 CAM 用研磨器磨碎。磨碎的抗原反复冻融 3～4 次，以 1000r/min 后取上清，按终浓度为 0.1% 的量加入甲醛溶液。置 37℃ 温箱灭活 36h 做灭活检验后即可作为 AGID 试验用抗原，用禽流感标准阳性血清进行特异性鉴定，若被检样品与标准阳性血清之间出现清晰的沉淀线即可判定样品中标准阳性血清进行特异性鉴定，若被检样品与标准阳性血清之间出现清晰的沉淀线，即可判定样品中含有 A 型禽流感病毒。

② AGID 试验方法：按 "3.琼脂凝胶免疫扩散（AGID）试验" 中的方法进行。

2）血凝素亚型鉴定：当鸡胚尿囊液具有血凝活性时，首先应排除血凝活性是否由新城疫、减蛋综合征等病毒引起，同时要注意是否有禽流感病毒与其他病毒混合感染。鸡胚尿囊液具有血凝活性或证明含有 A 型流感病毒存活后，采用 HA～HI 试验方法，用禽流感病毒 15 种血凝素（H1～H15）亚型分型血清对样品进行病毒亚型鉴定。血凝素亚型鉴定要求有全套的禽流感病毒血凝素分型血清，一般在国家指定的实验室进行。

（4）致病性测定

禽流感病毒致病性测定应在具有高度生物安全性的实验室中进行，有以下两种方法，任选其一。

1）静脉接种致病指数（IVPI）测定法

① 试验鸡：6 周龄 SPF 鸡，10 只。

② 接种材料：感染鸡胚的尿囊液，血凝价在 $4\log_2$ 以上，未混有任何细菌和其他病毒。

③ 接种方法：将感染鸡胚尿囊液用生理盐水 1：10 稀释，以 0.1ml/羽的剂量翅静脉接种。

④ 每日观察每只鸡的发病及死亡情况，连续观察 10d，计算 IVPI 值。

⑤ 判定标准：当 IVPI 值大于 1.2 时，判定此份离株为高致病性禽流感（HPAI）病毒株。

2）致死比例法测定

① 试验鸡：4～8 周龄 SPF 鸡，8 只。

② 接种材料：感染鸡胚的尿囊液，血凝价在 $4\log_2$ 以上，未混有任何细菌和其他病毒。

③ 接种方法：将感染鸡胚尿囊液用生理盐水 1：10 稀释，以 0.2ml/羽的剂量翅静脉接种。每日观察鸡的死亡情况，连续观察 10d。

④ 判定方法

a. 接种 10d 内能导致 6～8 只鸡死亡，判定该毒株为高致病性禽流感毒株。

b. 分离物能使 1～5 只鸡致死，但病毒不是 H5 或 H7 亚型，则应进行以下试验：将病毒接种于细胞培养物上，观察其胰蛋白酶缺乏时是否引起细胞病变或形成蚀斑。如果病毒不能在细胞上生长，则分离物应被考虑为非高致病性禽流感病毒。

c. 对低致病性的所有 H5 或 H7 毒株和其他病毒，在缺乏胰蛋白酶的细胞上能够生长时，则应进行与血凝素有关的肽链的氨基酸序列分析，如果分析结果同其他高致病性禽流感病毒相似，这种被检验的分离物应被考虑为高致病性禽流感病毒。

2. 血凝（HA）与血凝抑制（HI）试验

（1）原理　禽流感病毒表面的血凝素能与豚鼠和鸡的红细胞表面的血凝素受体结合，引起红细胞凝集。

（2）适用范围　主要用于检测禽流感免疫禽血清抗体效价。

（3）试验器材和试剂

1）96 孔 110°V 形血凝板

2）微量移液器（50μl、25μl）带滴头

3）微量振荡器

4）禽流感病毒血凝素分型抗原和标准分型阳性血清

5）阿氏（Alsevers）液、1%鸡红细胞悬液，配制方法见附录 A

6）pH7.2 0.01mol/L 磷酸盐缓冲液（PBS）

（4）HA 试验方法

1）在微量反应板的 1～12 孔均加入 0.025ml PBS，换滴头。

2）吸取 0.025ml 病毒悬液加入第 1 孔，混匀。

3）从第 1 孔吸取 0.025ml 病毒液加入第 2 孔，混匀后吸取 0.025ml 加入第 3 孔，如此进行对倍稀释至第 11 孔，从第 11 孔吸取 0.025ml 弃之，换滴头。

4）每孔再加入 0.025ml PBS。

5）每孔均加入 0.025ml 体积分数为 1%鸡红细胞悬液（将鸡红细胞悬液充分摇匀后加入）。

6）振荡混匀，在室温（20～25℃）下静置 40min 后观察结果（如果环境温度太高，可置 4℃环境下反应 1h）。对照孔红细胞将呈明显的纽扣状沉到孔底。

7）结果判定：将板倾斜，观察血凝板，判读结果（见表 1-1）。

表 1-1　血凝试验结果判读标准

类别	孔底所见	结果
1	红细胞全部凝集，均匀铺于孔底，即 100％红细胞凝集	＋＋＋＋
2	红细胞凝集基本同上，但孔底有大圈	＋＋＋
3	红细胞与孔底形成中等大小的圈，四周有小凝块	＋＋
4	红细胞与孔底形成小圆点，凹周有少许凝集块	＋
5	红细胞与孔底呈小圆点，边缘光滑整齐，即红细胞完全不凝集	－

能使红细胞完全凝集（100％凝集，＋＋＋＋）的抗原最高稀释度为该抗原的血凝效价，此效价为 1 个血凝单位（HAU）。注意对照孔应呈现完全不凝集（－），否则此次检验无效。

（5）血凝抑制（HI）试验方法

1）根据（4）试验结果配制 4HAU 的病毒抗原。以完全血凝的病毒最高稀释倍数作为终点，终点稀释倍数除以 4 即为含 4HAU 的抗原的稀释倍数。例如，如果血凝的终点滴度为 1∶256，则 4HAU 抗原的稀释倍数应是 1∶64（256 除以 4）。

2）在微量反应板的 1～11 孔加入 0.025ml PBS，第 12 孔加入 0.05ml PBS。

3）吸取 0.025ml 血清加入第 1 孔内，充分混匀后吸 0.025ml 于第 2 孔，依次对倍稀释至第 10 孔，从第 10 孔吸取 0.025ml 弃去。

4）1～11 孔均加入含 4HAU 混匀的病毒抗原液 0.025ml，室温（约 20℃）静置至少 30min。

5）每孔加入 0.025ml 体积分数为 1％的鸡红细胞悬液混匀，振荡混匀，静置约 40min（室温约 20℃，若环境温度太高可置 4℃条件下进行 1h），对照红细胞将呈现纽扣状沉于孔底。

6）结果判定

以完全抑制 4 个 HAU 抗原的血清最高稀释倍数作为 HI 滴度。

只有阴性对照孔血清滴度不大于 2log2，阳性对照孔血清误差不超过 1 个滴度，试验结果才有效。HI 价小于或等于 3log2 判定 HI 试验阴性；HI 价等于 4log2 为可疑，需重复试验；HI 价大于或等于 5log2 为阳性。

3.琼脂凝胶免疫扩散（AGID）试验

（1）材料准备

1）硫柳汞溶液、pH7.2、0.01mol/PBS 溶液，配制方法见附录 B。

2）琼脂板：制备方法见附录 C。

3）禽流感琼脂凝胶免疫扩散抗原、标准阴性和阳性血清。

（2）操作方法

1）打孔：在制备的琼脂板上按 7 孔一组的梅花形打孔（中间 1 孔，周围 6 孔），孔径 5mm，孔距 2～5mm。将孔中的琼脂用 8 号针头斜面向上从右侧边缘插入，轻轻向左侧方向将琼脂挑出，勿伤边缘或使琼脂层脱离皿底。

2）封底：用酒精灯清烤平皿底部至琼脂刚刚要融化为止，封闭孔的底部，以防侧漏。

3）加样：用微量移液器或带有 6～7 号针头的 0.25ml 注射器，吸取抗原悬液滴入中间孔，标准阳性血清分别加入外周的 1 和 4 孔中，被检血清按编号顺序分别加入另外 4 个外周孔。每孔均以加满不溢出为度，每加一个样品应换一个滴头。

4）作用：加样完毕后，静置 5～10min，然后将平皿轻轻倒置，放入湿盒内，37℃温箱中作用，分别在 24h、48h 和 72h 观察并记录结果。

（3）结果判定

1）判定标准

将琼脂板置日光灯或侧强光下观察，若标准阳性血清与抗原之间出现一条清晰的白色沉淀线，则试验成立。

2）判定标准

① 若被检血清孔与中心抗原孔之间出现清晰致密的沉淀线，且该线与抗原与标准阳性血清之间沉淀线的末端相吻合，则被检血清判为阳性。

② 被检血清与中心孔之间虽不出现沉淀线，但标准阳性血清的沉淀线一端向被检血清孔内侧弯曲，则此孔的被检样品判为弱阳性（凡弱阳性者应重复试验，仍为弱阳性者判为阳性）。

③ 若被检血清孔与中心抗原孔之间不出现沉淀线，且标准阳性血清沉淀线直向被检血清孔，则被检血清判为阳性。

④ 被检血清孔与中心抗原孔之间沉淀线粗而混浊或标准阳性血清与抗原孔之间的沉淀线交叉并直伸，被检血清孔为非特异反应，应重做，若仍出现非特异性反应则判为阴性。

4. 间接酶联免疫吸附试验（间接 ELISA）

（1）材料准备

1）酶标板、加样器（带滴头）、酶标测定仪。

2）使用溶液的配制：方法见附录 D。

3）间接 ELISA 抗原，间接 ELISA 酶标抗体。

4）抗原包被板制备：方法见附录 E。

（2）操作步骤

1）样品制备：将被检血清用稀释液做 1∶400 稀释。

2）加样：取出抗原包被板，倒掉孔内包被液，用洗液洗 3 次。除 A1、B1、C1 和 D1 孔不加样品，留做空白调零，阴性血清和阳性血清做对照各占 1 孔外，其余孔加 1∶400 稀释的被检血清，每孔 $100\mu l$，将加样位置做好记录，将反应板盖好盖子后置 37℃环境下作用 30min。

3）洗涤：倒掉孔内液体，在吸水纸上空干，每孔加满洗液，静置 1～2min 后倒掉，空干，再重复洗 2 次。

4）加酶标抗体：除 A1、B1、C1 和 D1 孔外，其余每孔加酶标抗体液 $100\mu l$，盖好盖子后置 37℃环境下作用 30min。

5）洗涤：洗涤方法同 3）。

6）加底物：加底物使用液，每孔 $90\mu l$，置室温避光显色 2～3min。

7）终止：加终止液，每孔 $90\mu l$，使其终止反应。

（3）结果判定　用酶标仪测定每个孔在 490nm 波长的光密度值（即 OD 值），OD≥0.2 者判为阳性，0.18≤OD<0.2 需重复测试 1 次，若仍在此范围判为阳性，OD<0.18 者判定为阴性。

5. 禽流感病毒通用荧光 RT-PCR 检测方法

（1）依据标准：GB/T 19438.1—2004。

（2）缩略语

荧光 RT-PCR：荧光反转录-聚合酶链式反应。

C_t 值：每个反应管内的荧光信号达到设定的阈值时所经历的循环数。

RNA：核糖核酸。

DEPC：焦碳酸乙二脂

PBS：磷酸盐缓冲盐水（配方见附录 F）

Taq 酶：Taq DNA 聚合酶。

（3）实验原理　禽流感病毒各亚型均属 A 型流感病毒，根据 A 型流感病毒共有基因特定的序列，合成一对特异性引物和一条特异性的荧光双标记探针。该探针与禽流感病毒特有的共同基因特异性结合，结合部位位于引物结合区域内。探针的 5′端和 3′端分别标记不同的荧光素，如 5′端标记 FAM 荧光素，它发出的荧光能够被检测仪器接受，成为报告荧光基团（用 R 表示），3′端一般标记 TAMRA 荧光素，它在近距离内能吸收 5′端报告荧光基团发出的荧光信号，成为淬灭荧光基团（用 Q 表示）。

当 PCR 反应在退火阶段时，一对引物和一条探针同时与目的基因片段结合，此时探针上的 R 基团发出的荧光信号被 Q 基团所吸收，仪器检测不到 R 所发出的荧光信号；当 PCR 反应在延伸阶段时，Taq 酶在引物的引导下，以四种核苷酸为底物，根据碱基配对的原则，沿着模板链形成新链；当链的延伸进行到探针结合部位，受到探针的阻碍而无法继续，此时的 Taq 酶发挥它的 5′→3′外切核酸酶的功能，将探针水解成单核苷酸，消除阻碍，与此同时在探针上的 R 基团游离出来，R 所发出的荧光再不为 Q 所吸收而被检测仪所接收；在 Taq 酶的作用下继续延伸过程合成完整的新链，R 和 Q 基团均游离于溶液中，仪器可继续被检测到 R 所发出的荧光信号。

（4）材料与试剂

① 仪器与器材

荧光 RT-PCR 检测仪

高速台式离心机（离心速度 12000r/min 以上）

台式离心机（离心速度 3000r/min）

混匀器

冰箱（2～8℃和−20℃两种）

微量可调移液器（10μl、100μl、1000μl）及配套带滤芯吸头

Eppendorf 管（1.5ml）

② 试剂

除特别说明外，本标准所用试剂均为分析纯，所有试剂均用无 RNA 酶污染的容器（用 DEPC 水处理后高压灭菌）分装。

氯仿：−20℃预冷；

PBS：121℃±2℃，15min 高压灭菌冷却后，无菌条件下加入青霉素、链霉素各 10000IU/ml；

75%乙醇：用新开启的无水乙醇和 DEPC 水（符合 GB 6682 要求）配制，−20℃ 预冷；

禽流感病毒通用型荧光 RT-PCR 检测试剂盒：组成、功能及使用注意事项见附录 G。

（5）抽样

① 采样工具

② 样品采样

a. 活禽

取咽喉拭子和泄殖腔拭子，采集方法如下：

——取咽喉拭子时将拭子深入喉头口及上颚裂来回刮 3～5 次取咽喉分泌液；

——取泄殖腔拭子时将拭子深入泄殖腔转一圈并沾取少量粪便；

——将拭子一并放入盛有 1.0ml PBS 的 1.5ml Eppendorf 管中，加盖、编号。

b. 肌肉或组织脏器：待检样品装入一次性塑料袋或其他灭菌容器，编号，送实验室。

c. 血清、血浆：用无菌注射器直接吸取至无菌 Eppendorf 管中，编号备用。

③ 样品贮运：样品采集后，放入密闭的塑料袋内（一个采样点的样品，放一个塑料袋），于保温箱中加冰、密封、送实验室。

④ 样品制备

咽喉、泄殖腔拭子：样品在混合器上充分混合后，用高压灭菌镊子将拭子中的液体挤出，室温放置 30min，取上清液转入无菌的 1.5ml Eppendorf 管中，编号备用。

⑤ 样本存放。制备的样本在 2～8℃ 条件下保存应不超过 24h，若需长期保存应置 −70℃ 以下，但应避免反复冻融（冻融不超过 3 次）。

（6）操作方法

① 实验室标准化设置与管理。禽流感病毒通用荧光 RT-PCR 检测方法的实验室规范（见附录 H）。

② 样本的处理。在样本制备区进行。

a. 取 n 个灭菌的 1.5ml Eppendorf 管，其中 n 为被检样品、阳性对照与阴性对照的和（阳性对照、阴性对照在试剂盒中以标出），编号。

b. 每管加入 600μl 裂解液，分别加入被检样本、阴性对照、阳性对照各 200μl，一份样本换用一个吸头，再加入 200μl 氯仿，混匀器上振荡混匀 5s（不能过于强烈，以免产生乳化层，也可以用手颠倒混匀）。于 4℃、12000r/min 离心 15min。

c. 取与 a. 相同数量灭菌的 1.5ml Eppendorf 管，加入 500μl 异丙醇（−20℃ 预冷），做标记。吸取本标准 b. 各管中的上清液转移至相应的管中，上清液应至少吸取 500μl，不能吸出中间层，颠倒混匀。

d. 于 4℃、12000r/min 离心 15min（Eppendorf 管开口保持朝离心机转轴方向放置），小心倒去上清，放置于吸水纸上，蘸干液体（不同样品须在吸水纸不同地方蘸干）；加入 600μl 75％乙醇，颠倒洗涤。

e. 于 4℃、12000r/min 离心 10min（Eppendorf 管开口保持朝离心机转轴方向放置），小心倒去上清，放置于吸水纸上，蘸干液体（不同样品须在吸水纸不同地方蘸干）。

f. 4000r/min 离心 10s（Eppendorf 管开口保持朝离心机转轴方向放置），将管壁上的残余液体甩到管底部，小心倒去上清，用微量加样器将其吸干，一份样本换用一个吸头，吸头不要碰到有沉淀一面，室温干燥 3min，不能过于干燥，以免 RNA 不溶。

g. 加入 11μl DEPC 水，轻轻混匀，溶解管壁上的 RNA，2000r/min 离心 5s，冰上保存备用。提取的 RNA 须在 2h 内进行 PCR 扩增；若需长期保存须放置 −70℃ 冰箱。

③ 检测

a. 扩增试剂准备：在反应混合物制备区进行。

从试剂盒中取出相应的荧光 RT-PCR 反应液、Taq 酶，在室温下融化后，2000r/min 离心 5s。设所需荧光 RT-PCR 检测总数为 n，其中 n 为被检样品、阳性对照与阴性对照的和，每个样品测试反应体系配制见表 1-2：

表 1-2 每个样品测试反应体系配置

试剂	用量
RT-PCR 反应液	$15\mu l$
Taq 酶	$0.25\mu l$

根据测试样品的数量计算好各试剂的使用量，加入适当的体积中，向其中加入 $0.25 \times n$ 颗 RT-PCR 反转录酶颗粒，充分混合均匀，向每个荧光 RT-PCR 管中各分装 $15\mu l$，转移至样本处理区。

b. 加样：在样品处理区进行。

在各设定的荧光 RT-PCR 管中分别加入上述样本处理步骤②、g 中制备的 RNA 溶液各 $10\mu l$，盖紧管盖，500r/min 离心 30s。

c. 荧光 RT-PCR 检测：在检测区进行。

将 b. 中离心后的 PCR 管放入荧光 RT-PCR 检测仪内，记录样本摆放顺序。

循环条件设置。

第一阶段，反转录 42℃/30min；

第二阶段，预变性 92℃/3min；

第三阶段，92℃/10s，45℃/30s，72℃/1min，5 个循环；

第四阶段，92℃/10s，60℃/30s，40 个循环，在第四阶段每个循环的退火延伸时收集荧光。试验检测结束后，根据收集的荧光曲线 C_t 值判定结果。

（7）结果判定

① 结果分析条件设定：直接读取检测结果。阈值设定原则根据仪器噪声情况进行调整，以阈值线刚好超过正常阴性样品扩增曲线的最高点为准。

② 质控标准

a. 阴性对照无 C_t 值并且无扩增曲线。

b. 阳性对照的 C_t 值应<28.0，并出现典型的扩增曲线。否则，此次试验视为无效。

③ 结果描述及判定

a. 阴性：无 C_t 值并且无扩增曲线，表示样品中无禽流感病毒。

b. 阳性：C_t 值≤30，且出现典型的扩增曲线，表示样品中存在禽流感病毒。

c. 有效原则：C_t 值>30 的样本建议重做。重做结果无 C_t 值者为阴性，否则为阳性。

附录 A
（规范性附录）

HA 和 HI 试验用溶液的配制

A.1 阿氏（Alsevers）液配制

葡萄糖	2.05g
柠檬酸钠	0.8g
柠檬酸	0.055g
氯化钠	0.42g

加蒸馏水至 100ml，散热溶解后调 pH 值至 6.1，69kPa 15min 高压灭菌，4℃保存备用。

A.2　1％鸡红细胞悬液制备

采集至少 3 只 SPF 公鸡或无禽流感和新城疫等抗体的健康公鸡的血液与等体积的阿氏液混合，用 pH7.2 0.01mol/L PBS 液洗涤 3 次，每次均以 1000r/min 离心 10min，洗涤后用 PBS 配成体积分数为 1％红细胞悬液，4℃保存备用。

附录 B
（规范性附录）

AGP 试验用溶液的配制

B.1　1％硫柳汞溶液的配制

硫柳汞	1.0g

加蒸馏水至 100ml

溶解后，置 100ml 瓶中盖好塞子存放备用。

B.2　pH7.2、0.01mol/L PBS 的配制

(a) 配制 25×PB：称重 2.74g 磷酸氢二钠和 0.79g 磷酸二氢钠加蒸馏水至 100ml。

(b) 配制 1×PBS：量取 40ml 25×PBS，加入 8.5g 氯化钠，加蒸馏水至 1000ml。

(c) 用氢氧化钠或盐酸调 pH 至 7.2。

(d) 灭菌或过滤。

(e) PBS 一经使用，于 4℃保存不超过 3 周。

附录 C
（规范性附录）

琼脂板的制备

称量琼脂糖 1.0g，加入 100ml 的 pH7.2、0.01mol/L PBS 液中在水浴中煮沸充分融化，加入 8g 氯化钠，充分溶解后加入 1％硫柳汞溶液 1ml。冷至 45～50℃时，将洁净干热灭菌直径为 90mm 的平皿置于平台上，每个平皿加入 18～20ml，加盖待凝固后，把平皿倒置以防水分蒸发，放普通冰箱中保存备用（时间不超过 2 周）。

附录 D
（规范性附录）

高致病性禽流感间接 ELISA 使用溶液的配制

D.1　碳酸盐缓冲液（0.05mol/L、pH9.6，CBS）

碳酸钠	1.59g
碳酸氢钠	2.93g

用双蒸水溶解至1000ml，于4℃保存，不超过1个月。

D.2 磷酸盐缓冲液（0.01mol/L、pH7.4，PBS）

氯化钠	8g
磷酸二氢钠	0.2g
磷酸氢二钠（$Na_2HPO_4 \cdot 12H_2O$）	2.9g
氯化钾	0.2g

加蒸馏水至1000ml

D.3 洗液（含0.05%吐温-20的0.01mol/L、pH7.4的PBS即PBST）

吐温-20	0.5ml

加0.01mol/L、pH7.4的PBS至1000ml

D.4 封闭液（含0.5%BSA的PBST）

牛血清白蛋白（BSA）	0.5g

加洗液至100ml

4℃存放，避光。

D.5 稀释液（含1%BSA的PBST）

牛血清白蛋白（BSA）	0.1g

加洗液至100ml

4℃存放，避光。

D.6 间接ELISA底物缓冲液（磷酸氢二钠-柠檬酸，pH5.4）

0.2mol/L磷酸氢二钠（$Na_2HPO_4 \cdot 12H_2O$）	26.7ml
0.1mol/L柠檬酸	24.3ml
双蒸水	49ml

准确称量40mg邻苯二胺（OPD），溶解后置暗处保存，临用前加入30%过氧化氢150μl。

D.7 三羟甲基氨基甲烷-盐酸（Tris-HCl）缓冲液（0.05mol/L，pH7.6）

0.1mol/L Tris	250ml
0.1mol/L盐酸	192.5ml
双蒸水	57.5ml

D.8 间接ELISA终止液

浓硫酸	11.1ml
蒸馏水	88.9ml

附录 E
（规范性附录）

高致病性禽流感间接ELISA抗原包被板制备

抗原包被板也称诊断板，将高致病性禽流感病毒抗原用0.05mol/L，pH9.6碳酸盐缓冲液稀释成3μg/ml（全病毒抗原）或6μg/ml（重组核蛋白抗原），包被40孔聚苯乙烯微量板，每孔100μl，置4℃冰箱过夜，用洗液洗涤3次，用封闭液于37℃湿盒内封闭60min，用洗涤液洗涤3次，干燥后即为诊断板，置4℃冰箱备用。

附录F
（规范性附录）

磷酸盐缓冲盐水配方

以下所用试剂均为分析纯。

F.1　A液

0.2mol/L 磷酸二氢钠水溶液

$NaH_2PO_4 \cdot H_2O$ 27.6g，溶于蒸馏水，最后稀释至1000ml。

F.2　B液

0.2mol/L 磷酸氢二钠水溶液

$Na_2HPO_4 \cdot 7H_2O$ 53.6g（或 $Na_2HPO_4 \cdot 2H_2O$ 71.6g 或 $Na_2HPO_4 \cdot 2H_2O$ 35.6g），加蒸馏水溶解，最后稀释至1000ml。

F.3　0.01mol/L、pH7.2磷酸盐缓冲盐水的配制

0.2mol/L　A液	14ml
0.2mol/L　B液	36ml
加 NaCl	8.5g

用蒸馏水稀释至1000ml

附录G
（资料性附录）

试剂盒的组成

G.1　试剂盒组成

每个试剂盒可做48个检测，包括以下成分：

裂解液	30ml×1盒
DEPC水	1ml×1管
RT-PCR反应液（内含禽流感病毒的引物、探针）	750μl×1管
RT-PCR酶	1颗/管×12管
Taq酶	12μl×1管
阴性对照	1ml×1管
阳性对照（非感染性体外转录RNA）	1ml×1管

G.2　说明

（1）裂解液的主要成分为异硫氰酸胍和酚，为RNA提取试剂，外观为红色液体，于4℃保存。

（2）DEPC水，是用1%DEPC处理后的去离子水，用于溶解RNA。

（3）RT-PCR反应液中含有特异性引物、探针及各种离子。

G.3　功能

试剂盒可用于禽类相关样品（包括肌肉组织、脏器、咽喉拭子、泄殖腔拭子、血清或血浆等）中禽流感病毒的检测。

G.4　使用时的注意事项

（1）在检测过程中，必须严防不同样品间的交叉感染。

（2）反应液分装时应避免产生气泡，上机前检查各反应管是否盖紧，以免荧光物质泄漏污染仪器。

RT-PCR酶颗粒极易吸潮失活，必须在室温条件下置于干燥器内保存，使用时取出所需数量，剩余部分立即放回干燥器内。

附录 H
（规范性附录）

禽流感病毒通用荧光 RT-PCR 检测方法的实验室规范

H.1　实验室设置要求

实验室设置要求如下：

——实验室分为三个相对独立的工作区域：样本制备区、反应混合物制备区和检测区；

——工作区域须有明确标记，避免不同工作区域内的设备、物品混用；

——每一区域须有专用的仪器设备；

——整个实验过程中均须使用无RNA酶的一次性耗材，用到的玻璃器皿使用前须250℃干烤4h以上，以彻底去除RNA酶；

——各区域的仪器设备须有明确标记，以避免设备物品从各自的区域内移出，造成不同的工作区域间设备物品发生混淆；

——进去各个工作区域严格遵循单一方向顺序，即只能从样本制备区、扩增反应混合物配制区至检测区；

——在不同的工作区域内使用不同颜色或有明显区别标志的工作服，以便于鉴别，离开工作区时，不得将各区特定的工作服带出；

——实验室清洁时应按样本制备区、扩增反应混合物制备区至检测区的顺序进行；

——不同的试验区域应有其各自的清洁用具以防止交叉污染。

H.2　工作区域仪器设备配置

（1）样本制备区　样本制备区需配置如下仪器设备：

——2～8℃冰箱；

——−20℃冰箱；

——高速台式冷冻离心机（4℃，12000r/min）；

——混匀器；

——微量加样器（0.5～10μl，5～20μl，20～200μl，200～1000μl）；

——可移动紫外灯（进工作台面）。

（2）反应混合物配制区　反应混合物制备区需配置如下仪器设备：

——2～8℃冰箱；

——−20℃冰箱；

——高速台式冷冻离心机（3000r/min）；

——混匀器；

——微量加样器（0.5～10μl，5～20μl，20～200μl，200～1000μl）；

——可移动紫外灯（进工作台面）。

（3）检测区　检测区需配置如下仪器设备：

——荧光 PCR 仪（配计算机）；

——移动紫外灯；

——打印机。

H.3　各工作区域功能及注意事项

（1）样本制备区　样本制备区的功能及注意事项如下；

——标本的保存、核酸提取、贮存及其加入至扩增反应管在样本制备区进行；

——避免在本区内不必要的走动。可在本区内设立正压条件以避免临近区的气溶胶进入本区造成污染。为避免样本之间的交叉污染，加入待测核酸后，必须立即盖严含反应混合液的反应管；

——用过的加样器吸头必须放入专门的消毒容器内（例如含次氯酸钠溶液）。实验室桌椅表面每次工作后都要清洁，实验材料（原始样本、提取过程样本与试剂的混合液等）如出现外溅，必须清洁处理并作出记录；

——对实验台适当的紫外照射（254nm 波长，与工作台面近距离）适合于灭活去污染。工作后通过移动紫外线灯管来确保对实验台面的充分照射。

（2）反应混合物配制区　反应混合物配制区功能及注意事项如下：

——试剂的分装盒反应混合液的制备在本区进行；

——用于标本制备的试剂应直接运送至反应混合物配制区，不能经过检测区，在打开含有反应混合液的离心管或试管前，应将其快速离心数秒；

——在整个本区的实验操作过程中，操作者必须戴手套，并经常更换，工作结束后必须立即对工作区进行清洁。在本区的实验台表面应可耐受诸如次氯酸钠等化学物质的消毒清洁作用。实验台表面用可移动紫外灯（254nm 波长）进行照射。

（3）检测区　检测区功能及注意事项如下：

——RT-PCR 扩增及扩增片段的分析在本区内进行；

——本区注意避免通过本区的物品及工作服将扩增产物带出。为避免气溶胶所致的污染，应尽量减少在本区内的走动；

——完成操作及每天工作后都必须对实验台面进行清洁和消毒，紫外照射方法与前面区域相同。如有溶液溅出，必须处理并作出记录。本区的清洁消毒和紫外照射方法同前面区域。

二、新城疫

鸡新城疫是由新城疫病毒引起的一种急性败血性传染病，俗称"鸡瘟"。即所谓亚洲鸡瘟。本病一年四季均可发生，尤以寒冷和气候多变季节多发。各种日龄的鸡均能感染，20～60 日龄鸡最易感。主要特征是高热、呼吸困难、下痢、神经紊乱、黏膜和浆膜出血为和坏死。具有很高的发病率和病死率，是危害养禽业的一种主要传染病。OIE 将其列为 A 类疫病，我国将其列为一类动物疫病。

本病于 1926 年首次发现于印度尼西亚，同年发现于英国新城。Doyle（1927 年）首次证实该病由病毒引起，病原与真性鸡瘟病原（禽流感病毒）不同，为了有别于真性鸡瘟，故以地名而命名为鸡新城疫，此后本病迅速向世界各地传播。我国新城疫的报道最早于 1935 年河南。梁英、马闻天等（1946）经病原分离证实为新城疫。20 世纪 50 年代末于全国范围流行。虽然已经广泛接种疫苗预防，但该病仍不时在养禽业中造成巨大的损失，是最主要和最危险的禽病之一。

（一）病毒特征

新城疫病毒属于负链 RNA 目，副黏病毒科、副黏病毒亚科、禽腮腺炎病毒或禽副黏病毒属（Avμlavirus）的副黏病毒 I 型（APMV-1）。新城疫病毒是 ssRNA 病毒，有包膜，病毒颗粒呈多形性，有圆形、椭圆形和长杆状等。成熟的病毒粒子直径 100～400nm。包膜为双层结构膜，由宿主细胞外膜的脂类与病毒糖蛋白结合衍生而来。包膜表面有长12～15nm 的刺突，具有血凝素、神经氨酸酶和溶血素。病毒中心是 ssRNA 分子与附在其上的蛋白质衣壳粒，缠绕成螺旋对称的核衣壳，直径约 18nm。成熟的病毒以出芽方式释放至细胞外。

新城疫病毒对外界环境的抵抗力较强，55℃作用 45min 和直射阳光下作用 30min 才被灭活。病毒在 4℃中存放几周，在 −20℃中存放几个月或在 −70℃中存放几年，其感染力均不受影响。在新城疫暴发后 8 周之内，仍可在鸡舍、蛋巢、蛋壳和羽毛中分离到病毒。病毒对乙醚敏感。大多数去污剂能将它迅速灭活。氢氧化钠等碱性物质对它的消毒效果不稳定。3%～5%来苏尔、酚和甲酚 5min 内可将裸露的病毒粒子灭活。在 37℃的孵卵器内，用 0.1%福尔马林熏蒸 6h 便可把它灭活。

新城疫病毒的所有毒株都能凝集多种禽类和哺乳类动物的红细胞。大多数毒株能凝集公牛和绵羊的红细胞。在病毒的血凝试验中，鸡的红细胞最为常用。该病毒可在 9～12 日龄的鸡胚绒毛尿囊膜上和尿囊腔中培养，大多数毒株也可在兔、猪、犊牛和猴的肾细胞以及鸡组织细胞等继代或传代细胞中培养。鸡胚的成纤维细胞、鸡胚和仓鼠的肾细胞常用于新城疫病毒的培养。

（二）临床症状

速发性嗜内脏型：也称 Doyle 氏型新城疫。发病突然，有时鸡只不表现任何症状而死亡。起初病鸡倦怠，呼吸增加，虚弱，死前衰竭（图 1-7），4～8d 内死亡。常见眼及喉部周围组织水肿，拉绿色、有时带血的稀粪。有幸存活下来的鸡，出现阵发性痉挛，肌肉震颤，颈部扭转，角弓反张。其他中枢神经表现为面部麻痹，偶尔翅膀麻痹。死亡率可达90%以上。

速发性嗜肺脑型：也称 Beach 氏型新城疫。表现为突然发病，传播迅速。可见明显的呼吸困难、咳嗽和气喘。有时能听到"咯咯"的喘鸣声，或突然的怪叫声，继之呈昏睡状态。食欲下降，不愿走动，垂头缩颈，产蛋量下降或停止。一两天内或稍后会出现神经症状，腿或翅膀麻痹和颈部扭转。在有些病例中，成年鸡死亡 50%以上，常见的死亡率为10%；在未成年的小鸡中，死亡率高达 90%；火鸡死亡率可达 41.6%，而鹌鹑的死亡率仅达 10%。

中发型新城疫：也称 Beaudette 氏型新城疫。主要表现为成年鸡的急性呼吸系统病状，以咳嗽为特征，但极少气喘。病鸡食欲下降，产蛋量降低并可能停止产蛋。中止产蛋可能延续 1～3 周，偶发病鸡不能恢复正常产量，蛋的质量受影响。

缓发型新城疫：也称 Hitchner 氏型新城疫。在成年鸡中症状可能不明显，可由毒力较弱的毒株所致，使鸡只呈现一种轻度的或无症状的呼吸道感染，各种年龄的鸡只很少死亡，但在小鸡并发其他传染病时，致死率可达30％。

我国根据临诊表现和病程长短把新城疫分为最急性、急性和慢性三个型：

最急性型：此型多见于雏鸡和流行初期。常突然发病，无特征性症状而迅速死亡。往往头天晚上饮食活动如常，翌晨发现死亡。

急性型：表现有呼吸道、消化道、生殖系统、神经系统异常。往往以呼吸道症状开始，继而下痢。起初体温升高达43～44℃，呼吸道症状表现咳嗽，黏液增多，呼吸困难而引颈张口、呼吸出声，鸡冠和肉髯呈暗红色或紫色。精神委顿，食欲减少或丧失，渴欲增加，羽毛松乱，不愿走动，垂头缩颈，翅翼下垂，鸡冠和肉髯呈紫色，眼半闭或全闭，状似昏睡。母鸡产蛋停止或软壳蛋。病鸡咳嗽，有黏性鼻液，呼吸困难，有时伸头、张口呼吸，发出"咯咯"的喘鸣声，或突然出现怪叫声。口角流出大量黏液，为排出黏液，常甩头或吞咽。嗉囊内积有液体状内容物，倒提时常从口角流出大量酸臭的暗灰色液体。排黄绿色或黄白色水样稀便（图1-8），有时混有少量血液。后期粪便呈蛋清样。部分病例出现神经症状，如翅、腿麻痹，站立不稳（图1-9），水禽、鸟等不能飞动、失去平衡等，最后体温下降，不久在昏迷中死去，死亡率达90％以上。1月龄内的雏禽病程短，症状不明显，死亡率高。

图1-7　病鸡倦怠，呼吸增加，虚弱，死前衰竭

图1-8　病鸡拉绿色粪便

图1-9　病鸡神经症状，如翅、腿麻痹，站立不稳

慢性型：多发生于流行后期的成年禽。耐过急性型的病禽，常为以神经症状为主，初期症状与急性型相似，不久有好转，但出现神经症状，如翅膀麻痹、跛行或站立不稳，头颈向后或向一侧扭转，常伏地旋转，反复发作。在间歇期内一切正常，貌似健康。但若受到惊扰刺激或抢食，则又突然发作，头颈屈仰，全身抽搐旋转，数分钟又恢复正常。最后可变为瘫痪或半瘫痪，或者逐渐消瘦，终至死亡，但病死率较低。

（三）病理变化

剖检可见以各处黏膜和浆膜出血，特别是腺胃乳头和贲门部出血（图1-10）。心包、气管、喉头、肠和肠系膜充血或出血（图1-11）。直肠和泄殖腔黏膜出血。卵巢坏死、出血，卵泡破裂性腹膜炎等。消化道淋巴滤泡的肿大出血和溃疡是ND的一个突出特征。消化道出血病变主要分布于：腺胃前部—食道移行部；腺胃后部—肌胃移行部；十二指肠起始部；十二指肠后段向前2～3cm处；小肠游离部前半部第一段下1/3处；小肠游离部前半部第二段上1/3处；梅尼厄氏憩室（卵黄蒂）附近处；小肠游离部后半部第一段中间部分；回肠中部（两盲肠夹合部）；盲肠扁桃体，在左右回盲口各一处，枣核样隆起，出血（而不是充血），坏死。

非典型新城疫剖检可见气管轻度充血，有少量黏液。鼻腔有卡他性渗出物。气囊混浊。少见腺胃乳头出血等典型病变。

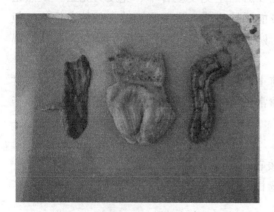
图1-10　黏膜出血，腺胃乳头出血

图1-11　肠系膜充血或出血

（四）流行病学特征

新城疫病毒可经过消化道或呼吸道，也可经眼结膜、受伤的皮肤和泄殖腔黏膜侵入机体，病毒24h内在侵入部位繁殖，随后进入血液扩散到全身，引起病毒血症。此时病毒吸附在细胞上，使红细胞凝集、膨胀，继而发生溶血。同时病毒还使心脏、血管系统发生严重损害，导致心肌变性而发生心脏衰竭，从而引起血液循环高度障碍。由于毛细血管通透性坏死性炎症，因而临诊上表现严重的消化障碍和下痢。在呼吸道则主要发生卡他性炎症和出血，使气管被渗出的黏液堵塞，造成高度呼吸困难。在病的后期，病毒侵入中枢神经系统，常引起非化脓性脑炎变化，导致神经症状。

鸡、野鸡、火鸡、珍珠鸡、鹌鹑易感。其中以鸡最易感，野鸡次之。不同年龄的鸡易感性存在差异，幼雏和中雏易感性最高，两年以上的老鸡易感性较低。水禽如鸭、鹅等也能感染本病，并已从鸭、鹅、天鹅、塘鹅和鸬鹚中分离到病毒，但它们一般不能将病毒传给家禽。鸽、斑鸠、乌鸦、麻雀、八哥、老鹰、燕子以及其他自由飞翔或笼养的鸟类，大部分也能自然感染本病或伴有临诊症状或取隐性经过。历史上有好几个国家因进口观赏鸟类而招致了本病的流行。

病鸡是本病的主要传染源，鸡感染后临床症状出现前 24h，其口、鼻分泌物和粪便就有病毒排出。病毒存在于病鸡的所有组织器官、体液、分泌物和排泄物中。在流行间歇期的带毒鸡，也是本病的传染源。鸟类也是重要的传播者。

病毒可经消化道、呼吸道，也可经眼结膜、受伤的皮肤和泄殖腔黏膜侵入机体。该病一年四季均可发生，但以春秋季较多。鸡场内的鸡一旦发生本病，可于 4～5d 内波及全群。

（五）预防及治疗

对于本病的预防要加强鸡群的饲养管理工作，包括建立一套科学合理的鸡舍通风系统，减少对鸡群的应激等；加强鸡场的生物安全措施，包括一系列消毒隔离措施等；通过免疫接种增强鸡群对新城疫的抵抗力。

要做好免疫，新城疫的免疫原则如下：

（1）及早实施免疫，提前建立局部黏膜抵抗力。

（2）活疫苗与灭活苗联合使用。活疫苗免疫后产生免疫应答早、免疫力完全，缺点是产生的体液抗体低且维持时间短。灭活苗免疫能诱导机体产生坚强而持久的体液抗体，但产生免疫应答晚，且不能产生局部黏膜抗体。两种疫苗联合使用可以做到优势互补，给鸡群提供坚强且持久的保护。

（3）根据抗体水平，及时补充免疫。当前主要以非典型新城疫发生为主，原因是鸡群抗体不均匀有效，因而监测鸡群的抗体水平非常重要，要保证 HI 抗体水平育成期不低于 6，蛋鸡不低于 9。

建议的免疫程序如下。

首免：1～3 日龄，Ⅱ系、Ⅳ系或克隆株疫苗。

二免：首免后 1～2 周，VH、Ⅳ系或克隆株。

三免：二免后 2～3 周，活苗＋灭活苗。

四免：8～10 周龄，Ⅳ系或克隆株气雾免疫或点眼。

五免：16～18 周龄，活苗＋灭活苗。

产蛋期：根据抗体水平及时补免或两个月免疫 1 次活疫苗。在做好免疫的同时，加强饲养管理，做好消毒工作。

存在本病或受本病威胁的地区，预防的关键是对健康鸡进行定期免疫接种。平时应严格执行防疫规定，防止病毒或传染源与易感鸡群接触。

发生本病时应按《动物防疫法》及其有关规定处理。扑杀病禽和同群禽，深埋或焚烧尸体；污染物要无害化处理；对受污染的用具、物品和环境要彻底消毒。对疫区、受威胁区的健康鸡立即紧急接种疫苗。

鸡新城疫的危害性极大，所以一旦发现要及早进行治疗，直到完全治愈，恢复好再将鸡回群。另外对于没有治疗价值或已经病死的鸡要进行深埋或者焚烧，受到污染的用具和物品要彻底消毒，避免对其他鸡群造成伤害。

新城疫突发病鸡的治疗：

对于突然发病，只是单纯新城疫感染的鸡群，先免疫后用药物。

新城疫四系苗4倍量（最后一次新城疫免疫剂量＋2个剂量）＋植物血凝素800只/瓶集中饮水1次。板青毒克每瓶150kg水，杆必治每袋150kg水，配合，在免疫24h后，开始投服，上下午集中两次饮水，连用3d。

对新城疫混合感染病鸡的治疗：

不能排除混合感染的情况，特别是混合有流感。应先用药，后用苗。

败毒金刚每瓶150kg水，杆必治每袋150kg水，配合，上下午集中两次饮水，连用3d。间隔24h后酌情免疫。新城疫四系苗4倍量（最后一次新城疫免疫剂量＋2个剂量）＋植物血凝素800只/瓶集中饮水1次。

新城疫继发大肠杆菌病鸡的治疗：

新城疫继发大肠杆菌病比较常见，以肉鸡最为严重。

芪林双星每瓶150kg水，杆菌先锋每袋150kg水，配合集中饮水，连用3d。

鸡新城疫中药治疗方法：

生石膏1200g，生地黄300g，水牛角600g，黄连200g，栀子300g，丹皮200g，黄芩250g，赤芍250g，玄参250g，知母300g，连翘300g，桔梗250g，甘草150g，淡竹叶250g，地龙200g，细辛5g，干姜10g，板蓝根150g，青黛100g，共同粉碎，0.5%～1%拌料或煲水，药液饮水，药渣拌料。

（六）实验室检测

依据标准：GB/T 16550—2008。

1. 范围

本标准规定了新城疫的临床诊断、病毒分离与鉴定、血凝试验、血凝抑制试验、反转录聚合酶链反应（RT-PCR）和综合判定。

2. 缩略语

下列缩略语适用于本标准。

DEPC——焦炭酸二乙酯。

HA——血凝。

HAU——血凝单位，以完全凝集病毒的血清最高稀释倍数为一个血凝单位。

HI——血凝抑制。

ICPI——脑内接种致病指数。

IVPI——静脉接种致病指数。

MDT——致死鸡胚平均死亡时间。

NDV——新城疫病毒。

SPF——无特定病原体。

3. 病毒分离与鉴定

（1）病毒分离

1）样品采集　从活禽采集的样品应包括气管和泄殖腔拭子，后者需带有可见粪便，对雏禽采集拭子容易造成损伤，可采集新鲜粪便代替。死禽以脑、肺脏、脾脏为主，也可采集其他病变组织。

2) 样品处理　样品置于含抗生素的等渗磷酸盐缓冲液（PBS）（pH7.0~7.4），抗生素视条件而定，在组织和气管拭子保存液中应含青霉素（2000UI/ml）、链霉素（2mg/ml）、卡那霉素（50μl/ml）和制霉菌素（1000UI/ml），而粪便和泄殖腔拭子保存液抗生素浓度应提高5倍。加入抗生素后调pH值到7.0~7.4。粪便和搅碎的组织，应和含抗生素的PBS溶液制成10~20g/100ml的悬浮液，在室温下静置1~2h。将粪便或组织的悬浮液在4℃下以3000g离心5min，取上清液进行鸡胚接种。

3) 鸡胚接种　用1ml注射器吸取上清液，按每枚0.2ml，经尿囊腔接种至少5个9~11日龄的SPF鸡胚，接种后，35~37℃孵育4~7d，18h后每8h观察鸡胚死亡情况。

4) 病毒收获　18h以后死亡和濒死的以及结束孵化后时存活的鸡胚置4℃冰箱4~24h，无菌采集尿囊液。

（2）病毒鉴定

1) 血凝试验　对于血凝试验呈阳性的样品采用新城疫标准阳性血清进一步进行血凝抑制试验。如果没有血凝活性或血凝效价很低，则采用SPF鸡胚用初代分离的尿囊液继续传两代，若仍为阴性，则认为新城疫病毒阴性。

2) 血凝抑制试验　采用新城疫标准阳性血清进行血凝抑制试验，确认是否有新城疫病毒繁殖。

（3）致病指数测定　经确定存在新城疫病毒繁殖的情况下，应根据下列指标之一进行毒力判定：

1) 病毒致死鸡胚平均死亡时间（MDT）的测定：

① 将新鲜的感染尿囊液用灭菌的生理盐水连续10倍稀释成10^{-6}~10^{-9}；

② 每个稀释度经尿囊腔接种5个9~10日龄的SPF鸡胚，每个鸡胚接种0.1ml，置于37℃培养；

③ 余下的病毒稀释液于4℃保存，8h后，每个稀释度接种另外5个鸡胚，每个鸡胚接种0.1ml，置37℃培养；

④ 每日照蛋两次，连续观察7d，记录各鸡胚的死亡时间；

⑤ 最小致死量是指能引起所有用此稀释度接种的鸡胚死亡的最大稀释度；

⑥ MDT是指最小致死量引起所有鸡胚死亡的平均时间（h），计算方法见式（1-1）。

$$MDT = \frac{N_X \times X + N_Y \times Y + \cdots}{T} \tag{1-1}$$

式中　N_X——X_h内死亡的胚胎数；

N_Y——Y_h内死亡的胚胎数；

X，Y——胚胎死亡时间，单位为h；

T——死亡的胚胎总数。

2) 接种致病指数（ICPI）测定：

① HA滴度高于4log$_2$（大于1/16）以上新鲜感染尿囊液（24~48h，细菌检验为阴性），用无菌等渗盐水作10倍稀释；

② 脑内接种出壳24~48h之间的SPF雏鸡，共接种10只，每只接种0.05ml；

③ 每24h观察1次，共观察8d；

④ 每天观察应给鸡打分，正常鸡记作0，病鸡记作1，死鸡记作2（每只死鸡在其死

后的每日观察中仍记 2）；

⑤ ICPI 是每只鸡 8d 内所有每次观察的平均数，计算方法见式（1-2）。

$$ICPI = \frac{\sum_s \times 1 + \sum_d \times 2}{T} \qquad (1-2)$$

式中　$\sum_s$——8d 累计发病数；

　　　$\sum_d$——8d 累计死亡数；

　　　T——8d 累计观察鸡的总数。

3）接种致病指数（IVPI）测定：

① HA 滴度高于 $4\log_2$（大于 1/16）以上新鲜感染尿囊液（24～48h，细菌检验为阴性），用无菌等渗盐水作 10 倍稀释；

② 静脉接种 6 周龄的 SPF 小鸡，接种 10 只，每只接种 0.1ml；

③ 每天观察 1 次，共 10d，每次观察要计分，正常鸡记作 0，病鸡记作 1，瘫痪鸡或出现其他神经症状记作 2，死亡鸡记作 3（每只死鸡在其死后的每日观察中仍记作 3）；

④ IVPI 是指每只鸡 10d 内所有每次观察数值的平均值，计算方法见（1-3）。

$$IVPI = \frac{\sum_s \times 1 + \sum_p \times 2 + \sum_d \times 3}{T} \qquad (1-3)$$

式中　$\sum_s$——10d 累计发病数；

　　　$\sum_p$——10d 累计瘫痪数；

　　　$\sum_d$——10d 累计死亡数；

　　　T——10d 累计观察鸡的总数。

（4）结果判定　结果判定细则如下：

1）MDT 低于 60h 为强毒性 NDV，MDT 在 60～90h 为中等毒力型 NDV，MDT 大于 90h 为低毒力 NDV；

2）ICPI 越大，NDV 致病性越强，最强毒力病毒的 ICPI 接近 2.0，而弱毒株毒力的 ICPI 为 0；

3）IVPI 越大，NDV 致病性越强，最强毒力病毒的 IVPI 接近 3.0，而弱毒株的 IVPI 为 0。

4. 血凝（HA）与血凝抑制（HI）试验

（1）原理　新城疫病毒表面的血凝素能与豚鼠和鸡的红细胞表面的血凝素受体结合，引起红细胞凝集。

（2）适用范围　主要用于检测新城疫免疫动物血清抗体效价。

（3）试验材料

1）96 孔 110°V 形血凝板

2）微量移液器（50μl、25μl）带滴头

3）微量振荡器

4）新城疫病毒血凝素分型抗原和标准分型阳性血清

5）1%SPF 鸡或新城疫抗体阴性鸡红细胞悬液（配制方法见附录 A）

6）pH7.2 0.01mol/L 磷酸盐缓冲液（PBS）（配制方法见附录 B）

（4）HA 试验方法

1）在微量反应板的 1～12 孔均加入 0.025ml PBS，换滴头。

2）吸取 0.025ml 病毒悬液加入第 1 孔，混匀。

3）从第 1 孔吸取 0.025ml 病毒液加入第 2 孔，混匀后吸取 0.025ml 加入第 3 孔，如此进行对倍稀释至第 11 孔，从第 11 孔吸取 0.025ml 弃之，换滴头。

4）每孔再加入 0.025ml PBS。

5）每孔均加入 0.025ml 体积分数为 1% 鸡红细胞悬液（将鸡红细胞悬液充分摇匀后加入）。

6）振荡混匀，在室温（20～25℃）下静置 40min 后观察结果（如果环境温度太高，可置 4℃ 环境下反应 1h）。对照孔红细胞将呈明显的纽扣状沉到孔底。

7）结果判定　将板倾斜，观察血凝板，判读结果（见表 1-3）。

表 1-3　血凝试验结果判读标准

类别	孔底所见	结果
1	红细胞全部凝集，均匀铺于孔底，即 100% 红细胞凝集	＋＋＋＋
2	红细胞凝集基本同上，但孔底有大圈	＋＋＋
3	红细胞与孔底形成中等大小的圈，四周有小凝块	＋＋
4	红细胞与孔底形成小圆点，四周有少许凝集块	＋
5	红细胞与孔底呈小圆点，边缘光滑整齐，即红细胞完全不凝集	－

能使红细胞完全凝集（100% 凝集，＋＋＋＋）的抗原最高稀释度为该抗原的血凝效价，此效价为 1 个血凝单位（HAU）。注意对照孔应呈现完全不凝集（－），否则此次检验无效。

（5）HI 试验方法

1）根据（4）的试验结果配制 4HAU 的病毒抗原。以完全血凝的病毒最高稀释倍数作为终点，终点稀释倍数除以 4 即为含 4HAU 的抗原的稀释倍数。例如，如果血凝的终点滴度为 1：256，则 4HAU 抗原的稀释倍数应是 1：64（256 除以 4）。

2）在微量反应板的 1～11 孔加入 0.025ml PBS，第 12 孔加入 0.05ml PBS。

3）吸取 0.025ml 血清加入第 1 孔内，充分混匀后吸 0.025ml 于第 2 孔，依次对倍稀释至第 10 孔，从第 10 孔吸取 0.025ml 弃去。

4）1～11 孔均加入含 4HAU 混匀的病毒抗原液 0.025ml，室温（约 20℃）静置至少 30min。

5）每孔加入 0.025ml 体积分数为 1% 的鸡红细胞悬液混匀，振荡混匀，静置约 40min（室温约 20℃，若环境温度太高可置 4℃ 条件下进行），对照红细胞将呈现纽扣状沉于孔底。

6）结果判定　以完全抑制 4 个 HAU 抗原的血清最高稀释倍数作为 HI 滴度。只有阴性对照孔血清滴度不大于 2log2，阳性对照孔血清误差不超过 1 个滴度，试验结果才有效。HI 价小于或等于 3log2 判定 HI 试验阴性；HI 价等于 4log2 为可疑，需重复试验；HI 价大于或等于 5log2 为阳性。

5. 反转录聚合酶链式反应（RT-PCR）

（1）仪器设备　所用仪器设备如下：

1）PCR 仪；

2）高速台式冷冻离心机：最大离心力 12000g 以上；

3）生物安全柜；

4）冰箱；

5）水浴锅；

6）微量移液器；

7）组织匀浆器；

8）电泳仪；

9）电泳槽；

10）紫外凝胶成像仪。

（2）试剂　所用试剂如下：

1）RNA 提取试剂 Trizol；

2）三氯甲烷；

3）异丙醇；

4）75%乙醇：用新开启的无水乙醇和 DEPC 水配制，－20℃预冷。

（3）操作程序

1）样品的采集和处理　取 200μl 离心后的上清提取 RNA。也可选择含病毒的鸡胚尿囊液进行 RT-PCR 鉴定。

2）病毒核酸 RNA 的提取　RNA 核酸的提取应在样品制备区。应保证无菌及核酸污染，实验材料和容器应经过消毒处理并一次性使用。提取 RNA 时应避免 RNA 酶污染。同时设立阳性对照和阴性对照。

用 Trizol 提取核酸 RNA 的操作步骤如下（样品以鸡胚尿囊液为例）：

① 在无 RNA 酶的 1.5ml 离心管中加入 200μl 尿囊液后，加入 1ml Trizol，振荡 20s，室温静置 10min；

② 加入 200μl 三氯甲烷，颠倒混匀，室温静置 10min，以 12000r/min 离心 15min；

③ 管内液体分为三层，取 500μl 上清液于离心管中，加入 500μl 预冷（－20℃）的异丙醇，颠倒混匀，静置 10min，以 12000r/min 离心 15min，沉淀 RNA，弃去所有液体（离心管在吸水纸上控干）；

④ 加入 700μl 预冷（－20℃）的 75%乙醇洗涤，倾倒混匀 2～3 次，以 12000r/min 离心 10min；

⑤ 调水浴至 60℃，室温下干燥 10min；

⑥ 加入 40μl DEPC 水，60℃作用 10min，充分溶解 RNA，－70℃保存或立即使用。

3）配置 RT-PCR 反应体系　在样品处理区内由专人按表 1-4 给出的程序分步进行。注意只能在试剂准备区打开和配制试剂，配制完毕后应及时将剩余试剂放回贮存区域。将适量的核酸样品小心加入装有反应液体的反应管内，盖紧盖子做好标记。参照表 1-4 反应体系配置 RT-PCR 扩增。

表 1-4　RT-PCR 反应体系配置表

试剂	体积/μl
无 RNA 酶灭菌超纯水	13.6
10×缓冲液	2.5
dNTPs	2
RNA 酶抑制剂	0.5
AMV 反转录酶	0.7
Taq 酶	0.7
上游引物 P1	1
下游引物 P2	1
模板 RNA	3
总计	25

注：上游引物 P1 的序列为 5′-ATGGGCYCCAGAYCTTCTAC-3′，下游引物 P2 的序列为 5′-CTGCCACTGCTAGTTGTGATAATCC-3′，Y 为兼并碱基。

4）RT-PCR　按照表 1-4 中的加样顺序全部加完后，充分混匀，瞬时离心，使液体都沉降到 PCR 管底。在每个 PCR 管中加入一滴液体石蜡（约 20μl）。同时设立阳性对照和阴性对照。

循环条件为：

① 第一阶段，反转录 42℃/45min；

② 第二阶段，预变性 95℃/3min

③ 第三阶段，94℃/30s，55℃/30s，72℃/45s，30 个循环；

④ 第四阶段，72℃/7min。

最后的 RT-PCR 产物置 4℃保存。

5）电泳　操作程序如下：

① 制备 1.5%琼脂糖凝胶板；

② 取 5μl PCR 产物与 0.5μl 加样缓冲液混合，加入琼脂糖凝胶板的加样孔中；

③ 加入 DNA 分子质量标准物；

④ 盖好电泳仪，插好电极，5V/cm 电压电泳，30～40min；

⑤ 紫外线灯下观察结果，凝胶成像仪扫描图片存档，打印；

⑥ 用分子质量标准物比较判断 PCR 片段大小。

（4）结果判定　结果判定细则如下：

1）出现 0.5kb 大小左右的目的片段（与阳性对照大小相符，琼脂糖浓度 1.5%，标准物质 Marker 为 DL2000），而阴性对照无目的片段出现方可判为新城疫病毒阳性；

2）对于扩增到的目的片段，需进一步进行序列测定，从分子水平确定其致病性强弱。

3）根据序列测定结果，对毒株 F 基因编码的氨基酸序列进行分析，如果毒株 F2 蛋白的 C 端有"多个碱性氨基酸残基"，F1 蛋白的 N 端即 117 位为苯丙氨酸，可确定为新城疫强毒感染。"多个碱性氨基酸"指在 113 位到 116 位残基之间至少有三个精氨酸或赖氨酸。

附录 A
(资料性附录)

1%鸡红细胞悬液制备

采集至少三只SPF公鸡或无禽流感和新城疫抗体的非免疫鸡的抗凝血液，放入离心管中，加入3~4倍体积的PBS混匀，以2000r/min离心5~10min，去掉血浆和白细胞层，重复以上过程，反复洗涤3次（洗净血浆和白细胞），最后吸取压积红细胞，用PBS配成体积分数为1%的悬液，于4℃保存备用。

附录 B
(资料性附录)

pH7.2磷酸盐缓冲液（PBS）配制

氯化钠（NaCl）	8.0g
氯化钾（KCl）	0.2g
磷酸氢二钠（Na_2HPO_4）	1.44g
磷酸二氢钠（NaH_2PO_4）	0.24g
加蒸馏水至1000ml	

将上述成分依次溶解，用盐酸调至pH7.2，分装，121℃、15min高压灭菌。

三、鸡马立克氏病

鸡马立克氏病（Marek's Disease，MD）是由疱疹病毒引起的一种淋巴组织增生性疾病，此病的特点是病鸡的外周神经、性腺、虹膜、各种脏器、肌肉和皮肤出现单核细胞浸润，并伴随麻痹和产生内脏肿瘤，它是一种淋巴瘤性质的肿瘤疾病，对养鸡业的发展危害相当严重。自1970年从火鸡身上分离出火鸡疱疹病毒FC126号病毒株，用以制成疫苗，此病得到了较好的控制，养鸡业的损失大大降低。但近几年在许多地区又出现了较大规模的流行。本病是一种世界性疾病，是危害养鸡业健康发展的三大主要疫病（马立克氏病、鸡新城疫及鸡传染性法氏囊病）之一，引起鸡群较高的发病率和死亡率。

马立克氏病病毒属疱疹病毒科马立克氏病毒属禽疱疹病毒2型。根据抗原性不同，马立克氏病毒可分为三种血清型，即血清1型、2型和3型。血清1型包括所有致瘤的马立克氏病毒，含强毒及其致弱的变异毒株，而血清2型包括所有不致瘤的马立克氏病毒；血清3型包括所有的火鸡疱疹病毒及其变异毒株。

传染源为病鸡和带毒鸡（感染马立克病的鸡，大部分为终生带毒），其脱落的羽毛囊上皮、皮屑和鸡舍中的灰尘是主要传染源。此外，病鸡和带毒鸡的分泌物、排泄物也具传染性。病毒主要经呼吸道传播。本病主要感染鸡，不同品系的鸡均可感染。火鸡、野鸡、鹌鹑、鹧鸪可自然感染，但发病极少。本病具有高度接触传染性，病毒一旦侵入易感鸡群，其感染率几乎可达100%。本病发生与鸡年龄有关，年龄越轻，易感性越高，因此，1日龄雏鸡最易感。本病多发于5~8周龄的鸡，发病高峰多在12~20周龄之间。我国地方品种鸡较易感。

（一）病毒特征

鸡马立克氏病病毒为双股 DNA 病毒目疱疹病毒科（细胞结合性疱疹病毒）的马立克病毒属，病毒颗粒直径 150nm，内含直径 100nm 的 20 面体核衣壳，核衣壳内为线状卷轴样基因组，核外壳之外是脂蛋白囊膜和许多糖蛋白的小纤突，基因组由单分子线状双股 DNA 分子组成，大小 125～235kb。

本病病原对鸡致病致瘤，主要毒株有超强毒（Md5 等）、强毒（JW、GA、京 1 等）；血清 2 型，对鸡无致病性，主要毒株有 SB/1 和 301B/1 等；血清 3 型，对鸡无致病性，但可使鸡有良好的抵抗力，是一株火鸡疱疹病毒株（HVT-FC126 株）。该病毒能在鸡胚绒毛尿囊膜上产生典型的痘斑，卵黄囊接种较好。能在鸡肾细胞、鸡胚成纤维细胞和鸭胚成纤维细胞上生长产生痘斑。完整病毒的抵抗力较强，在粪便和垫料中的病毒，室温下可存活 4～6 个月之久。细胞结合毒在 4℃可存活 2 周，在 37℃存活 18h，在 50℃存活 30min，60℃只能存活 1min。

（二）临床症状

鸡马立克氏病一般可分为四种类型，即神经型、内脏型、眼型、皮肤型。

神经型（古典型）：主要侵害鸡的坐骨神经和前臂神经，造成病鸡翅膀下垂、头颈歪斜和两腿劈叉，早期可见到一肢或两肢发生不完全麻痹、运动失调、步态异常（图 1-12）。

内脏型（急性型）：主要在病鸡的心、肝、腺胃、胰腺、卵巢、脾、肺、肾或肌肉等部位发生大小不等的灰白色肿瘤。病鸡整个表现为精神沉郁，不吃食，消瘦，有的突然死亡。多在产蛋前发病且死亡率高（图 1-13）。

图 1-12　神经型鸡马立克氏病　　　　图 1-13　内脏型鸡马立克氏病

眼型：主要侵害眼睛。病鸡逐渐丧失对光线的调节能力，瞳孔收缩、变小、边缘不整齐、正常色素消失，严重时失明，只留下针尖大小的小孔，形成"灰眼病"（图 1-14）。

皮肤型：病鸡褪毛后症状明显。可见羽毛囊呈现孤立或融合的白色结节，俗称"榴皮病"（图 1-15）。

这四种类型有时单独发生，有时可同时发生。此外病鸡还出现不想吃食、下痢、贫血和进行性消瘦。鸡群发生马立克氏病后，可很快在整个鸡群蔓延传播。病鸡因运动障碍、无法采食和饮水而死亡。有的病情可延续数年，死亡率很高。

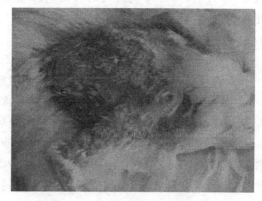

图 1-14　眼型鸡马立克氏病　　　　　　　　图 1-15　皮肤型鸡马立克氏病

（三）病理变化

最常见的病变为坐骨神经、臂神经等单侧性肿大变粗，比正常增大 2～3 倍。内脏器官可能出现一个或多个肿瘤，其中以卵巢最易受害，颜色消退，肿大，表面颗粒状，病变器官可增大数倍，肿瘤切面坚实平滑。皮肤肿瘤多见于腿部、颈部和长有粗大羽毛的部位，形成肿瘤性结节。

根据病变发生的部位，可分为 4 种类型。

1. 神经型

由于运动障碍易被发现，因此病鸡运动失调、步态异常是最早看到的症状。病变主要发生在腹腔神经丛、臂神经丛、坐骨神经丛和内脏大神经。病变神经变粗，比正常肿大 2～3 倍，呈灰色或黄色的水肿，纹路消失，好像在水中浸泡过一样。病变多为单侧性，很容易与另一侧对比。

2. 眼型

瞳孔收缩，边缘不整齐呈锯齿状，整个瞳孔仅仅留下一个针头大小的小孔。

3. 内脏型

常在肝、脾、肾、肺、腺胃、心脏、卵巢等器官形成单个或多个肿瘤。主要在各脏器内可见到肿瘤结节或弥漫性的浸润。卵巢呈菜花样肿大。

4. 皮肤型

病变常浸润羽毛囊，呈孤立或融合的灰白色隆起的结节。侵入肌肉时，病变多出现于胸肌和腿肌部，形成灰白色肿瘤。

（四）流行病学特征

鸡易感，火鸡、山鸡和鹌鹑等较少感染，哺乳动物不感染。病鸡和带毒鸡是传染来源，尤其是这类鸡的羽毛囊上皮内存在大量完整的病毒，随皮肤代谢脱落后污染环境，成为在自然条件下最主要的传染来源。本病主要通过空气传染经呼吸道进入体内，污染的饲料、饮水和人员也可带毒传播。孵房污染能使刚出壳雏鸡的感染性明显增加。主要的发病在 2～5 月龄，2～18 周龄鸡均可发病。母鸡比公鸡易感性高。来航鸡抵抗力较强，肉鸡抵抗力低。

（五）预防及治疗

本病目前无有效疗法，加强综合防制措施、免疫接种是本病最有效的防控措施。

① 加强养鸡环境卫生与消毒工作，尤其是孵化卫生与育雏鸡舍的消毒，防止雏鸡的早期感染，这是非常重要的，否则即使出壳后即刻免疫有效疫苗，也难防止发病。

② 加强饲养管理，改善鸡群的生活条件，增强鸡体的抵抗力，对预防本病有很大的作用。饲养管理不善、环境条件差或某些传染病常是重要的诱发因素。

③ 坚持自繁自养，防止因购入鸡苗的同时将病毒带入鸡舍。采用全进全出的饲养制度，防止不同日龄的鸡混养于同一鸡舍。

④ 防止应激因素和预防能引起免疫抑制的疾病，如鸡传染性法氏囊病、网状内皮组织增生病等的感染。

⑤ 对发生本病的处理。一旦发生本病，在感染的场地清除所有的鸡，将鸡舍清洁消毒后，空置数周再引进新雏鸡。一旦开始育雏，中途不得补充新鸡。

疫苗接种：

国内使用的疫苗有多种，主要是进口疫苗和国内生产的疫苗，这些疫苗均不能抗感染，但可防止发病。

（1）疫苗种类　血清 1 型疫苗，主要是弱毒株 CV1-988 和齐鲁制药厂兽药分厂所生产的 814 疫苗，其中 CV1-988 应用较广；血清 2 型疫苗主要有 SB-1、301B/301A/1 以及中国的 Z4 株，SB-1 应用较广，通常与火鸡疱疹病毒疫苗（即血清 3 型疫苗 HVT）合用，可以预防超强毒株的感染发病，保护率可达 85％以上；血清 3 型疫苗，即火鸡疱疹病毒 HVT-FC126 疫苗，HVT 在鸡体内对马立克氏病病毒起干扰作用，常 1 日龄免疫，但不能保护鸡免受病毒的感染；多价苗，市场上已有 SB-1＋FC126、301B/1＋FC126 等二价或三价苗，免疫后具有良好的协同作用，能够抵抗强毒的攻击。

（2）免疫程序的制订　单价疫苗及其代次、多价疫苗常影响免疫程序的制订，单价苗如 HVT、CV1-988 等可在 1 日龄接种，也有的地区采用 1 日龄和 3～4 周龄进行两次免疫。通常父母代用血清 1 或 2 型疫苗，商品代则用血清 3 型疫苗，以免血清 1 或 2 型母源抗体的影响，父母代和子代均可使用 SB-1 或 301B/1＋HVT 等二价疫苗。

免疫失败的原因：

（1）接种剂量不当　常用的商品疫苗要求每个剂量含 1500～2000 以上个蚀斑形成单位，接种该剂量 7d 后产生免疫力。若疫苗贮藏过久或稀释不当、接种程序不合理或稀释好的冻干苗未在 1h 内用完，均会导致雏鸡接受的疫苗剂量不足而引起免疫失败。

（2）早期感染　疫苗免疫后至少要经 1 周才使雏鸡产生免疫力，而在接种后 3d，雏鸡易感染马立克氏病并死亡，而且 HVT 疫苗不能阻止马立克氏病强毒株的感染。为此须改善卫生措施，以避免早期感染，但难以预防多种日龄混群的鸡群感染。

（3）母源抗体的干扰　血清 1、2、3 型疫苗病毒易受同源的母源抗体干扰，细胞游离苗比细胞结合苗更易受影响，而对异源疫苗的干扰作用不明显。为此，免疫接种时可进行下列调整：①增加 HVT 免疫剂量或使用其他疫苗病毒，被动抗体消失时于 3 周龄再次免疫接种；②对鸡不同代次选用不同血清型的疫苗，如父母代鸡用减弱血清 1 型疫苗，子代可用血清 3 型（HVT）疫苗；③多使用细胞结合 HVT 苗。

（4）超强毒株的存在 传统的疫苗不能有效地抵抗马立克氏病超强毒株的攻击从而引起免疫失败，对可能存在超强毒株的高发鸡群使用 814＋SB-1 二价苗或 814＋SB-1＋FC126 三价苗，具有满意的防治效果。

（5）品种的遗传易感性 某些品种鸡对马立克氏病具有高度的遗传易感性，难以进行有效免疫，甚至免疫接种后仍然易感，为此须选育有遗传抵抗力的种鸡。

（6）免疫抑制和应激感染 鸡传染性法氏囊病毒、网状内皮组织增生病病毒、鸡传染性贫血病病毒等均可导致鸡对马立克氏病的免疫保护力下降，以及环境应激导致免疫抑制可能是引起马立克氏病疫苗免疫失败的原因。

总之，采用疫苗接种是控制本病极重要的措施，但是它们的保护率均不能达到100％，因此鸡群中仍有少量病例发生，故不能完全依赖疫苗接种，加强综合防疫措施是十分必要的。

（六）实验室检测

MD 琼脂凝胶扩散试验。

依据标准：GB/T 18643—2002。

1. 范围

本方法用于检测 1 月龄以上鸡马立克氏病的血清抗体和 20 日龄以上鸡羽髓抗原。

2. 琼脂扩散试验

（1）材料准备

1）器材：1ml 注射器，6～9 号针头，10×100mm 小试管，直径 6～8mm 长约 16cm 的玻璃棒，微量移液器及滴头，烧杯或瓷缸，直径 85mm 培养皿，孔径 4mm 和 3mm 的打孔器。

2）琼脂扩散抗原，阳性血清，系冻干制品，使用时用蒸馏水恢复到原分装量。

3）琼脂凝胶平板：用含 8％氯化钠的磷酸盐缓冲液（0.01mol/L，pH7.4）配制 1％琼脂糖溶液，水浴加温使充分溶化后，加入培养皿，每皿约加 20ml。平置，在室温下凝固冷却后，将琼脂板放在预先画好的 7 孔形图案上，用打孔器按图形准确位置打孔，中心孔孔径为 4mm，周边孔孔径为 3mm，孔距 3mm。也可用 7 孔型打孔器打孔。小心挑出孔内琼脂，勿破坏周围琼脂，而后倒置放入 4℃下保存 3～5d 备用。

（2）操作方法

1）检测血清抗体

① 用微量移液器分别将各被检血清按顺序在周边孔中每间隔一孔加一样品。中心孔内滴加琼扩抗原。余下的周边孔内加入标准阳性血清。各孔均以加满而不溢出为度。

② 将加样完毕的琼脂板加盖后，平放于带盖的湿盒内，置 37℃温箱中，24h 内观察并记录结果。

2）用阳性血清检测病毒抗原（被检鸡的羽髓浸液）

① 选含羽髓丰满的翅羽或身体其他部位的大羽数根（幼鸡 8 根，中、成鸡 3～5 根），剪下羽根部分，并按编号分别收集于相应的小试管内。

② 向每管内滴加 2～3 滴蒸馏水（羽髓丰满时也可不加），然后用玻璃棒挤压羽根，

以适当的压力转动玻璃棒，倾斜试管，并用玻璃棒导流使羽髓浸液流至管口，另一人用加样器将其吸出，加入外周孔（被检样品加入外周2、3、5、6孔中）。

③ 向中心孔滴加标准阳性血清。

④ 向空下的1、4孔内滴加已知琼扩抗原。以上均以加满不溢出为度。

⑤ 加样完毕，操作同2.、(1)、2)。

（3）结果判定

1）被检样品孔与中心孔之间形成清晰的沉淀线，并与周边已知抗原或阳性血清孔的沉淀线相互融合者，判为阳性，不出现沉淀线的则判为阴性。

2）已知抗原与阳性血清孔之间所产生的沉淀线末端弯向被检样品孔内侧时，则该被检样品判为弱阳性。

3）有的受检材料可能会产生两条以上沉淀线，其中一线与已知抗原阳性血清的沉淀线融合者仍判为阳性。

四、鸡传染性支气管炎

鸡传染性支气管炎的主要传播方式是病鸡从呼吸道排出病毒，经空气飞沫传染给易感鸡，此外可通过被污染的饲料、饮水、笼具等经消化道传染。过热、严寒、拥挤、通风不好及维生素、矿物质供应不足均可促使本病发生。本病是由病毒引起鸡发生的一种急性、高度接触传染性呼吸道疾病。其特征是呼吸型表现病鸡咳嗽、喷嚏和气管发生啰音；生殖道型表现产蛋鸡产蛋减少和质量差；肾病变型表现为肾脏肿大，有尿酸盐沉积；腺胃型表现腺胃出血，坏死，病鸡消瘦。该病具有高度的传染性，因病原血清型较多，使免疫接种复杂化。感染鸡生长受阻，饲料消耗增加、产蛋和蛋质下降、死淘率增加，给养鸡业造成巨大的经济损失。

（一）病原特征

鸡传染性支气管炎病毒（Avian infectious bronchitis virus，IBV）属于冠状病毒科（Coronaviridae）冠状病毒属（Coronavirus）的一个代表种。多数呈圆形，直径 $80\sim120nm$。基因组为单股正链 RNA，长为 27kb。病毒粒子带有囊膜和纤突。病毒主要存在于病鸡呼吸道渗出物中，肝、脾、肾和法氏囊中也能发现病毒。在肾脏和法氏囊内停留时间可能比肺和气管中还要长。

IBV用病毒中和试验分为很多血清型。有人认为主要的血清型是 Massachusetts41 和 Connecticut（M41、C 型），其他为变异型。我国主要是 M41 型。引起肾病变的 IBV 株有澳大利亚 T 株，美国主要是 Gray 和 Holte 株，意大利为 11731 株。对肾的致病性 T 株是 100%、Holte 株为 90%、Gray 株为 85%、M41 株为 20%。各血清型间没有或仅有部分交叉免疫作用。

鸡传染性支气管炎病毒除血清型很复杂外，其致病型（生物型）也不尽相同，现有呼吸型、肾病变型、生殖道型、1995 年在我国出现的腺胃型等。致病型与血清型没有相关性，不同致病型的鸡传染性支气管炎病毒其血清学相关性可能很远，也可能很近，而相同致病型的鸡传染性支气管炎病毒其血清学相关性可能很远，也可能很近。此外，冠状病毒很容易发生变异，包括血清型的变异和致病型的变异。有证据表明在混合感染的情况下，

IBV 可以发生重组，因此很容易出现新的血清型或基因型，甚至是新的致病型。

病毒能在 10～11 日龄的鸡胚中生长，初次接种鸡胚，多数鸡胚能存活，少数生长迟缓。随继代次数增加，可增强对鸡胚的毒力，引起 80％的鸡胚死亡。特征性变化是：发育受阻、胚体萎缩。感染鸡胚尿囊液不凝集鸡红细胞，但经 1％胰酶或磷酸酶 C 处理后，则具有血凝性。病毒还可在鸡胚肾、肺、肝细胞培养上生长，也可在传代细胞（Vero）中连续传代。常用鸡胚肾细胞，多次继代后可产生细胞病变，表现为细胞质融合，形成合胞体，继而细胞坏死。相应的抗血清能抑制病毒的致细胞病变作用。

病毒对外界环境因素抵抗力不强，多数病毒株在 56℃15min 火沽，－20℃可保存 7 年之久。病毒对一般消毒剂敏感，如在 0.01％高锰酸钾中 3min 内死亡。病毒在室温中能抵抗 1％HCl（pH2）、1％苯酚和 1％NaOH（pH12）1h。

（二）临床症状

本病自然感染的潜伏期为 36h 或更长一些。本病的发病率高，雏鸡的死亡率可达 25％以上，但 6 周龄以上的死亡率一般不高，病程一般多为 1～2 周。雏鸡、产蛋鸡、呼吸型、生殖道型、腺胃型、肾病变型的症状不尽相同，现分述如下：

1. 雏鸡

无前驱症状，全群几乎同时突然发病。最初表现呼吸道症状，流鼻涕、流泪、鼻肿胀、咳嗽、打喷嚏、伸颈张口喘气。夜间听到明显嘶哑的叫声。随着病情发展，症状加重，缩头闭目、垂翅挤堆、食欲不振、饮欲增加，如治疗不及时，有个别死亡现象。

2. 产蛋鸡

表现轻微的呼吸困难、咳嗽、气管啰音，有"呼噜"声。精神不振、减食、拉黄色稀粪，症状不很严重，有极少数死亡。发病第 2 天产蛋开始下降，1～2 周下降到最低点，有时产蛋率可下降一半，并产软蛋和畸形蛋，蛋清变稀，蛋清与蛋黄分离，种蛋的孵化率也降低。产蛋量回升情况与鸡的日龄有关，产蛋高峰的成年母鸡，如果饲养管理较好，经两个月基本可恢复到原来水平，但老龄母鸡发生此病，产蛋量大幅下降，很难恢复到原来的水平，可考虑及早淘汰。

3. 肾病变型

多发于 20～50 日龄的幼鸡。在感染肾病变型的传染性支气管炎毒株时，由于肾脏功能的损害，病鸡除有呼吸道症状外，还可引起肾炎和肠炎。肾型支气管炎的症状呈二相性：第一阶段有几天呼吸道症状，随后又有几天症状消失的"康复"阶段；第二阶段就开始排水样白色或绿色粪便，并含有大量尿酸盐。病鸡失水，表现虚弱嗜睡，鸡冠褪色或呈紫蓝色。肾病变型传染性支气管炎病程一般比呼吸器官型稍长（12～20d），死亡率也高（20％～30％）。

4. 呼吸型

潜伏期 36h 或更长，人工感染为 18～36h。病鸡突然出现呼吸症状，并迅速波及全群。4 周龄以下鸡常表现伸颈、张口呼吸、喷嚏、咳嗽，有呼吸啰音，病鸡全身衰弱，精神不振（图 1-16），食欲减少，羽毛松乱，昏睡、翅下垂。常拥挤在一起。个别鸡鼻窦肿胀，流黏性鼻汁，眼泪多，逐渐消瘦。康复鸡发育不良。

5～6周龄以上鸡，突出症状是啰音、气喘和微咳，同时伴有减食、沉郁或下痢症状。

病程一般为1～2周，有的拖延至3周。雏鸡的死亡率可达25%，6周龄以上的鸡死亡率很低。

5. 生殖道型

出现轻微的呼吸道症状，产蛋鸡产蛋量下降，并产软壳蛋、畸形蛋或粗壳蛋（图1-17）。蛋的质量变差，如蛋白稀薄呈水样，蛋黄和蛋白分离以及蛋白黏着于壳膜表面等。

6. 腺胃型

呼吸道症状轻微或不出现，病鸡沉郁、减食、羽毛蓬乱、腹泻、迅速消瘦、体重减轻。

图1-16　病鸡全身衰弱，精神不振　　　　图1-17　病鸡产软壳蛋、畸形蛋或粗壳蛋

（三）病理变化

1. 呼吸型

气管、支气管、鼻腔和窦内有浆液性、卡他性和干酪样渗出物（图1-18）。气囊混浊含有黄色干酪样渗出物。在病死鸡的气管式支气管中可见有干酪样渗出物。

2. 生殖道型

产蛋母鸡的腹腔内可以发现液状的卵黄物质，卵泡充血、出血、变形。18日龄以内的幼雏，有的见输卵管发育异常，致使成熟期不能正常产蛋。

3. 肾病变型

病鸡消瘦，脱水，肾肿大出血，呈斑驳状的"花斑肾"（图1-19），肾小管和输尿管因尿酸盐沉积而扩张。在严重病例，白色尿酸盐沉积可见于其他组织器官表面。

4. 腺胃型

病鸡消瘦，腺胃肿大出血，黏膜有溃疡、坏死。

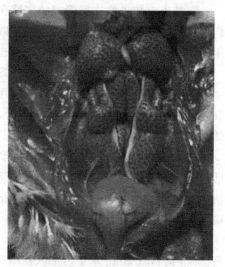

图1-18 气管干酪样渗出物　　　　　　图1-19 肾肿大出血，花斑肾

(四) 流行病学特征

本病仅发生于鸡，但小雉可感染发病，其他家禽均不感染。各种年龄的鸡都可发病，但雏鸡最为严重。有母源抗体的雏鸡有一定抵抗力（约4周）。适应于鸡胚的毒株脑内接种乳鼠，可引起乳鼠死亡。

病鸡和带毒鸡是本病主要的传染源。病毒存在于呼吸道、消化道、生殖道的分泌液中，排出病毒，污染的垫料、饲料和饮水，可成为传播媒介，病鸡康复后可带毒49d，在35d内具有传染性。传播途径主要是呼吸道，主要传播方式是病鸡从呼吸道排出病毒，经空气飞沫传染给易感鸡。此外，通过污染的饲料、饮水可经消化道传染，也可经蛋垂直传播。

呼吸型呈流行性发生，传播迅速，发病率可达100%，肾型与腺胃型流行缓慢，常发生于20~80日龄鸡，生殖道型发生于产蛋鸡。过热、严寒、拥挤、通风不良，维生素、矿物质和其他营养物质缺乏以及疫苗接种等均可促进本病的发生。

(五) 预防及治疗

预防本病应考虑减少诱发因素，提高鸡只的免疫力。清洗和消毒鸡舍后，引进无传染性支气管炎病疫情鸡场的鸡苗，搞好雏鸡饲养管理，鸡舍注意通风换气，防止过于拥挤，注意保温，适当补充雏鸡口粮中的维生素和矿物质，制定合理的免疫程序。

疫苗接种是预防传染性支气管炎的一项主要措施。用于预防传染性支气管炎的疫苗种类很多，可分为灭活苗和弱毒苗两类。

灭活苗：采用本地分离的病毒株制备灭活苗是一种很有效的方法，但由于生产条件的限制，未被广泛应用。

弱毒苗：单价弱毒苗应用较为广泛的是荷兰引进的H120、H52株。H120对14日龄雏鸡安全有效，免疫3周保护率达90%；H52对14日龄以下的鸡会引起严重反应，不宜使用，但对90~120日龄的鸡却安全，故常用的程序为H120于10日龄、H52于30~45日龄接种。

037

新城疫、传染性支气管炎的二联苗由于存在着传染性支气管炎病毒在鸡体内对新城疫病毒有干扰的问题，所以在理论和实践上对此种疫苗的使用价值一直存有争议，但由于使用上较方便，并节省资金，故应用者也较多。

对传染性支气管炎尚无有效的治疗方法，人们常用中西医结合的对症疗法。由于实际生产中鸡群常并发细菌性疾病，故采用一些抗菌药物有时显得有效。对肾病变型传染性支气管炎的病鸡，有人采用口服补液盐、0.5%碳酸氢钠、维生素C等药物能起到一定的效果。

（1）发病时，可用龙达三肽，每套可注射1000羽成禽、2000羽初禽，一般注射一次即可。饮水，每套500羽成禽、1000羽初禽，集中3～4h饮完，一般饮水一次即可，病情严重者饮水两天，一天一次。并用抗菌药物防止继发感染。饲养管理用具及鸡舍要进行消毒。病愈鸡不可与易感鸡混群饲养。

（2）咳喘康，开水煎汁半小时后，加入冷开水20～25kg作饮水，连服5～7d。同时，每25kg饲料或50kg水中再加入盐酸吗啉胍原粉50g，效果更佳。

（3）每克强力霉素原粉加水10～20kg任其自饮，连服3～5d。

（4）每千克饲料拌入病毒灵1.5g、板蓝根冲剂30g，任雏鸡自由采食，少数病重鸡单独饲养，并辅以少量雪梨糖浆，连服3～5d，可收到良好效果。

（5）咳喘敏、阿奇喘定等有特效。

（六）实验室检测

1. 微量血凝抑制试验

（1）范围　本方法规定了鸡传染性支气管炎微量血凝抑制试验，适用于鸡传染性支气管炎的诊断和免疫抗体检测。

（2）微量血凝抑制试验

1）试剂　抗原与标准阳性血清，由指定单位提供，按说明书使用。

稀释液［pH7.4磷酸缓冲盐水（PBS）］，阿氏液（Alsever），配制方法见附录A。

2）器材　微量反应板：96孔，V形底，同一次试验使用的反应板孔底角度应相同。

3）操作方法

① 微量血凝试验

a. 于V形血凝板的每孔中滴加PBS 25μl，共滴4排。

b. 吸取抗原滴加于第一列孔，每孔25μl，然后按由左到右顺序倍比稀释至第11列孔，再从第11列孔各吸取25μl弃之。最后一列不加抗原作对照。各孔补加PBS 25μl。

c. 于每孔加入1%红细胞悬液25μl，置微量振荡器上振荡1min。

d. 放室温下（22～25℃）40min后根据血凝图像判定结果。

e. 凝集程度的判定

完全凝集（＋＋）：V形孔的尖部无红细胞沉淀块。

不完全凝集（＋）：V形孔的尖部有较明显的红细胞沉淀块，但整个孔底散布较多的凝集红细胞。

不完全沉淀（±）：V形孔的尖部有较多的沉淀红细胞，孔底其他部分有少量凝集红细胞散布。

完全沉淀（－）：红细胞都沉积于V形孔的尖部，孔底其他部分无可见的红细胞。

f. 以出现完全凝集的抗原最大稀释度为该抗原的血凝滴度。每次做四排，以几何均值表示结果。

g. 计算出含 4 个血凝单位的抗原浓度，将血凝滴度除以 4 即为 4 个血凝单位的抗原应稀释的倍数。

② 微量血凝抑制试验

a. 取 25μl PBS 分别加入 V 形 96 孔微量血凝板的各孔内。

b. 吸取被检血清 25μl 于第 1 孔中，混匀后吸 25μl 于第 2 孔，依次倍比稀释至第 11 孔，最后弃去 25μl。

c. 除第 1 列孔不加抗原外，吸取 4 个血凝单位的抗原 25μl 加入第 2～12 列各孔。

d. 置室温下感作 30min。

e. 加 25μl 1% 红细胞悬液于各孔中，振荡混匀后，室温下静置 40min，判读结果。

f. 第 1 列孔为血清对照孔，第 12 列为抗原对照孔，每次测定还应设已知滴度的标准阳性血清作对照。

g. 判定

红细胞凝集程度的判定：同①、e 的判定。

血凝抑制试验结果的判定：在抗原对照出现完全凝集、血清对照出现完全沉淀的情况下，以完全抑制红细胞凝集的最大稀释倍数为该血清的血凝抑制滴度。若鸡群没有接种过鸡传染性支气管炎疫苗，且有的鸡血清滴度达到 4log2 以上，说明鸡群已受传染性支气管炎的感染。

2. 病原的分离

（1）样品的采集

1）对于急性呼吸道型的病鸡，应采取气管渗出物；对于刚扑杀的病鸡则采取支气管和肺组织。

2）对于肾型和产蛋下降型的病鸡，应采取发病鸡的肾脏或输卵管。也可从大肠，尤其是盲肠扁桃体或粪便中分离病毒，但从消化道分离到的病毒未必与现流行或发生的病毒有直接关系。

（2）样品的处理

1）将样品放在含有 10000IU/ml 青霉素和 10mg/ml 链霉素的 pH7.4 的磷酸盐缓冲盐水（PBS）内，置冰盒内送往实验室。pH 7.4 的 PBS 的配方见附录 A。

2）将病料磨碎，加含抗生素的 PBS 制成体积分数为 20% 的组织悬液，冻融 3 次，以 3000g 离心 20min，取上清液，加入终浓度为 1000IU/ml 的青霉素和终浓度为 1mg/ml 的链霉素，37℃下作用 1h 后用于鸡胚接种。

（3）分离培养

1）取病料上清液，接种于 5 枚 9～11 日龄的 SPF 鸡胚尿囊腔内，另取 5 枚接种 PBS，接种量均为 0.2ml/枚。37℃孵育。每天照蛋，24h 内死亡的鸡胚弃去。收集接种后 3～7d 的鸡胚尿囊液，将所有尿囊液混合，用 1000IU/ml 青霉素和 1mg/ml 链霉素的 PBS 稀释 5～10 倍，继续在鸡胚内传代。典型的野毒株通常在鸡胚中传至第 2 代或第 3 代时，可见侏儒胚，传至第 3 代，某些鸡胚可出现死亡。含毒尿囊液置 -60℃ 以下可长期保存，也可以冻干 4℃ 保存。

2）将分离物经鸡胚传 3 代或 3 代以上，收获接种后 7d 仍存活的鸡胚，取胎儿，用剪刀剪除胎儿体外的附属物,并用吸水纸吸干胎儿表面的液体。如接种胎儿重量比对照胚最轻胎儿重量少 2g 以上者,可初步判定为有病毒感染。

3)对病毒的进一步鉴定可通过反转录-聚合酶链式反应(RT-PCR)进行。

3. 反转录聚合酶链式反应(RT-PCR)

(1)核酸抽提

1)材料准备

① 被检样品:所采集的病料(肺或肾等组织样品、棉拭子、尿囊液和细胞培养物)应新鲜,或者置于 −20℃或 −70℃低温冰箱保存。

a. 组织样品的处理:往 1~3g 肺脏或肾脏等组织样品中加灭菌的 0.85% 生理盐水研磨成 5~10 倍悬浮液,反复冻融 2~3 次后,以 4000g 离心 10min 后取上清液作核酸提取用。

b. 棉拭子的处理:将棉拭子充分捻动拧干后弃去,0.5ml 样品液经 4000g 离心 10min 取上清液作核酸提取用。

c. 细胞培养物:取 1ml 细胞培养物反复冻融 2~3 次后,以 4000g 离心 10min 后取上清作核酸提取用。

d. 阴性尿囊液:10 日龄 SPF 鸡胚尿囊液。

e. 阳性病毒液:传染性支气管炎病毒 M41 株接种 10 日龄 SPF 鸡胚,孵育 48h 后收获尿囊液。

② 异丙醇

③ 灭菌 1.5ml 离心管

④ 无 RNA 酶水

⑤ 三氯甲烷(分析纯)

⑥ 无 RNA 酶水配制的 75% 乙醇溶液

2)操作方法

① 取 100μl ①、b. 中的上清液或尿囊液置于一灭菌的 1.5ml 离心管中,同时设立阴性尿囊液或隐性细胞培养液和传染性支气管炎病毒 M41 株阳性病毒液为对照,再分别加入 900μl 冰冷的裂解液,剧烈混合样品 15s,室温放置 5min。

② 加入 200μl 三氯甲烷,颠倒离心管混合 2 次,剧烈混合 10s,4℃ 下以 10000g 离心 15min。

③ 吸取 500μl 上层水相于新的 1.5ml 灭菌离心管中,加入 500μl 异丙醇,4℃ 放置 10min。4℃ 以下 10000g 离心 15min。

④ 小心弃去全部上清液,加入 1ml 无 Rnase 水配制的 75% 乙醇溶液,上下轻缓颠倒两次,4℃ 下以 7500g 离心 5min。

⑤ 弃去全部上清,风干 5~10min,即制得 RNA。

(2)反转录(RT)

1)材料准备

① 反转录酶(reverse transcriptase)XL(AMV),核糖核酸酶抑制剂(Rnasin)和反转录引物。反转录引物为 6 个碱基长度的随机引物,序列为 5′d(NNNNN)3′,其中 N 代表碱基中的 A 或 C 或 G 或 T。

② 10 mmol/L DNTPS

③ 0.5ml 灭菌 PCR 管

2）操作方法

① 在一个洁净的 0.5ml 灭菌 PCR 管中依次加入 5×AMV 缓冲液 2μl、10 mmol/L DNTP0.5μl、反转录引物 20pmol、核糖核酸酶抑制剂（Rnasin）10U，反转录酶 AMV2.5U，用无 RNase 水补足总体积至 25μl，轻缓混匀。

② 用①中的反转录混合液重悬（1）、2）、⑤中制备的 RNA，置于室温 10min。

③ 放入 42℃水浴 1h，取出冰浴 2min，所得的反应液即为反转录产物 cDNA。然后将 cDNA 置于-20℃保存或直接做 PCR。

（3）核酸扩增

1）材料准备

① Taq 酶，2.5mmol/L DNTPS，100bp DNA 分子质量标准。

② PCR 混合引物 4PS：包括两对引物（Ms/Mx 和 3′s/3′x），分别针对传染性支气管炎病毒（IBV）基因组的 M 基因及基因组 3′末端的非编码区，这两个基因区间保守性强。在该混合引物中，Mx/Ms 浓度为 4pmol/μl，3′s/3′x 浓度为 5pmol/μl。引物序列如下。

—3′s：5′ GGA AGA TAG GCA TGT AGCTT3′（20nt）。

—3′x：5′CTA ACT CTA TAC TAG CCT AT3（20nt）。

—MS：5′CCT AAG AAC GGI TGG AAT3′（18nt）。

—MX：5′TAC TCT CTA CAC ACA CAC 3′（18nt）。

③ 0.5ml 灭菌离心管。

④ 2.0%琼脂糖凝胶（含 0.5μl/ml 溴化乙锭），配制方法见附录 A。

2）操作方法

① 在一个洁净的 0.5ml 灭菌 PCR 管中依次加入无 RNase 水 18.5μl、10×PCR 缓冲液 2.5μl、2.5mmol/L dNTPs2ML、4PS PCR 混合引物 1.5μl、2.5UTaq 酶 0.5μl，轻缓混匀。

② 加入 2μl（2）、2）、③中制备的 cDNA，轻缓混匀。

③ 置于 PCR 仪中运行，94℃3min，94℃40s，53℃30s，72℃30s，30 个循环；72℃，7min。同时设立以传染性支气管炎病毒 M41 株的 cDNA 为模板的阳性对照。

④ PCR 产物的检测：待 PCR 反应结束后，每个 PCR 样品取 5μl 于含 0.5μl/ml EB 的 2.0%琼脂糖凝胶孔中电泳，同时加入 5μl 标准 100bpDNA 分子量标准物作为参照。在 75V 恒压电泳 30min，取凝胶置于紫外灯下观察或成像。

（4）检测与判定

1）阳性对照在约 740bp 和 290bp 处分别有一条特异的 DNA 条带，阴性对照则无相应的特异条带出现，则实验成立。

2）待检样品在相应位置如出现特异性条带，或者仅在约 740bp 处出现条带或者仅在 290bp 处出现特异条带，则均可判为阳性。

附录 A
（规范性附录）

试剂配制

A.1 pH7.4 磷酸缓冲盐水（PBS）的配制

磷酸氢二钠	29.02g
磷酸二氢钠	2.96g
氯化钠	8.5g

取上述试剂溶于 1000ml 蒸馏水中，68.94kPa 灭菌 15min，4℃保存。

A.2　2.0% 琼脂糖凝胶

在 100ml TAE 缓冲液（0.04mol/L Tris-乙酸，0.001mol/L EDTA）中加入 2.0g 琼脂糖，融化后加入溴化乙锭（EB）至终浓度 0.5μg/ml 后即可灌制凝胶。

A.3　阿氏（Alsevers）液配制

葡萄糖	2.25g
柠檬酸三钠	0.91g
柠檬酸	0.06g
氯化钠	0.42g

加蒸馏水至 100ml，分装，90kPa20min 高压灭菌，4℃保存备用。

五、鸡传染性喉气管炎

鸡传染性喉气管炎（Infectious laryngotracheitis，ILT）是由传染性喉气管炎病毒引起的一种急性接触性呼吸道传染病。其特征为呼吸困难，咳嗽（咳出含有血液的渗出物），喉部和气管黏膜肿胀，出血并形成糜烂。该病传播快，死亡率高，是目前严重威胁养鸡业的重要呼吸道传染病之一，OIE 将本病列为 B 类动物疫病，我国将其列为二类动物疫病。

本病 1925 年首次报道于美国，1930 年证实病原为病毒，1931 年统一命名为传染性喉气管炎，现已广泛流行于世界许多养禽的国家和地区；我国于 1986 年发现了血清学阳性病例，1992 年分离到病毒。

(一) 病毒特征

鸡传染性喉气管炎病毒（Infectious laryngotracheitis virus，ILTV），属疱疹病毒科禽疱疹病毒 1 型（Callid herpesvirus1）。病毒粒子呈球形，无囊膜的核衣壳直径大小为 80～100nm，有囊膜的核衣壳为 20 面体对称，上有 162 个中空的长壳粒，中心部分由双股 DNA 所组成。病毒大量存在于病鸡的气管组织及其渗出物中。肝、脾和血液中较少见。

病毒容易在鸡胚中繁殖，通过鸡胚绒毛尿囊膜接种，48h 后会形成白色不透明的痘斑，这是最为特征的病灶，使鸡胚感染后 2～12d 死亡。病毒易在鸡胚细胞培养物上生长繁殖，最早（接种后 4～6h）的细胞变化为核染色质变位和核仁变圆；随后细胞质融合，成为多核的巨细胞合胞体，并且早在接种后 12h 便能检出核内包涵体，随着培养时间的延长，多核细胞的细胞质出现大的空泡，并且由于细胞变性而变得更为嗜碱性。

ILTV 的不同毒株在致病性和抗原性均有差异，但目前只有一个血清型。由于不同毒株对鸡的致病力差异很大，给本病的控制带来困难，毒力可用对鸡胚的毒力、基因组 DNA 的酶切分析和 DNA 杂交等试验区分。高毒株的病死率为 50%～70%，而低毒株病死率只有 20%。

本病毒的抵抗力很弱，55℃只能存活 10～15min，37℃存活 2～24h，13～23℃能存活 10d。对乙醚、氯仿、热和一般消毒剂都敏感，如 3%来苏尔或 1%氢氧化钠溶液 1min 即可杀死，在 38℃肉汤中 48h 失活，55～75℃生理盐水中很快被灭活，未经冷藏的鸡气管组织中的病毒于 4h 内死亡，绒毛尿囊膜中的病毒在 25℃下几小时即可灭活。冻干或 −60～−20℃低温可长期保存。

病毒在甘油盐水中保存良好，37℃可存活 7～14d，22℃可存活 14～21d，4℃可存活 100～200d。

（二）临床症状

潜伏期自然感染的为 6～12d，人工气管内接种的为 2～4d。急性感染的特征症状是鼻孔有分泌物，呼吸时发出湿性音，继而咳嗽和喘气。严重病例，呈现明显的呼吸困难（图 1-20），甩头，咳出血痰或带血的黏液，有时还能咳出干酪样的分泌物；检查口腔时，可见喉部黏膜上有淡黄色凝固物附着，不易擦去，多为窒息死亡。病鸡精神沉郁、流泪、羞明、眼睑部肿胀、食欲减退、迅速消瘦、鸡冠发紫，有时排绿色稀粪，衰竭死亡。产蛋率可下降 10%～20%或更多。病程 5～7d 或更长。有的逐渐恢复成为带毒者。

图 1-20　病鸡严重的呼吸困难

温和型感染多表现为黏液性气管炎、窦炎、流泪、结膜炎，有些呈地方流行性，其症状为生长迟缓，产蛋减少，严重病例见眶下窦肿胀，发病率仅为 2%～5%，病程长短不一，病鸡多死于窒息，呈间歇性发生死亡。

（三）病理变化

典型的病变为喉头、气管黏膜充血和出血、肿胀，并覆盖有黏液性分泌物（图 1-21），有时这种渗出物呈干酪样假膜或呈条状黏液出血块，甚至会完全堵塞气管。炎症可扩散到支气管、肺和气囊或眶下窦。比较缓和的病例，仅见结膜和窦内上皮的水肿及充血。

组织学变化主要见于喉头和气管，可见黏膜下水肿，有细胞浸润。在病的早期可见核内包涵体。

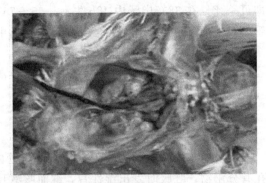

图 1-21　病鸡喉头、气管黏膜充血和出血、肿胀，并覆盖有黏液性分泌物

（四）流行病学特征

（1）易感动物　在自然条件下，主要侵害鸡，不同年龄的鸡均易感，但以 4～10 月龄的成年鸡症状最具特征。野鸡、孔雀、幼火鸡也可感染，而其他禽类和实验室动物有抵抗力。

（2）传染源　病鸡和康复后的带毒鸡是主要传染源。病毒存在于喉头、气管和上呼吸道分泌液中，通过咳出血液和黏液而传播；约 2% 康复鸡可带毒，时间可长达 2 年。现在用分子生物学方法已经证实三叉神经节是 ILTV 潜伏感染的主要部位，受到应激的潜伏感染鸡，ILTV 可以被激活、大量复制并排出。

（3）传播途径　ILTV 的自然侵入门户是上呼吸道和眼结膜，经消化道途径也能感染但很少见。易感鸡与接种活苗的鸡长时间接触，也可感染本病，说明接种活苗的鸡可在较长时间内排毒。被病鸡分泌物和排泄物污染的空气、设备、工作人员衣物、饲料和饮水，可成为传播媒介。目前还没有垂直传播的证据。

（4）流行形式及因素　本病一年四季均可发生，但以冬、春季节多发。在易感鸡群内传播很快，感染率可达 90% 以上，病死率为 5%～70%，一般平均在 10%～20%，高产的成年鸡病死率较高。急性病鸡传播本病比临诊康复带毒鸡的接触性传播更为迅速。

（五）预防及治疗

（1）预防　坚持严格隔离、消毒等措施是防止本病流行的有效方法，封锁疫点，禁止可能污染的人员、饲料、设备和鸡只的流动是成功控制的关键。野毒感染和疫苗接种都可造成 ILTV 带毒鸡的潜伏感染，因此避免将康复鸡或接种疫苗的鸡与易感鸡混群饲养尤其重要。

目前有两种疫苗可用于免疫接种。一种是弱毒疫苗，经点眼、滴鼻免疫。但 ILT 弱毒疫苗一般毒力较强，免疫鸡可出现轻重不同的反应（精神萎靡、采食下降或不食、闭眼流泪、呼吸音、有的出现和自然发病相同的症状），甚至引起成批死亡，接种途径和接种量应严格按说明书进行。另一种是强毒疫苗，可涂擦于泄殖腔黏膜，4～5d 后，黏膜出现水肿和出血性炎症，表示接种有效，但排毒的危险性很大，一般只用于发病鸡场。首次免疫时间一般在 35～40 日龄，二免时间在 90～95 日龄。接种后四五天即可产生免疫力，并可维持大约 1 年。鸡群存在有支原体感染时，禁止使用以上疫苗，否则会引起较严重的反应，非用不可时，在接种前后3d内应使用有效的抗生素治疗支原体。

正在研制中的基因工程疫苗可以克服常规疫苗引起潜伏感染的缺点，结合使用隔离封锁和卫生措施，可望在ILT的区域性消灭计划中发挥重要作用。目前，我国正在中试的基因工程疫苗有"鸡传染性喉气管炎和鸡痘基因工程活载体疫苗"，经大量试验，具有安全、无副反应、高效等优点。本疫苗系用表达鸡传染性喉气管炎病毒gB重组鸡痘病毒的鸡胚成纤维细胞培养物，经反复冻融后，加冻干保护剂冷冻干燥而成。

对暴发ILT的鸡场，所有未曾接种过疫苗的鸡只，均应进行疫苗的紧急接种。紧急接种应从离发病鸡群最远的健康鸡只开始，直全发病群。

（2）治疗　使用药物是对症疗法，仅可使呼吸困难的症状缓解。发生本病后，可用消毒剂每日进行消毒1～2次，以杀死环境中的病毒，同时用氯本尼考、泰乐菌素、庆大霉素等药物进行治疗，防止细菌继发感染。中药制剂在生产上应用有较好效果，可根据鸡群状况选用。

（六）实验室检测

依据标准：NY/T 556—2002。

1. 病毒分离鉴定技术

（1）材料准备

1）病料的准备

① 活体采样：用灭菌棉拭子深入口咽或气管采集分泌物，放入含青霉素4000IU/ml、链霉素4000μg/ml的无菌生理盐水中。也可用棉拭子刮取眼分泌物，放入含青霉素4000IU/ml、链霉素4000μg/ml的无菌生理盐水中。

② 尸体采样：无菌采取病死鸡喉头和气管，放入无菌的平皿或烧杯中，密封。

2）样品的运送　采集的样品应立即放入4℃冰箱保存，24h内送到实验室；不能在24h内送到实验室时，应将所采样品冷冻保存和运输。

3）样品处理

① 收到棉拭子样品后，先经冻融2次，并充分振动、挤干棉拭子，将样品液经10000r/min离心10min，取上清液，加入青霉素4000IU/ml、链霉素4000μg/ml，于37℃作用30min，作为接种材料。

② 组织样品：无菌条件下将组织剪碎，按1：4加入生理盐水后用研磨器磨制成20%的匀浆悬浮液，再经10000r/min离心10min，取上清液，加入青霉素4000IU/ml、链霉素4000μg/ml，于37℃作用30min，作为接种材料。

（2）操作方法

1）样品接种　取经过处理的样品，接种9～12日龄的鸡胚绒毛尿囊膜。每枚0.2ml，接种后的鸡胚在37℃孵育，每天观察鸡胚2次，连续观察7d，弃去24h内死亡的鸡胚，24～120h内死亡的鸡胚，放4℃冷却后，观察鸡胚绒毛尿囊膜上有无痘斑形成。有痘斑者，取出鸡胚绒毛尿囊膜和尿囊液，无菌研磨后，置－20℃冻存备用；无痘斑者，亦取出鸡胚绒毛尿囊膜和尿囊液，无菌研磨，反复冻融，离心后，接种9～12日龄的鸡胚绒毛尿囊膜盲传。如此盲传3代以上，如仍无病变，则判为鸡传染性喉气管炎阴性。

2）病毒鉴定　病毒分离物的鉴定：用鸡传染性喉气管炎标准阳性血清（效价在1：32以上）和标准阴性血清与分离物做鸡胚中和试验，固定血清。

血清处理：将传染性喉气管炎标准阳性血清和标准阴性血清56℃灭活处理30min。

病毒稀释：将病毒分离物用含青霉素1000IU/ml、链霉素1000μg/ml的灭菌生理盐水稀释，稀释方法见表1-5。

表1-5　病毒分离稀释方法

管号	病毒分离物稀释度	试管中的混合液
1	2×10^{-1}	1ml病毒分离物原液＋4ml稀释液
2	2×10^{-2}	1ml 2号管＋9ml稀释液
3	2×10^{-3}	1ml 3号管＋9ml稀释液
4	2×10^{-4}	1ml 4号管＋9ml稀释液
5	2×10^{-5}	1ml 5号管＋9ml稀释液

病毒-血清混合液：设两排试验管，每排4个管，第1排每管放0.6ml标准阳性血清，第2排每管放0.6ml阳性血清，然后向每排1～4号试验管内分别加入$2 \times 10^{-5} \sim 2 \times 10^{-2}$稀释的病毒悬液各0.6ml，将病毒-血清悬液混合并置冰箱（4～8℃）4h。

鸡胚接种及结果判定：取经处理过的病毒-血清混合液，分别接种9～12日龄的鸡胚绒毛尿囊膜，0.2ml/枚，每管接种5枚，接种后的鸡胚在37℃孵育，每天观察鸡胚2次，连续观察7d，弃去24h内死亡的鸡胚；24～120h内死亡的鸡胚，放4℃冷却后，观察鸡胚绒毛尿囊膜上有无痘斑形成；120h仍不死亡的鸡胚，亦取出，置4℃冷却后，观察鸡胚绒毛尿囊膜上有无痘斑形成。记录观察结果，按半数致死量（Reed-Muench）方法计算EID_{50}，计算方法见附录A。

（3）结果判定　如分离物能引起鸡胚绒毛尿囊膜出现典型的痘斑，并且经鸡胚中和试验，其阴性血清组和阳性血清组的EID_{50}的对数之差大于或等于2.5时，则判定分离物为鸡传染性喉气管炎病毒。

2. 琼脂凝胶免疫扩散试验

（1）材料准备

1）琼脂扩散抗原与标准阳性血清

2）被检血清　无菌采血，分离血清，4℃或−20℃保存备用。

3）琼脂平板　配制方法见附录B。

（2）操作方法

1）琼脂板打孔　在琼脂糖平皿上，按坐标纸上画好的梅花形（见图1-22）打孔，孔径4mm，孔间距3mm。挑出孔内琼脂，在火焰上封底。

2）加样　用微量移液器加样，中央孔（⑦孔）加抗原，①、③、⑤孔加标准阳性血清，②、④、⑥孔加待检血清，每孔均以加满不溢出为度。

3）反应　加样完毕后，静置10min，放入37℃带盖的湿盒中反应，分别在12h、24h、36h观察并记录结果。

（3）结果判定

1）判定方法　将琼脂板置暗背景或强光照射下观察。标准阳性血清孔与抗原孔之间出现一条清晰的沉淀线，则试验成立；若无沉淀线或沉淀线不明显，

① ②
⑥ ⑦ ③
⑤ ④

图 1-22
打孔样式

则试验不成立，应重做。

2）判定标准

① 被检样品孔与中央孔之间形成清晰的沉淀线，并与标准阳性血清孔的沉淀线相融合者，为阳性。

② 被检血清孔与抗原之间不形成完整的沉淀线，但标准阳性血清孔与抗原孔之间的沉淀线末端向被检血清孔的内侧弯曲，判为弱阳性。

③ 被检血清孔与抗原之间无沉淀线，标准阳性血清孔与抗原孔之间的沉淀线直伸向被检血清孔的边沿无弯曲者，判为阴性。

④ 有的被检血清与抗原之间可能出现两条以上沉淀线，其中一条与标准阳性血清-抗原间沉淀线融合者判为阳性；均不融合者为阴性，此沉淀线为非特异性沉淀线。

附录 A
（规范性附录）

鸡胚半数感染量（EID_{50}）测定方法（Reed-Muench 法）

A.1 定义

鸡胚半数感染量（EID_{50}）是指能使 50% 鸡胚感染的病毒量，常用 Reed- Muench 法计算。

A.2 计算公式

按式（1-4）、式（1-5）计算：

$$lgEID_{50} = 高于50\%死亡率的病毒稀释度的对数 + 距离比例值 \times 稀释倍数的对数 \tag{1-4}$$

$$距离比例值 = \frac{高于50\%死亡率 - 50\%}{高于50\%死亡率 - 低于50\%死亡率} \tag{1-5}$$

A.3 举例

病毒毒价测定（接种数量 0.1ml/枚）见表 1-6。

表 1-6 病毒毒价测定

接种病毒稀释	鸡胚		累计数		死亡数/总数比例	死亡百分数/%
	死亡数	键活数	死	活		
2×10^{-4}	5	0	12	0	12/12	100
2×10^{-5}	4	1	7	1	7/8	88
2×10^{-6}	2	3	3	4	3/7	43
2×10^{-7}	1	4	1	9	1/9	11

表 1-6 中第 1 列为接种的稀释度，第 2 列为死亡鸡胚数，第 3 列为活鸡胚数，后面的两列分别是第 2 列和第 3 列的累计数。

$$距离比值 = \frac{88\% - 50\%}{88\% - 43\%} = \frac{38}{45} = 0.84$$

$$lgEID_{50} = -5 + 0.84 \times (-1) = -5.84$$

$$EID_{50} = 10^{-5.84}/0.1ml$$

附录 B
（规范性附录）

琼脂平板制备方法

用含 8％氯化钠的蒸馏水加万分之一叠氮化钠配制成 1％琼脂糖，103kPa 高压蒸汽灭菌或水浴加热使琼脂充分溶化，放入直径为 85mm 的培养皿中，每皿 16ml，平置，室温下凝固后，置 4℃备用。

六、鸡传染性法氏囊病

鸡传染性法氏囊病（Infoecious bursal disease，IBD）又称甘布罗病，是由传染性法氏囊病毒引起的幼鸡一种急性、热性高度接触性传染病。主要症状为发病突然，传播迅速，发病率高，病程短，剧烈腹泻，极度虚弱。特征性的病变是法氏囊水肿、出血、肿大或明显萎缩，肾脏肿大并有尿酸盐沉积，腿肌、胸肌出血，腺胃和肌胃交界处条状出血。幼鸡感染后，可导致免疫抑制，并可诱发多种疫病或使多种疫苗免疫失败，是目前危害养鸡业的最严重的传染病之一，OIE 将本病列为 B 类动物疫病，我国把其列为二类动物疫病。

本病最早于 1957 年发生于美国特拉华州的甘布罗（Gumboro），所以又称为甘布罗病（Gumboro disease），1962 年 Cosgrove 首次对该病进行了描述，目前在世界养鸡的国家和地区广泛流行。我国于 1979 年先后在北京、广州等地发现本病并分离到病毒，之后逐渐蔓延至全国各地，是近年来严重威胁我国养鸡业的重要传染病之一。

（一）病毒特征

传染性法氏囊病病毒（Infectious bursal disease virus，IBDV）又名传染性囊病病毒，属于双 RNA 病毒科（Birnaviridae）、禽双 RNA 病毒属（*Avibirnavirus*）。IBDV 是禽双 RNA 病毒属的唯一成员。它的基因组由两个片段的双股 RNA 构成，故命名为双股双节 RNA 病毒。病毒是单层衣壳，无囊膜，病毒粒子呈球形，直径 50～60nm，20 面立体对称，基因组含 A、B 两个线状双股 RNA 分子。病毒无红细胞凝集特性。

IBDV 由 5 种结构蛋白组成，分别为 VP1、VP2、VP3、VP4、VP5。VP2 能诱导产生具有保护性的中和抗体，VP2 与 VP3 是 IBDV 的主要蛋白，可共同诱导具有中和病毒活性的抗体产生。抗 VP2 单克隆抗体可鉴别病毒的 2 个血清型，而抗 VP3 单克隆抗体能确定 2 个血清型共有的群特异性抗原。目前已知 IBDV 有 2 个血清型，即血清 I 型（鸡源性毒株）和血清 II 型（火鸡源性毒株）。二者有较低的交叉保护，仅 I 型对鸡有致病性，火鸡和鸭为亚临诊感染。采取交叉中和试验，血清 I 型毒株可分为 6 个亚型（包括变异株），这些亚型毒株在抗原性上存在明显的差别，用交叉中和试验测知亚型间的相关性为 10％～70％，这种毒株之间抗原性差异可能是免疫失败的原因之一。Snyder 等用单抗反应证明，IBDV I 型病毒在田间已发生一种主抗原漂移。毒株的毒力有变强的趋势，1990 年初，在美、欧及东南亚从用经典疫苗株免疫的鸡群中分离到 I 型的高毒力变异株，被称为超强毒株（Very virμlent strain），病死率超过 50％。

本病毒能在鸡胚上生长繁殖，经尿囊腔接种所繁殖的病毒滴度比毛尿囊膜（CAM）接种低，而卵黄囊接种者介于二者之间。因此分离病毒的最佳接种途径是CAM。病毒经CAM接种后3～5d鸡胚死亡，胚胎全身水肿，头部和趾部充血和小点出血，肝有斑驳状坏死。由变异株引起的病变仅见肝坏死和脾肿大，不致死鸡胚。

在鸡胚中适应的IBDV毒株也能适应细胞培养，其中包括鸡胚成纤维细胞（CEF）、鸡胚肾细胞（CKC）、鸡淋巴细胞（LSCC-BK3）、鸭胚细胞、鸡胚法氏囊细胞（CEB）和一些禽源及哺乳动物源传代细胞系。病毒能适应鸡源细胞培养，经2～3代后，可产生细胞病变，并能形成蚀斑。初次分离的病毒不能适应鸡胚肾细胞培养，但在法氏囊细胞传4代后，叫适应鸡胚肾细胞，连续传2代后，可产生细胞病变和形成蚀斑，有些毒株不易在CEF上生长。LSCC-BK3可用于有些毒株的初次分离，从而省去了对鸡胚的适应过程，简化了试验操作。

病毒在外界环境中极为稳定，在鸡舍内可存活4个月以上，在饲料中可存活7周左右。根据报道，病鸡舍将病鸡清除后54～122d，再放入易感鸡仍可感染发病。病毒特别耐热，56℃ 3h病毒效价不受影响，60℃ 90min病毒不被灭活。对乙醚、氯仿不敏感，耐酸不耐碱，对甲醛、过氧化氢、复合碘胺类消毒药敏感，70℃ 30min可灭活病毒。

（二）临床症状

本病潜伏期为2～3d。根据临诊表现可分为典型感染和非典型（或叫亚临床型）感染。

典型感染多见于新疫区和高度易感的鸡群，常呈急性暴发，有典型的临诊表现和固定的病程。最初常见个别鸡突然发病，1d左右波及全群。病鸡精神委顿、羽毛蓬松（图1-23）、采食减少、畏寒，常扎堆在一起，随即出现腹泻，排出白色黏稠和水样稀便，泄殖腔周围的羽毛被粪便污染。严重者病鸡头垂地，闭眼呈昏睡状态，对外界刺激反应迟钝或消失。后期体温低于正常，严重脱水，极度虚弱，最后死亡，病程1～3d。整个鸡群的

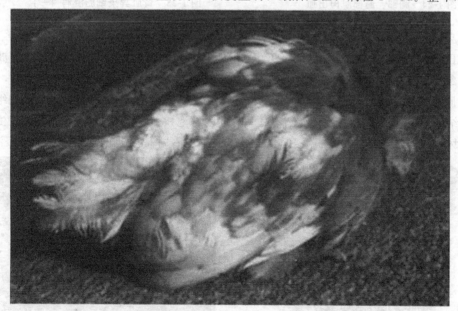

图1-23　病鸡精神委顿、羽毛蓬松

死亡高峰在发病后 3～5d，以后 2～3d 逐渐平息，病死率一般在 30％左右，严重者可达 60％以上。部分病鸡的病程可拖延 2～3 周，但耐过鸡往往发育不良，消瘦，贫血，生长缓慢。

非典型感染主要见于老疫区或具有一定免疫力的鸡群，或是感染低毒力毒株的鸡群。表现感染率高、发病率低、症状不典型、法氏囊萎缩、病死率较低，但由于产生免疫抑制严重，危害性更大。

（三）病理变化

IBD 的病死鸡表现脱水，胸部、腿部肌肉出血（图 1-24）。法氏囊的病变具有特征性，可见法氏囊内黏液增多，法氏囊水肿和出血，体积增大，重量增加（图 1-25），比正常值重 2 倍以上，有些呈胶冻样水肿，5d 后法氏囊开始萎缩，切开后黏膜皱褶多混浊不清，黏膜表面有点状出血或弥漫出血，严重者法氏囊出血肿大呈紫葡萄状，内有干酪样渗出物。肾脏有不同程度的肿胀。腺胃和肌胃交界处见有条状出血点。泄殖腔内积有大量灰白色稀粪，内含石灰渣样物质。盲肠扁桃体出血、肿胀，有时可见肝、脾、肺等器官出血。

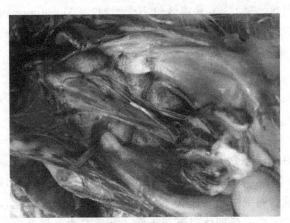

图 1-24　胸部、腿部肌肉出血　　　　图 1-25　肾脏异染细胞浸润（一）

非典型感染的病例常见法氏囊萎缩，皱襞扁平，囊腔内有干酪样物质。组织学变化，可见法氏囊髓质区的淋巴细胞坏死和变性，使正常的滤泡结构发生改变。淋巴细胞被异染细胞、细胞残屑的团块和增生的网状内皮细胞所取代。滤泡的髓质区形成囊状空腔，出现异嗜细胞和浆细胞的坏死和吞噬现象。法氏囊上皮层增生，形成一种柱状上皮细胞组成的腺体状结构，在这些细胞内有黏蛋白小体。脾脏生发滤泡和小动脉周围的淋巴细胞鞘发生淋巴细胞性坏死。肾组织可见异染细胞浸润（图 1-26）。肝血管周围可见到轻度的单核细胞浸润。

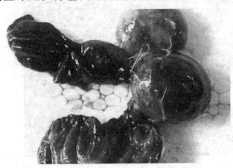
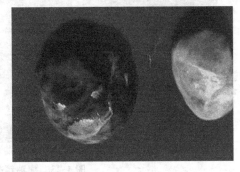

图 1-26　肾脏异染细胞浸润（二）

（四）流行病学特征

易感动物：自然感染仅发生于鸡，各品种的鸡都能感染，但土种散养鸡发生较少。主要发生于 2～15 周龄的鸡，3～6 周龄的鸡最易感，且在同一鸡群中可反复发生。1～14 日龄的鸡通常可得到母源抗体的保护，易感性较小。成年鸡因法氏囊已退化，一般呈隐性经过，但近年有 138 日龄的鸡也发生本病的报道。人工感染 3～6 周龄的火鸡仅表现亚临诊症状，法氏囊病变仅见有组织学变化。国内有鸭和鹌鹑等自然感染发病的报道，并有人从麻雀中分离到病毒。

传染源：病鸡和带毒鸡是主要传染源，其粪便中含有大量的病毒，它们可通过粪便持续排毒 1～2 周。病毒可持续存在于鸡舍中。

传播途径：感染途径包括消化道、呼吸道和眼结膜等，带毒鸡胚可垂直传播。本病可直接接触传播，也可经病毒污染的饲料、饮水、垫料、用具、空气、人员等间接传播。

流行形式及因素：本病往往突然发生，传播迅速，当鸡舍发现有被感染鸡时，在短时间内该鸡舍所有鸡都可被感染，通常在感染后第 3 天开始死亡，5～7d 达到高峰，以后很快停息，表现为高峰死亡和迅速康复的曲线。病死率差异很大，有的仅为 3%～5%，严重发病群病死率可达 60% 以上，一般为 15%～20%。据不少国家报道，发现有 IBD 超强毒毒株存在，病死率可高达 70%。由于本病易造成免疫抑制，使鸡群对大肠杆菌病、新城疫、鸡支原体病等易感性增加，常出现混合感染，导致病死率升高；饲养管理不当、卫生条件差、消毒不严格等因素的存在可加重本病的流行。

本病无明显的季节性和周期性，只要有易感鸡存在并暴露于污染的环境中，任何时候均可发生。

（五）实验室检测

参照标准：GB/T 19167—2003。

1. 病毒的分离及其鉴定

（1）材料准备　灭菌组织研磨器、离心机、37℃温箱、孵化器、灭菌吸管、橡胶吸头、灭菌小瓶、灭菌 6# 针头、灭菌注射器、石蜡。

（2）病料的采集和处理　采集具有病变的新鲜法氏囊，用加有抗生素（3000IU/ml 青霉素和 3000μg/ml 链霉素）的胰蛋白酶缓冲液或生理盐水制成 20% 的组织匀浆液，在 37℃ 作用 30～60min，1500r/min 离心 20min，收集上清液。经菌检培养为阴性后作为接种材料。

（3）鸡胚接种

1）接种　将收集的上清液以每只 0.2ml 的量经绒毛尿囊膜接种 9～11 日龄无传染性法氏囊病母源抗体鸡胚或 SPF 鸡胚（无特定病原体鸡胚），接种后用石蜡封住接种孔。37℃孵育，每天照蛋检查，弃去 24h 内死亡的鸡胚。

2）鸡胚剖检结果判定

① 标准 IBDV 分离物接种后判定：标准的 IBDV 分离物接种鸡胚后 3～5d 可致鸡胚死亡，死亡鸡胚充血，在羽毛囊、趾关节和大脑有血斑性出血。肝脏多可见坏死，也可见色淡似熟肉样。

② IBDV 变异株分离物接种后判定：IBDV 变异株经毛尿囊膜接种鸡胚，一般不致死鸡胚，接种后 5～6d 剖检，可见鸡胚大脑和腹部皮下水肿、发育迟缓、呈灰白色或奶油

色，肝脏常有胆汁着色或坏死，脾脏通常肿大 2～3 倍，但颜色无明显变化。

（4）易感雏鸡接种试验

1）接种　取（2）述及的病料上清液 0.5ml，经点眼、口服感染 5 只 14～21 日龄无 IBDV 母源抗体鸡或 SPF 鸡。同时设健康对照组。接种 3d 后将鸡剖杀，检查法氏囊及脾脏。

2）剖检接种结果

① 标准 IBDV 接种结果：接种后偶见鸡死亡，剖检可见接种鸡法氏囊水肿、色黄，有时可见出血；脾脏有时可见轻度肿大，表面有灰色点状病变。健康鸡则正常。

② IBDV 变异株接种结果：接种后不出现死亡，3d 后剖检可见法氏囊萎缩、质硬，脾脏可见肿大 1～2 倍。健康鸡则正常。

（5）IBD 病毒的鉴定

1）琼脂凝胶免疫扩散（AGID）试验　准备已知的特异性鸡传染性法氏囊病标准阳性血清，用法氏囊匀浆制备待检抗原，同时制备正常的法氏囊匀浆作对照抗原，按 AGID 常规法滴加抗原和血清进行扩散，如在抗原孔和血清孔之间出现白色沉淀线者判分离物为阳性。

2）直接免荧光法

① 材料及方法

a. 高免血清：采用 CJ801 株毒制备的高免血清，经 AGID 测定效价为 1∶128 以上，经中和试验测定在 2^{12}（1∶2048）以上。

b. 直接荧光抗体的制备：采用 33％饱和硫酸铵盐析，沉淀免疫球蛋白，经透析并通过 SepHadex G50 柱去铵离子，用紫外分光光度计测定球蛋白浓度在 20～25mg/ml 左右，以异硫氢酸荧光素（FITC）按 1％量采用热标记方法标记，再经透析和 SepHadex G50 柱层析，收集荧光抗体，保存于－20℃冰箱备用。

c. 标本的制备及染色：取分离株法氏囊制成冰冻切片或用其组织制成压片。待自然干燥，以 4℃保存的冷丙酮溶液固定 10min，0.1mol/L pH7.2 盐酸缓冲液冲洗两次，蒸馏水冲洗一次，风干后用（1∶8）～（1∶16）荧光稀释液为工作液，滴加在切片上置湿盒中，在 37℃温箱中静置 30min，再经磷酸盐缓冲液、蒸馏水冲洗，风干，滴加甘油缓冲液封固、镜检。

② 镜检及判定标准：用荧光显微镜检查。采用法氏囊冰冻切片为荧光诊断标本，法氏囊病毒侵害法氏囊后主要表现在淋巴小叶的质部。首先在淋巴滤泡胞浆中发出颗粒状黄绿色荧光，胞核位于中间为暗色不发光，感染初期常见到"光轮"样结构的淋巴滤泡，感染最严重时由于大量病毒在胞浆中复制发出强荧光的亮斑。皮质不发光。具有上述淋巴图像者称为特异性荧光，判为阳性。根据荧光强弱、荧光细胞的数量及荧光结构的清晰度可判为"＋＋＋＋、＋＋＋、＋＋、＋"。淋巴小叶结构完整而清晰，又不发荧光者判为阴性。

2. 琼脂免疫扩散试验

（1）试剂　抗原与标准阳性血清。琼脂板制备方法见附录 A。

被检血清样品：被检鸡血清样品应新鲜，分离后 56℃灭活 30min，采血后分离的血清可以当天使用，也可置－20℃保存备用。

（2）操作方法

1）打孔　反应孔按画好的七孔图案打孔，中心孔径 3mm，外周孔径 3mm，外周孔与中间孔间距 3mm，打孔时切下的琼脂可以吸出也可以用针头挑出。打好后，在酒精灯上适当加热平皿底部，使琼脂与玻璃平皿贴紧，避免由于打孔时导致琼脂与平皿脱离。

2）加样

① 抗体的定性与定量测定：若是做定性试验，不需要稀释血清，只将血清样品直接加入琼脂板孔中；但若要定量测定血清沉淀抗体滴度，可以在 24 孔或 96 孔 V 形培养板上稀释血清，各孔预先加入 50μl PBS，然后倍比稀释血清，最后更换吸头由高稀释度开始加样。

② 抗原及血清在孔内的添加：如图 1-27 所示，中央孔⑦加抗原，①、④孔加阳性血清，②、③、⑤、⑥孔加被检血清，各孔加到孔满为止。如果定量检测血清的沉淀抗体，采用中央孔⑦加抗原，周围①～⑥孔依次加入各不同稀释度的血清样品。在琼脂板上另打二孔，打法及间距同图 1-27，分别加入阳性血清及抗原，设立阳性对照。加盖将平皿置于湿盒或容器中，在 37℃ 条件下反应，逐日观察，72h 终判。

図 1-27
打孔样式

（3）结果判定

1）定性检测　被检血清孔与抗原孔之间形成致密沉淀线者，或者阳性血清的沉淀线向毗邻的被检血清孔内侧弯者，此被检孔血清判为阳性。

如被检血清孔与抗原孔之间不形成沉淀线，此被检血清判为阴性。

2）定量检测　当标准阳性血清孔与抗原孔产生致密沉淀线后，被检血清能与抗原产生沉淀线的最高稀释度即为该被检血清的沉淀抗体效价。

3. 酶联免疫吸附试验

（1）鸡传染性法氏囊病病毒抗原的检测

1）材料准备

① 被检样品：送检的病、死鸡法氏囊。

② 标准阴性样品：标准阴性样品为健康鸡法氏囊组织浸液。

③ MR5000 海标仪。

2）操作环境　10～30℃

3）操作程序

① 被检样品的处理：将送检的病、死鸡法氏囊剪碎研磨，按 1∶5 量加自来水，制成组织浸液，静置 5min，取上清液进行检测。

② 加样：用小塑料管吸取上述被检法氏囊的组织浸液，加 1 滴（50μl，下同）到聚苯乙烯酶标板的小孔内。每 1 个样品用 1 个孔，同时设 1 个孔作对照。用小塑料管吸取标准阴性样品，向对照孔内滴入 1 滴，静置 2min。

③ 洗涤：再向加样的小孔内滴入洗液 1 滴后，接着用自来水滴满小孔，洗 2 次，每次均充分甩干。

④ 加酶结合物：向加样的小孔内滴入酶标记结合物 1 滴，静置 2min。

⑤ 洗涤：同③的方法，用自来水洗 5 次。

⑥ 显色：向加样的小孔内滴入底物 1 滴，紧接着滴入显色液 1 滴，在 5min 内判定结果。

4）结果判定

① 观察颜色的判定：孔内的液体显蓝色者，判为阳性；孔内的液体显无色者，判为阴性。

② 酶标仪检测的判定

a. 加终止液：加显色液后 5min，用小塑料管吸取终止液，向加样的小孔内滴入 1 滴，

用酶标仪测定 OD_{450} 的数值。

b. 判定：

OD_{450}＝0.105 定为临界值

OD_{450}＞0.105 判为阳性。

OD_{450}＜0.105 判为阴性。

（2）鸡传染性法氏囊病抗体的检测

1）材料准备

① 被检样品：送检的鸡血清。

② 标准抗原：标准抗原为鸡传染性法氏囊病毒抗原。

2）操作环境 同（1）、2）。

3）操作程序

① 被检样品的处理：用吸管吸取被检血清 0.1ml，置于小瓶内，再用 1 支吸管吸取标准抗原 0.1ml，加入同一小瓶内，使二者充分混合，静置 5min。

② 对照样品的处理：用吸管吸取生理盐水 0.1ml，置于小瓶内，再用另 1 支吸管吸取标准抗原 0.1ml，加入同一小瓶内，使二者充分混合，静置 5min。

③ 加样：用小塑料管分别吸取上述处理好的被检样品和对照样品，分别滴入 1 滴到聚苯乙烯酶标板的小孔内，每个样品用 1 个孔，静置 2min。

④ 洗涤，同（1）、3）、③。

⑤ 加结合物：同（1）、3）、④。

⑥ 洗涤同（1）、3）、③。

⑦ 显色同（1）、3）、⑥。

4）结果判定

① 观察颜色的判定

孔内的液体呈无色者，判为阳性。

孔内的液体呈蓝色者，判为阴性。

② 酶标仪检测的判定

a. 加终止液：加显色液后 5min，用小塑料管吸取终止液，向加样的小孔内滴入 1 滴，用酶标仪测定 OD_{450} 的数值。

b. 判定：

OD_{450}＜0.105 判为阳性。

0.105＜OD_{450}＜0.4 判为弱阳性。

OD_{450}＞0.4 判为阴性。

附录 A
（规范性附录）

琼脂凝胶的制备

试验中琼脂凝胶的制备方法为琼脂糖 1g，氯化钠 8g，苯酚 0.1ml，蒸馏水 100ml。先将琼脂糖加到蒸馏水中，加热溶化后再加入氯化钠、苯酚，最后用 5.6％碳酸氢钠调 pH 值为 6.8～7.2，将溶化并混匀的琼脂缓慢倒入平放的洁净玻璃平皿中，平皿中琼脂厚度要求 3mm，冷却凝固后备用。

七、鸡产蛋下降综合征

鸡产蛋下降综合征（Eggs drop syndrome'76，EDS$_{76}$）又称为"减蛋综合征-76"，是由减蛋综合征病毒引起的鸡的一种以产蛋下降为主的传染病，主要临诊特征是鸡群产蛋量急剧下降，蛋壳色变浅，软壳蛋、无壳蛋、粗壳蛋数量增加。本病广泛流行于世界各地，对养鸡业危害极大，已成为蛋鸡和种鸡的主要传染病之一。OIE 将本病列为 B 类动物疫病，我国把其列为二类动物疫病。

本病最早报道于 1976 年的荷兰，可能是因为鸡群接种了被减蛋综合征病毒污染了的马立克病疫苗所致，该疫苗用鸭胚成纤维细胞制备。随后在欧洲、美洲、澳大利亚及亚洲等许多地区均有发生。我国在 1991 年分离到病毒，证实有本病存在。目前，本病在我国流行范围广泛，给养禽业造成巨大的损失。

（一）病毒特征

减蛋综合征病毒（Eggs drop syndrome'76 virus，EDSV）属于腺病毒科（Admiridae）、禽类腺病毒属（Aviadenovirus）、禽腺病毒Ⅲ群（Avian adenovirus Group Ⅲ）。它与鸡的其他 11 个和火鸡的 2 个原型腺病毒在血清中和及血凝抑制试验中无相关性。有研究表明它实际上是一株鸭腺病毒，后来可能通过污染的疫苗而引入到鸡群中，并逐渐适应了鸡群。该病毒核酸型为双链 DNA，病毒粒子为球形，无囊膜，直径 76～80nm，表面有纤突，纤突上有与细胞结合的位点和血凝素，能凝集鸡、鸭、鹅、火鸡和鸽红细胞。

EDSV 有 3 种基因型，第一种引起经典的 EDS，许多国家均有发生；第二种仅发生于英国的鸭；第三种发生于澳大利亚的鸡。目前已知 EDSV 只有一个血清型，国际标准株为荷兰的 127 株（EDS$_{76}$-127）。本病毒只对产蛋鸡有致病性，影响产蛋，存在于鸡的输卵管伞、蛋壳分泌腺、输卵管狭窄部及鼻黏膜等的上皮细胞中，在细胞核内复制，并可随卵子的形成进入蛋中。由于 EDSV 来源特殊，所以尽管它可以引起鸡发病，但在 10～12 日龄鸭胚或鹅胚中生长良好。鸭胚培养是目前实验室分离和扩增病毒最常用的方法。也可在多种鸭源细胞、鹅源细胞及鸡胚肝细胞中生长，但在鸡胚、鸡胚肾细胞、鸡胚成纤维细胞及火鸡源细胞上生长不良，不能在哺乳动物细胞中生长。对分离株的鉴定，最常用、最简便的方法是血凝和血凝抑制试验，另外也可用琼脂扩散试验、荧光抗体检测和酶联免疫吸附试验等方法。

由于 EDSV 在鸡、鸭等家禽体内长期存活，不同毒株对家禽的致病力差异较大，选择某些对鸡无致病性的毒株，可作为理想的禽腺病毒载体，用于基因治疗和基因重组工程疫苗的研究。

EDSV 对外界环境的抵抗力比较强，对乙醚、氯仿不敏感，对 pH 适应范围广（pH3～10）。对热有一定耐受性，56℃ 3h 可存活，但 70℃ 很快被灭活。0.3% 福尔马林 48h 可使病毒完全灭活，强碱对其也有较好的消毒效果。

（二）临床症状

突出的症状就是产蛋变化，表现产蛋率突然下降，或停止上升，一般比正常要低

20%左右，个别鸡群可下降50%。发病后2～3周产蛋率降至最低点，并持续3～10周以后逐渐恢复。但大多很难恢复到正常水平，且发病周龄越晚，恢复的可能性越小。在产蛋下降的同时，可见蛋壳颜色变浅或带有色素斑点，蛋壳变薄，出现破壳蛋、软壳蛋、无壳蛋和小型蛋（图1-28），还有畸形蛋及砂粒壳蛋等，不合格蛋可达10%～15%，甚至更高。蛋清的pH由正常的8.5～8.8降为7.2～8.0，且往往仅在蛋黄周围形成浓稠浑浊区，其余则呈水样，透明，无黏性（图1-29）。种鸡群发生EDS_{76}时，种蛋的孵化率降低，弱雏数增加。若开产前感染，则开产期可推后5～8周。

图1-28　病鸡产薄壳、软壳、畸形蛋

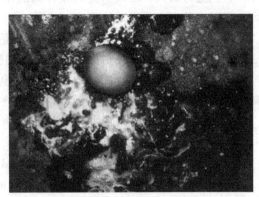

图1-29　蛋黄周围形成浓稠浑浊区，其余则呈水样，透明，无黏性

（三）病理变化

本病一般不发生死亡，故无肉眼病变，剖检时个别鸡可见卵巢萎缩、子宫及输卵管有卡他性炎症，有时有出血（图1-30）。组织学变化主要是输卵管腺体水肿、单核细胞浸润、上皮细胞变性坏死、受感染细胞有核内包涵体（图1-31）。

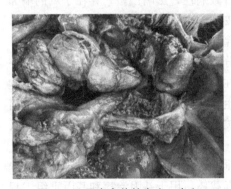

图1-30　子宫卡他性炎症，出血

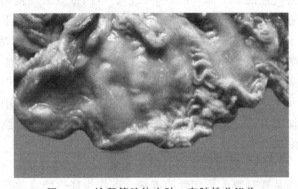

图1-31　输卵管腺体水肿，有脓性分泌物

（四）流行病学特点

（1）易感动物　鸡、鸭、均可感染本病毒，鸭、鹅为其天然宿主，但一般感染后不发病，可以成为病毒的长久宿主，但也有鸭发病的报道。本病只在产蛋鸡中出现，其发生与鸡的品种、年龄及性别有一定关系，一般褐壳蛋鸡最易感，26～32周龄的产蛋鸡感染后症状最明显，而幼龄鸡和35周龄以上的鸡感染后无症状。多种野禽和鸟类体内也能测到

抗 EDSV 的抗体，证明本病毒在各种禽类和鸟类中感染普遍。

（2）传染源　病鸡、带毒鸡、鸭和鹅是本病的传染源。

（3）传播途径　EDSV 既可经卵垂直传播，又可通过水平方式传播，其中垂直传播是主要方式。水平传播是通过带毒的粪便和破壳、无壳蛋污染饲料、饮水、用具、环境等再经消化道传播。健康鸡直接啄食带毒的鸡蛋也可感染。另有报道认为，EDS6 的零星暴发是通过鸡与感染的野生或家养水禽直接接触而引起的。

（4）流行形式及因素　本病的发生无明显的季节性。当病毒侵入鸡体后，在性成熟前对鸡不表现致病性，在产蛋初期由于应激反应，致使病毒活化而使产蛋鸡发病。

（五）预防及治疗

本病应采取综合性防控措施。对本病尚无成功的治疗方法，发病后应加强环境消毒和带鸡消毒。

（1）防止病毒的传入　从非疫区鸡群中引种，引进的种鸡应严格隔离饲养，产蛋后经 HI 试验监测，确认 HI 抗体阴性，方可留做种用。严格执行兽医卫生措施，加强鸡场和孵化厅的消毒工作。饮水经氯处理，切断各种传播途径，另外应注意不要在同一场内同时饲养鸡和鸭，防止鸡与其他禽类尤其是水禽接触。

（2）免疫接种　控制本病主要通过对种鸡群和产蛋群实行免疫接种。一般在开产前 3～4 周用 EDS_{76} 油乳剂灭活苗免疫，每只鸡皮下或肌内注射 0.5ml，免疫后在整个产蛋期内可获得较好的保护，这些抗体也可以通过卵黄囊传递给雏鸡。

（六）实验室检测

参照标准：NY/T 551—2017。

1. 病毒分离和鉴定

（1）试剂

1）pH7.2 0.01mol/L 磷酸盐缓冲生理盐水（PBS），配制方法见附录 A。

2）产蛋下降综合征抗原（EDS-76）

3）EDS-76 阳性血清

（2）样品的采集和处理　酌情采取下列一种或数种方法：

① 扑杀疑似 EDSV 感染鸡，取适量输卵管和卵泡膜样品，研磨。加 PBS 制成 1∶5 混悬液后冻融 3 次，3000r/min 离心 20min，取上清液，加入青霉素（使最终浓度为 1000IU/ml）、链霉素（使最终浓度为 1000μg/ml），37℃作用 1h。

② 采集劣质蛋清，加等量 PBS，并加入青霉素（使最终浓度为 1000IU/ml）、链霉素（使最终浓度为 1000μg/ml），37℃作用 1h。

（3）鸭胚接种及尿囊液收获　取孵育 10～12 日龄 SPF 鸭胚或来自产蛋下降综合征病毒抗体阴性鸭场的非免疫鸭胚，将 0.2ml 样品［来自（2）］经尿囊腔接种鸭胚，另设接种 PBS 的鸭胚做对照，37℃孵育。弃掉 48h 内死亡的鸭胚，收获 48～120h 死亡和存活的鸭胚尿囊液。

（4）分离物血凝（HA）和血凝抑制（HI）试验鉴定

1）血凝试验

① 材料　96孔 V 形血凝反应板、微量移液器。

② 试剂 EDSV 标准抗原、磷酸盐缓冲液（PBS，0.01mol/L），配制方法见附录 A。1％鸡红细胞悬液，配制方法见附录 B。

③ 血凝试验操作步骤

a. 取 96 孔 V 形微量反应板，用微量移液器在 1～12 孔每孔加入 25μl。

b. 吸取 25μl 标准抗原或者待检尿囊液的混悬液加入第 1 孔中，吹打 3～5 次，充分混匀。

c. 从第一孔中吸取 25μl 混匀后的标准抗原或者待检尿囊液加到第 2 孔，混匀后吸取 25μl 加入第 3 孔，依次进行系列倍比稀释到第 11 孔，最后从第 11 孔吸取 25μl 弃之，设第 12 孔为 PBS 对照。

d. 每孔再加入 25μl PBS。

e. 每孔加入 25μl 1％的鸡红细胞悬液。

f. 振荡混匀反应混合液，20～25℃下静置 40min 后观察结果，或 4℃静置 60min，PBS 对照孔的红细胞呈明显的纽扣状沉到孔底时判定结果。

④ 结果判定 结果判定细则如下：

a. 在 PBS 对照孔出现红细胞完全沉淀的情况下，将反应板倾斜，观察各检测孔红细胞的凝集情况。以红细胞完全凝集的病毒尿囊液最大稀释倍数为该抗原的血凝滴度，以使红细胞完全凝集的病毒尿囊液的最高稀释倍数为 1 个血凝单位（HAU）。

b. 如果尿囊液没有血凝活性或血凝效价小于 4log2，则用初代分离的尿囊液在 SPF 鸭胚或非免疫鸭胚中继续传代两代。若血凝试验检测仍为阴性，则判定产蛋下降综合征病毒分离结果为阴性。

c. 对于血凝试验呈阳性的样品，应采用 EDSV 标准阳性血清做血凝抑制试验，并与NDV 和 HIV 阳性血清（H7 亚型和 H9 亚型 AIV 阳性血清）进行鉴别诊断。

2）血凝抑制试验

① 材料：96 孔 V 形板、微量移液器。

② 试剂

标准抗原：EDSV 抗原。

标准阳性血清：EDSV 标准阳性血清。

其他阳性血清：新城疫病毒阳性血清，禽流感病毒（H7 亚型和 H9 亚型）阳性血清。

阴性血清：SPF 鸡血清。

磷酸盐缓冲液（PBS，0.01mol/L pH7.2），配制方法见附录 A，1％鸡红细胞悬液，配制方法见附录 B。

③ 4 个血凝单位（4HAU）的 EDSV 抗原制备：根据血凝试验测定的病毒尿囊液的 HA 效价，推定 4HAU 抗原的稀释倍数，配制抗原工作浓度。按下列方法计算：如尿囊液中病毒抗原的 HA 效价为 9log2，其 4HAU 为 7log2，则将尿囊液稀释 128 倍即可。稀释后，应将制备的 4HAU 进行 HA 效价测定以复核验证。

④ 血凝抑制试验操作步骤

a. 取 96 孔 V 形微量反应板，用移液器在第 1～第 11 孔各加入 25μl PBS，第 12 孔加入 50μl PBS。

b. 在第 1 孔加入 25μl EDSV 标准阳性血清，充分混匀后移出 25μl 至第 2 孔，倍比稀释至第 10 孔，第 10 孔弃去 25μl，第 11 孔为阳性血清，第 12 孔为 PBS 对照。

c. 在第 1～第 11 孔各加入 25μl 含 4HAU 的 EDSV 抗原，轻晃反应板，使反应物混合均匀，室温下（20～25℃）静置不少于 30min，4℃不少于 60min。

d. 每孔加入 25μl 1% 鸡红细胞悬液，轻晃混匀后，室温静置 40min，或 4℃ 静置 60min。当 PBS 对照孔红细胞呈明显纽扣状沉到孔底时判定结果。

e. 若血凝抑制效价高于 10log2 时，可继续增加稀释的孔数。

⑤ 与新城疫和禽流感鉴别诊断　应以 NDV 和 AIV 阳性血清对分离物做鉴别诊断，用 NDV 阳性血清或 AIV 阳性血清代替 EDSV 标准阳性血清，进行血凝抑制试验，NDV 阳性血清和 AIV 阳性血清应不能对分离物产生血凝抑制，表 1-7 中示例结果表示 EDSV 分离结果阳性。

表 1-7　应用血凝抑制试验鉴定分离物

抗原	血清			
	EDSV 阳性血清	NDV 阳性血清	H7 亚型 AIV 阳性血清	H7 亚型 AIV 阳性血清
分离毒株	+	—	—	—
EDSV 标准抗原	+	—	—	—
应进行新城疫、禽流感的鉴别诊断				

⑥ 结果判定　结果判定细则如下：

a. 在 PBS 对照孔出现正确结果的情况下，将反应板倾斜，判定 HI 滴度。HI 滴度是使红细胞完全不凝集（红细胞完全流下）的阳性血清最高稀释倍数。当阴性血清对标准抗原的 HI 滴度不大于 2log2，阳性血清对标准抗原的 HI 滴度与已知滴度相差在 1 个稀释度范围内，并且所用阴、阳性血清都不自凝的情况下，HI 试验结果方判定有效。

b. 尿囊液血凝效价≥4log2，且 EDSV 标准阳性血清对其血凝抑制效价≥4log2 时判产蛋下降综合征病毒分离结果为阳性。

c. NDV 阳性血清和 AIV 阳性血清应不能对分离物产生血凝抑制。

2. 聚合酶链式反应（PCR）检测

（1）试剂和材料　去离子水（dH_2O）、PCR 扩增用 DNA 聚合酶、琼脂糖凝胶（配制方法见附录 A）、病毒基因组 DNA 提取试剂盒。

（2）仪器　PCR 仪、微量移液器、小型离心机、凝胶成像仪。

（3）病毒基因组 DNA 提取　样品的采集和处理应选择下列 1 种或 2 种：

a. 取接种样品后 48～120h 死亡或存活的鸭胚尿囊液于微量离心管中，3000g 离心 5min，取上清 200μl，备用。

b. 采集鸡输卵管组织，匀浆，将混悬液冻融 3 次，3000g 离心 5min，取上清 200μl，备用。

阳性对照为含有 EDSV 的尿囊液，阴性对照为 SPF 鸭胚尿囊液或非免疫鸭胚尿囊液。应用商品化的 DNA 提取试剂盒，按试剂盒说明书方法提取上述 a./b. 样品病毒基因组以及阳性对照和阴性对照样品基因组 DNA。

（4）PCR 检测

1）PCR 检测用引物序列如下。

EPF：5′-TAATTTTCTCGCGACTTTCG-3′（上游引物）。

EPR：5′-ACAGATGAGGTTTGGAAGGA-3′（下游引物）。

2）在样品制备区内，按表1-8配制PCR反应体系于PCR反应管中。

表1-8　PCR反应体系配置表

试剂	体积/μl
dH_2O	5.5
$2\times$Ex Taq premix	12.5
EPF	1.0
EPR	1.0
模板DNA	5.0

3）同时设检验样品的模板空白对照，平行加样，模板用dH_2O 5.0μl代替。

4）设EDSV基因组为阳性对照，阴性尿囊液提取的DNA为阴性对照，平行加样，模板采用已知EDSV基因组DNA或阴性尿囊液提取的基因组DNA 5.0μl。

5）将PCR反应管放入热循环仪（PCR仪），按下列程序设置，进行PCR反应。

1个循环：94℃　　　　　　　　5min

40个循环：94℃　　　　　　　　50s

　　　　　55℃　　　　　　　　45s

　　　　　72℃　　　　　　　　30s

1个循环：72℃　　　　　　　　7min

　　　　　12℃　　　　　　　　保存PCR产物

6）PCR反应结束后，PCR反应管在电泳鉴定前可置2～8℃冰箱中保存。

（5）琼糖凝胶电泳分析PCR产物

1）配制1×TAE缓冲液（见附录A），制备2%琼脂糖凝胶（见附录A）。

2）取10μl PCR产物，根据加样缓冲液浓度标识按比例与加样缓冲液混合，进行电泳，加入DNA Marker作为分子标准。

3）连接电源，进行电泳，80～100V（按电泳槽装置设定，电压3～5V/cm）恒压电泳20～30min（Loading Buffer指示电泳至大约凝胶的一半时），使用凝胶成像仪进行凝胶成像，拍照，记录结果。

（6）结果判定　EDSV阳性对照应有大小约0.43kb（431bp）扩增条带，阴性对照和模板空白对照应无扩增条带，说明PCR反应体系成立。

实验成立的条件

① 检测样品中若有大小约0.43kb的扩增条带，说明样品中有EDSV基因组DNA存在，判定为阳性。

② 检测样品中若无0.43kb的扩增条带，说明样品中没有EDSV基因组DNA存在，判为阴性。

附录A

（规范性附录）

试剂配制

A.1　磷酸盐缓冲液（0.01mol/L，pH7.2）的配制

A.1.1 成分

磷酸氢二钠	2.62g
磷酸二氢钾	0.37g
氯化钠	8.5g

A.1.2 配制

将 A.1.1 成分加入定量容器内，加 800ml 去离子水，充分搅拌溶解，用 NaOH 或 HCl 调 pH 至 7.2，定容至 1000ml，分装，112kPa 灭菌 20min，2～8℃保存备用。

A.2 50×TAE 缓冲液的配制（pH8.0）

A.2.1 成分

Tris	242g
$Na_2EDTA \cdot 2H_2O$	37.2g

A.2.2 配制

将 A.2.1 成分加入定量容器内，加入 800ml 去离子水，充分搅拌溶解，加入 57.1ml 的冰醋酸充分混匀，用 NaOH 或 HCl 调 pH 至 8.0，加去离子水定容至 1000ml，室温保存。

A.3 2% 琼脂糖凝胶的配制

A.3.1 成分

琼脂糖	2g
1×TAE 缓冲液	100ml

A.3.2 配制

取 50×TAE 缓冲液 2ml，加入 98ml 去离子水，配成 100ml 1×TAE 缓冲液，加入三角烧瓶。加热充分溶解，当温度降低至约 50℃，加入 3～5μl EB 或 EB 替代物，混匀后倒入制胶模具内，插入齿梳，等待胶固。

附录 B
（规范性附录）

1% 鸡红细胞悬液制备

采集至少 3 只 SPF 公鸡或无产蛋下降综合征病毒、禽流感病毒和新城疫病毒抗体的非免疫鸡的抗凝血液，放入离心管中，加入 3～4 倍体积的 PBS 混匀，以 2000r/min 离心 5～10min。去掉血浆和白细胞层，重复以上过程，反复洗涤 3 次（洗净血浆和白细胞），最后，吸取压积红细胞，用 PBS 配成体积分数为 1% 的悬液，于 4℃保存备用。

八、禽白血病

禽白血病又称禽白细胞增生病（Avian leukosis），是由禽白血病/肉瘤病毒群引起的禽类多种肿瘤性疾病的通称，包括淋巴细胞性白血病、成红细胞性白血病、成髓细胞性白血病、骨髓细胞瘤、血管内皮瘤、肾和肾胚细胞瘤、肝瘤、纤维肉瘤、骨石化（硬化）病、结缔组织瘤等。自然条件下最常见的是淋巴细胞性白血病。OIE 将本病列为 B 类动物疫病，我国把其列为二类动物疫病。

本病造成的经济损失主要有以下几个方面：

（1）引发肿瘤直接造成感染鸡死亡，通常情况下本病的病死率为 2%～3%，有时在种鸡群可达 23% 以上。

（2）通过病毒的亚临床感染（非肿瘤性综合征），严重影响鸡群的生产性能和免疫应答能力，造成免疫反应性降低、性成熟推迟、母鸡产蛋率下降、蛋重下降、受精率和孵化率下降等。

（3）大部分种鸡可以通过种蛋持续或间歇性排毒，垂直感染下一代，而先天性感染的子代鸡群会产生免疫耐受，这些鸡外表看似健康，但其血液中含毒量 ID_{50} 可高达 10^9 个/ml。

（4）污染以鸡胚为原料生产的人和动物的疫苗，导致该病的传播。

禽白血病是一种世界性分布的疾病，目前在许多国家已得到很好的控制。

（一）病毒特征

禽白血病/肉瘤病毒（Avian leukosis/ sarcoma virus，ALV），属反转录病毒科（reoviridae）甲型反转录病毒属（旧称 C 型反转录病毒）。病毒粒子近似球形，直径为 80～120nm，有囊膜，其蔗糖浮密度为 1.15～1.17g/ml。

根据病毒中和试验、宿主范围及分子特性，分离自鸡的白血病/肉瘤病毒可分为 A、B、C、D、E 和 J 六个亚群，每一个亚群由几种不同种类的抗原型组成，同一个亚群的病毒具有不同程度的交叉中和反应，但除了 B 亚群和 D 亚群外，不同亚群之间没有交叉反应。

A～D 亚群为外源性病毒，宿主为鸡，具有完整的病毒颗粒，有传染性。在蛋鸡群中 A 亚群最为普遍，其次为 B 亚群，主要引起 3 月龄以上的鸡发生肿瘤。C、D 亚群致病力低，也能引起肿瘤的发生，但比较少见。E 亚群是内源性病毒，可整合进鸡的染色体中，通常不致病。J 亚群于 1988 年在英国发现，外源性，宿主为鸡，引起髓细胞瘤，对肉用鸡危害严重。

此外，从几个品种的野鸡中分离到的内源性病毒归属于 F、G 亚群，从斑鸠中分离到的内源性病毒归属于 H 亚群，从鹌鹑中分离到的内源性病毒归属于 I 亚群。

本病毒群中的劳氏肉瘤病毒（RSV）和其他肉瘤病毒可以感染 1 日龄雏鸡，用其接种 1 日龄鸡胚绒毛尿囊膜后可引起种瘤（痘）斑。接种鸡胚成纤维细胞后可引起细胞快速向肿瘤状态转化。

本病毒对脂溶剂和去污剂敏感，乙醚、氯仿和十二烷基硫酸钠可破坏病毒。对热不稳定，在 50℃ 半衰期为 9min，60℃ 半衰期为 40s，56℃ 30min 可使之灭活。该病毒只有在 −60℃ 以下才能较长时间保存而不丧失感染力，但不耐反复冻融。0.3% 甲醛 48h 病毒可完全灭活。

（二）临床症状

自然感染潜伏期长短不等，传播缓慢，持续时间长，无发病高峰。

由禽白血病/肉瘤病毒引起的种瘤种类很多，其中对养禽业危害较大、流行较广的白血病类型包括淋巴细胞性白血病、成红细胞性白血病、成骨髓细胞性白血病、骨髓细胞瘤病、血管瘤、肾瘤和肾胚细胞瘤、肝癌、骨石化（硬化）病等。各病型的表现有差异。

淋巴细胞性白血病：自然病例多见于 14 周龄以上的鸡。临诊见鸡冠苍白、腹部膨大，触诊时营可触摸到肝、法氏囊和肿大的肾，羽毛有时有尿酸盐和胆色素沾污的斑。

成红细胞性白血病：病鸡虚弱、消瘦和腹泻，血液凝固不良，致使羽毛囊出血。

成髓细胞性白血病：病鸡贫血、衰弱、消瘦和腹泻，血凝固不良致使羽毛囊出血。外周血液中白细胞增加，其中成细胞占 3/4。

血管瘤：见于皮肤表面，血管腔高度扩大形成"血疱"，通常单个发生。"血疱"破裂可引起严重失血而死亡。

一般情况下，禽白血病病鸡无特异的临诊症状，有的病鸡甚至可能完全没有症状，感染率高的鸡群产蛋量很低。

（三）病理变化

各病型的病理变化有差异。

淋巴细胞性白血病：剖检（16 周龄以上的鸡）可见结节状、粟粒状或弥漫性灰白色肿瘤，主要见于肝、脾和法氏囊，其他器官如肾、肺、性腺、心、骨髓及肠系膜也可见。结节性肿瘤大小不一，以单个或大量出现。粟粒状肿瘤多见于肝脏，呈均匀分布于肝实质中。肝发生弥散性肿瘤时（图 1-32），呈均匀肿大，比正常增大几倍，且颜色为灰白色，俗称"大肝病"，这是本病的主要特征。根据肝脏肿瘤形态和分布特点，可分为结节型、弥漫型、颗粒型和混合型 4 种类型。

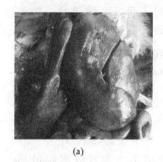 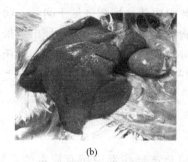 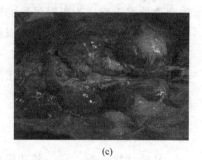

(a)   (b)   (c)

图 1-32　肝脏、肾脏病变
(a) 肝脏肿大，肿瘤细胞浸润；(b) 肝脏、脾脏肿大，肿瘤细胞浸润；(c) 肾脏肿大，肿瘤细胞浸润

结节型：肝肿大，可见黄豆大到鸽蛋大或鸡蛋大的灰白色肿瘤结节，在器官表面一般呈扁平或圆形，与周围界限清楚，瘤体柔软、平滑、有光泽。

弥漫型：肝脏肿瘤细胞弥漫性增生，肝内有无数细小的灰白色瘤灶，使肝肿大呈灰白色或黄白色，比正常大几倍。

颗粒型：肝肿大，有多量灰白色小点，肝表面呈颗粒状而高低不平。

混合型：主要表现为肝内有大量灰白色或灰黄色大小不等的瘤体，形态各异，有的呈颗粒状，有的呈结节状，有的呈弥漫性大片病灶。

脾脏变化与肝相同，体积增大，呈灰棕色或紫红色，在表面和切面上可见许多灰白色脚瘤病，偶尔也有凸出于表面的结节。法氏囊肿大，剖面皱壁有白色隆起或结节增生，随瘤体发育法氏囊也增大，失去原有结构。瘤体剖面有时有干酪样坏死或豆腐渣样物质。腿骨的红骨中有明显的白色结节性瘤病变，有时也可见弥漫性增生、骨髓褪色。肺脏、肾脏肿大，色变淡，切面常有颗粒性增生结节或有较大的灰白色瘤组织。

鸡到开产期胸腺已萎缩，呈小豆大或米粒大扁平状，如遭白血病侵害，胸腺肿大呈指头状串珠样排列，切面白色均匀。胰腺肿大2～3倍。卵巢间质有瘤组织增生，受侵害的卵巢为灰白色呈均匀肿块状，整体外观呈菜花状。此外，心、肺、肠、睾丸等也可见肿瘤结节。

成红细胞性白血病：血液凝固不良致使羽毛囊出血。分增生型（胚型）和贫血型两种。

增生型以血流中成红细胞大量增加为特点。特征病变是肝、脾、肾弥散性肿大，呈樱桃红色或暗红色，且质软易脆。骨增生、软化或呈水样，呈暗红色或樱桃红色。

贫血型以血流中成红细胞减少、血液淡红色、显著贫血为特征。剖检可见内脏器官（尤其是脾）萎缩，骨髓色淡呈胶冻样。

成细胞性白血病：骨髓质地坚硬，呈灰红或灰色。实质器官增大而质脆，肝脏有灰色弥漫性肿瘤结节。晚期病例，肝、肾、脾出现弥漫性灰色浸润，使器官呈斑驳状或颗粒状外观。

骨髓细胞瘤：特征病变是骨骼上长有暗黄白色、柔软、脆弱或呈干酪状的骨细胞瘤，通常发生于肋骨与肋软骨连接处、胸骨后部、下颌骨和鼻腔软骨处，也见于头骨的扁骨，常见多个肿瘤，一般两侧对称。

血管瘤：可见于内脏表面，血管腔高度扩大形成"血疱"。

近年来出现的J亚群白血病病毒感染，原发肿瘤主要是骨髓，骨髓瘤扩张时可挤破骨质到达骨膜下而成为肉眼可见的肿瘤病灶。病初多见于胸骨、肋骨、骨盆、髋关节、膝关节周围以及头骨和椎骨，尤其以胸骨和肋骨的骨髓瘤病灶出现最早，病变部位的骨膜下可见白色石灰样增生的肿瘤组织，可与其他亚群白血病及马立克氏病区别。随着疾病的进一步发展，肿瘤组织可广泛出现于肝脏、脾脏、肾脏、卵巢和睾丸等器官，此时与其他类型白血病的区别较为困难。

（四）流行病学特征

易感动物：鸡、鸭、鹅和野鸭是该群病毒中所有病毒的自然宿主，尤其以肉鸡最易感。鹧鸪、鹌鹑将也会感染此病。鸡的品种不同其易感性有差异，产褐色蛋的母鸡易感性较强。主要侵害26～32周龄鸡，35周龄以上很少发病。

传染源：病鸡和带毒鸡是本病的传染源。公鸡是病毒的携带者，它通过接触及交配成为感染其他鸡的传染源。

传播途径：经卵垂直传播是病毒的主要传播方式，接触及交配等水平传播也是本病的重要传播方式。母鸡的输卵管壶腹部含有大量的病毒并可在局部复制，因此鸡胚和卵白蛋白也携带有白血病病毒，从而使新生雏鸡长期持续携带病毒。另外，污染的粪便、飞沫、脱落的皮肤等都可通过消化道使易感鸡感染。人工接种污染了禽白血病病毒的各种禽用疫苗可造成本病水平传播。

流行形式及因素：病毒感染鸡群后可出现以下4种状态，即无病毒血症无抗体状态（V－A－）、无病毒血症而有抗体状态（V－A＋）、有病毒血症而无抗体状态（V＋A－）和有病毒血症也有抗体状态（V＋A＋）。先天性感染的鸡可形成免疫耐受，因而常常出现V＋A－现象，这种病鸡是该病净化的主要对象。

(五) 预防及治疗

药物治疗及免疫接种的效果不佳。该病的防控策略和方法是通过对种鸡检疫、淘汰阳性鸡，以培育出无 ALV 的健康鸡群，也可通过选育对禽白血病有抵抗力的鸡种，结合其他综合性疫病控制措施来实现。用于制备疫苗的鸡胚尤其要加强病毒的监测，严防污染。

目前，国内外通常采用 ELISA 检测 ALV 群特异性抗原 P27 的方法，以揭示任何亚群禽白血病病毒的存在状况，从而可以检出 ALV 带毒鸡或排毒鸡，故使白血病病鸡的净化和淘汰计划能够实现。鸡白血病净化的重点在原种场，也叫在祖代场进行。通常推荐的程序和方法是鸡群在 8 周龄和 18～22 周龄时，将种鸡分别编号，用 ELISA 方法检查泄殖腔拭子中 ALV 抗原，然后在开产期 (22～24 周龄) 检查种蛋蛋清中和雏鸡胎粪中的 ALV 抗原。阳性鸡及其种雏一律淘汰。经过持续不断的检疫，并将假定健康的非带毒鸡严格隔离饲养，最终达到净化种群的目的。为了减少或排除水平传播，所有设备如孵卵器、育雏舍等都应在每次使用前彻底消毒，不同年龄的鸡不应混群。鸡群应采取全进全出饲养模式。

对于某些污染严重的原种场，应及时更换品系。某些祖代和父母代种鸡场存在该病时，采取上述净化措施常常并不现实，应以提高饲养管理水平，及时淘汰瘦弱、贫血及患大肠杆菌病鸡，并加强日常卫生管理和消毒措施，尤其是孵化后的阶段，以减少该病的水平传播和疾病损失。

此外，种鸡在交配前，种公鸡和种母鸡分开饲养；进行其他疫苗接种时，应减少一枚针头连续注射种鸡的数量，从而可减少该病水平传播的机会。

(六) 实验室检测

1. 禽白血病病毒 P27 抗原酶联免疫吸附试验

参照标准：NY/T 680—2003。

(1) 实验材料

1) 试剂

抗 p27 蛋白抗体：应用提纯的禽成髓细胞性白血病病毒 p27 蛋白免疫家兔制备。

阳性抗原：含鸡白血病/肉瘤病毒群特异性 p27 蛋白抗原的鸡蛋清。

阴性血清：无鸡白血病/肉瘤病毒群特异性 p27 蛋白抗原的 SPF 鸡蛋清。

酶结合物：辣根过氧化物酶标记的抗 p27 蛋白抗体。

磷酸盐缓冲液 (PBS)：配制见附录 A。

包被液：配制见附录 A。

洗涤液：配制见附录 A。

样品稀释液：配制见附录 A。

底物溶液：配制见附录 A。

终止液：配制见附录 A。

2) 器材

酶联检测仪；

聚苯乙烯板；

微量加样器，容量 50～200μl；

37℃恒温箱培养。

3）样品

鸡蛋样品：将待检鸡蛋小的一端朝上放置，打碎蛋壳，用移液器无菌吸取蛋清，密装于灭菌小瓶内。

细胞培养物：用移液器无菌吸取细胞培养物，密装于灭菌小瓶内，4℃或−30℃保存或立即送检。试验前将送检样品统一编号，试验时不做稀释。

（2）操作方法

1）用包被液将抗 p27 蛋白抗体作 4000 倍稀释，每孔 100μl 加入 96 孔聚苯乙烯板中，4℃过夜。

2）取出包被好的聚苯乙烯板，将液体倒弃，每孔加 250μl 洗涤液漂洗 3 次，每次 2min，甩干。

3）每孔加 150μl 质量浓度为 1％的明胶封闭液，37℃反应 60min。

4）重复 2）。

5）在 A1、A2 孔各加 100μl 标准阴性对照，A3、A4 孔各加 100μl 标准阳性对照。

6）将待检样品加入其他各孔，每个待检样品加两孔，每孔 100μl，37℃反应 60min。

7）重复 2）。

8）每孔加 100μl 工作浓度的辣根过氧化物酶标记的抗 p27 蛋白抗体，37℃反应 60min。

9）重复 2）。

10）每孔加 100μl 新配制的底物溶液，室温，避光反应 10min。

11）每孔加 100μl 终止液。

12）置酶联检测仪于 450nm 测定各孔吸光度（OD）值。

（3）结果判定

1）阴性对照 OD 均值等于（A1 孔 OD 值＋A2 孔 OD 值）/2；阳性对照 OD 均值等于（A3 孔 OD 值＋A4 孔 OD 值）/2。

2）阴性对照 OD 均值小于 0.15，阳性对照 OD 均值减去阴性对照 OD 均值大于 0.3 时试验成立，否则重做。

3）S/P 值等于（样品孔 OD 均值-阴性对照 OD 均值）/（阳性对照 OD 均值-阴性对照 OD 均值）。

待检样本 S/P≤0.2 判为阴性，表示待检样品中无 ALVsp27 蛋白抗原。

待检样本 S/P＞0.2 判为阳性，表示待检样品中有 ALVsp27 蛋白抗原。

2.病毒分离培养检测和鉴定

参照标准：GB/T 26436—2010。

（1）试剂和仪器

1）试剂　DMEM 液体培养基（pH7.2）、0.25％胰酶、磷酸盐缓冲（0.01mol/L PBS，pH7.2）、抽提缓冲液、青霉素（10 万 U/ml）、链霉素（10 万 U/ml）、抗 ALV 单抗、抗 ALV 单因子鸡血清、异硫氰酸荧光素（FITC）标记的山羊抗小鼠 IgG 抗体、ALV-p27 抗原酶联免疫吸附试验（ELISA）检测试剂盒、聚合酶链式反应（PCR）试剂、RT-PCR 试剂、生理盐水（0.9％氯化钠）、无水乙醇（分析纯）、丙酮（分析纯）、甘油（分析纯）、75％酒精、碘酒、细胞生长液（含有 5％胎牛血清或小牛血清的 DMEM 液体培养基）、细胞维持液（含有 1％胎牛血清或小牛血清的 DMEM 液体培养基）、大肠杆菌

（TG1）、蛋白酶 K、70％冷乙醇、乙酸钠（分析纯）、三氯甲烷（分析纯）、异戊醇（分析纯）、10×加样缓冲液、琼脂糖、DL2000DNA Marker、TAE 电泳缓冲液、氯化钙（0.1mol/L）、氨苄青霉素（100μg/μl）、双蒸水、LB 液体培养基、TE 缓冲液、RNase、细胞裂解液、0.1％的 DEPC（焦碳酸乙二脂）、水等。

2）仪器　锥形瓶、荧光显微镜、恒温培养箱、冷冻台式离心机（≥12000r/min）、－20℃冰箱、－80℃冰箱、Eppendorf 管（离心管）、棉棒、载玻片、盖玻片、细胞培养平皿、37℃摇床、96 孔培养板、SPF 隔离器、紫外光凝胶成像分析仪、微量移液器、低温恒温水槽（16℃）、吸水纸。

（2）分离病毒用细胞

1）鸡胚成纤维细胞（CEF）　鸡胚成纤维细胞制备方法见附录 B。

2）鸡胚成纤维细胞自发永生株（DF1）细胞

DF1 细胞培养基制备方法见附录 C。

（3）病料的采集与处理

1）全血、血清或血浆　取疑似病鸡的全血、带有白细胞的血浆或血清，无菌接种于长成单层的 CEF 或 DF1，置于含 5％二氧化碳的 37℃恒温培养箱中培养。

2）脏器　采集疑似病鸡的脾脏、肝脏、肾脏、按脏器质量的 1～2 倍加入灭菌生理盐水（含青霉素和链霉素各 1000IU/ml）研磨，直至成匀浆液，将悬液移至离心管中充分摇振后，4℃ 1000r/min 离心 5min，收集上清液。

3）疫苗样品　疫苗样品处理后接种 CEF 培养扩增病毒。但为了鉴别是否是外源性 ALV，接种 DF1 细胞或其他抗 E 亚群白血病鸡细胞（C/E）。

4）咽喉、泄殖腔拭子　取咽喉棉拭子时，将棉拭子深入喉头口及上颚裂来回刮 3～5 次取咽喉分泌液；取泄殖腔棉拭子时，将棉拭子深入泄殖腔转 3 圈并沾取少量粪便；将棉拭子头一并放入盛有 1.5ml 磷酸盐缓冲液的无菌离心管中（含青霉素和链霉素各 1000IU/ml），盖上管盖并编号，10000r/min 离心 5min 后取上清备用。

（4）病毒的分离培养与鉴定

1）病毒的分离培养

① 接种培养：病料接种细胞单层后，置于 37℃培养箱中培养 2h。然后吸去细胞生长液，换入细胞维持液，培养 5～7d。

② 细胞传代：将①培养的细胞传代于加有盖玻片的平皿中，培养 5～7d。

2）病毒的鉴定

① 间接免疫荧光抗体反应（IFA）

a.固定：将盖玻片上的单层细胞，在自然干燥后滴加丙酮-乙醇（6∶4）混合液室温固定 5min，待其自然干燥，用于 IFA，或静置于－20℃保存备用。设未感染的细胞单层为阴性对照。

b.加第一抗体：用 0.01mol/L 磷酸盐缓冲液（pH7.4）将单克隆抗体（如抗 ALV-J 亚群特异性单克隆抗体）或抗 ALV 单因子鸡血清（抗 ALV 单因子鸡血清的制备见附录 D）稀释到工作浓度，在 37℃水浴箱作用 40min，然后用磷酸盐缓冲液洗涤 3 次。

c.加 FITC 标记二抗：按商品说明书用磷酸盐缓冲液稀释 FITC 标记的山羊抗小鼠 IgG 抗体或山羊抗鸡 IgY 抗体（当第一抗体为 ALV 特异性单克隆抗体，选用 FITC 标记的山羊抗小鼠 IgG 抗体作为第二抗体；当第一抗体为鸡抗 ALV 单因子血清，则选用

FITC标记的山羊鸡IgY抗体作为第二抗体），37℃水浴箱作用40min，用磷酸盐缓冲液洗涤3次。

d.加甘油：滴加少量50％甘油磷酸缓冲液于载玻片上，将盖玻片上的样品倒扣其上。在荧光显微镜下观察。

e.结果观察与判定：被感染的CEF细胞内呈现亮绿色荧光，周围未被感染的细胞不被着色或颜色很淡，在放大200～400倍时，可见被感染细胞质着色，判为ALV阳性，无亮绿色荧光者判为阴性。

② ALV-p27抗原ELISA检测

a.抗原样本制备：将病料同1）、①和1）、②所述方法接种细胞，培养7～14d后取上清液直接检测；也可取细胞培养物冻融后检测；或用从泄殖腔采集的棉拭子检测。

b.P27抗原ELISA检测：ALV-p27抗原可用商品试剂盒检测，对不同来源的样品，按厂家的说明书操作。当样本在DF1细胞或CEF上检出ALV-p27抗原时，判为外源性ALV阳性，否则判为阴性。直接用泄殖腔棉拭子样品检出p27，说明有ALV，但不能严格区分外源性或内源性。

（5）ALV亚群鉴定

1）利用J亚群ALV特异性单克隆抗体进行IFA检测，可以鉴定J亚群ALV，但不能鉴别其他ALV亚群如A亚群、B亚群、C亚群、D亚群。

2）对分离到的病毒用RT-PCR（上清液中的游离病毒）或PCR（细胞中的前病毒cDNA）扩增和克隆囊膜蛋白gp85基因，测序后与基因序列数据库中的已知A亚群、B亚群、C亚群、D亚群的gp85基因序列做同源性比较，即可对病毒进行分群。ALV病毒分群方法见附录E。

（6）荧光定量PCR扩增ALV-J 该方法适用于鸡群的检疫或ALV-J感染的净化，可在较短时间内完成大量样品的特异性检测，血浆或泄殖腔棉拭子样品可直接用于检测。

3.血清特异性试验

（1）仪器和试剂

1）试剂 磷酸盐缓冲液、禽白血病抗体ELISA检测试剂盒、FITC标记的山羊抗鸡IgY抗体、甘油。

2）仪器 酶标仪、荧光显微镜、37℃恒温培养箱。

（2）样品的采集 样品的采集见2.、（3）。

（3）抗体检测

1）ELISA检测 可选用禽白血病A亚群、B亚群及J亚群抗体ELISA检测试剂盒。

2）IFA检测

①抗原：抗原制备方法见附录F。

②操作步骤：在相应的盖玻片上或抗原孔中加入用磷酸盐缓冲液（1∶50）稀释的待检鸡血清，在37℃下作用40min，用磷酸盐缓冲液洗涤3次，再加入工作浓度的FITC标记的山羊抗鸡IgY抗体（第二抗体），在37℃作用40min，用磷酸盐缓冲液洗涤3次，再加少量50％甘油磷酸盐缓冲液后在荧光显微镜下观察。

③结果的判定：结果的判定方法同2.、（4）、2）、①、e，不论是商品鸡群还是SPF鸡群，只要检出A亚群、B亚群及J亚群抗体阳性的鸡，就表明该群体曾经有过外源性ALV感染。

附录 A

（规范性附录）

试剂的配制

A.1 磷酸盐缓冲液（PBS，0.01mol pH7.4）

氯化钠	8g
氯化钾	0.2g
磷酸二氢钾	0.2g
十二水磷酸二氢钾	2.83g
蒸馏水	加至 1000ml

A.2 包被液（0.05mol/L pH9.6）

碳酸钠	1.59g
碳酸氢钠	2.93g
蒸馏水	加至 1000ml

A.3 洗涤液

PBS	1000ml
吐温-20	0.5ml

A.4 样品稀释液

含体积分数 10% 的新生牛血清的洗涤液。

A.5 磷酸盐-柠檬酸缓冲液（pH5.0）

柠檬酸	3.26g
十二水磷酸氢二钠	12.9g
蒸馏水	700ml

A.6 底物溶液

用二甲基亚砜将 $3'3'5'5'$-四甲基联苯胺（TMB）配成 1% 的浓度，4℃保存，使用时按下列配方配制底物溶液。

磷酸盐-柠檬酸缓冲液	9.9ml
1% $3'3'5'5'$-四甲基联苯胺	0.1ml
30% 双氧水	1μl

A.7 终止液

硫酸	58ml
蒸馏水	442ml

附录 B

（规范性附录）

SPF 鸡胚成纤维细胞（CEF）的制备

选择 9～10 日龄发育良好的 SPF 鸡胚，先用碘酒棉再用酒精棉消毒蛋壳气室部位，无菌取出鸡胚，去头、四肢和内脏，放入灭菌的玻璃器皿中，用无血清的 DMEM 液洗涤鸡胚。用灭菌的剪刀剪成米粒大的小组织块，再用无血清的 DMEM 洗涤 2～3 次，然后加 0.25％胰酶溶液（每个样品约加 1ml），在 37.5～38.5℃水浴中消化 10～15min，吸出胰酶溶液消化产生的悬液，再加入适量的营养液（用无血清的 DMEM 液，加青霉素、链霉素各 200～500IU/ml）吹打，用 4 层纱布过滤。取少量过滤后的细胞悬液做细胞计数，其余在 1000r/min 下离心 5min。将细胞沉淀再混悬于细胞培养液中，制成每毫升含活细胞数为 100 万～150 万的细胞悬液，分装于培养皿中进行培养，形成单层后备用（一般在 24h 内应用）。

附录 C
（规范性附录）

DF1 细胞培养基配制

C.1　商品化的 DMEM 液，pH7.2，加 5％胎牛血清。青霉素、链霉素各 250IU/ml。

C.2　培养条件：37℃，5％二氧化碳。

附录 D
（规范性附录）

抗 ALV 单因子鸡血清的制备

选择经鉴定无任何其他潜在病毒的 ALV 参考株作为种毒（如经 ALV-J 全基因组 cDNA 克隆质粒 DNA 传染 SPF 鸡的 CEF 所产生的分子克隆化 ALV），接种 C/E CEF 后复制和扩增病毒。病毒接种 CEF 继续培养 5d 后，再传代一次，将传代长成单层的 CEF 换成含 1％小牛血清的 DMEM 维持液，继续培养 72～96h 后收取上清液（通常可达最高病毒效价），分装在离心管中，每支 1ml，于−70℃冰箱保存，2～3d 后，取出一支，用细胞培养液作 10 倍系列稀释后，分别接种于含有新鲜配制的 CEF 单层 96 孔培养板上，每个稀释度 8 个孔，在 37℃下培养 6d 后，弃上清液，用磷酸盐缓冲液洗一次后，加入预冷的丙酮-乙酸（6∶4）固定，待自然干燥后，用抗 ALV-J 的单克隆抗体进行 IFA，以 IFA 的结果来判定病毒感染的终点，测定其中 ALV 的组织细胞半数感染量 $TCID_{50}$。

选用 6 周龄以上 SPF 鸡，SPF 隔离器饲养。每只鸡皮下接种含 10^4 个 $TCID_{50}$ 的 ALV 悬液，4～6 周后采集血清。IFA 抗体滴度应≥1∶100。

附录 E
（规范性附录）

ALV 亚群鉴定程序

E.1　克隆载体和宿主菌

商品化的 PCR 产物克隆载体质粒，或其他类似载体质粒。可用多种大肠杆菌作为宿主菌，如 TG1 等。

E.2　病毒模板的制备

按照以下程序或商品化提取细胞 DNA 试剂盒的说明书提取细胞 DNA。

（1）接种病毒细胞经磷酸盐缓冲液洗涤 3 次。加入适量 0.25％胰酶，37℃湿箱中放置 5～10min，将细胞消化吹打后收集于 1.5ml 离心管中。

（2）2000r/min 离心收获细胞，然后加入 500μl 抽提缓冲液（100mmol/L 氯化钠，

10mmol/L Tris-HCl，pH8.0，0.5％SDS）悬浮后，加入 5μl 蛋白酶 K（100μl/ml），56℃水浴中消化 5h。

（3）加入等体积的苯酚-三氯甲烷溶液（苯酚：三氯甲烷：异丙醇＝25：24：1）约 500μl 抽提 1 次，将上层液体转移到另一 1.5ml 离心管中，加入 1/10 体积 3mol/L 的乙酸钠和 2 倍体积无水乙醇后，置于－20℃冷却 2h 或更长时间。

（4）取出后 12000r/min 离心 10min，沉淀 DNA，弃去上清液，再小心加入 70％冷乙醇轻洗 DNA 沉淀，弃去上清液。

（5）经乙醇沉淀后的 DNA，空气中室温自然干燥后，溶解于 50μl 双蒸水中，即为模板 DNA。

E.3　囊膜蛋白 env 基因的扩增

E.3.1　引物

可根据已发表资料合成、扩增 ALV-J 的前病毒 DNA 特异性 PCR 引物，本例示范引物如下。

正向引物：5′-CTTGCTGCCATCGAGAGGTTACT-3′，相当于 ALV-J 原型毒株 HPRS-103 前病毒基因组 DNA 序列的第 5394～第 5416 对碱基。

反向引物：5′-AGTTGTCAGGGAATCGAC-3′，相当于 ALV-J 原型毒株 HPRS-103 前病毒基因组 DNA 序列的第 7811～7794 对碱基。

引物用双蒸水稀释为 25pmol/μl，－20℃保存备用。

E.3.2　PCR

以 E.2 中提取的细胞 DNA 为模板，扩增 ALV-J 的囊膜蛋白基因（env）特异性 2.2kb 条带，其 PCR 反应体系（50μl）见表 1-9。

表 1-9　ALV-J env 基因 PCR 反应体系

组分	体积/μl
双蒸水	30.5
10×缓冲液（无 Mg^{2+}）（成分：100mmol/L Tris HCl pH8.0，500mmol/L 氯化钾，1％明胶）	5
氯化镁（15mmol/L）	4
dNTPs（2.5mmol/L）	4
正向引物（25pmol/μl）	2
反向引物（25pmol/μl）	2
DNA 聚合酶（5U/μl）	0.5
模板 DNA（约 100μg/μl）	2
总计	50

将上述成分分别加入灭菌的 PCR 管中，轻轻混合均匀，离心后置于 PCR 扩增仪，按照以下扩增程序进行反应。

首轮循环：95℃ 5min，50℃ 1min，72℃ 1min。

中间循环：95℃ 1min，50℃ 1min，72℃ 90s，进行 30 个循环；

72℃延伸 10min；4℃保存。

E.3.3　PCR 产物 DNA 电泳

用微量移液器取 4.5μl PCR 产物加入 0.5μl 10×进样缓冲液（0.25％溴酚蓝，0.25％二甲苯苯胺，15％聚蔗糖 400），在浓度为 0.8％的琼脂糖凝胶上进行电泳，同时在另一加样孔加入 5μl DL2000 DNA Marker。在 TAE 电泳缓冲液中，90V 电压，电泳 5min 后，于紫外光凝胶成像分析系统中观察并记录结果。

E.3.4　PCR 产物的回收与定量

可采用商品化 PCR 产物回收试剂盒进行回收。

（1）将病毒 *env* 基因的 PCR 产物在 0.8％的琼脂糖凝胶上进行电泳，90V 电压，电泳 50min。

（2）将目的条带切割下来，置于已经称重的 1.5ml 离心管中。

（3）再次称重，计算含目的条带的凝胶块质量。

（4）按每毫克加入 100μl 碘化钠，在 55～65℃水浴锅中使琼脂糖凝胶融化。

（5）加入 5μl 二氧化硅水溶液，混匀后室温静置 5min。

（6）12000r/min 离心，去掉上清液。

（7）加入 1ml 洗涤液洗涤沉淀。

（8）12000r/min 离心，去掉上清液，再次离心，用微量移液器吸出剩余液体。

（9）干燥后，加入 15μl 双蒸水，用微量移液器吹打混匀后，室温下静置 5min，2000r/min 离心，将上清液转移至另一离心管中。

（10）取 1μl 回收产物在 0.8％的琼脂糖凝胶上进行电泳，另加 5μl DL2000 DNA Marker，可以估计回收 DNA 的浓度。

E.4　PCR 产物的克隆

E.4.1　链式反应

将载体与纯化回收的 PCR 产物于 16℃下连接 6～8h。

连接体系为：

载体	25ng
纯化 *env* 基因 PCR 产物	100ng
溶液 I	5μl

加双蒸水至 10μl

E.4.2　质粒转化用感受态大肠杆菌的制备

用氯化钙法制备大肠杆菌 TG1 菌株的感受态细胞，步骤简述如下：

（1）一个盛约 50ml LB 液体培养基的锥形瓶，接种大肠杆菌 TG1 株，在 37℃恒温振荡器中振荡培养至半混浊半透明状态。

（2）在无菌条件下将细菌转移到一个无菌的 -20℃保存的 50ml 离心管中，冰上放置 10min，使培养物冷却至 1℃。

（3）4℃ 4000r/min 离心 10min，回收细菌细胞。

（4）倒出上清液，将管倒置 1min，以使残余的培养液流尽。

（5）用 10ml 经冰预冷的 0.1mol/L 氯化钙重悬每份沉淀，冰浴上放置 30min。

（6）4℃ 4000r/min 离心 10min，回收细菌细胞。

（7）倒出上清液，将管倒置 1min，以使残余的培养液流尽。

（8）每 50ml 初始培养物用 1ml 经冰预冷的 0.1mol/L 氯化钙重悬每份沉淀，4℃保存备用。

附录 F
（规范性附录）

IFA 法抗体检测用 ALV 感染细胞的制备

在已铺满 CEF（C/E）单层细胞的细胞瓶或培养皿中接种 0.5ml 含 10^3 TCID$_{50}$ 的 ALV（如 ALV-J）悬液，37℃、5%二氧化恒温培养箱中培养，24h 后换含 1%小牛血清 的 DMEM 培养基继续培养。继续培养 5d 后将细胞单层用胰酶溶液消化分散成悬液，经 离心后，重新悬浮于含 5%小牛血清的 DMEM 培养基中。将细胞浓度调至每毫升含 $5×$ 10^5 个细胞。在加入玻片的培养皿中加入 5ml 细胞悬液，或在 96 孔细胞培养板上每孔加 入 100μl 细胞悬液，在 37℃继续培养 4d。将玻片从培养皿中取出或 96 孔细胞培养板弃去 培养基，在磷酸盐缓冲液中漂洗一次后，滴加预冷的丙酮-乙醇（6：4）固定液室温固定 5min，自然干燥后，用塑料薄膜包裹后置－20℃保存。

九、鸭病毒性肠炎

鸭病毒性肠炎（Duck virus enteritis，DVE）又名鸭瘟，是由鸭瘟病毒引起的鸭等雁 形目禽类的一种急性、败血性及高度致死性传染病。临诊上以发病快、传播迅速、发病率 和病死率高，部分病鸭肿头流泪、食道黏膜出血及坏死、肝脏出血或坏死等为主要特征。该病 给世界养鸭业造成了巨大的经济损失。OIE 将其列入 B 类传染病，我国将其列为二类疫病。

该病于 1923 年在荷兰首次报道，1967 年在美国东海岸流行，几乎呈全球性分布，我 国于 1957 年在广州首先发现该病。

（一）病毒特征

鸭瘟病毒（Duck plague virus），又称鸭疱疹病毒Ⅰ型（Anatid herpesvirus），系疱疹 病毒科的成员，具有疱疹病毒的典型形态结构。有囊膜，病毒粒子呈球形或椭圆形，直径 80～160nm，有的成熟病毒粒子可达 300nm。在感染细胞制备的超薄切片中，电镜下可见 细胞核内病毒粒子约 90nm，胞浆内病毒粒子约 160nm。该病毒对乙醚、氯仿敏感，在 37℃下经胰蛋白酶、胰凝乳蛋白酶及脂肪酶处理 18h 可使该病毒部分失活或完全失活。

该病毒只有一个血清型，但不同毒株的毒力有差异。病毒适于在 8～14 日龄鸭胚及鸭 胚成纤维细胞单层（DEF）增殖传代，一般接种 3～5d 致死鸭胚，死亡胚胎呈广泛性出 血、肝脏有特征性坏死灶，部分胚绒毛尿囊膜水肿、出血、增厚。在成纤维细胞单层中， 接毒 3～6d 可出现细胞病变（CPE）。经过鸭胚或鸭胚成纤维细胞多次连续传代后的病毒， 接种鹅胚、鸡胚或其成纤维细胞单层也能很好地增殖。

鸭瘟病毒具有广泛的组织嗜性，在病（死）鸭脏器、血液、分泌物及排泄物中均含有 病毒，但以肝、脾、脑、食道、泄殖腔的含毒量最高。

鸭瘟病毒对外界环境抵抗力较强，在 22℃条件下其感染力可维持 30d，－7～－5℃时 可存活 3 个月；但 50℃ 90～120min、56℃ 30min、60℃ 15min、80℃ 5min 均可破坏病 毒的感染性。在 pH 5.0～9.0 环境中较稳定，经 6h 其毒力不降低；在 pH3.0 以下或 pH11.0 以上的环境中很快被灭活。对一般常用消毒剂敏感。

(二) 临床症状

自然感染的潜伏期 3~5d，人工感染的潜伏期为 2~4d。病初体温升高达 43℃以上，高热稽留。病鸭表现精神委顿，头颈缩起，羽毛松乱，翅膀下垂，两脚麻痹无力，伏坐地上不愿移动，强行驱赶时常以双翅扑地行走，走几步即行倒地。病鸭不愿下水，驱赶入水后也很快挣扎回岸。病鸭食欲明显下降，甚至停食，渴欲增加。病鸭的特征性症状为流泪和眼睑水肿。病初流出浆液性分泌物，使眼睑周围羽毛沾湿，而后变成黏稠或脓样，常造成眼睑粘连、水肿，甚至外翻，眼结膜充血或小点出血，甚至形成小溃疡。病鸭鼻中流出稀薄或黏稠的分泌物，呼吸困难，并发生鼻塞音，叫声嘶哑，部分鸭见有咳嗽。病鸭发生泻痢，排出绿色或灰白色稀粪（图 1-33），肛门周围的羽毛被沾污或结块。肛门肿胀，严重者外翻，翻开肛门可见泄殖腔充血、水肿、有出血点，严重病鸭的黏膜表面覆盖一层假膜，不易剥离。部分病鸭在疾病明显时期，可见头和颈部发生不同程度的肿胀（图 1-34），触之有波动感，俗称"大头瘟"。

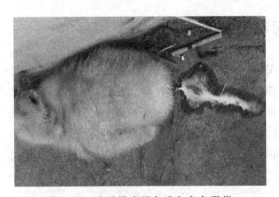

图 1-33 病鸭排出绿色或灰白色稀粪

图 1-34 病鸭头和颈部不同程度的肿胀

(三) 病理变化

病变的特点是出现急性败血症，全身小血管受损，导致组织出血和体腔溢血（图 1-35），尤其消化道黏膜出血和形成假膜或溃疡，淋巴组织和实质器官出血、坏死。食道与泄殖腔的疹性病变具有特征性。食道黏膜有纵行排列呈条纹状的黄色假膜覆盖或小点出血（图 1-36），假膜易剥离并留下溃疡斑痕。泄殖腔黏膜病变与食道相似，即有出血斑点和不易剥离的假膜与溃疡。食道膨大部分与腺胃交界处有一条灰黄色坏死带或出血带，肌胃角质膜下层充血和出血。肠黏膜充血、出血，以直肠和十二指肠最为严重。位于小肠上的 4 个淋巴出现环状病变，呈深红色，散布针尖大小的黄色病灶，后期转为深棕色，与黏膜分界明显。胸腺有大量出血点和黄色病灶区，在其外表或切面均可见到。雏鸭感染时法氏囊充血发红，有针尖样黄色小斑点，到后期，囊壁变薄，囊腔中充满白色、凝固的渗出物。肝表面和切面有大小不等的灰黄色或灰白色的坏死点，少数坏死点中间有小出血点。胆囊肿大，充满黏稠的墨绿色胆汁。心外膜和心内膜上有出血斑点，心腔里充满凝固不良的暗红色血液。产蛋母鸭的卵巢滤泡增大，卵泡的形态不整齐，有的皱缩、充血、出血，有的发生破裂而引起卵黄性腹膜炎。病鸭的皮下组织发生不同程度的炎性水肿，在"大头瘟"典型的病例，头和颈部皮肤肿胀、紧张，切开时流出淡黄色的透明液体。

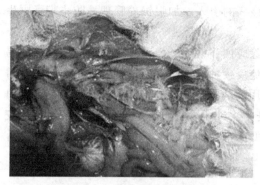

图 1-35 组织出血，体腔溢血

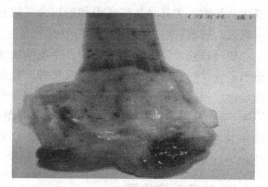

图 1-36 食道黏膜有小点出血

（四）流行病学特征

易感动物：自然易感动物为鸭、鹅、天鹅等水禽，不同品种、日龄均可感染该病，但发病率及病死率有一定差异，其中以家鸭、番鸭、野鸭、鹅、天鹅等易感性较高。在自然感染病例中，以 1 月龄以上的鸭多见，发病率可高达 100%，病死率达 95% 以上。近些年来，有鹅感染鸭瘟出现大量死亡的报道。自然条件下，野生的雁形目鸭科成员（野鸭、野鹅等）常成为带毒者，而鸡、火鸡、鸽、麻雀和哺乳动物等对鸭瘟有抵抗力，但人工感染 2 周龄雏鸡可以发病；经鸡胚致弱的鸭瘟病毒对鸭失去致病力，但对 1 月内雏鸡的毒力大大增强，致死率甚高。

传染源：病鸭、病愈不久的带毒鸭及潜伏期的感染鸭是主要的传染源。被病鸭分泌物、排泄物污染的饮水、饲料、场地、水域、用具、运输工具以及某些带毒的野生水禽（如野鸭）和飞鸟等也可成为本病的传染源。野鸭在感染后 1 年以上仍能分离到病毒。

传播途径：消化道是主要的感染途径，但也可通过交配、眼结膜及呼吸道等途径感染。该病主要通过水平传播，吸血昆虫可能是本病潜在的传播媒介，目前尚未发现该病有垂直传播。迁徙水禽对病毒起传播作用。人工感染试验，经口服、滴鼻、泄殖腔接种、皮肤刺种、肌内注射、腹腔内注射和静脉注射等途径均可引起健康鸭发病、死亡。

流行形式及因素：本病一年四季均可发生，但以夏秋流行最为严重。在我国南北方发病差异较大；南方发病多，且主要见于春夏两季鸭群放牧及运销旺季；北方发病少，偶见于秋季，这可能与北方地区鸭的饲养数量和饲养方式有关。在购销旺季，由于鸭的大批调运，常使本病从一个地区传至其他地区。

当鸭瘟传入未免疫的易感鸭群后，一般在 3～5d 出现零星病鸭，再经 3～6d 发病鸭明显增多，疾病进入流行高峰期。整个流行过程一般为 2～6 周。若鸭瘟传入免疫鸭群，或不发病，或仅有个别鸭发病，且流行过程较为缓慢。

（五）预防及治疗

尚无特效药物可用于治疗，故应以预防为主。除做好生物安全性措施外，采用鸭瘟弱毒活疫苗进行免疫接种能有效地预防本病的发生。

加强饲养管理，坚持自繁自养。由于鸭瘟的传播速度快、致死率高，一旦传入鸭群可造成巨大的经济损失，因此对该病的防控应给予足够的重视。在该病的非疫区，要禁止到鸭瘟流行区域和野鸭出没的水域放鸭。加强本地良种繁育体系建设，坚持自繁自养，尽量减少从外地，尤其是从疫区引种的机会，防止该病的引入。加强饲养管理，防止带毒野生水禽进入鸭群。

加强检疫、消毒和免疫接种。受威胁地区除应加强检疫、消毒等兽医卫生措施外，易感鸭群应及时进行鸭瘟疫苗的免疫接种。疫苗免疫接种是预防和控制鸭瘟的主要措施，目前国内应用的疫苗主要是鸭瘟病毒弱毒苗。种用鸭或蛋用鸭于 30 日龄左右首免，以后每隔 4～5 个月加强免疫 1 次。3 月龄以上鸭免疫 1 次即可，免疫有效期可达 1 年。但免疫接种应注意安排在开产前 20d 左右或停蛋期或低产蛋期间。对于肉用鸭，于 7 日龄左右首免，20～25 日龄时二免。

（六）实验室检测

参照标准：GB/T 22332—2008。

1. 病毒分离

（1）材料准备

1）病料的采集　一般在感染初期或发病急性期从濒死期禽或活禽采取。濒死期禽采集肝、脾、脑等组织样品。活禽用灭菌的棉拭子涂抹泄殖腔。带有分泌物的棉拭子放入每毫升含有 1000IU 青霉素、1000μg 链霉素、pH 7.2～7.6 的磷酸盐缓冲液中。送检病料置于 50% 的甘油生理盐水中。

2）病料的保存　采集的样品若在 48h 内处理，可于 4℃ 保存；否则应放 −20℃ 以下保存。

3）病料的处理　将棉拭子充分捻动、拧干后去除拭子。样品液经 3000r/min 4℃ 离心 30min，取上清液作为接种材料。组织样品先用 pH 7.2～7.6 的 PBS 制成 5～10 倍乳剂，3000r/min 4℃ 离心 30min，取上清液作为接种材料。为防止细菌污染，可在样品液中加入青霉素（1000IU/ml）、链霉素（1000μg/ml）、卡那霉素（1000μg/ml），37℃ 温箱作用 30min。进行无菌检验。

4）鸭胚　10～11 日龄的非 DVE 疫苗免疫鸭胚。

（2）实验操作

1）胚胎接种　取经处理并且无菌检验合格的样品，以 0.2ml/胚的量经绒毛尿囊膜接种 10～11 日龄的非 DVE 疫苗免疫的鸭胚，每个样品接种 4～5 个胚，于 38～38.5℃ 恒温箱中孵育。72h 前每天照胚 1～2 次，以后每天照胚 5 次。弃去 72h 前死亡的胚胎，冻存 72～120h 内的死胚或活胚。

2）病毒收获　无菌收取 72～120h 内的死胚或活胚的绒毛尿囊膜和尿囊液，−20℃ 保存备用。

3）如第一代分离结果为阴性，需盲传三代。

2. PCR

（1）引物

P1：GAG CGT ATT TAG TAG AAA CTG C（上游）。

P2：TGA ATG TTG TGA TTG TTC（下游）。

（2）病毒核酸的抽提

1）组织样品用 pH 7.2～7.6 的 PBS 制成 5～10 倍乳剂，3000r/min 4℃ 离心 30min，

上清液作为待检材料。

2）取一支1.5ml的指形管，加入待检胚液或1）中上清液和$30\mu l$（20mg/ml）核糖核酸酶，混匀后，室温下作用20min。

3）加$43\mu l$ 10%的十二烷基酸钠溶液和$5\mu l$（10mg/ml）蛋白酶K，42℃水浴温育过夜。

4）加等量的Tris盐酸饱和酚（pH7.6），充分混匀，12000r/min离心5min，小心吸出上层水相于另一个指形管中。

5）加等量的酚-三氯甲烷-异戊醇（25∶24∶1），充分混匀，12000r/min离心5min，小心吸出上层水相于另一个指形管中。

6）加1/10体积3mol/L的乙酸钠（pH5.4）、2.5倍体积预冷的无水乙醇，15000r/min离心20min，弃去乙醇，沉淀用75%的乙醇洗涤1次，真空干燥。用$20\mu l$灭菌双蒸水溶解沉淀，－20℃保存备用。

（3）操作程序　取一支0.5ml的指形管，依次加入下列试剂：$2.5\mu l$ 10×的PCR缓冲液、$1.0\mu l$上游引物、$1.0\mu l$下游引物、$0.5\mu l$ DNTP、$1.0\mu l$病毒核酸、$18.5\mu l$灭菌双蒸水、$0.5\mu l$ Tag DNA酶，于PCR仪中运行94℃30s、55℃30s、72℃ 30s，25个循环，72℃ 8min，同时设立阳性和阴性对照。

（4）PCR产物的检测　反应结束后，PCR产物于1.2%的琼脂糖凝胶中电泳，每个样品的加样量为$5\sim10\mu l$，同时以100 bp DNA分子质量标准物为参照。50V恒压电泳40min，于紫外灯下观察。

（5）结果的判定　阳性对照在416bp处有一条特异的DNA条带，阴性对照没有目的条带，证明本实验成立。待检样品在相同位置有DNA条带，判为阳性，否则为阴性。

十、鸭病毒性肝炎

鸭病毒性肝炎是由鸭肝炎病毒引起的小鸭的一种急性、接触性、高度致死性的传染病，临床上以发病急、传播快、病死率高、肝脏有明显出血点和出血斑为特征。OIE将其列入B类传染病，我国将其列为二类动物疫病。

本病于1949年首次由Levine和Fabricant在美国纽约长岛鸭群流行中确诊，之后英国、加拿大、意大利、法国、荷兰、捷克、匈牙利、埃及、以色列、印度、日本等欧、亚、非洲许多国家相继有本病的报道。我国在1958年曾报道有本病流行，1980年分离到病毒并开始进行诊断和免疫预防研究。

（一）病毒特征

鸭肝炎病毒（Duck hepatitis virus）属微RNA病毒科肠病毒属的成员。病毒粒子直径$20\sim40$nm，无血凝活性。

引起鸭肝炎的病毒有3种，分别称为1型、2型及3型，其中1型及3型均为微RNA病毒科肠病毒属，2型为星状病毒，称为鸭星状病毒。以1型鸭肝炎病毒最常见，呈世界性分布。美国还分离到1株1型肝炎病毒变异株，经鸡胚交叉中和试验表明与1型病毒有部分交叉反应，引起的肝炎称为1a型鸭肝炎。2型鸭肝炎病毒仅见于英国，主要引起10日龄至6周龄鸭发病，其病理变化与1型肝炎类似。3型仅发生于美国，且致病力不如1型，经中和试验和荧光抗体试验证实3型肝炎病毒与1型病毒之间无共同抗原成分。因此一般所说的鸭肝炎病毒均指1型。我国流行的多为1型。

印度、埃及及我国还发现与1型肝炎病毒不同或有明显血清学差异的毒株，这些毒株与其他型肝炎病毒的关系尚不完全清楚。

1型肝炎病毒可以在鸭胚、鸡胚、鸭胚肝细胞和鸭胚肾细胞中繁殖，经尿囊腔途径接种可致死鸭胚和鸡胚，随着传代代次的增加，胚体致死时间缩短。通过在鸡胚中连续传代后，病毒对雏鸭的致病力逐渐减弱，传至一定的代次后可失去对鸭的致病力，但仍然保留良好的免疫原性，通过这一途径可选育出弱毒疫苗株。2型和3型肝炎病毒不能在鸡胚中增殖，可采用鸭胚或鸭胚肝细胞进行分离培养。

病毒对外界的抵抗力较强，可耐受乙醚和氯仿，并具有一定的热稳定性，在自然界能存活较长时间。在-20℃冻结状态下可保存4年，在污染的育雏室内能生存75d，在潮湿的粪便中能存活1个多月，在37℃可活3周，但62℃30min可致死，病毒对常用的消毒剂亦有明显的抵抗力，1%甲醛几小时才能灭活。

（二）临床症状

自然感染潜伏期通常为1~4d；人工感染易感雏鸭，其潜伏期可短至24h左右。鸭肝炎发病急，传播快，病死率高，一般死亡多发生在3~4d内。雏鸭感染发病时表现精神委顿、缩颈、行动呆滞、伏卧、翅下垂、眼半闭，食欲不振或不采食。感染0.5~1d，鸭群中即有部分病鸭出现全身抽搐、身体侧卧、两腿痉性后踢，有时在地上旋转、头向后背呈"背脖"姿势（图1-37）。喙端和爪尖瘀血呈暗紫色，少数病鸭死前排黄白色和绿色稀粪。一般病鸭出现抽风后十几分钟迅速死亡，有的可持续5h左右才死亡。个别雏鸭不出现明显症状突然死亡。

图1-37　病鸭头向后背呈"背脖"姿势

（三）病理变化

剖检病变主要表现在肝脏肿大、质地发脆、色暗淡或发黄。肝脏表面呈斑驳状，有大量出血点和出血斑（图1-38），部分鸭肝脏有锯状出血带。胆囊肿大、胆汁充盈。肾脏轻度充血、肿大，有时脾脏肿大有斑驳状出血。但也有一些病死鸭无肉眼可见的变化。

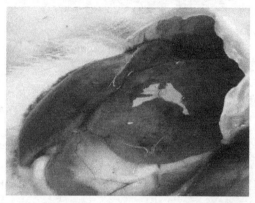 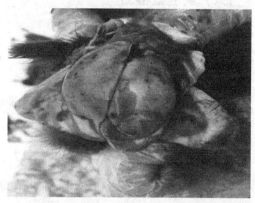

图1-38　肝脏表面呈斑驳状，有大量出血点和出血斑

组织学病变主要是肝细胞弥散性变性和坏死，部分肝细胞脂肪变性，血管周围有不同程度的炎性细胞浸润。

（四）流行病学特征

易感动物：自然情况下，本病主要感染鸭、鸡、火鸡和鹅，野生水禽可能成为带毒者。主要引起5周龄以内的小鸭发病和死亡，1周内的雏鸭发病率可达100%、病死率可达95%；1～3周龄的雏鸭病死率为50%或更低。随着日龄的增大，发病率和病死率明显降低，4周龄以上小鸭感染发病较少。成年鸭即使在病毒严重污染的环境中也无临诊表现，并且对种鸭产蛋率无影响。3型肝炎病毒的致病性稍低，临诊上病死率往往不超过30%，人工感染的病死率更低。据报道，棕色大鼠（*Rattus norvegicus*）可作为1型鸭肝炎病毒的贮存宿主，这对于该病的流行病学分析有重要意义。

传染源：病鸭和带毒鸭是本病的主要传染源。感染鸭康复后8周仍可能从便中排毒。

传播途径：本病主要通过与病鸭直接接触感染，病鸭粪便所污染的饲料和饮水经消化道、呼吸道感染，也能通过人员的参观、饲养人员的串舍以及污染的用具、垫料和车辆等传播。1型鸭肝炎病毒具有极强的传染性，在易感鸭群中可迅速传播。通过皮下和肌内注射等途径人工感染易感雏鸭，其潜伏期可短至24h左右，发病和死亡主要集中于感染后24～96h。

流行形式及因素：本病一年四季均可发生，但主要在孵化季节。饲养密度过大、鸭舍过于潮湿、卫生条件差、饲料内缺乏维生素和矿物质等可促使本病的发生。

（五）预防及治疗

坚持严格防疫、检疫和消毒制度，坚持自繁自养、全进全出，防止本病传入鸭群是该病防控的首要措施。疫区及受该病威胁地区的鸭群进行定期的疫苗免疫预防是防止本病发生的有效措施。

对于无母源抗体的雏鸭，1～3日龄时可用鸭肝炎弱毒疫苗进行免疫，能有效地防止本病的发生。如果种鸭在开产前间隔 15d 左右接种 2 次鸭肝炎疫苗，之后隔 3～4 个月加强免疫 1 次，其后代可获得较高的母源抗体，从而能够得到良好的免疫保护作用。但是对于病毒污染比较严重的鸭场，部分雏鸭在 10 日龄以后仍有可能被感染，应考虑避开母源抗体的高峰期接种疫苗或注射高免卵黄或血清。

（六）实验室检测

参照标准：NY/T 554-2002。

1. 雏鸭接种/保护试验

（1）材料准备

1）研钵或平皿，玻璃匀浆器，10ml 带胶塞玻璃瓶。

2）1ml 和 5ml 注射器及针头。

3）0.22μm 微孔滤膜及滤头。

4）离心管、手术剪刀及手术镊子。

5）0.85% 生理盐水：在使用前加入青霉素和链霉素，使其最终浓度为 2000IU/ml 和 2000μg/ml。

6）DHV 高免血清。

7）雏鸭：1～5 日龄 75 只易感健康雏鸭。

（2）操作方法

1）病料处理　在无菌室内超净工作台上无菌采取数例病鸭的肝脏组织 10g，于研钵或平皿中剪碎，用玻璃匀浆器制备组织匀浆，按 1:10（W/V）加入生理盐水。将匀浆液转至离心管中，3000r/min 离心 10min。弃去上层脂肪，抽取中间清亮的液体，再经过 0.22μm 灭菌微孔滤膜过滤，收集滤过的液体，作为病料样品直接接种；或装入 10ml 玻璃瓶中，盖上胶塞，置专用的密闭铁盒里，于 -20℃ 保存待检，保存期不超过 1 年。

2）试验　选取 75 只健康雏鸭，分为 A、B、C 三组，每组 25 只，做如下处理。

A 组（攻毒保护组）：每只鸭颈背部皮下注射 1ml DHV 高免血清。24h 后，每只鸭皮下注射 0.2ml 的待检样品。

B 组（攻毒组）：每只鸭颈背部皮下注射 0.2ml 待检样品。

C 组（对照组）：每只鸭颈背部皮下注射 0.2ml 生理盐水。

将上述三组鸭置于相同的管理条件下，隔离饲养，连续观察。

（3）结果判定　当 C 组没有任何一只雏鸭死亡时，试验才能成立，可进行如下判定，否则应重检。

阳性（＋）：B 组特征性死亡的鸭的比例达 30% 以上（含 30%），而 A 组死亡鸭只比例低于 10%（含 10%）。

阴性（－）：B 组的鸭只均不死亡。

可疑（±）：B 组特征性死亡的鸭的比例低于 30%，而 A 组鸭只不死亡。此可疑结果应重检，仍为可疑则判为阳性。

2. 鸭（鸡）胚接种/中和试验

（1）材料准备

1）1ml 注射器及针头 4 套。

2）生理盐水在使用前加入青霉素和链霉素，使其最终浓度分别为 2000IU/ml 和 2000μg/ml。

3）DHV 高免血清。

4）鸭（鸡）胚：75 枚 12～14 日龄的易感健康鸭胚；也可选用 9～10 日龄的无特定病原（SPF）鸡胚。

（2）操作方法

1）取 0.5ml 病料样品，加入 4.5ml 生理盐水，制备成 100 倍稀释的待检病毒液。

2）选取 75 只鸭胚或鸡胚，分为 A、B 和 C 共三组，每组 25 只胚，处理如下。

A 组（中和试验组）：取 2ml 高免血清和 2ml 的待检病毒液，混合均匀。置于 37℃ 温箱中作用 30min 后，每胚经尿囊腔接 0.2ml。

B 组（接种试验组）：取 2ml 生理盐水，加入 2ml 待检病毒液，混匀，每只胚经尿囊腔接种 0.2ml。

C 组（对照组）：每只胚经尿囊腔接种 0.2ml 生理盐水。

将上述三组接种的鸭（鸡）胚用石蜡或无菌胶布封口后，置于 37℃ 孵化箱内继续孵化，每天照蛋 2 次，剔除接种后 24h 内 A、B、C 三组因细菌污染而死亡的胚，分组记录其死亡情况及胚胎剖检病变。观察至第 7 天（如用鸡胚，则为 10d）。

（3）结果判定

当 C 组中没有任何胚胎死亡，才可进行如下判定，否则应重检。

阳性（＋）：B 组特征性死亡的鸭（鸡）胚比例达 20％ 以上（20％），而 A 组的胚不死亡。

可疑（±）：B 组特征性死亡的鸭（鸡）胚比例低于 20％，面 A 组的胚不死亡。此可疑结果应重检，仍为可疑时则判为阳性。

阴性（－）：B 组和 A 组的胚均不死亡。

十一、小鹅瘟

小鹅瘟在国际上又称鹅细小病毒感染、Derzsy 氏病，是由细小病毒引起雏鹅和雏番鸭的一种急性或亚急性败血性传染病。本病主要侵害 4～20 日龄的雏鹅，以传播快、高发病率、高病死率、严重下痢、渗出性肠炎、肠道内形成腊肠样栓子为特征。在自然条件下成年鹅常呈隐性感染，但经排泄物和卵可传播该病。该病是危害养鹅业的主要病毒性传染病。我国将其列为二类疫病。

本病最早由我国学者方定一等于 1956 年首先在江苏省扬州地区发现，并以鹅胚分离到病毒，定名为小鹅瘟。1965 年以后东欧和西欧许多国家报道了本病的存在，1978 年将小鹅瘟更名为鹅细小病毒感染。目前世界许多饲养鹅及番鸭地区都有本病的发生。

（一）病毒特征

细小病毒（Goose parvovirus，GPV），为细小病毒科（Parvoviridae）细小病毒属的成员。病毒粒子呈球形或六角形，直径为 20～22nm，无囊膜、20 面体对称、核酸为单链 DNA。电镜可见有完整病毒粒子和病毒空壳。病毒结构多肽有 3 种：VP1、VP2、VP3，其中 VP3 为主要结构多肽。本病毒无血凝活性，不凝集鸡、鹅、鸭、兔、豚鼠、小鼠、猪、牛、羊和人"O"型红细胞，但可凝集黄牛精子。迄今国内外分离到的 GPV 毒株抗原性几乎相同，均为同一个血清型。

小鹅瘟病毒在感染细胞的核内复制，病鹅的内脏、脑、肠道及血液中均含有病毒。初次分离可用鹅胚或番鸭胚或其成纤维细胞。以胚成纤维细胞初次分离该病毒时一般不产生细胞病变（CPE），但随着传代次数的增加，CPE 越来越明显。以鹅胚分离 GPV 时，一般在接种后 5～7d 死亡，死亡鹅胚绒毛尿囊膜局部增厚，胚体皮肤、肝脏及心脏等出血。随着在鹅胚中传代次数的增多，该病毒对鹅胚的致死时间稳定在接种后 3～4d。

本病毒对环境的抵抗力强，65℃加热 30min、56℃ 3h 其毒力无明显变化，能抵抗氯仿、乙醚、胰酶和 pH3.0 的环境。蛋壳上的病毒虽经 1 个月孵化期也不能被消灭。对 2%～5%氢氧化钠、10%～20%石灰乳敏感。

（二）临床症状

本病的潜伏期与感染雏鹅、雏番鸭的日龄密切相关，2 周龄内雏鹅无论是自然感染，还是人工感染，其潜伏期均为 2～3d，2 周龄以上雏番鸭潜伏期为 4～7d。本病的病程也随发病雏鹅、雏番鸭的日龄不同而异，可分为最急性型、急性型和亚急性型三种病型。

最急性型多见于流行初期和 1 周龄内的雏鹅或雏番鸭，发病、死亡突然，传播迅速，发病率 100%，病死率高达 95%以上。病初雏鹅表现精神沉郁，数小时内即出现衰弱、倒地、两腿划动（图 1-39）并迅速死亡。

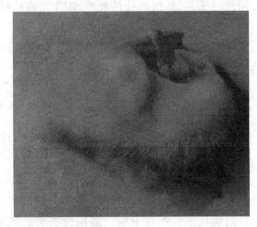

图 1-39　病鸭衰弱、倒地，两腿划动

急性型常发生于 1～2 周龄内的雏鹅，患病雏鹅具有典型的消化系统紊乱和明显的神经症状，表现为全身委顿、食欲减退或废绝，喜蹲伏，渴欲增强，严重下痢，排灰白色或青绿色稀粪，粪中带有未消化的饲料，临死前头多触地、两腿麻痹或抽搐。病程 2d 左右。

亚急性型多发生于 2 周龄以上的雏鹅，常见于流行后期。患病雏鹅以精神沉郁、腹泻和消瘦为主要症状。少数幸存者在一段时间内生长不良。病程一般为 3～7d 甚至更长。

（三）病理变化

感染雏鹅或雏番鸭的剖检病变以消化道炎症为主，尤其是小肠急性浆液性-纤维素性炎症最具特征。随病型不同有一定差异。

最急性型：剖检病变不明显，一般只有小肠前段黏膜肿胀、充血，表现为急性卡他性炎症。胆囊肿大、胆汁稀薄。其他脏器无明显病变。

急性型和亚急性型：常有典型的肉眼病变，尤其是肠道的病变具有特征性。小肠的中、后段显著膨大，呈淡灰白色，形如香肠样，触之坚实较硬，剖开膨大部肠道可见肠黏膜坏死脱落，与凝固的纤维素性渗出物形成栓子或包裹在肠内容物表面堵塞肠道（图1-40）。心脏变圆，心肌松软，肝脏肿大、淤血，脾脏淤血或充血。

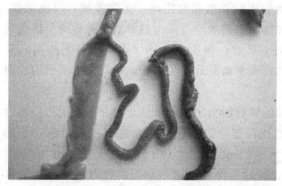

图1-40　膨大部肠道可见栓子或包裹在肠内容物表面堵塞肠道

本病的组织学病变主要为心肌纤维有不同程度的颗粒变性、脂肪变性和脂肪浸润，有散在的 Cowdrey A 型核内包涵体。肠道和胃壁肌纤维的组织学变化与此相似。肝脏细胞空泡变性和颗粒变性，有时肝细胞胞浆内有嗜伊红类包涵体；脑膜及脑实质血管充血，神经细胞变性、神经胶质细胞增生。

（四）流行病学特征

易感动物：自然条件下，只有雏鹅和雏番鸭对本病易感，其他禽类和哺乳动物均无感染性。本病多发于 1 月龄内的雏鹅和雏番鸭，各品种的雏鹅对本病具有相同的易感性。雏鹅的易感性随日龄的增长而降低，1 周内的雏鹅，病死率可高达 100%，10 日龄以上的鹅病死率一般不超过 60%，20 日龄以上的鹅发病率低，病死率也低，而 1 月龄以上鹅则很少发病。

传染源：病鹅、病番鸭和带毒鹅、带毒番鸭是主要的传染源。被发病雏鹅或番鸭、康复带毒雏鹅或雏番鸭以及隐性感染成年鹅的排泄物、分泌物污染的水源、饲料、用具、草场、蛋等，也可成为传染源。

传播途径：发病雏鹅或番鸭从粪便中排出大量病毒，通过直接或间接接触，经消化道感染而迅速传播全群。带毒大龄鹅可通过蛋将病毒垂直传染给孵化器中的易感雏鹅，造成雏鹅在出壳后 3~5d 内大批发病和死亡。最严重的暴发是发生于病毒垂直传播后的易感雏鹅群孵化环境及用具的严重污染，使孵出的雏鹅大批发病。自然条件下，易感的成年鹅群一旦传入小鹅瘟强毒，先使少数鹅感染，通过消化道排出病毒，引起其他易感鹅感染，并可能传播至另一个鹅群。

流行形式及因素：本病一年四季均有流行发生，但我国南方和北方由于饲养鹅、番鸭的季节及方式的不同，发生本病的季节也有所不同。南方多在春夏两季，北方地区多见于夏季和早秋发病。本病的发生及流行具有一定的周期性，一般在大流行以后，当年余下的鹅群由于获得了主动免疫，次年的雏鹅具有天然被动免疫力而不发病或少见发病，其周期一般为1～2年。鹅群的带毒期长短与鹅群大小、饲养环境以及鹅群的易感性有密切关系。

（五）预防及治疗

应采取综合性防控措施。本病的预防主要在两方面：一是孵化房中的一切用具和种蛋彻底消毒，刚出壳的雏鹅、雏番鸭不要与新引进的种蛋和成年鹅、番鸭接触，以免感染。二是做好雏鹅、雏番鸭的预防，对未免疫种鹅、番鸭所产蛋孵出的雏鹅、雏番鸭于出壳后1日龄注射小鹅瘟弱毒疫苗，且隔离饲养到7日龄；而免疫种鹅、番鸭所产蛋孵出的雏鹅、雏番鸭一般于7～10日龄时需注射小鹅瘟高免血清或高免蛋黄，每只皮下或肌内注射0.5～1.0ml。

在确诊小鹅瘟后，应立即将未出现症状的雏鹅隔离出饲养场地，放在清洁无污染场地饲养，每只皮下注射0.5～0.8ml高效价鹅瘟特抗。患病仔鹅紧急注射鹅瘟特抗，小鹅（10日龄或体重150g以内）胸部皮下注射0.8～1ml，大鹅（10日龄以上或体重150g以上）注射1～1.5ml。注射时要一鹅一针头，同时工作人员进出每个群体时要注意换衣换鞋，避免交叉感染。也可在饲料或饮水中投入禽用抗病毒药物，可配合使用急救扰干素，注射或饮水，病情严重者饮水2d，每天1次，效果显著。为防止细菌性感染，每羽小鹅可肌注1000～2000IU庆大霉素，早晚各1次，连用2～3d。帮助鹅增强体质和恢复体能。

（六）实验室检测

参照标准：NY/T 560—2018。

1. 病毒的分离、检测和鉴定

病毒分离

1）仪器　组织研磨器、恒温孵化箱、手持式照蛋器、无菌巴氏吸管、台式离心机（≥10000r/min）、−20℃冰箱、4℃冰箱。

2）耗材　12日龄无小鹅瘟病毒抗体的鹅胚或番鸭胚、眼科剪、镊子、微量离心管。

3）试剂　0.015mol/L pH7.2磷酸盐缓冲液（PBS）、生理盐水、青霉素（10万IU/ml）、链霉素（10万IU/ml）。

4）方法及程序

① 无菌取患病雏鹅或死亡雏鹅的肝、脾、肾、肠道等内脏器官，病料放置灭菌的平皿中，−20℃保存，作为病毒分离材料备用。

② 将组织剪碎、磨细，置于1.5ml的Eppendorf管中，用含有青霉素和链霉素各2000IU/ml的灭菌生理盐水或灭菌PBS（pH7.2）进行1∶10稀释，37℃作用30min后，8000r/min离心10min。取上清液经0.22μmol/L滤膜过滤除菌后，作为病毒分离材料。

③ 鹅胚或番鸭胚接种。将②病毒分离材料接种5枚12日龄无小鹅瘟病毒抗体的鹅胚或番鸭胚，每胚尿囊腔接种0.2ml，置于37～38℃孵化箱内孵化，每天照胚2次，观察9d。

接种后 24h 内死亡的胚胎废弃，24h 以后死亡的鹅胚或番鸭胚取出，置于 4℃冰箱内过夜冷却收缩血管。翌日无菌收获尿囊液，并观察胚体病变。做无菌检验后封装冻存。无菌的尿囊液于-20℃保存，做传代及检验用。

接种后 9d 内未见死亡的鹅胚或番鸭胚取出后，置于 4℃冰箱内过夜冷却收缩血管。翌日用无菌操作方法收获尿囊液，盲传一代。

④ 结果判定。由本病毒致死的鹅胚或番鸭胚具有相同的肉眼可见病变。绒毛膜增厚，全身皮肤充血，翅尖、趾、胸部毛孔、颈、喙均有较严重的出血点，胚肝边缘出血，心脏和后脑出血，头部皮卜及两肋皮下水肿。接种后 7d 以上死亡的鹅胚或番鸭胚胚体发育停滞，胚体小。出现以上胚体病变可初步判定为病毒分离阳性，但需进一步鉴定是否为小鹅瘟病毒。

2.琼脂扩散试验

（1）试剂

1）标准阳性血清、抗小鹅瘟病毒单克隆抗体、标准阴性血清。

2）标准琼扩抗原。

3）被检血清：无菌手续采取血液，分离血清，按 0.01％量加入硫柳汞防腐，冻结保存待检。

4）被检抗原：配制方法见附录 A。

5）琼脂板：取 1.0g 优质琼脂或琼脂粉加 100ml pH7.8 的 8％氯化钠溶液，加热使其全部溶解后加入 1ml 1％硫柳汞溶液混匀制成 3mm 厚的平板。

（2）操作方法

1）检测抗体

① 打孔：将制备好的琼脂板用打孔器打孔，并挑出孔中的琼脂。中心 1 孔，周围 6 孔，孔径 3mm，孔距 4mm，用溶化琼脂补孔底。

② 加样：中央孔加入标准琼扩抗原，1、4 孔加入标准阳性血清，其他孔分别加入被检血清，或 1 孔加入标准阳性血清，其他孔分别加入倍增稀释被检血清。各孔均以加满不溢出为度。将加样后的琼脂板放入填有湿纱布的盒内，置 20～25℃室温或 37℃温箱，24h 初判，72h 终判。

③ 结果判定

a.当标准阳性血清孔与抗原孔之间形成清晰沉淀线时，被检血清孔与抗原孔之间也出现沉淀线，且与标准阳性血清沉淀线末端相吻合，被检血清判为阳性。

b.当标准阳性血清孔与抗原孔之间形成清晰沉淀线时，而被检血清孔与抗原孔之间无沉淀线出现时，被检血清判为阴性。

c.当被检血清最高稀释度孔与抗原孔之间形成清晰沉淀线时，判为被检血清琼扩效价。

2）检测抗原

① 打孔：同（2）、1）、①。

② 加样：中央孔加标准阳性琼扩血清，1、4 孔加入标准琼扩抗原，其他孔加被检抗原。各孔均以加满不溢出为度。将加样后的琼脂板放入填有湿纱布的盒内，置 20～25℃室温或 37℃温箱，24h 初判，72h 终判。

③ 结果判定：当标准抗原孔与阳性血清孔之间形成清晰沉淀线时，被检抗原孔与阳

性血清孔之间也出现沉淀线，且与标准抗原沉淀线末端相吻合，被检抗原判为阳性。

当标准抗原孔与阳性血清孔之间形成清晰沉淀时，被检抗原孔与阳性血清孔之间无沉淀线出现，被检抗原判为阴性。

附录 A
（规范性附录）

被检琼扩抗原制备

将分离毒株鹅胚尿囊液，经 3000r/min 离心 30min，取上清液加入等量三氯甲烷（氯仿）振摇 30min 后，经 3000r/min 离心 30min。吸取上清液装入透析袋，置于有干燥硅胶的密闭玻璃缸（或玻璃瓶）内数小时，或至完全干燥为止，也可置 40% 聚乙醇中浓缩（约 12h）。加适量灭菌无离子水于透析袋内，使之达到 1/50～1/40 原绒尿液量，待完全溶解后吸出置无菌小瓶内加入 0.01% 硫柳汞防腐，冻结保存，即为被检琼扩抗原。

第二节
猪　病

一、猪瘟

猪瘟俗称烂肠瘟，美国称猪霍乱，英国称为猪热病，是由猪瘟病毒引起猪的急性、热性、败血性和高度接触性传染病。根据临诊症状可分为最急性型、急性型、亚急性型、慢性型、温和型、繁殖障碍型、神经型 7 种。最急性型特征是发病急、高热稽留和全身性小点出血，脾梗死；急性型呈败血性变化，实质器官出血、坏死；亚急性型和慢性型不但有不同程度的败血性变化，且还发生纤维素性、坏死性肠炎；繁殖障碍型、温和型、神经型引起母猪带毒综合征，导致孕猪流产、早产，产死胎、木乃伊胎、弱仔或新生仔猪先天性头部震颤和四肢颤抖等。本病是猪的一种重要传染病，OIE 将其列入 A 类动物疫病，我国将其列为一类动物疫病。

目前，本病在亚洲、非洲、中南美洲仍然不断发生，在美国、加拿大、澳大利亚及欧洲若干国家已经被消灭，但在欧洲某些国家近 10 年来仍有发病的报道。

（一）病毒特征

猪瘟病毒（Classical swine fever virus，CSFV；美国称为 Hog cholera virus，HCV）属于黄病毒科（Flaviviridae）瘟病毒属（Pestivirus），是世界范围内最重要的猪病病毒。基因组为单链正股 RNA，病毒粒子呈球形，直径为 38～50mm，具有脂蛋白囊膜和 20 面体立体对称的核衣壳。目前认为猪瘟病毒仅有一个血清型，但病毒株的毒力有强、中、弱之分。猪瘟病毒与牛病毒性腹泻/黏膜病病毒（BVD）的基因组序列有高度的同源性，抗原关系密切，既有血清学交叉反应，又有交叉保护作用，猪能自然感染这种病毒。用BVDV抗血清与猪瘟病毒株作中和试验，可将猪瘟病毒分为H群（强毒株）和B群（弱毒株）。猪瘟野毒株的毒力变化很大，H群不能被BVDV抗血清中和，可引发急性发病和高病死率；B群能被BVDV抗血清中和，一般引起亚急性或慢性传染。

猪瘟病毒分布于病猪全身体液和各种组织内，以淋巴结、脾和血液中含量最高，每克含数百万个猪最小感染量。病猪的尿、粪便等排泄物和分泌物都含有大量病毒，发热期含病毒量最高。猪瘟病毒对环境的抵抗力不强，温度越高越敏感，但存活的时间取决于含毒的介质。正常条件下，76℃经1h可使病毒失去感染力；在干燥条件下，病毒容易死亡，被污染的环境在干燥和阳光直射的条件下，经1～4周可失去传染性。猪瘟病毒在冷藏猪肉中可存活几个月，在冰冻猪肉中存活时间可达数年之久，在浓度高达174％的盐腌制猪腿肉中尚能存活102d，这些具有重要的流行病学意义。对乙醚、氯仿、β-丙烯内酯和碱性消毒药物敏感，如2％氢氧化钠、生石灰等。1％的福尔马林、碳酸钠（4％无水或10％结晶碳酸钠＋0.1％去污剂）、离子和无离子去污剂等能将其灭活。

（二）临床症状

本病的潜伏期一般5～7d，最短2d，长的21d。根据病程长短和临诊症状可分为最急性型、急性型、亚急性型、慢性型、繁殖障碍型、温和型和神经型。

最急性型：多见于流行初期，主要表现为突然发病，高热稽留，体温可达41℃以上，全身痉挛，四肢抽搐，皮肤和可视黏膜发绀、有出血点，倒卧地上很快死亡，病程1～5d。

急性型：体温升高到41～42℃，稽留不退，精神沉郁，行动缓慢、低头垂尾、嗜睡、发抖，行走时拱背、不食。病猪早期有急性结膜炎，眼结膜潮红，眼角有多量脓性分泌物，甚至使眼睑粘连；口腔黏膜发绀、有出血点。公猪包皮内积尿，用手可挤出浑浊恶臭尿液。病初出现便秘，排出球状并带有血丝或伪膜的粪球，随病程的发展呈现腹泻或腹泻便秘交替出现。皮肤初期潮红充血，随后在耳、颈、腹部、四肢内侧出现出血点和出血斑（图1-41）。濒死前，体温降至常温以下，病程一般1～2周。

图1-41 皮肤初期潮红充血，随后在耳、颈、腹部、四肢内侧出现出血点与出血斑

亚急性型：症状与急性型相似，但较缓和，病程一般3～4周。不死亡者常转为慢性型。

慢性型：主要表现消瘦，全身衰弱，体温时高时低，便秘腹泻交替，被毛枯燥，行走无力，食欲不佳，贫血。有的病猪在耳端、尾尖及四肢皮肤上有紫斑或坏死，病程1个月以上。病猪很难恢复，不死者长期发育不良，形成僵猪。

繁殖障碍型（母猪带毒综合征）：有的孕猪感染后可不发病但长期带毒，并能通过胎盘传给胎儿。有的孕猪出现流产、早产、产死胎、木乃伊胎、弱仔或新生仔猪先天性头部、四肢颤抖，一般数天后死亡，存活的仔猪可出现长期病毒血症。

温和型：症状较轻且不典型，有的耳部皮肤坏死，俗称干耳朵；有的尾部坏死，俗称干尾巴；有的四肢末端坏死，俗称紫斑蹄。病猪发育停滞，后期四肢瘫痪，不能站立，部分病猪跗关节肿大。病程一般半个月以上，有的经2～3个月后才能逐渐康复。

神经型：多见于幼猪。病猪表现为全身痉挛或不能站立，或盲目奔跑，或倒地痉挛，常在短期内死亡。

（三）病理变化

根据病程长短和继发感染情况，病理变化有所不同。

最急性型：多无明显病理变化，一般仅见到黏膜、浆膜和内脏有少数点状出血，淋巴结轻度肿胀和出血。

急性型：主要表现为典型的败血症病变，全身皮肤、浆膜和内脏实质器官有不同程度的出血变化，以淋巴结、肾脏、膀胱、喉头、会厌软骨和大肠黏膜的出血最为常见。皮肤出血主要见于耳根、腹下和四肢内侧。心肌、肺脏、输尿管等处有数量不等的出血点或出血斑。两侧扁桃体坏死。全身淋巴结肿大、多汁、充血和出血，呈暗红色，切面呈弥漫性出血或周边出血，中心部保持有灰白色区域，呈红白相间的大理石状花纹；脾不肿大，色泽基本正常，边缘及尖端有大小不一、紫红色、隆起的出血性或贫血性梗死灶，呈结节状（图1-42）。这是猪瘟最有诊断意义的病变。

肾脏色泽变淡，呈土黄色，皮质部有针尖大到小米粒大数量不等的出血点，少者数个，多者密布，髓质出血比较少见，仔猪先天感染表现"有沟肾"。胃浆膜、黏膜出血，小肠有卡他性炎症，回肠、盲肠（特别是回盲瓣处）和结肠常有特征性的坏死、溃烂，形成纽扣状溃疡（图1-43）。

图1-42　脾边缘及尖端有大小不一、紫红色、隆起的出血性或贫血性梗死灶

图1-43　回肠、盲肠（特别是回盲瓣处）和结肠常有特征性的坏死、溃烂，形成纽扣状溃疡

膀胱出血明显，膀胱黏膜上密布有针头大小的出血点。

亚急性型：全身出血性症状较急性型轻，但坏死性肠炎和肺炎变化明显。

慢性型：主要变化为坏死性肠炎，全身出血变化不明显。特征性病变是在盲肠、回盲口及结肠黏膜上形成纽扣状溃疡，呈同心轮层状纤维素性坏死，黑褐色突出于肠黏膜表面。肋骨病变也很常见，表现为突然钙化，从肋骨、肋软骨联合到肋骨近端有半硬的骨结构形成的明显横切线。繁殖障碍型、温和型和神经型的剖检病变特征不明显。

（四）流行病学特征

易感动物：本病在自然条件下只感染猪。不同品种、年龄、性别的猪均可感染发病。

传染源：病猪和隐性感染的带毒猪为主要传染源。猪感染猪瘟病毒后 1～2d，未出现临诊症状前即可向外界排毒；病猪痊愈后仍可带毒和排毒 5～6 周；病猪的排泄物、分泌物和屠宰时的血、肉、内脏和废料、废水都含有大量病毒；被猪瘟病毒污染的饲料、饮水、用具物品、人员、环境等也是传染源。随意抛弃病死猪的肉尸、脏器或者病猪、隐性感染猪及其产品处理不当均可传播本病。带毒母猪产出的仔猪可持续排毒，也可成为传染源。猪场内的蚯蚓和猪体内的肺丝虫是自然界的保毒者，应引起重视。

传播途径：猪瘟主要通过直接或间接接触方式传播，一般经消化道传染，也可经呼吸道、眼结膜感染或通过损伤的皮肤、阉割时的创口感染。非易感动物和人可能是病毒的机械传递者。

妊娠母猪感染猪瘟后，病毒可经胎盘垂直感染胎儿，产出弱仔、死胎、木乃伊胎等，分娩时排出大量病毒。如果这种先天感染的仔猪在出生时正常并存活几个月，它们便成为病毒散布的持续感染来源，这种持续的先天性感染对猪瘟的流行病学研究具有极其重要的意义，试验证明，母猪在妊娠 40 日龄感染则发生死胎、木乃伊胎和流产；70 日龄感染者所生的仔猪 45% 带毒，出生后出现先天性震颤，多于 1 周左右死亡；90 日龄感染者所生的仔猪可存活 2～11 个月，此种猪无明显症状但终身带毒、排毒，为猪瘟病毒的主要储存宿主，有这些猪的存在即可形成猪瘟常发地区或猪场。

流行因素及形式：本病一年四季均可发生，一般以深秋、冬季、早春较为严重。急性暴发时，先是几头猪发病，突然死亡，继而病猪数量不断增加，多数呈急性经过并死亡，3 周后逐渐趋于低潮，病猪多呈亚急性型或慢性型，如无继发感染，少数慢性病猪在 1 个月左右康复或死亡，流行终止。

近年来猪瘟流行发生了变化，出现非典型猪瘟、温和型猪瘟，均以散发性流行。发病特点不突出，临诊症状较轻或不明显，病死率低，无特征性病理变化，必须依赖实验室诊断才能确诊。

（五）预防及治疗

本病坚持"预防为主"，采取综合性防控措施。

（1）免疫接种　这是当前防控猪瘟的主要手段。一般情况下，用细胞苗免疫时，仔猪 25 日龄左右进行第 1 次免疫接种，60 日龄再进行第 2 次免疫接种。猪瘟流行严重的猪场可采取超前免疫的办法，即在仔猪刚出生后未吃初乳前，接种猪瘟疫苗 1～2 头份，注苗 1～2h 后再自由哺乳，于 70 日龄进行第 2 次免疫。实施超前免疫时，母猪分娩过程中必须有专人守护，随生随免，吃到初乳后再免疫接种将失去效果。超前免疫中个别仔猪会出现过敏反应（全身出现青紫色，呼吸急速，呕吐，站立不稳，随后倒地，呈昏迷状态），可注射地塞米松酸钠液或苯海拉明、肾上腺素等进行抢救。

在上述免疫的基础上，种猪每半年加强免疫一次，种母猪应于配种前 25d 免疫一次，使之产生坚强的免疫力，避免妊娠期间感染猪瘟。

为确保免疫效果，可适当加大免疫剂量或改猪瘟细胞苗为兔化猪瘟组织苗。根据多数学者实践中应用的情况，适当提高免疫剂量可提高抗体水平。以下剂量供参考：种猪4~5头份，仔猪2~3头份，仔猪母源抗体在1：32以上时（25日龄左右）4头份较好。曾经出现免疫失败的猪场，尤其是有繁殖障碍型、温和型和神经型猪瘟存在的情况下，可选用猪瘟脾淋组织疫苗进行免疫，效果较好。

（2）开展免疫监测　有条件的猪场应开展免疫监测（可用酶联免疫吸附试验或间接血凝试验），根据母源抗体水平或残留抗体水平适时免疫。并于每次免疫接种后进行免疫效果监测，凡是接种后抗体水平不合格的猪，再免疫一次，仍不合格者属免疫耐受猪，应坚决淘汰。

（3）及时淘汰隐性感染带毒猪　应用直接免疫荧光抗体试验检测种猪群，只要检查出阳性带毒猪，坚决扑杀，进行无害化处理，消灭传染源，降低垂直传播的危险，建立一个健康状态良好的种猪群。

（4）加强检疫，防止引入病猪　实行自繁自养，尽可能不从外地引进新猪。必须由外地引进猪时，应到无病地区选购，并做好免疫接种；回场后，应隔离观察2~3周，并应用免疫荧光抗体试验或酶标免疫组织抗原定位法检疫。确认健康无病方可混群饲养。

（5）建立"全进全出"的管理制度，消除连续感染、交叉感染。

（6）做好猪场、猪舍的隔离、卫生、消毒工作　禁止场外人员、车辆、物品等进入生产区，必须进入生产区的人员应经严格消毒，更换工作衣、鞋后方可进入；进入生产区的车辆物品也必须进行严格消毒；生产区工作人员应坚守工作岗位，严禁串岗；各猪舍用具要固定，不可混用；生产区、猪舍要经常清扫、消毒，认真做好驱虫、灭鼠工作。

（7）加强市场、运输检疫，控制传染源流动，防止传播猪瘟。

（8）科学饲养管理，提高机体抵抗力。

（六）实验室检测

参照标准：GB/T 16551—2008。

1.病原学诊断

（1）兔体交互免疫试验

1）样品处理　将病猪的淋巴结、脾脏和肾脏磨碎后用无热原性的生理盐水做1：10稀释。

2）接种家兔　将上述处理的样品肌内注射三只健康家兔，每只5ml，另设三只不注射病料而仅注射生理盐水的对照兔，24h后，每隔6h测体温一次，连续测温5d。

3）接种家兔　接种样品5d后对所有家兔静脉注射用无热源性的生理盐水稀释成1ml含有100个兔体最小感染量的猪瘟兔化弱毒（淋巴、脾脏毒），每只1ml，同时增设两只仅注射猪瘟兔化弱毒的对照兔。24h后，每隔6h测体温一次，连续测96h，注射生理盐水和仅注射猪瘟兔化弱毒的两组对照兔分别2/3和2/2出现定型热或轻型热时，试验成立。

4）判定标准　猪瘟强毒不引起家兔体温反应，但能使其产生免疫力，从而降低猪瘟兔化弱毒苗的攻击。因此，可以利用猪瘟兔化弱毒攻击后是否出现体温反应作指标，以判定第一次接种的病料中是否含有猪瘟病毒。试验组的试验结果判定见表1-10。

表 1-10   兔体交互免疫试验结果判定

接种病料后体温反应	接种猪瘟兔化弱毒后体温反应	结果判定
—	—	含猪瘟强毒、野毒
—	+	不含任何猪瘟病毒
+	—	含猪瘟兔化弱毒
+	+	含非猪瘟病毒热源性物质
对照兔	+	含猪瘟兔化弱毒

注："＋"表示多于或等于 2/3 的动物有体温反应，"—"为无体温反应。

（2）免疫酶染色试验

1）样品的采集   解剖检查时采病猪扁桃体、脾、肾、淋巴结作压印片或冰冻切片，同时设正常组织对照标本。标本自然干燥后，在 2％戊二醛和甲醛等量混合液中固定 10min，干燥后，置冰箱内待检。

2）操作程序

① 将标本浸入 0.01％过氧化氢或 0.01％叠氮钠的 Tris-HCl 缓冲液中，室温下作用 30min。

② 用 pH7.4 的 0.02mol/L 磷酸缓冲盐水漂洗 5 次，每次 3min，风干。

③ 将标本置于湿盒内，滴加 1：10 酶标记抗体，覆盖标本面上，置 37℃作用 45min。

④ 用 pH7.4 的 0.02mol/L 磷酸缓冲盐水-1％吐温缓冲液漂洗 5 次，每次 2～3min。

⑤ 将标本放入 DAB（4-二甲氨基偶氮苯）Tris-HCl 液内，置 37℃作用 3min。

⑥ 用 pH7.4 的 0.02mol/L 磷酸缓冲盐水冲洗 5 次，每次 2～3min，再用无水酒精、二甲苯脱水，封片检查。

⑦ 用普通生物显微镜检查判定结果，如细胞质染成深褐色为阳性，黄色或无色为阴性，正常对照标本应为阴性。猪瘟兔化弱毒接种的猪组织细胞质呈微褐色，与强毒株感染有明显区别。

（3）病毒分离与鉴定试验

1）将 2g 扁桃体或脾脏或肾脏剪成小块，加上灭菌砂在研钵中研成匀浆，用 Hank's 液或 MEM 配成 20％悬液，加青霉素（使最终浓度为 500U/ml）和链霉素（使最终浓度为 500μg/ml），室温下放置 1h，以 3000r/min 离心 15min 取上清液。

2）将 PK$_{15}$ 单层细胞用胰酶消化分散后，以 8000r/min 离心 10min，用不含牛病毒性腹泻病毒（BVDV）的 5％胎牛血清的 MEM 配成每毫升含 2×10^6 个细胞的悬液。

3）九份细胞悬液加一份病料悬液接种于带有细胞飞片的转瓶或微量细胞培养板。另设不加病料的对照若干瓶（孔），于接种后 1d、2d、3d，分别从两个接种瓶（孔）和一个对照瓶（孔）中取出细胞片用 Hank's 液或 MEM 洗涤两次，每次 5min，用冷无水丙酮固定 10min。

4）按（2）或（4）、5）～（4）、7）进行免疫酶染色或荧光抗体染色、镜检并判定结果。

（4）直接免疫荧光抗体试验

1）采样   群体检疫中，待检可疑猪不少于 3 例，其中至少 2 例为早期患猪，活体取扁桃体或剖杀后摘取扁桃体。后期病猪剖杀后采扁桃体、淋巴结、脾脏、肾脏。个体检疫时，可活体取扁桃体或剖杀可疑猪采扁桃体、淋巴结、脾脏、肾脏。所采组织样品应新鲜且为猪瘟疫苗免疫 21d 后。

2）送检　采样后应尽快冷藏送检，如当日不能送出，应冻结保存，避免组织腐败、自溶，影响结果。

3）制片　将样品组织块切出 1cm×1cm 的小块，不经任何固定处理，直接冻贴于冰冻切片机的冰冻切片托上（组织块太小时，如活体采取的扁桃体，可用冰冻切片机专用的包埋剂或化学浆糊包埋），进行切片，切片厚度要求 5～7μm。将切片展贴在 0.8～1.0mm 厚的洁净载玻片上，也可将样片组织直接作压片或涂片，同时设正常对照片。

4）固定　将切片、压印片或涂片置无水丙酮中固定 15min。取出立即放入 0.01mol/L、pH7.2 的磷酸缓冲盐水中，轻轻漂洗 3 次。取出，自然干燥后，尽快进行荧光抗体染色。

5）荧光抗体染色　将猪瘟荧光抗体滴加于样品片表面，放置湿盒内于 37℃ 作用 30min。取出后浸入磷酸缓冲盐水中充分漂洗，再用带有 0.5mol/L、pH9.0～9.3 碳酸盐缓冲甘油的盖玻片（0.17mm 厚）封固样品片表面。染色后应尽快镜检，4℃ 保存不应超过 72h。必要时可低温保存待检，但也不应超过 1 周。

6）镜检　将染色、封固后的样品片置于激发光为蓝紫光或紫外光的荧光显微镜下观察。

7）判定标准　于荧光显微镜视野中，见扁桃体隐窝上皮细胞或肾曲小管上皮细胞浆内呈现明亮的黄绿色荧光，或脾、淋巴结胞浆内有黄绿色荧光判为猪瘟病毒感染阳性。正常对照片细胞内应无黄绿色荧光。

（5）猪瘟病毒反转录聚合酶链反应（RT-PCR）

1）材料与样品准备

① 材料准备：本试验所用试剂需用无 RNA 酶污染的容器分装；各种离心管和带滤芯吸头须无 RNA 酶污染；剪刀、镊子和研磨器应干烤灭菌。

② 样品制备：按 1∶5 比例，取待检组织和 MEM 液于研钵中充分研磨制成匀浆液，4℃，以 1000g 离心 15min，取上清液转入无 RNA 酶污染的离心管中备用；采全血脱纤抗凝备用；细胞培养物冻融 3 次备用；其他样品酌情处理。制备的样品在 2～8℃ 保存应不超过 24h，长期保存小瓶分装后置 −70℃ 以下，避免反复冻融。同时设立阴、阳性对照。

2）RNA 提取

① 移取 750μl Trizol 至 1.5ml Eppendorf 管，加入 200μl 血液（培养液或组织处理上清），旋涡振荡 20s，室温下作用 5min，加入 200μl 三氯甲烷，旋涡振荡 15s，室温下作用 10min。

② 以 12000r/min（11750g）、4℃ 离心 15min。

③ 轻轻吸取上清转至新的 1.5ml Eppendorf 管（注意不要吸到中间蛋白层），550～600μl，加入等量预冷的异丙醇，颠倒数次混匀，−20℃ 条件下静置至少 10min。

④ 以 12000r/min（11750g）、4℃ 离心 15min。

⑤ 轻轻倒掉上清，顺势将管口残液在吸水纸上蘸干（注意各管不要用吸水纸同一点），向管中轻加入 1ml 预冷的 75% 乙醇。轻轻颠倒数次，将乙醇倒掉，将管口残液在水纸上蘸干（注意各管不要用吸水纸同一点），盖上后，以 5000r/min、4℃ 离心 2min。

⑥ 用洁净无酶吸头将管底乙醇吸干，注意不要吸走沉淀（RNA 少的情况下可能看不

见沉淀）。在安全柜或超净台中将残留的乙醇吹干，约 5min，直至无乙醇味为止。时间不要太长，以免 RNA 溶解困难。

⑦ 用下列比例配制溶液溶解 RNA：

4μl 0.1mol/L MDTT

1μl RNA 酶抑制剂（Rnase inhibitor）

15μl 无酶水

共计 20μl，按此比例一次性配好，混匀。按每个样品 20～50μl 配制。

吸取 20～50μl RNA 溶解液溶液加至 Eppendorf 管底，55～65℃水浴助溶 10min。RNA 溶液在 -80℃保存。短期也可在 -20℃保存。

3）cDNA 合成

① 吸取 5μl 上述 RNA 溶液至 PCR 管中。

② 加入 1μl 50 pmol/L 的下游引物，68℃作用 5min，冰水浴中降温（或在 PCR 仪中采用程序：68℃反应 5min，置于 4℃结束反应）。

③ 加入下列试剂：

2μl 5×第一链缓冲液（first strand buffer）

0.5μl 0.1mol/L DTT

0.5 μl DNTP（10 mmol/L）

0.25μl RNA 酶抑制剂（Rnase inhibitor）

0.5μl 反转录酶（superscript）

PCR 仪中 50℃反应 60min，75℃温育 10min，置于 4℃结束反应。

4）PCR

① 吸取上述 cDNA 模板 3μl，无酶水 34.5μl。

② 加入下列试剂：

5μl 10×PCR 缓冲液

3μl DNTP（10m mol/L）

1μl 上游引物

1μl 下游引物

2.5μl TaqDNA 聚合酶

将混合物吹打均匀后，至 PCR 仪中扩增，条件如下：94℃预热 3min，94℃变性 50s，58℃退火 50s，72℃链延伸 1min40s，30 个循环；72℃温育 10min，置于 4℃结束反应。

5）nest-pcr

① 吸取上述 PCR 模板 1.5μl，无酶水 36μl。

② 加入下列试剂：

5μl 10×PCR 缓冲液

3μl DNTP（10m mol/L）

1μl nest 上游引物

1μl nest 下游引物

2.5μl TaqDNA 聚合酶

将混合物吹打均匀后，至 PCR 仪中扩增，条件如下：94℃预热 3min，94℃变性 50s，54℃退火 50s，72℃链延伸 1min 40s，30 个循环；72℃温育 10min，置于 4℃结束反应。

6）电泳　取 6～10μl PCR 产物在 0.8％琼脂糖凝胶中进行电泳，缓冲液为 0.5×TBE，100V、40min。

7）凝胶成像及结果判定　阳性样品出现 1.2k 大小条带、阴性样品无条带出现时，试验成立。被检样品出现 1.2k 大小条带为猪瘟阳性，否则为阴性。

2. 血清学诊断

（1）荧光抗体病毒中和试验

1）细胞准备

① 将浓度为每毫升含 $2×10^5$ 个细胞的 PK_{15} 细胞悬液接种于带有盖玻片的 Leighton 管、培养瓶或微量细胞培养板中。

② 于 37℃二氧化碳培养箱中培养 1～2d，直至有 70％～80％的细胞形成单层，Leighton 管可用普通培养箱培养。

2）病毒中和试验

① 被检血清于 56℃灭活 30min，在国际贸易中，最好作 1∶5 稀释。在国内作抗体水平普查时，被检血清可作 1∶25 稀释。

② 将稀释的血清与含有 $200TCID_{50}/0.1ml$ 的病毒悬液等体积混合，置 37℃作用 1～2h。

3）中和后的病毒接种

① 将带有盖玻片的 Leighton 管、培养瓶或微量细胞培养板，用无血清培养液洗涤 3 次后，用血清-病毒中和后的混合物接种在带有盖玻片的 Leighton 管、培养瓶或微量细胞培养板上，置于 37℃温箱作用 1h，同时设置标准的阴、阳性血清中和对照，没有血清中和的病毒对照和正常细胞对照。

② 在 Leighton 管、培养瓶或微量细胞培养板中加入细胞维持液，并将细胞培养物继续置于 37℃温箱培养 2d 以上。

4）荧光抗体染色

① 从 Leighton 管、培养瓶或微量细胞培养板中取出带有细胞的盖玻片，用 pH7.2 的磷酸缓冲盐水洗涤细胞单层 2 次，每次 5min，后用无水丙酮固定 10min，再将工作浓度的猪瘟荧光抗体结合物滴加在带有细胞的盖玻片上，放置湿盒内，于 37℃染色 30min，并用 pH7.2 的磷酸盐缓冲盐水冲洗 3 次。

② 用 pH9.0～9.3 的 90％碳酸盐-甘油缓冲液将盖玻片封固在无油渍的显微镜载玻片上，并在荧光显微镜下作荧光检查。

5）镜检　将染色、封固后的样品片置于激发光为蓝紫光或紫外光的荧光显微镜下观察。

6）判定标准

① 在荧光显微镜下，正常细胞对照和标准阳性血清中和对照的细胞胞浆中无黄绿色荧光，标准的阴性血清中和对照与没有血清中和的病毒对照的细胞胞浆中有黄绿色荧光时，试验成立，可判定被检样品的结果。

② 荧光显微镜下，被检样品的细胞质内未见黄绿色荧光时，判为猪瘟抗体阳性；被检样品的细胞质内有明亮的黄绿色荧光时，判为猪瘟抗体阴性。

（2）猪瘟单抗酶联免疫吸附试验

1）材料准备　猪瘟弱毒单抗纯化酶联抗原，酶标结合物，标准阴、阳性血清，酶联板及其他必要的试验溶液。

2）操作方法

① 抗原包被：用包被液将猪瘟弱毒单抗纯化酶联抗原、猪瘟强毒单抗纯化酶联抗原分别作 100 倍稀释，以每孔 $100\mu l$ 分别加入做好标记的酶联板孔中，置于湿盒放 4℃过夜。

② 洗涤：甩掉酶联板孔内的液体，加入洗涤液，室温下浸泡 3min，甩去洗涤液，再重新加入洗涤液，连续洗涤 3 次，最后 1 次甩掉洗涤液后，拍干酶联板。

③ 加入被检血清：用稀释液将被检血清作 400 倍稀释，每孔加 $100\mu l$。同时，将猪瘟标准阴、阳性血清以 100 倍稀释作对照，置湿盒于 37℃作用 1.5～2h，甩掉酶联板中稀释的血清，用洗涤液冲洗 3 次，洗涤方法同②。

④ 加入酶标抗体结合物：用稀释液将酶标抗体结合物作 100 倍稀释，每孔加入 $100\mu l$，置湿盒于 37℃孵育 1.5～2.0h，甩掉酶标抗体结合物，用洗涤液冲洗 3 次，洗涤方法同②。

⑤ 加底物：每孔加入新配制的底物溶液（每块 96 孔酶联板所需底物溶液按邻苯二胺 10mg 加底物缓冲液 10ml、30％过氧化氢 $37.50\mu l$ 配制）$100\mu l$，室温下观察显色反应，一旦阴性对照孔略显微黄色，立即终止反应。

⑥ 终止反应：每孔加入终止液 $50\mu l$ 后，迅速用酶联读数仪以 490nm 波长测定每孔的光吸收值（OD），并以阴性血清孔作为空白对照孔。

3）判定标准

① 在猪瘟弱毒酶联板上：

OD≥0.2，为猪瘟弱毒抗体阳性；

OD＜0.2，为猪瘟弱毒抗体阴性。

② 在猪瘟强毒酶联板上：

OD≥0.5，为猪瘟强毒抗体阳性；

OD＜0.5，为猪瘟强毒抗体阴性。

4）判定结论

① 同一份被检血清，当在猪瘟弱毒酶联板上结果为阳性，而在猪瘟强毒酶联板上结果为阴性时，表明被检猪为猪瘟疫苗免疫猪。

② 同一份被检血清当在猪瘟弱毒酶联板上结果均为阴性，而在猪瘟强毒酶联板上结果为阳性时，表明被检猪为猪瘟强毒抗体阳性猪疫苗免疫猪，该猪按（2）做猪瘟抗原检查，以确定是否为带毒猪。

③ 同一份被检血清，当在猪瘟弱毒和强毒酶联板上结果均为阳性时，表明被检猪为猪瘟强、弱毒抗体阳性猪，该猪按（2）做猪瘟抗原检查，以确定是否为带毒猪。

④ 同一份被检血清，当在猪瘟弱毒和强毒酶联板上结果均为阴性时，表明被检猪为猪瘟强、弱毒抗体阴性猪，该猪按（2）做猪瘟抗原检查，以确定是否为带毒的免疫猪或真正的猪瘟阴性猪。

二、非洲猪瘟

非洲猪瘟（African Swine fever，ASF）是由非洲猪瘟病毒（African Swine fever virus，ASFV）感染家猪和各种野猪（如非洲野猪、欧洲野猪等）而引起的一种急性、出血性、烈性传染病。世界动物卫生组织（OIE）将其列为法定报告动物疫病，该病也是我国重点防范的一类动物病。其特征是发病过程短，最急性和急性感染死亡率高达100%，临床表现为发热（达40~42℃），心跳加快，呼吸困难，部分咳嗽，眼、鼻有浆液性或黏液性脓性分泌物，皮肤发绀，淋巴结、肾、胃肠黏膜明显出血，非洲猪瘟临床症状与猪瘟症状相似，只能依靠实验室监测确诊。

本病自1921年在肯尼亚首次被报道，一直存在于撒哈拉以南的非洲国家，1957年先后流行至西欧和拉美国家，多数被及时扑灭，但在葡萄牙、西班牙西南部和意大利的撒丁岛仍有流行。

2007年以来，非洲猪瘟在全球多个国家发生、扩散、流行，特别是俄罗斯及其周边地区。2017年3月，俄罗斯远东地区伊尔库茨克州发生非洲猪瘟疫情，疫情发生地距离我国较近，仅为1000km左右；另外，我国是养猪及猪肉消费大国，生猪出栏量、存栏量以及猪肉消费量均位于全球首位，每年种猪及猪肉制品进口总量巨大，与多个国家贸易频繁；而且，我国与其他国家的旅客往来频繁，旅客携带的商品数量多、种类杂。因此，非洲猪瘟传入我国的风险日益加大。一旦传入，其带来的直接和间接损失将不可估量。对此，2017年4月12日，我国农业农村部发布了关于进一步加强非洲猪瘟风险防范工作的紧急通知。

2020年2月6日，希腊农业发展和食品部宣布，该国东北部塞雷斯地区一家小型养猪场发生非洲猪瘟，这是希腊报告的首起非洲猪瘟疫情。

2018年8月3日，中国确诊首例非洲猪瘟。2018年12月20日，非洲猪瘟当选为2018年度社会生活类十大流行语。韩国农林畜产食品部2019年9月17日发布消息说，京畿道坡州市一家养猪场16日下午报告5头猪死亡，检疫部门17日早晨6时30分确认死亡病猪感染非洲猪瘟。

（一）病毒特征

非洲猪瘟病毒是非洲猪瘟科非洲猪瘟病毒属的重要成员，病毒有些特性类似虹彩病毒科和痘病毒科。病毒粒子的直径为175~215nm，呈20面体对称，有囊膜。基因组为双股线状DNA，大小170~190kb。在猪体内，非洲猪瘟病毒可在几种类型的细胞质中，尤其是网状内皮细胞和单核巨噬细胞中复制。该病毒可在钝缘蜱中增殖，并使其成为主要的传播媒介。

本病毒在被感染猪之血液、组织液、内脏，及其他排泄物中证实，低温暗室内存在血液中之病毒可生存六年，室温中可活数周，加热被病毒感染的血液55℃ 30min或60℃ 10min，病毒将被破坏，许多脂溶剂和消毒剂可以将其破坏。

（二）临床症状

自然感染的潜伏期差异很大，短的4~8d，长的15~19d；人工感染为2~5d。潜伏期的长短与接毒剂量和接毒途径有关。根据病毒的毒力和感染途径不同，ASF可表现为最急性型、急性型和亚急性型或慢性型等不同的类型。

最急性型：由非洲古典型毒株引起，突然体温升高，未见任何症状和病变而死亡。

急性型：流行开始多为急性型，以食欲废绝、高热（部分病猪、幼龄猪多为间歇热）、白细胞减少（下降至正常的40%~50%）、血小板及淋巴细胞明显减少、内脏器官出血、皮肤出血或发绀（尤其是耳、鼻、尾、外阴和腹部等无毛或少毛处）和病死率高为特征。

体温升高至 41～42℃，稽留 4d，当体温下降或死前 1～2d 病猪才出现临诊症状，表现精神沉郁、厌食，喜卧，呼吸、心跳加快，腹泻、粪便带血，行走时后躯无力，眼、鼻有浆液性或黏液性分泌物，鼻端、耳、腹部等处的皮肤发绀。怀孕母猪可发生流产。病程 6～13d，长的达 20 多天，病死率 95% 左右，幸存者将终生带毒。

亚急性型或慢性型：由欧洲新型毒株引起，或发生在已接种过弱毒疫苗的猪。症状较轻，病程较长，发病后 15～45d 死亡，病死率 30%～70%。亚急性型表现为暂时性血小板和白细胞减少，并可见大量出血灶。慢性型表现以不规则波浪热、呼吸道疾病、流产和低病死率为特征，只呈现慢性肺炎症状，咳嗽、气喘、消瘦、生长停滞。有些慢性型还可见皮肤坏死、溃疡、斑块，耳、关节、尾、鼻、唇可见坏死性溃疡脱落；关节呈无痛性肿胀。病程可持续数月，病死率低。

（三）病理变化

在耳、鼻、腋下、腹、会阴、尾、脚无毛部分呈界线明显的紫色斑，耳朵紫斑部分常肿胀，中心深暗色分散性出血，边缘褪色，尤其在腿及腹壁皮肤肉眼可见到。显微镜所见，于真皮内小血管，尤其在乳头状真皮呈严重的充血和肉眼可见的紫色斑，血管内发生纤维性血栓，血管周围有许多嗜酸球，耳朵紫斑部分上皮之基层组织内，可见到血管血栓性小坏死现象。切开胸腹腔，心包、胸膜、腹膜上有许多澄清、黄或带血色液体，尤其在腹部内脏或肠系膜上表部分，小血管受到影响更甚。于内脏浆液膜可见到棕色转变成浅红色之瘀斑，即所谓的麸斑（BranFlecks），尤其于小肠更多，直肠壁深处有暗色出血现象，肾脏有弥漫性出血情形，胸膜下水肿特别明显，及心包出血。

（1）在淋巴结有猪瘟罕见的某种程度的出血现象，上表或切面似血肿之结节较淋巴结多。

（2）脾脏肿大，髓质肿胀区呈深紫黑色，切面突起，淋巴滤泡小而少，有 7% 猪脾脏发生小而暗红色突起的三角形栓塞情形。

（3）循环系统　心包液特别多，少数病例中呈混浊且含有纤维蛋白，但多数心包下及次心内膜充血。

（4）呼吸系统　喉、会厌部有瘀斑充血及扩散性出血，比猪瘟更甚，瘀斑有的发生于气管前三分之一处；镜检下，肠有充血而没有出血病灶，肺泡则呈现出血现象，淋巴球呈破裂状。

（5）肝　肉眼检查显正常，呈血暗色或斑点大多异常，近胆部分组织有充血及水肿现象，小叶间结缔组织有淋巴细胞、浆细胞及间质细胞浸润，同时淋巴球的核破裂为其特征。

（四）流行病学特征

ASFV 可经过口和上呼吸道系统进入猪体，在鼻咽部或扁桃体发生感染，病毒迅速蔓延到下颌淋巴结，通过淋巴和血液遍布全身。强毒感染时细胞变化很快，在出现明显的刺激反应前，细胞都已死亡。弱毒感染时，刺激反应很容易观察到，细胞核变大，普遍发生有丝分裂。发病率通常在 40%～85% 之间，死亡率因感染的毒株不同而有所差异。高致病性毒株死亡率可高达 90%～100%；中等致病性毒株在成年动物的死亡率在 20%～40% 之间，在幼年动物的死亡率在 70%～80% 之间；低致病性毒株死亡率在 10%～30% 之间。

易感动物：猪与野猪对本病毒都系自然易感性，各品种及各不同年龄之猪群同样是易感性。

传播媒介：非洲和西班牙半岛有几种软蜱是 ASFV 的储藏宿主和媒介。美洲等地分布广泛的很多其他蜱种也可传播 ASFV。一般认为，ASFV 传入无病地区都与来自国际机场和港口的未经煮过的感染猪制品或残羹喂猪有关，或由于接触了感染家猪的污染物、胎儿、粪便、病猪组织，并喂了污染饲料而发生。

通常非洲猪瘟跨国境传入的途径主要有四类：一是生猪及其产品国际贸易和走私，二是国际旅客携带的猪肉及其产品，三是国际运输工具上的餐厨剩余物，四是野猪迁徙。

中国已查明疫源的 68 起家猪疫情，传播途径主要有三种：一是生猪及其产品跨区域调运，约占全部疫情 19%；二是餐厨剩余物喂猪，约占全部疫情 34%；三是人员与车辆带毒传播，这是当前疫情扩散的最主要方式，约占全部疫情 46%。

（五）预防及治疗

目前针对本病无特效药物，无疫苗预防，但高温、消毒剂可以有效杀灭病毒，所以做好养殖场生物安全防护是防控非洲猪瘟的关键。

一是严格控制人员、车辆和易感动物进入养殖场；进出养殖场及其生产区的人员、车辆、物品要严格落实消毒等措施。

二是尽可能封闭饲养生猪，采取隔离防护措施，尽量避免与野猪、钝缘软蜱接触。

三是严禁使用泔水或餐余垃圾饲喂生猪。

四是积极配合当地动物疫病预防控制机构开展疫病监测排查，特别是发生猪瘟疫苗免疫失败、不明原因死亡等现象，应及时上报当地兽医部门。

（六）实验室检测

依据标准：GB/T 18648—2002。

1. PCR 试验

（1）材料准备

1）样品 DNA 制备方法见附录 A（标准的附录）。

2）电泳缓冲液的配制方法见附录 B。

3）标准 ASFV-BA$_{71}$ 株 DNA、引物 1、引物 2、1.25mmol/L dNTP 和载样缓冲液。

4）Taq DNA 聚合酶、100 碱基对（bp）Ladder（标准 DNA Marker）、10 倍浓度的聚合酶链式反应扩增缓冲液。

5）自动 DNA 热循环仪。

（2）操作方法

1）将下列试剂按要求量加入 0.75ml 的离心管中：灭菌蒸馏水（24.5μl）；10 倍浓缩的 PCR 扩增缓冲液（5μl）；1.25mmol/L dNTP 贮存液（8μl）；引物 1（1μl）；引物 2（1μl）；样品 DNA 溶液（10μl）（见附录 A）；Taq DNA 聚合酶（0.5μl）。

2）设定两个对照，阳性对照为标准的 ASFV-BA$_{17}$ 株 10μl，DNA 含量为 10fg；阴性对照为不含 DNA 的灭菌蒸馏水 10μl。

3）取 50μl 矿物油覆盖在混合液上。

4）将加有样品或对照混合物的 Eppendorf 管放入自动 DNA 热循环仪中，按下列程序和条件进行扩增：94℃5min，50℃2min，72℃3min 循环一次；94℃1min，50℃2min，72℃3min 循环 30 次；94℃1min，50℃2min，72℃10min 循环 1 次，最后置于 4℃保存。

5）上述步骤完成后，从矿物油下取出每种反应混合物 20μl，放入另一只干净的 Eppendorf 管中并加 2μl 载样缓冲液。

6）将所有样品按编号加入对应的 2% 琼脂糖凝胶（见附录 B）板的各孔中，其中一孔加标准阳性 DNA 样品，在凝胶的孔中加入标准分子量 DNA Marker。

7）将凝胶在 150V 恒定电压下电泳 2h。

8）结果判定：用紫外光源检查凝胶。如为阳性样品，则出现一条孤立的、与阳性对照 PCR 产物同步迁移的带，分子量 265bp。阴性对照和非 ASF 感染猪无 265bp 带。

2. 酶联免疫吸附试验（ELISA）

（1）试剂　标准抗原

（2）0.1mol/L 磷酸盐缓冲液（配制方法见附录 C），底物溶液（见附录 C）。

（3）操作方法

1）取 ELISA 微量滴定板，每孔加入 0.1mol/L pH7.2 磷酸盐缓冲液稀释至工作滴定的抗原溶液 50μl，封板后 4℃ 作用 16h（过夜）。

2）用 pH7.2 的 0.1mol/L 磷酸盐缓冲液洗板 3 洗，每次 2min。

3）用含 0.05% 吐温-20 的 0.1mol/L 磷酸盐缓冲液，将待检血清及阳性和阴性对照血清做 30 倍稀释，将稀释的血清加入用抗原包被的孔中，每孔中加 50μl。

4）将滴定板放在微量振荡器上，37℃ 作用 30min，然后用 0.1mol/L 磷酸盐缓冲液洗板 3 次。

5）每孔加入 50μl 用含 0.05% 吐温-20 的 0.1mol/L 磷酸盐缓冲液配制的免疫球蛋白 G（IgG）-抗猪过氧化物酶结合物溶液。

6）将滴定板放入振荡器，37℃ 作用 1h，然后用 0.1mol/L 磷酸盐缓冲液洗 3 次。

7）每孔加 50μl 底物溶液。

8）室温下显色 15min。

9）每孔加 50μl、1mol/L 的硫酸终止反应。

10）判定结果：阳性血清可以用肉眼辨认，为清亮的黄色，用 ELISA 检测仪检测每一孔的光吸收值，检测波长为 492nm。任何一种血清，只要它的吸收值超过同一块板中阴性对照血清平均吸收值的两倍，就可判为阳性。

附录 A
（标准的附录）

样品 DNA 的制备

A.1　将组织放入有灭菌沙子的研钵中研磨成糊状，加 5～10ml 含 1% 牛血清 0.1mol/L pH7.2 的磷酸盐缓冲液，对研碎的组织作 10 倍稀释，制作成组织悬液。

A.2　全血样品可用含 1% 牛血清 0.1mol/L pH7.2 的磷酸盐缓冲液作 1∶1000 倍稀释，制成悬液。

A.3　如为污染物的样品（如粪便等），用含 0.1mol/L 的磷酸盐缓冲液作 10 倍稀释，制成悬液。

A.4　500r/min 离心 5min。

A.5　取 500μl 加入有螺旋帽的离心管中，煮沸 10min。

A.6 用小型高速离心机以 13000r/min 离心 5min。

A.7 取 10μl 上清液用作 PCR 试验的样品 DNA。

附录 B
（标准的附录）

电泳缓冲液的制备

B.1 琼脂糖凝胶的 TAE 缓冲液（50 倍）

三羟甲基氨基甲烷碱	242g
冰乙酸	57.1ml
0.5mol/L（pH8.0）乙二胺四乙酸（EDTA）	100ml
蒸馏水	700ml

待上述混合物完全溶解后，加蒸馏水至 1000ml，置 4℃冰箱备用，如配制 2%的琼脂糖凝胶和电泳缓冲液，则用蒸馏水稀释 50 倍成 TAE 缓冲液。

B.2 2%琼脂糖凝胶板的制备

取 1g 琼脂糖加入至 50ml TAE 缓冲液中，在微波炉中充分溶解后，加入最终浓度为 0.5μg/ml 的溴化乙锭，用 TAE 定容至 50ml，冷却至 60℃后，倒入凝胶板中，在距离底板 0.5mm 的位置放置梳子，以便加入琼脂糖后可以形成完好的加样孔，凝胶的厚度为 4mm，待凝胶完全凝固后，小心移去梳子，将凝胶板放入电泳槽中，加入恰好没过胶面 1mm 深的足量电泳缓冲液。

附录 C
（标准的附录）

酶联免疫吸附试验溶液的配制

C.1 0.1mol/L 磷酸盐缓冲液的配制

将下列试剂按次序加入 2000ml 体积的容器中。

氯化钠	80.06g
氯化钾	20.02g
磷酸氢二钠	11.50g
磷酸二氢钾	2.01g
双蒸馏水	800ml

混匀，用 pH 试纸调 pH 至 7.2，用双蒸水定容至 1000ml。

C.2 底物溶液

C.2.1 0.1mol/L pH5.0 磷酸盐-柠檬酸盐缓冲液

下列试剂按次序加入 1000ml 体积的容器中，充分溶解即成。

磷酸氢二钠	71.6g
柠檬酸	19.2g
蒸馏水	1000ml

C.2.2 底物溶液

0.1mol/L pH5.0 磷酸盐-柠檬酸盐缓冲液	100ml

邻苯二胺	40mg
30%过氧化氢	0.15ml

此液对光敏感，应避免强光直射。现配现用。

三、猪繁殖与呼吸综合征

猪繁殖与呼吸综合征是由猪繁殖与呼吸综合征病毒（Porcine reproductive and respiratory syndrome virus，PRRSV）所引起的猪的一种接触性传染病。临诊上以母猪的繁殖障碍及呼吸道症状和仔猪的死亡率增高为主要特征。母猪的繁殖障碍可表现为怀孕后期流产、死产和弱仔，产后仔猪的死淘率增加，断奶仔猪死亡率高，母猪再次发情时间推迟。哺乳仔猪死亡率超过30%，断奶仔猪的呼吸道症状明显，主要表现为高热、呼吸困难等肺炎的症状。OIE将本病列为B类动物疫病，我国把其列为二类动物疫病。

本病1987年在美国初次发现，并呈地方流行性。1990年起先后在美洲、欧洲、大洋洲与太平洋岛屿、亚洲等国家和地区蔓延。目前在世界上的主要生猪生产国均发现了本病。本病已给世界养猪业造成严重的经济损失，包括流产、死产及哺乳期前后猪只死亡的损失、饲料利用率低下、药物费用及劳动力费用增加等，引起了各国普遍重视。因为当时不清楚该病的原因，曾被称为猪神秘病（Swine mystery disease，SMD）、猪蓝耳病（Blue-ear discase）、猪不孕和呼吸综合征（SIRS）、猪流行性流产与呼吸道综合征（PEARS）、蓝色流产等，1991年召开的国际会议上，被正式命名为"猪繁殖与呼吸综合征（PRRS）"，1996年OIE已将PRRS列入B类传染病。我国郭宝清等于1996年首次在暴发流产的胎儿中分离到PRRSV。

（一）病毒特征

PRRSV为套式病毒目（Nidovirales）动脉炎病毒科（Arteriviridae）动脉炎毒属（Arterivirus）。在美国被称为猪繁殖与呼吸综合征病毒（PRRSV），而在欧洲则称其为来利斯塔德病毒（Lelystad virus，LV）。该病毒为小型有囊膜的单链RNA病毒，呈20面体对称，核衣壳直径40～45nm，衣壳上有5mm的突起，病毒粒子的直径为60～70nm，对乙醚、氯仿等敏感。PRRSV无血凝活性。

现已证实至少存在2种完全不同类型的病毒，即分布于欧洲的A亚群及分布于美洲的B亚群。欧洲分离株（欧洲株）与美洲分离株（美洲株）虽然在形态及理化特性方面相似，但用多克隆和单克隆抗体进行血清学检查发现它们存在着较大的差异。典型的差异株是欧洲的Lelystad毒株和美洲的ATCC VR-2332株。通过核衣壳蛋白单克隆抗体（MAbs）不仅可以区分欧洲株与美洲株，而且可以区别它们的抗原位点。PRRSV核苷酸序列已确定，将欧洲株与美洲株的氨基酸序列进行比较时，发现欧洲分离株间的序列完全相同，而欧洲株与美洲株间则有显著的差异。

除了已经被确认的LV和VR-2332毒株间的不同外，在北美分离的PRRSV毒株间也有差异（即类VR-2332），其中包括在同一时间同一猪场分离到的毒株（Mengeling等，1997）。一般情况下这些差异是仅有很少或者不引起表现型改变的少数序列（碱基）的变化，然而，在北美分离株中确实表现出不同的血清型（Nelson，1998）和毒力（Halbur等，1995；Halbur等，1996b；Mengeling等，1996c）。

PRRSV 可在猪肺泡巨噬细胞上增殖并产生细胞病变，也可在其他细胞如 Marc-145 等细胞上增殖。巨噬细胞内的病毒滴度最高可以达到 $10^{6.5}$/ml $TCID_{50}$。分离株 ATCC VR-2332 可以在传代细胞系 CL-2621 上增殖。这些培养细胞于感染后 2~4d 出现细胞病变，滴度可达 10^7/ml $TCID_{50}$。

病猪的呼吸道上皮及脾巨细胞内均有病毒抗原存在。从死胎、弱仔的血液、腹水、肺等处可以分离到病毒。

PRRSV 对热和 pH 敏感。37℃48h，56℃45min 即丧失活性。37℃12h 后病毒的感染效价降低到 50%；4℃时，1 周内病毒感染性丧失 90%，但是在 1 个月内仍然能够检测到低滴度的感染性病毒。−70℃或−20℃下可以长期（数月到数年）稳定存活，感染猪的肺组织 Hank's 液匀浆中的病毒在−70℃保存 18 个月毒力不变。在 pH6.5~7.5 环境中稳定，但在 pH 低于 5 或高于 7 的环境下很快被灭活。

（二）临床症状

潜伏期通常为 14d。由于年龄、性别和猪群机体的免疫状态、病毒毒力强弱、猪场管理水平及气候条件等因素的不同，感染猪的临诊表现也不同。

繁殖母猪：急性发病后的主要表现是发热，精神沉郁，食欲减退或废绝，嗜睡，咳嗽，不同程度的呼吸困难，间情期延长或不孕。欧洲猪群中病猪出现耳部蓝紫色，同时在病猪的腹部及阴部也出现青紫色（图 1-44）。有时出现呼吸系统的临诊表现。在急性期有 1%~3% 的母猪可能流产，流产一般发生在妊娠的第 21~109d（Hopper 等，1992；White，1992）。急性病例发作约 1 周后，疾病进入第二阶段。这是病毒通过胎盘传播的结果，其特征为妊娠母猪多数在妊娠后期繁殖障碍。它可发生于先前无临诊症状感染的母猪，也可出现于疾病的第一阶段有临诊感染的母猪。第二阶段开始时与第一阶段重叠在一起，但第二阶段比第一阶段长，常为 1~4 个月。在第二阶段，妊娠 100~114d 的母猪，有 5%~80% 可能发生繁殖障碍。大多数繁殖障碍为母猪早产，但也可产妊娠足月或超出妊娠期的仔猪，或者出现流产。所产窝中有不同数量的正常猪、弱小猪、新鲜死胎（分娩过程中死亡）、自溶死胎（分娩前死亡）和部分木乃伊胎儿或完全木乃伊胎儿。当 1~4 个月流行期进一步发展时，每窝仔猪的主要异常情况从死胎和大的部分木乃伊化的胎儿变为小的较完全木乃伊化的胎儿，到小弱胎儿，到正常大小和有活力的仔猪。在一些猪场，主要的异常猪为活产、早产体弱和体小猪，但少数为死胎。人工接种妊娠 84~93d 的母猪

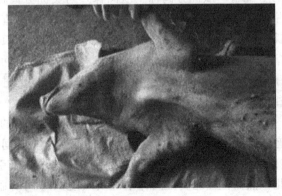

图 1-44　病猪出现耳部蓝紫色，同时在病猪腹部及阴部也出现青紫色

时，潜伏期为 2～4d，继之出现呼吸系统症状和皮肤颜色的改变，如耳尖变蓝等，于感染后 6～12d 可以观察到该母猪的流产现象。

哺乳猪：在母猪表现繁殖障碍的 1～4 个月间，出生时弱胎和正常胎儿的断奶前病死率都高（可达 60％）。几乎所有的早产弱猪，在出生后的数小时内死亡。其余猪在出生后的第一周病死率最高，并且死亡可能延续到断奶和断奶后，在分娩舍内受到感染的仔猪，临诊上表现为精神沉郁、食欲不振、消瘦、外翻腿姿、发热（持续 1～3d）和呼吸困难（闷气）及眼结膜水肿。有一些猪眼结膜水肿严重，导致典型的眼睑和结膜水肿，这是一种近于有"诊断意义"的病变。

断奶和育肥猪：持续性的厌食、沉郁、呼吸困难，皮肤充血，皮毛粗糙，发育迟缓，耳鼻端乃至肢端发绀。病程后期常由于多种病原的继发性感染（败血性沙门氏菌病、链球菌性脑膜炎、支原体肺炎、增生性肠炎、萎缩性鼻炎、大肠杆菌、疥螨等）而导致病情恶化。病死率较高。老龄猪和育肥猪受 PRRSV 感染的影响小，仅出现短时间的食欲不振、轻度呼吸系统症状及耳朵皮肤发绀现象，但可因继发感染而加重病情，导致病猪的发育迟缓或死亡。

公猪：公猪感染后出现食欲不振、沉郁、呼吸道症状，缺乏性欲，其精液的数量和质量下降，可以在精液中检查到 PRRSV，并可以通过精液传播病毒而成为重要的传染源，但是公猪的病毒血症对受胎的影响还不清楚。精液变化出现于病毒感染后 2～10 周，表现为运动能力降低和顶体缺乏。

（三）病理变化

PRRSV 能引起猪多系统感染，导致所有的组织都可能被病毒感染，然而大体病变仅出现于呼吸系统和淋巴组织。通常感染猪子宫、胎盘、胎儿乃至新生仔猪。剖检死胎、弱仔和发病仔猪常能观察到肺炎病变。患病哺乳仔猪肺脏出现重度多灶性乃至弥漫性黄褐色或褐色的肝变，可能对本病诊断具有一定的意义。此外，尚可见到脾脏肿大，淋巴结肿胀（图 1-45），心脏肿大并变圆，胸腺萎缩，心包、腹腔积液（图 1-46），眼睑及阴囊水肿等变化。

图 1-45　病猪肺系膜淋巴结充血肿胀

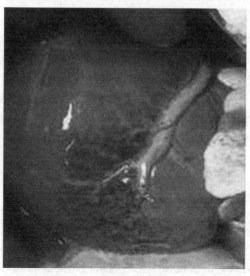

图 1-46　病猪心包、腹腔积液

组织学变化是新生仔猪和哺乳猪纵隔内出现明显的单核细胞浸润及细胞的灶状坏死、肺泡间质增生而呈现特征性间质性肺炎的表现。有时可以在肺泡腔内观察到合胞体细胞和多核巨细胞。

(四) 流行病学特征

易感动物：自然条件下，猪是唯一的易感动物，目前在许多国家的家猪及野猪均有报道。各种年龄猪对PRRSV均具有易感性，但以孕猪（特别是怀孕90日龄后）和初生仔猪最易感。野鸭在实验条件下对PRRSV有易感性，在感染后5～24d可以从粪便排毒但自身不发病，可能为本病的储存宿主。目前尚未发现其他动物对本病有易感性。

传染源：感染猪和康复带毒猪是主要的传染源。康复猪在康复后的15周内可持续排毒，甚至超过5个月还能从其喉部分离到病毒，病毒可以通过鼻、眼分泌物，胎儿及子宫甚至公猪的精液排出，感染健康猪。

传播途径：空气传播是本病的主要传播方式。本病主要通过呼吸道或通过公猪的精液在同猪群间进行水平传播，也可以进行母子间的垂直传播。此外，风媒传播在本病流行中具有重要的意义，通过气源性感染可以使本病在3km以内的猪场中传播。通过鼻腔人工接种细胞培养物可以导致本病。鸟类、野生动物及运输工具也可传播本病。

流行因素与形式：新疫区常呈地方性流行，而老疫区则多为散发性。冬季易于流行传播。病毒在猪群中传播极快，在2～3个月内一个猪群的95%以上均变为血清学抗体阳性，并在其体内保持16个月以上。PRRSV感染受宿主及病毒双方的影响。由于不同分离株的毒力和致病性不同，发病的严重程度也不同。许多因素对病情的严重程度都有影响，如猪群的抵抗力、环境、管理、猪群密度以及细菌、病毒的混合感染等。该病发生后经常可见的并发或继发病原包括猪呼吸道冠状病毒、猪流感病毒、猪链球菌和副猪嗜血杆菌。

PRRSV血清学阴性猪可通过口腔、鼻腔、肌肉内、子宫内、腹腔内接种感染，口、鼻的感染可能是自然感染的途径。多数猪只感染后呈隐性经过，但经口、鼻感染后病毒首先在扁桃体和肺中增殖，各日龄猪只在感染12～24h出现病毒血症，一般持续3～4周。病毒随血液扩散至全身，在淋巴结、脾脏、胸腺、骨髓及肺中增殖。在肺泡巨噬细胞内增殖的病毒能破坏巨噬细胞，使其数量减少、功能减退，从而导致免疫抑制。妊娠中期的胎儿对PRRSV易感，此时病毒对胎盘无作用，但妊娠后期感染时却对胎盘有影响。接种PRRSV的公猪，有的发病，有的无任何表现，但均可通过精液排毒。

康复猪通常不能再发生感染。应用IFA法可于感染后5～7d检出抗体并可以持续数月，但病毒中和抗体的产生较晚，在感染后4～5周或更晚才能检出。本病的被动免疫可持续4～8周，抗体持续时间取决于从初乳中获得抗体的最初滴度。

(五) 预防及治疗

由于该病传染性强、传播快，发病后可在猪群中迅速扩散和蔓延，给养猪业造成的损失较大，因此应严格执行兽医综合性防疫措施加以控制。

(1) 通过加强检疫措施，防止国外其他毒株传入国内，或防止养殖场内引入阳性带毒猪只。由于抗体产生后病猪仍然能够较长时间带毒，因此通过检疫发现的阳性猪只应根据本场的流行情况采取合理的处理措施，防止将该病毒带入阴性猪场。在向阴性猪群中引入更新种猪时，应至少隔离 3 周，并经 PRRS 抗体检测阴性后才能够混群。

（2）加强饲养管理和环境卫生消毒，降低饲养密度，保持猪舍干燥、通风，创造适宜的养殖环境以减少各种应激因素，并坚持全进全出制饲养。

（3）受威胁的猪群及时进行疫苗免疫接种。国外有弱毒疫苗和灭活疫苗，目前国内已研制出灭活苗，也可根据本地流行的毒株制备灭活苗，猪群接种后能产生一定程度的免疫保护作用。一般认为弱毒苗效果较佳，但只适用于受污染的猪场。后备母猪在配种前进行 2 次免疫，首免在配种前 2 个月，间隔 1 个月进行二免。小猪在母源抗体消失前首免；母源抗体消失后进行再次免疫。公猪和妊娠母猪不能接种弱毒疫苗。

使用弱毒苗时应注意：疫苗毒在猪体内能持续数周至数月；接种疫苗的猪能散毒感染健康猪；疫苗毒能跨越胎盘导致先天感染；有的毒保护性抗体产生较慢；有的免疫往往不产生抗体；疫苗毒持续在公猪体内可通过精液散毒。因此，没有被污染的猪场不能使用弱毒疫苗。

灭活苗很安全，可以单独使用或与弱毒疫苗联合使用。

（4）通过平时的猪群检疫，发现阳性猪群应做好隔离和消毒工作，污染群中的猪只不得留作种用，应全部育肥屠宰。有条件的种猪场可通过清群及重新建群净化该病。

（5）发病猪群可通过合理的药物治疗计划控制细菌继发感染，常用的药物包括金霉素、四环素、恩诺沙星等广谱抗生素；国外有人报道应用阿司匹林结合抗生素对该病有一定的治疗效果。

（六）实验室检测

依据标准：GB/T 18090—2008。

1. 范围

本规程规定了猪繁殖与呼吸综合征病毒（PRRSV）的分离鉴定、间接荧光试验、免疫过氧化物酶单层细胞试验和酶联免疫吸附试验等技术要求。本规程适用于猪繁殖与呼吸综合征的临床诊断、产地检疫、口岸进出口检疫及流行病学调查等。

2. 病毒分离鉴定

（1）病毒分离

1）病料及处理

① 采取死产或流产胎儿的脑、心、肝、脾、肺。在低温下剪碎、研磨或用匀浆机将组织块捣碎，用灭菌 PBS 或细胞培养液配成 $10\%\sim20\%$ 组织悬液，加入 1000IU/ml 的青霉素和 $1000\mu g/ml$ 的链霉素（双抗液），于 $5000\sim10000r/min$ 在 $4^{\circ}C$ 下离心 20min。取上清液，经 $0.45\mu m$ 微孔滤膜过滤，分装，$-20^{\circ}C$ 保存备用。

② 无菌采取血清和胸腔液加入双抗液后，经 $0.45\mu m$ 微孔滤膜过滤，分装，$-20^{\circ}C$ 保存备用。

2）细胞制备

① 猪肺泡巨噬细胞（PAM）的制备：取 $4\sim8$ 周龄 SPF 仔猪，宰杀、将血放净后立即进行无菌手术，摘取完整肺脏、气管和喉头。在无菌条件下，用加入 1000IU/ml 青霉素和 $1000\mu g/ml$ 链霉素的灭菌 PBS（见附录 A）进行气管灌注。轻揉肺脏，于灭菌容器收集肺灌注液。反复灌注 $5\sim7$ 次，将所有的灌注液混合，以 1000g 离心 10min。弃上清，

沉淀细胞用灭菌 PBS 悬浮，再进行离心。反复洗 5～7 次，最后收集沉淀细胞，用含 10% 胎牛血清和双抗的 RPMI1640 或 DMEM 营养液悬浮，计数。将细胞调至（3～5）×10^{10} 个/ml，分装于细胞培养瓶，于 37℃、5% CO_2 培养箱培养。因每批 PAM 对病毒敏感性不同，用前需做预备试验。

② Marc-145、CL-2621 传代细胞的维持和培养：Marc-145 和 CL-2621 细胞用含 5%～10% 胎牛血清的 MEM 或 DMEM 液培养，长成单层后用 0.25% 胰酶液消化细胞，用上述营养液悬浮消化的细胞，以 1：3 分瓶，于 37℃、5%CO_2 培养箱培养。

3）病料接种

① PAM 或 Marc-145 细胞培养好后，将上清液倒掉，用预热至 37℃ 的 Hank's 液清洗 1～2 次。

② 接种 1）、①或 1）、②处理好的病料组织液，接种量约为生长液的 1/10，以使细胞单层都能接触病料为度。

③ 在 37℃ 下吸附 60min，倒掉病料组织液，用 Hank's 液清洗 1～2 遍。

④ 加入含 2%～4% 胎牛血清的 MEM 或 DMEM 细胞培养维持液。继续在 37℃ 下培养。

4）结果观察

① 在显微镜下每天观察细胞病变（CPE）。

② 细胞在接种后培养 6～8d，如果无细胞病变，将培养物冻融 2～3 次，进行盲传。盲传 3～4 代。如存在 PRRS 病毒，PAM 细胞一般在接种后 24～48h 内即可产生 CPE，表现为细胞膨胀、溶解和细胞脱落；接种 PRRS 病毒的 Marc-145 细胞一般在接种后 48h 后产生 CPE，主要表现为细胞呈灶状变圆、膨胀、脱落后形成空洞。

5）病毒培养物的收集　当细胞出现 50%～80% CPE 时，冻融 1～2 次，1000g 离心 10min，上清分装，-20℃ 保存。

（2）病毒鉴定

1）操作方法

① 将细胞培养在 24 孔培养板上，长成单层。将上清液倒掉，用预热至 37℃ 的 Hank's 液清洗 1～2 次。

② 接种病毒细胞培养物 [见（1）、5）] 或处理好的病料组织液 [见（1）、1）、①或（1）、1）、②]，每孔约 50μl。37℃ 下吸附 60min，倒掉病料组织液，用 Hank's 液清洗 1～2 遍，加入维持液 [见（1）、3）、④)]，继续在 37℃ 下培养。

③ 出现早期 CPE 后，收集培养板，将孔中液体甩出，用丙酮或无水乙醇室温固定 15min。

④ 去掉固定剂，风干后，用 PBS（见附录 A）冲洗两次，每次 3min。

⑤ 分别加入 PRRSV 标准阴性、阳性血清（由标准起草单位提供，按说明书使用），每孔 100μl，37℃ 反应 60min。

⑥ 取出，去掉血清液，用 PBS 冲洗 4 次，每次 3min，甩干。

⑦ 加入荧光素标记兔抗猪 IgG [见 3、（1）、2)]，每孔 50μl，37℃ 反应 40min。

⑧ 取出，冲洗同⑥，置于荧光显微镜下观察。

2）判定　当滴加阴性血清孔的细胞质中无特异性草绿色荧光时，滴加阳性血清或单克隆抗体孔的细胞质中有特异性草绿色荧光，则该孔被检病料中含有 PRRS 病毒，否则无 PRRS 病毒存在。

3. 间接荧光抗体试验（IFA）

（1）试验材料

1）磷酸盐缓冲液（PBS），配制方法见附录 A。

2）96孔抗原板（奇数列为正常细胞抗原孔，标为 N 孔。偶数列为 PRRSV 抗原孔，标为 P 孔），标准阴性血清、阳性血清、荧光素标记兔抗猪 IgG，由农业农村部兽医诊断中心提供，按说明书使用。

（2）操作方法

1）将 96 孔抗原板从冷藏箱中取出，室温下放置 10min。

2）将标准阴性血清、阳性血清、待检血清分别用 PBS（见附录 A）作 1：20 稀释。

3）将稀释好的标准阴性血清、阳性血清、待检血清分别加入 96 孔板相邻的一个 N 孔、P 孔中，每孔 100μl。见表 1-11。

表 1-11　加样示意表

	N	P	N	P	N	P	N	P	N	P	N	P
A	+	+	7	7								
B	−	−	8	8								
C	1	1	9	9								
D	2	2	10	10								
E	3	3	11	11								
F	4	4	.	.								
G	5	5	.	.								
H	6	6	.	.								

注："+"表示阳性血清，"−"表示阴性血清；1、2、3 等代表待检血清。

4）37℃放置 60min。

5）取出 96 孔板将孔中血清甩出。

6）每孔加入 300μl PBS，室温放置 3min，甩出孔中 PBS。重复 3 次，最后一次在吸水纸上拍干。

7）用 PBS 将荧光素标记兔抗猪 IgG［见（1）、2）］作 1：250 稀释，加入各反应孔中，每孔 50μl。

8）37℃放置 40min。

9）取出 96 孔板将孔中液体甩出。

10）重复操作 6）。

11）倒置于荧光显微镜下观察。

（3）结果判定

1）标准阴性血清的 N 孔、P 孔细胞质内均无特异性荧光，标准阳性血清的 N 孔细胞质内无特异性荧光，而 P 孔细胞质中有明亮草绿色荧光，该试验成立，否则应重做。

2）被检血清的 N 孔、P 孔细胞质内均无特异性荧光，则判为阴性；被检血清的 N 孔细胞质内无特异性荧光，而 P 孔细胞质中有明亮草绿色荧光，则判为阳性。

4. 免疫过氧化物酶单层细胞试验（IPMA）

（1）试验材料

1）96孔抗原板（奇数列为正常细胞抗原孔，标为 N 孔。偶数列为 PRRSV 抗原孔，标为 P 孔），标准阴性血清、阳性血清、辣根过氧化物酶标记兔抗猪 IgG，由农业农村部兽医诊断中心提供，按说明书使用。

2）稀释液、洗涤液、底物溶液，配制方法见附录 B。

（2）操作方法

1）将 96 孔板从冷藏箱中取出，室温下放置 10min。

2）将标准阴性血清、阳性血清〔见 1〕、待检血清用稀释液（见附录 B）作 1∶20 稀释。

3）将稀释好的标准阴性血清、阳性血清、待检血清分别加入 96 孔板相邻的一个 N 孔、P 孔中，每孔 100μl。

4）37℃放置 60min。

5）取出 96 孔板将孔中血清甩出。

6）每孔加入 300μl 洗涤液（见附录 B），室温放置 3min，甩出孔中液体。重复 3 次，最后一次在吸水纸上拍干。

7）用稀释液将酶标记抗体〔见（1）、1〕作 1∶5000 稀释，加入各反应孔中，每孔 50μl。

8）37℃放置 40min。

9）取出 96 孔板将孔中液体甩出。

10）重复操作 6）。

11）每孔加入 50μl 底物溶液（见附录 B），室温下放置 15min。

12）将孔中液体甩出，用洗涤液洗涤一次。

13）倒置于显微镜下观察。

（3）结果判定

1）标准阴性血清的 N 孔、P 孔均无特异性显色，标准阳性血清的 N 孔无特异性显色，而 P 孔细胞质呈深棕红色，该试验成立，否则应重做。

2）被检血清的 N 孔、P 孔均无特异性显色，则判为阴性；被检血清的 N 孔无特异性显色，而 P 孔细胞质呈深棕红色，则判为阳性。

5. 酶联免疫吸附试验（ELISA）

（1）试验材料

1）PRRS 病毒抗原，正常 Marc-145 细胞对照抗原，辣根过氧化物酶标记兔抗猪 IgG，标准阴、阳性血清，96 孔酶标板，由农业农村部兽医诊断中心提供，按说明书使用。

2）包被缓冲液、洗涤液、封闭液（稀释液）、底物溶液、终止液，配制方法见附录 C。

（2）操作方法

1）将病毒抗原、正常 Marc-145 细胞抗原用包被液（见附录 C）作 1∶800 稀释（浓度约为 1.5μg/ml），酶标板的奇数孔包被稀释好的病毒抗原（标记为 P 孔）、偶数孔包被细胞抗原（标记为 N 孔），每孔 100μl，置 4℃冰箱 24h。

2）取出反应板将孔中液体甩出。

3）每孔加入 300μl 洗涤液（见附录 C），室温放置 3min，甩出孔中液体。重复 3 次，最后一次在吸水纸上拍干。

4）每孔加入封闭液（见附录 C）200μl，37℃放置 1h。

5）重复 2）和 3）操作。

6）将被检血清用稀释液（见附录 C）作 1：40 稀释。

7）将标准阳性血清、标准阴性血清（不作稀释）〔见（1）、1）〕分别加入两个相邻的 P 孔和 N 孔，每孔 100μl。将稀释的被检血清分别加入 1 个相邻的 P 孔和 N 孔，每孔 100μl。

8）37℃放置 1.5h。

9）取出反应板将孔中液体甩出，用吸水纸拍干。

10）每孔加入 300μl 洗涤液，室温放置 3min，甩出孔中液体。重复 5 次，最后一次在吸水纸上拍干。

11）每孔加入 100μl 酶标抗体。

12）重复 8）、9）、10）操作。

13）每孔加入 100μl 底物溶液（见附录 C），室温（25℃）静置 15min。

14）每孔加入 100μl 终止液（见附录 C）。

15）用酶联检测仪于 450nm 波长测定各孔吸光度（OD_{450}）。

（3）结果判定

1）分别计算标准阳性血清两个 P 孔的平均 OD_{450} 值（记为 P）和两个 N 孔的平均 OD_{450} 值（记为 N），计算公式为：$[OD_{450}(1)+OD_{450}(2)]/2$。

2）计算各被检血清的 S/P 值：

$$S/P=（样品 P 孔 OD_{450} 值-样品 N 孔 OD_{450} 值）/(P-N)$$

3）阳性血清 P 孔减去阴性血清 P 孔的 OD_{450} 值≥0.150，且标准阴性血清 S/P 值小于 0.4，试验成立。如被检血清 S/P 值大于（等于）0.4，该血清为 PRRSV 抗体阳性；如被检血清 S/P 值小于 0.4，该血清为 PRRSV 抗体阴性。

附录 A

0.02mol/L pH7.4 磷酸盐缓冲液（PBS）的配制

将下列试剂（分析纯）加入约 500ml 的蒸馏水中溶解，然后用蒸馏水定容至 1000ml。

氯化钠	8.0g
氯化钾	0.2g
磷酸氢二钠（$Na_2HPO_4 \cdot 12H_2O$）	2.89g
磷酸二氢钾（KH_2PO_4）	0.2g

附录 B

溶液的配制

B.1 稀释液的配制

取 5ml 灭活小牛血清、50μl 吐温-80 加入 100ml 容量瓶中，用 0.02mol/L、pH7.4 磷

酸盐缓冲液（见附录 A）定容至 100ml。

B.2 洗涤液的配制

取 50μl 吐温-80，加入 100ml 0.02mol/L、pH7.4 磷酸盐缓冲液（见附录 A）中。

B.3 底物溶液的配制

甲液：N,N-二甲基甲酰胺（DMF）　　　　20ml
　　　3-氨基-9-乙基咔唑（AEC）　　　　80mg
　　　混匀。

乙液：冰醋酸　　　　　　　　　　　　　0.9ml
　　　乙酸钠　　　　　　　　　　　　　2.9g

加蒸馏水至 1000ml。

上述化学试剂均为分析纯。

底物溶液：甲液　　　　　　　　　　　　1.0ml
　　　　　乙液　　　　　　　　　　　　19ml
　　　　　30％过氧化氢　　　　　　　　10μl
　　　　　混匀。

附录 C

溶液的配制

C.1 包被缓冲液的配制

0.05mol/L、pH9.6 碳酸盐缓冲液：

将下列试剂（分析纯）加入 1000ml 容量瓶中，用去离子水溶解并定容至 1000ml。

碳酸钠（Na_2CO_3）　　　　　　　　　1.59g
碳酸氢钠（$NaHCO_3$）　　　　　　　　2.93g

C.2 洗涤液的配制

取 50μl 吐温-20 加入 100ml 0.02mol/L、pH7.4 磷酸盐缓冲液（见附录 A）中，混匀。

C.3 封闭液（稀释液）的配制

取 10ml 灭活犊牛血清、50μl 吐温-20 加入 100ml 容量瓶中，用 0.02mol/L、pH7.4 磷酸盐缓冲液（见附录 A）定容至 100ml。

C.4 底物溶液的配制

TMB 储存液：三甲基联苯胺（TMB）　　　　10mg
　　　　　　N,N-二甲基甲亚砜（DMSO）　1.0ml

混匀。

0.1mol/L 柠檬酸缓冲液：柠檬酸钠　　　　27.22g
　　　　　　　　　　　　去离子水　　　　200ml

混匀，用饱和柠檬酸水溶液调 pH 至 5.6，加去离子水至 2000ml。

上述化学试剂均为分析纯。

底物溶液：TMB 储存液　　　　　　　　　100μl
　　　　　0.1mol/L 柠檬酸缓冲液　　　　100ml
　　　　　1％过氧化氢　　　　　　　　　25μl

混匀。该溶液现配现用。

C.5　终止液的配制

2mol/L硫酸溶液：于500ml去离子水中，在不断搅拌下缓慢加入76ml浓硫酸（98％），混匀，冷却。

四、猪圆环病毒病

猪圆环病毒（Porcine circovirus，PCV）是一种动物病毒。在20世纪90年代，世界范围内人们在病猪及一些无明显临床症状猪体内检测到了一种新型猪小环状样病毒（Allan和Ellis，2000）。

有人建议将原来的PCV命名为圆环病毒Ⅰ型（PCV-1），将新出现的与临床疾病相关的PCV命名为圆环病毒Ⅱ型（PCV-2）。PCV-2感染后会出现断奶仔猪多系统衰竭综合征（PMWS）、猪皮炎肾病综合征（PDNS）、猪呼吸系统混合疾病、繁殖障碍综合征等。现"猪圆环病毒病"（PCVD）的含义是指群体病或是与PCV-2相关的疾病。PCVD中，PMWS对养猪业造成的危害最为严重，在欧洲每年可造成养猪业约6亿欧元的损失。

（一）病毒特征

猪圆环病毒是迄今发现的一种最小的动物病毒。现已知PCV有两个血清型，即PCV1和PCV2。PCV1为非致病性的病毒。PCV2为致病性的病毒，它是断奶仔猪多系统衰竭综合征（Postweaning Multisystemic Wasting Syndrome，PMWS）的主要病原。本病最早发现于加拿大（1991），很快在欧美及亚洲一些国家包括我国发生和流行，除PMWS外，PDNS（猪皮炎与肾病综合征）、PNP（增生性坏死性肺炎）、PRDC（猪呼吸道疾病综合征）、繁殖障碍、先天性颤抖、肠炎等疾病亦与PCV2感染有重要关联。PCV2及其相关的猪病，死亡率10％～30％不等，较严重的猪场在暴发本病时死淘率高达40％，给养猪业造成严重的经济损失。现已被世界各国的兽医与养猪业者公认为是继猪繁殖与呼吸综合征（PRRS）之后新发现的引起猪免疫障碍的重要传染病。

1974年，德国人Tischer发现，猪圆环病毒（PCV）为二十面体对称、无囊膜、单股环状DNA病毒。病毒粒子直径为17nm，是发现的最小的动物病毒。

PCV对外界的抵抗力较强，在pH 3的酸性环境中很长时间不被灭活。该病毒对氯仿不敏感，在56℃或70℃处理一段时间不被灭活。在高温环境也能存活一段时间。不凝集牛、羊、猪、鸡等多种动物和人的红细胞。

在病猪鼻黏膜、支气管、肺脏、扁桃体、肾脏、脾脏和小肠中有PCV粒子存在。胸腺、脾、肠系膜、支气管等处的淋巴组织中均有该病毒，其中肺脏及淋巴结中检出率较高。表明PCV严重侵害猪的免疫系统：病毒与巨噬细胞/单核细胞、组织细胞和胸腺巨噬细胞相伴随，导致患猪体况下降，形成免疫抑制。由于免疫抑制而导致免疫缺陷，其临床表现为：对低致病性或减弱疫苗的微生物可以引发疾病；重复发病对治疗无应答性；对疫苗接种没有充分免疫应答；在一窝猪中有一头以上发生无法解释的出生期发病和死亡；猪群中同时有多种疾病综合征发生。这些特征在PMWS的猪群中基本上都有不同程度的发生。

淋巴细胞缺失和淋巴组织的巨噬细胞浸润，是PMWS病猪的独特性病理损害和基本特征。而且此特征与血液循环中B及T细胞减少和淋巴器官中这类细胞的减少呈高度相关；与周围血液和淋巴组织中巨噬细胞/单核细胞谱系细胞的增加呈高度相关。另外已证实淋巴组织、相关免疫细胞和血液中的细胞存在大量的PCV2抗原。

（二）临床症状

最常见的是猪只渐进性消瘦或生长迟缓，这也是诊断PMWS所必需的临床依据，其他症状有厌食、精神沉郁、行动迟缓、皮肤苍白、被毛蓬乱，呼吸困难、咳嗽为特征的呼吸障碍（图1-47）。较少发现的症状为腹泻和中枢神经系统紊乱。发病率一般很低而病死率都很高。体表浅淋巴结肿大，肿胀的淋巴结有时可被触摸到，特别是腹股沟浅淋巴结；贫血和可视黏膜黄疸。在1头猪可能见不到上述所有临床症状，但在发病猪群可见到所有的症状。胃溃疡、嗜睡、中枢神经系统障碍和突然死亡较为少见。绝大多数PCV2是亚临床感染。一般临床症状可能与继发感染有关，或者完全是由继发感染所引起的。在通风不良、过分拥挤、空气污浊、混养以及感染其他病原等因素时，病情明显加重，一般病死率为10%～30%。

先天性颤抖的症状：颤抖由轻微到严重不等，一窝猪中感染的数目也变化较大。严重颤抖的病仔猪常在出生后1周内因不能吮乳而饥饿致死。耐过1周的乳猪能存活，3周龄时康复。颤抖是两侧性的，乳猪躺卧或睡觉时颤抖停止。外部刺激如突然声响或寒冷等能引发或增强颤抖。有些猪一直不能完全康复，整个生长期和育肥期继续颤抖。发病窝猪常为新引入的年轻种猪所生，这表明这些血清学阴性种猪在怀孕的关键期接触了PCV。

常见的混合感染：PCV感染可引起猪的免疫抑制，从而使机体更易感染其他病原，这也是圆环病毒与猪的许多疾病混合感染有关的原因。最常见的混合感染有PRRSV病、PrV（伪狂犬病毒）病、PPV（细小病毒）病、肺炎支原体病、多杀性巴氏杆菌病、PEDV（流行性腹泻病毒）病、SIV（猪流感病毒）病，有的呈二重感染或三重感染，其病猪的病死率也将大大提高，有的可达25%～40%。

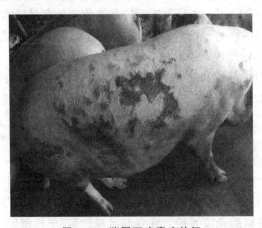

图1-47　猪圆环病毒病特征

（三）病理变化

剖检病变：本病主要的病理变化为患猪消瘦，贫血，皮肤苍白，黄疸（疑似PMWS的猪有20%出现）；淋巴结异常肿胀（图1-48），内脏和外周淋巴结肿大到正常体积的3～4倍，切面为均匀的白色；肺部有灰褐色炎症和肿胀，呈弥漫性病变，密度增加，坚硬似橡皮样；肝脏发暗，呈浅黄到橘黄色外观，萎缩，肝小叶间结缔组织增生；肾脏水肿（有的可达正常的5倍），苍白，被膜下有坏死灶；脾脏轻度肿大，质地如肉；胰、小肠和结肠也常有肿大及坏死病变（图1-49）。

图1-48　肺系膜淋巴结肿胀

图1-49　结肠肿大坏死

组织学病变：病变广泛分布于全身器官、组织，广泛性的病理损伤。肺有轻度多灶性或高度弥漫性间质性肺炎；肝脏有以肝细胞的单细胞坏死为特征的肝炎；肾脏有轻度至重度的多灶性间质性肾炎；心脏有多灶性心肌炎。在淋巴结、脾、扁桃体和胸腺常出现多样性肉芽肿炎症。PMWS病猪主要的病理组织学变化是淋巴细胞缺失。

（四）流行病学特征

PMWS是最早被认识和确认的由PCV2感染所致的疾病。常见的PMWS主要发生在5～16周龄的猪，最常见于6～8周龄的猪，极少感染乳猪。一般于断奶后2～3天或1周开始发病，急性发病猪群中，病死率可达10%，耐过猪后期发育明显受阻。但常常由于并发或继发细菌或病毒感染而使死亡率大大增加，病死率可达25%以上。血清学调查表明，PCV在世界范围内流行。在德国和加拿大，猪群中PCV抗体阳性率分别高达95%和55%，在英国和爱尔兰，猪群中PCV抗体阳性率分别高达86%和92%，但不一定表现PMWS症状。在我国对部分省市猪群检测，20日龄未断奶仔猪阳性率为0，1～2月断奶仔猪阳性率为16.5%，后备母猪阳性率为42.3%，经产母猪阳性率为85.6%，肥育猪阳性率为51%，总阳性率为42.9%。临床症状可能在几个月内持续存在，在6～12个月达到高峰，接着下降；一群与另一群之间的感染有很大差别，因为乳猪体内母源的PCV抗体在其出生后8～9周龄时消失，而小猪转移到育肥圈时（11～13周龄）又接触了PCV，PCV抗体又出现了。

猪对PCV2具有较强的易感性，感染猪可自鼻液、粪便等废物中排出病毒，经口腔、呼吸道途径感染不同年龄的猪。怀孕母猪感染PCV2后，可经胎盘垂直传播感染仔猪。人工感染PCV2血清阴性的公猪后精液中含有PCV2的DNA，说明精液传播可能是另一种传播途径。用PCV2人工感染试验猪后，其他未接种猪的同居感染率是100%，这说明该病毒可水平传播。猪在不同猪群间的移动是该病毒的主要传播途径，也可通过被污染的衣服和设备进行传播。

工厂化养殖方式可能与本病有关，饲养管理不善、恶劣的断奶环境、不同来源及年龄的猪混群、饲养密度过高及刺激仔猪免疫系统均为诱发本病的重要危险因素，但猪场的大

第一章　病毒病

小并不重要。

PCV 感染试验动物，发现只有猪产生特异性抗体，而兔、鼠、牛，甚至人均为血清学试验阴性。

PCV1 对猪无致病性，但能产生血清抗体，并且在调查的猪群中普遍存在。

PCV2 可引起断奶仔猪多系统衰竭综合征（PMWS），并多发于 5～16 周龄的猪。

PCV 能水平传播，接触病毒后 1 周，血清中能检出抗体，随后滴度不断升高。

（五）预防及治疗

本病无有效的治疗方法，加上患猪生产性能下降和高死亡率，使本病显得尤为重要。而且因为 PCV2 的持续感染，使本病在经济上具有更大的破坏性。抗生素的应用和良好的管理有助于解决并发感染的问题。

加强饲养管理：降低饲养密度，实行严格的全进全出制和混群制度，减少环境应激因素，控制并发感染，保证猪群具有稳定的免疫状态，加强猪场内部和外部的生物安全措施，购猪时保证猪来自清洁的猪场，是预防控制本病、降低经济损失的有效措施。专利消毒剂 Virkon S 在 1∶250 稀释消毒时能有效杀灭圆环病毒，因此可将其应用于每批猪之间的终端消毒。

做好猪主要传染病的免疫工作：PCV2 与其相关猪病的发生还需要另外的条件或共同因素才得以诱发。世界各国控制本病的经验是对共同感染源作适当的主动免疫和被动免疫，所以做好猪场猪瘟、猪伪狂犬病、猪细小病毒病、气喘病和蓝耳病等疫苗的免疫接种，确保胎儿和吮乳期仔猪的安全是关键。因此根据不同的可能病原和不同的疫苗对母猪实施合理的免疫程序至关重要。

人工被动免疫：可采取血清疗法。从猪场的育肥猪采血（健康的淘汰种猪血最好），分离血清，给断乳期的仔猪腹腔注射。

自家疫苗的使用：猪场一旦发生本病，可把发病猪的内脏加工成自家疫苗，据临床实践，效果不错。但现阶段有两种观点。一是母猪和断奶仔猪同时免疫，优点是免疫效果快，基本在 1～2 月内能控制本病；缺点是如果灭活不彻底，将使本病长期存在。二是只免疫断奶仔猪，优点是免疫安全性好，基本不会使本病长期存在；缺点是免疫效果慢，需要半年左右的时间才能控制本病。

"感染"物质的主动免疫："感染"物质指本猪场感染猪的粪便、死产胎猪、木乃伊胎等，用来喂饲母猪，尤其是初产母猪在配种前喂给，能得到较好的效果。如有一定抗体的母猪在怀孕 80 天以后再作补充喂饲，则可产生较高免疫水平，并通过初乳传递给仔猪。这种方法不仅对防制本病、保护胎猪和吮乳猪的健康有效，而且对其他肠道病毒引起的繁殖障碍也有较好的效果。但使用本法要十分慎重，如果场内有小猪会造成人工感染。

药物预防：预防性投药和治疗，对控制细菌源性的混合感染或继发感染，是非常可取的。但是至今 PCV2 引起相关猪病的病原和机制尚未完全了解，因此还不能完全依赖特异性防制措施，只能同时开展有效的综合性措施，才能收到事半功倍的效果。

以下药物预防方案可以试用。

仔猪用药：哺乳仔猪在 3、7、21 日龄注射 3 次得米先（长效土霉素，200mg/ml，每次 0.5ml），或者在 1、7 日龄和断奶时各注射速解灵（头孢噻呋，500mg/ml）0.2ml；断奶前 1 周至断奶后 1 个月，用支原净（50mg/kg）＋金霉素或土霉素或强力霉素

（150mg/kg）拌料饲喂，同时用阿莫西林（500mg/L）饮水。

母猪用药：母猪在产前 1 周和产后 1 周，饲料中添加支原净（100mg/kg）＋金霉素或土霉素（300mg/kg）。

综合防制计划如下。

分娩期：仔猪全进全出，两批猪之间要清扫消毒；分娩前要清洗母猪和治疗寄生虫；限制交叉哺乳，如果确实需要也应限制在分娩后 24h 以内。

断乳期：猪圈小，原则上一窝一圈，猪圈分隔坚固；坚持严格的全进全出，并有与邻舍分割的独立粪尿排出系统；降低饲养密度（＞0.33m^2/头猪）；增加喂料器空间（＞7cm/只仔猪）；改善空气质量（NH_3＜10×10^{-6}，CO_2＜0.1％），相对湿度＜85％。猪舍温度控制和调整：3 周龄仔猪为 28℃，每隔 1 周调低 2℃，直至常温；批与批之间不混群。

生长育肥期：猪圈小，壁式分隔；坚持严格的全进全出、空栏、清洗和消毒制度；从断奶后猪圈移出的猪不混群；整个育肥圈猪不再混群；降低饲养密度（＞0.75m^2/头猪）；改善空气质量和温度。

其他：适宜的疫苗接种计划；保育舍要有独立的饮水加药设施；严格的保健措施（断尾、断齿、注射时严格消毒）；将病猪及早移到治疗室或扑杀。

防治措施如下。

实验兽医生物安全措施：认真地对待引种工作，引种不慎往往是暴发疫情的主要原因。引进的后备母猪应进行严格的检疫，所购买的种公猪、精液必须无圆环病毒Ⅱ型感染。

改进饲养管理，减少应激，合理配制日粮。注意通风与保暖，保持猪舍干燥，改善猪舍的空气质量，降低氨气浓度。去势和注射须遵循良好的卫生和消毒习惯。

在猪场内禁养猫、犬，定期驱蚊蝇、投饵灭鼠。搞好种猪群的净化，坚持自繁自养。定期监测，合理制订免疫程序，避免过早或过多地对仔猪免疫，减少各种应激因素对仔猪的影响。

在猪圆环病毒Ⅱ型易感期最好不注射应激较大的疫苗，如仔猪副伤寒疫苗、口蹄疫疫苗、气喘病疫苗等，某些可以靠药物预防的细菌性传染病，如猪丹毒、猪肺疫、猪链球菌病、仔猪副伤寒等，可以暂停疫苗注射。

（六）实验室检测

猪圆环病毒Ⅱ型阻断 ELISA 抗体检测方法。

依据标准：GB/T 35910—2018。

1. 仪器、材料与试剂

（1）试验仪器　酶联免疫检测仪、高速台式冷冻离心机、微量移液器。

（2）试验材料　96 孔酶标反应板、注射器、微量离心管（1.5ml）、吸头。

（3）主要试剂　PCV2 重组核衣壳蛋白（Cap）抗原（见附录 A）、辣根过氧化物酶（HRP）标记的 PCV2 单克隆抗体、PCV2 阳性对照血清和阴性对照血清（见附录 A）、四甲基联苯胺（TMB）（见附录 B）、商品化 PCV2 ELISA 抗体检测试剂盒。

2. PCV2 抗体阻断 ELISA 检测方法

（1）样品采集、运输与保存处理

1）样品的采集与运送　采用消毒注射器经猪颈静脉采集血液 2ml，凝固后 24h 内在冷藏条件下运送到实验室。若不能及时送往实验室，则应分离血清，放入无菌微量离心管中置−20℃保存，并在冻结状态下送往实验室。

2）血清分离与保存　取凝固血液，2000r/min 离心 5min，收集上清，放入无菌微量离心管中，立即用于抗体检测，或置−20℃保存。要求血清清亮，无溶血。

（2）ELISA 操作步骤

1）抗原包被板的制备

① 抗原包被板　用抗原包被液（见附录B）将 PCV2 Cap 蛋白（见附录A）稀释成 2.0μg/ml，加入 96 孔酶标反应板，每孔 100μl，置 37℃ 2h。

② 洗涤　倾去孔中液体，用 PBST 洗涤液（见附录B）洗涤，每孔 300μl，洗涤 3 次，每次 3min，最后一次拍干。

③ 封闭　每孔加入 200μl 1%BSA（牛血清白蛋白）封闭液（见附录B），置 37℃孵育 3h。

④ 加保护剂　弃去孔中液体，洗涤 3 次，加入抗原保护剂（见附录B），100μl/孔，置 37℃下作用 1h。

⑤ 密封　置 37℃晾干，用锡箔纸真空包装，密封。

2）血清样品稀释和加样　取出抗原包被板并在记录表上标记待检样品（YP1-YPn）的位置。用血清稀释液（见附录B）在稀释板内将待检血清 1∶1 稀释，即每孔先加 50μl 样品稀释液，再加 50μl 待检血清，混匀后，按记录表中标记的对应于抗原包被板的位序，依次加入 YP1、YP2、YP3……位置的各孔中，吸取每份血清时均应更换吸头。

待检血清样品数量较多时（≥10 份），应先使用血清稀释板稀释所有待检血清，再将稀释好的血清转移到抗原包被板，以尽可能使反应时间一致。

3）加对照血清　用血清稀释液将阳性对照血清（见附录A）、阴性对照血清（见附录A）分别做 1∶1 稀释后，各取 100μl 阴性对照血清分别加入 A1 孔和 A2 孔，各取 100μl 阳性对照血清分别加入 B1 孔和 B2 孔。吸取不同血清时需更换吸头。

4）混合孵育　轻轻振荡微量反应板，用封条封闭，置 37℃孵育 2h。

5）洗涤　同 1）。

6）加酶标单抗和孵育　每孔加入 100μl 工作浓度的 HRP 标记的 PCV2 单克隆抗体，37℃孵育 30min。该试剂使用前恢复至室温，使用后放回 2~8℃。

7）洗涤　同 1）中第②步。

8）显色　每孔加入 100μl TMB 底物液显示液（见附录B），37℃避光孵育 10~15min，至阴性对照显蓝色、阳性对照基本不显色时，每孔加入 50μl 终止液（见附录B）。

9）读数　在酶联免疫检测仪 450nm 波长处读取各孔的 OD 值数，15min 内完成。

（3）结果判定

1）结果计算

阴性对照平均 OD 值（NC_X）见式（1-6）：

$$NC_X = (\text{A1 孔 OD 值} + \text{A2 孔 OD 值})/2 \qquad (1\text{-}6)$$

阳性对照平均 OD 值（PC_X）见式（1-7）：

$$PC_X = (\text{B1 孔 OD 值} + \text{B2 孔 OD 值})/2 \qquad (1\text{-}7)$$

样品阻断率的计算方式见式（1-8）：

$$\text{阻断率(PI)} = (NC_X - \text{样品 OD 值})/NC_X \times 100\% \qquad (1\text{-}8)$$

2) 判定 NC_X 大于 0.7、PC_X 小于 0.4 时，试验成立。当 PI≥38％判为阳性，PI≤30％判为阴性，30％＜PI＜38％判为可疑，对可疑样品应重新检测 1 次，PI＜38％，判为阴性。

附录 A
（规范性附录）

抗原抗体的制备

A.1 重组 Cap 抗原制备

A.1.1 菌种

表达抗原蛋白的菌种为 BL21-CapC，由含 PCV2 Cap 第 51～234aa 基因原核表达质粒 pET-CapC 转化大肠杆菌 BL21（DE3）获得。

A.1.2 菌液培养

取 BL21-CapC 种子液按培养基体积 1％量接种于含卡那霉素的 LB 液体培养基中 200r/min，37℃摇床振荡培养，1.5～2h，菌液浓度 OD_{600nm} 值达到 0.6～0.8 时，加入 IPTG 至终浓度 1.0mmol/L，37℃振荡培养 6h。

A.1.3 菌体裂解与包涵体蛋白提取

将 A.1.2 收集的细菌样品 4℃8000r/min 离心 5min，PBS 缓冲液重悬，如此洗涤 2 次；弃上清，用适量 PBS 重悬细菌沉淀，并反复冻融 3 次；在功率 200W 的条件下超声波裂解细菌，超声裂解 5s，停顿 5s，直至菌液变得清澈，在冰盒上操作；将上述裂解物 4℃8000r/min 离心 10min，沉淀用与上清等体积的 PBS 重悬。8000r/min 离心 15min，包涵体洗液Ⅱ（见附录 B）重悬沉淀，4℃2h，重复 1 次；8000r/min 离心 15min，用 8mol/L 尿素重悬沉淀，4℃放置 12～24h；8000r/min 离心 15min，吸取上清（即纯化后的蛋白）至微量离心管，分光光度计测定蛋白浓度，分装，−20℃保存。

A.1.4 重组抗原质量检验

A.1.4.1 抗原纯度鉴定

取 A.1.3 收集的样品，加入 25μl 的 5×蛋白样品上样缓冲液，充分混匀后 100℃煮沸 5min，立即置冰上 1～2min，上样前瞬时离心，吸取上清，用 12％的丙烯酰胺 SDS-PAGE 分析，在 41kDa 处出现一条清晰条带，抗原纯度达 90％以上。

A.1.4.2 蛋白抗原性鉴定

取上述收集的样品 20μl，按 A.1.4.1 方法进行 SDS-PAGE 电泳。然后 25V 恒压下，转印 45min，使用的条带转印至 NC 膜上。用 PBST 洗涤液配制的 5％的脱脂乳封闭 2h，PBST 洗涤后，加适量稀释的 PCV2 Cap 单克隆抗体，作用 1h PBST 洗涤，再加 1：20000 稀释的羊抗鼠 IgG-HRP 作用 1h，洗涤后加显色液于暗室曝光，应在 4kDa 处出现单一清晰条带，且无其他杂带。

A.1.4.3 抗原浓度的测定

用紫外分光光度计，分别测定包被抗原在 280nm 和 260nm 波长时的吸光度（OD），按公式 $1.45×OD_{280nm}−0.74×OD_{260nm}$ 计算抗原浓度，浓度不低于 0.5mg/ml。

A.1.4.4 抗原免疫学活性鉴定

采用 ELISA 方法测定。用抗原包被液将纯化的蛋白从 1.0μg/ml 稀释至 0.2μg/ml，包被 ELISA 酶标板，进行 ELISA 检测。选择阳性对照血清的 S/P 值高于阳性判定标准时的抗原最高稀释倍数作为抗原包被浓度。抗原效价应大于 $0.25\mu g/ml$。

A.1.5　分装及保存

将检测合格的抗原分装到 1.5ml 微量离心管中，分装量为 1ml/管，置−70℃下保存，有效期为 12 个月。避免反复冻融和污染。

A.2　PCV2 阳性和隐形血清制备

A.2.1　阳性对照血清

A.2.1.1　血清来源动物

4～6 周龄健康仔猪，隔离观察 7d。

A.2.1.2　免疫接种

取 PCV2 SH 株病毒液，颈部肌内注射 2ml/头，间隔 28d 用相同剂量 PCV2 再次肌注接种，第二次接种后 20～40d 采血分离血清，用 PCV2 间接免疫荧光试验检测 PCV2 抗体，抗体效价大于 1：64 时，即可用于采血并分离血清。

A.2.1.3　血清制备

采取颈部动脉采血方式，无菌采集血液，离心分离血清，用 $0.45\mu m$ 滤膜过滤除菌。用 PCV2 间接免疫荧光试验检测 PCV2 抗体，应为阳性。用阻断 ELISA 方法检测 PCV2 ELISA 抗体，阻断率均应大于 60%，OD_{450nm} 值应低于 0.4。

A.2.1.4　血清保存

置−70℃以下保存，避免反复冻融和污染，有效期 24 个月。

A.2.2　阴性对照血清

A.2.2.1　血清来源动物

同 A.2.1.1。

A.2.2.2　血清制备

采取颈部动脉采血方式，无菌采集血液，离心分离血清，用 $0.45\mu m$ 滤膜过滤除菌。用 PCV2 间接免疫荧光试验检测 PCV2 抗体，应为阴性。用阻断 ELISA 方法检测 PCV2 ELISA 抗体，阻断率均应大于 30%，OD_{450nm} 值应大于 0.7。

A.2.2.3　血清保存

同 A.2.1.4。

附录 B
（规范性附录）

溶液的配制

B.1　抗原包被液（pH9.6，0.05mol/L）

称取 Na_2CO_3 1.59g、$NaHCO_3$ 2.93g，加去离子水 800ml，用 1mol/L NaOH 和 1mol/L 的 HCl 调 pH 值至 9.6，加去离子水定容至 1000ml。

B.2　封闭液

称取 BSA1g，溶解于 100ml PBST 洗涤液中，$0.22\mu m$ 滤膜过滤，分装后 4℃保存。

B.3　保护剂

称取 BSA0.5g、蔗糖 2g，加去离子水溶解并定容至 100ml，$0.22\mu m$ 滤膜过滤，分装后 2～8℃备用。

B.4 样品稀释液

取 NaCl 8g、KH$_2$PO$_4$ · 2H$_2$O 2g、Na$_2$HPO$_4$ · 2H$_2$O 2.9g、KCl 0.2g 和吐温-20 0.5ml，溶于灭菌去离子水中，定容至 1000ml，0.22μm 滤膜过滤，分装，20ml/瓶。2～8℃下保存。

B.5 10 倍浓缩洗涤液

取 NaCl 8g、KH$_2$PO$_4$ · 2H$_2$O 2g、Na$_2$HPO$_4$ · 12H$_2$O 29g、KCl 2g 和吐温-20 5ml，加入灭菌去离子水充分溶解，定容至 1000ml，0.22μm 滤膜过滤，分装，80ml/瓶。2～8℃下保存。

PBST 洗涤液配制：将 10 倍浓缩洗涤液恢复至室温，并摇动使其溶解，然后用去离子水作 10 倍稀释，混匀，稀释好的洗涤液在 2～8℃下可存放 7d。

B.6 显色液

A 液配制：取 Na$_2$HPO$_4$ 14.6g、柠檬酸 9.33g、30% H$_2$O$_2$ 2ml，加双蒸水至 1000ml，调 pH 至 5.2。

B 液配制：取四甲基联苯胺 20mg、无水乙醇 10ml，加双蒸水至 1000ml。

使用前 A 液和 B 液等量混合，分装于棕色瓶内，20ml/瓶。2～8℃下保存。

B.7 终止液

取去离子水 177.8ml，缓慢加入 H$_2$SO$_4$ 22.2ml，分装，10ml/瓶。2～8℃下保存。

B.8 包涵体洗液Ⅰ（pH8.0）

取 Tris · HCl 6g、NaCl 5.8g、EDTA 2.92g、Triton-X-100 10ml，用去离子水加至 1000ml。

B.9 包涵体洗液Ⅱ（pH8.0）

取 Tris · HCl 6g、NaCl 5.8g、EDTA 2.92g、Triton-X-100 5ml，用去离子水加至 1000ml。

五、猪轮状病毒病

猪轮状病毒病，是由猪轮状病毒引起的猪急性肠道传染病，主要症状为厌食、呕吐、下痢，中猪和大猪为隐性感染，没有症状。病原体除猪轮状病毒外，从犊牛、羔羊、马驹分离的轮状病毒也可感染仔猪引起不同程度的症状。轮状病毒对外界环境的抵抗力较强，在 18～20℃的粪便和乳汁中，能存活 7～9 个月。

（一）病毒特征

猪轮状病毒（rotavirus，RV）属于呼肠孤病毒科轮状病毒属的 A、B、C、E 群。成熟完整的病毒粒子呈圆形，没有囊膜，具有双层表壳，直径为 65～75nm 的十二面体对称。电镜观察，病毒的中央为一个电子致密的六角形棱心，直径 37～40nm，即芯髓；周围有一电子透明层，壳粒由此向外呈辐射状排列，构成中间层衣壳；外周为一层光滑薄膜构成的外层衣壳，厚约 20nm，形成一个轮状结构，RV 由此而得名。在感染的粪样和细胞培养物中均存在两种形式的病毒粒子：具有双层表壳的光滑型（S 型）双层颗粒，有感染性，直径为 75nm；没有外表壳的粗糙型（R 型）单壳颗粒，无感染性，直径为 65nm。

RV 对理化因素作用具有较强的抵抗力，所以清洗和消毒猪舍时必须注意此特点。它耐乙醚、氯仿、去氧胆碱钠、次氯酸盐；反复冻融，声波处理，以及 37℃ 下 1h 仍不失活；pH3.5～10 范围内病毒保持感染力，对胰蛋白酶稳定，粪便中的 RV 在 18～20℃ 室温中经 7 个月仍有感染性；氯、臭氧、碘、酚等可灭活病毒。

（二）临床症状

潜伏期一般为 12～24h，常呈地方性流行。初精神沉郁，食欲不振，不愿走动，有些吃奶后发生呕吐，继而腹泻，粪便呈黄色、灰色或黑色，为水样或糊状。症状的轻重决定于发病的日龄、免疫状态和环境条件，缺乏母源抗体保护的出生后几天的仔猪症状最重，环境温度下降或继发大肠杆菌病时，常使症状加重，病死率增高。通常 10～21 日龄仔猪的症状较轻，腹泻数日即可康复，3～8 周龄仔猪症状更轻，成年猪为隐性感染。

（三）病理变化

病理变化病变主要在消化道，胃壁弛缓，充满凝乳块和乳汁，肠管变薄，小肠壁薄呈半透明，内容物为液状，呈灰黄色或灰黑色，小肠绒毛缩短，有时小肠出血，肠系淋巴结肿大。

（四）流行病学特点

轮状病毒主要存在于病猪及带毒猪的消化道，随粪便排到外界环境后，污染饲料、饮水、垫草及土壤等，经消化道途径使易感猪感染。排毒时间可持续数天，可严重污染环境，加之病毒对外界环境有顽强的抵抗力，使轮状病毒在成猪、中猪之间反复循环感染，长期扎根猪场。另外，人和其他动物也可散播传染。本病感染没有明显的季节性，高峰在晚秋及冬季，一些地区季节性不明显而呈终年流行，散发，偶见暴发。一旦发生本病，随后将每年连续发生，因为 RV 在体外具有较强的抵抗力，且阴性感染的成年动物不断向外排毒。各种年龄的猪都可感染，在流行地区由于大多数成年猪都已感染而获得免疫。因此，发病猪多是 8 周龄以下的仔猪，日龄越小的仔猪，发病率越高，发病率一般为 50%～80%，病死率一般为 10% 以内。自然情况下，多发于 2～56 日龄的猪，成年猪感染不会发生严重的临床症状。有实验表明 RV 检出率最高的仔猪周龄为 2～8 周龄，检出率峰值为 8 周龄仔猪。仔猪体内排出 RV 峰值是 3～4 周龄。

（五）预防及治疗

治疗：无特效治疗药物。发现立即停止喂乳，以葡萄盐水或复方葡萄糖溶液（葡萄糖 43.20g，氯化钠 9.20g，甘氨酸 6.60g，柠檬酸 0.52g，柠檬酸钾 0.13g，无水磷酸钾 4.35g，溶于 2L 水中即成）给病猪自由饮用。同时，进行对症治疗，如投用收敛止泻剂，使用抗菌药物，以防止继发细菌性感染。一般都可获得良好的效果。

预防：主要依靠加强饲养管理，认真执行一般的兽医防疫措施，增强猪的抵抗力。在流行地区，可用猪轮状病毒油佐剂灭活苗或猪轮状病毒弱毒双价苗对母猪或仔猪进行预防注射。油佐剂苗于怀孕母猪临产前 30d，肌内注射 2ml；仔猪于 7 日龄和 21 日龄各注射 1 次，注射部位在后海穴（尾根和肛门之间凹窝处）皮下，每次每头注射 0.5ml。弱毒苗于临产前 5 周和 2 周分别肌内注射 1 次，每次每头 1ml。同时要使新生仔猪早吃初乳，接受母源抗体的保护，以减少发病和减弱病症。

（六）实验室检测

猪传染性胃肠炎病毒、猪流行性腹泻病毒和猪轮状病毒多重 RT-PCR 检测方法。

参照标准：GB/T 36871—2018。

1. 试剂和仪器设备

除另有规定外，所有试剂均为分析纯。提取 RNA 所用试剂应使用无 RNA 酶的容器分装。

（1）仪器　生物安全柜、高速冷冻离心机、组织匀浆器或研钵、PCR 仪、水平电泳槽、凝胶成像系统、紫外透射仪、2～8℃冰箱、−20℃冰箱、单道移液器（0.5～10μl、10～50μl、20～200μl、100～1000μl 等规格）。

（2）试剂　氯仿（常温保存）、PBS（见附录 A、常温保存）、1×TAE（见附录 A、常温保存）、Trizol（4～8℃保存）、异丙醇（4～8℃保存）、DNA 分子量标准（4～8℃保存）、DEPC 处理水（见附录 A、4～8℃保存）、阳性对照（PEDV、TGEV 和 PoRV 分别经 Vero 细胞、PK-15 细胞和 MA-104 细胞传代，病毒含量分别为 25TCID$_{50}$/ml、50TCID$_{50}$/ml、50TCID$_{50}$/ml、−20℃保存）、阴性对照（Vero 细胞、PK-15 细胞和 MA-104 细胞悬液、−20℃保存）、RNA 反转录试剂盒（−20℃保存）、多重 RT-PCR 方法中使用的各种引物对（见附录 B，引物干粉及稀释引物保存于−20℃）。

（3）耗材　Eppendorf 管（EP 管）、PCR 管、吸头。

2. 样品的采集、处理及运输

（1）样品的采集和处理

1）生物安全及采样要求

① 生物安全要求。样品采集及处理过程中应戴一次性手套、口罩、防护服。

② 采样要求。应采集出现腹泻症状 12～24h 内猪的粪便、肛门拭子样品或解剖猪的小肠；母猪可采集乳汁（初乳最佳）。采集母猪乳汁前要对乳房外表进行消毒；采集病变小肠时，先结扎拟采集肠道区域两端后，再剪取该组织（防止肠内容物流出），将其全部放入样品袋内。每个样品要单独采集和分装，避免交叉污染，样品避免接触甲醛或高温，以免降低检出率。

2）粪便样品　用洁净的药匙和其他物品，刮取适量的新鲜粪便放置于 EP 管或其他洁净容器中。

3）肛门拭子样品

① 采集方法。将灭菌的医用棉签插入肛门（以棉签棉花部分全部插入肛门为准），同一方向转动 3 次，确保充分获取粪便。

② 样品处理。将肛门拭子放在盛有 0.8ml 灭菌 PBS 的无菌 EP 管中，涡旋振荡 10min，反复冻融 2 次，4℃条件下 14600g 离心 10min，取上清转入新的 EP 管中，编号备用。

4）肠道样品

① 采集方法。选择充血、出血、肠壁变薄、含多量水样粪便等病变明显的小肠组织。提取模板前，用无菌剪刀剪取约 0.5cm×0.5cm，作为待检样品。

② 样品处理。加入 0.8～1.0ml PBS 混匀，组织匀浆器或研钵中充分匀浆或研磨，将

组织悬液转入无菌 EP 管中，反复冻融 2 次，4℃条件下 14600g 离心 10min，取上清转入新的 EP 管中，编号备用。

5）母猪乳汁

① 采集方法。用无菌 EP 管收集母猪产后乳汁 2.0～3.0ml。

② 样品处理。将乳汁转入无菌 EP 管中，反复冻融 2 次，4℃条件下 14600g 离心 10min，取上清转入新的 EP 管中，编号备用。

（2）存放及运输　采集样品与冰块或干冰一起放入保温壶或保温箱，密封，在保温壶和保温箱外喷洒来苏尔或季铵盐类消毒液，尽快送到实验室检测。采集或处理样品在 4～8℃条件下保存应不超过 24h；若需长期保存，应放置于−80℃冰箱，避免反复冻融。

3. 操作方法

（1）样品 RNA 的制备（Trizol 法或 RNA 提取试剂盒）

1）取 1.5ml 灭菌 EP 管，分别加入待检样品、阴性对照样品、阳性对照样品各 200μl，加入 1ml Trizol 溶液，剧烈振荡，静置 5min。

2）加入 200μl 氯仿，振荡，冰上静置 7min。

3）4℃条件下 14600g 离心 10min，取上清 600μl，加入等体积异丙醇混匀后，冰上静置 10min。4℃条件下 14600g 离心 7min，弃上清，加入 800μl 75％的冷乙醇，9800g 离心 5min。

4）弃上清，自然干燥 5min，加入 20μl DEPC 处理水溶解沉淀，即为 RNA 模板。

（2）反转录（cDNA 的合成）　配制反转录反应体系，每管加入（1）、4）中制备的 RNA 模板 16μl 和 4μl 5×RNA 反转录反应混合液（含 Buffer、dNTP、M-MLV、RNA 酶抑制剂、通用反转录引物等），37℃水浴 15min 或置于 PCR 仪中 37℃15min，反应结束后，经 85℃15s 灭活反转录酶，即为 cDNA，直接用于 PCR 扩增或−20℃冻存备用。

（3）多重 PCR 扩增　PCR 扩增体系配制见表 1-12。引物工作浓度均为 10μmol/L，各种试剂加完后充分混匀，瞬时离心，使反应液全部集中于孔底。

表 1-12　PCR 扩增体系

试剂	体积/μl
2×PCR 扩增 MIX	12.5
PEDV P1/P2	各 0.2
TGEV P3/P4	各 0.4
PoRV P5/P6	各 1.0
灭菌双蒸水	5.3
cDNA	4.0
共计	25.0

PCR 扩增条件：94℃预变性 5min 后，94℃50s，55℃1min，72℃1min，35 个循环，最后 72℃延伸 10min，扩增反应结束后取出产物置于 4～8℃。

（4）扩增产物的电泳检测

1）取适量的琼脂糖配制浓度为 1.5％的琼脂糖溶液，充分溶化后按 1∶10000 加入溴化乙锭或新型核酸染料，倒入胶槽制备凝胶板。

2）在电泳槽中加入1×TAE，使液面没过凝胶。取8μl扩增产物加入各凝胶孔；取5μl DNA分子量标准物（DL2000 Marker）加到另一凝胶孔中。

3）电泳，待染料移行到凝胶4/5距离，停止电泳。

4）将电泳好的凝胶放到紫外透射仪或凝胶成像系统上观察，判定结果并做好记录。

4.结果判定

（1）试验成立条件　含PEDV、TGEV和PoRV阳性对照材料，PCR扩增产物电泳后，同时出现大小约663bp、528bp和333bp的特异性条带，阴性对照材料无任何扩增产物，则试验结果成立；缺少任何一条扩增产物或大小不符，则试验不成立。

（2）结果判定

1）检测结果分类　在试验成立的前提下，被检样品中可出现PEDV、TGEV和PoRV等3种病原的三重感染、二重感染、单独感染和不感染的结果。

2）阳性结果

① 出现大小约为663bp、528bp和333bp的3条特异性条带，判为PEDV、TGEV和PoRV三重感染阳性。

② 二重感染。出现大小约为663bp和528bp的特异性条带，判定为PEDV和TGEV二重感染阳性；出现大小约为663bp和333bp的特异性条带，判定为PEDV和PoRV二重感染阳性；出现大小约为528bp和333bp的特异性条带，判定为TGEV和PoRV二重感染阳性。

③ 单独感染。仅出现大小约为663bp或528bp或333bp的特异性条带，判定为PEDV或TGEV或PoRV单独感染阳性。

④ 阴性结果。未出现大小约为663bp、528bp和333bp的特异性条带，判定为PEDV、TGEV和PoRV阴性。

附录A

（规范性附录）

试验试剂和溶液的配制

A.1　0.01mol/L（pH7.2）PBS

NaCl	8.0g
KH_2PO_4	0.2g
Na_2HPO_4	2.9g
KCl	0.2g

加蒸馏水至1000ml，调pH值至7.2～7.4，121℃高压灭菌30min。

A.2　1×TAE

Tris碱	24.2g
冰乙酸	5.7ml
0.5mol/L EDTA（pH8.0）	10.0ml

加蒸馏水至100ml，使用时用蒸馏水作50倍稀释。

A.3　DEPC处理水

用0.1%DEPC处理后的蒸馏水，经121℃高压灭菌30min。

猪传染性胃肠炎病毒、猪流行性腹泻病毒和猪轮状病毒多重 RT-PCR 引物序列（表 1-13）。

表 1-13　多重 RT-PCR 引物序列

引物名称	引物序列	扩增片段大小	参考毒株序列
PEDV P1	5′-TTC GGT TCT ATT CCC GTT GAT G-3′	PEDV M 基因	AY974335
PEDV P2	5′-CCCATGAAGCACTTT CTC ACT ATC-3′	（663bp）	
TGEV P3	5′-TTA CAA ACT CGC TAT CGC ATG G-3′	TGEV N 基因	DQ443743
TGEV P4	5′-TCTTGTCACATCACC TTT ACC TGC-3′	（528bp）	
PoRV P5	5′-CCCCGGTATTGAATA TAC CAC AGT-3′	PoRV VP7 基因	DQ786577
PoRV P6	5′-TTT CTG TTG GCC ACC CTT TAG T-3′	（333bp）	

六、猪传染性胃肠炎

猪传染性胃肠炎是由猪传染性肠炎病毒引起的猪的一种高度接触传染性肠道疾病。临诊上以病猪呕吐、严重腹泻和脱水为特征，不同品种、年龄的猪只都可感染发病，尤以 2 周龄以内仔猪、断乳仔猪易感性最强，病死率高，通常为 100%；架子猪、成年猪病死率低，一般呈良性经过。近年来发现，某些猪传染性胃肠炎病毒基因缺失毒株还可导致猪出现程度不等的呼吸道感染。OIE 将本病列为 B 类动物疫病和发病必报的疫病，我国把其列为三类动物疫病。

该病于 1945 年在美国首次被发现，以后日本、英国等也相继报道该病的流行情况。目前本病分布于世界许多养猪国家，其猪群的血清抗体阳性率为 19%～100% 不等。我国也有该病的流行。

（一）病毒特征

猪传染性胃肠炎病毒（Transmissible gastroenteritis virus of pigs，TGEV）属于冠状病毒科（Coronaviridae）、冠状病毒属（Coronavirus）。该病毒基因组为单分子线状正单股 RNA，是已知 RNA 病毒中基因组最大的。其 5′端加帽，3′端为聚 A 尾，具有传染性。不分节段，平均分子量为 $6.8×10^6$。病毒粒子呈圆形或椭圆形，直径为 70～100nm，有囊膜，其表面附有纤突，纤突大而稀疏，长度约为 18nm。该病毒对乙醚、氯仿和去氧胆酸钠敏感。病毒结构蛋白有 S、M、N 蛋白，其中 S 糖蛋白突出于病毒粒子外而呈棒状结构，可介导细胞吸附、膜融合并能诱导产生不依赖补体的中和抗体，决定病毒的毒力及组织嗜性。该病毒能凝集动物的红细胞。

该病毒只有一个血清型，但近年来许多国家都发现了该病毒的变异株，即猪呼吸道冠状病毒。免疫电镜和免疫荧光试验证明，TGEV 与猪呼吸道冠状病毒、犬冠状病毒、猫传染性腹膜炎病毒和猫肠道冠状病毒之间有一定的抗原相关性。

TGEV 较敏感的细胞有猪甲状腺细胞、唾液腺细胞、猪睾丸细胞和胎猪或仔猪肾细胞，并可在这些细胞培养物中形成细胞病变。

病毒不耐热，加热56℃ 45min 或65℃ 10min 即全部灭活；37℃ 4d 失去毒力。病毒在胆汁中相当稳定，对胰酶有抵抗力，能耐0.5％胰蛋白酶1h，但强毒株和弱毒株对胰酶和蛋白分解酶的敏感性不同，毒力越弱，对胰酶的敏感性越高。病毒在pH4～9时稳定，而低温条件下，pH 3.0时也较为稳定。病毒对乙醚、去氧胆酸钠、次氯酸盐、氢氧化钠、甲醛、碘、碳酸以及季铵化合物等敏感；对光敏感，粪便中的病毒在阳光下6h即可灭活，病毒细胞培养物在紫外线照射下30min即可灭活。在冻结保存时极为稳定，冻干病毒在 20℃时保存2年，滴度不发生明显改变，液氯保存3年毒力不变；冻干的小肠中病毒在-10℃保存875d后仍可使乳猪发病并表现典型症状。

（二）临床症状

本病的潜伏期短，一般为18h至3d。传播迅速，能在2～3d内蔓延全群。但不同日龄和不同疫区猪感染后的发病严重程度有明显差异，临诊上分为流行性和地方流行性。

流行性：该型主要发生于易感猪数量较多的猪场或地区，不同年龄的猪都可迅速感染发病。仔猪感染后的典型症状是短暂呕吐后，很快出现水样腹泻，粪便呈黄色、绿色或白色（图1-50），常含有未消化的凝乳块，粪便恶臭；体重快速下降，严重脱水；2周龄以内仔猪发病率、病死率极高，多数7日龄以内仔猪在首次出现临诊症状后2～7d死亡，而超过3周龄哺乳仔猪多数可以存活，但生长发育不良。架子猪、育肥猪和母猪的临诊表现比较轻，可见食欲不佳，偶见呕吐，腹泻1至几日；有应激因素参与或继发感染时病死率可能增加；哺乳母猪症状则可表现为体温升高、无乳、呕吐、食欲不振、腹泻，这可能是因其与感染仔猪接触过于频繁有关。

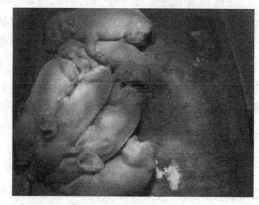

图1-50　病猪出现水样腹泻，粪便呈黄色、绿色或白色

地方流行性：多见于该病的老疫区和血清学试验阳性的猪场，传播较为缓慢，并且母猪通常不发病。该型主要引起哺乳仔猪和断奶后1～2周的仔猪发病，临诊表现相对较轻，病死率受管理因素的影响，常低于10％～20％；哺乳仔猪的症状与"白痢"相似，断奶仔猪的症状则易与大肠杆菌、球虫、轮状病毒感染混淆。

TGEV无论从口腔或是从鼻腔途径进入消化道，都可以抵抗肠道低pH和蛋白酶的作用，然后进入小肠绒毛的上皮细胞并在其中增殖，绒毛上皮细胞被感染后，其功能很快被破坏，酶活力也大大降低，因此消化功能以及对营养物质和电解质的转运功能发生障碍，肠道内的乳糖和其他营养物质不能被有效消化、吸收，肠内渗透压升高、液体滞留，从而出现腹泻与脱水。

(三) 病理变化

眼观病变主要集中在胃肠道，胃内容物呈鲜黄色并混有大量乳白色凝乳块，胃底黏膜潮红充血、小点状或斑状出血，并有黏液覆盖。有时日龄较大的猪胃黏膜有溃疡灶，且靠近幽门处有较大的坏死区。整个小肠气性膨胀，部分病例肠道充血，肠管扩张，内容物稀薄，呈黄色，泡沫状；肠壁菲薄呈透明状，弛缓而缺乏弹性（图1-51）。脾脏和淋巴结肿大，肾包膜下偶尔有出血变化。

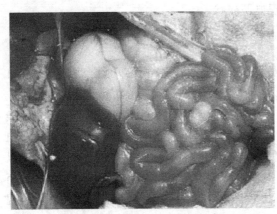

图1-51　小肠气性膨胀，肠道充血，肠管扩张，内容物稀薄，
呈黄色，泡沫状，肠壁菲薄呈透明状

特征性变化主要见于小肠，解剖时取一段，用生理盐水轻轻洗去肠内容物，置平皿中加入少量生理盐水，在解剖镜下观察，健康猪空肠绒毛呈棒状，均匀，密集，可随水的振动而摆动，而患本病的猪小肠绒毛变短，粗细不均，甚至大面积绒毛仅留有痕迹或消失。

组织学变化主要是小肠绒毛顶部肿胀，继之绒毛萎缩变短，黏膜上皮细胞变性、坏死、脱落，黏膜固有层水肿、增厚，淋巴管扩张，黏膜及黏膜下层出血，多形核白细胞和嗜酸性粒细胞浸润；在胃溃疡灶周围可见有多形核白细胞构成的炎性反应带。

(四) 流行病学特征

易感动物：各种日龄猪均有易感性，10日龄以内仔猪的发病率和病死率很高，而断奶猪、育肥猪和成年猪的症状较轻，多数能自然康复，其他动物对本病无易感性。

传染源：病猪和带毒猪是本病主要的传染源，通过粪便、乳汁、鼻分泌物、呕吐物以及呼出的气体排出病毒，污染饲料、饮水、空气、土壤、用具等。猪群的传染来源多数是引入的带毒猪或处于潜伏期的感染猪。另外，其他动物如猫、犬、狐狸、燕子、八哥等也可携带病毒，能够间接地造成本病的传播和蔓延。

传播途径：该病主要经消化道传播，也可以通过空气经呼吸道传播。

流行形式及因素：本病的发生有明显的季节性，从每年的11月至次年的4月发病最多，夏季很少发病。本病的流行形式有两种。一是新疫区通常呈流行性发生，几乎所有日龄的猪都发病，10日龄以内的猪病死率很高，但断乳猪、育肥猪和成年猪发病后多呈良性经过，几周后流行即可能终止；青年猪、成年猪能够产生主动免疫，但康复猪中50%

带毒，排毒时间可达 2～8 周，最长可达 104d 之久。二是在老疫区，由于病毒和病猪持续存在，使得母猪大都具有抗体，所以哺乳仔猪 10 日龄以内的发病率和病死率均很低。湿度大，猪只集中的猪场，更易传播。本病常与产毒大肠杆菌病、猪流行性腹泻病毒病或轮状病毒病发生混合感染。

（五）预防及治疗

对本病的预防主要是采取加强管理、改善卫生条件和免疫预防措施。首先，应加强检疫，防止将潜伏期病猪或病毒携带者引入健康猪群，需要时可以从无 TEG 或血清检测阴性的猪场引入，并在混群以前隔离饲养观察 2～4 周。其次，在猪群的饲养管理过程中，应注意防止猫、犬和狐狸等动物出入猪场；冬季避免成群麻雀在猪舍采食饲料，因为它们可以在猪群间传播 TGE。第三，鞋、工作服、运输工具、饲料等容易被 TGEV 感染猪的粪便污染，从而成为传染其他猪群的污染物，特别是在冬季转运动物或饲料更是 TGEV 传播的重要途径，因此应加强消毒。第四，要严格控制外来人员进入猪场。

若猪场发生该病时，应立即对尚未感染的怀孕母猪采取以下措施以尽量减少新生仔猪可能出现的发病。

（1）对于 2 周以后才能分娩的母猪，可以通过疫苗免疫接种使其在分娩前产生免疫力以保护出生的仔猪。

（2）对于 2 周以内将要分娩的母猪，应提供适当的设施并采取必要的措施防止仔猪在 3 周内感染。

（3）为了减少死亡，应将新生仔猪置于温暖、干燥的猪舍环境中，并保证供应充足的饮水、营养液或代乳品。

免疫接种：及时进行疫苗免疫接种是控制该病的有效方法之一。为了给哺乳仔猪提供长期的被动免疫保护，在地方性流行该病的猪场中，可以对血清学阳性的怀孕母猪肌内接种 TGEV 弱毒疫苗，或者对怀孕后期或分娩后母猪进行乳房内接种。但许多研究证明，抗 TGE 免疫需要局部性体液免疫和全身性细胞免疫的结合，只有通过黏膜免疫才能使机体产生具有抗感染意义的免疫力，通过其他途径接种疫苗时通常产生以 IgG 为主的循环抗体。因此，需要建立主动免疫力时，疫苗的口服或鼻内接种是最佳的途径。

目前，控制 TGE 常用的疫苗包括德国的 1B-300 疫苗株、匈牙利的 CKP 弱毒苗、美国的 TGE-Vac 株以及日本的羽田株、H-5 株和 T0163 弱毒株等。我国也成功培育了 TGE 华毒株弱毒疫苗，与流行性腹泻二联的灭活疫苗其免疫效果达到或超过了国外同类疫苗。

TGE 疫苗免疫的主要目的是保护仔猪，一般妊娠母猪在产前 45d 及 15d 通过肌内、鼻内各接种疫苗 1ml，可使其新生仔猪在出生后通过乳汁获得的被动保护率达 95％以上。

本病目前尚无特效的治疗方法，唯一的对症治疗就是减轻失水、酸中毒和防止继发感染。此外，为感染仔猪提供温暖、干燥的环境，供给可自由饮用的饮水或营养性流食，能够有效地降低仔猪的病死率。

发现病猪应及时淘汰，病死猪应进行无害化处理，污染的场地、用具要用碱性消毒剂进行彻底消毒。

（六）实验室检测

猪传染性胃肠炎病毒、猪流行性腹泻病毒和猪轮状病毒多重 RT-PCR 检测方法

（GB/T 36871—2018）、操作方法见猪轮状病毒病。

七、猪流行性腹泻

猪流行性腹泻（Porcine Epidemic Diarrhea，PED），是由猪流行性腹泻病毒引起的一种接触性肠道传染病，其特征为呕吐、腹泻、脱水。临床变化和症状与猪传染性胃肠炎极为相似。1971 年首发于英国，20 世纪 80 年代初我国陆续发生本病。

（一）病毒特征

猪流行腹泻病毒（PEDV）属于冠状病毒科冠状病毒属。到目前为止，还没有发现本病毒有不同的血清型。本病毒对乙醚、氯仿敏感。病毒粒子呈现多形性，倾向圆形，外有囊膜。从患病仔猪的肠灌液中浓缩和纯化的病毒不能凝集家兔、小鼠、猪、豚鼠、绵羊、牛、马、雏鸡和人的红细胞。

PEDV 感染猪只后，主要在小肠黏膜上皮细胞中进行复制，受到侵染的小肠上皮细胞正常的结构被破坏，肠壁细胞发生死亡，肠绒毛脱落，从而肠壁变薄，肠道的表面积减少，使小肠消化吸收的功能降低；另外，肠黏膜上皮细胞内的双糖酶、氨基肽酶等活力降低或者缺乏，因而导致肠腔小分子物质不能进一步分解、吸收，使肠腔内的胶体渗透压升高，又因 ATP 酶活力降低或者缺乏，肠上皮细胞内钠泵失活，晶体渗透压也升高，从而引发仔猪渗透性腹泻，严重时脱水甚至死亡。

该病毒对乙酸和氯仿敏感，适应细胞培养的 PEDV 经 60℃ 处理 30min 失去感染力，但在 50℃ 条件下相对稳定，病毒耐酸能力较强，在 4℃ pH4.0～9.0 以及 37℃ pH6.5～7.5 条件下稳定。

（二）临床症状

潜伏期一般为 5～8d，人工感染潜伏期为 8～24h。主要的临床症状为水样腹泻，或者在腹泻之间有呕吐。呕吐多发生于吃食或吃奶后。症状的轻重随年龄的大小而有差异，年龄越小，症状越重。1 周龄内新生仔猪发生腹泻后 3～4d，呈现严重脱水而死亡，死亡率可达 50%，最高达 100%。病猪体温正常或稍高，精神沉郁，食欲减退或废绝。断奶猪、母猪常精神委顿、厌食和持续性腹泻大约 1 周，并逐渐恢复正常。少数猪恢复后生长发育不良。肥育猪在同圈饲养感染后都发生腹泻，1 周后康复，死亡率 1%～3%。成年猪症状较轻，有的仅表现呕吐，重者水样腹泻 3～4d 可自愈。

（三）病理变化

眼观变化仅限于小肠，小肠扩张，内充满黄色液体，肠系膜充血，肠系膜淋巴结水肿，小肠绒毛缩短。组织学变化见空肠段上皮细胞形成空泡和表皮脱落，肠绒毛显著萎缩。绒毛长度与肠腺隐窝深度的比值由正常的 7∶1 降到 3∶1。上皮细胞脱落最早发生于腹泻后 2h。

（四）流行病学特征

本病只发生于猪，各种年龄的猪都能感染发病。哺乳猪、架子猪或肥育猪的发病率很高，尤以哺乳猪受害最为严重，母猪发病率变动很大，约为15%～90%。病猪是主要传染源。病毒存在于肠绒毛上皮细胞和肠系膜淋巴结，随着粪便排出后，污染环境、饲料、饮水、交通工具及用具等而传播。主要感染途径是消化道。如果一个猪场陆续有不少窝仔猪出生或断奶，病毒会不断感染失去母源抗体的断奶仔猪，使本病呈地方性流行，在这种繁殖场内，猪流行性腹泻可造成5～8周龄仔猪的断奶期顽固性腹泻。本病多发生于寒冷季节。

（五）预防及治疗

1. 预防

加强营养，控制霉菌毒素中毒，可以在饲料中添加一定比例的脱霉剂，同时加入高档维生素。

提高温度，特别是配怀舍、产房、保育舍。配怀舍大环境不低于15℃，产房产前第一周为23℃，分娩第一周为25℃，以后每周降2℃，保育舍第一周28℃，以后每周降2℃，至22℃止；产房小环境用红外灯和电热板加温，第一周为32℃，以后每周降2℃。猪的饮水温度不低于20℃。将产前2周以上的母猪赶入产房，产房提前加温。

定期做猪场保健，全场猪群每月1周同步保健，控制细菌性疾病的发生。

母猪分娩后的3d保健和对仔猪的3针保健，可选用高热金针注射液，母猪产仔当天注射10～20ml/头，若有感染者，产后3d再注射10～20ml/头，仔猪3针保健即出生后的3d、7d、21d，分别肌注0.5ml、0.5ml、1ml。

种猪群紧急接种胃流二联苗或胃流轮三联苗。

发生呕吐腹泻后立即封锁发病区和产房，尽量做到全部封锁。扑杀10日龄之内呕吐且水样腹泻的仔猪，这是切断传染源、保护易感猪群的做法。

2. 治疗

对8～13日龄的呕吐腹泻猪用口服补液盐拌土霉素碱或诺氟沙星，温热39℃左右进行灌服，每天4～5次，确保不脱水为原则。

病猪必须严格隔离，不得扩散，同时采用药物进行辅助治疗，推荐方案：高热金针＋刀豆素，5d后会收到比较好的效果。

本病应用抗生素治疗无效，可参考猪传染性胃肠炎的防治办法。在本病流行地区可对怀孕母猪在分娩前2周，以病猪粪便或小肠内容物进行人工感染，以刺激其产生乳源抗体，以缩短本病在猪场中的流行。

我国已研制出PEDV甲醛氢氧化铝灭活疫苗，保护率达85%，可用于预防本病。还研制出PEDV和TGE二联灭活苗，用这两种疫苗免疫妊娠母猪，乳猪通过初乳获得保护。在发病猪场断奶时免疫接种仔猪可降低这两种病的发生。

（1）接种猪传染性胃肠炎-猪流行性腹泻二价菌。妊娠母猪产前1个月接种疫苗，可通过母乳使仔猪获得被动免疫。也可用猪流行性腹泻弱毒疫苗或灭活疫苗进行免疫。

（2）白细胞干扰素2000～3000IU，每天1～2次，皮下注射。

（3）口服补液盐溶液100～200ml，一次口服。

（4）盐酸山莨菪碱，仔猪5ml，大猪20ml，每天1次，后海穴注射。

（5）应用抗生素（四环素、庆大霉素）防止继发细菌性感染。

（6）中药处方　党参、白术、茯苓各50g，煨木香、藿香、炮姜、炙甘草各30g。取汁加入白糖200g拌少量饲料喂服。

（六）实验室检测

猪传染性胃肠炎病毒、猪流行性腹泻病毒和猪轮状病毒多重RT-PCR检测方法（GB/T 36871—2018）、操作方法见猪轮状病毒病。

八、猪伪狂犬病

猪伪狂犬病是由猪伪狂犬病病毒（Pseudorabies virus，PrV）引起的猪的急性传染病。该病在猪呈暴发性流行，可引起妊娠母猪流产、死胎，公猪不育，新生仔猪大量死亡，育肥猪呼吸困难、生长停滞等，是危害全球养猪业的重大传染病之一。

（一）病毒特征

伪狂犬病毒属于疱疹病毒科（Herpesviridae）、猪疱疹病毒属，病毒粒子为圆形，直径150～180nm，核衣壳直径为105～110nm。病毒粒子的最外层是病毒囊膜，它是由宿主细胞衍生而来的脂质双层结构。囊膜表面有长约8～10nm呈放射状排列的纤突。

伪狂犬病毒是疱疹病毒科中抵抗力较强的一种。在37℃下的半衰期为7h，8℃可存活46d，而在25℃干草、树枝、食物上可存活10～30d，但短期保存病毒时，4℃较−15℃和−20℃冻结保存更好。病毒在pH4～9之间保持稳定。5%石炭酸经2min灭活，但0.5%石炭酸处理32d后仍具有感染性。0.5%～1%氢氧化钠迅速使其灭活。对乙醚、氯仿等脂溶剂以及福尔马林和紫外线照射敏感。

伪狂犬病毒只有一个血清型，但不同毒株在毒力和生物学特征等方面存在差异。伪狂犬病毒具有泛嗜性，能在多种组织培养细胞内增殖，其中以兔肾和猪肾细胞（包括原Ⅰ代细胞和传代细胞系）最为敏感，并引起明显的细胞病变，细胞肿胀变圆，开始呈散在的灶状，随后逐渐扩展，直至全部细胞圆缩脱落，同时有大量多核巨细胞形成。细胞病变出现快，当病毒接种量大时，在18～24h后即能看到典型的细胞病变。

实验动物也可用于病毒的分离。兔、1日龄小鼠对伪狂犬病毒的敏感性无显著差异，但成年鼠与新生鼠相比有较强的抵抗力。虽然鸡胚对伪狂犬病毒不很敏感，但鸡胚绒毛尿囊膜接种是最早用于病毒增殖和传代的方法。

伪狂犬病毒基因组是线状双链DNA分子，大小约150kb，（G+C）平均含量高达74%，具有典型的疱疹病毒基因组结构特征，由独特长区段、独特短区段及位于US两侧的末端重复序列（TR）和内部重复序列（IR）组成。

（二）临床症状

伪狂犬病毒的临诊表现主要取决于感染病毒的毒力和感染量，以及感染猪的年龄。其中，感染猪的年龄是最主要的。与其他动物的疱疹病毒一样，幼龄猪感染伪狂犬病毒后病情最重。

新生仔猪感染伪狂犬病毒会引起大量死亡，临诊上新生仔猪第1天表现正常，从第2天开始发病，3～5d内是死亡高峰期，有的整窝死光。同时，发病仔猪表现出明显的神经症状、昏睡、鸣叫、呕吐、腹泻，一旦发病，1~2d内死亡。剖检主要是肾脏布满针尖样出血点，有时见到肺水肿，脑膜表面充血、出血。15日龄以内的仔猪感染本病者，病情极严重，发病死亡率可达100%。仔猪突然发病，体温上升达41℃以上，精神极度委顿，发抖，运动不协调，痉挛，呕吐，腹泻，极少康复。断奶仔猪感染伪狂犬病毒，发病率在20%~40%，死亡率在10%~20%，主要表现为神经症状、腹泻、呕吐等。成年猪一般为隐性感染，若有症状也很轻微，易于恢复，主要表现为发热、精神沉郁，有些病猪呕吐、咳嗽，一般于4~8d内完全恢复。怀孕母猪可发生流产、产木乃伊胎或死胎，其中以死胎为主。无论是头胎母猪还是经产母猪都发病，而且没有严格的季节性，但以寒冷季节即冬末春初多发。

20日龄以上的仔猪到断奶后小猪症状轻微，体温升高到41℃以上，呼吸短促，被毛凌乱，不食或食欲减少，耳尖发紫，发病率和死亡率都低于15日龄以内的仔猪。

4月龄左右的猪，发病后只有轻微症状，有数日的轻热、呼吸困难、流鼻涕、咳嗽、精神沉郁、食欲不振，有的呈"犬坐"姿势（图1-52），有时呕吐和腹泻。

图1-52　病猪有神经症状，呈"犬坐"姿势

母猪有时出现厌食、便秘、震颤、惊厥、视觉消失或结膜炎，有的分娩延迟或提前，有的产下死胎、木乃伊胎或流产，产下的仔猪初生体小、衰弱，弱胎2~3d后死亡，流产发生率约为50%。

诊断中应注意本病不易与猪瘟、蓝耳病、细小病毒病、乙脑等病区别，确诊必须进行实验室检验。

伪狂犬病的另一发病特点是表现为种猪不育。近几年发现有的猪场春季暴发伪狂犬病，出现死胎或断奶仔猪患伪狂犬病后，紧接着下半年母猪配不上种，返情率高达90%，有反复配种数次都配不上的。此外，公猪感染伪狂犬病毒后，表现出睾丸肿胀、萎缩，丧失种用能力。

（三）病理变化

狂犬病毒感染一般无特征性病变。眼观主要见肾脏有针尖状出血点，其他肉眼病变不明显。可见不同程度的卡他性胃炎和肠炎，中枢神经系统症状明显时，脑膜明显充血，脑脊髓液量过多（图1-53），肝、脾等实质脏器常可见灰白色坏死病灶，肺充血、水肿和有坏死点。子宫内感染后可发展为溶解坏死性胎盘炎。

组织学病变主要是中枢神经系统的弥散性非化脓性脑膜脑炎及神经节炎，有明显的血管套及弥散性局部胶质细胞坏死。在脑神经细胞内、鼻咽黏膜、脾及淋巴结的淋巴细胞内可见核内嗜酸性包涵体和出血性炎症。有时可见肝脏小叶周边出现凝固性坏死。肺泡隔核小叶质增宽，淋巴细胞、单核细胞浸润（图1-54）。

图1-53　病猪脑膜明显充血，脑脊髓液量过多

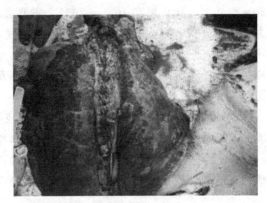

图1-54　肺淋巴细胞、单核细胞浸润

（四）流行病学特征

伪狂犬病毒在全世界广泛分布。伪狂犬病自然发生于猪、牛、绵羊、犬和猫，另外，多种野生动物、肉食动物也易感。水貂、雪貂因饲喂含伪狂犬病毒的猪下脚料也可引起伪狂犬病的暴发。实验动物中家兔最为敏感，小鼠、大鼠、豚鼠等也能感染。关于人感染伪狂犬病毒的报道很少，并且都不是以病毒分离为报道依据。如土耳其及我国台湾曾报道有血清学反应阳性者。欧洲也曾报告数例因皮肤伤口接触病料组织而感染，主要表现为局部有发痒，未曾报告有死亡病例。最新的报道见于1992年，在波兰因直接接触伪狂犬病毒而感染的工人，首先是手部先出现短暂的瘙痒，后扩展至背部和肩部。

猪是伪狂犬病毒的贮存宿主，病猪、带毒猪以及带毒鼠类为本病重要传染源。不少学者认为，其他动物感染本病与接触猪、鼠有关。

在猪场，伪狂犬病毒主要通过已感染猪排毒而传给健康猪，另外，被伪狂犬病毒污染的工作人员和器具在传播中起着重要的作用。而空气传播则是伪狂犬病毒扩散的最主要途径，但到底能传播多远还不清楚。人们还发现在邻近有伪狂犬病发生的猪场周围放牧的牛群也能发病，在这种情况下，空气传播是唯一可能的途径。在猪群中，病毒主要通过鼻分泌物传播，另外，通过乳汁和精液传播也是可能的传播方式。

除猪以外的其他动物感染伪狂犬病毒后，其结果都是死亡。猪发生伪狂犬病后，其临诊症状因日龄而异，成年猪一般呈隐性感染，怀孕母猪可导致流产、死胎、木乃伊胎和种猪不育等。15日龄以内的仔猪发病死亡率可达100%，断奶仔猪发病率可达40%，死亡率20%左右；对成年肥猪可引起生长停滞、增重缓慢等。

伪狂犬病的发生具有一定的季节性，多发生在寒冷的季节，但其他季节也有发生。

（五）预防及治疗

本病无特效治疗药物，对感染发病猪可注射猪伪狂犬病高免血清，它对断奶仔猪有明显效果，同时应用黄芪多糖中药制剂配合治疗。对未发病受威胁猪进行紧急免疫接种。本病主要以预防为主，对新引进的猪要进行严格的检疫，引进后要隔离观察、抽血检验，对检出阳性猪要注射疫苗，不可做种用。种猪要定期进行灭活苗免疫，育肥猪或断奶猪也应在2～4月龄时用活苗或灭活苗免疫，如果只免疫种猪，育肥猪感染病毒后可向外排毒，直接威胁种猪群。另外感染猪增重迟缓，饲料报酬降低，推迟出栏，间接损失也是巨大的。

猪场要进行定期严格的消毒，最好使用2%的氢氧化钠（烧碱）溶液或酚类消毒剂。

在猪场内要进行严格的灭鼠，消灭鼠类带毒传播疾病的危险。

猪伪狂犬病和猪细小病毒病、猪蓝耳病、猪乙型脑炎为导致猪繁殖障碍的四大疾病。

防疫措施有伪狂犬基因缺失苗滴鼻给出生小猪。

也可用基因缺失灭活苗进行注射，具体方法如下：后备种猪基础免疫后，于配种前一个月肌内注射1头份。

妊娠母猪——产前4周肌内注射1头份。

生产公猪——每6个月肌内注射1头份。

若采取全群"一刀切"的免疫方法，每年至少3～4次（每3～4个月1次）。妊娠母猪在产前4周加强免疫1次。

仔猪——5～6周龄时（此时母源抗体较低）肌内注射1头份（若1日龄滴鼻时剂量减半）。感染压力大的猪场应于11～12周龄加强免疫1次。

（六）实验室检测

猪伪狂犬病毒荧光PCR检测

依据标准：GB/T 35911—2018。

1. 仪器设备

荧光PCR检测仪、高速台式离心机、组织研磨器或研钵、普通冰箱2～8℃、普通冰柜−20℃以下、超低温冰箱−70℃以下、微量移液器、高压灭菌器。

2. 耗材

1.5ml离心管、0.2ml PCR薄壁管或八连管

3. 试剂

（1）除非另有说明，在检测中使用的试剂均为分析纯。

（2）DNAzol，商品化DNA抽提试剂，于2～8℃保存。

（3）无水乙醇，−20℃预冷。

（4）75%乙醇，由无水乙醇和双蒸水配制，−20℃预冷。

（5）8mmol/L NaOH溶液，配制见附录A。

（6）PBS缓冲液，配制见附录A。

（7）Taq酶及10倍Taq酶反应缓冲液：Taq酶浓度为5U/μl，Taq酶反应缓冲液Mg^+浓度为15mmol/L。

（8）dNTPs：含dATP、dGTP、dCTP、dTTP各10mmol/L，−20℃保存，避免反复冻融。

（9）引物和TaqMan探针，其序列见附录B。

（10）伪狂犬病毒阳性对照样品和阴性对照样品：阳性品对照使用灭活疫苗或组织培

养灭活毒，阴性品对照采用健康猪的组织。

（11）内参照质粒：带有人β-株蛋白基因的质粒。

4. 样品采集和处理

（1）采样工具

1）手术刀、剪刀、镊子，经160℃干热灭菌2h。

2）一次性无菌采样拭子。

3）组织研磨器或者研钵，经160℃干热灭菌2h。

4）真空采血管。

（2）样品采集

1）血液样品采集：用无菌注射器采集血液，注入含1/10 4％EDTA溶液的无菌容器中，充分混匀，编号备用。

2）精液样品采集：按照GB/T 25172的方法采集和保存精液。

3）鼻拭子采集：用棉拭子取受检动物鼻腔分泌物，置于2ml PBS缓冲液中备用。

4）组织样品采集：取大脑海马背侧皮层、中脑、脑桥、三叉神经节、扁桃体、肺脏、淋巴结等组织，置于无菌离心管内，编号备用。

5）细胞培养物：细胞培养物反复冻融3次，第3次解冻后，将细胞培养物置于1.5ml无DNA酶的灭菌离心管内，编号备用。

（3）样品保存和运输　上述采集的样品可立即用于检测。不能立即检测的样品，在2～8℃下保存应不超过24h，（−20±5）℃下应不超过3个月，−70℃以下可长期保存。样品运送采用低温保存进行运输，并在规定温度下的保存期内送达。

（4）样品处理

1）血液和精液样品无需进行前处理，直接用于核酸提取。

2）鼻拭子样品：充分涡旋振荡含有鼻拭子的管1～3min，弃去拭子后2000r/min离心5min，取上清后用于后续的核酸提取。

3）组织样品：取1g解冻的组织，剪碎，加入2ml PBS缓冲液进行研磨，制备组织匀浆，8000r/min离心5min，取上清用于后续的核酸提取。

4）细胞培养物：4000r/min、4℃离心10min，取上清用于后续的核酸提取。

5. 荧光PCR操作程序

（1）DNA抽提

1）在核酸提取区操作，DNA抽提使用DNAzol手工提取，也可以使用等效的商品化试剂盒提取。

2）取n个灭菌的1.5ml离心管，其中n为待检样品数＋阳性对照＋阴性对照，对每个离心管进行编号。

3）每管先加入800μl DNAzol，再分别加入被检样品、阳性对照、阴性对照各200μl，颠倒10次混匀，4℃或室温10000r/min离心10min。

4）取900μl上清，置新的1.5ml灭菌离心管中，加入500μl无水乙醇，混匀，室温放置3min，4℃或室温10000r/min离心5min。

5）弃上清，沿管壁缓缓加入0.8～1ml 5％乙醇，颠倒3～6次混匀，4℃10000/min离心5min，反复洗涤次后，将离心管倒扣于吸水纸上自然晾干或用移液器移去残液。

6）用 30μl 8mmol/L NaOH 溶液溶解沉淀，DNA 在 2～8℃冰箱可保存 2 个月，－20℃冰柜可稳定保存两年。

（2）荧光 PCR 检测

1）反应体系的配制　在试剂配制区进行。设实时荧光 PCR 反应管数为 n，n 为待检样品数＋阳性管数＋阴性管数，每个反应的体系见附录 C，为了避免移液器取样损失，建议按 $n+1$ 个反应进行配制。配制反应液在冰盒中进行。

2）反应液的分装　将 1）中配制的荧光 PCR 反应液充分混匀按每管 39.8μl 分装于 0.2ml 透明 PCR 管内，将 PCR 管置于 96 孔板上，按顺序加样并做好标识，转移至核酸提取区。

3）加样　在核酸提取区进行。在每个 PCR 反应管内加入 0.2μl 内参照质粒，并分别加入（1）中制备的 10μl DNA 溶液，盖上盖子、500～1000 r/min 离心 30s 转移至检测区。

4）上机检测

① 荧光通道设置。将（2）、3）中离心后的 PCR 管放入 PCR 检测仪内，设置荧光探针：5′选择 FAM、HEX 和 ROX 三个荧光通道，3′均选择无（Nonc）荧光。

② 循环条件设置与检测

第一阶段，预变性 50℃/2min；

第二阶段，预变性 95℃/2min；

第三阶段，变性 95℃/15s 退火、延伸、荧光采集 60℃/30s，40 个循环；

第四阶段，冷却，25℃/10s。

检测结束后，保存结果，根据收集的荧光曲线和 C_t 值判定结果。

6. 结果判定

（1）阈值设定　阈值设定原则根据仪器噪声情况进行调整，以阈值线刚好超过正常阴性样品扩增的最高点为准。

（2）质量控制

1）PRV 阴性对照：FAM 通道无报告 C_t 值或无典型的 S 形扩增曲线，HEX 通道无报告 C_t 值或无典型的 S 形扩增曲线，ROX 通道 C_t 值≤36，且扩增曲线为典型的 S 形。

2）PRV 阳性对照：FAM 通道 C_t 值≤30，HEX 通道 C_t 值≤30，ROX 通道 C_t 值≤36，且 3 个通道的扩增曲线均为典型的 S 形。

3）以上要求需在同一次实验中同时满足，否则，本次实验无效，需重新进行。

（3）结果描述及判定

1）被检样本检测结果中 FAM 通道 C_t 值≤38、HEX 通道 C_t 值≤38，且扩增曲线均为典型的 S 形曲线，报告为 PRV 核酸阳性；38＜C_t 值≤40，判定为可疑，可疑样品须重复检测。如重复后仍然 38＜C_t 值≤40，且扩增曲线均为典型的 S 形曲线，报告为 PRV 核酸阳性。

2）被检样本检测结果中 FAM 通道 C_t 值≤40，且扩增曲线为典型的 S 形扩增曲线，HEX 通道无 C_t 值或者无典型的 S 形扩增曲线，报告为 PRVgE 缺失株核酸阳性。

3）被检样本检测结果中 FAM 通道和 HEX 通道均无 C_t 值或无典型的 S 形扩增曲线，同时 ROX 通道 C_t 值≤36 且扩增曲线为典型的 S 形曲线，则该样本超过本方法检测灵敏度范围，报告为 PRV 核酸阴性。

4）被检样本检测结果中 FAM 通道和 HEX 通道均无 C_t 值或无典型的 S 形扩增曲线，同时 ROX 通道 C_t 值＞36，则该样本的检测结果无效，应查找并排除原因，并对此样本进行重复实验。

附录 A
（规范性附录）

溶液配制

A.1　8mmol/L NaOH 溶液

称量 0.32g NaOH，溶解到 1000ml 去离子水中，混匀、分装，常温保存。

A.2　磷酸盐缓冲液（0.01mol/L PBS，pH7.4）

用 800ml 蒸馏水溶解 8g NaCl、0.2g KCl、1.44g Na_2HPO_4 和 0.24g KH_2PO_4。用 HCl 调节溶液的 pH 至 7.4，加水至 1L。分装后经 121℃、15min 高压灭菌后备用。

附录 B
（规范性附录）

引物和探针

引物、探针的名称和序列见表 1-14。

表 1-14　引物、探针的名称和序列

名称	序列
gH-qF	5′-ACGCTCGGCTTCCTCTCC-3′
gH-qR	5′-GGTAGTCGTCGCTCTCGTG-3′
gH-P(探针)	5′-FAM-TCGCGCATCGTCTGGTGCAT-BHQ-3′
gE-qF	5′-GCTGTACGTGCTCGTGAT-3′
gE-qR	5′TCAGCTCCTTGATGACCGTGA-3′
gE-P(探针)	5′-IIEX-CACAACGGCCACGTCGCCACCTG-BHQ1-3′
IC-F	5′-AAGTGCTCGGTGCCTTTAGTG-3′
IC-R	5′-GTCCCATAGACTCACCCTGAAGT-3′
IC-P(探针)	5′ROX-CCTGGCTCACCTGGACAACCTCAAG-BHQ2-3′

附录 C
（规范性附录）

荧光 PCR 反应体系

荧光 PCR 反应体系见表 1-15。

表 1-15　荧光 PCR 反应体系

组分	1 个检测反应的加入量/μl
10×PCR Buffer	5
Taq 酶(5U/μl)	2

组分	1个检测反应的加入量/μl
dNTPs(100mmol/L)	1.5
Mg^{2+}(1mol/L)	0.25
gH-qF(10μmol/L)	1
gH-qR(10μmol/L)	1
gH-P(10μmol/L)	1
gE-qF(10μmol/L)	1
gE-qR(10μmol/L)	1
gE-P(10μmol/L)	0.6
IC-F(10μmol/L)	0.5
IC-R(10μmol/L)	0.5
IC-P(10μmol/L)	0.5
ddH$_2$O	23.95
合计	39.8

九、猪细小病毒病

猪细小病毒病是由猪细小病毒引起的猪的一种繁殖障碍性传染病。其特征是受感染母猪，特别是初产母猪产死胎、畸形胎、木乃伊胎，偶有流产；公猪繁殖力低下，新生畜全身性疾病。

该病最早是在 1967 年发现于英国，目前世界各个国家几乎均有流行报道，其所致的繁殖障碍是世界养猪业面临的问题，一旦侵入猪群，发病率非常高。我国自 20 世纪 80 年代从各地相继分离到猪细小病毒后，经血清学调查猪群中该病的阳性率达 85% 以上，给各地养猪业造成了相当大的损失。

（一）病毒特征

猪细小病毒（Porcine nanovirus，PPV）属于细小病毒科（Parvoviridae）细小病毒亚科（Parovirus）。病毒粒子呈圆形或六角形，20 面体立体对称，核酸为单股 DNA，无囊膜，直径 18～26nm，有 32 个壳粒，壳粒直径为 14～17nm，对氯仿、乙醚及热（56℃ 30min）和酸（pH3，60min）均稳定。

培养病毒常用猪源性细胞，包括原代细胞（如猪肾、猪睾丸等）和传代细胞（如 PK-15、IBRS-2、ST 细胞等），在细胞长至一半时或在制备细胞悬液时接种病毒（同步接种），病毒可在细胞中产生核内包涵体，于接种后 2～5d，适应了细胞培养的病毒可使受感染细胞变圆、固缩和裂解等，即产生细胞病变（CPE），而初次分离时可能无细胞病变或病变不典型，需要连续几代后才能观察到，但无论是初次分离或进行适应性毒株传代，都可用免疫荧光技术检测胞浆中的病毒抗原。此外，应注意的问题是原代细胞和传代细胞以及培养这些细胞所用的牛血清都有被该病毒污染的可能性，在进行细胞培养物接毒之前应对其进行检测。

第一章 病毒病

PPV毒力有强弱之分，但至今只有一个血清型，PPV具有血凝活性，能凝集人、猴、豚鼠、猫及小鼠等多种动物的红细胞。但温度、pH、红细胞种类以及供血动物的遗传特性和年龄等对血凝反应都有一定影响。一般认为pH接近中性，使用豚鼠红细胞时可获得较好的结果。

本病毒在淋巴结、扁桃体、胸腺、脾、肺、唾液腺等器官复制，外周血淋巴细胞（如T细胞、B细胞及N细胞）中也能很好地复制，并刺激这些细胞增殖，单核细胞及巨噬细胞吞噬病毒后被感染并被破坏。与其他细小病毒相比，猪细小病毒更易引致慢性排毒的持续性感染。

PPV对环境的抵抗力极强，能耐受56℃48h、70℃2h处理仍不被杀灭，在80℃经5min才能使其灭活。急性感染猪分泌物和排泄物的病毒可在污染圈舍中存活9个月之久。在pH9的甘油缓冲盐水中或在−20℃以下保存1年以上毒力不会下降。该病毒耐酸范围大，pH3～9时，经90min仍稳定；pH2时，90min才能将其灭活。短时间胰酶处理对病毒悬液感染性不仅没有影响，反而能提高其感染效价。0.5%漂白粉液、2%氢氧化钠液、0.3%次氯酸钠5min可杀死病毒。

（二）临床症状

仔猪和母猪感染本病后，通常都呈亚临诊症状，但在体内许多器官和组织中都能发现该病毒。PPV感染主要的（通常也是唯一的）临诊表现为母猪的繁殖障碍，但取决于发生病毒感染母猪的妊娠时期。如果感染发生在怀孕早期，可造成胚胎死亡，母猪可能再度发情，也可能既不发情也不产仔，也可能每胎只产出几个仔猪或产的胎儿大部分都已木乃伊化；如果感染发生在怀孕中期或后期，胚胎死亡后胎水被母体重吸收，母猪腹围逐渐缩小，最后可出现木乃伊胎、死胎或流产等（图1-55）。妊娠30～50d感染主要产木乃伊胎，妊娠50～60d感染主要产死胎，至于木乃伊化程度，则与胎儿感染死亡日龄有关。如早期死亡，则产生小的、黑色的、枯僵样木乃伊；如晚期死亡，则产生大的木乃伊胎；死亡愈晚，木乃伊化的程度愈低。怀孕70d后感染，母猪多能正常生产，但产出的仔猪带毒，有的甚至终身带毒而成为重要的传染源。细小病毒感染引起繁殖障碍的其他表现还有母猪发情不正常、返情率明显升高、新生仔猪死亡、产出弱仔、妊娠期和产仔间隔延长等现象。病毒感染对公猪的受精率或性欲没有明显的影响。此外，本病还可引起母猪发情不正常，久配不育。

图1-55　木乃伊胎和流产胎儿

（三）病理变化

怀孕母猪感染后，缺乏特异性的眼观病变，仅见母猪轻度子宫内膜炎，胎盘部分钙化，胎儿在子宫内有被溶解吸收的现象。受感染的胎儿可见不同程度的发育障碍和生长不良，胎儿充血、水肿、出血、胸腹腔有淡红色或淡黄色渗出液、脱水（木乃伊胎）及坏死等病变。

组织学病变为母猪的妊娠黄体萎缩，子宫上皮组织和固有层有局灶性或弥散性单核细胞浸润。死亡胎儿多种组织和器官有广泛的细胞坏死、炎症和核内包函体。其特征性组织病变是大脑灰质、白质和软脑膜出现非化脓性脑膜脑炎的变化，内部有以外膜细胞、组织细胞和浆细胞形成的血管套。

（四）流行病学特征

易感动物：猪是唯一的易感动物。不同年龄、品种、性别的家猪和野猪均可感染。据报道，在牛、羊、猫、小鼠和大鼠的血清中也存在特异性抗体，来自病猪场的鼠类，其抗体阳性率高于阴性猪场的鼠类。

传染源：感染的公猪、母猪和持续性感染的外表健康猪、感染或死亡的胎儿、木乃伊胎，或产出的仔猪都带毒，是本病的主要传染源。污染的猪舍是病毒的贮存场所。感染猪排毒可达数月，病毒可通过多种途径排出体外。感染母猪由阴道分泌物、粪、尿及其他分泌物排毒，公猪通过精液长时间排毒。在子宫内感染的仔猪可能存活作为免疫耐受的带毒者。

传播途径：主要通过直接接触或接触被污染的饲料、饮水、用具、环境等经消化道传染，也可经配种传播，妊娠母猪可通过胎盘传给胎儿。猪在出生前后最常见的感染途径分别是胎盘和口鼻，通过呼吸道感染也是非常重要的途径。

流行因素和形式：本病呈地方流行性或散发，多发生于产仔旺季，以头胎妊娠母猪发生流产和产死胎的较多。PPV在世界各地的猪群中广泛存在，几乎没有母猪免于感染，PPV一旦传入猪场则连续几年不断地出现母猪繁殖障碍。因此，大部分小母猪怀孕前已受到自然感染，而产生了主动免疫，甚至可能终生免疫。血清学阴性的怀孕母猪群一旦感染病毒，损失惨重。

（五）预防及治疗

本病目前尚无有效的治疗方法，应在免疫预防的基础上，采取综合性防控措施。

免疫预防：由于PPV血清型单一及其高免疫原性，因此，疫苗接种已成为控制PPV感染的一种行之有效的方法。目前常用的疫苗主要有灭活疫苗和弱毒疫苗。初产母猪配种前2～3周肌内接种1头份，种公猪于8月首次免疫注射，以后每年注射1次，每次肌内注射1头份，但应注意免疫母猪哺乳的仔猪从初乳中可获得高滴度的母源抗体，经过3～6个月才能降低到血凝抑制试验检测不出的程度，这种被动性抗体可以干扰猪群主动免疫力的产生，因此免疫接种1个月后最好进行血清学检测，以评价免疫的效果。

综合防控：严防传入，坚持自繁自养的原则，如果必须引进种猪，应从未发生过本病的猪场引进。引进种猪后应隔离饲养半个月，经过两次血清学检查，HI效价在1：256以下或为阴性时，才合群饲养。

加强种公猪检疫，种公猪血清学检查阴性，方可作为种用。

在本病流行地区，将母猪配种时间推迟到 9 月龄后，因为此时大多数母猪已建立起主动免疫，若早于 9 月龄时配种，需进行 HI 检查，只有具有高滴度的抗体时才能进行配种。

疫情处理：群发病后应首先隔离发病动物，划定疫区，制定扑灭措施。对其排泄物、分泌物和圈含、环境、用具等进行彻底消毒，扑杀发病母猪、仔猪，尸体无害化处理。发病猪群，其流产胎儿中的幸存者或木乃伊同窝的幸存者，不能留作种用。由于猪细小病毒对外界物理和化学因素的抵抗力较强，消毒时可选用福尔马林、氨水和氧化剂类消毒剂等。

（六）实验室检测

猪细小病毒间接 ELISA 抗体检测

依据标准：NY/T 2840—2015。

1. 试剂

（1）猪细小病毒 VP2 重组蛋白（re-VP2）　克隆猪细小病毒结构蛋白 VP2 抗原优势区基因，用 pET-32a 表达载体进行原核表达，亲和层析法纯化重组蛋白。获得的重组蛋白浓度应≥1mg/ml，纯度应 95%，具体过程见附录 A。

（2）阳性血清对照　选取 5 月龄健康猪 2 头，用猪细小病毒疫苗按规定剂量进行免疫，间隔 3 周免疫 2 次，第二次免疫 1 个月后开始采血分离血清，用血凝抑制试验测定其抗体效价，当抗体的血凝抑制效价达到 1∶1024 时采血分离血清，将血凝抑制效价为 1∶1024 的阳性血清用样品稀释液（参见附录 B）进行 1∶50 稀释，即为阳性血清对照。

（3）阴性血清对照　采集无母源抗体、未免疫猪细小病毒疫苗的健康猪血清，经血凝抑制试验检测，结果为猪细小病毒抗体阴性，用样品稀释液（参见附录 B）进行 1∶50 稀释，即为阴性血清对照。

（4）包被液、洗涤液、封闭液、样品稀释液、标抗体稀释液、底物显色液、终止液配制方法见附录 B。

（5）器材和设备　一次性注射器、恒温培养箱、振荡混匀仪、移液器（200µl、1000µl）、多道移液器（200µl）、酶标板、酶联免疫检测仪等。

2. 血清样品的处理

（1）血清样品的采集和处理　静脉采血，每头猪不少于 2ml。血液凝固后分离血清，4000r/min 离心 10min，用移液器吸出上层血清。

（2）血清样品的储存和运输　血清样品置−20℃以下冷冻保存。运输时确保低温运送，并及时送达，以防血清样品腐败。按照中华人民共和国农业部〔2003〕第 302 号公告的规定进行样品的生物安全标识。

3. 间接 ELSA 抗体检测操作方法

（1）包被抗原　以纯化的猪细小病毒 VP2 重组蛋白（re-VP2）作为包被用抗原，将重组蛋白 re-VP2 用包被液稀释至 3µg/ml，每孔加入 100µl（每孔抗原包被量为 300ng），37℃包被 2h，用洗涤液洗板 3 次，每次 5min。

（2）封闭　每孔加入 200μl 封闭液，37℃封闭 2h，洗板同（1）。

（3）加待检血清及阳性血清对照、阴性血清对照　将待检血清用样品稀释液进行 1∶50 稀释，每孔加入 100μl，每板同时设置两孔阳性血清对照、两孔阴性血清对照。当待检血清样品较多时，可根据试验进度，提前进行样品稀释，再一并加样，以确保所有待检样品的反应时间准确、一致。37℃作用 1h，洗板同（1）。

（4）加酶标抗体　将兔抗猪酶标抗体用酶标抗体稀释液稀释至工作浓度，每孔加入 100μl，37℃作用 1h，洗板同（1）。

（5）加底物显色液　每孔加入 100μl 底物显色液，37℃避光显色作用 10min。

（6）加终止液　每孔加入 100μl 终止液终止反应，10min 内测定 OD_{450} 值。

（7）结果判定　在酶联免疫检测仪上读取 OD_{450} 值，计算阳性血清对照 OD_{450} 平均值 OD_P、阴性血清对照 OD_{450} 平均值 OD_N。阳性血清对照 OD_{450} 平均值 $OD_P \geqslant 0.5$，阴性血对照 OD_{450} 平均值 $OD_N \leqslant 0.2$ 时，试验成立。待检血清样品的 $OD_{450} \geqslant 0.2 \times OD_P + 0.8 \times OD_N$ 判为阳性，反之判为阴性。

4. 注意事项

（1）相关试剂需在 2～8℃保存，使用前平衡至室温。

（2）操作时，注意取样或稀释准确，并注意更换吸头。

（3）底物溶液避光保存，避免与氧化剂接触。

（4）终止液有腐蚀作用，使用时避免直接接触。

（5）废弃物处理参照中华人民共和国农业部〔2003〕第 302 号公告的规定进行。

<h1 style="text-align:center">附录 A</h1>
（规范性附录）

猪细小病赛 VP2 蛋白的表达及纯化

A.1　材料和试剂

猪细小病毒 NADL-2 株；大肠杆菌 DH5a 和 BL21（DE3）感受态细胞、pMD18-T 克隆载体 ET-32a 表达载体、核酸提取试剂盒、质粒提取试剂盒、限制性内切酶、蛋白纯化试剂盒、培养基均为商品化试剂。

A.2　器材和设备

恒温培养箱、高速离心机、PCR 扩增仪、核酸电泳仪和水平电泳槽、凝胶成像系统（或紫外透射仪）、恒温空气浴摇床、移液器（10μl、200μl、1000μl）、分光光度计等。

A.3　引物序列

VP2——P1：5′-AACAGGATCCCACAGTGACATTATG-3′

VP2——P2：5′-AGAAAGCTTATGCTTTGGAGCTCTTC-3′

A.4　猪细小病毒结构蛋白 VP2 抗原优势区基因序列

本标准表达的猪细小病毒结构蛋白 VP2 抗原优势区基因序列如下：

CACAGTGACATTATGTTCTACACAATAGAAAATGCAGTACCAATTCATCTTCTA
AGAACAGGAGATGAATTCTCCACAGGAATATATCACTTTGACACAAAACCACTA
AAATTAACTCACTCATGGCAAACAAACAGATCTCTAGGACTGCCTCCAAAACTA
CTAACTGAACCTACCACAGAAGGAGACCAACACCCAGGAACACTACCAGCAGCT

AACACAAGAAAAGGTTATCACCAAACAATTAATAATAGCTACACAGAAGCAAC
AGCAATTAGGCCAGCTCAGGTAGGATATAATACACCATACATGAATTTTGAAT
ACTCCAATGGTGGACCATTTCTAACTCCTATAGTACCAACAGCAGACACACAAT
ATAATGATGATGAACCAAATGGTGCTATAAGATTTACAATGGATTACCAACAT
GGACACTTAACCACATCTTCACAAGAGCTAGAAGATACACATTCAATCCACAAA
GTAAATGTGGAAGAGCTCCAAAGCAT

A.5　方法

A.5.1　VP2抗原优势区基因的表达质粒构建

将PPV接种PK15细胞，在5%CO$_2$的条件下37℃培养24～36h，当70%的细胞出现细胞病变时，收集培养物，反复冻融3次。用核酸提取试剂盒提取病毒DNA，然后用VP2-P1和VP2-P2引物扩增VP2基因，琼脂糖凝胶电泳并纯化回收相应的扩增片段，片段大小为510bp。纯化产物连接pMD18-T克隆载体，转化DH5a感受态细胞，筛选获得的重组阳性质粒命名为pMD18-T-VP2。用BamHⅠ和HindⅢ双酶切pMD8-T-VP2和pET-32，将VP2基因片段连接到pET-32表达载体，转化DH5a感受态细胞，筛选获得的重组阳性质粒命名为pET-32a-VP2。

A.5.2　VP2抗原优势区基因的表达与纯化

将pET-32a-VP2转化BL21（DE3）感受态细胞，筛选获得含重组质粒的阳性菌株。取重组BL21（DE）菌种5μl，接种至5ml含50μg/ml氨苄青霉素的LB培养基（蛋白胨1%，氯化钠1%，酵母提取物0.5%）。37℃振摇培养至OD$_{600}$值为0.4～0.6时，加入终浓度为1mmol/L的异丙基β-D-硫代半乳糖苷（IPTG）进行诱导，继续37℃振摇培养4h。按照蛋白纯化试剂盒说明书纯化目的蛋白（即VP2重组蛋白），目的蛋白大小约39.1kDa。

A.5.3　重组蛋白的纯度及浓度测定

取5μl重组蛋白进行SDS-PAGE电泳，考马斯亮蓝染色，用蛋白密度扫描分析纯度，重组蛋白的纯度应≥95%；用紫外分光光度计测定重组蛋白在280nm和260nm波长的OD值，计算蛋白浓度，重组蛋白的浓度应≥1mg/ml。将检测合格的重组蛋白，分装后-20℃保存。

附录 B
（资料性附录）

溶液的配制

B.1　包被液（碳酸盐级冲液，pH9.6）

NaHCO$_3$（分析纯）	2.98g
Na$_2$CO$_3$（分析纯）	1.5g

加双蒸水至1000ml，混匀。

B.2　洗涤液（磷酸盐缓冲液-吐温，PBST，pH7.4）

NaCl（分析纯）	8.0g
KH$_2$PO$_4$（分析纯）	0.2g
Na$_2$HPO·12H$_2$O（分析纯）	2.9g

KCl（分析纯）	0.2g
硫柳汞（分析纯）	0.1g
吐温-20（分析纯）	0.5ml

加双蒸水至1000ml，调至pH7.4。

B.3　封闭液（10％小牛血清/PBST溶液，pH7.4）

吸取小牛血清（优级）10ml，加PBST至1000ml，混匀。

B.4　样品稀释液（磷酸盐缓冲液，pH7.4）

NaCl（分析纯）	8.0g
KH_2PO_4（分析纯）	0.2g
$Na_2HPO_4 \cdot 12H_2O$（分析纯）	2.9g
KCl（分析纯）	0.2g
硫柳汞（分析纯）	0.1g

加双蒸水至1000ml，调至pH7.4。

B.5　酶标抗体稀释液

同B.3封闭液。

B.6　底物显色液（TMB-过氧化氢尿素溶液）

B.6.1　底物液A

TMB（分析纯）200mg，无水乙醇（或DMSO）100ml，加双蒸水至1000ml混匀。

B.6.2　底物缓冲液B

Na_2HPO_4（分析纯）	6g
柠檬酸（分析纯）	9.33g
0.75％过氧化氢尿素	6.4ml

加双蒸水至1000ml，调至pH5.0～5.4。

B.6.3　将底物液A和底物缓冲液B按1：1混合，即成底物显色液。

B.7　终止液

将22.2ml浓H_2SO_4（98％）缓慢滴加入150ml双蒸水中，边加边搅拌，加双蒸水至200ml。

牛、羊病

一、口蹄疫

口蹄疫（属一类传染病）俗名"口疮""辟癀"，是由口蹄疫病毒所引起的偶蹄动物的一种急性、热性、高度接触性传染病。是猪、牛、羊等主要家畜和其他家养、野生偶蹄动物共患的一种急性、热性、高度接触性传染病,易感动物达70多种。临床特征是在口腔黏膜、蹄部和乳房皮肤发生水疱性疹。该病传播途径多、速度快,曾多次在世界范围内暴发流行,造成巨大经济损失。鉴于此,世界动物卫生组织(OIE)将其列为A类传染病之首,我国将其列为一类动物疫病。

(一)病毒特征

口蹄疫病毒(FMDV)属于小 RNA 病毒科(Picornaviridae)口疮病毒属(*ApHthovirus*),是偶蹄类动物高度传染性疾病(口蹄疫)的病原。其最大颗粒直径为23nm,最小颗粒直径为7~8nm,在病毒的中心为一条单链的正链 RNA,由大约8000个碱基组成,是感染和遗传的基础;周围包裹着的蛋白质决定了病毒的抗原性、免疫性和血清学反应能力;病毒外壳为对称的20面体。FMDV 的免疫是依赖 T 细胞的 B 细胞应答,疫苗接种主要诱导中和抗体的产生。

目前已知口蹄疫病毒在全世界有七个主型,包括 A、O、C、南非1、南非2、南非3和亚洲1型,以及65个以上亚型。O 型口蹄疫为全世界流行最广的一个血清型,我国流行的口蹄疫主要为 O、A、C 三型及 ZB 型(云南保山型)。据观察,一个地区的牛群经过有效的口蹄疫疫苗注射之后,1~2月内又会流行,这往往怀疑是另一型或亚型病毒所致。其实是因为该病毒易发生变异。

该病毒对外界环境的抵抗力很强,在冰冻情况下,血液及粪便中的病毒可存活120~170d。阳光直射下60min 即可杀死;加温至85℃15min、煮沸3min 即可死亡。对酸碱敏感,故1%~2%氢氧化钠、30%热草木灰、1%~2%甲醛等都是良好的消毒液。

(二)临床症状

该病潜伏期1~7d,平均2~4d 病牛精神沉郁,闭口,流涎,开口时有吸吮声,体温可升高到40~41℃。发病1~2d 后,病牛齿龈、舌面、唇内面可见到蚕豆到核桃大的水疱,涎液增多并呈白色泡沫状挂于嘴边。采食及反刍停止。水疱约经一昼夜破裂,形成溃疡,这时体温会逐渐降至正常。在口腔发生水疱的同时或稍后,趾间及蹄冠的柔软皮肤上也发生水疱,也会很快破溃,然后逐渐愈合。有时在乳头皮肤上也可见到水疱。本病一般呈良性经过,经1周左右即可自愈;若蹄部有病变则可延至2~3周或更久;死亡率1%~2%,这种病型叫良性口蹄疫。有些病牛在水疱愈合过程中,病情突然恶化,全身衰弱、肌肉发抖、心跳加快、节律不齐、食欲废绝、反刍停止,行走摇摆、站立不稳,往往因心脏麻痹而突然死亡,这种病型叫恶性口蹄疫,死亡率高达25%~50%。犊牛发病时往往看不到特征性水疱,主要表现为出血性胃肠炎和心肌炎,死亡率极高。

(三)病理变化

除口腔和蹄部病变外,还可见到食道和瘤胃黏膜有水疱和烂斑;胃肠有出血性炎症;肺呈浆液性浸润;心包内有大量混浊而黏稠的液体。恶性口蹄疫可在心肌切面上见到灰白色或淡黄色条纹与正常心肌相伴而行,如同虎皮状斑纹,俗称"虎斑心"。

（四）流行病学特征

牛尤其是犊牛对口蹄疫病毒最易感，骆驼、绵羊、山羊次之，猪也可感染发病。本病具有流行快、传播广、发病急、危害大等流行病学特点，疫区发病率可达50%～100%，犊牛死亡率较高，其他则较低。病畜和潜伏期动物是最危险的传染源。病畜的水疱液、乳汁、尿液、口涎、泪液和粪便中均含有病毒。该病入侵途径主要是消化道，也可经呼吸道传染。本病传播虽无明显的季节性，但春秋两季较多，尤其是春季。风和鸟类也是远距离传播的因素。

口蹄疫传染途径多、速度快。发病或处于潜伏期的动物是主要传染源。病毒可通过空气、灰尘，病畜的水疱、唾液、乳汁、粪便、尿液、精液等分泌物和排泄物，被污染的饲料、褥草以及接触过病畜的人员的衣物传播。口蹄疫通过空气传播时，病毒能随风散播到50～100km以外的地方。牛、羊、猪等高易感动物，感染发病率几乎为100%。一般来说，成年动物患口蹄疫的死亡率在5%～20%之间，幼畜的死亡率50%～80%。口蹄疫病毒血清类型多，易变异。已发现的口蹄疫病毒有A、O、C、SAT1、SAT2、SAT3和ASIA1 7个血清型。各型的抗原不同，不能相互免疫。

（五）预防及治疗

动物患口蹄疫会影响使役，减少产奶量，一般采用宰杀并销毁尸体进行处理，给畜牧业造成严重损失。国际兽疫局将口蹄疫列为"A类动物传染病名单"中的首位。世界上许多国家把口蹄疫列为最重要的动物检疫对象，中国把它列为"进境动物检疫一类传染病"。口蹄疫很少感染人类，但人类接触或摄入污染的畜产品后，口蹄疫病毒会通过受伤的皮肤和口腔黏膜侵入人体。人口蹄疫的特征是突然发热，口、咽、掌等部位出现大而清亮的水疱，无有效的治疗办法，这些症状经2～3周后可自然恢复，不留疤痕。因此，对人体健康的危害不大。

有效防治猪口蹄疫的措施为做好日常预防工作。减少猪口蹄疫发生的关键在于预防，主要应采取以下措施：

（1）消毒　消毒是日常预防工作的重点，选择口蹄疫敏感消毒剂，在多发季节要每天利用消毒剂进行1次消毒，其他时间段一个星期消毒1～2次。消毒范围包括猪场大门、猪圈门口、猪蹄等，最好在猪圈门口设置消毒池，便于消毒。

（2）口蹄疫接种　相关部门要加强猪口蹄疫疫苗接种宣传，并指导养殖户选择正确的接种疫苗。具体来说要做好以下三点：第一，对于疫区来说，可采取自制的康复血清对小猪接种，预防小猪因突发急性心肌炎而死亡。第二，对于规模化养殖场来说，要采取疫苗注射、消毒、病猪及时隔离等措施，特别是在高发季节。一旦发生口蹄疫，则要立即隔离病猪，并扑杀病情严重、传染性强的猪，并注射康复血清。第三，严格按照免疫程序执行。根据猪口蹄疫发病特点、病理、症状等制定合理的免疫程序并严格执行。一般来说种母猪1年要免疫2～3次，且配种前必须免疫1次；对于初产母猪来说，配种期间要免疫2次，且2次免疫间相隔1个月左右。对于小猪来说，在其出生55～65d之间，要进行第1次免疫，随后25～30d内进行第二次免疫。第四，选择高效、正确的疫苗。可采用合成肽疫苗，且接种疫苗时要辅以黄芪多糖，既可以保护猪，减少不良反应，而且可以提高免疫效果。

治疗对策：对症治疗，促进创口愈合。根据病猪不同临床表现采取针对性的治疗方法。对于临床症状无特异性、纳差的病猪来说，采取口蹄一针灵、黄芪多糖等治疗，治疗1天。且在饲料或水中适当添加维生素 C，补充营养。对于乳房、猪蹄水疱明显的病猪来说，采取黄芪多糖、阿莫西林及恩诺沙星联合治疗，1 次/d，治疗 3d。同时用碘甘油涂抹创口，高锰酸钾治疗口腔内溃疡等。对于康复期的病猪来说，要连续给予阿莫西林治疗7～10d。此外，口蹄疫发病期间，要用碘制剂、过氧乙酸等合理消毒，1 次/d。同时火碱冲洗空猪圈及病死猪圈，其他地方撒生石灰。年龄、体重不同，治疗方案不同。超过25kg 的猪只需消炎排毒，如采用阿莫西林。若疼痛难忍，则给予破痛宁治疗，缓解猪疼痛，使之能站立进食。若病猪出现口腔内溃疡症状，则要用高锰酸钾冲洗口腔。乳房等部位可涂抹青霉素软膏。不足 1kg 的猪可能存在急性心肌炎潜在威胁，为此要行康复血清紧急接种，降低死亡率。

若刚起水疱，水疱没有破裂，只需用口蹄一针灵注射一次，水疱即可干瘪消失。若口鼻、蹄子周围的水疱已破溃、流血，甚至蹄壳已脱落，需用口蹄一针灵注射两次，水疱破溃处可结痂。每瓶 100kg 体重配合核酸肽连续注射 2d。

发生口蹄疫的重疫区：

（1）尽早注射，越早越好，病毒控制在潜发期，提高猪群免疫力。

（2）已感染猪群注射两天，4～5d 结痂脱落后完全恢复正常，可解除隔离。

（3）对感染后恢复的弱仔群体，每天加强消毒，5d 后再注射一针，防止再次感染。

疫区净化：若发生口蹄疫，则要全面、及时地对整个疫区进行消毒、封锁、上报等工作，争取把疫情损失降到最低。

（六）实验室检测

口蹄疫诊断技术

依据标准：GB/T 18935—2018。

1. 定型酶联免疫吸附试验（定型 ELISA）

（1）器材　酶标仪、与 96 孔标板配套使用的旋转振荡器、恒温培养箱、洗板机或洗涤瓶、96 孔平底聚苯乙烯酶标板、"U"形 96 孔稀释板、微量可调移液器（$5\mu l$、$10\mu l$、$100\mu l$、$200\mu l$、$1000\mu l$ 等不同规格）、与移液器匹配的吸头、贮液槽、封板膜、吸水纸巾。

（2）试剂

1）捕获抗体　各型兔抗 FMDV146s 抗血清，由提纯的各型 FMDV146s 完整病毒粒子免疫兔子制备而成，用 pH9.6 的包被缓冲液将捕获抗体稀释至工作浓度。

2）检测抗体　各型豚鼠抗 FMDV146s 抗原抗血清，用与制备捕获抗体相同的FMDV146S 免疫豚鼠制备而成；或者是辣根过氧化物酶（HRP）标记的各型抗 FMDV 型特异性单克隆抗体，用酶标抗体稀释液稀释至工作浓度。

3）对照抗原　FMDV 灭活抗原。FMDV 于单层 BHK-21 细胞上繁殖，病毒培养液经二乙烯亚胺灭活后离心除去细胞碎片，上清液作为对照抗原，使用时用样品稀释液稀释至工作浓度。

4）包被缓冲液　碳酸盐缓冲液，$0.05mol/L$ Na_2CO_3-$NaHCO_3$，pH9.6。

5）样品稀释液　含 0.05%（体积分数）吐温-20 的 $0.01mol/L$ PBS，pH7.2～7.4，

配方见附录 B。

6）酶标抗体稀释液　按 5%（质量浓度）比例在样品稀释液中加入脱脂奶粉。

7）洗涤缓冲液　含 0.01%（体积分数）吐温-20 的 0.01mol/L PBS，配方见附录 A。

8）底物溶液　OPD 底物溶液，配方见附录 A；TMD 底物溶液，配方见附录 A。

9）终止液　1.25mol/L 硫酸，配方见附录 A；2mol/L 硫酸，配方见附录 A。

10）兔抗豚鼠 IgG HRP 标记物　用健康兔血清阻断，用酶标抗体稀释液释至工作浓度。

（3）试验程序

1）包被酶标板　将工作浓度的捕获抗体分别包被 ELISA 板第 1 至第 12 列（也可根据待检样品数量调整包被孔数），按 O、A、Asia1 型的顺序包被酶标板，每个血清型包被 1 列，每孔加 50μl，用封板膜封板，置于 4℃过夜（或38℃±0.5℃，100～200r/min 振荡孵育 2h）。

2）洗涤　每孔中加满洗涤缓冲液，放置 30s 后弃去，重复洗涤 6 次后在吸水纸上拍干酶标板。

3）加对照抗原和待检病原样品　ELISA 板第 1 列 A、B 两孔加 O 型抗原，第 2 列 A、B 两孔加 A 型抗原，第 3 列 A、B 两孔加 Asia1 型抗原，依此类推，其余孔加被检样品，每份样品每个血清型加 2 孔，每孔加 50μl，每型设 2 孔阴性对照，阴性对照孔每孔加 50μl 样品稀释液。用封板膜封板，置于 38℃±0.5℃旋转振荡器中振荡 60min。同 2）洗涤。

4）加豚鼠抗血清和兔抗豚鼠 IgG HRP 标记物或加各型抗 FMDV 型特异性单克隆抗体工作液。

将工作浓度的豚鼠抗 FMDV 各型抗血清逐个加入与包被兔抗 FMDV 抗血清同型的各孔，即包被兔抗 O 型 FMDV 抗血清的孔加豚鼠抗 O 型 FMDV 抗血清，包被兔抗 A 型 FMDV 抗血清的孔加豚鼠抗 A 型 FMDV 抗血清，依此类推，每孔加 50μl，封板后同前振荡孵育 60min，同 2）洗涤后加兔抗豚鼠 IgG HRP 标记物，每孔加 50μl，封板后同前振荡孵育 45min，同 2）洗涤。或者将工作浓度 HRP 标记的各型抗 FMDV 型特异性单克隆抗体加入包被同型兔抗血清的各孔和阴性对照孔，每孔加 50μl，封板后同前振荡孵育 60min，同 2）洗涤。

5）加底物溶液、终止液，判读结果　加豚鼠抗 FMDV 各型抗血清和兔抗豚鼠 IgG HRP 标记物时，洗涤板子后加入预热至 38℃±0.5℃的 OPD 底物溶液，每孔加 50μl，封板，避光 38℃±0.5℃振荡孵育 15min。每孔加 50μl 1.25mol/L 终止液，混匀后在酶标仪 492nm 下判读结果。加 HRP 标记的各型抗 FMDV 型特异性单克隆抗体时，洗涤板子后加入预热至 38℃±0.5℃的 TMD 底物溶液，每孔加 50μl，封板，避光 38℃±0.5℃振荡孵育 15min。每孔加 50μl 2mol/L 硫酸终止液，混匀后在酶标仪 450nm 下判读结果。

（4）试验成立条件

1）结果计算　相对 OD 值＝被检样品各血清型平均 OD 值－同型阴性对照（N）平均 OD 值。

2）某型阴性对照（N）平均 OD 值大于 0.20，试验不成立。

3）阳性对照 OD 值应大于或等于 0.6，阴性对照应小于或等于 0.20，试验成立。

（5）结果判定 在试验成立的前提下，如果样品各型的相对 OD 值小于或等于 0.20，则该样品为阴性；如果样品某型的相对 OD 值大于或等于 0.3，则判定该样品血清型阳性；如果样品某型的相对 OD 值大于 0.2 但小于 0.3，则判为可疑，需要重新测定，再次测定结果；若某型的相对 OD 值小于 0.30，则该样品为阴性；如果样品某型的相对 OD 值大于或等于 0.3，则判定该样品该型口蹄疫抗原阳性。

2. 多重反转录-聚合酶链式反应（多重 RT-PCR）

（1）器材

1）PCR 扩增仪。

2）台式低温高速离心机。

3）稳压稳流电泳仪和水平电泳槽。

4）凝胶成像仪（或紫外透射仪）。

5）微量可调移液器（5μl、10μl、100μl、200μl、1000μl 等不同规格）。

6）无核酸酶水处理的离心管与吸头。

7）PCR 扩增管。

（2）引物

1）上游引物 下列 3 条引物为上游引物：

① 5'-GACTCG ACGTCTCCCGCCAACT-3'。

② 5'-ACGACGGGGGCTTTTGCTTTCAC-3'。

③ 5'-CGGGAA ACGCACGAGCAGTATC-3'。

2）下游引物 下列 3 条引物为下游引物：

① 5'-TGCGGACGGCCACCTACTACTTC-3'。

② 5'-AGCTCCACGAAAAAGTGTCGAG-3'。

③ 5'-CGTGATGTGGCGAGAATGAAGAA-3'。

（3）试剂

1）总 RNA 提取试剂

① 变性液：6mol/L 异硫氰酸胍或 Trizolreagent。

② 2mol/L 乙酸钠（pH4.0）。

③ 酚氯仿抽提液：苯酚-三氯甲烷-异戊醇（25∶24∶1）混合液。

④ 异丙醇（分析纯）。

⑤ 无核酸酶水：可将焦碳酸二乙酯按 0.1%（质量浓度）的量加入双蒸馏水（ddH_2O）中制备。

⑥ 75%乙醇：无水乙醇（分析纯）与无核酸酶水按 3∶1 配制而成。

2）RT-PCR 试剂

① 10×一步 RNA PCR 缓冲液。

② 反转录酶（AMV），5U/μl。

③ 核糖核酸酶抑制剂（RNaseinhibitor），40U/μl。

④ AMV-Optimized Taq 酶，5U/μl。

⑤ dNTP 预混液，包括 dATP、dTTP、dCTP、dGTP，各 10mmol/L。

⑥ $MgCl_2$，25mmol/L。

常见动物疫病实验室检测汇编

3）电泳试剂

① 电泳缓冲液：50×TAE 贮存液，临用时加蒸馏水配成 1×TAE 缓冲液。

② 琼脂糖：国产或进口的低熔点琼脂糖。

③ 电泳加样缓冲液。

④ DNA Marker（标准分子量）：分子大小范围 100～1000bp，100bp 梯度。

（4）样品准备

1）本方法适用所有的 FMD 病原样品种类，包括水泡皮、水泡液、O-P 液、扁桃体、淋巴结、骨髓、肌肉、病毒接种乳鼠与细胞培养物等。

2）阳性对照：已知病毒材料，如 FMDV 感染的乳鼠或细胞，与待检样品同时提取总 RNA，再反转录和 PCR 扩增，其扩增产物作为电泳对照样品。

3）阴性对照：未感染的乳鼠或细胞，与待检样品同时提取总 RNA，再反转录和 PCR 扩增。

（5）试验程序

1）核酸提取　酚氯仿法抽提核酸

① 取待检样品、阴性对照、阳性对照各 300μl 分别置于 1.5ml 离心管中，每管加入 300μl 变性液，反复混匀，冰水浴 5min。

② 每管分别加入 60μl 2mol/L 乙酸钠（pH4.0），混匀。

③ 每管加 800μl 苯酚-三氯甲烷-异戊醇（25：24：1）混合液，冰水浴 5min。

④ 8000r/min 离心 10min。将上清液转入另一洁净离心管。

⑤ 加 800μl 异丙醇，混匀，室温放置 15min。

⑥ 4℃，12000r/min，离心 10min，小心倒掉上清液。尽量倒干液体，留下 RNA 沉淀。

⑦ 加 1000μl 75% 乙醇，颠倒洗涤沉淀，4℃，10000r/min 离心 5min，小心倒干液体，室温干燥 5～10min。

⑧ 每管加 10μl 无核酸酶水，用于溶解 RNA。总 RNA 提取液可立即用于 PCR 扩增，也可 -70℃冰箱保存备用。

2）核酸提取等效方法　可采用等效 RNA 提取试剂和方法，如采用自动化核酸提取仪和配套核酸抽提试剂进行核酸提取。

3）核酸扩增

① PCR 反应混合液配制：10×一步 RNA PCR 缓冲液 50μl，MgCl$_2$ 100μl，dNTPs50μl，上下游引物对各 30μl，无核酸酶水 110μl，在超净工作台中混匀，分装入 PCR 扩增管中，　20℃保存备用。

② 多重 RT-PCR 扩增：在已分装有 PCR 反应混合液的 PCR 扩增管中分别加入已制备好的总 RNA 提取液 5μl，盖紧管盖，放入扩增仪中按照设定程序扩增（50℃反转录 30min，94℃预变性 2min；然后 94℃变性 50s，58℃退火 50s，72℃延伸 60s，共进行 35 次循环；最后 72℃延伸 8min）。

4）扩增产物电泳检测

① 1.5% 琼脂糖凝胶板的制备：称取 1.5g 琼脂糖，加入 100ml 1×TAE 缓冲液中。加热融化后加 5μl（10mg/ml）溴化乙锭，混匀后倒入放置在水平台面上的凝胶盘中，胶板厚 5mm 左右。依据样品数选用适宜的梳子。待凝胶冷却凝固后拔出梳子（胶中形成加

样孔），放入电泳槽中，加 1×TAE 缓冲液淹没胶面。

② 加样：取 6～8μl PCR 扩增产物和 2μl 加样缓冲液混匀后加入一个加样孔。每次电泳同时设标准 DNA Marker、阴性对照、阳性对照。

③ 电泳：电压 80～100V 或电流 40～50mA，电泳 30～40min。

（6）试验成立条件　电泳结束后，取出凝胶板置凝胶成像仪（或紫外透射仪）上观察。阳性对照电泳结果应为三个条带，分别为 634bp、483bp 和 278bp，阴性对照应无扩增条带。

（7）结果判定　符合（6）的条件，被检样品至少扩增出一条 DNA 条带，且与阳性对照条带分子量大小相符，则该样品判定为 FMDV 核酸阳性。被检样品无扩增条带，判为 FMDV 核酸阴性。

3. 定型反转录-聚合酶链式反应（定型 RT-PCR）

（1）器材　同 2、（1）。

（2）引物　下列为下游引物和分别检测 FMDV7 个血清型的上游引物。

① 下游引物（通用）：5′-AGCTTGTACCAGGGTTTGGC-3′。

② 上游引物（O 型）：5′-GCTGCCYACYTCYTTCAA-3′。

③ 上游引物（A 型）：5′-GTCATTGACCTYATGCAVACYCAC-3′。

④ 上游引物（C 型）：5′-GTTTCTGCACTTGACAACACA-3′。

⑤ 上游引物（Asia1 型）：5′-GACACCACHCARRACCGCCG-3′。

⑥ 上游引物（SAT1 型）：5′-AGGATTGCHAGYGAGACVCACAT-3′。

⑦ 上游引物（SAT2 型）：5′-GGCGTYGARAAACARYTBTG-3′。

⑧ 上游引物（SAT3 型）：5′-TTCGGDAGAYTGTTGTGTG-3′。

其中，Y、R、H、V、D 为简并碱基，Y 对应 C/T，R 对应 A/G，H 对应 A/T/C，V 对应 G/A/C，D 对应 A/T/G。

（3）试剂　同 2、（3）。

（4）样品准备　同 2、（4）。

（5）试验程序

1）核酸提取　同 2、（5）、1）。

2）一步法 RT-PCR 扩增

① RT-PCR 反应体系配制，采用 25μl 反应体系，扩增体系配制如下：

10×一步 RNAPCR 缓冲液	2.5μl
MgCl$_2$（25mmol/L）	5μl
dNTP（各 10mmol/L）	2.5μl
RNase 酶抑制剂（40U/μl）	0.5μl
AMV（5U/μl）	0.5μl
AMV-OptimizedTaq（5U/μl）	0.5μl
下游通用引物（50pmol/μl）	0.5μl
上游特异性引物混合（各 50pmol/μl）	0.5μl
总 RNA 水溶液	12.5μl

② 扩增程序。将 PCR 扩增管盖紧管盖，放入扩增仪中按照设定程序扩增：50℃ 反转录 30min，94℃ 预变性 4min；然后 94℃ 变性 50s，58～60℃ 退火 40s，72℃ 延伸 40s，共

进行 30 次循环；最后 72℃ 延伸 8min。

3）扩增产物电泳检测 同 2、（5）、3）。

（6）试验成立条件 电泳结束后，取出凝胶板置于凝胶成像仪（或紫外透射仪）上观察。阳性对照扩增产物电泳结果应分别为 O 型 400bp，A 型 730bp，C 型 600bp，Asia1 型 300bp，SAT1 型 430bp，SAT2 型 260bp，SAT3 型 380bp，阴性对照应无扩增条带。

（7）结果判定 符合（6）的条件。样品扩增产物的 DNA 条带与某型阳性对照条带分子量大小一致，则该待检样品为某型 FMDV。如被检样品无扩增条带，则该样品为 FMDV 核酸阴性。

4. 液相阻断酶联免疫吸附试验（LPB-ELISA）

（1）器材 同 1、（1）。

（2）试剂 同 1、（2）。

（3）对照血清

1）阳性对照血清：用与制备兔抗 FMDV 抗血清抗原同源的 FMDV 灭活疫苗免疫正常牛制备的高免血清，预先测定其抗体效价。同待检血清一起作同样稀释。

2）阴性对照血清：阴性对照血清来自健康牛，各型口蹄疫 LB-ELISA 抗体效价均小于 1∶4。

（4）试验程序

1）ELISA 板每孔用 50μl pH9.6 碳酸盐/碳酸氢盐缓冲液稀释的兔抗血清包被，封板膜封板，置室温过夜。

2）洗涤：每孔中加满洗涤缓冲液，放置 30s 后弃去，重复洗涤 6 次后在吸水纸巾上拍干酶标板。

3）在 U 形 96 孔稀释板内，按 50μl/孔的量用样品稀释液将待检血清从 1∶4 开始做 2 倍连续稀释，每份待检血清都做 2 个重复，然后向每孔内加入相应的 50μl 同型病毒抗原，封板混合后置 4℃过夜或 37℃孵育 1h。加入病毒抗原后血清的实际稀释度变为从 1∶8 开始的 2 倍连续稀释度。

4）用洗涤缓冲液洗 ELISA 板 6 次，将各孔血清/抗原混合物从稀释板转移至兔抗血清包被的 ELISA 板中，每孔 50μl，封板，37℃ 孵育 1h。

5）洗 ELISA 板 6 次，将与试验抗原同源的豚鼠抗血清用样品稀释液稀释至预定的最佳工作浓度，每孔 50μl，封板，37℃孵育 1h。

6）洗 ELISA 板 6 次，每孔加 50μl 用酶标抗体稀释液稀释的兔抗豚鼠 IgG 辣根过氧化物酶结合物，封板，37℃孵育 1h。

7）洗 ELISA 板 6 次，每孔加 50μl TMB 底物溶液。37℃温育 15min 后每孔再加 50μl 1.25mol/L 硫酸终止反应，混匀后在酶标仪 450nm 下判读结果。

8）对照设立：每次试验，每块板设 8 孔连续 2 倍稀释的阳性血清对照，2 孔连续 2 倍稀释的阴性血清对照，设 4 孔抗原对照，抗原对照不加血清稀释液。

（5）试验成立条件 病毒抗原对照至少两孔 OD$_{450nm}$ 值应在 1.0～2.0 范围内；阳性血清对照抗体滴度应在（1∶512）～（1∶2048）之间；阴性血清对照抗体滴度应小于 1∶4。

（6）结果判定

1）以病毒抗原对照 OD_{450nm} 平均值的 1/2 为临界值，被检血清稀释孔 OD_{450nm} 值大于临界值为阴性孔，小于或等于临界值为阳性孔。抗体滴度以 50% 终点滴度表示，即该稀释度 50% 孔的抑制率大于抗原对照孔抑制率的 50%。

2）被检血清抗体滴度大于或等于 1∶128 判为阳性。被检血清抗体滴度小于 1∶64 判为阴性。被检血清抗体滴度大于或等于 1∶64 并小于 1∶128 判为可疑，可疑样品经再次测定后，如果有一个滴度为 1∶64 或更高可判为阳性。

附录 A
（规范性附录）

酶联免疫吸附试验用溶液的配制

A.1　包被缓冲液：碳酸盐缓冲液（0.05mol/L Na_2CO_3-$NaHCO_3$，pH9.6）

A 液：Na_2CO_3	1.68g
蒸馏水	400ml
B 液：$NaHCO_3$	2.86g
蒸馏水	200ml

将 400ml A 液与 150ml B 液混合，调整 pH 至 9.6，4℃放置 1 个月有效。

A.2　样品稀释液［含 0.05%（体积分数）吐温-20 的 0.01mol/L PBS，pH7.2～7.4］。

$Na_2HPO_4 \cdot 12H_2O$	0.30g
KH_2PO_4	0.02g
NaCl	0.80g
KCl	0.02g
吐温-20	0.05ml

加蒸馏水至 100ml。

A.3　定型 ELISA、液相阻断 ELISA、固相竞争 ELISA 洗涤缓冲液（0.002mol/L PBS，pH7.4±0.2）

$Na_2HPO_4 \cdot H_2O$	0.60g
KH_2PO_4	0.04g
NaCl	1.60g
KCl	0.04g

加蒸馏水至 1000ml。

A.4　底物溶液

A.4.1　OPD 底物溶液

$Na_2HPO_4 \cdot 12H_2O$	1.84g
柠檬酸（$C_6H_8O_7$，分析纯）	0.52g
邻苯二胺（OPD）	0.05g

加去离子水 100ml。

分装成 3ml/瓶，—20℃ 避光保存。使用前避光融化，每 3 ml 上述溶液加 15μl 3%

双氧水（H_2O_2）。

A. 4. 2　TMD 底物溶液

A 液：TMB（3,3′,5,5′-Tetramethylbenzidine）　　　　　200mg

无水乙醇　　　　　　　　　　　　　　　　　　　　　　100ml

蒸馏水加至 1000ml。

B 液：磷酸氢二钠（Na_2HPO_4，分析纯）　　　　　　　71.7g

柠檬酸（$C_6H_8O_7$，分析纯）　　　　　　　　　　　　9.33g

0.75% 过氧化氢尿素　　　　　　　　　　　　　　　　　6.4ml

加蒸馏水至 1000ml，调整 pH 至 5.0～5.4。

将底物溶液 A 和底物溶液 B 按 1∶1 混合，现配现用。

A. 5　终止液

A. 5. 1　1.25mol/L 硫酸

取 68ml 分析纯浓硫酸缓慢加入 932ml 去离子水中，分装室温保存。

A. 5. 2　2mol/L 硫酸

116ml 分析纯浓硫酸缓慢加入 884ml 去离子水中，分装室温保存。

A. 5. 3　0.3mol/L 硫酸

16.6ml 分析纯浓硫酸缓慢加入 983.4ml 去离子水中，分装室温保存。

二、小反刍兽疫

　　小反刍兽疫俗称羊瘟，又名小反刍兽假性牛瘟、口炎肺肠炎复合症，是由小反刍兽疫病毒引起的一种急性病毒性传染病，主要感染小反刍动物，以发热、口炎、腹泻、肺炎为特征。

　　1942 年本病首次在象牙海岸发生，其后，非洲的塞内加尔、加纳、多哥、贝宁等有本病报道，尼日利亚的绵羊和山羊中也发生了本病，并造成了重大损失。亚洲的一些国家也报道了本病，根据国际兽疫局（OIE）1993 年《世界动物卫生》报道，孟加拉国的山羊有本病发生，印度安德拉邦和马哈拉施特拉邦的部分地区绵羊中发生了类似牛瘟的疾病，最后确诊为小反刍兽疫，此后，泰米尔纳德邦也有受到感染报道。1993 年，以色列第一次报道有小反刍兽疫发生，传染来源不明，为防止本病传播，以色列对其北部地区的绵羊和山羊接种了牛瘟疫苗。1992 年，约旦的绵羊和山羊中发现了本病特异性抗体，1993 年，有 11 个农场出现临诊病例，100 多只绵羊和山羊死亡。1993 年，沙特阿拉伯首次发现 133 个病例。

（一）病毒特征

　　小反刍兽疫病毒属副黏病毒科麻疹病毒属，与牛瘟病毒有相似的物理化学及免疫学特性。病毒呈多形性，通常为粗糙的球形。病毒颗粒较牛瘟病毒大，核衣壳为螺旋中空杆状并有特征性的亚单位，有囊膜。病毒可在胎绵羊肾、胎羊及新生羊的睾丸细胞、Vero 细胞上增殖，并产生细胞病变（CPE），形成合胞体。

　　PPRV 同属的还有海豚麻疹病毒、犬瘟热病毒、鼠海豹麻疹病毒、牛瘟病毒和麻疹病毒，PPRV 只有一个血清型。PPRV 基因组为单股负链 RNA，大小为 15948nt，基因组 3′

末端为基因组启动子区，5'末端为反向基因组启动子区，6个基因排列顺序为3'-N-P-M-F-HL-5'，依次编码的6个结构蛋白为核衣壳蛋白（N）、磷蛋白（P）、基质蛋白（M）、融合蛋白（F）、血凝蛋白（H）和大蛋白（L），P基因还编码两个非结构蛋白C和V。

N蛋白通过自我组装形成核衣壳粒子，与P蛋白和L蛋白协同作用调控病毒RNA转录和复制。N蛋白还是保守性较强的免疫源性蛋白，当病毒感染时可以引起强烈的抗体反应。此外，N蛋白上含有T细胞表位，在细胞免疫方面发挥着重要作用。

根据N或F基因片段核苷酸序列，均可进行系统进化分析，结果显示PPRV分为4个基因系，Ⅰ系和Ⅱ系分布于西非，Ⅲ系病毒流行于东非、阿拉伯半岛（阿曼和也门）及印度南部，Ⅳ系仅见于中东、阿拉伯和印度次大陆。比较两种分别基于N和F基因部分序列的系统进化分析方法，N基因系统进化分析能更加有力地根据地理来源进行毒株的聚类，分析结果体现了小反刍兽疫病毒在全球自西向东（从西非到亚洲）的传播，并在4个区域分别进行独立的演变。而F基因系统进化分析更多地反映出病毒以时间为轴线的演变过程，从而为病毒在不同地理区域之间的传播途径提供线索。更具体的结果依赖于更多N或F基因全序列的报道。

（二）临床症状

由于动物品种、年龄差异以及气候和饲养管理条件不同而出现的敏感性不一样，临诊症状表现有以下几个类型。

最急性型：常见于山羊。在平均2d的潜伏期后，出现高烧（40～42℃），精神沉郁，感觉迟钝，不食，毛竖立。同时出现流泪及浆液性、黏性鼻涕。口腔黏膜出现溃烂（图1-56），或在出现之前即死亡。但常见齿充血，体温下降，突然死亡。整个病程5～6d。

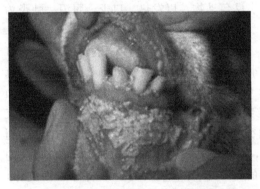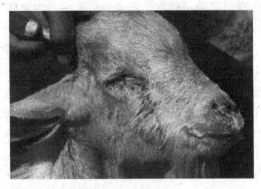

图1-56 病羊流泪及浆液、黏性鼻涕，口腔黏膜出现溃烂

急性型：潜伏期为3～4d，症状和最急性型一样，但病程较长。自然发病多见于山羊和绵羊，患病动物发病急剧，高热41℃以上，稽留3～5d，初期精神沉郁，食欲减退，鼻镜干燥，口、鼻腔流黏液脓性分泌物，并很快堵塞鼻孔，呼出恶臭气体。口腔黏膜和齿龈充血，进一步发展为颊黏膜出现广泛性损害，导致涎液大量分泌排出；从发病第5天起，黏膜出现溃疡性病灶，感染部位包括下唇、下齿龈等处，严重病例可见坏死病灶波及齿龈、颊部及其乳头、舌等处。舌被覆一层微白色浆性恶臭的浮膜，当向外牵引时，即露出鲜红和很易出血的黏膜。后期常出现带血的水样腹泻，病羊严重脱水、消瘦，并常有咳嗽、胸部啰音以及腹式呼吸的表现。死前体温下降。幼年动物发病严重，发病率和病死率都很高。母畜常发生外阴-阴道炎，伴有黏液脓性分泌物，孕畜可发生流产。病程8~10d，有的因继发感染而死亡，有的痊愈，也有的转为慢性型。

亚急性或慢性型：病程延长至10~15d，常见于急性期之后。早期的症状和上述急性型的相同。口腔和鼻孔周围以及下颌部发生结节和脓疱是本型晚期的特有症状，易与传染性脓疱混同。

（三）病理变化

尸体病变与牛瘟相似。PPR最特殊的病变是结膜炎、坏死性口炎等肉眼病变，严重病例可蔓延到咽喉部。开始为白色点状的小坏死灶，直径数毫米。待数目增多即汇合成片，形成底面红色的糜烂区，上覆以脱落的上皮碎片。在舌面、齿龈、上颚部位的溃疡很快被覆一层由浆液性渗出和脱落碎屑以及多核白细胞混合构成的黄白色浮膜。若无细菌性并发感染，这些病变很快痊愈。

在咽喉和食道经常有条状糜烂（每条长10余毫米，宽2~3mm）。鼻甲、喉、气管等处有出血斑。肺尖叶或心叶末端可见肺炎灶或支气管肺炎灶。瘤胃、网胃、瓣胃很少出现病变，皱胃则常出现糜烂病灶，其创面出血呈红色。肠道有糜烂或出血变化，特别在结肠和直肠接合处常常能发现特征性的线状出血或斑马样条纹。淋巴结肿大，脾有坏死性病变。慢性型口鼻周围和下颌部出现结节，直径5~20mm，表面粗糙黄灰色。这些病变在3周后逐渐痊愈。

（四）流行病学特征

易感动物：自然发病主要见于山羊、绵羊、羚羊、美国白尾鹿等小反刍动物，但山羊发病时比较严重，常呈最急性型，很快死亡。绵羊次之，一般呈亚急性经过而后痊愈，或不呈现病状。牛、猪等呈隐性感染，通常为亚临诊经过。2~18个月的幼年动物比成年动物易感，而哺乳幼畜抵抗力相当强。

人工感染时，绵羊、山羊和牛的反应与自然感染时的反应相同，只是注射比接触感染的潜伏期较短；猪被注射后可见抗体升高，而不见其他任何症状，猪和病山羊接触也不出现血清学反应，而且易感山羊也不被注射病毒的猪所感染。因而应认为猪在此病的流行病学上不起任何作用。

传染源：该病的传染源主要为患病动物和隐性感染者，处于亚临诊状态的羊尤为危险。病畜的分泌物和排泄物均含有大量病毒。

传播途径：本病通过直接接触患病动物和隐性感染者的分泌物和排泄物而传染，也可通过呼吸道飞沫传播。尚无间接感染病例的报告。

流行因素及形式：本病的流行无明显的季节性。在首次暴发时易感动物群的发病率可达100%，严重时致死率为100%；中度暴发时致死率达50%。但在老疫区，常为零星发生，只有在易感动物增加时才可发生流行。幼年动物发病严重，发病率和病死率都很高。

（五）预防及治疗

对本病尚无有效的治疗方法，发病初使用抗生素和磺胺类药物可对症治疗和预防继发感染。在本病的洁净国家和地区发现病例，应严密封锁，扑杀患羊，隔离消毒。对本病的防控主要靠疫苗免疫。

（1）牛瘟弱毒疫苗，因为本病毒与牛瘟病毒的抗原具有相关性，可用牛瘟病毒弱毒疫苗来免疫绵羊和山羊进行小反刍兽疫病的预防。牛瘟弱毒疫苗免疫后产生的抗牛瘟病毒抗体能够抵抗小反刍兽疫病毒的攻击，具有良好的免疫保护效果。

（2）小反刍兽疫病毒弱毒苗　毒常见的弱毒疫苗为 Nigeria7511 弱毒疫苗和 Sungri/96 弱毒疫苗。该疫苗无任何副作用，能交叉保护其各个群毒株的攻击感染，但其热稳定性差。

（3）小反刍兽疫病毒灭活疫苗　本疫苗系采用感染山羊的病理组织制备，一般采用甲醛或氯仿灭活。实践证明甲醛灭活的疫苗效果不理想，而用氯仿灭活制备的疫苗效果较好。

（4）重组亚单位疫苗　麻疹病毒属的表面糖蛋白具有良好的免疫原性。无论是使用 H 蛋白或 N 蛋白都作为亚单位疫苗，均能刺激机体产生体液和细胞介导的免疫应答，产生的抗体能中和小反刍兽疫病毒和牛瘟病毒。

（5）嵌合体疫苗　嵌合体疫苗是用小反刍兽疫病毒的糖蛋白基因替代牛瘟病毒表面相应的糖蛋白基因。这种疫苗对小反刍兽疫病毒具有良好的免疫原性，但在免疫动物血清中不产生牛瘟病毒糖蛋白抗体。

（6）活载体疫苗　将小反刍兽疫病毒的 F 基因插入羊痘病毒的 TK 基因编码区，构建了重组羊痘病毒疫苗。重组疫苗既可抵抗小反刍兽疫病毒强毒的攻击，又能预防羊痘病毒的感染。

（六）实验室检测

小反刍兽疫诊断技术

依据标准：GB/T 27982—2011。

1. 实验室诊断

（1）样品采集与运输

1）样品的采条

① 每个发病羊群最少选 5 只病羊采集样品。

② 选择处于发热期（体温 40~41℃）、排出水样眼分泌物、出现口腔溃疡、无腹泻症状的活畜采集样品。采集结膜棉拭子 2 个、鼻黏膜棉拭子 2 个、颊部黏膜棉拭子 1 个，分别放在 300μl 灭菌的 0.01 mol/L pH7.4 盐酸缓冲液（PBS）中。无菌采集血液 10ml，用常规方法分离血清。

③ 选择刚被扑杀或者死亡时间不超过 24h 的病畜采集组织样品。无菌采集肠系膜和支气管淋巴结各 3~4 个，脾、胸腺、肠黏膜和肺等组织各 25~50g，分别置于 50ml 离心管中。

④ 肉制品取 25~50g，置于 50ml 离心管中。

2）样品的运输与储存

① 样品采集后，置冰上冷藏送至实验室检测。

② 血清储存应置于 -20℃ 冰箱。

③ 棉拭子、病料组织和肉制品储存应置于 -70℃ 冰箱。

（2）器械与设备　5% 二氧化碳培养箱，DNA 热循环仪，低温高速离心机，电泳仪和电泳槽，凝胶成像系统或者紫外检测仪，实时荧光定量 PCR 仪，96 孔高吸附性酶标板，洗瓶或者洗板机，恒温箱，酶标仪。

（3）病分离与基定

1）试验材料　非洲绿猴（Vero）细胞，pH7.4 磷酸盐冲液（PBS）（见附录 A），细胞培养液（见附录 A），细胞培养瓶。

2）样品处理　棉拭子充分捻动，挤干后弃去拭子，加入青霉素至终浓度 200IU/ml，加入链霉素至终浓度 200μg/ml，37℃作用 1h，3000g 离心 10min，取上清液 300μl 作为接种材料。

用灭菌的剪刀、镊子取大约 0.5g 组织样品或肉制品，置于研钵中，剪碎，充分研磨，加入 5ml 0.01mol/L pH7.4 磷酸盐缓冲液（含青霉素 200IU/ml，链霉素 200μg/ml），制成 1：10 悬液。37℃作用 1h。3000g 离心 10min，取上清液 5ml 作为接种材料。

不能立即接种者，应将上清放−70℃保存。

3）样品接种　取样品上清液接种已长成单层的 Vero 细胞，37℃恒温箱中吸附 2h，加入细胞培养液，置 5％二氧化碳培养箱 37℃培养。

4）观察结果　接种后 5d 内，细胞应出现细胞病变效应，表现为细胞融合、形成多核体。如接种 5～6d 后不出现细胞病变，应将细胞培养物盲传三代。

5）病毒的鉴定　将出现细胞病变的细胞培养物，按"（4）RT-PCR 方法"和"（5）荧光定量 RT-PCR 反应"做进一步鉴定。

6）结果判定　样品出现细胞病变，而且 RT-PCR 方法或实时荧光 RT-PCR 方法鉴定结果阳性，则判为小反刍兽疫病毒分离阳性，表述为检出小反刍兽疫病毒。否则，表述为未检出小反刍兽疫病毒。

（4）RT-PCR 方法

1）试剂与材料　除另有规定外，试剂为分析或生化试剂。实验用水符合 GB/T 6682 的要求。

TRIzol 试剂，三氯甲烷，异丙醇，无水乙醇，DEPC 处理过的水（见附录 B），反转录酶/Taq DNA 聚合酶混合液，2×一步法 RT-PCR 反应缓冲液，1.5％的琼脂糖凝胶（见附录 B），0.5×TBE 缓冲液（见附录 B），溴化乙锭。

可以采用引物 NP3/NP4 用于小反刍兽疫病核酸的检测，引物的靶基因、位置、序列和扩增产物的大小见表 1-16。

表 1-16　用于小反刍兽疫病 RT-PCR 检测的引物

引物	目的	靶基因	序列 5'-3'	产物
NP3	正向引物	N 基因	TCTCGGAAATCGCCTCACAGACTG	351bp
NP4	反向引物	N 基因	CCTCCTCCTGGTCCTCCAGAATCT	

2）样品处理　将棉拭子充分捻动，挤干后弃去拭子，取 100L 样品液至一新的离心管中，加入 1ml TRIZOL 试剂，振荡混匀，进行 RNA 提取。

取大约 100mg 组织样品，剪碎后，加入 1ml TRIzol 试剂充分匀浆后转移至 1.5ml 离心管中，进行 RNA 提取。

3）RNA 提取　经 IRIzol 处理的样品液 12000r/min，4℃离心 10min，取上清，静置 5min。加 200L 三氯甲烷，振荡混匀 15s，静置 2～3min，12000r/min，4℃离心 15min，

取 400μl 上层水相到新的离心管中，加 400μl 的异丙醇，混匀，静置 10min，12000r/min，4℃离心 10min，去上清。加入 75％乙醇 1ml，混匀，12000r/min，4℃离心 5min，去上清。再加入 75％乙醇 1ml，混匀，12000r/min，4℃离心 5min，去上清，干燥 RNA 沉淀后加入 100μl DEPC 处理过的水溶解，立即进行 RT-PCR 反应。或－70℃保存。

4）RT-PCR 反应　反应体系为 25μl，依次加入以下成分：12.5μl 2×一步法 RT-PCR 反应缓冲液，1μl 正向引物 NP3（10μmol/L），1μl 反向引物 NP4（10μmol/L），1μl 反转录/Tag DNA 合混合液，4.5μl DEPC 处理过的水，5μl RNA 模板。

每次进行 RT-PCR 反应时均设标准阳性、阴性及空白对照。标准阳性用阳性对照 RNA 作为模板，标准阴性用 Vero 细胞 RNA 作为模板，空白对照用 DEPC 处理过的水作为模板。

RT-PCR 反应条件为：50℃反转录 30min；94℃，2min 进行 Taq 酶的激活；94℃、30s，55℃、30s，72℃、30s，共 35 次循环；72℃延伸 7min。

5）PCR 产物的电泳　取 PCR 产物 5L 在 1.5％琼糖胶中进行电泳，胶成像系统中观察结果。

6）质控标准　小反刍兽疫病毒 RT-PCR 标准阳性对照有大小为 351bp 的特异性阳性扩增条带，标准阴性对照和空白对照无任何扩增条带，说明质控合格。

7）结果判定　样品有大小为 351bp 的特异性阳性扩增条带判为 RT-PCR 结果阳性，表述为检出小反刍兽疫病毒。

样品无特异性的阳性扩增条带判为 RT-PCR 结果阴性，表述为未检出小反刍兽病毒。

（5）荧光定量 RT-PCR 反应

1）试验材料　TRIzol 试剂，三氯甲烷，异丙醇，无水乙醇，DEPC 处理过的水（见附录 B）、2×一步法荧光 RT-PCR 反应缓冲液，Taq DNA 聚合酶，反转录酶，参比荧光 ROXⅡ。

引物和探针：引物和探针针对小反刍兽疫病毒 N 基因保守序列区段设计，引物和探针的位置和序列见表 1-17。

表 1-17　用于小反刍兽疫实时荧光定量 RT-PCR 检测的引物和探针

引物	目的	位置	序列
PPRN8A	正向引物	1213-1233	CACAGCAGAGGAAGCCAAACT
PPRN9B	反向引物	1327-1307	TGTTTTGTGCTGGAGGAAGGA
PPRN10P	探针	1237-1258	FAM-5′-CTCGGAAATCGCCTCGCAGGCT-3′-TAMRA

2）RNA 提取　同（4）、3）。

3）荧光定量 RT-PCR 反应　反应体系为 25μl，依次加入以下成分：12.5μl 2×1 step buffer，1μl 正向引物 PPRN8a（10μmol/L），1μl 反向引物 PPRN9b（10μmol/L），0.5pl 探针 PRN10p（10μmol/L），0.5μl TaqDNA 聚合酶，0.5μl 反转录酶，0.5μl 参比荧光 ROX，3.5μl DEPC 处理过的水，5μl RNA 模板。每次进行荧光定量 RT-PCR 时均设标准阳性、阴性及空白对照。标准阳性用阳性对照 RNA 作为模板，标准阴性用 Vero 细胞 RNA 作为模板，空白对照用 DEPC 处理过的水作为模板。

荧光定量 RT-PCR 反应条件为：42℃反转录 30min；95℃，10min 进行 Taq 酶的激活；95℃、15s，60℃、1min，共 50 次循环；每个循环在 60℃、1min 时收集荧光

信号。

4）质控标准 读取每个样品的 C_t 值。

标准阳性对照样品有特异性扩增曲线而且 C_t 值≤30，标准阴性对照和空白对照无特异性扩增曲线，说明质控合格。

5）结果判定 样品有特异性扩增曲线而且 C_t 值≤40 判为实时荧光 RT-PCR 扩增阳性，表述为检出小反刍兽疫病毒核酸。

样品 C_t 值＞40 或者无特异性扩增曲线判为实时荧光 RT-PCR 扩增阴性，表述为未检出小反刍兽疫病毒核酸。

（6）竞争 ELISA 方法

1）试验材料 包被用抗原 PPRV 疫苗株重组 N 蛋白。对照血清：强阳性血清、弱阳性血清、阴性血清。单克隆抗体：小反刍兽疫病毒 N 蛋白的单克隆抗体。结合物：辣根过氧化物标记的山羊抗小鼠血清。封闭缓冲液、洗涤缓冲液、底物溶液及终止液，配制方法见附录 C。

2）抗原包被 PPRV 重组 N 蛋白用包被缓冲液 1：3500 倍稀释后，每孔 50μl 包被96 孔酶标板，37℃置湿盒吸附 1h，用洗涤缓冲液洗板 4 次。

3）血清加样步骤 每孔加入 45μl 封闭缓冲液。每份待检血清做 2 孔，每孔加入 5μl待检血清。设强阳性血清对照孔（C++）4 个，每孔加入 5μl 强阳性血清，设弱阳性血清对照孔（C+）4 个，每孔加入 5μl 弱阳性血清，设阴性血清对照孔（C-）2 个，每孔加入 5μl 阴性血清，设单抗对照孔（Cm）4 个，每孔加入 5μl 封闭缓冲液，设酶结合物对照孔（Cc）2 个，每孔加入 55μl 封闭缓冲液。

4）单克隆抗体的加入 除结合物对照孔外，每孔加入 50μl 工作浓度的单抗，37℃置湿盒作用 1h，用洗涤缓冲液洗板 4 次。

5）酶结合物的加入 每孔加入 50μl 工作浓度的酶结合物，37℃置湿盒作用 1h，洗涤缓冲液洗板 4 次。

6）显色与终止 每孔加入 50μl 底物溶液，37℃避光反应 10min，每孔加入 50μl 终止液。

7）读值 酶标仪预热 15min，读取每孔 492nm 波长的吸光度值（OD 值）。

8）计算抑制率 按照式（1-9）计算每孔（包括对照孔）的抑制率，并计算每份样品的平均抑制率。

$$PI = 100 - (ODr \div ODc) \times 100 \tag{1-9}$$

式中 PI——抑制率；

ODr——试验孔或对照孔 OD 值；

ODc——单抗对照孔 OD 平均值。

9）质控标准 结果在质控标准（见表 1-18）范围内，则试验成立。

表 1-18 小反刍兽疫竞争 ELSA 检测方法质控标准

项目	最大值	最小值
Cm 孔的 OD 值	1.500	0.500
Cc 孔抑制率	+105	+95
Cm 孔抑制率	+20	-19

项目	最大值	最小值
C++孔抑制率	90	81
C+孔抑制率	80	51
C-孔抑制率	30	5

10）结果判定　平均抑制率（PI）＞80，判为强阳性；50＜平均抑制率（PI）≤80，判为弱阳性，表述为小反刍兽疫血清学阳性。平均抑制率（PI）≤50，判为阴性，表述为小反刍兽疫抗体血清学阴性。

2. 综合判定

凡具有 1、（3）、6），1、（4）、7），1、（5）、5），1、（6）、10）中任何一项阳性者，均判为小反刍兽疫阳性。

附录 A
（规范性附录）

病毒分离鉴定溶液的配制

A.1　pH7.4 磷酸盐缓冲液（PBS）

NaCl　8.00g
KCl　0.20g
$Na_2HPO_4 \cdot 2H_2O$　1.44g
KH_2PO_4　0.24g

用 HCl 调节溶液的 pH 值至 7.4，加去离子水至 1000ml，在 1.034×10^5 Pa 高压下蒸汽灭菌 20min。保存于室温。PBS 一经使用，于 4℃ 保存不超过 3 周。

A.2　高糖型 DMEM 培养液

高糖型 DMEM　13.37g
碳酸氢钠　3.7g
超纯水　1000ml

充分溶解后，0.22μm 微孔滤圆过滤除菌。4℃ 保存。

A.3　细胞培养液

高糖型 DMEM 培养液　950ml
胎牛血清　50ml

加入青霉素至终浓度 200IU/ml、链霉素至终浓度 200μg/ml、两性霉素 B 至终浓度 2.5μg/ml，充分混匀。4℃ 保存。

附录 B
（规范性附录）

反转录-聚合酶链反应溶液的配制

B.1　DEPC 处理过的水

DEPC　1ml

去离子水	1000ml

充分混匀，将瓶盖拧松后置于37℃放置过夜，高压灭菌。

B.2　5×TBE缓冲液

Tris碱	54g
硼酸	27.5g
0.5mol/L EDTA	20ml

加去离子水调整体积至1000ml。

B.3　0.5×TBE缓冲液

取100ml 5×TBE缓冲液，加去离子水调整体积至1000ml。

B.4　1.5%的琼脂糖凝胶

琼脂糖	0.75g
0.5×TBE缓冲液	50ml
溴化乙锭溶液（10mg/ml）	2.5μl

称取0.75g琼脂糖，置于200ml锥形瓶中，加入50ml 0.5×TBE缓冲液，加热溶解，冷却至50~60℃时加入2.5L溴化乙锭溶液，倒入胶槽内自然凝固。

附录C
（规范性附录）
竞争联免疫吸附试验溶液的配制

C.1　包被缓冲液——0.05mol/L pH9.6碳酸盐/重碳酸盐缓冲液

Na_2CO_3	0.318g
$NaHCO_3$	0.588g
去离子水	200ml

用0.22μm膜过滤除菌，室温保存备用。

C.2　洗涤缓冲液——pH7.4 PBST（0.05%吐温-20）

吐温-20	0.5ml
pH7.4 PBS	1000ml

C.3　封闭缓冲液（含3%BSA的pH7.4 PBS）

BSA	30g
pH7.4 PBS	1000ml

封闭液要临用前配制。

C.4　底物溶液

C.4.1　A液

Na_2HPO_4	3.682g
柠檬酸	1.021g
过氧化氢尿素	0.06g
去离子水	100ml

临用前配制，避光4~8℃保存。

C.4.2　B液

柠檬酸	1.05g

EDTA　　　　　　　　　　　　　　14.6mg

TMB(3,3′-二氨基联苯胺)　　　　　25.0mg

去离子水用 0.45μm 滤膜过滤，临用前配制，避光 4℃保存。

C.4.3　用法

使用时，将 A 液、B 液按 1∶1 的比例混合。

C.5　终止液

浓硫酸　　　　　　　　　　　　　16.5ml

去离子水　　　　　　　　　　　　87.5ml

将浓硫酸缓缓加入蒸馏水中，混匀。

三、牛病毒性腹泻

　　牛病毒性腹泻（黏膜病）是由牛病毒性腹泻病毒（Bovine Viral Diarrhea Virus，BVDV，属于黄病毒科瘟病毒属）引起的传染病，各种年龄的牛都易感染，以幼龄牛易感性最高。病毒可感染牛、羊、猪等多种家畜，尤以牛为主。感染牛可表现为多种临床症状，如肺炎、腹泻、流产、出血性综合征、急性感染及持续性感染等。该病分布广泛，世界上大多数养牛国家都存在，给养牛业造成了巨大的经济损失。我国自 20 世纪 80 年代初由国外引进的绵羊、奶牛和冻精中分离出该病毒。近年来，因大批地从外国引进种牛，使许多地区传入本病。因此，必须给予足够的重视。

（一）病毒特征

　　BVDV 为黄病毒科、瘟病毒属。是一种单股 RNA、有囊膜的病毒。新鲜病料作超薄切片进行负染后，电镜下观察可见病毒颗粒呈球形，直径 24～30nm。病毒在牛肾细胞培养中，有三种大小不一的颗粒，最大的一类直径 80～100nm，有囊膜，呈多形性，最小的一类直径只有 15～20nm。

　　病毒对乙醚和氯仿等有机溶剂敏感，并能被灭活，病毒悬液经胰酶处理后（0.5mg/ml，37℃下 60min）致病力明显减弱，pH5.7～9.3 时病毒相对稳定，超出这一范围，病毒感染力迅速下降。病毒粒子在蔗糖密度梯度中的浮密度为 1.13～1.14g/ml；病毒粒子的沉降系数是 80～90S。

　　病毒在低温下稳定，真空冻干后在 -70～-60℃下可保存多年。病毒在 56℃下可被灭活，氯化镁不起保护作用。病毒可被紫外线灭活，但可经受多次冻融。

　　BVDV 的分离株之间有一定的抗原性差异，但是用常规血清学方法区分病毒分离物之间的差异是非常困难的，一般认为一种 BVDV 产生的抗体能抵抗其他毒株的攻击。BVDV 可在胎牛的肾、睾丸、脾、气管、鼻甲骨等牛源性细胞上生长，并且对胎牛睾丸细胞和肾细胞最敏感，做病毒分离时最好采用这两种细胞。BVDV 也能在牛肾继代细胞（MDBK）上生长良好，因取用方便，所以常用 MDBK 和牛鼻甲骨细胞进行诊断实验和制造疫苗。病毒不能在鸡胚上繁殖。

（二）临床症状

　　本病自然感染的潜伏期为 7～10d，短者为 2d，长者为 14d。人工感染的潜伏期多为

$2\sim3d$。临诊上主要有如下表现形式：

急性型病牛呈双向热，病牛突然发病，体温升高至 $40\sim42℃$，维持 $2\sim3d$，下降后又第 2 次升高，流浆液性、黏性鼻液，咳嗽，呼吸急促，鼻镜、舌头、口腔黏膜糜烂，唾液增多，口气恶臭，继而发生严重的腹泻，排出青灰色恶臭水便，之后粪便变稠，混有大量黏液和气泡，有时混有血液。起初伴发蹄叶炎而见跛行，持续性或间歇性腹泻而迅速消瘦，急性的多于 2 周左右死亡，慢性的 $2\sim6$ 个月后死亡。病毒可通过胎盘传染胎儿，导致出生的犊牛小脑缺陷或致流产。

（三）病理变化

主要表现为消化道黏膜有大量烂斑和溃疡，恶性卡他热消化道黏膜充血并有烂斑。食道黏膜有排列成直线形、大小不一的烂斑，鼻镜、口腔、咽喉有潜在的小烂斑；真胃水肿并有烂斑，小肠有急性卡他性炎症，大肠有糜烂、出血或坏死。

（四）流行病学特征

该病常发生于冬季和早春，舍饲和放牧牛都可发病。

家养和野生的反刍兽及猪是本病的自然宿主，自然发病病例仅见于牛，黄牛、水牛、牦牛没有明显的种间差异。各种年龄的牛都有易感性，但 $6\sim18$ 月龄的幼牛易感性较高，感染后更易发病。绵羊、山羊也可发生亚临诊感染，感染后产生抗体。

病毒可随分泌物和排泄物排出体外。持续感染牛可终生带、排毒，因而是本病传播的重要传染源。本病主要是经口感染，易感动物食入被污染的饲料、饮水经消化道感染，也可由于吸入由病畜咳嗽、呼吸而排出的带毒的飞沫而感染。病毒可通过胎盘发生垂直感染。病毒血症期的公牛精液中也有大量病毒，可通过自然交配或人工授精而感染母牛。

（五）预防及治疗

目前无特效的治疗方法，对症治疗和加强护理可以减轻症状，增强机体抵抗力，促使病牛康复。

为控制本病的流行并加以消灭，必须采取检疫、隔离、净化、预防等兽医防制措施。预防上，我国已生产一种弱毒冻干疫苗，可接种不同年龄和品种的牛，接种后表现安全，14d 后可产生抗体并保持 22 个月的免疫力。

（六）实验室检测

牛病毒性腹泻/黏膜病诊断技术规范
依据标准：GB/T 18637—2018。

1. 病毒分离鉴定

（1）仪器 倒置荧光显微镜、倒置显微镜、台式离心机（最高离心速度不低于 $5000r/min$）、超声波裂解仪、细胞计数仪、生物安全拒、恒温培养箱（$37℃\pm2℃$）、CO_2 恒温培养箱（$37℃\pm2℃$）、高速台式冷冻离心机（最高离心速度不低于 $12000r/min$）、涡旋混合荡器、研钵、组织匀浆器、冰箱（$2\sim8℃$、$-20℃$、$-70℃$）、单道（或多道）微量移液器（$10\mu l$、$100\mu l$、$200\mu l$、$300\mu l$、$1000\mu l$）。

（2）耗材　离心管（1.5ml、2ml、15ml、50ml、100ml）、采样管（5ml）、细胞培养瓶（25cm^2、75cm^2、175cm^2）、细胞培养板（96孔、48孔、24孔、6孔）、移液器吸头（10μl、200μl、300μl、1000μl）、剪刀（含弯头剪刀）、镊子（含弯头镊子）、采样专用商品化棉拭子、一次性采血管（含针头）、注射器（5ml、10ml、20ml）、标签。

（3）试剂

PBS：配方见附录A。

PBST：配方见附录A。

细胞培养液与细胞维持液：配方见附录A。

BVDV阳性参照毒株：BVDV-1（Oregon C24V株）、BVDV-2（890株）。

FBS（无BVDV及其抗体）或马血清，−20℃保存。

中和试验对照血清：BVDV-1阳性血清、BVDV-2阳性血清和阴性血清（已56℃水浴灭活30min）。

病毒液：BVDV-1（Oregon C24V株）和BVDV-2（890株）分别接种MDBK细胞收获的培养物，测定TCID$_{50}$后，分装于小管，−70℃以下保存备用。

细胞：MDBK传代细胞或BT传代细胞，细胞形态良好。

（4）试验步骤

1）制备单层细胞　将MDBK传代细胞或BT传代细胞用25%EDTA胰酶消化液消化分散后，用细胞培养液分散为浓度为$1\times10^6\sim2\times10^6$个/ml，分装细胞培养瓶，37℃恒温培养箱或5% CO$_2$培养箱中静置培养24~48h，形成单层备用。

2）接种细胞　每份样品接种3瓶细胞，另设细胞对照2瓶。接种前，先弃去细胞培养瓶中的培养液，按最终细胞维持液体积的10%加入已经处理好的样品，37℃吸附2~3h，补加细胞维持液（配方见附录A）。细胞对照瓶不接种样品，弃去培养液后加入等量细胞维持液。均置于37℃恒温培养箱或5% CO$_2$培养箱中培养。

3）观察和记录　每天观察并记录。如对照细胞单层完好，细胞形态正常或稍有衰老，接种病料的细胞如出现CPE，且70%以上细胞出现CPE时，取出并置−70℃以下冻存备用。无CPE的细胞瓶，于接种后96~144h，取出并置−70℃以下冻存备用。

4）盲传　将第1代无CPE的细胞培养物冻融3次后混合，3000r/min离心10min，取上清液按2）接种细胞，按3）进行观察、记录、收毒，盲传第2代。此过程中培养物仍无CPE则按同样的方法继续盲传第3代，培养结束后无论是否出现CPE均收毒，置−70℃以下冻存备用。取盲传3代的培养物进行检测。

5）荧光染色鉴定

①按1）方法制备浓度为$(1\sim2)\times10^6$个/ml的MDBK传代细胞或BT传代细胞，分装于96孔细胞板中，0.1mol/孔，将细胞板置于37℃、5% CO$_2$培养箱中培养24h。

②将3）和4）备用样品冻融3次后混合，3000r/min离心10min，取上清液接种于长成80%以上细胞单层的96孔细胞板中（接种前弃去培养板孔中的细胞营养液），0.1ml/孔，每个样品接种4孔，同时阳性对照BVDV-1毒株和BVDV-2毒株各接种4孔。设不接毒的正常细胞对照4孔。

③接种后细胞板置于37℃、5% CO$_2$培养箱中继续培养吸附2~3h，每孔补加维持液0.1ml，置37℃、5% CO$_2$培养箱中继续培养72~120h，其间显微镜下观察每一个孔

是否出现 CPE。

④ 培养结束后，弃去细胞板孔中液体，用 PBS 轻轻洗涤一次，吸干，加入 80% 的冷丙酮，0.1ml/孔，4℃固定 10～15min。

⑤ 固定好的样品进行免疫荧光染色，在倒置荧光显微镜下观察各细胞孔中的荧光情况并记录观察结果，具体操作如下：

a. 弃去孔中丙酮，室温自然晾干。每孔分别加入 FITC 标记的抗 BVDV 荧光抗体（同时抗 BVDV-1 和 BVDV-2）工作液 50μl，37℃孵育 1h；或每孔先加入牛抗 BVDV-1 和牛抗 BVDV-2 特异性阳性血清混合工作液或 BVDV-1 和 BVDV-2 单克隆抗体混合工作液 50μl，37℃孵育 1h 后，PBS 洗涤 3 次，再每孔加入 FITC 标记的抗牛 IgG 荧光抗体或 FITC 标记的抗鼠 IgG 荧光抗体工作液 50μl，37℃孵育 1h。

b. PBS 洗涤 3 次后，弃去孔中液体。

c. 在倒置荧光显微镜下观察各细胞孔中的荧光情况并及时记录，记录可分为：

（－）——无荧光；

（＋）——荧光微弱，细胞形态不清晰；

（＋＋）——荧光较亮，细胞形态清晰；

（＋＋＋－＋＋＋＋）——荧光较强，明亮闪烁，细胞形态清晰。

⑥ 根据荧光染色观察结果，按照以下条件及标准进行试验结果判定。

a. 试验成立的条件如下：⑤、c. 项正常细胞对照应为（－），2 个阳性对照均应为（＋＋）或（＋＋＋－＋＋＋＋），否则判为结果无效，应重检。

b. 在试验成立的前提下，样品检测结果判定为：当⑤、c. 项被检样品的结果为（＋＋）或（＋＋＋－＋＋＋＋）时被检样品为 BVDV 阳性，当⑤、c. 项被检样品结果为（＋）时应重检，重检结果与首次结果一样时，判定被检样品为 BVDV 阳性。其他情况判定被样品 BVDV 阴性。

6）Real-time-PCR 检测法鉴定

① 样品核酸提取　将 3）和 4）备用样品冻融 3 次后混合，3000r/min 离心 10min，取上清液，按 2）提取核酸。

② 扩增试剂的准备与配制　按 2、（4）、3）准备与配制扩增试剂。

③ 加样　按 2、（4）、4）加样。

④ Real-time RT-PCR　按 2、（4）、5）进行 Real-time RT-PCR 检测。

⑤ 结果判定　按 2、（4）、6）进行结果判定。

7）综合结果判定

5）和 6）可以单独使用或联合使用进行 BVDV 鉴定。当单独使用时，按照相应鉴定方法的结果判定进行检测结果判定。当联合使用时，按 5）、⑥或（和）6）、⑤结果判定被检样品为 BVDV 阳性的，判定被检样品为 BVDV 阳性；按 5）、⑥和 6）、⑤结果判定被检样品均为 BVDV 阴性的，判定被检样品为 BVDV 阴性。

2. 实时荧光 RT-PCR 检测

（1）仪器　台式离心机（最高离心速度不低于 5000r/min）、高速台式冷冻离心机（最高离心速度不低于 12000r/min）、荧光 PCR 检测仪及配套反应管（板）、旋混合振荡器、冰箱（2～8℃、－20℃、－70℃）、单道微量移液器（5μl、10μl、100μl、200μl、300μl、1000μl）。

（2）耗材　无核酸酶离心管（1.5ml）、采样管（5ml、10ml）、剪刀（含弯头剪刀）、镊子（含弯头镊子）、采样专用商品化棉拭子、标签、PCR反应管、无核酸移液器吸头（10μl、200μl、300μl、100μl）。

（3）试剂

1）总则：除另有说明，所用试剂均为分析纯，所用液体试剂均需使用无RNA的容器进行分装。

2）TRIzol（2～25℃）、氯仿（2～8℃）、异丙醇（−20℃）、Catrimox-14，均为商品化试剂。

3）DEPC水：见附录A。

4）75%乙醇：用新开启的无水乙醇和DEPC水配制，−20℃预冷。

5）PBS（含牛血清白蛋白、青霉素和链霉素）：配方见附录A。

6）BVDV Real time RT-PCR检测引物、探针序列，反应液配方见附录B。

7）Real-time RT-PCR试验阳性、阴性对照应满足以下要求：

① 阳性对照为灭活BVDV的细胞培养物（制备方法见附录C）或BVDV5′-UTR基因体外转录cRNA溶液（制备方法见附录C）。

② 阴性对照为正常MDBK传代细胞培养液或已知BVDV阴性的动物组织悬液。

（4）试验步骤

1）实验室的标准化设置与生物安全管理　本方法的实验室设置与管理见GB/T 19438.1—2004。

2）样品核酸提取

① 在样本制备区进行。采取TRIzol裂解法提取，也可采用其他等效的RNA提取方法，如柱式提取法。

② 待检样品、阳性对照和阴性对照的份数总和用n表示，取n个灭菌1.5ml离心管，逐管编号。

③ 每管加入600μlTRIzol。

④ 每管分别加入已处理的待检样品、阳性对照、阴性对照各200μl充分混匀。

⑤ 每管加入200μl氯仿，充分颠倒混匀。于4℃、12000r/min离心15min。

⑥ 新取n个灭菌的1.5ml离心管，逐管编号，每管加入500μl异丙醇。

⑦ 吸取⑤中各管中的上清液500μl，转移至⑥中相应的管中，避免吸出中间层，颠倒混匀。

⑧ 于4℃、12000r/min离心15min，轻轻倒去上清液，倒置于吸水纸上，沥干液体，不同样品应在吸水纸不同位置沥干。

⑨ 逐管加入600μl 75%乙醇，颠倒洗涤。

⑩ 于4℃、12000r/min离心10min，轻轻倒去上清液，倒置于吸水纸上，沥干液体，不同样品应在吸水纸不同位置沥干。

⑪ 4000r/min离心10s，将管壁上的残余液体甩到管底部，用微量移液器尽量将其吸干。

⑫ 室温干燥3min。

⑬ 每管加入25μl DEPC水，轻轻混匀，溶解管壁上的RNA，2000r/min离心5s，获得RNA溶液，冰浴保存备用。

3）扩增试剂的准备与配制

① 在反应混合物配制区进行。

② 每个检测反应体系需使用 $15\mu l$ Real-time RT-PCR 反应液。根据 2）、②中设定的 n 值，按表 1-22 配制反应液，充分混匀后分装，每管 $15\mu l$。转移反应管至样本制备区。

4）加样

① 在样本制备区进行。

② 在上述 3）、②的反应管中分别加入 2）、⑬中制备的 RNA 溶液 $10\mu l$，使每管总体积达到 $25\mu l$，记录反应管对应的样品编号。盖紧管盖后，瞬时离心。

5）Real-time RT-PCR

① 在检测区进行。

② 将在 4）、②加样后的反应管放入荧光 PCR 检测仪内，记录反应管摆放顺序。选定 FAM 作为报告基团，BHQ1 作为无荧光淬灭基团。反应参数设置如下：

a.第一阶段，反转录 42℃/30min；

b.第二阶段，预变性 94℃/3min；

c.第三阶段，92℃/15s，45℃/30s，72℃/60s，5 个循环；

d.第四阶段，92℃/10s，56℃/60s，40 个循环，在 c.第三阶段每个循环的退火延伸时收集荧光。试验结束后，根据收集的荧光曲线和 C_t 值判定结果。

6）结果判定

① 结果分析条件设定：根据仪器噪声情况对阈值进行调整，以阈值线刚好超过阴性对照品扩增线的最高点为准。

② 质控标准同时满足以下两个条件，试验有效，否则，此次实验视为无效：

a.阴性对照应无 C_t 值并且无扩增曲线；

b.阳性对照的 C_t 值应≤28，并出现典型的扩增曲线。

③ 根据 C_t 值对实验结果进行描述及判定：

a.无 C_t 值，且无扩增曲线，表示样品中无 BVDV 核酸，判为阴性；

b.C_t 值≤35，且出现典型的扩增曲线，表示样品中存在 BVDV 核酸，判为阳性；

c.C_t 值＞35，且出现典型的扩增曲线的样品需复检。复检仍出现上述结果的，判为阳性。

附录 A
（规范性附录）

溶液配制

以下所用试剂均为分析纯：

A.1　PBS 配方

A.1.1　A 液

0.2mol/L 磷酸二氢钠水溶液：$NaH_2PO_4 \cdot H_2O$ 27.6g，溶于去离子水中，最后定容至 1000ml，备用。

A.1.2　B 液

0.2mol/L 磷酸氢二钠水溶液：$Na_2HPO_4 \cdot 7H_2O$ 53.6g（或 $NaH_2PO_4 \cdot 12H_2O$

71.6g 或 Na$_2$HPO$_4$·2H$_2$O 35.6g），加去离子水溶解，最后定容至 1000ml，备用。

A.1.3　0.01mol/L pH7.2 PBS 的配制

取 A 液 14ml、B 液 36ml，加 NaCl 8.5g，用去离子水定容至 1000ml，经过滤除菌后，备用。

A.1.4　PBST 的配制

取 A 液 14ml、B 液 36ml，加 NaCl 8.5g、0.5ml 吐温-20，用去离子水定容至 1000ml。经过滤除菌后，备用。

A.1.5　0.01mol/L、pH7.2 PBS（含牛血清白蛋白、青霉素和链霉素）的配制

取 A 液 14ml、B 液 36ml，加 NaCl8.5g、牛血清白蛋白 5g，用去离子水定容至 1000ml，经过滤除菌后，无菌条件下分别按 10000U/ml，加入青霉素和链霉素，备用。

A.2　细胞培养液与细胞维持液

A.2.1　细胞培养液

Eagle's-MEM 培养液	87.5ml
FBS	10ml
7.5％碳酸氢钠	1.5 ml

调节 pH 至 7.2～7.4，充分混匀，现配现用。

A.2.2　细胞维持液

Eagle's-MEM 培养液	95.5ml
FBS	2 ml
7.5％碳酸氢钠	1.5ml

调节 pH 至 7.2～7.4，充分混匀，现配现用。

A.3　DEPC 水

将 DEPC 加入去离子水中至终浓度为 0.1％，充分混匀后作用 12h，分装，121℃± 2℃高压灭菌 30min，冷却后冷藏备用。

附录 B
（规范性附录）

引物探针序列及 Real-Time RT-PCR 反应液配方

B.1　引物探针序列（见表 1-19）

表 1-19　引物探针序列

引物或探针名称	序列(5′-3′)	基因组位置/nt	检测靶基因
上游引物	CCGCGAMGGCCGAAAAGA	83～100	
下游引物	TGACGACTNCCCTGTACTCAG	178～198	5′-UTR
探针	FAM-CCATGCCCTTAGTAGGACTAGCA-BHQ1	107～129	

B.2　Real-Time RT-PCR 反应液配方（表 1-20）

表 1-20　Real-Time RT-PCR 反应液配方

Real-Time RT-PCR 反应液组分	1 个反应体系的加入量/μl
5×RT 缓冲液	5.0
dNTP	1.0
MgCl$_2$	2.0
上游引物	1.0
下游引物	1.0
探针	0.5
M-MLV 反转录酶	0.5
RNA 酶抑制剂	0.25
Taq 酶	0.25
DEPC 水	3.5

附录 C
（规范性附录）

Rel-time RT-PCR 试验阳性对照制备方法

C.1　灭活 BVDV 的细胞培养物制备方法

取毒价达 $5.6×10^5$ TCID/0.1ml 的 BVDV Oregon C24V 毒株的细胞培养物，根据稀释后的体积添加 0.5% 甲醛溶液灭活，37℃过夜。

C.2　BVDV5′-UTR 基因体外转录 cRNA 溶液制备方法

BVDV5′-UTR 基因体外转录 cRNA 溶液，是通过回收 BVDV Oregon C24V 毒株 5′-UTR 基因的 RT-PCR 扩增产物（引物序列见表 1-21，反应液配方及反应条件见表 1-22），长度为 386bp，与 pMD-T20 载体进行连接，转化 TOP10 感受态细胞，裂解法提取质粒 DNA，经 PCR 和酶切鉴定后获得阳性重组质粒（命名为 pMD20-BVDV-5U），再以纯化的质粒为模板，将质粒线性化之后，用试剂盒进行体外转录，将体外转录产物用 Dnase 除去其中的 DNA 模板再经 TRIzol 提取 RNA 进行浓度测定后，即得到制备 BVDV 阳性对照所需的 RNA 阳性对照品母液。将母液 10 倍系列稀释之后，可作为 BVDVReal-time RT-PCR 方法的阳性对照使用。

表 1-21　引物序列

引物名称	序列(5′→3′)	基因组位置/nt	检测靶基因
上游引物	GTATACGAGAGTTAGATA	1～18	5′-UTR
下游引物	GTGCCATCTACAGCAGAGA	367～385	

表 1-22　RT-PCR 反应液配方及反应条件

Real-Time RT-PCR 反应液组分	1 个反应体系的加入量/μl
5×RT 缓冲液	5.0
dNTP	1.0

Real-Time RT-PCR 反应液组分	1 个反应体系的加入量/μl
MgCl$_2$	2.0
上游引物	1.0
下游引物	1.0
M-MLV 反转录酶	0.5
RNA 酶抑制剂	0.25
Taq 酶	0.25
DEPC 水	4.0

注：反应条件为，反转录 42℃/30min；预变性 94℃/3min；94℃ 30s，55℃ 30s，72℃ 30s，35 个循环；72℃ 延伸 10min。

四、绵羊痘和山羊痘

　　绵羊痘和山羊痘是由绵羊痘病毒和山羊痘病毒引起的绵羊和山羊的一种急性、热性传染病，是 OIE 规定的 A 类动物疫病，也是我国划定的一类动物疫病。

　　绵羊痘又名绵羊天花，是各种家畜痘病中危害最为严重的一种热性、接触性传染病。其特征是无毛或少毛部位皮肤和黏膜上发生特异的痘疹，可见到典型的斑疹、丘疹、水泡、脓疱和结痂、脱落等病理过程。该病在非洲的赤道以北地区、中东、土耳其、伊朗、阿富汗、巴基斯坦、印度及尼泊尔等地区呈地方性流行，1984 年以后还流行于孟加拉国。现由于引种频繁等原因我国也有该病发生。

（一）病毒特征

　　病原是绵羊痘病毒和山羊痘病毒，属于痘病毒科羊痘病毒属的成员。绵羊痘病毒（Sheep pox virus）为双股 DNA 病毒，病毒粒子呈砖形或椭圆形，大小为 115～194nm，较其他动物痘病毒稍小而细长。病毒主要存在于病羊皮肤、黏膜的丘疹、脓疱以及痂皮内，鼻分泌物、发热期血液内也有病毒存在。

　　痘病毒对皮肤和黏膜上皮细胞具有特殊的亲和力。病毒侵入机体后，先在网状内皮系统增殖，后进入血液（病毒血症），扩散全身，在皮肤和黏膜的上皮细胞内繁殖，引起一系列的炎症过程而发生特异性的痘疹。

　　病毒对热、直射阳光、碱和多数常用消毒药均较敏感，如 58℃ 5min 或 37℃ 24h 即可杀死病毒。但对寒冷和干燥的抵抗力较强，冻干至少可保存 3 个月以上；在痂皮中痘病毒能耐受干燥，自然环境中能存活 6～8 周，在动物毛中保持活力 2 个月。

　　病毒可在绵羊、山羊、犊牛等睾丸细胞和肾细胞以及幼仓鼠肾细胞内增殖，并产生细胞病变；也可经绒毛尿囊膜途径接种于发育的鸡胚内增殖。通常可于增殖细胞内产生包涵体。

（二）临床症状

　　绵羊痘潜伏期平均为 6～8d，典型病羊体温升高达 41～42℃，食欲减少，精神不振，结膜潮红，有浆液、黏液或脓性分泌物从鼻孔流出，呼吸和脉搏增速，经 1～4d 出现痘疹。

痘疹多发生于皮肤无毛或少毛部位，如眼周围、唇、鼻、乳房、外生殖器、四肢内侧和尾内侧。开始为红斑，1～2d 后形成丘疹，突出皮肤表面，随后丘疹逐渐扩大，变成灰白色或淡红色、半球状的隆起结节。结节在几天之内变成水泡，水泡内容物起初呈浆液性，后变成脓性，如果无继发感染则在几天内干燥成棕色痂块，痂块脱落后形成红斑，随着时间的推移红色逐渐变淡。

非典型病例不呈现上述典型症状或经过，仅出现体温升高和黏膜卡他性炎症，不出现或仅出现少量痘疹，或仅出现硬结块，在几天内干燥后脱落，不形成水泡和脓疱，此为良性经过，即所谓的顿挫型。有的病例见痘疹内出血，呈黑色痘。还有的病例痘疱发生化脓和坏疽，形成很深的溃疡，发出恶臭。常为恶性经过，病死率达 20%～50%。

山羊痘的临诊症状和剖检病变与绵羊相似，其特征是发热，有黏液性、脓性鼻漏，在皮肤和黏膜上形成痘疹。在诊断时注意与羊的传染性脓疱鉴别，后者发生于绵羊和山羊，主要在口唇和鼻周围皮肤上形成水泡、脓疱，后结成厚而硬的痂，一般无全身反应。

（三）病理变化

特征性病变是在咽喉、气管、肺、肝和前胃或第四胃黏膜上出现痘疹，有大小不等的圆形或半球形坚实的结节，单个或融合存在，有的病例还形成糜烂或溃疡。咽和支气管黏膜亦常有痘疹，在肺见有干酪样结节和卡他性肺炎区，肠道黏膜少有痘疹变化。此外，常见细菌性败血症变化，如肝脂肪变性、心肌变性、淋巴结急性肿胀等。病羊常死于继发感染。

（四）流行病学特征

易感动物：在自然情况下，绵羊痘病毒只感染绵羊，不传染给山羊和其他家畜；山羊痘病毒感染山羊，少数毒株则可感染绵羊，并引起绵羊和山羊的恶性痘病。不同品种、性别、年龄的绵羊都有易感性，以细毛羊最为易感；羔羊比成年羊易感，病死率亦高。妊娠母羊易引起流产，因此在产前流行羊痘，可导致很大损失。但本土动物的发病率和病死率较低，主要感染从外地引进的绵羊新品种。

传染源：主要是病羊和带毒羊。病毒由本病病羊分泌物、排泄物和痂皮排出。

传播途径：主要途径为皮肤的伤口，在流行时可通过呼吸道传染，也可由厩蝇等吸血昆虫叮咬而感染。饲养管理人员、护理用具、皮毛、饲料、垫草、外寄生虫等是传播的媒介。

流行因素及形式：本病多发生于冬末春初，呈地方性流行。气候严寒、雨雪、霜冻、草缺乏和饲养管理不良等因素都可促使本病发生和病情加重。

（五）预防及治疗

预防措施：平时加强饲养管理，抓好秋膘，特别是冬春季适当补饲，注意防寒过冬。在绵羊痘常发地区的羊群，每年定期预防接种；受威胁的羊群均可用羊痘鸡胚化弱毒疫苗进行紧急接种，注射后 4～6d 产生可靠的免疫力，免疫期可持续 1 年。

扑灭措施：当发现病例时，立刻按照《中华人民共和国动物防疫法》的规定采取紧急、强制性的控制和扑灭措施。封锁疫区，对病羊隔离、扑杀，并作无害化处理，彻底消毒被病畜污染的环境。

治疗措施：本病尚无特效药，常采取对症治疗等综合性措施。发生痘疹后，局部可用0.1%高锰酸钾溶液洗涤，擦干后涂抹紫药水或碘甘油等。康复羊血清有一定的防治作用。预防量：成年羊每只5～10ml，小羊2.5～5ml；治疗量加倍，皮下注射。若已进入脓疱期则加大剂量。如用免疫血清早期治疗，效果更好。抗菌药物对本病无效，但可防止并发感染，可根据实际情况合理应用。

（六）实验室检测

绵羊痘和山羊痘诊断技术

依据标准：NY/T 576—2015。

实验室诊断技术

（1）样品采集　取活体或剖检羊的皮肤丘疹、肺部病变组织、淋巴结用于病毒分离和抗原检测；病料采集时间为临床症状出现后1周之内。采集病毒血症期间的组织进行病理组织学检查，病料为病变及病变周围组织，采集后迅速置于10倍体积的10%福尔马林溶液中。经颈静脉无菌采集血液，分离血清，置于-20℃保存，用于血清学检测。

（2）样品运输　福尔马林浸润的组织在运输时无特殊要求，用于病毒分离和抗原检测的样品应置于4℃或-20℃保存。如果样品在无冷藏条件下需要运送到较远的地方，应将样品置于含10%甘油的Hank's液中，用于血清学检测的样品，应置于加冰的冷藏箱内运输。

（3）病原鉴定

1）病毒分离

① 材料。MEM培养液（配制方法见附录A）、待检组织、绵羊羔睾丸细胞（制备方法见附录B）、胎牛血清细胞培养瓶。

② 方法

a.样品制备：取待检组织，无菌剪碎，用组织匀浆器研磨；按1∶10的比例加入MEM培养液制备组织悬液，4℃过夜；1500r/min离心10min，取上清备用。

b.接种：取25cm^{2}细胞培养瓶，待绵羊羔睾丸细胞形成90%单层后，接种1ml病料上清液，置37℃吸附1h。弃去瓶内液体，补足细胞维持液，置37℃、5%CO_2条件下培养。同时，设立正常细胞对照1瓶。

c.培养及观察：每日观察细胞培养物是否出现CPE，持续培养14d，在培养期间可适时更换MEM培养液。如果14d仍未见CPE，将细胞培养物反复冻融3次，取上清液继续接种绵羊羔睾丸细胞，一旦出现CPE，可进行包涵体染色检查。

③ 判定。羊痘病毒感染绵羊羔睾丸细胞的特征性CPE为细胞收缩变圆、界限明显、间隙变宽，形成拉网状细胞脱落，并形成嗜酸性包涵体。包涵体大小不等，最大的约为细胞核的一半。

2）电镜负染检查法

① 材料。待检组织载玻片、400目电镜、碳网膜、Tris EDTA（pH7.8）缓冲液、1.0%磷钨酸（pH7.2）。

② 方法

a.样品制备：取待检组织，无菌剪碎，用组织匀浆器研磨，按1∶5的比例加入

MEM 培养液制备组织悬液。

b. 制片。取一滴组织悬液置于载玻片上，将碳网膜漂浮于液滴上 1min；将 Tris EDTA（pH7.8）缓冲液滴加到碳网膜上浸泡 20s；用滤纸吸干膜上液体，滴加 1.0%磷钨酸（pH7.2）染色 10s，用滤纸吸干膜上液体，待其自然干燥后用透射电镜观察。

c. 病毒形态判定。在电镜下观察，病毒粒子呈卵圆形，大小为 150～180nm。

3）包涵体检查

① 材料。组织病料（置于福尔马林溶液中或 4℃保存备用）、载玻片、苏木精-伊红（H.E）染色液。

② 方法。取组织病料，用切片机切成薄片置于载玻片上，或直接将病料在载玻片上制成压片（触片）。经 H.E 染色，置于光学显微镜下观察。

③ 判定。羊痘病毒感染细胞的细胞质内应有不定形的嗜酸性包涵体，细胞核内应有空泡。

4）中和试验

① 材料。MEM 培养液（配制方法见附录 A）、绵羊羔睾丸细胞（制备方法见附录 B）、羊痘抗原及阳性血清、待检羊组织。

② 方法

a. 样品制备。按 1）的方法将待检样品接种细胞，并培养至出现 CPE 时收获冻融后的细胞悬液，备用。

b. 抗原及阳性血清。阳性血清，恢复至室温备用。标定羊痘抗原滴度，并将抗原液用 Hank's 液进行系列稀释至 $100TCID_{50}/0.1ml$。

c. 加样。取 96 孔细胞培养板，待检样品的细胞悬液、羊痘抗原（$100TCD_{50}/0.1ml$）各加 2 孔，每孔 0.1ml，向其中一孔加入等量阳性血清，向另一孔内加入等量 Hank's 液；阳性血清加 1 孔，每孔 0.1ml，再向孔内加入等量 Hank's 液，作为阳性血清对照；Hank's 液加 1 孔，每孔 0.2ml，作为空白对照。

d. 感作。将 96 孔细胞培养板摇匀后置于 37℃水溶液中 1h，其间每 15min 振摇 1 次。

e. 培养。取生长良好的绵羊羔睾丸细胞单层 1 瓶，按常规方法消化，调整细胞浓度至 10 个/ml，每孔接种细胞悬液 0.1ml。接种后，置于 37℃、5% CO_2 条件下培养。

f. 观察。培养 4～7d，每日观察 CPE 情况。

③ 结果判定。当正常细胞对照孔、羊痘抗原中和对照孔、阳性血清对照孔的细胞均无 CPE，而羊痘抗原对照孔细胞有特征性 CPE 时，试验成立。待检样品中和试验孔细胞无 CPE，而待检样品未中和试验孔的细胞有特征性 CPE 时，判定该待检抗原为羊痘抗原。

5）PCR 试验

① 材料。待检样品、羊痘病毒对照、DNA 提取试剂盒、2×K Taq Master Mix（商品化试剂）、1.5%琼脂糖凝胶、1×TAE 缓冲液（商品化试剂）、DNA Marker1（商品化试剂）、上样缓冲液（商品化试剂）、高压灭菌的去离子水、PCR 仪、台式高速冷冻离心机、电泳仪、电泳槽、冰箱、凝胶成像系统、微量移液器、水浴锅、涡旋仪等。

② 方法

a. 样品处理。取待检组织（皮肤或其他组织），无菌剪碎，用组织匀浆器研磨；按 1：10 的比例加入 MEM 培养液制备组织悬液，4℃过夜；1500r/min 离心 10min，取上清备用；冻融的抗凝血、精液或培养上清液等液体样品取 0.2ml 备用。

b. DNA 提取。在 0.2ml 血液样品中加入 2μl 蛋白酶 K 溶液（20mg/ml）或 0.8ml 组织样品中加入 10μl 蛋白酶 K 溶液。按 DNA 提取试剂盒说明书或以下方法提取 DNA。将上述样品 56℃ 孵育 2h 或过夜，再 100℃ 加热 10h。按样品体积 1∶1 的比例加入等体积的苯酚、氯仿和异戊醇溶液（体积比为 25∶24∶1）。振荡均匀，室温孵育 10min。将样品 4℃、16000g 离心 15min。小心收集上层水相（约 200μl），并转移到 2.0ml 小管中，并加入等体积的冷乙醇和 1/10 体积的醋酸钠（3mol/L，pH5.3），将样品置于 20℃ 静置 1h。将样品 4℃、16000g 离心 15min，去掉上清液。用 70% 冷乙醇（100μl）洗涤沉淀，并 4℃、16000g 离心 1min，弃去上清液，并彻底干燥。用 30μl 无 RNA 水悬浮溶解沉淀，置于 -20℃ 保存，备用。

c. 引物合成。按下列引物序列合成引物。

正向引物：5'-TCC-GAG-CTC-TTT-CCT-GAT-TTT-TCT-TAC-TAT-3'。

反向引物：5'-TAT-GGT-ACC-TAA-ATT-ATA-TAC-GTA-AAT-AAC-3'。

d. PCR 扩增体系。按下列方法配制 50μl PCR 扩增反应体系：

10×PCR 缓冲液	5μl
50mmol/L MgCl$_2$	1.5μl
10mmol/L DNTP	1μl
上游引物	1μl
下游引物	1μl
DNA 模板（约 10ng）	1μl
无核酸酶水	39μl

e. PCR 扩增条件。按下列程序进行 PCR 扩增：先 95℃ 变性 2min，然后按 95℃ 变性 45s、50℃ 退火 50s、72℃ 延伸 60s 的顺序循环，共循环 34 次，最后在 72℃ 温度下延伸 2min，于 4℃ 保存，备用。

f. PCR 产物电泳。每个样品取 10μl 与上样缓冲液充分配匀，再每管取 5μl 加入琼脂糖凝胶板的加样孔中，在位于凝胶中央的孔加入 DNA 分子量标准。加样后，按照 8～10V/cm 电压，电泳 40～60min（每次电泳时，每隔 10min 观察 1 次。当加样缓冲液中溴酚蓝电泳过半至凝胶下 2/5 处时，可停止电泳）。电泳后，置于紫外凝胶成像仪下观察，用分子量标准判断 PCR 扩增产物大小。

g. 结果判定。羊痘病毒阳性对照出现 192bp 的扩增条带，且阴性对照无此扩增带时，判定检测有效；否则判定检测结果无效，不能进行判断。被检样品出现 192bp 扩增带为羊痘病毒阳性，否则为阴性。

（4）血清学试验-中和试验法

1）材料　MEM 培养液（配制方法见附录 A）、绵羊羔睾丸细胞（制备方法见附录 B）、羊抗原及阳性血清、待检羊血清。

2）方法

①样品处理。经静脉无菌采集待检羊血，按常规方法分离血清，56℃ 灭活 30min 后备用。

②抗原及阳性血清。阳性血清，恢复至室温备用。标定羊抗原滴度，并将抗原液用 Hank's 液进行系列稀释至 100TCID$_{50}$/0.1ml。

③加样。取 96 孔细胞培养板，待检血清、阳性血清各加 2 孔，每孔 0.1ml，向其中

一孔加入等量羊抗原（100TCID$_{50}$/0.1ml），向另一孔内加入等量 Hank's 液；羊痘抗原（100TCID$_{50}$/0.1ml）加 1 孔，加入 0.1ml，再向孔内加入等量 Hank's 液，作为抗原对照；Hank's 液加 1 孔，加入 0.2ml，作为空白对照。

④ 感作。将 96 孔细胞培养板摇匀后置于 37℃中和 1h，其间每 15min 振摇 1 次。

⑤ 培养。取生长良好的绵羊羔睾丸细胞单层 1 瓶，按常规方法消化，调整细胞浓度至 10 个/ml，每孔接种细胞悬液 0.1ml。接种后，置于 37℃、5% CO$_2$ 条件下培养。

⑥ 观察。培养 4～7d，每天观察 CPE 情况。

3）结果判定 当正常细胞和血清毒性对照孔细胞无 CPE，而接种抗原对照孔细胞有明显 CPE 时，试验成立。

待检血清中和后，试验孔细胞出现特征性 CPE，判定该血清为羊痘病毒抗体阴性；待检血清中和后，试验孔细胞未出现 CPE，判定该血清为羊痘病毒抗体阳性。

附录 A
（规范性附录）

营养液及溶液的配制

A.1　Hank's 液（10×浓缩液）

A.1.1　成分

A.1.1.1　成分甲

氯化钠	80.0g
氯化钾	4.0g
氯化钙	1.4g
硫酸镁	2.0g

A.1.1.2　成分乙

磷酸氢二钠	1.52g
磷酸二氢钾	0.6g
葡萄糖	10.0g
1.0%酚红	16.0ml

A.1.2　配制方法

按顺序将上述成分分别溶于 450ml 注射用水中，即配成甲液和乙液，然后将乙液缓缓加入甲液，边加边搅拌。补足注射用水至 1000ml，用滤纸过滤后，加入三氯甲烷 2ml，置于 2～8℃保存。

A.1.3　使用

使用时，用注射用水稀释 10 倍，107.6kPa 灭菌 15min，置 2～8℃保存备用，使用前，用 7.5%碳酸氢钠溶液调 pH 至 7.2～7.4。

A.2　7.5%碳酸氢钠溶液

A.2.1　成分

碳酸氢钠	7.5g
注射用水	100 ml

A.2.2　配制方法

将上述成分溶解，0.2μm 滤器滤过除菌，分装于小瓶中，置−20℃保存。

A.3　1.0％酚红溶液

A.3.1　成分

酚红　　　　　　　　　　　　　　　　　10.0g

1mol/L 氢氧化钠溶液　不超过 60 ml

注射用水补足至 1000ml

A.3.2　配制方法

1mol/L 氢氧化钠溶液的制备：取澄清的氢氧化钠饱和液 56.0ml，加注射用水至 1000ml 即可。称酚红 10.0g，加 1mol/L 氢氧化钠溶液 20ml，搅拌溶解。静置后，将已溶解的酚红溶液倒入 1000ml 容器内。未溶解的酚红继续加入 1mol/L 氢氧化钠溶液 20ml，搅拌使其溶解。如仍未完全溶解，可继续加少量 1mol/L 氢氧化钠溶液搅拌。如此反复，直至酚红完全溶解，但所加 1mol/L 氢氧化钠溶液总量不得超过 60ml。补足注射用水至 1000ml，分装小瓶，107.6kPa 灭菌 15min 后，置 2～8℃保存。

A.4　0.25％胰蛋白溶液

A.4.1　成分

氯化钠　　　　　　　　　　　　　　　　8.0g

氯化钾　　　　　　　　　　　　　　　　0.2g

柠檬酸钠　　　　　　　　　　　　　　　1.12g

磷酸二氢钠　　　　　　　　　　　　　　0.056g

碳酸氢钠　　　　　　　　　　　　　　　1.0g

葡萄糖　　　　　　　　　　　　　　　　1.0g

胰蛋白酶（1∶250）　　　　　　　　　　2.5g

注射用水加至 1000ml

A.4.2　配制方法

待胰酶充分溶解后，0.2μm 滤器滤过除菌，分装于小瓶中，置于−20℃保存。使用时，用 7.5％碳酸氢钠溶液调 pH 至 7.4～7.6。

A.5　EDTA-胰蛋白酶分散液（10×浓缩液）

A.5.1　成分

氯化钠　　　　　　　　　　　　　　　　80.0g

氯化钾　　　　　　　　　　　　　　　　4.0g

葡萄糖　　　　　　　　　　　　　　　　10.0g

碳酸氢钠　　　　　　　　　　　　　　　5.8g

胰蛋白酶（1∶250）　　　　　　　　　　5.0g

乙二胺四乙酸二钠　　　　　　　　　　　2.0g

按顺序溶于 900ml 注射用水中，然后加入下列各液：

1.0％酚红溶液　　　　　　　　　　　　2.0ml

青霉素（10 万 IU/ml）　　　　　　　　10.0ml

链霉素（10 万 μg/ml）　　　　　　　　10.0ml

补足注射用水至 1000ml

A.5.2　配制方法

将上述成分按顺序溶解，0.2μm 滤器滤过除菌，分装小瓶，−20℃保存。临用前，用注射用水稀释 10 倍，作为分散工作液，适量分装，置于一20℃冻存备用。分散细胞时，将工作液取出，置于 37℃ 水浴融化，并用 7.5％碳酸氢钠溶液调 pH 至 7.6～8.0。

A.6 抗生素溶液（1 万 IU/ml）

A.6.1   10×浓缩液

青霉素	400 万 IU
链霉素	400 万 μg
注射用水	40 ml

充分溶解后，0.2μm 滤器滤过除菌，分装小瓶，置于一20℃保存。

A.6.2 工作溶液

取上述 10×浓缩液适量，用注射用水稀释 10 倍，分装后置于一20℃保存。

A.7 H.E 染色液

A.7.1 Harris 苏木精染液

苏木精无水乙醇	1.0g
硫酸铝钾	10.0ml
蒸馏水	200.0ml
氧化汞	0.5g
冰醋酸	8.0ml

先用无水乙醇溶解苏木精，用蒸馏水加热溶解硫酸铝钾，再将这两种液体混合后煮沸（约 1min）。离火后，向该混合液中迅速加入氧化汞，并用玻璃棒搅拌染色液直至变为紫红色，用冷水冷却至室温，然后，加入冰醋酸并混合均匀，过滤后使用。

A.7.2 伊红染液

伊红染液有水溶性和醇溶性 2 种，常用 0.5％水溶性伊红染液，配方如下：

伊红 Y	0.5g
蒸馏水	100ml
冰醋酸	1 滴

先用少许蒸馏水溶解伊红 Y，然后加入全部蒸馏水，用玻璃棒搅拌均匀。用冰醋酸将染液调至 pH4.5 左右，过滤后使用。

A.7.3 盐酸-乙醇分化液

浓盐酸	1.0ml
75％乙醇	99.0ml

A.8 MEM 培养液

A.8.1 成分

MEM 干粉培养基	按说明书要求
注射用水	1000ml

A.8.2 配制方法

称取适量干粉培养基，加入注射用水 500ml，磁力搅拌使之完全溶解，根据说明书要求补加碳酸氢钠、谷氨酰胺和其他特殊物质，加水定容到终体积，调节 pH7.4～7.6，0.2μm 滤膜过滤除菌，无菌分装，2～8℃保存备用。

配制好的培养液用前加入胎牛血清，细胞培养液胎牛血清含量为 5％～10％，细胞维持液胎牛血清含量为 1％～2％。

附录 B
（规范性附录）

绵羊羔睾丸细胞的制备

B.1　原代细胞制备

取 4 月龄以内健康雄性绵羊，以无菌手术摘取睾丸，剥弃白膜，剪成 1～2mm 小块，用 Hank's 液（见附录 A）清洗 3～4 次。按睾丸组织量的 6～8 倍加入 0.25% 胰酶溶液（见附录 A），置于 37℃ 水浴消化。待睾丸组织呈膨松状，弃去胰酶溶液，用玻璃珠振摇法分散细胞，并用 MEM 培养液稀释成每毫升含 100 万左右细胞数，分装细胞瓶，37℃ 静置培养，2～4d 即可长成单层。

B.2　次代细胞制备

取生长良好的原代细胞弃去生长液，加入原培养液量 1/10 的 EDTA-胰蛋白酶分散液（见附录 A），消化 2～5min。待细胞层呈雪花状时，弃去胰酶分散液。加少许 MEM 培养液吹散细胞，然后按 1∶2 的分种率，补足 MEM 培养液。混匀、分装细胞瓶，置于 37℃ 静置培养。细胞传代应不超过 5 代。

五、牛结节性皮肤病

牛结节性皮肤病（Lumpy skin disease，LSD）又称牛结节疹、牛结节性皮炎或牛疙瘩皮肤病，病原为牛结节性皮肤病病毒（LSDV），临床表现为发热、皮肤（黏膜、器官）表面广泛性结节、消瘦、淋巴结肿大、皮肤水肿、奶牛产奶量急剧下降，甚至引发死亡。

1929 年，LSD 首次在非洲赞比亚出现，此后逐渐遍布非洲的多数国家。1988 年，LSD 首次传入埃及，1989 年传至以色列，2000 年以后在中东呈现地方性流行，2013 年传至土耳其和伊拉克，2014 年传至伊朗、沙特以及阿塞拜疆和亚美尼亚等国家；2015 年传入希腊和俄罗斯，此后在欧洲继续蔓延，先后传入保加利亚、马其顿、塞尔维亚、阿尔巴尼亚和黑山等国家；2019 年，首次传入孟加拉国和印度。本病以前仅局限于非洲地区，在非洲中南部流行比较严重，近十年已传到非洲北部地区。由于病牛消瘦、产奶量下降，以及皮张鞣制后发生结节处出现盂状凹陷或孔洞，使其利用价值降低，造成极大经济损失。2019 年 8 月，我国首次在新疆伊犁哈萨克州确诊牛结节性皮肤病。

（一）病毒特征

LSDV 属于痘病毒科、山羊痘病毒属，其与山羊痘病毒、绵羊痘病毒在 DNA 序列上同源性达到 97% 以上。LSDV 是双链 DNA 病毒，只有 1 个血清型，病毒基因组非常稳定，很少发生遗传变异，基因组比较大；病毒抵抗力强，较能耐受外界条件影响，在 pH6.6～8.6 之间可长期存活，在 4℃ 甘油盐水或细胞培养液中可存活 4～6 个月，在干燥痂皮中可存活 1 个月以上，−80℃ 下保存病变皮肤结节或组织培养液中的病毒可存活 10 年。在未清洁、遮光的牛舍内存活数月；对热敏感，紫外线可以杀死该病毒。病毒对氯仿和乙醚和敏感，十二烷基硅酸钠溶液能很快将其灭活，甲醛等消毒剂可杀灭该病毒。

（二）临床症状

潜伏期：《OIE 陆生动物卫生法典》规定，其潜伏期为 28d。在实验室条件下，潜伏期是 4～14d 不等，但是在野外条件下，自然感染动物的潜伏期可长达 35d。

发病率和死亡率：LSD 发病率为 5%～45%，与牛的饲养条件、品种关系非常大，死亡率一般低于 10%。感染发病牛愈后最终会把病毒清除，没有病毒携带者情况。

临床症状：病牛体温升高可达 40℃以上，呈稽留热型并持续 7d 左右。初期表现为鼻炎、结膜炎，进而表现眼和鼻流出黏脓性分泌物，并可发展成角膜炎。泌乳牛产奶量降低。体表皮肤出现硬实、圆形隆起、直径 20～30mm 或更大的结节，界限清楚，触摸有痛感，一般结节最先出现于头部、颈部、胸部、会阴、乳房和四肢，有时遍及全身，严重的病例在牙床和颊内面出现肉芽肿性病变。皮肤结节位于表皮和真皮，大小不等，可聚集成不规则的肿块，最后可能完全坏死，但硬固的皮肤病变可能持续存在几个月甚至几年。有时皮肤坏死可招引蝇虫叮咬最后形成硬痂，脱落后留下深洞；也可能继发化脓性细菌感染和蝇蛆病。

病牛体表淋巴结肿大，以肩前、腹股沟外、股前、后肢和耳下淋巴结最为突出，胸下部、乳房、四肢和阴部常出现水肿。四肢部肿大明显，可达 3～4 倍。眼、鼻、口腔、直肠、乳房和外生殖器等处黏膜也可形成结节并很快形成溃疡。重度感染牛康复缓慢，可形成原发性或继发性肺炎。泌乳牛可发生乳腺炎，妊娠母牛可能流产，公牛病后 4～6 周内不育，若发生睾丸炎则可出现永久性不育。

（三）病理变化

剖检变化：消化道和呼吸道表面有病灶，常见后遗症是肺炎，淋巴结肿大出血，心脏肿大，心肌外表充血、出血，呈现斑块状淤血，肺脏肿大，有少量出血点。肾脏表面有出血点。气管黏膜充血，气管内有大量黏液。肝脏肿大，边缘钝圆。胆囊肿大，为正常的 2～3 倍，外壁有出血斑。脾脏肿大，质地变硬，有出血状况，胃黏膜出血，小肠弥漫性出血。

鉴别诊断：

（1）牛伪结节皮肤病　由牛疱疹病毒 2 型引起。相对而言，牛伪结节皮肤病病灶更浅，病程相对较短，可以通过 PCR 鉴别诊断。

（2）伪牛痘　病变只出现在乳房和乳头两个部位，PCR 方法也可以鉴别诊断。

（3）早期皮肤癣病变　该病损伤比较浅，没有溃疡。

（4）蠕形螨　掀开病灶会发现螨虫。

（5）牛丘疹性口炎（副痘病毒）　根据发病部位进行鉴别，牛丘疹性口炎仅发生于口腔黏膜。

（四）流行病学特征

传染源：主要为感染 LSDV 的牛。感染牛和发病牛的皮肤结节、唾液、精液等含有病毒。

传播途径：以吸血昆虫（蚊、蝇、蠓、虻、蜱）的机械传播为主，其次是直接接触传播或者医源性传播，摄入被污染的饲料和饮水也会感染该病，共用污染的针头也会导致在群内传播。感染公牛的精液中带有病毒，可通过自然交配或人工授精传播。

易感动物：可感染所有牛，黄牛、奶牛、水牛等易感，无年龄差异。在非洲发现长颈鹿、黑斑羚（非洲中南部）、阿拉伯剑羚、跳羚等其他动物也会感染该病，但是在小的反刍动物上，比如羊，未见有 LSDV 引发感染的报道。

（五）预防及治疗

养殖场（户）、兽医从业人员等都应高度重视该病的防控工作，严格检疫监管，强化媒介控制，提升管理水平，做好被动监测，持续开展宣传工作，发现可疑病例要及时报告当地畜牧兽医机构，并隔离、限制牛只移动，防止疫病传播扩散。

疫苗免疫是防控该病传播的最主要措施。目前已经有商品化的弱毒疫苗，如 Neethling 毒株，可产生良好的保护，但产生短期副反应。异源性疫苗（如山羊痘和绵羊痘疫苗）发生副反应的报道较少。

（六）实验室检测

本病暂时没有相关的国家和行业标准的实验室检测方法，可选择商业化实验室的检测手段进行检测。

（1）动物接种　将抗生素处理过，疑为该病的皮肤病变组织接种动物，既可提供病原性依据，又可提供分离病毒及供其他试验项目用新鲜材料。

（2）病理学诊断　根据剖检所见及病变皮肤病理学、组织学检查，如发现表皮坏死、血栓形成、细胞浸润、胞浆包涵体，可作为依据。

（3）病毒分离　可采用细胞分离培养病毒、动物回归试验等方法。常用羔羊或牛睾丸细胞，羊或牛肾细胞。

（4）电镜观察　新生皮肤结节中有大量病毒粒子，负染后很容易观察到砖形病毒粒子。

（5）血清学检测　采集全血分离血清用于抗体检测，可采用病毒中和试验、酶联免疫吸附试验等方法。

≡ 第二章 ≡

细菌病

一、鸡白痢

鸡白痢是由鸡白痢沙门氏菌引起的鸡和火鸡的一种细菌性传染病。雏鸡和雏火鸡呈急性败血性经过，以肠炎和灰白色下痢为特征；成鸡以局部和慢性感染为特征。OIE 将其列入 B 类动物疫病，我国也将其列为二类动物疫病。

本病发生于世界各地，对人和动物的健康构成了严重的威胁，除能引起动物感染发病外，还能因食品污染造成人的食物中毒。

（一）病原特征

鸡白痢沙门氏菌，又叫雏沙门氏菌，属肠杆菌科（Enterobacterlaceae）沙门氏菌属（*Salmonella*）。该细菌菌体两端钝圆、中等大小、无膜、无芽孢、无鞭毛、不运动、革兰氏阴性、兼性厌氧，在普通培养基上能生长。能分解葡萄糖、甘露醇和山梨醇，并产酸产气，不分解乳糖，也不产生靛基质，不发酵麦芽糖。

本菌主要有 O、H 两种抗原，少数菌中还有一种表面抗原，功能上与大肠杆菌的 K 抗原类似，一般认为它与毒力有关，故称为 Vi 抗原。沙门菌血清定型是用 O、H 和 Vi 单因子血清作玻板凝集试验来确定。沙门氏菌具有一定的侵袭力，并产生毒力强大的内毒素，细菌死亡后释放出内毒素，可引起宿主体温升高、白细胞数下降，大剂量时导致中毒症状和休克。

本菌对干燥、腐败、日光等环境因素有较强的抵抗力，在水中能存活 2～3 周，在便中能存活 1～2 个月，在冰冻土壤中可存活过冬，在潮湿温暖处虽只能存活 4～5 周，但在干燥处则可保持 8～20 周的活力。该菌对热的抵抗力不强，60℃ 15min 即可被灭活。对于各种化学消毒剂的抵抗力也不强，常规消毒剂及其浓度均能达到消毒目的。

随着多种抗药菌株的产生，该类病原菌对抗菌药物的敏感性也愈来愈低，多数菌株对土霉素、四环素、链霉素和磺胺类药物等产生了抵抗力，但目前大部分菌株仍对庆大霉素、卡那霉素、乙酰甲喹、硫酸黏杆菌素、喹诺酮类等药物敏感。

（二）临床症状

不同日龄的鸡发生白痢的临诊表现有较大的差异。

雏鸡白痢：潜伏期 4～5d，经卵垂直感染的雏鸡，在孵化器或孵出后不久即可看到虚弱、昏睡，继而死亡。出壳后感染的雏鸡，多于孵出后 3～5d 出现症状，第 2～3 周龄是雏鸡白痢发病和死亡高峰。污染严重的种鸡场，其后代雏鸡白痢病的病死率可高达

20%～30%，甚至更高。病雏表现为不愿走动，聚成一团，不食，羽毛松乱，两翼下垂，低头缩颈，闭眼昏睡。排白色糊样粪便，肛门周围的绒毛被粪便污染，干涸后封住肛门周围，影响排粪。由于肛门周围炎症引起疼痛，故病雏排便时常发出"嘀嘀"的叫声，有的病雏表现呼吸困难、喘气。有的可见关节肿大、跛行。病程4～7d。3周龄以上发病的极少死亡，耐过鸡生长发育不良，成为慢性病鸡或带菌鸡。

育成鸡白痢：多见于40～80日龄的鸡，地面平养的鸡群发病率比网上和笼养鸡高。鸡群密度大、环境卫生条件差、饲养管理差及饲料营养水平低等对发病率有很大的影响。本病发生突然，全群鸡食欲、精神无明显变化，但鸡群中不断出现精神、食欲差和下痢者，常突然死亡。死亡不见高峰而是每天都有鸡死亡，数量不一。该病病程较长，可持续20～30d，病死率可达10%～20%。

成年鸡白痢：多呈慢性经过或隐性感染。一般无明显症状，当鸡群感染比例较大时，可明显影响产蛋量，产蛋高峰不高，维持时间短，死淘率增高。部分病鸡面部苍白、鸡冠萎缩、精神委顿、缩颈垂翅、食欲丧失、产卵停止，排白色稀粪。有的感染鸡可因卵黄性腹膜炎而呈"垂腹"现象。

（三）病理变化

雏鸡白痢可见尸体瘦小、羽毛污秽，泄殖腔周围被粪便污染。病死鸡脱水，眼睛下陷，脚趾干枯。剖检可见肝脏、脾脏和肾脏肿大、充血，有时肝脏可见大小不等的坏死点。卵黄吸收不良，内容物为呈奶油状或干酪样黏稠物。有呼吸道症状的雏鸡肺脏可见有坏死或灰白色结节。心包增厚，心脏上可见有坏死或结节，略突出于脏器表面；肠道呈卡他性炎症，盲肠膨大。

育成鸡白痢的突出变化是肝脏肿大，有的比正常肝脏大数倍，淤血、质脆，极易破裂，表面有大小不等的坏死点。脾脏肿大，心包增厚，心肌可见有数量不一的黄色坏死灶，严重的心脏变形、变圆。有时在肌胃上也可见到类似的病变。肠道呈卡他性炎症。

成年鸡最常见的病变在卵巢，有的卵巢尚未发育，输卵管细小。多数卵巢仅有少量接近成熟的卵子。已发育正常的卵巢质地改变，卵子变色，呈灰色、红色、褐色、淡绿色，甚至铅黑色，卵子内容物呈干酪样。卵黄膜增厚、卵子形态不规则。变性的卵子有长短粗细不同的卵蒂（柄状物）与卵巢相连。脱落的卵子进入腹腔，可引起广泛的腹膜炎及腹腔脏器粘连。产蛋鸡患病后输卵管内充满炎性分泌物。

成年公鸡的病变常局限于睾丸和输精管，睾丸极度萎缩，同时出现小脓肿。输精管腔增大，充满浓稠渗出液。

（四）流行病学特征

易感动物：各品种的鸡对本病均有易感性。各种年龄的鸡均可感染，但幼年鸡较成年鸡易感，其中以2～3周龄内的雏鸡发病率与病死率最高，呈流行性。鸭、雏鹅、鹌鹑、麻雀、鸽、金丝雀等也有发病的报告，这些禽类感染多数与病鸡接触有关。在哺乳动物中，兔特别是乳兔有高度易感性，豚鼠、小鼠和猫有易感性，大鼠则有很强的抵抗力，也曾在狗、狐、水貂和猪体内分离到本菌。人偶有发病，但只有通过食物一次摄入大量本菌才有可能引起发病。

传染源：病鸡和带菌鸡是本病的主要传染源，病鸡的分泌物、排泄物、蛋、羽毛等均含有大量的病原菌。

传播途径：禽沙门氏菌病常形成相当复杂的传播循环。可以通过消化道、呼吸道或眼结膜水平传播，但经卵垂直传播具有非常重要的意义，感染的小鸡大部分死亡，耐过鸡长期带菌，而后也能产卵，卵又带菌，若以此作为种蛋时，则可周而复始地代代相传。病原菌污染环境、水源和饲料，能在其中存活较长时间，从而可通过消化道和呼吸道传播；隐性感染者的自然交配或用其精液进行人工授精也是该病水平传播的重要途径。同时，沙门氏菌也可通过带菌鸡蛋垂直传递给子代而引起发病。此外，潜于隐性感染者消化道、淋巴组织和胆囊内的病原菌，在机体抵抗力降低时也可激活而使鸡发生内源性感染。

流行形式及因素：本病一年四季均可发生。一般呈散发或地方流行性。在育雏季节可表现为流行性。卫生条件差、密度过大可促使本病的发生。种鸡场若被该菌污染，种鸡群中即有一定比例的病鸡或带菌鸡，这些鸡产下带菌的种蛋，在孵化过程中可以造成胚胎死亡，或者孵出弱雏、病雏。这些弱雏和病雏又不断排出病菌感染同群的鸡。本病所造成的损失与种鸡场的净化程度、饲养管理水平以及防控措施是否适当有着密切关系。

（五）预防及治疗

防控鸡白痢的原则是杜绝病原菌的传入，清除群内带菌鸡，同时严格执行卫生、消毒和隔离制度。

加强严格的卫生检疫和检验措施：通过严格的卫生检疫和检验，防止饲料、饮水和环境污染。根据本地特点建立完善的良种繁育体系，慎重引进种禽、种蛋，必须引进时应了解对方的疫情状况，防止病原菌进入本场。

定期检疫，及时淘汰阳性鸡和可疑鸡：健康鸡群应定期通过全血平板凝集反应进行全面检疫，淘汰阳性鸡和可疑鸡；有该病的种鸡场或种鸡群，应每隔4～5周检疫1次，将全部阳性带菌鸡检出并淘汰，以建立健康种鸡群。

加强消毒：坚持种蛋孵化前的消毒工作，可通过喷雾、浸泡等方法进行，同时应对孵化场、孵化室、孵化器及其用具定期进行彻底消毒，杀灭环境中的病原菌。

加强饲养管理：保持育雏室、养禽舍及运动场的清洁、干燥，加强日常的消毒工作。防止飞禽或其他动物进入而散播病原菌。

发现病禽，迅速隔离（或淘汰）消毒。全群进行抗菌药物预防或治疗，可选用的药物有头孢噻呋、磺胺类、喹诺酮类、庆大霉素、硫酸黏杆菌素、硫酸新霉素、土霉素等，但是治愈后的家禽可能长期带菌，故不能作种用。

（六）实验室检测

依据标准：NY/T 536—2017。

1.病原分离和鉴定

（1）采集病料　可采集被检鸡的肝、脾、肺、卵巢等脏器，无菌取每种组织5～10g，研磨后进行病原分离培养。

（2）分离培养

1）培养基

增菌培养基：亚硒酸盐煌绿增菌培养基，四硫磺酸钠煌绿增菌培养基。

鉴别培养基：SS琼脂和麦康凯琼脂。

以上各培养基配制方法见附录 A。

2）操作　将研碎的病料分别接种亚硒酸盐煌绿增菌培养基或四硫磺酸钠煌绿增菌培养基或 SS 琼脂平皿或麦康凯琼脂平皿，37℃培养 24～48h，在 SS 琼脂或麦康凯平皿上若出现细小无色透明或半透明、圆形的光滑菌落，判为可疑菌落。若在鉴别培养基上无可疑菌落出现时，应从增菌培养基中取菌液在鉴别培养基上划线分离，37℃培养 24～48h，若有可疑菌落出现，则进一步做鉴定。

（3）病原鉴定

1）生化试验和运动性检查

① 生化反应试剂：三糖铁琼脂和半固体琼脂。

② 操作：将可疑菌落穿刺接种三糖铁琼脂斜面，并在斜面上划线，同时接种半固体培养基，37℃培养 24h 后观察。

③ 结果判定：若无运动性，并且在三糖铁琼脂上出现阳性反应时，则进一步作血清学鉴定；若有运动性，说明不是鸡沙门菌或雏沙门菌感染。三糖铁琼脂典型的阳性反应为斜面产碱、变红，底层产酸、变黄；部分菌株斜面和底层均产酸、变黄。半固体琼脂阳性反应为穿刺线呈毛刷状。

2）血清型鉴定

① 沙门菌属诊断血清：沙门菌 A～F 多价 O 血清、O9 因子血清、O12 因子血清、H～a 因子血清、H～d 因子血清、H～gm 因子血清和 gp 因子血清。

② 操作：对初步判为沙门菌的培养物作血清型鉴定。取可疑培养物接种三糖铁琼脂斜面，37℃培养 18～24h，先用 A～F 多价 O 血清与培养物进行平板凝集试验，若呈阳性反应，再分别用 O9、O12、H～a、H～d、H～gm 和 H～gm 因子血清做平板凝集试验。

具体操作为：用接种环取两环因子血清于洁净玻璃板上，然后再用接种环取少量被检菌苔与血清混匀，轻轻摇动玻璃板，于 1min 内呈明显凝集反应者为阳性，不出现凝集反应者为阴性。试验同时设生理盐水对照，应无凝集反应。

③ 结果判定：如果培养物与 O9、O12 因子血清均呈阳性反应，而与 H～a、H～d、H～gm、H～gp 因子血清均呈阴性反应，则鉴定为鸡沙门氏菌或雏沙门菌。

2. 鸡伤寒和鸡白痢全血平板凝集试验

（1）材料准备　鸡白痢和鸡伤寒多价染色平板抗原、强阳性血清（500IU/ml）、弱阳性血清（10IU/ml）、阴性血清。

玻璃板、吸管、金属丝环（内径 7.5～8.0mm）、反应盒、酒精灯、针头、消毒盘和酒精棉等。

（2）操作步骤　在 20～25℃环境条件下，用定量滴管或吸管吸取抗原，垂直滴于玻璃板上 1 滴，然后用针头刺破鸡的翅静脉或冠尖取血 0.05ml（相当于内径 7.5～8.0mm 金属丝环的两满环血液），与抗原充分混合均匀，并使其散开至直径为 2cm，不断摇动玻璃板，计时判定结果，同时设强阳性血清、弱阳性血清、阴性血清对照。

（3）结果判定

1）凝集反应判定标准如下

① 100%凝集（＋＋＋＋）：紫色凝集块大而明显，混合液稍混浊。

② 75%凝集（＋＋＋）：紫色凝集块较明显，但混合液有轻度混浊。

③ 50%凝集（＋＋）：出现明显的紫色凝集颗粒，但混浊液较为混浊。

④ 25%凝集（＋）：仅出现少量的细小颗粒，而混合液混浊。

⑤ 0%凝集（一）：无凝集颗粒出现，混合液混浊。

2）在2min内，抗原与强阳性血清呈100%凝集（＋＋＋＋），弱阳性血清应呈50%凝集（＋＋），阴性血清不凝集（一），判试验有效。

3）在2min内，被检全血与抗原出现50%（＋＋）以上凝集者为阳性，不发生凝集则为阴性，介于两者之间为可疑反应，将可疑鸡隔离饲养1个月后，再作检验，若仍为可疑反应，按阳性反应判定。

附录 A
（规范性附录）

培养基的制备

A.1　亚硒酸盐煌绿增菌培养基

A.1.1　成分

酵母浸出粉	5.0g
蛋白胨	10.0g
甘露醇	5.0g
牛黄胆碱酸	1.0g
K_2HPO_4	2.65g
KH_2PO_4	1.02g
$NaHSeO_3$	4.0g
新鲜0.1%煌绿水溶液	5.0ml

去离子水加至1000ml

A.1.2　制法

A.1.2.1　除$NaHSeO_3$和煌绿溶液外，其他成分混合于800ml去离子水中，加热煮沸溶解，冷至60℃以下，待用。

A.1.2.2　将$NaHSeO_3$加入，再加200ml去离子水，加热煮沸溶解冷至60℃以下，待用。

A.1.2.3　将煌绿溶液加入，调整pH至6.9～7.1。

A.1.3　用途

为沙门菌选择性增菌培养基。

A.2　四硫磺酸钠煌绿增菌培养基

A.2.1　成分

胨蛋白胨或多价蛋白胨	5.0g
胆盐	1.0g
$CaCO_3$	10.0g
NaS_2O_3	30.0g
0.1%煌绿溶液	10.0ml
碘溶液	20.0ml

去离子水加至1000ml

A.2.2　制法

A.2.2.1　除碘溶液和煌绿溶液外，其他成分混合于水中，加热溶解，分装于中号试管或玻璃瓶，试管每支10ml，玻璃瓶每瓶100ml。分装时振摇，使 $CaCO_3$ 均匀地分装于试管或玻璃瓶。121℃高压灭菌15min，备用。

A.2.2.2　临用时，每10ml或100ml上述混合溶液中，加入碘溶液0.2ml或2.0ml和0.1‰煌绿溶液0.1ml或1.0ml。

A.2.3　用途

供沙门氏菌增菌培养用。

A.3　SS琼脂鉴别培养基

A.3.1　成分

牛肉浸粉	5.0g
胨蛋白胨	5.0g
胆盐	2.5g
蛋白胨	10.0g
乳糖	10.0g
NaS_2O_3	8.5g
$Na_3C_6H_5O_7$	8.5g
$FeC_6H_5O_7$	1.0g
1‰中性红溶液	2.5ml
0.01‰煌绿溶液	3.3ml
琼脂粉	12.0g

去离子水加至1000ml

A.3.2　制法

A.3.2.1　将A.3.1中的成分（除中性红和煌绿溶液外）混合，加热溶解。

A.3.2.2　待琼脂完全融化后，调整pH至7.1～7.2。

A.3.2.3　将中性红和煌绿溶液加入，混合后分装。

A.3.2.4　116℃灭菌20～30min。

A.3.3　用途

供鉴定沙门菌用。

A.4　麦康凯琼脂鉴别培养基

A.4.1　成分

蛋白胨	20.0g
乳糖	10.0g
NaCl	5.0g
胆盐	5.0g
1‰中性红溶液	7.5ml
琼脂粉	12.0g

去离子水加至1000ml

A.4.2　制法

A.4.2.1　将A.4.1中的成分除中性红水溶液外，其他充分混合，加热溶解。

A.4.2.2　待琼脂完全融化后，调整pH至7.4。

A.4.2.3　加入中性红水溶液，充分混合均匀后，分装于容器中。

A.4.2.4 116℃灭菌20～30min。

A.4.3 用途

供分离培养沙门氏菌和大肠杆菌等肠道菌用。

二、鸡伤寒

鸡伤寒（fowl typHoid）是由鸡沙门氏菌引起的家禽的一种败血性传染病，主要发生于鸡和火鸡。病程为急性或慢性经过。死亡率与病原的毒力强弱有关。

鸡伤寒呈世界性分布，由本病造成的损失很严重，死亡率可达10%～50%或更高。鸡沙门氏菌可感染任何日龄的鸡。据Hall等报道，发生鸡伤寒的鸡场，1～6月龄死亡率分别为25.6%、13.5%、24.9%、19.2%、13.8%和2.7%。种鸡感染后所产的蛋带有鸡沙门氏菌，因此可垂直传播。Hall等对自然感染和人工感染的两群鸡产的1000枚蛋培养后发现，50%的鸡伤寒阳性鸡产的蛋受到污染，用这些阳性鸡产的蛋孵出的906只雏鸡中，有296只（32.6%）在最初的6个月内死于本病，在第一个月内死亡最严重。

（一）病原特征

鸡伤寒的病原为鸡沙门氏菌（*Salmonella gullinarum*），该菌呈短粗的杆状，大小为$(1.0～2.0)\mu m \times 1.5\mu m$，常单个散在，偶尔成对存在。革兰氏染色为阴性，不形成芽孢，无荚膜，无鞭毛。

鸡沙门氏菌易在pH7.2的牛肉膏琼脂、牛肉浸液琼脂及其他营养培养基上生长，需氧、兼性厌氧，在37℃条件下生长最佳。本菌在硒酸盐和四磺酸肉汤等选择培养基上能够生长，在麦康凯、亚硫酸铋、SS、去氧胆酸盐、去氧胆酸盐枸橼酸乳糖蔗糖和亮绿琼脂等鉴别培养基上都能生长。

本菌在营养琼脂上形成细小、湿润、圆形蓝灰色菌落，边缘整齐。在肉汤中生长形成絮状沉淀。

本病原在加热60℃10min、日光直射下几分钟即被杀死；0.1%石炭酸和1%高锰酸钾能在3min内将其杀死；2%的甲醛溶液可在1min内将其杀死。在某些条件下本菌可存活较长时间，如在黑暗处的水中可存活20d；死于鸡伤寒的鸡，3个月后还能在其骨髓中分离到强毒力的鸡沙门氏菌。

鸡沙门氏菌的O抗原为O1、O9、O12，其O12的抗原性没有变异，这一点与鸡白痢沙门氏菌不同。

（二）临床症状

雏鸡与雏火鸡的症状与鸡白痢相似。污染种蛋可孵出弱雏及死雏。出壳后感染，潜伏期4～5d，发病后的表现与鸡白痢相同。

青年鸡或成年鸡发病后，最初表现为精神委顿、羽毛松乱、头部苍白、鸡冠萎缩、饲料消耗量急剧下降。感染后2～3d内，体温上升1～3℃，并一直持续到死前的数小时。

火鸡群暴发鸡伤寒时，表现为渴欲增加、食欲不振、精神委顿、离群、排出绿色或黄色稀粪。体温升高，可达44～45℃。

（三）病理变化

在急性鸡伤寒中，存在严重的溶血性贫血。这是由于红细胞受到内毒素的作用而发生变化，被网状内皮系统消除。

最急性病例的组织病变不明显，病程较长者出现肝、脾、肾红肿，这些病变常见于青年鸡。亚急性和慢性病例，常见到肝脏肿大，呈绿褐色或青铜色。另外，肝脏和心肌有粟粒状灰白色病灶，心包炎，由于卵子破裂而引起腹膜炎；卵子出血、变形及颜色改变；卡他性肠炎。雏鸡感染后，肺、心和肌胃有时可见灰白色坏死灶。火鸡的病变与鸡相似。

（四）流行病学特征

本病除发生于鸡和火鸡外，还可见于鸭、珍珠鸡、孔雀、鹌鹑、松鸡、雉鸡等。各种日龄的鸡均可感染。

病鸡和带菌鸡是主要的传染来源。传播方式较多。饲养员的衣服、鞋帽、运输车辆、用具、野鸟、苍蝇等都可机械传播病原。消化道是主要的感染途径。

本病还可经垂直传播。如 Rao 等对阳性鸡所产的 36 枚蛋作分离培养，其中 13 枚（36％）分离到鸡沙门氏菌。Hall 等用阳性鸡产的蛋孵化，孵出的 906 只雏鸡中，有 296 只（32.6％）在最初的 6 个月内死于伤寒。

（五）预防及治疗

做好日常管理工作。重视环境消毒，制定合理的免疫程序，定期进行抗体水平检测，做好沙门氏菌的净化工作。

重病鸡及时淘汰处理，轻病鸡隔离治疗，鸡舍及场地要彻底消毒。鸡粪要堆积发酵。

预防药物用呋喃唑酮，按 0.02％～0.04％比例混合饲料。雏鸡每天每只在饮水中饮服链霉素 0.01g，也有较好的效果。

治疗鸡伤寒可选用磺胺类、呋喃类及抗生素类药物。如磺嘧啶或磺胺二甲基嘧啶，按 0.5％的浓度拌料，连喂 5～10d。还可用土霉素拌料。病情严重的用环丙沙星饮服 2d，以加强疗效。

（六）实验室检测

参照鸡白痢实验室检测 NY/T 536—2017。

三、禽传染性鼻炎

传染性鼻炎是由副禽嗜血杆菌引起的鸡的一种急性上呼吸道传染病，主要特征是流鼻涕、打喷嚏、面部肿胀、结膜发炎、鼻腔和窦腔黏膜发炎，产蛋下降。本病主要侵害育成鸡和产蛋鸡，严重影响鸡群生长发育和产蛋，常造成严重的经济损失。我国把其列为三类动物疫病。

传染性鼻炎最早于 1920 年首次在美国报道，1932 年由 De Blieck 分离到病原。随后不少国家相继发现本病，现已分布于世界各养鸡国家，我国也有广泛流行。

（一）病原特征

副禽嗜血杆菌（*HaemopHilus paragallinarum*）又叫副鸡嗜血杆菌，为巴氏杆菌科（Pasteurellaceae）嗜血杆菌属（*Haemo pHilus*）的成员。本菌革兰氏染色阴性，为球杆状或多形性，有时呈丝状大小 [（1～3）μm×（0.4～0.8）μm]，无鞭毛，不能运动，不形成芽孢。大多数有毒力的菌株在体内或初次分离时带有荚膜。在病料中以单个、成双或短链形式散在或呈丛存在。48～60h 的老龄培养物可呈现不完整的形态等退化状态，但若此时将这种培养物再移种至新鲜培养基上，又可培养出典型的球杆状细菌。

本菌为兼性厌氧，在 5%～10%CO_2 的条件下生长较好。最适生长温度为 34～42℃，通常培养于 37～38℃。本菌对营养要求较高，多数菌株需要在培养基中加入 V 因子，即烟酰胺腺嘌呤二核苷酸（NAD）。由于葡萄球菌在生长过程中可以产生 V 因子，因此若将两者交叉划线于琼脂平板上进行培养，可在葡萄球菌菌落周围形成副鸡嗜血杆菌菌落。这是嗜血杆菌属成员的特有现象，叫做"卫星现象"。但是个别菌株可能不需要 V 因子，例如南非的 NAD 非依赖分离株。另外有些菌株需要添加 1%鸡血清才良能好生长。本菌在鲜血脂培养基上培养 24h 后，可形成灰白色、半透明、圆形、凸起、边缘整齐的光滑型小菌落，直径约 0.3mm。在加有裂解血或 NAD 的肉汤培养基中培养 24h 呈均匀浑浊，静置后有少量沉淀。在麦康凯琼脂上本菌不生长。

本菌可在鸡胚中生长，接种 6～7 日的鸡胚卵黄囊后，24～48h 内致鸡胚死亡。细菌在卵黄和胚体中含量最高。

对分离培养的细菌，可通过涂片镜检、玻片凝集试验、血凝抑制试验、琼扩试验及动物接种等方法进行检测，并可进一步做生化鉴定。

副鸡嗜血杆菌的血清型分类方法有多种，尚未完全统一，其中凝集反应、HI 试验、琼扩试验应用较广。Page 等人利用平板凝集试验将分离到的副鸡嗜血杆菌分为 A、B 和 C 3 个血清型，A、C 两型又各有 4 个亚型，又称 Page 血清型，目前已得到国际认可。同一血清型的菌株所制备的菌苗只能对同源菌株的攻击提供免疫保护。我国分离株主要是 A 血清型，并有少量 C 血清型。

另一种血清型分类方法是 Kume 等人建立的 HI 试验。该法将所有菌株分为 Ⅰ、Ⅱ、Ⅲ 3 个群共 9 个血清型，其中 3 个群与 Page 法的 3 个血清型相对应，即将 Page 的 A、B、C 血清型变成了Ⅰ、Ⅱ、Ⅲ血清群。用此法对中国分离株进行分型仍多为Ⅰ群。最近国际上对 Kume 分型法进行了修正，以便容纳更多的新血清型，并将Ⅰ、Ⅱ、Ⅲ群改为 A、B、C 群，使新的血清型以数字递增的形式表示，如用 Kume 法目前已鉴定的 3 群、9 个血清型依次为 A1～A4、B1、C1～C4。Kume 法的特点是对 Page 法中许多不能分型的菌株容易进一步分型。

除了血清分型外，人们还对型内不同菌株分类也进行了研究，其中利用 DNA 技术、限制性内切酶酶切分析及单克隆抗体技术均取得了较好效果。

本菌主要存在于病鸡或带菌鸡的鼻腔、鼻窦、下窦及气管等器官黏膜和分泌物中。耐过本菌感染的鸡具有较强的免疫力，以体液免疫为主。

本菌对外界环境的抵抗力较弱，在宿主体外很快失活。病鸡排泄物中的病原菌在自来水中仅能存活 4h。培养物在 45～55℃下 2～10min 内死亡。在血琼脂平板上的培养物于 4℃可存活 1 周，在鸡胚卵黄囊中的细菌于－20℃可存活 1 个月。真空冻干菌种于－20℃

以下可长期保存。本菌对各种消毒药物和消毒方法均敏感。在体内和体外对多种抗菌药物敏感，尤其是磺胺类及广谱抗生素。

（二）临床症状

本病的潜伏期1～3d，在鸡群中传播很快，几天之内可波及全群。病鸡颜面肿胀、肉垂水肿，鼻腔有浆液性或黏液性分泌物。可见结膜炎和窦炎。病初眼结膜发红、肿胀、流泪、眼睑水肿、打喷嚏、流浆液性鼻涕，后转为黏液性。病鸡不时发出快而短促的"哭、哭"声。由于炎性分泌物的不断增加和积蓄，病鸡眶下窦、鼻窦肿胀、隆起，上下眼睑粘连、闭合。病情严重或炎症蔓延至下呼吸道时，可见病鸡摇头、张口呼吸，有呼吸道啰音。未开产鸡表现发育不良，开产鸡群则产蛋明显下降（下降10%～40%）。病程一般1～2周，若无继发感染则很少引起死亡。若继发感染其他病，则病情加重，病程延长，死亡增多。

（三）病理变化

主要病变在鼻腔、鼻窦和眼睛。鼻腔、鼻窦黏膜有急性卡他性炎症，黏膜充血肿胀，被覆有黏液。病程较长者鼻腔、鼻窦内有鲜亮、淡黄色干酪样物。结膜充血肿胀，眼睑及脸部水肿，结膜囊内可见干酪样分泌物。有些急性病例可见口腔、喉头或气管有浆液或黏液性分泌物，另外可见气囊炎、肺炎和卵泡变性、坏死或萎缩。当有鸡毒支原体继发或合并感染时，上述病变更明显。

（四）流行病学特征

易感动物：本病自然感染主要发生于鸡。各种年龄的鸡均可感染，但4周龄以上鸡最易感，尤其是初产蛋鸡，发病后较为严重。成年鸡感染后潜伏期短而病程长。雏鸡、珠鸡、鹌鹑偶然也能发病。人工感染时，火鸡、鸭、鸽、麻雀、乌鸦、兔、小鼠及豚鼠等均有抵抗力。

传染源：病鸡和带菌鸡是本病的传染源。

传播途径：本病可通过污染的饮水、饲料等经消化道传播，也可通过空气经呼吸道传播。麻雀也能成为传播媒介。

流行形式及因素：本病一年四季均可发生，但秋、冬季节多发。除气候外，饲养管条件、鸡群年龄等因素也与本病的发生和严重程度有关，如饲养密度过大、通风不良、闷热或寒冷潮湿、氨气浓度偏高、不同年龄的鸡混群饲养、维生素A缺乏、某些疫苗接种引起的应激反应，其他传染病如鸡传染性支气管炎、鸡慢性呼吸道病或寄生虫病的存在等。

（五）预防及治疗

平时加强饲养管理，搞好卫生消毒，包括带鸡消毒。防止鸡群密度过大，不同年龄的鸡应隔离饲养。在寒冷季节，既要搞好防寒保暖，又要注意通风换气，降低空气中粉尘和有害气体含量。

免疫接种是预防本病的主要措施之一。目前主要使用灭活菌苗，国内预防以A型单价灭活苗为主，但鉴于我国也存在由C型、B型菌引起的感染，为了能更全面、更有效地预防和控制本病的发生和流行，已有学者开展了 A、C 二价疫苗的研究。如果 A、C 二价疫苗预防无效，可能是感染了 B 型菌，可考虑选用 A、B、C 三价疫苗。常规的免疫程序为 4～6 周龄时皮下注射 0.3ml，开产前 1 个月皮下注射 0.5ml 加强免疫，保护期可达 9 个月以上。

多种抗生素和磺胺类药物都可用于治疗本病，但应注意本细菌易产生耐药性，治疗中断后容易复发。常用药物包括磺胺间甲氧嘧啶、磺胺二甲基嘧啶、复合磺胺制剂（磺胺类药物 5 份、磺胺增效剂 1 份），可通过药敏试验选择敏感药物，一般连用 5～7d；对不吃料的鸡可肌内注射链霉素，每天 2 次，连用 2～3d。同时做好隔离、消毒工作，以尽快控制疫情。

（六）实验室检测

鸡传染性鼻炎诊断技术

依据标准：NY/T 538—2015。

1. 细菌的分离与鉴定

（1）材料准备

1）无菌棉拭子、鲜血琼脂平板培养基、无菌鸡血清或牛血清、TSA（胰蛋白胨大豆琼脂，Tryptic Soya Agar）和 TSB（胰蛋白胨大豆肉汤，Tryptic Soya Broth）培养基。

2）产烟酰胺腺嘌呤二核苷酸（NAD，或还原型 NAD）表皮葡萄球菌。

（2）操作程序

1）无菌打开可疑鸡的眶下窦，用灭菌棉拭子蘸取其中黏液或浆液。

2）用棉拭子在鲜血琼脂平板培养基上横向划线 5～7 条，然后用接种环取表皮葡萄球菌从横线中间划一纵线。

3）将划好的平皿置于 5% 的 CO_2 培养箱中（37℃±1℃）培养 24～40h。

4）观察菌落特点。

5）取菌落做过氧化氢酶试验，必要时通过进一步的生化反应做详细的特征鉴定。副鸡嗜血杆菌的生化反应特点、培养特性及过氧化氢酶试验方法见附录 A。

6）应用 PCR 方法鉴定可疑菌落，经 PCR 鉴定正确后，取可疑菌落纯培养物作为攻毒样品进行动物试验，方法见附录 B。

（3）结果判定与表示方法　若鲜血琼脂培养基上出现"卫星样"生长的露珠状、针尖大小的小菌落，即靠近产 NAD 表皮葡萄球菌处菌落较大，直径可达 0.3mm，离产 NAD 表皮葡萄球菌菌落越远，菌落越小，过氧化氢酶阴性，结果判为阳性，记为"＋"；若无卫星现象，但有露珠状、针头大小的小菌落且过氧化氢酶阴性，则需采用进一步 PCR 或者动物实验鉴定，以避免漏检不需要 NAD 的副鸡嗜血杆菌。若无上述现象，则判为阴性，记为"－"。

2. 聚合酶链式反应（PCR）技术

（1）材料准备

1）试验材料　生理盐水、去离子水、琼脂糖、TAE 电泳缓冲液、Goldview DNA 染料。阴性对照为灭菌去离子水，阳性对照为副鸡嗜血杆菌菌株。

2）仪器及耗材　PCR 仪、微量加样器、小型高速离心机、电泳仪、水平电泳槽、紫

常见动物疫病实验室检测汇编

外检测仪；1.5ml 及 0.2ml 小离心管、吸头。

（2）操作程序

1）PCR 临床样品的采集　无菌打开可疑病鸡的眶下窦，用灭菌棉拭子蘸取其中的黏液或浆液，浸入含 0.8～1.0ml 生理盐水的 1.5ml 离心管内，室温放置 0.5h 后，将棉拭子在管壁上尽量挤干，然后弃至消毒液缸中。

2）PCR 临床样品的处理　将浸过棉拭子的离心管以 6000g 离心 10min，小心弃去大部分上清液，保留 20μl 左右液体（若样品中混有血液，可 800g 离心 5min，将红细胞沉淀至管底部，将上清液转至新管中，再 6000g 离心 10min）。然后加入 20μl 灭菌去离子水，压紧管盖，煮沸 10min，再冰浴 10min。6000g 离心 2min，取出上清作为 PCR 样品，或者保存于－20℃。

3）PCR 菌落样品的制备　挑取平皿上的可疑菌落，加到含 20μl 灭菌去离子水的 PCR 离心管中，压紧管盖，煮沸 10min，再冰浴 10min 后离心取上清作为 PCR 样品，或者保存于－20℃。

4）引物

上游引物：5'- TgA ggg TAg TCT TgC ACg CgA AT-3'。

下游引物：5'-CAA ggT ATC gAT CgT CTC TCT ACT-3'。

5）PCR 扩增

反应体系：2×buffer 12.5μl，Taq 0.5μl，dNTP 2μl。N1 0.5μl，R1 0.5μl，样品 4μl，灭菌去离子水 5μl，总体积 25μl。PCR 反应程序：第一阶段，94℃ 5min；第二阶段，94℃ 45s，56℃ 45s，72℃ 1min，30 个循环；第三阶段，72℃延伸 10min。

反应结束后用 1%琼脂糖凝胶检测，在凝胶成像系统上观察是否有无此条带。

（3）结果判定　阳性对照样品出现一条 0.5kb 的 DNA 条带，若阴性对照样品无此条带，被检样品出现与阳性对照同样大小的条带，则判为阳性。否则判为阴性。如果阴、阳性对照结果不成立，则全部样品应该重做。

3. 血凝抑制试验（鉴定副鸡嗜血杆菌的血清型）

（1）材料准备

1）副鸡嗜血杆菌标准 A 型、B 型、C 型分型血清及血凝抑制试验 A 型、B 型、C 型标准抗原。

2）KSCN/NaCl 溶液，PBS 和 PBSS 稀释液，制备方法见附录 C。

3）新鲜红细胞悬液及醛化红细胞（GA-RBC）悬液，制备方法见附录 D。

4）96 孔微量反应板（V 形）、微量振荡器、微量加样器及吸头。

（2）操作程序

1）被检抗原制备　从纯培养的平板上挑取菌落，接种 100ml TSB 培养基，37℃培养 10～16h，将 100ml 培养物 8000g 离心 10min，其沉淀用 PBS 离心洗涤 3 次，然后用 5ml PBS 悬液，冰浴中超声波 300W 裂解 5s，间隔 5s，共裂解 15min，再 8000g 离心 10min，其沉淀用 2ml PBS 悬浮，即为血凝抑制试验所需抗原。用于血凝试验、血凝抑制试验或者－20℃保存备用。

2）本操作最好在室温范围内进行，也可置于 37℃温箱中。加盖子或封口膜防止液体蒸发。同时用 A 型、B 型、C 型分型血清对被检抗原进行以下操作，以全面检出各型菌的感染。

3）取洁净血凝板，将抗原用 PBSS 从 2 倍开始做 2 倍梯度稀释，加入 1～11 列孔中，每孔最终液体量为 25μl，第 12 列孔只加 25μl PBSS 作为醛化红细胞对照孔。

4）每孔再加 25μl PBSS。

5）每孔加 PBSS 配置的 1‰醛化红细胞悬液 25μl。

6）充分振荡混合后，在室温静置 40～60min 或 37℃静置 40min，至对照孔红细胞完全下沉为准。

7）判定抗原的血凝价（HA 效价），即为使红细胞发生完全凝集的抗原最大稀释倍数。

8）根据被检抗原数量，加上 A 型、B 型、C 型对照抗原，用 PBSS 将 A 型、B 型、C 型分型血清做 1∶100 稀释，每个抗原样品需要 1∶100 稀释的各型血清 25μl。

9）取洁净血凝板，在第 1～第 10 列孔中加入 25μl PBSS。第 11 列孔中加入 50μl PBSS。

10）在第 1 列、第 4 列、第 7 列孔中分别加入 1∶100 稀释的 A 型、B 型、C 型分型血清 25μl，依次向后两孔做 2 倍梯度稀释，每孔最终液体量为 25μl。第 10 列加 PBSS、抗原作为抗原对照孔，第 11 列只加 PBSS 作为红细胞对照孔。

11）将抗原用 PBSS 稀释至 4 个 HA 效价单位，每孔中（除第 11 列）加入 25μl。

12）充分振荡混合后，在室温静置 20～30min 或 37℃静置 20min。

13）每孔加入 PBSS 配置的 1‰醛化红细胞 25μl。

14）充分振荡混合后，在室温静置 40～60min 或 37℃静置 40min。

（3）HI 结果判定　能使红细胞发生完全凝集抑制的血清最高稀释度即为该型血清的 HI 效价，如果被检抗原与一个以上型的阳性血清有凝集抑制，其与哪个型阳性血清的 HI 效价最高，则判定该抗原为这个血清型。

4. 间接酶联免疫吸附试验

（1）材料准备

1）鸡传染性鼻炎 ELISA 抗原，阴、阳性对照血清，羊抗鸡 IgG 辣根过氧化物酶标抗体。

2）洗涤缓冲液、包被缓冲液、底物缓冲液及终止液配方见附录 E。

3）稀释液：成分及配制方法同 2）。

4）ELISA 读数仪、微量加样器、恒温培养箱、酶标板、吸头。

（2）操作程序

1）抗原包被：将抗原用包被液稀释至工作浓度，加入酶标板各孔中，每孔 100μl，置 4℃冰箱过夜。

2）洗涤：甩净孔内抗原溶液，用洗涤液加满各孔，放置 5min，然后甩净，重复 3 次。

3）加被检血清：用稀释液将被检血清做 1∶100 稀释，每孔加入 100μl，每次操作均设置阴性对照孔 2 个，阳性对照、空白对照孔各 1 孔。分别加入同样的阴、阳血清和稀释液各 100μl，不同的血清样品要更换吸头，37℃温箱中作用 30min。

4）洗涤：同 2）。

5）加羊抗鸡 IgG 辣根过氧化物酶标抗体：用稀释液将羊抗鸡 IgG 辣根过氧化物酶标抗体稀释至工作浓度，每孔加入 100μl，37℃温箱中作用 30min。

6）洗涤：同 2）。

7）显色：加入底物溶液 100μl，室温避光显色 10～15min。

8）终止及读数：每孔加入终止液 50μl 终止显色，然后用 ELISA 读数仪读数 OD_{492} 的吸光值。

（3）结果判定　将样品的 OD 值代入下列公式：

$$S/N＝被检血清样品 OD 值/阴性对照平均 OD 值$$

若 $S/N≥2$ 则结果为阳性，否则为阴性。

附录 A
（规范性附录）

副鸡禽杆菌的过氧化氢酶试验及生化和培养特性

A.1　过氧化氢酶试验

A.1.1　原理

过氧化氢酶可把过氧化氢分解为水和氧。

A.1.2　方法

取 1 滴 3% 过氧化氢，放在载玻片上，然后用接种环由固体培养基上取菌落 1 环，与载玻片上过氧化氢混合，如有大量气泡为阳性反应。

A.2　禽杆菌属生化和培养特性鉴定（表 2-1）

表 2-1　禽杆菌属生化和培养特性鉴定

特性	副鸡禽杆菌	鸡禽杆菌	沃尔安禽杆菌	A 种禽杆菌
过氧化氢酶	−	+	+	+
空气中生长	V	−	+	+
ONPG	−	V	+	V
L-阿拉伯胶糖	−	+	+	+
D-半乳糖	−	+	+	+
麦芽糖	+	V	+	V
海藻糖	+	+	+	+
甘露醇	+	+	+	V
山梨醇	+	−	V	−
A-葡萄糖苷酶	+	+	+	+

注：1. 所有菌为革兰氏阴性，沃尔安禽杆菌、A 种禽杆菌对 V 因子要求不定，鸡禽杆菌需要 X、V 因子。
2. V 为可变。

附录 B
（规范性附录）

动物实验

B.1　材料

生理盐水、1ml 无菌注射器、离心管、棉拭子，以上材料均需灭菌处理。4 只 4 周龄以上的非免疫健康鸡或无特定病原体（SPF）鸡。

B.2 操作程序

B.2.1 无菌打开可疑病鸡的眶下窦，用灭菌棉拭子尽量多蘸取其中的黏液或分泌物，然后将拭子浸入盛有1ml生理盐水的离心管中，搅动挤压棉拭子，使其中的液体释放至盐水中，弃去棉拭子，即获得临床病料液，将病料接种于培养皿中培养，挑取可疑菌落做成细菌悬液或者将菌落转接至TSB液体培养基培养后作为攻毒样品。

B.2.2 将上述攻毒样品经活菌计数后，用 1×10^6 CFU/（0.2ml/只）接种健康易感鸡或者SPF鸡眶下窦，并于接种后每日观察临床症状，直至1周。

B.3 结果判定

若接种鸡出现典型的传染性鼻炎的症状，判为阳性。若无传染性鼻炎症状判为阴性。一般阳性病料在接种24～48h后可出现典型的传染性鼻炎症状，有时会延长至72h。

附录C
（规范性附录）

血凝抑制试验中所需溶液的配制

C.1 KSCN/NaCl

硫氰酸钾	48.59g
氯化钠	24.84g

加灭菌去离子水900ml溶解，调pH至 6.3 ± 0.1，然后将溶液的体积用灭菌去离子水补足1000ml。

C.2 PBS 0.01mmol/L（pH7.2）

氯化钠	8.0g
氯化钾	0.2g
磷酸二氢钾	0.2g
磷酸氢二钠	2.89g
硫柳汞	0.1g

去离子水加至1000ml，121℃20min灭菌，置4℃冰箱保存备用。

C.3 明胶储存液

明胶	10mg
PBS	10mg

C.4 PBSS稀释液（含0.1BSA和0.001％明胶）

99ml PBS中加入0.1g BSA和1ml明胶贮存液。

附录D
（规范性附录）

新鲜红细胞和醛化红细胞的制备

D.1 阿氏液

葡萄糖	20.5g
柠檬酸钠	8.0g

柠檬酸	0.55g
氯化钠	4.2g

去离子水加至 1000ml，115℃ 30min 灭菌，置 4℃冰箱保存备用。

D.2 1%新鲜红细胞悬液的制备

采健康非免疫鸡的红细胞与阿氏液 1∶1 混合，用生理盐水离心洗涤 5 次，每次 500g 离心 10min，取沉淀的红细胞，加入生理盐水配成 1%新鲜红细胞悬液。

D.3 10%醛化红细胞悬液的制备

采健康非免疫鸡的红细胞与阿氏液 1∶1 混合，用生理盐水离心洗涤 5 次，每次 500g 离心 10min，将沉淀的红细胞吸起，用 0.2mol/L pH7.4 的磷酸盐缓冲液（PBS）配成红细胞悬液。按照 24∶1 加入戊二醛贮存液（25%）迅速混合，置于 4℃持续搅拌 30～45min，再用生理盐水离心洗涤 5 次，去离子水洗涤 5 次，每次 500g 离心 10min。最后一次将沉淀的红细胞用 PBS 配成 10%悬液，加入 0.01%硫柳汞置 4℃冰箱保存备用，1 个月以内使用。

附录 E
（规范性附录）

ELISA 常用溶液的配制

E.1 包被缓冲液（0.05mol/L 的碳酸盐缓冲液）

无水碳酸钠	1.59g
碳酸氢钠	2.93g

去离子水加至 1000ml，调 pH 至 9.6±0.1，置 4℃冰箱保存备用。

E.2 洗涤缓冲液

氯化钠	8g
磷酸二氢钾	0.2g
磷酸氢二钠	2.9g
氯化钾	0.2g
吐温-20	0.5ml

去离子水加至 1000ml，121℃ 20min 灭菌，置 4℃冰箱保存备用。

E.3 底物缓冲液

磷酸氢二钠	18.4g
柠檬酸	5.1g

去离子水加至 1000ml，115℃ 30min 灭菌，4℃保存备用。

用前每 100ml 中加入 40mg 邻苯二胺，溶解后加入 30%的双氧水 150μl，混匀使用。

E.4 终止液（2mol/L 硫酸溶液）

硫酸（95%～98%）	11.2ml
去离子水	88.8ml

四、鸡败血支原体

鸡败血支原体感染又称鸡毒支原体感染或慢性呼吸道病（Chronic respiratory

disease，CRD），在火鸡则称为传染性窦炎，是由禽败血支原体引起的鸡和火鸡等多种禽类的慢性呼吸道病。临诊上以呼吸道症状为主，特征表现为咳嗽、流鼻液、呼吸道啰音，严重时呼吸困难和张口呼吸。火鸡发生鼻窦炎时主要表现眶下窦肿胀。病程发展缓慢且病程长，并经常见到与其他病毒或细菌混合感染。感染此病后，幼鸡发育迟缓，饲料报酬降低，产蛋鸡产蛋下降，病原可在鸡群中长期存在和蔓延，还可通过蛋垂直传染给下一代。OIE 将其列入 B 类动物疫病，我国也将其列为二类动物疫病。

本病分布于世界各国。随着养鸡业集约化程度的提高、饲养方式的改变以及饲养密度的增加，在通风不良、空气中氨和灰尘增加或在气温骤降等环境中，容易发生本病。其他诸如疫病混合感染，甚至接种鸡新城疫和传染性支气管炎等活疫苗后也都可能诱发本病。目前该病已经成为集约化养鸡场的重要疫病之一，应引起人们的高度重视。

（一）病原特征

鸡败血支原体（*Mycoplasma gallisepticum*，MG）又名鸡毒支原体。菌体通常为球形、卵圆形或梨形，也有丝状及环状的，其大小为 250～500nm，能通过 450mm 的细菌滤器。吉姆萨染色着色良好，革兰氏染色为弱阴性，着色较淡。本菌好氧和兼性厌氧，鸡毒支原体对培养基的要求相当苛刻，不同的菌株对培养基的要求也可能不同。几乎所有的菌株在生长过程中都需要胆固醇、一些必需氨基酸和核酸前体，因此在培养基中需加入 10％～15％的猪、牛或马灭活血清。MG 在 37℃ pH2.8 左右的培养基中生长最佳。液体培养基接种前 pH 以 7.8 左右为宜，接种后 24～48h 下降到 pH7.0 以下。MG 在固体培养基上生长缓慢，培养 3～5d 可形成微小的光滑而透明的露珠状菌落，用放大镜观察，具有一个较密集的中央隆起，呈油煎蛋样，但某些种不呈此典型形态。

本菌具有神经毒素，用 S 株接种于雏火鸡，可出现脑动脉炎结节，并产生运动失调、麻痹、惊厥死亡。经火鸡或雏鸡气管接种，可引起气管炎、气囊炎。跗关节或脚掌接种则易引起腱鞘炎。

本菌接种 7 日龄鸡胚卵黄囊能生长繁殖，但只有部分鸡胚在接种后 5～7d 死亡，鸡胚的病变为胚体发育不全，全身水肿，关节肿大，尿囊膜、卵黄囊出血。如连续在卵黄囊继代，则死亡更加规律，病变更明显。

鸡败血支原体对外界抵抗力不强，离开禽体即失去活力。它对干热敏感，45℃ 1h 或 50℃ 20min 即被杀死，经冻干后保存于 4℃ 冰箱可存活 7 年。在水中 15℃ 存活 8～18d，4℃ 存活 10～20d 或更长。对紫外线敏感，在阳光直射下很快失去活力。一般消毒药也可很快将其杀死。MG 对恩诺沙星、红霉素、泰乐菌素、螺旋霉素、放线菌素 D、丝裂霉素最为敏感，对链霉素、四环素族、林可霉素次之，但容易产生耐药性，对新霉素、多黏菌素、卡那霉素、醋酸铊、磺胺类药物有抵抗力，故醋酸铊和青霉素常作为添加剂加入培养支原体的培养基中以抑制杂菌的生长。

（二）临床症状

人工感染潜伏期为 4～21d，自然感染潜伏期的长短与鸡的日龄、品种、菌株毒力及有无并发感染有关。有的感染鸡群不出现症状或直到有并发感染或有诱发因素出现时才表现临诊症状。

幼龄鸡发病时，症状较典型，表现为浆液性或黏液性鼻液，使鼻孔堵塞影响呼吸，频频摇头、打喷嚏、咳嗽，还见有鼻窦炎、结膜炎和气囊炎。当炎症蔓延至下呼吸道时，喘气和咳嗽更为显著，并有呼吸道啰音。后期因鼻腔和眶下窦中蓄积渗出物而引起眼睑肿胀。成年鸡很少死亡，幼鸡如无并发症，病死率也低。

如继发大肠杆菌感染特别是O78、O2、O1大肠杆菌继发感染时，引起特征性的肝包膜炎、心包炎以及气囊炎，还可出现腹泻，死淘率增高。肉用鸡由于生长发育缓慢或停顿、逐渐消瘦而等级下降，经济损失显著。成年母鸡产蛋下降并维持在较低水平上，受精率和孵化率下降，死胚和弱胚增多，且弱雏的气囊炎发生率高，如果同时发生输卵管炎则可能产出软壳蛋。

（三）病理变化

病鸡明显消瘦。单纯感染鸡毒支原体的病鸡，可见鼻道、气管、支气管和气囊内含有混浊黏稠或干酪样的渗出物，气囊壁变厚、混浊。呼吸道黏膜水肿、充血、增厚。窦腔内充满黏液和干酪样渗出物，并可波及肺和气囊。自然感染的病例多为混合感染，如有大肠杆菌、传染性支气管炎病毒参与，则容易见到纤维素性肝周炎和心包炎。鸡和火鸡还常见到明显的鼻窦炎或输卵管炎。

本病的组织学变化较具特征，被侵害的组织由于单核细胞浸润和黏液腺的增生而使黏膜显著增厚，黏膜下常见有局灶性淋巴组织增生区，以及淋巴细胞、网状细胞和浆细胞浸润。呼吸道的组织损伤表现为纤毛上皮的肥大、增生和不同程度的水肿。肺除了肺炎和出现淋巴滤泡反应外，有时还出现肉芽肿。人工感染鸡可以造成输卵管炎，并有干酪性分泌物，但自然感染病例并不多见。

（四）流行病学特征

易感动物：本菌主要感染鸡和火鸡，也可感染鹌鹑、珍珠鸡、鹧鸪、孔雀和鸽。火鸡较鸡易感，雏鸡比成鸡易感，成鸡常无明显临诊症状。

传染源：病鸡和带菌鸡是本病的主要传染源。病原体存在于病鸡和带菌鸡的呼吸道、卵巢、输卵管和精液中。

传播途径：本病的传播有垂直传播和水平传播两种方式。易感鸡与带菌鸡或火鸡接触可感染此病。病原体一般通过病鸡咳嗽、打喷嚏，随呼吸道分泌物排出，又随飞沫和尘埃经呼吸道传播。被支原体污染的饮水、饲料、用具也能使本病由一个鸡群传至另一个鸡群。被感染的种鸡可以通过种蛋传播病原体，感染早期和疾病较严重的鸡群经卵传播率较高，使本病在鸡群中连续不断地发生。用带有鸡毒支原体的鸡胚制作弱毒苗时，易造成疫苗污染而散播本病。创伤、气管损伤也能加剧鸡毒支原体的感染。

流行形式及因素：本病一年四季均可发生。影响鸡毒支原体感染流行的因素除了菌株本身的致病性以外，还包括鸡的年龄、环境条件以及其他病原的并发感染等。鸡对支原体感染的抵抗力随着年龄的增长而加强，雏鸡比成年鸡易感，病情表现也更严重；寒冷、拥挤、通风不良、潮湿等应激因素可促进本病的发生；新城疫、传染性支气管炎等呼吸道病毒感染及大肠杆菌混合感染会使呼吸道病症明显加重，使病情恶化；当鸡毒支原体在体内存在时，用弱毒疫苗气雾免疫时很容易激发本病。鸡群一旦染病即难以彻底根除。

（五）预防及治疗

由于支原体感染在养鸡场普遍存在，在正常情况下一般不表现临诊症状，但如遇环境条件突然改变或其他应激因素影响时，可能暴发本病或引起死亡，因此必须加强饲养管理和兽医卫生防疫工作。

感染本病的鸡多为带菌者，它既可水平传播病原，又可通过卵垂直传递，因此很难根除本病，但在生产实践中可以采取下列措施减少损失并逐步净化本病。

（1）疫苗免疫接种　免疫接种是减少支原体感染的一种有效方法。国内外使用的疫苗主要有弱毒疫苗和灭活疫苗。弱毒疫苗既可用于尚未感染的健康小鸡，也可用于已感染的鸡群，免疫保护率在80%以上，免疫持续时间达7个月以上。灭活疫苗以油佐剂灭活疫苗效果较好，多用于蛋鸡和种鸡。免疫后可有效地防止本病的发生和种蛋的垂直传播，并减少诱发其他疾病的机会，增加产蛋量。

（2）消除种蛋内支原体　阻断经卵传播是预防和减少支原体感染的重要措施之一，也是培育无支原体鸡群的基础。可以采用抗生素处理和加热法来降低或消除种蛋内支原体。方法是将药物注入气室，或者将蛋放在药物溶液中，通过加压使药物浸入。也可以在种蛋入孵时先加温至37.8℃，然后将种蛋置于抗生素溶液中，浸泡15~20min，但这种方法对支原体消除不彻底。热处理法应用较少，方法是将种蛋于恒温45℃处理14h，后转入正常孵化，可以有效地消灭种蛋内支原体，只要温度控制得适宜，对孵化率无明显影响。

（3）培育无支原体感染鸡群　主要程序如下：

① 选用对支原体有抑制作用的药物降低种鸡群支原体的带菌率和带菌强度，从而降低种蛋的污染率。

② 种蛋入孵后先45℃处理14h，杀灭蛋中支原体。

③ 小群饲养，定期进行血清学检查，一旦出现阳性鸡，立即将小群淘汰。

④ 在进行上述程序的过程中，要做好孵化箱、孵化室、用具、房舍等的消毒和兽医生物安全工作，防止外来感染。

通过上述程序育成的鸡群，在产蛋前进行一次血清学检查，无阳性反应时可用做种鸡。当完全阴性反应亲代鸡群所产种蛋不经过药物或热处理孵出的子代鸡群，经过几次检测未出现阳性反应后，可以认为已建成无支原体感染群。

⑤ 严格执行全进全出制的饲养方式，进鸡前的鸡舍进行彻底消毒，有利于降低该病的发病率及经济损失。

鸡群一旦出现本病，可选用抗生素进行治疗。常用的药物中以支原净、泰乐菌素、红霉素、链霉素和氧氟沙星等疗效较好，但本病临诊症状消失后极容易复发，且鸡毒支原体易产生耐药性，所以治疗时最好采取交替用药的方法。病鸡康复后具有免疫力。

（六）实验室检测

参照标准：SN/T 1224—2012。

1. 快速血清凝集试验

（1）从鸡群采集的血清样品，4℃保存，于72h内在室温下进行试验。

（2）在干燥洁净的白瓷反应板或载玻片上滴加1滴（20μl）待检血清，再滴加等量的染色抗原在待检血清上，转动反应板使血清与抗原混合均匀。鸡血清或火鸡血清在2min内出现凝集。

（3）设立阳性血清和阴性血清作对照试验

（4）结果判定　当待检血清在2min内发生凝集反应的则判为阳性。

2. 免疫胶体金检测方法

（1）样品制备　鸡血清样品的制备，取5μl待检血清于酶标板孔内，用8%生理盐水稀释至100μl，或者将血清样品用8%生理盐水稀释20倍后，取100μl置于酶标板孔内。

（2）操作方法　取出试剂盒，室温平衡20min，打开包装袋，取出试纸条，将试纸条的样品垫端浸入制备好的样品中，10min内判定结果。

（3）结果判定　当阳性对照血清试纸条出现肉眼可见的紫红色质控线和检测线，阴性对照血清试纸条出现肉眼可见的紫红色质控线而没有出现肉眼可见的紫红色检测线，表明试验成立；否则，应重新试验，如仍不产生质控线，表明试纸条失效，应废弃。

试样试纸条出现肉眼可见的紫红色质控线，同时也出现肉眼可见的紫红色检测线，结果判定为阳性；反之，如试纸条只出现质控线，而没有出现检测线，结果判定为阴性。检测线颜色越深说明被检血清样品抗体水平越高。

3. 血凝抑制试验

（1）血凝试验

1）于90°V形微量血凝板的每孔中滴加PBS稀释液各50μl，共加4排。

2）吸取MG抗原滴加于第一列孔，每孔50μl，然后由左至右顺序倍比稀释至11列孔，再从第11列孔各吸取50μl弃之。最后一列不加抗原作对照。

3）于上述各孔中加入0.5%红细胞悬液50μl。

4）置微量振荡器上振荡1min。

5）放室温下50min，根据血凝图像判定结果。以出现完全凝集的抗原最大稀释度为该抗原的血凝滴度。每次四排重复，以几何均值表示结果。

6）抗原稀释倍数的确定　根据最终血凝滴度，含4个HA单位的即为抗原稀释倍数。

（2）血凝抑制试验

1）每一被检血清需要一列八孔，向微量血凝板每列第1孔中加入50μl PBS。

2）向每一列第2孔加入50μl 8个HA单位的抗原，向每一列第3～第8孔各加入50μl 4个HA单位的抗原。

3）取50μl已经制备好的1:5稀释的被检血清加入第1孔中，混匀后吸50μl到第2孔，依次倍比稀释至第8孔，从最后1孔中移取50μl弃去。第1孔作为血清对照孔。

4）每次测定都应使用标准阳性血清和阴性血清作对照。操作方法同3）。

5）抗原对照需要做6孔，向第2～第6孔各加入50μl PBS，向第1孔和第2孔中各加入50μl 8个HA单位的抗原，混匀，取第2孔中的内容物50μl转移至第3孔，依次稀释至第6孔，从最后1孔中移取50μl弃去。

6）红细胞对照需做两孔平行试验，向每一孔中加入50μl PBS。

7）向上述每一孔中加入50μl 0.5%红细胞悬液，振荡混合后，室温下静置50min，判定结果，或者当抗原滴度为 4 个 HA 单位时进行判读。

8）判读结果时，应将血凝板倾斜，只有那些孔与红细胞对照孔中的 RBCs 以相同的速率流动的，才被认为是血凝被完全抑制。

五、禽霍乱

禽霍乱又名禽巴氏杆菌病、禽出血性败血病，是由多杀性巴氏杆菌引起的鸡、鸭、鹅和火鸡等多种禽类的一种急性败血性传染病。急性型的特征为突然发病，下泻，出现急性败血症症状，发病率和病死率均高；慢性型发生肉水肿和关节炎，病程较长，病死率较低。该病在世界所有养禽的国家均有发生，在我国某些地区发病严重，是威胁养禽场的主要疫病之一，OIE 将其列入 B 类动物疫病，我国也将其列为二类动物疫病。

（一）病原特征

多杀性巴氏杆菌是巴氏杆菌科巴氏杆菌属的成员。本菌为两端钝圆、中央微凸的革兰氏阴性短杆菌，多单个存在，不形成芽孢，无鞭毛，新分离的强毒菌株具有荚膜。病料涂片用瑞氏、吉姆萨或亚甲蓝染色呈明显的两极浓染，但其培养物的两极染色现象不明显。本菌的血清型一般是 5：A、8：A、9：A 和 2：D，以 5：A 最多，其次是 8：A。我国郑明球（1982）对禽源巴氏杆菌分型的结果为 111 株禽源菌株中有 104 株属 5：A。

本菌的抵抗力很低，在干燥空气中 2～3d 死亡，在血液、排泄物和分泌物中能生存 6～10d，直射阳光下数分钟死亡；一般消毒药在数分钟内均可将其杀死。

（二）临床症状

鸡：本病的潜伏期为 2～9d。临诊上分为最急性型、急性型和慢性型。

（1）最急性型　流行初期，肥壮、高产的鸡只常呈最急性经过。病鸡无前驱症状而突然发生不安，倒地挣扎，翅膀扑动几下迅即死亡。或者前晚精神及食欲均好，次日发现死于鸡舍里，病程数小时。

（2）急性型　最为常见，病鸡体温升高至 42～43.5℃，精神沉郁，羽毛松乱，弓背，缩头或将头藏于翅膀下，呆立一隅，闭目，食欲减少或不食，常有剧烈腹泻，粪呈灰黄、灰白、污绿色，有时混有血液。冠及肉髯发绀呈黑紫色，呼吸困难；口、鼻分泌物增多，常流出带有泡沫的黏液；产蛋鸡停止产蛋；最后衰竭、昏迷、痉挛而死。病程 1～3d，病死率高。

（3）慢性型　急性型不死转为慢性型，多见于流行后期。表现精神不振、鼻孔流出少量黏液。经常腹泻，体渐消瘦，鸡冠及肉髯苍白。有的病鸡一侧或两侧肉髯肿大，有的可能发生干结、坏死。有的病鸡发生关节炎，关节肿大、疼痛、跛行，甚至不能走动。病程可达数周。生长发育不良，产蛋停止。

鸭发生禽霍乱症状不如鸡明显，常以病程短促的急性型为主。一般表现为精神沉郁，停止鸣叫，不愿下水，不愿走动，眼半闭，少食或不食，口渴。即使下水，行动缓慢，也常落于鸭群后面或呆立一隅。鼻和口中流出黏液，病鸭咳嗽，打喷嚏，呼吸困难，张口、摇头，企图甩出喉头部黏液，故有"摇头瘟"之称。亦见病鸭排出铜绿色或灰白色稀粪，少数病鸭粪中混有血液，腥臭。病程较长者，有的病鸭发生关节炎或瘫痪，一侧或两侧局部关节肿大，不能行走。还可见鸭的掌部肿胀、变硬，切开可见干酪样坏死。病鸭群用抗生素或磺胺类药物治疗时，死亡下降，但停药后又复上升，如此断续零星发生，尤以种鸭或填鸭群当气候骤变后易发生。

成年鹅的症状与鸭相似，仔鹅发病和死亡较成年鹅严重，以急性型为主，病程1～2d。

（三）病理变化

死于最急性的病鸡，剖检无特征病变，仅见心冠状脂肪有小点出血。急性病例病变较为特征，病鸡皮下、腹腔浆膜和脂肪有小点出血。肝脏肿大，棕红色，质脆，肝表面可见很多灰白色针头或菜粒大的坏死点。肠道充血、出血、发炎，尤以十二指肠最为严重，肠内容物含有血液，黏膜红肿，有很多出血点或小出血斑，黏膜上常覆有黄色纤维素小块。心外膜和心冠脂肪常有多量出血点，心包内积有多量淡黄色液体，并混有纤维蛋白，心肌和心内膜亦见出血点。肺有充血或出血。产蛋鸡卵泡充血、出血、变性，呈半煮熟状。

慢性病例除见上述部分病变外，鼻腔、鼻窦及上呼吸道内积有黏液。有关节炎的病例，可见关节肿大，切开见有炎性渗出物或干酪样坏死物。公鸡的肉髯水肿，内有干酪样分泌物。有时母鸡的卵巢和腹膜亦见变性和干酪样物。

鸭的病理变化与鸡基本相似。心包囊内充满透明橙黄色液体，心冠状沟脂肪、心包膜、心肌出血。肝略肿胀，脂肪变性，表面有针头大小的灰白色坏死点。肠道有充血和出血，尤以小肠前段和大肠黏膜为甚，小肠内容物呈淡红色。肺见出血或急性肺炎病变。雏鸭为多发性关节炎时，关节面粗糙，内附有黄色干酪样物或肉芽组织，关节囊增厚。内含红色浆液或灰黄色混浊黏稠液体。

（四）流行病学特征

易感动物：各种家禽及野禽均能感染。鸡、鸭、鹅、火鸡和鸽最易感。鸭、鸡常呈急性经过，鹅次之。鸡以产蛋鸡、育成鸡和成年鸡发病较多，雏鸡有一定的抵抗力。健康带菌的禽类，由于外界因素的影响，抵抗力降低，亦可发病。

传染源：病死禽、康复带菌禽和慢性感染禽是主要传染源。

传播途径：主要经消化道感染，其次是经呼吸道感染，也可经损伤的皮肤感染。

流行形式及因素：本病的发生无明显的季节性，但潮湿、拥挤、突然换群和并群、气候剧变、寒冷、闷热、阴雨连绵、禽舍通风不良、营养缺乏、寄生虫、长途运输及其他疾病等，都可成为发病的应激因素。所以，本病的发生与环境条件有很大关系，以秋、冬和春季发生较多。本病多呈地方流行性，特别是鸭群发病时，多呈流行性。

（五）预防及治疗

做好平时的饲养管理，使家禽保持较强的抵抗力，对防止本病发生是最关键的措施。养禽场严格执行定期消毒卫生制度，引进种禽或幼雏时，必须从无病的禽场购买，新购进的鸡鸭必须隔离饲养2周，无病时方可混群。

常发本病的地方可用禽霍乱菌苗预防接种或定期投喂有效的药物。

（1）免疫接种　在本病流行地区可用疫苗进行免疫接种，目前我国生产使用的禽霍乱菌苗有灭活菌苗和弱毒活菌苗，禽霍乱灭活菌苗有氢氧化铝菌苗和蜂胶菌苗。

禽霍乱氢氧化铝菌苗，2月龄以上鸡或鸭一律肌内注射2ml，免疫期3个月；如第1

次注射后 8～10d 再注射 1 次，免疫效力较好。

禽霍乱蜂胶灭活菌苗，既可常温保存又可低温保存，应用效果较好。2 月龄以上禽肌内注射 1ml；2 月龄以下禽肌内注射 0.5ml。免疫后 5～7d 产生坚强免疫力，免疫期 6 个月，保护率 90%～95%。

$G_{100}E_{40}$ 禽霍乱弱毒菌苗和 731 弱毒菌苗的免疫期仅 3.5 个月。国内还有不少单位研制出 10 余种弱毒菌苗，但效果均不甚理想。

在有条件的地方，可试制自家菌苗，即从当地发病禽分离菌株，制成灭活菌苗；或用急性发病死亡禽的肝脏，经研细、过滤、稀释，加甲醛灭活制成，菌检合格后即可使用。

（2）治疗　早期确诊，及时治疗，有一定效果。

① 抗生素：及时用青霉素、链霉素、土霉素、头孢类抗生素等进行治疗，对禽霍乱均有较好的疗效。青霉素为每只病鸡或病鸭肌内注射 3 万～5 万单位，每隔 6～8h 注射 1 次，连续 2～3d。链霉素，在成年鸭、鸡（体重 1.5～2kg），每只肌内注射 10 万单位（0.1g），每天注射两次，连用 2～3d。在饲料中添加 0.05%～0.1% 土霉素，连用数天，或按每千克体重 40mg，肌内注射。

② 喹诺酮类：恩诺沙星 $50\mu g/ml$ 饮水，连饮 3～5d。其他喹诺酮类药也有较好的疗效。

③ 磺胺类：磺胺二甲基嘧啶、磺胺喹噁啉、复方新诺明及磺胺甲氧嗪（长效磺胺）、磺胺间甲氧嘧啶、磺胺氯吡嗪钠等都有良好疗效。在病禽的饲料中添加 0.5%～1% 磺胺喹噁啉，或饮水中配成 0.1% 溶液，连喂 3～4d。成年鸡、鸭每只口服长效磺胺 0.2～0.3g，每日 1 次；或在饲料中添加 0.4%～0.5%，每天 1 次。复方新诺明按 0.02% 混于饲料中喂服 3～5d。磺胺-间-甲氧嘧啶与抗菌增效剂甲氧苄氨嘧啶（TMP），按 5∶1 比例配合，按每千克体重 30mg 拌料喂服，每天 1 次，连服 5d。

④ 抗巴氏杆菌病高免血清皮下注射 10～15ml，在早期应用有良好效果，如再配合抗菌药物治疗，疗效更好。

（3）疫情控制措施　禽群发生霍乱后，应将病死家禽全部深埋或销毁，病禽进行隔离治疗。同禽群中尚未发病的家禽，全部喂给抗生素或磺胺类药物，以控制发病。用禽霍乱抗血清进行紧急注射更好。污染的禽舍、场地和用具等进行彻底消毒，距离较远的健康家禽紧急注射菌苗。

（六）实验室检测

依据标准：NY/T 563—2016。

1. 血清学检测方法

琼脂扩散试验（该方法不适用于水禽）。

（1）试剂材料

1）禽霍乱琼脂扩散抗原、标准阳性血清和标准阴性血清，按说明书使用。

2）溶液配制　1‰ 硫柳汞溶液、pH6.4 的 0.01mol/L 磷酸盐缓冲（PBS）溶液和生理盐水，配制方法见附录 A。

3）琼脂板　制备方法见附录 A。

（2）操作方法

1）打孔　在制备的琼脂板上用直径 4mm 的打孔器按六角形图案打孔或用梅花形打

孔器打孔。中心孔与外周孔之间的距离为 3mm，将孔中的琼脂挑出，勿伤边缘，避免琼脂层脱离平皿底部。

2）封底　用酒精灯轻烤平皿底部至琼脂微熔化为止，封闭孔的底部，以防侧漏。

3）加样　灭菌生理盐水（附录 A）稀释抗原，用微量移液器将稀释的抗原加入中间孔，标准阳性血清分别加入外周的 1 孔、4 孔中，标准阴性血清（每批样品仅做 1 次）和待检血清按顺序分别加入外周的 2 孔、3 孔、5 孔、6 孔中。每孔均以加满不溢出为度，每加一个样品应换一个吸头。

4）感作　加样完毕后静止 5～10min，再将平皿轻轻倒置，放入湿盒内，置于 37℃ 温箱中作用，分别在 24h 和 48h 观察结果。

（3）结果判定

1）实验成立条件　将琼脂板置于日光灯或侧强光下观察，标准阳性血清与抗原孔之间出现一条清断的白色沉淀线，标准阴性血清与抗原孔之间不出现沉淀线，则试验成立。

2）结果判定　符合 1）的条件。

① 若被检血清孔与中心孔之间出现清晰沉淀线，并与标准阳性血清孔与中心孔之间沉淀线的末端相吻合，则被检血清判为阳性。

② 若被检血清孔与中心孔之间不出现沉淀线，但标准阳性血清孔与中心孔之间的沉淀线一端在被检血清孔处向中心孔方向弯曲，则此孔的被检样品判为弱阳性，应重复试验，如仍为可疑则判为阳性。

③ 若被检血清孔与中心孔之间不出现沉淀线，标准阳性血清孔与中心孔之间的沉淀线指向被检血清孔，则被检血清判为阴性。

④ 若被检血清孔与中心孔之间出现的沉淀线粗而混浊和标准阳性血清孔与中心孔之间的沉淀线交叉并直伸，待检血清孔为非特异性反应，应重复试验，若仍出现非特异性反应则判为阴性。

⑤ 出现上述①或②的阳性结果，可判定禽体内存在禽霍乱抗体。

2. 病原学检测及鉴定方法

（1）病原分离鉴定方法

1）样品采集　最急性和急性病例，可采集死亡禽只的肝、脾、心血；慢性病例，一般采集局部病灶组织；活禽通过鼻孔挤出黏液或将棉拭子插入鼻裂中采样。对不新鲜或已被污染的样品，可采集骨髓样品。

2）镜检样品的制备　取病变肝或脾组织的新鲜切面，在载玻片上压片或涂抹成薄层；用灭菌剪刀剪开心脏，取血液进行推片，或取凝血块新鲜切面在载玻片上压片或涂抹成薄层；培养纯化的细菌，从菌落挑取少量涂片。

3）培养基制备　培养基和试剂质量应满足 GB/T 4789.28 的要求，按附录 B 方法配制 5％鸡血清葡萄糖淀粉琼脂、鲜血琼脂培养基、5％鸡血清脑心浸出液琼脂培养基。

4）细菌培养　将病料接种于 5％鸡血清葡萄糖淀粉琼脂、鲜血琼脂培养基或 5％鸡血清脑心浸出液琼脂培养基，在 35～37℃温箱中培养 18～24h，观察。

5）病原鉴定

① 培养特性。多杀性巴氏杆菌为兼性厌氧菌，最适生长温度为 35～37℃，经 18～24h 培养后，菌落直径为 1～3mm，呈散在的圆形凸起，露珠样，有荚膜的菌落稍大。

② 显微镜鉴定

a. 样品的干燥和固定：挑取菌落，涂于载玻片，采用甲醇固定或火焰固定。

b. 染色及镜检：甲醇固定的镜检样品进行瑞氏或亚甲蓝染色，镜检时多杀性巴氏杆菌呈两极浓染的菌体，常有荚膜。火焰固定的镜检样品进行革兰氏染色，镜检时多杀性巴氏杆菌为革兰氏阴性。

球杆菌或短杆菌，菌体大小为（0.2～0.4）$\mu m \times$（0.6～2.5）μm，单个或成对存在。

③ 生化鉴定特性

a. 接种于葡萄糖、蔗糖、果糖、半乳糖和甘露醇发酵管产酸而不产气，接种于鼠李糖、戊醛糖、纤维二糖、棉子糖、菊糖、赤藓糖、戊五醇、M-肌醇、水杨苷发酵管不发酵。

b. 接种于蛋白胨水培养基中，可产生吲哚。

c. 鲜血液琼脂上不产生溶血。

d. 麦康凯琼脂上不生长。

e. 产生过氧化氢酶、氧化酶，但不能产生尿素酶、β-半乳糖苷酶。

f. 维培（VP）试验为阴性。

④ 动物接种试验。细菌纯培养物计数稀释后，以100CFU细菌经皮下或腹腔内接种小鼠、兔或易感鸡，接种动物在24～48h内死亡，并可从肝脏、心血中分离到多杀性巴氏杆菌。

6）结果判定　符合5）、①，5）、②，5）、③和5）、④的鉴定特征，可确认分离的病原为多杀性巴氏杆菌。

（2）多杀性巴氏杆菌PCR检测方法

1）主要试剂

① 试剂的一般要求。除特别说明以外，本方法中所用试剂均为分析纯级；水为符合GB/T 6682要求的灭菌双蒸水或超纯水。

② 电泳缓冲液（TAE）。50×TAE储存液和1×TAE使用液，配制方法见附录A。

③ 1.5%琼脂糖胶。将1.5g琼脂糖干粉加到100ml TAE使用液中，沸水浴或微波炉加热至琼脂糖熔化。待凝胶稍冷却后加入溴化乙锭替代物，终浓度为0.5μg/ml。

④ PCR配套试剂。DNA提取试剂盒、10× PCR Buffer、dNTPS、Taq酶、DL2000 DNA Marker。

⑤ PCR引物。根据基因序列设计、商业合成，序列见附录C。

⑥ 阳性对照（模板DNA）。菌数达到10^8CFU/ml以上的液体培养基繁殖的多杀性巴氏杆菌C48-1株制备的DNA。

⑦ 阴性对照。灭菌纯水。

2）样品处理

① 组织样品的处理。取约0.5g的待检组织样品于灭菌干燥的研钵中充分研磨，加2ml灭菌生理盐水混匀，反复冻融3次，3000r/min离心5min，取上清液转入无菌的1.5ml塑料离心管中，编号。样本在2～8℃条件下保存，应不超过24h。若需长期保存，应放在-70℃以下冰箱，但应避免反复冻融。

② 纯化培养的细菌样品处理。对分离鉴定和纯化培养的细菌液体样品，直接保

存于无菌 1.5ml 塑料离心管中密封、编号、保存和送检。

3）基因组 DNA 的提取　按照 DNA 提取试剂盒说明书提取 2）、①中的组织，2）、②中的细菌培养物，阳性对照、阴性对照的基因组 DNA。

4）反应体系及反应条件

① 对 3）提取的 DNA 进行扩增，每个样品 20μl 反应体系，组成如下：

10×PCR 缓冲液	2.0μl
dNTPs（2.5mmol/L）	1.5μl
引物 KMT IT7（10μmol/L）	1.0μl
引物 KMT I SP6（10μmol/L）	1.0μl
模板 DNA（样品）	1.0μl
TaqDNA 聚合酶	0.5μl
纯水	13.0μl
总体积	20.0μl

② 样品反应管瞬时离心，置于 PCR 扩增仪内进行扩增。95℃预变性 5min；94℃30s，55℃30s，72℃60s，30 个循环；72℃延伸 10min。

5）凝胶电泳

① 在 1×TAE 缓冲液中进行电泳，将 4）、②的扩增产物、DL2000DNA Marker 分别加入 1.5%琼脂糖凝胶孔中，每孔加扩增产物 10μl。

② 80～100V 电压电泳 30min，在紫外灯或凝胶成像仪下观察结果。

6）结果分析与判定

① 试验成立条件。阳性对照样品扩增出 460bp 片段，且阴性对照没有扩增出任何条带。

② 结果判定。符合①的条件，待检样品扩增出的 DNA 片段为 460bp，可判定为待检样品阳性，否则判为阴性。

附录 A
（规范性附录）

溶液配制

A.1　1%硫柳汞溶液的配制

硫柳汞	0.1g
蒸馏水	100ml

溶解后，存放备用

A.2　pH6.4 的 0.01mol/L PBS 溶液的配制

甲液：

磷酸氢二钠	3.58g
加蒸馏水至 1000ml	

乙液：

磷酸二氢钾	1.36g
加蒸馏水至 1000ml	

充分溶解后分别保存。

用时取甲液24ml、乙液76ml混合，即为100 ml pH6.4 的 0.01mol/L PBS溶液。

A.3　生理盐水的配制

氯化钠	8.5g
蒸馏水	1000ml

溶解后，置于中性瓶中灭菌后存放备用。

A.4　琼脂板的制备

取 pH6.4 的 0.01mol/L PBS溶液100ml放于三角瓶中，加入 0.8～1.0g 琼脂糖、8g 氯化钠。三角瓶在水溶液中煮沸，使琼脂糖等充分熔化，再加1%硫柳汞溶液1ml，冷却至45～50℃时，取18～20ml倾注于洁净灭菌的直径为90mm的平皿中。加盖待凝固后，把平皿倒置以防水分蒸发。放2～8℃冰箱中保存备用（时间不超过2周）。

A.5　电泳缓冲液

50×TAE 储存液：分别量取 $Na_2EDTA \cdot 2H_2O$ 37.2g、冰醋酸 57.1ml、Tris Base242g，用一定量（约800ml）的灭菌双蒸水溶解。充分混匀后，加灭菌双蒸水补齐至 1000ml。

1×TAE 缓冲液：取 10ml 储存液，加490ml 蒸馏水即可。

附录 B
（规范性附录）

培养基的配制

B.1　5% 鸡血清葡萄糖淀粉琼脂培养基制备

营养琼脂	85ml
3%淀粉溶液	10ml
葡萄糖	10g
鸡血清	5ml

将灭菌的营养琼脂加热熔化，使冷却到50℃，加入灭菌的淀粉溶液、葡萄糖及鸡血清，混匀后，倾注平板。

B.2　鲜血琼脂培养基制备

肉浸液肉汤	85ml
蛋白胨	10g
磷酸氢二钾	1.0g
氯化钠	3g
琼脂	25g

灭菌加热溶化，使冷却到50℃，加入无菌鸡鲜血达10%，混匀后，倾注平板。

B.3　5% 鸡血清脑心浸出液琼脂培养基制备

脑心浸出液	37g
琼脂	15g

加蒸馏水至1000ml

灭菌加热溶化，使冷却到50℃，加入无菌鸡鲜血达5%，混匀后，倾注平板。

附录C
（规范性附录）

多杀性巴氏杆菌 *kmt* I 基因 PCR 引物序列（表2-2）

表2-2　多杀性巴氏杆菌 *kmt* I 基因 PCR 引物序列

检测目的	引物序列 5'-3'	扩增大小/bp
多杀性巴氏杆菌定种	上游引物：ATC CGC TAT TTA CCC AGT GG	460
	下游引物：GCT GTA AAC GAA CTC GCC AC	

六、鸭传染性浆膜炎

鸭传染性浆膜炎又名鸭疫巴氏杆菌病、新鸭病或鸭败血病，是由鸭疫巴氏杆菌引起的侵害雏鸭的一种慢性或急性败血性传染病。其特征是引起雏鸭纤维素心包炎、肝周炎、气囊炎和关节炎。该病广泛地分布于世界各地，引起死亡和淘汰，给养鸭业造成巨大的经济损失。

（一）病原特征

鸭疫巴氏杆菌，分类位置尚未确定。革兰氏阴性，不能运动，不形成芽孢。单个、成对，偶成丝状。菌体大小不一，$(0.2\sim0.4)\mu m\times(1\sim5)\mu m$。瑞氏染色时许多细菌呈两极浓染。用印度墨汁染色能见到荚膜。在血液琼脂培养基上菌落小、透明、闪光和奶油状，无溶血环。在培养液和腺水中轻度混浊，有一表面环；马血清能促进此菌在液体培养基中生长。生长需要硫胺素，低浓度的吡啶胺素和氨丙嘧吡啶具抑制性。好氧生长，增加二氧化碳和湿度更有利于本菌的生长。在麦康凯琼脂或含0.05％牛磺胆酸钠酵母抽提物琼脂上不生长。液化筋胶，使石蕊牛乳缓慢变碱，不发酵碳水化合物，凝固血清和鸡蛋清，不还原硝酸盐，不产生靛基质和硫化氢，产生氧化酶和过氧化氢酶并水解精氨酸和马尿酸。曾由鸭、鹅、火鸡和水禽败血病病例分离到该菌。凝集试验分类有8个血清型。分离培养时无菌采集骨髓、心血、肝、脾、肺、脑和由眼、气管或腹腔排出的渗出物，在血液琼脂培养基上划线。亦可用免疫荧光法对病禽的渗出物或组织进行鉴定。

（二）临床症状

潜伏期为1～3d，有时可达1周。最急性病例常无任何症状突然死亡。急性病例的临床表现有精神沉郁、缩颈、嗜睡、嘴拱地、腿软、不愿走动、行动迟缓、共济失调、食欲减退或不思饮食。眼有浆液性或黏液性分泌物，常使两眼周围羽毛粘连脱落。鼻孔中也有分泌物，粪便稀薄，呈绿色或黄绿色，部分雏鸭腹胀。死前有痉挛、摇头、背脖和伸腿呈角弓反张，抽搐而死。病程一般为1～2d。而4～7周龄的雏鸭，病程可达1周以上，呈急性或慢性经过，主要表现精神沉郁，食欲减少，肢软卧地，不愿走动，常呈犬坐姿势，进而出现共济失调，痉挛性点头或摇头摆尾，前仰后翻，呈仰卧姿态，有的可见头颈歪斜，转圈，后退行走，病鸭消瘦，呼吸困难，最后衰竭死亡。

(三) 病理变化

特征性病理变化是浆膜面上有纤维素性炎性渗出物，以心包膜、肝被膜和气囊壁的炎症为主。心包膜被覆着淡黄色或干酪样纤维素性渗出物，心包囊内充满黄色絮状物和淡黄色渗出液。肝脏表面覆盖一层灰白色或灰黄色纤维素性膜。气囊混浊增厚，气囊壁上附有纤维素性渗出物。脾脏肿大或肿大不明显，表面附有纤维素性薄膜，有的病例脾脏明显肿大，呈红灰色斑驳状。脑膜及脑实质血管扩张、淤血。慢性病例常见胫跗关节及跗关节肿胀，切开见关节液增多。少数输卵管内有干酪样渗出物。

(四) 流行病学特征

本病主要感染鸭，火鸡、鸡、鹅及某些野禽也可感染。在自然情况下，2～8周龄雏鸭易感，其中以2～3周龄鸭最易感。1周龄内和8周龄以上不易感染发病。在污染鸭群中，感染率很高，可达90%以上，死亡率在5%～80%之间。育雏舍鸭群密度过大，空气不流通，地面潮湿，卫生条件不好，饲料中蛋白质水平过低，维生素和微量元素缺乏以及其他应激因素等均可促使本病发生和流行。

本病主要经呼吸道或皮肤伤口感染，被细菌污染的空气是重要的传播途径，经蛋传递可能是远距离传播的主要原因。该病无明显季节性，一年四季均可发生，春冬季节较为多发。

(五) 预防及治疗

加强饲养管理，注意鸭舍的通风、环境干燥、清洁卫生，经常消毒，采用全进全出的饲养制度。

在雏鸭易感日龄，饮水中添加0.2%～0.25%的磺胺二甲基嘧啶或饲料中加入0.025%～0.05%的磺胺喹噁啉进行预防性用药，可预防本病或降低本病的死亡率。治疗时林肯霉素与青霉素联合皮下注射，用药前最好能做药物敏感试验。

用于预防接种的疫苗，目前国内外主要有灭活油乳剂苗和弱毒活苗两种。用福尔马林灭活苗给1周龄雏鸭两次皮下免疫接种，其保护率可达86%以上，具有较好的预防效果。

(六) 实验室检测

参照标准：DB22/T 2341—2015。

鸭传染性浆膜炎病原鸭疫里莫氏杆菌的分离及聚合酶链式反应。

1.仪器与设备

PCR扩增仪、电泳仪、凝胶成像分析仪、5%二氧化碳培养箱。

2.试剂与材料

(1) 双蒸水

(2) 对照品　鸭疫里莫氏杆菌标准菌株DNA提取物作为阳性对照，大肠杆菌和沙门氏菌提取物作为阴性对照，双蒸水作为空白对照。

（3）引物　上游引物5′-GATTAGATAGTTGGTGAG-3′；下游引物5′-GGTGTTCT GAGTAATATC-3′，参考鸭疫里默氏菌16srRNA基因序列设计的引物，扩增长度为473bp，稀释成20μmol/L使用。

（4）琼脂糖。

（5）溴化乙锭　10mg/ml。

（6）TAE电泳缓冲液　参照附录A配制。

（7）DNA相对分子质量标准物Marker　DL2000。

（8）DNA提取和PCR扩增试剂盒。

3. 鸭疫里莫氏杆菌的分离与鉴定

（1）样品采集　采集濒死鸭（火鸡、鹅）或死亡不久的鸭（火鸡、鹅）的肝脏或脑。

（2）细菌的分离

1）将样品研磨并划线接种在血液琼脂平板上，置于5％二氧化碳培养箱中，37℃± 1℃下培养，24～48h后观察结果。

2）菌落呈圆形，表面光滑有光泽，微凸起，并呈奶油状，直径为1～2mm，可以判为可疑菌落，挑取可疑菌落进一步鉴定。

3）挑取单个菌落接种于血清肉汤中，置于5％二氧化碳培养箱中，37℃±1℃下培养，24～48h，备用。

4）将3）培养液调整至浓度为1×10^9CFU/ml，取0.2ml接种7日龄雏鸭。取24～120h死亡的雏鸭的脑和肝脏，进行细菌分离。

（3）PCR鉴定

1）扩增引物

上游引物：5′-GATTAGATAGTTGGTGAG-3′。

下游引物：5′-GGTGTTCTGAGTAATATC-3′。

2）模板DNA制备　取（2）、4）分离的菌落，采用商品化DNA提取试剂盒进行DNA模板的制备，按照说明书进行操作。

3）DNA扩增　在PCR反应体系中加入10×PCR缓冲液2.5μl，5U/μl Taq DNA聚合酶1μl，20μmol/L的上、下游引物各1μl，10mmol/L dNTPs模板DNA各1μl、5μl，补充灭菌水至50μl。94℃预变性5min；之后94℃变性1min，53℃退火1min，72℃延伸2min，共30个循环；72℃补充延伸10min，4℃保存。以鸭疫里莫氏杆菌标准株作为阳性对照，以沙门氏菌和大肠杆菌作为阴性对照，用水作为空白对照。

4）琼脂糖凝胶电泳　用TAE电泳缓冲液配制1％琼脂糖凝胶，微波炉加热至充分溶解后加入溴化乙锭使其浓度为1μg/ml，将凝固好的琼脂糖凝胶放入水平电泳槽，倒入电泳缓冲液使刚好淹没胶面，将6μl样品和上样缓冲液按比例混匀后匀速加入样品孔。电泳时使用DNA相对分子质量标准物Marker做对照，设置电泳仪，电压160V，时间20min。使用凝胶成像分析仪拍照。

4. 结果判定

电泳结果与阳性对照出现相同条带，且阴性对照和空白对照无相应扩增条带即可判定阳性，否则判定为阴性。

TAE 电泳缓冲液配制

A.1 TAE 电泳缓冲液（50 倍浓缩液）配制

242g Tris 和 37.2g $Na_2EDTA \cdot 2H_2O$，加 800ml 水充分搅拌溶解后，加入 57.1ml 的醋酸，加蒸馏水定容至 1000ml，室温保存。使用时用蒸馏水稀释 50 倍即可。

第二节
猪病

一、猪丹毒

猪丹毒是由红斑丹毒丝菌（俗称猪丹毒杆菌）引起的一种急性、热性、人畜共患传染病。其特征主要表现为急性败血症和亚急性疹块，也有表现慢性非化脓性多发性关节炎或心内膜炎。这种菌还能引起火鸡大批死亡。已在许多爬行动物、两栖动物的脏器及鱼的体表黏液中分离到猪丹毒杆菌。我国将其列为二类动物疫病。

1882 年 Pasteur 首先自猪丹毒病猪体内分离到一种纤细弯曲的细菌，于 1888 年将此菌的培养物通过家兔和鸽致弱，制成菌苗，接种于猪以抵抗自然感染。1885 年 Loeffler 发现此菌与 1876 年 Koch 描述的鼠败血杆菌极为相似。1909 年 Rosenbach 描述了人类丹毒的病原体，几乎与鼠败血杆菌相同。本病呈世界性分布，是欧洲、亚洲、美洲和澳大利亚重要的疾病之一，对养猪业危害很大。我国许多地区也有发生。

人类亦可被感染，称为类丹毒，常在皮肤形成局部皮肤疹块。它是一种职业病，主要发生于从事肉品加工人员，脂肪提取加工工人，兽医，猎场管理员，皮业工人，实验室工作人员及类似的职业者。

（一）病原特征

红斑丹毒丝菌（*Erysipelothrix rhusiopathiae*）属于丹毒杆菌属（*Erysipelathrir*），是一种革兰氏阳性菌，呈多变性，具有明显的形成长丝的倾向。病菌主要存在于感染动物的肾、肝、脾、扁桃体以及回盲瓣的腺体等处。

本菌是纤细、平直或稍弯的杆菌，大小（0.2~0.4）$\mu m \times$（0.8~2.5）μm，单在或呈 V 形、堆状或短链排列。无鞭毛，不能运动，不形成荚膜和芽孢，未发现外毒素。在病料的组织触片或血片中多单在、成对或成丛排列。在人工培养物上经过传代，多呈长丝状；在老龄培养物中菌体着色能力较差，常呈球状或棒状。本菌为需氧菌，在普通培养基上能生长，如加入适量的血液或血清培养生长更佳。在固体培养基上培养24h长出的菌落，一般可分为光滑（S）型、粗糙（R）型和中间（I）型，三者可互变。由急性病例分离的菌株，大多为S型，毒力强；R型菌落多见于久经人工培养或从慢性病猪、带菌猪分离的菌株，毒力一般较弱；I型菌株毒力介于S型与R型之间。本菌明胶穿刺培养呈试管刷状生长；发酵力极弱，能发酵一些碳水化合物，产酸不产气；大多菌株能产生H_2S。

目前认为有25个血清型（1～25型）和1a、1b及2a、2b亚型。1、2型等同于选氏（Dedie，1949）分型中的A、B型（其中1a、1b为A型，2a、2b为B型）。大多数菌株为1型和2型，从急性败血型分离的菌株为1a型，从亚急性及慢性病例分离的则多为2型。一般来说，A型菌株毒力强，B型菌株的毒力弱但免疫原性好；而将不具有型特异性抗原的菌株统称为N型。

本菌对不良环境的抵抗力相当强，抗干燥，动物组织内的细菌在各种条件下能存活数月。因此，本菌在冻肉、腐尸、血粉及鱼粉中可长期存活；在饮水中可存活5d，在污水中可存活15d，在深埋的尸体中可存活9个月；在病死猪熏制的火腿中3个月后仍可在深部分离出活菌。对盐腌制、干燥、腐败和日光的抵抗力较强，耐酸性亦较强。但对热较敏感，70℃经5～15min可完全杀死。常用消毒药即使浓度较低，也能迅速将其杀死。用10％生石灰乳或0.1％过氧乙酸涂刷墙壁和喷洒猪圈是目前较好的消毒方法。但石炭酸杀菌力很低，本菌在0.5％石炭酸中可存活99d。对青霉素很敏感。

（二）临床症状

该病的潜伏期一般为3～5d，个别短的为1d，长的可延至7d。本病在临诊上一般可分为下述3型：

（1）急性败血型　最为常见，一般占总病例的2/3。在暴发初期，有一两头猪无任何症状而突然死亡，其他猪相继发病。表现不食，间有呕吐，体温高达42～43℃。精神沉郁，静卧不动。强迫驱赶，发尖叫声，步态僵硬，短时站立，又迅速卧下。结膜充血，两眼清亮有神。粪干结，病后期可能发生腹泻。发病1～2d后，皮肤潮红继而发紫，以耳、腹、腿内侧较为多见，指压暂时褪色。有的突然死亡。病程3～4d，病死率80％～90％。

哺乳仔猪和刚断奶的小猪发生本病时，一般突然发病，表现神经症状，抽搐，倒地而死。病程不超过1d。

（2）亚急性（疹块型）　通常取良性经过。其特征是皮肤表面出现疹块，俗称"打火印"。病初除与上述急性败血型症状相似外，常于发病后2～3d在胸、腹、背、肩、四肢等处的皮肤发生疹块。初期充血，指压褪色，后期瘀血，紫黑色，压之不褪。疹块呈方块形、菱形，偶有圆形，稍突起于皮肤表面，大小约1cm至数厘米，从几个到几十个不等，经一段时间后体温开始下降，数日病猪多自行康复。病程为1～2周。也有少部分病猪在发病过程中，病情恶化转变为急性而死亡。

（3）慢性型　一般由上述两型转变而来，也有为原发性的。常见的有以下3型：

①关节炎型　病猪主要表现受害关节（多见于腕关节）肿痛，病肢僵硬，步态强拘，跛行或卧地不起。食欲正常，但渐瘦，衰弱。病程数周至数月。

②心内膜炎型　病猪主要表现消瘦，贫血，全身衰弱，不愿走动。强迫驱赶，则举步缓慢，身体摇晃。听诊心脏有杂音，心律不齐。有时在激烈运动中突然倒地死亡。

③皮肤坏死型　常发生于背、耳、肩、蹄、尾等处。局部皮肤变黑色，干硬，似皮

革状。坏死的皮肤逐渐与其下层新生组织分离，犹如一层甲壳。有时可在部分耳壳、尾巴末梢和蹄发生坏死。约经二三个月坏死皮肤脱落，遗留一片无毛色淡的瘢痕而愈。如有继发感染，则病情复杂，病程延长。

(三) 病理变化

(1) 急性败血型　主要以急性败血症的全身变化和体表皮肤出现红斑为特征。鼻、唇、耳及腿内侧等处皮肤和可视黏膜呈不同程度的紫红色。在各个组织器官都可见到弥漫性出血。心肌和心外膜上有斑点状出血。胃肠道具有卡他性-出血性炎症变化，尤其是胃底部和幽门部出血明显，胃浆膜面也有出血点。脾脏充血、肿胀明显，呈樱桃红色，感染数天后的动物脾脏切面可见"白髓周围红晕"现象。肾脏淤血、肿大，外观呈暗红色，皮质部有出血点。肝脏充血、肿大。肺脏充血、水肿。淋巴结充血、肿大，有浆液性出血性炎症变化。组织学变化主要是毛细血管和静脉管损伤，在血管周围有淋巴细胞和成纤维细胞浸润。心脏、肾脏、肺脏、肝、神经系统、骨骼肌和滑膜出现血管病变。

(2) 亚急性疹块型　以皮肤疹块为特征性变化。疹块内血管扩张，皮肤及皮下组织水肿浸润，压迫血管，使疹块中央变为苍白，仅周围呈红色。有的全部变红色。死亡病例还有急性败血型病变。

(3) 慢性型　关节炎型时，四肢的一个或多个关节肿胀，关节囊增生肥厚，不化脓，切开关节囊，流出多量浆液性、纤维素性渗出液，黏稠并带有红色。心内膜炎型时，见一个或数个瓣膜表面覆有菜花样疣状赘生物。它是由肉芽组织和纤维素性凝块所组成。主要见于二尖瓣，其次为主动脉等处。

(四) 流行病学特征

易感动物：本病主要发生于猪，尤以架子猪更为易感，小于3个月或大于3年的猪很少感染，其他家畜、家禽也可发病，如马、牛、羊、犬、鸡、鸭、鹅、火鸡、鸽、麻雀、孔等也有发病的报道。人可以感染发病，常取良性经过。实验小动物以小鼠和鸽最易感，兔的易感性较低，豚鼠则有较强的抵抗力。

传染源：病猪和带菌猪是本病的主要传染源。病猪的分泌物和排泄物中均含有本菌，健康带菌猪占35%～50%。从50种野生哺乳动物和30种野鸟体内都曾分离出本菌，为潜在传染源。有人报道，鸡有10.96%、鸭有81%和鹅有97.96%带菌。本菌主要存在于带菌猪的扁桃体、胆囊、回盲瓣的滤泡处和骨髓里，当猪体抵抗力降低时，可发生内源性感染。

传播途径：病猪及带菌动物主要由粪尿排菌，污染饲料、饮水、土壤、用具和场舍等，经消化道传染。屠宰场、肉食品加工厂的废料、废水、食堂泔水、动物性蛋白饲料等喂猪常是引起发病的主要原因。鱼粉中也曾多次查到本菌。本病也可通过损伤的皮肤及蚊、蜱、蝇、虱等吸血昆虫传播；通过消化道感染后，进入血流，而后定殖在局部或导致全身感染。

流行形式及因素：有些地区本病一年四季都有发生，但以炎热多雨季节发病较多，秋凉以后逐渐减少，而另一些地区不但夏季发生，在冬春季节也出现流行高峰。本病常呈散发性或呈地方流行性，有时也发生暴发性流行。Cyeswski (1978) 指出食物中黄曲霉素引起的隐性中毒可增强猪对急性猪丹毒的易感性，并且也干扰菌苗接种后的免疫力产生。营养不良、寒冷、酷热、疲劳等恶劣环境和应激因素可能引起猪丹毒。

（五）预防及治疗

（1）免疫接种　免疫接种是预防本病最有效的办法，国内外的疫苗对本病的预防效果都很好，只要猪的健康状况良好，免疫方法正确，对本病的免疫预防是可以取得满意效果的。目前使用的菌苗有猪丹毒弱毒菌苗［GC_{42} 和 $G_4T(10)$］、猪丹毒氢氧化铝甲醛菌苗，有时与猪瘟、猪肺疫结合构成二联苗或三联苗。其中 GC_{42} 弱毒菌苗，既可以注射，又可以口服，安全性、稳定性和免疫性均较好，免疫期可达 5 个月以上。免疫程序通常是春、秋季各免疫 1 次，同时结合初生仔猪断奶后接种 1 次。特别强调在活疫苗接种前至少 3d 和接种后至少 7d 内，不能给猪投服抗生素类药物以及饲喂含抗生素的饲料，否则会造成免疫失败。因为抗生素能抑制猪丹毒杆菌在体内的繁殖，从而影响免疫力的产生。

（2）治疗　以抗生素疗法为主。根据试管和活体试验结果，青霉素对本菌高度敏感，故治疗本病以青霉素疗效为最好。对急性败血型病猪，最好用水剂青霉素按每千克体重 10000IU 首先进行静脉注射，同时再肌内注射常规剂量，以后按常规疗法，直至体温降至正常、食欲恢复并维持 24h 以上。不能停药过早，以免复发或转为慢性。其次，本菌对金霉素、土霉素和四环素等也相当敏感，疗效较佳，均可应用。若发现青霉素疗效不佳时，应及时改用四环素或土霉素（每千克体重 0.5 万～2 万单位）肌内注射，每天 1～2 次，直至痊愈为止。用牛或马制备的抗猪丹毒血清可用于紧急预防和治疗。

（3）控制措施　加强饲养管理，经常保持猪舍卫生，定期严密消毒，禁止泔水喂猪，消灭蚊、蝇和鼠类，做好粪、尿、垫草等无害化处理。加强对农贸市场、交通运输的检疫和屠宰检验。

一旦发病，应及时隔离病猪，并对猪群、饲槽、用具等彻底消毒，粪便和垫草进行烧毁或堆积发酵；对病死猪、急宰猪的尸体及内脏器官进行无害化处理或化制，同时严格消毒病猪及其尸体污染的环境和物品；与病猪同群的未发病猪用青霉素注射，连续 3～4d，并注意消毒工作，必要时考虑紧急接种预防；慢性病猪应及早淘汰。

（六）实验室检测

猪丹毒诊断技术

依据标准：NT/T 566—2019。

1. 病原分离

（1）仪器与耗材　二级生物安全柜、恒温培养箱、高压灭菌锅、手术刀、镊子、接种环、平皿（直径 60～90mm）。

（2）培养基与试剂

1）马丁琼脂（配制见附录 A）

2）健康新生牛血清。

（3）采集病料　急性病例可采集耳静脉血，死后采取心血、肝、脾、淋巴结等；亚急性病例可采集皮肤疹块病料；慢性病例可采集关节液和心内膜的增生物。

（4）分离培养　将病料划线接种于含 10% 新生牛血清马丁琼脂平皿，37℃培养 36～48h，挑取单菌落传代接种于含 10% 健康新生牛血清的马丁琼脂平皿，7℃培养 24～36h，获得纯培养。

2. 病原鉴定

（1）培养特性及菌体形态

1）仪器与耗材　二级生物安全柜、恒温培养箱、显微镜、高压灭菌锅、接种环、载玻片。

2）培养基与试剂

① 马丁琼脂（配制见附录A）

② 新生牛血清

③ 革兰染色试剂盒

3）操作　取分离菌株纯培养物划线接种于含10%新生牛血清的马丁琼脂，37℃培养24～36h，肉眼观察；取菌落制备涂片，革兰氏染色镜检。

4）结果判定　在含10%新生牛血清的马丁琼脂平皿上形成表面光滑、边缘整齐、有蓝绿色荧光的小菌落，革兰氏染色镜检为阳性细杆菌，符合以上特征判为可疑菌落。

（2）动物实验

1）仪器与耗材　二级生物安全柜、恒温培养箱、高压灭菌锅、一次性注射器。

2）培养基与试剂

① 马丁肉汤（配制见附录A）

② 生理盐水

3）试验动物

① 小鼠（18～22g，SPF级）

② 鸽子（30～60日龄）

③ 豚鼠（350～450g，清洁级）

4）操作　取分离菌株纯培养物接种马丁肉汤，37℃培养24h，菌液用生理盐水进行5～10倍稀释，取稀释的菌液分别注射小鼠3只（皮下0.2ml）、鸽子2只（肌内1.0ml）和豚鼠2只（肌内1.0ml），连续观察5d。

5）结果判定　小鼠和鸽子应全部死亡，豚鼠应全部健康成活。

（3）生活试验

1）仪器与耗材　二级生物安全柜、恒温培养箱、高压灭菌锅、接种环。

2）培养基与试剂

① 马丁琼脂（配制见附录A）

② 新生牛血清

③ 生化试验小管

3）操作

取分离菌株纯培养物划线接种于含10%新生牛血清的马丁琼脂，37℃培养24～36h，挑取菌落接种生化试验小管进行培养。

4）结果判定　猪丹毒杆菌生化试验结果应符合表2-3的规定。

表2-3　猪丹毒杆菌生化实验结果规定

生化试验	结果
β-葡萄糖苷酶	—

生化试验	结果
碱性磷酸酶	−
N-乙酸-β-葡萄糖胺酶	+(V)
B-甘露糖苷酶	−
L-阿拉伯糖	+
N-乙酸-D-甘露糖胺		
熊果苷	−
纤维二塘	−
D-果糖	+
D-半乳糖	+
龙胆二糖	−
内三醇	−
α-D-乳糖	+(V)
D-甘露糖	+(V)
3-甲基葡萄糖	−(V)
D-阿洛酮糖	+
D-核糖	−(V)
水杨苷	−
D-海藻糖	−
木糖	−

注：＋为阳性；－为阴性；V 为可变。

（4）PCR 鉴定

1）仪器与耗材　二级生物安全柜、冰箱、台式高速离心机、PCR 仪、电泳仪、凝胶成像系统、微量可调移液器、高压灭菌锅、一次性枪头。

2）培养基与试剂

① 马丁琼脂（配制见附录 A）

② 新生牛血清

③ 10×PCR Bufffer

④ dNTP

⑤ Taq 酶

⑥ DL 2000 DNA Marker

⑦ Tris-乙酸电泳缓冲液

⑧ 1.5％琼脂糖凝胶

⑨ Goldview 或其他等效核酸染料。

⑩ 无菌超纯水。

3）引物　猪丹毒杆菌 PCR 鉴定引物见表 2-4。

表 2-4 猪丹毒杆菌 PCR 鉴定引物

检测目的基因	引物序列(5′→3′)	扩增片段大小/bp
16rDNA	AGATGCCCATAGAAACTGGTA	719
	CTGATCCGCGATTACTAGCGATTCCG	
荚膜多肽生物合成基因	CGATTATATTCTTAGCACGCAACG	937
	TGCTTGTGTTGTGATTTCTTGACG	

4）DNA 模板的制备 取分离菌株培养物划线接种于含 10％新生牛血清的马丁琼脂，37℃培养 24～36h，挑取单菌落加入 100μl 无菌超纯水中，混匀，沸水浴 10min，冰浴 5min，12000r/min 离心 1min，上清作为基因扩增的 DNA 模板，也可购置商品化的 DNA 试剂盒，按说明书读取核酸。阳性对照按相同方法制备 DNA 模板，也可直接用单菌落作为 DNA 模板，取培养的单菌落直接加入 PCR 反应体系中。

5）PCR 反应体系及反应条件 反应体系见表 2-5。PCR 反应条件为：95℃预变性 5min；95℃变性 1min，60℃退火 40s，72℃延伸 1min，30 个循环；72℃延伸 10min。同时，设置阳性对照及阴性对照。

表 2-5 PCR 反应体系

组分	体积/μl
无菌超纯水	33.5
10PCR Buffer	5
DNTP(2.5mol/L)	4
16 SrDNA 上游引物(10μmol/L)	0.5
16 SrDNA 下游引物(10μmol/L)	0.5
荚膜多肽生物合成基因上游引物(10μmol/L)	2
荚膜多肽生物合成基因下游引物(10μmol/L)	2
Taq 酶(5U/μl)	0.5
DNA 模板或阴、阳性对照	2

注：DNA 模板为单菌落时，无菌超纯水的体积为 35.5μl。

6）电泳观察 PCR 产物用 1.5％琼脂糖凝胶进行电泳，5～8V/cm 电泳 30～40min，置于凝胶成像系统观察结果。

7）结果判定 阳性对照扩增出约 719bp 和 937bp 的片段，阴性对照未扩增出片段，试验成立。符合试验成立的条件，若被检样品扩增出约 719bp 和 937bp 的片段，判定为猪丹毒杆菌；若被检样品只扩增出约 719bp 的片段，判定为丹毒杆菌属的其他种。

（5）琼脂扩散试验

1）仪器与耗材 二级生物安全柜、恒温培养箱、台式高速离心机、高压灭菌锅、离心管（15ml、50ml）、平皿（直径 60～90mm）、移液管（10ml）。

2）培养基与试剂

① 马丁琼脂（配制见附录 A）

② 马丁肉汤（配制见附录 A）

③ 新生牛血清

④ 甲醛溶液

⑤ 磷酸盐缓冲液（pH7.2）

⑥ 琼脂糖

⑦ 定型血清

⑧ 阳性对照抗原

⑨ 蒸馏水

3）抗原的制备　取分离菌株培养物划线接种于含 10%新生牛血清的马丁琼脂，37℃培养 24～36h，挑取单菌落接种马丁肉汤 100ml（加 10%新生牛血清），37℃培养 36h，加 0.5甲醛溶液灭活 24h，用 0.5%甲醛磷酸盐缓冲液离心（5000～6000g，15min）洗涤 2次，在沉淀物中加 3ml 蒸馏水，重悬，混匀，经 121℃高压 1h，离心（5000～6000g，15min），上清液为被检抗原。

4）琼脂双扩散试验

① 用 pH7.2 的 PBS 配制 1.0%琼脂糖凝胶，加热熔化后，吸取 10ml 加入直径 90mm平皿，冷却后打六角梅花形孔，孔径 3mm，孔间距 4mm。在酒精灯上火焰加热封底。

② 加定型血清 30μl 在中央孔。

③ 周围各孔加 30μl 阳性对照抗原和被检抗原及 PBS。

④ 置于 37℃湿盒中孵育 2～24h。

5）结果判定　定型血清与阳性对照抗原出现沉淀线，与 PBS 不出现沉淀线，试验成立。若被检菌株抗原与定型血清孔之间出现沉淀线，则判定为被检菌株为此血清型。

3. 试管凝集试验

（1）仪器与耗材　二级生物安全柜、恒温培养箱、水浴锅、高压灭菌锅、麦氏比浊仪、试管、一次性注射器。

（2）培养基与试剂　马丁肉汤（配制见附录 A）。

（3）菌种　已知血清型猪丹毒杆菌。

（4）操作步骤

1）无菌采集被检猪血液 5ml，分离血清。

2）将被检血清用马丁肉汤分别稀释成 1:10 和 1:20 两个稀释度。

3）每个稀释度的血清分别取 5ml，各分装 3 支小试管，56℃灭菌 30min。

4）猪丹毒杆菌接种马丁肉汤，37℃培养 18h 后，将菌液稀释成 0.5 个麦氏浊度。

5）取冷却至 37℃以下的灭活血清，每支小试管加菌液 0.1ml（0.5 个麦氏浊度），标记为被检管，37℃静置培养 18h，再取出室温放置 2h。

6）本试验同时设置马丁肉汤和马丁肉汤培养的猪丹毒杆菌液作为对照管。

（5）判定标准

1）被检管与菌液对照管比较观察，被检管和对照管一样均匀一致，管底无凝集物者为阴性（－）。

2）被检管上层液体稍浑浊，管底有凝集物沉淀者为弱阳性（＋或＋＋）。

3）被检管澄清，无浑浊状，管底有大量集物沉淀者为阳性（＋＋＋或＋＋＋＋）。

（6）结果判定　根据血清 1:10 和 1:20 两个稀释度出现的凝集程度进行判定：

① 两个稀释度出现凝集程度的总和≥5 个（＋）者，判为阳性；

② 两个稀释度出现凝集程度的总和＝4个（＋）者，判为可疑，血清需重新制备；

③ 两个稀释度出现凝集程度的总和≤3个（＋）者，判为阴性。

附录 A
（规范性附录）

培养基制备

A.1 马丁琼脂

A.1.1 成分

牛肉汤	500ml
猪胃消化液	500ml
氯化钠	2.5g
琼脂	13g

A.1.2 制法

A.1.2.1 除琼脂外，将上述成分混合，调节 pH 至 7.6～7.8，加入琼脂，加热溶解。

A.1.2.2 以卵白澄清法除去沉淀，分装。

A.1.2.3 116℃灭菌 30～40min，灭菌后的培养基的 pH 应为 7.2～7.6。

注：卵白澄清法

1.取鸡蛋白 2 个，加等量纯水充分搅拌，加至 1000ml 50℃的培养基中，混匀；

2.置于流通蒸汽锅内，加热 1h，使蛋白充分凝固；

3.取出，在蒸汽加温下以脱脂棉或滤纸滤过。

A.2 马丁肉汤

A.2.1 成分

牛肉汤	500ml
猪胃消化液	500ml
氯化钠	2.5g

A.2.2 制法

A.2.2.1 将上述成分混合，调节 pH 至 7.6～7.8，煮沸 20min 后，加入纯化水，恢复至原体积，滤清，分装。

A.2.2.2 116℃灭菌 30～40min，灭菌后培养基的 pH 应为 7.2～7.6。

二、猪肺疫

猪肺疫又称猪巴氏杆菌病或猪出血性败血症，是由多杀性巴氏杆菌引起的猪的一种急性、热性传染病。其特征是最急性型呈败血症和咽喉炎；急性型呈纤维素性胸膜肺炎；而慢性型较少见，主要表现慢性肺炎。我国将其列为二类动物疫病。

本菌最早由 Loeffler（1882）发现，称为猪出血性败血性巴氏杆菌。Merchant（1939）将本菌和其他出血性败血性巴氏杆菌一起统称为多杀性巴氏杆菌。本病分布广泛，遍布全球。在我国为猪常见传染病之一。

（一）病原特征

多杀性巴氏杆菌（*Pasteurella multocida*）属于巴氏杆菌属（*Pasteurella*），为革兰氏阴性、两端钝圆、中央微凸的球杆菌或短杆菌，大小为（0.25～0.4）μm×（0.5～2.5）μm。不形成芽孢，无鞭毛，不能运动，新分离的强毒菌株有荚膜，常单个存在，有时成双排列。用病料涂片，以瑞特氏、吉姆萨氏或亚甲蓝染色时，可见典型的两极着色，即菌体两端染色深、中间浅，似两个并列的球菌，菌体多呈卵圆形。

本菌为需氧及兼性厌氧菌。在血清琼脂平板上培养24h，叫长成淡灰白色、闪光的露珠状小菌落。生长的菌落，于45°折光下观察时，呈蓝绿色带金光、边缘有窄的红黄光带，称为Fg型，对猪、牛和羊是强毒菌，对鸡、鸭等禽类毒力弱；菌落呈橘红色带金光、边缘或有乳白色带，称为Fo型，对鸡、鸭等禽类是强毒菌，而对猪、牛、羊等的毒力很微弱；不带荧光的菌落为Nf型，无毒力。Fg和Fo型在一定条件下可发生相互转化。菌落的虹彩与荚膜的存在有关。在血琼脂平板上，长成水滴样小菌落，无溶血现象。在血清肉汤中培养，开始轻度浑浊，4～6d后液体变清朗，管底出现黏稠沉淀，振摇后不分散，表面形成菌环。本菌接种马丁肉汤或其平板，生长后置4℃保存，每半个月应移植1次。冻干菌种在低温中可保存长达26年。

抽提不同菌株的荚膜抗原，吸附于绵羊红细胞上，用荚膜抗血清作交叉间接血凝试验，可根据荚膜抗原将本菌分为A、B、D、E、F 5个型；如用盐酸去荚膜，以菌体与菌体抗血清作交叉凝集试验，可根据菌体抗原将本菌分为1～16个型。两者结合起来形成更多的血清型，不同血清型的致病性和宿主特异性有一定的差异。猪肺疫多为1：A、3：A、5：A、7：A和1：D，但我国分离的猪多杀性巴氏杆菌以5：A和6：B为主，8：A与2：D其次。

本菌抵抗力不强，在无菌蒸馏水和生理盐水中很快死亡。在阳光中暴晒10min，或在56℃15min、60℃10min，可被杀死。在干燥空气中2～3d可死亡。3％石炭酸、3％福尔马林、10％石灰乳、2％来苏尔、0.5％～1％氢氧化钠等5min可杀死本菌。但在腐败的尸体中可生存1～3个月。对青霉素、链霉素、四环素、土霉素、磺胺类及许多新的抗菌药物敏感，但近年来发现其对抗菌药物的耐药性也在逐渐增强。

（二）临床症状

潜伏期1～5d，一般为2d左右。

（1）最急性型　俗称"锁喉风"和"大红颈"，常突然发病，无明显症状而死亡。病程稍长的可表现为体温升高（达41～42℃），精神沉郁，食欲废绝，心跳加快，呼吸困难。结膜充血、发绀。耳根、颈部、腹侧及下腹部等处皮肤发生红斑，指压不完全褪色。最具特征的症状是咽喉部的红肿、发热、肿胀、疼痛、急性炎症，触之病猪表现明显颤抖，严重者局部肿胀可扩展至颌下、耳根及颈部。呼吸极度困难，口鼻流血样泡沫，呈犬坐姿势。多经数小时至4d窒息而死。

（2）急性型　为常见病型，除败血症一般症状外，主要呈现纤维素性胸膜肺炎。病初体温升高（达40～41℃），发生短而干的痉挛性咳嗽，有鼻炎和脓性结膜炎。呼吸急促，常作犬坐姿势，胸部触诊有痛感，听诊有啰音和摩擦音。初便秘，后腹泻。随着病程发展，呼吸更加困难，皮肤有淡斑或小点出血。病猪消瘦无力，卧地不起，最后心脏衰竭，多因窒息、休克死亡。病程4~6d，不死者转为慢性。

（3）慢性型　多见于流行后期，主要呈现慢性肺炎或慢性胃肠炎。病猪精神沉郁，持续性咳嗽，呼吸困难，鼻孔不时流出黏性或脓性分泌物，胸部听诊有啰音和摩擦音。病猪食欲减退，时发腹泻，进行性生长不良进而发育停滞，消瘦无力。有时皮肤上出现痂样湿疹，关节肿胀。如不及时治疗，多拖延2周以上，最后多因衰竭致死。病程2~4周，病死率60%~70%。

（三）病理变化

（1）最急性型　全身黏膜、浆膜和皮下组织有大量出血斑点。最突出的病变是咽喉部、颈部皮下组织有出血性、浆液性炎症，切开皮肤时，有大量胶冻样淡黄色水肿液，水肿自颈部延至前肢。喉头气管内充满白色或淡黄色胶冻样分泌物为特征性病变。全身淋巴结肿大，呈浆液性出血性炎症，特别是咽喉部淋巴结尤其显著。心内外膜有出血斑点。肺充血、急性水肿，胸、腹腔和心包腔的液体增多。脾出血但不肿大。胃肠黏膜有出血性炎症。

（2）急性型　除全身黏膜、浆膜和皮下组织有出血性病变外，以胸腔内的病变为主，表现为化脓性支气管肺炎、纤维素性胸膜肺炎、心包炎及化脓性关节炎。肺水肿，有不同程度的肝变、气肿、瘀血和出血等病变，主要位于尖叶、心叶和膈叶前缘。病程稍长者，肝变区内有坏死灶，肺小叶间浆液浸润，大多数病例在膈叶有小指头到乒乓球大小的局灶性化脓灶、出血灶，肺炎部切面常呈大理石状。肺、肝变部的表面有纤维素絮片，并常与胸膜粘连，肺胸膜表面可见到红褐色到灰红色斑点状病变区。胸腔及心包腔积液，胸腔淋巴结肿大，切面发红、多汁。支气管、气管内有多量泡沫样黏液，黏膜有炎症病变。一般情况下，淋巴结只是轻度肿胀。

（3）慢性型　病猪极度消瘦、贫血。肺有较大坏死灶，且有结缔组织包囊，内含干酪样物质，有的形成空洞。心包和胸腔内液体增多，胸膜增厚，粗糙，上有纤维素絮片或与病肺粘连。支气管周围淋巴结、肠系膜淋巴结以及扁桃体、关节和皮下组织见有坏死灶。无全身败血病变。

（四）流行病学特征

易感动物：本菌对多种动物（家畜、野兽、禽类）均有致病性，无明显年龄、性别、品种差别，尤其是猪、牛、禽、兔更易感。小猪和中猪易感，人偶可感染。实验动物中小鼠极易感染。

传染源：病猪和健康带菌猪是主要传染源。据报道，有30.6%的健康猪的鼻道深处及喉头带有本菌；有人检查屠宰猪的带菌率（扁桃体）竟高达63%。

传播途径：本菌随病猪和健猪的分泌物和排泄物排出，污染饲料、饮水、用具和外界环境，经消化道传染；或由咳嗽、喷嚏排菌，通过飞沫经呼吸道而传染。也可以吸血昆虫为媒介经皮肤和黏膜的伤口发生传染。健康带菌猪因某些应激因素，如寒冷、闷热、气候剧变、潮湿、拥挤、圈舍通风不良、阴雨连绵、营养缺乏、饲料突变、过度疲劳、长途运输、寄生虫病等，特别是上呼吸道黏膜受到刺激而使猪体抵抗力降低时，也可发生内源性传染。

流行形式及因素：一年四季均可发生，但以冷热交替、气候剧变、多雨、潮湿、闷热的时期多发，并常与猪瘟、猪气喘病等混合感染或继发。最急性型猪肺疫常呈地方流行性，南方多发于5～9月，北方则多见于秋末或初春；急性型和慢性型猪肺疫多呈散发性。多种应激因素均可促进本病的发生和传播。本病多发生于3～10周龄的仔猪，发病率为40％以上，病死率为5％左右。

（五）预防及治疗

（1）加强管理　应坚持自繁自养，加强检疫，合理的饲养管理（分离与早期断奶，全进全出式生产，尽量减少猪群的混群及分群，减小猪群的密度等），改善环境卫生，定期接种菌苗等。

（2）免疫接种　用菌落荧光色泽检查和交互免疫试验筛选出的Fg型菌株制成的氢氧化铝甲醛菌苗，对猪有良好的免疫原性。近年来我国研制出口服弱毒菌苗（使用方便）和猪瘟、猪丹毒、猪肺疫三联苗（皮下注射1ml，免疫期6个月）。

（3）治疗　本菌对青霉素、链霉素、广谱抗生素、磺胺类药物都敏感，均可用于治疗，病初应用均有一定疗效。抗猪肺疫血清也可用于本病的防治，如配合抗生素和磺胺类药治疗，疗效更佳。

（4）发病处置　一旦猪群发病，应立即采取隔离、消毒、紧急接种、药物防治等措施。病尸应进行深埋或高温等无害化处理。

（六）实验室检测

猪巴氏杆菌诊断技术

依据标准：NY/T 564—2016。

1. 病原分离

（1）材料

1）培养基　胰蛋白大豆琼脂培养基（TSA，配制见附录A）、胰蛋白大豆肉汤培养基（TSB，配制见附录A）。

2）试剂　绵羊脱纤血、绵羊裂解血细胞全血、健康动物血清。

（2）器材　二级生物安全柜、恒温培养箱（37℃）。

（3）操作　猪濒死或死亡后，无菌采取病死猪的心血或肝脏组织，接种含4％健康动物血清的TSB，置35～37℃培养16～24h，取TSB培养物划线接种含0.1％绵羊裂解血细胞全血和4％健康动物血清的TSA平板，置35～37℃培养16～24h。挑取在TSA平板上生长的光滑圆整的单个菌落传代接种于含0.1％绵羊裂解血细胞全血和4％健康动物血清的TSA平板，置35～37℃培养16～24h，获得纯培养物。

2. 病原鉴定

（1）材料

1）待检样品　分离的细菌纯培养物。

2）培养基　培养基质量满足GB/T 4789.28规定的要求，按附录A方法配制改良马丁琼脂、马丁肉汤、麦康凯琼脂培养基、运动性试验培养基。

3）试剂　葡萄糖、蔗糖、果糖、半乳糖、甘露醇、鼠李糖、戊醛糖、纤维二糖、棉子糖、菊糖、赤藓糖、戊五醇、M-肌醇、水杨苷糖发酵小管（配制方法见附录A）、吲哚试剂（配制方法见附录 A）、氧化酶试剂（配制方法见附录 A）、绵羊脱纤血、缔羊裂解血细胞全血、健康动物血清、革兰氏染色液、瑞氏染色液、1％蛋白胨水（制备方法见附录 A）。

（2）器材　二级生物安全柜、显微镜、恒温培养箱（37℃）。

（3）镜检样品的制备　取病变组织或新鲜切面在载玻片上压片或涂抹成薄层；用灭菌剪刀剪开心脏，取血液进行推片，或取凝血块新鲜切面在载玻片上压片或涂抹成薄层；培养纯化的细菌，从菌落挑取少量涂片。

（4）病原鉴定

1）培养特性

① 多杀性巴氏杆菌为兼性厌氧菌，最适生长温度为 35～37℃。在改良马丁琼脂平皿（含有 0.1％羊裂解血细胞全血及 4％健康动物血清）上有单个菌落，肉眼观察光滑圆整，直径 2～3mm，半透明，呈微蓝色。在低倍显微镜 45°折光下观察，有虹彩，可见蓝绿色荧光（Fg 菌落型）或橘红色荧光（Fo 菌落型）。

② 改良马丁琼脂斜面生长纯粹的培养物，呈微蓝色菌苔或菌落。

③ 马丁肉汤培养物呈均匀混浊，不产生菌膜。

④ 麦康凯琼脂平皿上不生长。

⑤ 含 10％绵羊脱纤血的改良马丁琼脂平皿上生长的菌落不出现溶血。

2）显微镜鉴定

① 样品的干燥和固定：挑取菌落，涂于载玻片，采用甲醇固定或火焰固定。

② 染色及镜检：甲醇固定的镜检样品进行瑞氏或亚甲蓝染色。镜检时，多杀性巴氏杆菌呈两极浓染的菌体，常有荚膜。火焰固定的镜检样品进行革兰氏染色，镜检时多杀性巴氏杆菌为革兰氏阴性球杆菌或短杆菌，菌体大小为（0.2～0.4）$\mu m \times$（0.6～2.5）μm，单个或成对存在。

3）生化鉴定特性

① 接种于葡萄糖、蔗糖、果糖、半乳糖和甘露醇发酵管产酸而不产气。接种于鼠李糖、戊醛糖、纤维二糖、棉子糖、菊糖、赤藓糖、戊五醇、M-肌醇、水杨苷发酵管不发酵。

② 接种于蛋白胨水培养基中，可产生吲哚。

③ 产生过氧化氢醇、氧化酶，但不能产生尿素、β-半乳糖苷酶。

④ 维培（VP）试验为阴性。

3. 毒力测定

（1）材料

1）待检样品　从病料中分离的细菌纯培养物。

2）培养基　马丁肉汤。

3）试验动物　18～22g 小白鼠。

（2）器材　二级生物安全柜、恒温培养箱。

（3）操作　取马丁肉汤 24h 培养物，用马丁肉汤稀释为 1000CFU/ml，皮下注射18～22g 小鼠 4 只，每只 0.2ml；另取相同条件小鼠 2 只，每只皮下注射马丁肉汤 0.2ml作为阴性对照。

（4）结果判定　观察 3～5d，阴性对照组小鼠全部健活，试验方成立。注射细菌培养物组小鼠全部死亡者为阳性。

4. 培养物定种 PCR 鉴定

（1）材料

1）待检样品　从病料中分离的细菌纯培养物。

2）试剂的一般要求　除特别说明以外，本方法中所有试剂均为分析纯级，水为灭菌的双蒸水或超纯水。

3）电泳缓冲液（TAE）　50×TAE 贮存液和 1×TAE 使用液（配制方法见附录 A）。

4）1.5％琼脂糖凝胶　将 1.5g 琼脂糖干粉加到 100ml TAE 使用液中，沸水浴或微波炉加热至琼脂糖熔化，待凝胶稍冷却后加入溴化乙锭替代物，终浓度为 0.5μg/ml。

5）PCR 配套试剂　10×PCR Buffer、dNTPs、Taq 酶、DL 2000 DNA Marker。

6）PCR 引物　根据 *kmt* I 基因序列设计、商业合成，引物序列见附录 B。

7）阳性对照　多杀性巴氏杆菌。

8）阴性对照　除多杀性巴氏杆菌外的其他细菌。

（2）器材　二级生物安全柜、制冰机、高速离心机、水浴锅、PCR 仪、电泳仪、凝胶成像仪。

（3）样品处理　对分离鉴定和纯培养的细菌液体培养样品，直接保存于无菌 1.5ml 塑料离心管中，密封、编号、保存、送检。

（4）基因组 DNA 的提取　下列方法任择其一，在提取 DNA 时，应设立阳性对照样品和阴性对照样品，用同样的方法提取 DNA。

① 取 1～2 个纯培养的单菌落加入 100μl 无菌超纯水中，混匀，沸水浴 10min，冰浴 5min，12000r/min 离心 1min，上清作为基因扩增的模板。

② 取纯培养的单菌落接种含 0.1％绵羊裂解血细胞全血的马丁肉汤，（37±1）℃过夜培养，取 1.0ml 菌液加入 1.5ml 离心管，12000r/min 离心 1min，弃上清，加入 100μl 无菌超纯水，反复吹吸重悬，沸水浴 10min，冰浴 5min，12000r/min 离心 1min，上清作为基因扩增的模板。

（5）反应体系及反应条件

1）对（4）提取的 DNA 进行扩增，每个样品 50μl 反应体系，见附录 C。

2）样品反应管瞬时离心，置于 PCR 扩增仪内进行扩增。95℃预变性 5min，95℃变性 30s，55℃退火 30s，72℃延伸 1min，30 个循环，72℃延伸 10min，结束反应。同时设置阳性对照及阴性对照。PCR 产物用 1.5％琼脂糖凝胶进行电泳，观察扩增产物条带大小，若不立即进行电泳，可将 PCR 产物置于 −20℃冻存。

（6）凝胶电泳

1）在 1×TAE 缓冲液中进行电泳，将（5）、2）的扩增产物、DL2000 DNA Marker 分别加入 1.5％琼脂糖凝胶孔中，每孔加扩增产物 10μl。

2）80～100V 电压电泳 30min，在紫外灯或凝胶成像仪下观察结果。

（7）结果判定

1）试验成立的条件　当阳性对照扩增出约 460bp 的片段，阴性对照未扩增出片段时，试验成立。

2）阳性判定　符合（6）、1）的条件，被检样品扩增出 460bp 的片段，则判定被检病原为多杀性巴氏杆菌。

3) 阴性判定　符合（6）、1）的条件，被检样品未扩增出 460bp 的片段，则判定被检细菌纯培养物不是多杀性巴氏杆菌。

附录 A
（规范性附录）

培养基的制备

A.1　牛肉汤的制备

将牛肉除去脂肪、筋膜，用绞肉机搅碎。肉和水按质量体积比 1∶2 比例混合，搅拌均匀。用不锈钢或耐酸陶瓷双层锅加温至 65～75℃，保持 15min，继续加热至沸腾，保持 1h，全部过程均应不断搅拌。煮沸完成后，捞出肉渣，沉淀 30min，抽上清液，经绒布过滤，将滤过的肉汤与从肉渣中压榨出的肉汤混合即成。制成的肉汤，即可与猪胃消化液（配制见 A.3）混合配制成马丁肉汤；或分装经 121℃灭菌 30～40min，储存备用。制备少量肉汤时，也可采用将绞碎的牛肉在 2 倍体积的 4～8℃水中浸泡 12～24h，再煮沸 30min，过滤，分装灭菌后备用。

A.2　改良猪胃消化液

将猪胃除去脂肪，用绞肉机绞碎。碎猪胃 350g 加 65℃左右温水 1000ml，并加盐酸 8.5ml，放置于 51～55℃中消化 18～22h。前 12h 至少搅拌 6～10 次。待胃组织溶解、液体澄清，即表示消化良好；否则，可酌情延长消化时间。取出后全部倒入中性容器，并加氢氧化钠溶液，调成弱酸性，然后煮沸 10min，使其停止消化。以粗布过滤后，即成。

A.3　猪胃消化液

将猪胃 300g 除去脂肪，用绞肉机绞碎。加入 65℃左右 1000ml 温水混合均匀，再加入盐酸 10ml，使 pH 为 1.6～2.0，保持消化液 51～55℃，消化 18～24h。在消化过程的前 12h 至少搅拌 6～10 次，然后静置，至胃组织溶解、液体澄清，表示消化完全。如消化不完全，可酌情延长消化时间。除去脂肪和浮物，抽清液煮沸 10～20min，放缸内静置沉淀 48h 或冷却到 80～90℃，加氢氧化钠使成弱酸性，经灭菌储存备用。

A.4　改良马丁琼脂

A.4.1　配方

牛肉汤（配制见 A.1）	500ml
改良猪胃消化液（配制见 A.2）	500ml
氯化钠	2.5g
琼脂粉	12g

A.4.2　制备方法

将肉汤、改良猪胃消化液、氯化钠和琼脂粉混合，加热溶解。待琼脂完全融化后，用氢氧化钠溶液调整 pH 为 7.4～7.6。以卵白澄清或凝固沉淀法沉淀。分装于试管或中性玻璃瓶中，以 121℃灭菌 30～40min。

A.5　马丁肉汤

A.5.1　配方

牛肉汤（配制方法见 A.1）	500ml
猪胃消化液（配制方法见 A.3）	500ml
氯化钠	2.5g

A.5.2　制备方法

将 A.5.1 材料混合后，以氢氧化钠溶液调至 pH 7.6～7.8，煮沸 20～40min，补足失去的水分。冷却沉淀，抽取上清，经滤纸或绒布滤过，滤液应为澄清、淡黄色。按需要分装，经 121℃灭菌 30～40min。pH 应为 7.2～7.6。

A.6　胰蛋白大豆琼脂培养基

A.6.1　配方

胰蛋白胨	15g
大豆蛋白胨	5g
氯化钠	5g
琼脂粉	15g
去离子水	1000ml

A.6.2　制备方法

将 A.6.1 材料混合，加热溶解，调整至 pH 7.1～7.5，滤过分装于中性容器中，121℃高压灭菌后备用。

A.7　胰蛋白大豆肉汤培养基（TSB）

A.7.1　配方

胰蛋白胨	15g
大豆蛋白胨	5g
氯化钠	5g
去离子水	1000ml

A.7.2　制备方法

将 A.7.1 材料混合，加热溶解，调整至 pH 7.1～7.5，滤过分装于中性容器中，121℃高压灭菌后备用。

A.8　运动性试验培养基

将马丁肉汤（配制见 A.5）1000ml，琼脂粉 3.5～4g 混合加热溶解。121℃灭菌 40min，置于室温保存备用。加热溶解琼脂粉，分装到内装有套管的试管中，以 121℃灭菌 30～40min。

A.9　1%蛋白胨水

A.9.1　配方

蛋白胨	10g
氯化钠	5g
蒸馏水	1000ml

A.9.2　制备方法

将 A.9.1 材料混合，加热溶解，调整至 pH 7.4，煮沸滤过，分装于中性容器中，121℃灭菌 20min。

A.10　糖发酵培养基

每种糖（或醇）按质量浓度为 1% 的比例分别加入装有 1% 蛋白胨水（配制见 A.9）的瓶中，加热溶解后，按 0.1% 的比例加入 1.6% 溴甲酚紫指示剂。摇匀后，分装小试管（内装有倒置小管），每支大约 6ml，流通蒸汽灭菌 3 次，每天 1 次，每次 30min。

A.11　靛基质试验用试剂-吲哚试验试剂（Ehrlich-Boehme 二氏试剂）

A.11.1　配方

对二甲氨基苯甲醛	1.0g
95％乙醇	95ml
纯浓盐酸	20ml

A.11.2　制备方法

将对二甲氨基苯甲醛溶于乙醇中，然后慢慢加进盐酸。此试剂应如量配制，并保存于冰箱内。

A.12　氧化酶试剂（1％盐酸四甲基对苯二胺溶液）

将1.0g的盐酸四甲基对苯二胺溶于100ml去离子水中。

A.13　麦康凯琼脂培养基

A.13.1　配方

蛋白胨	17g
胨胨	3g
猪胆盐（牛胆盐或羊胆盐）	5g
氯化钠	5g
琼脂粉	17g
蒸馏水（或去离子水）	100ml
乳糖	10g
0.01％结晶紫水溶液	10ml
0.5％中性红水溶液	5ml

A.13.2　制备方法

将蛋白胨、胨胨、胆盐和氯化钠溶解于400ml蒸馏水中，校正pH为7.2。将琼脂粉加入600ml蒸馏水中，加热溶解。将两液合并，分装于烧瓶内，121℃高压灭菌15min备用、临用时加热融化琼脂，趁热加乳糖，冷至50～55℃时，加入结晶紫和中性红水溶液，摇匀后倾注平板。

A.14　电泳缓冲液（TAE）

50×TAE储存液：分别量取 $Na_2EDTA \cdot 2H_2O$37.2g、冰醋酸 57.1ml、Tris-Base242g，用一定量（约800ml）的灭菌双蒸水溶解。充分混匀后，加灭菌双蒸水补齐至1000ml。

1×TAE缓冲液：取10ml储存液加490ml蒸馏水即可。

附录B
（规范性附录）

多杀性巴氏杆菌 *kmt* Ⅰ基因扩增引物序列（表2-6）

表2-6　多杀性巴氏杆菌 *kmt* Ⅰ基因扩增引物序列

检测目的	引物序列(5′→3′)	扩增大小/bp
多杀性巴氏杆菌定种	上游引物:ATC CGC TAT TTA CCC AGT GG	460
	下游引物:GCT GTA AAC GAA CTC GCC AC	

附录 C
（规范性附录）

多杀性巴氏杆菌 *kmt* I 基因扩增反应体系（表 2-7）

表 2-7　多杀性巴氏杆菌 *kmt* I 基因扩增反应体系

组分	体积/μl
超纯水	36.75
10×PCR Buffer	5
dNTPs	4
上游引物	1
下游引物	1
Taq 酶	0.25
DNA 模板或阴阳性对照	2

三、猪链球菌病

猪链球菌病是多种不同群的链球菌引起的猪的一种多型性传染病。该病的临诊特征是急性者表现为出血性败血症和脑炎，慢性者则表现为关节炎、心内膜炎和淋巴结脓肿。以 C 群、R 群、D 群、S 群引起的败血型链球菌病危害最大，发病率及病死率均很高；以 E 群引起淋巴结脓肿最为常见，流行最广。我国将其列为二类动物疫病。

国外 1945 年首次报道该病，世界上许多国家均有该病发生，目前很多大猪场受该病严重困扰。国内最早是于 1949 年由吴硕显报道，在上海郊区首次发现。1963 年在广西部分地区开始流行，70 年代末已遍及全国大部分地区，已成为当前养猪业最常见的重要细菌病。该病可感染人并致死亡。1968 年丹麦首次报道了人感染猪链球菌导致脑膜炎的病例，目前全球已有几百例人感染猪链球菌的报告，主要分布在北欧和南亚一些养猪和食用猪肉的国家和地区。

（一）病原特征

链球菌属（*Streptococcus*）。菌体呈球形或卵圆形，直径 0.5～2.0μm，可单个、成对或以不同长度的链状方式存在，一般致病性链球菌的链较长，肉汤内对数生长期的链球菌常呈长链排列。一般无鞭毛，不能运动，不形成芽孢，有些菌株可形成荚膜。革兰氏染色阳性。本菌有 3 种主要抗原成分，即群特异性抗原、型特异性抗原和核蛋白抗原。

（1）群特异性抗原　又称 C 抗原，是链球菌细胞壁中的多糖成分，为半抗原。兰氏（Lancefield）根据其抗原决定簇的不同，将链球菌分类为 20 个血清群（A～V，缺 I 和 J）。

（2）型特异性抗原　又称表面抗原，为位于 C 抗原之外的蛋白质成分，该抗原可分为 4 种成分，即 M、T、R、S，其中 M 成分与细菌的毒力有关，具有抗吞噬活性，并与免疫有关；根据 M 蛋白的不同可将本菌在各自群内分型，例如 A 群链球菌可分为 60 多

229

个血清型，B群分为4型，C群分为20多型，D群分为10型，E群有6型，L群为11型等。

（3）核蛋白抗原　又称P抗原，为非特异性抗原，各种链球菌的P抗原性质相同，是菌体的主要组成成分，并与葡萄球菌属有交叉。

多数链球菌兼性厌氧，个别严格厌氧。最适生长条件为温度为37℃，pH7.4～7.6。致病性链球菌对营养要求比较苛刻，需在培养基中加入血液、血清或葡萄糖。在血液琼脂平板上培养24h后形成灰白色、圆形、隆起、光滑、半透明的小菌落，直径0.5～1.0mm。多数致病菌株能形成β型溶血，菌落周围出现完全透明的溶血环。个别菌株不溶血。在液体培养基中可形成絮状或颗粒状沉淀，有些菌株则呈现均匀浑浊。当在明胶中穿刺培养时，可沿穿刺线呈串珠状生长，但不液化明胶。本菌能发酵葡萄糖和蔗糖，不发酵菊糖和马尿酸钠。对乳糖、甘露醇、山梨醇及水杨苷的发酵能力因毒株而异。不还原硝酸盐，接触酶阴性。低于10℃或高于45℃时不生长。

引起猪链球菌病的链球菌主要是C群的马链球菌兽疫亚种、D群的类马链球菌、S群的猪链球菌1型及R群的猪链球菌2型、E群的类猪链球菌及L群链球菌。本菌除广泛存在于自然界外，也常存在于正常动物及人的呼吸道、消化道、生殖道等。感染发病动物的排泄物、分泌物、血液、内脏器官及关节内均有病原体存在。本菌对动物的致病性与其荚膜、毒素和酶类有关。

链球菌对外界的抵抗力较强，对热敏感。0℃以下可存活150d以上，室温下可存活6d，60℃30min可以灭活，煮沸可很快杀死。常用浓度的各种消毒药均能杀死。对青霉素、红霉素、金霉素、四环素及磺胺类药均敏感。

（二）临床症状

该病的潜伏期一般为1～5d，慢性病例有时较长。根据猪的临诊表现和病程，通常将该病分为急性败血型、脑膜炎型、化脓性淋巴结炎型和皮肤型。

（1）急性败血型　病原主要为C群的马链球菌兽疫亚种、D群的类马链球菌、S群的猪链球菌1型及R群的猪链球菌2型，L群链球菌也能引发本病。根据病程的长短和临诊症状表现，又分为最急性型、急性型和慢性型3种类型。

① 最急性型：多见于成年猪，常呈暴发性，无任何症状而突然死亡。

② 急性型：体温高达41～43℃，全身症状明显，结膜潮红，流泪，流鼻涕，不食，便秘，跛行和不能站立的猪只突然增多，呈现急性多发性关节炎症状。有些猪共济失调、磨牙、空嚼或嗜睡。当耳、颈、腹下、四肢内侧皮肤出现紫斑后，常预后不良，多在1～3d死亡，即使治疗也很难治愈。死前出现呼吸困难，体温降低，天然孔流出暗红色或淡黄色液体，病死率可达80%～90%。

③ 慢性型：多由急性型转化而来。主要表现为多发性关节炎。一肢或多肢关节发炎。关节周围肌肉肿胀，高度跛行，有痛感，站立困难。严重病例后肢瘫痪。最后因体质衰竭、麻痹死亡。

（2）脑膜脑炎型　主要由R群和C群链球菌引起，有时也可由L群及S群引起，以脑膜脑炎为主症。该型多见于哺乳仔猪和断奶仔猪。哺乳仔猪的发病常与母猪带菌有关，较大的猪也可能发生。常因断齿、去势、断乳、转群、气候骤变或过于拥挤而诱发。可见病猪体温升高至40.5～42.5℃，精神沉郁，不食，便秘，很快出现特征性的神经症状，如共济失调、转圈、磨牙、空嚼、仰卧、四肢泳动或后肢麻痹，爬地而行，最后昏迷而死。病程短者几小时，长者1～5d，病死率极高。个别病例可出现关节炎，头、颈、背部有皮下水肿。

（3）化脓性淋巴结炎型　多由E群链球菌引起。以颌下、咽部、颈部等处淋巴结化脓和形成脓肿为特征。淋巴结脓肿以颌下淋巴结最常见，也可侵及其他淋巴结，严重病例可出现全身体表淋巴结脓肿、硬、热、疼，从枣大小至柿子大小不等，外观呈圆形隆起，可不同程度地影响采食、咀嚼、吞咽、呼吸等功能。时间较长时化脓灶可自行成熟破溃，排出脓汁后逐渐自愈，病程一般1个月左右，较少引起死亡，但病猪生长发育受阻。

（4）皮肤型　皮肤型链球菌病初感染部位发红，继而遍及全身，几天后结痂。病猪精神萎靡、食欲减退。

此外，C、D、E、L群β-型溶血性链球菌也可经呼吸道感染，引起肺炎或胸膜肺炎，经生殖道感染引起不育和流产。

（三）病理变化

（1）急性败血型　表现为血液凝固不良，皮下、黏膜、浆膜出血，鼻腔、喉头及气管黏膜充血，内有大量气泡。全身淋巴结肿胀、出血。肺肿胀、充血、出血。心包有淡黄色积液，心内膜出血，有些病例心瓣膜上有菜花样生物。脾肿大、出血，色暗红或蓝紫。肾肿大、出血。胃及小肠黏膜充血、出血。浆膜腔、关节腔有纤维素性渗出物。脑膜充血或出血。慢性病例可见关节腔内有黄色胶冻样或纤维素性、脓性渗出物，淋巴结脓肿。

（2）脑膜脑炎型　主要表现脑膜充血、出血甚至溢血，个别脑膜下积液，脑组织切面有点状出血，其他病变与急性败血型相同。

（3）化脓性淋巴结炎型　淋巴结肿胀化脓，脓黏稠、无臭带绿色。

（4）皮肤型　除皮肤有结痂外，内脏变化不明显。

（四）流行病学特征

易感动物：猪链球菌病可见于各种年龄、品种和性别的猪，其中仔猪、怀孕母猪及保育猪较常见。R群猪链球菌2型可致人类脑膜炎、败血症、心内膜炎并可致死，尤其是从事屠宰或其他与猪肉接触频繁的人易发。还有禽感染猪链球菌的报道。实验动物以家兔和小鼠最为敏感。

传染源：发病猪和带菌猪是主要传染源，其分泌物、排泄物中均含有病原菌。病死猪肉、内脏及废弃物处理不当，活猪市场及运输工具的污染等都是造成本病流行的重要因素。

传播途径：本病主要经伤口、消化道和呼吸道感染，体表外伤、断脐、阉割、注射器消毒不严等往往造成感染发病。

流行形式及因素：本病一年四季均可发生，但有明显的季节性，以夏秋季节流行严重。一般为地方性流行，新疫区及流行初期多为急性败血型和脑炎型，来势凶猛，病程短促，病死率高；老疫区及流行后期多为关节炎或淋巴结脓肿型，传播缓慢，发病率和病死率低，但可在猪群中长期流行。饲养管理不当、卫生条件差、消毒不严格、圈舍不平整或过于光滑易引起猪只跌倒、形成外伤而促使本病的发生。

（五）预防及治疗

（1）**加强饲养管理** 搞好环境卫生，猪只出现外伤及时进行外科处理，坚持自繁自养和全进全出制度，严格执行检疫隔离制度以及淘汰带菌母猪等措施对预防该病的发生都有重要作用。

（2）**免疫接种** 该病流行的猪场可用菌苗进行预防，目前国内有猪链球菌弱毒活苗和灭活苗，也可应用当地菌株制备多价菌苗进行预防。每头猪不论大小均皮下注射弱毒苗 1 头份或口服 2 亿个活菌，免疫后 7d 产生保护力，保护期半年。灭活苗有油佐剂、水佐剂和蜂胶佐剂类型，以蜂胶佐剂的多价灭活苗应用效果较好。

（3）**治疗发病猪** 应严格隔离和消毒，早期可用大剂量青霉素、链霉素、四环素、土霉素及磺胺嘧啶或其他磺胺类药加抗菌增效剂进行治疗；必要时进行外科处理和对症治疗。

（4）**疫情处理** 一旦发生疫情，应按《猪链球菌病应急防治技术规范》进行诊断、报告、处置。对病猪作无血扑杀处理，对病死猪及排泄物、可能被污染的饲料、污水等按要求进行无害化处理；对可能被污染的物品、交通工具、用具、畜舍进行严格彻底的消毒。

（六）实验室检测

1. 猪链球菌 2 型平板和试管凝集试验

依据标准：GB/T 19915.1—2005。

（1）**试剂和材料**

1）试剂

① 标准抗原 由指定单位提供，按说明书使用，使用时须回至室温，并充分摇匀。

② 标准阳性血清 由指定单位提供，按说明书使用，使用时须回至室温，并充分摇匀。

③ 标准阴性血清 由指定单位提供，按说明书使用，使用时须回至室温，并充分摇匀。

④ 试验用蒸馏水 GB/T 6682 中的三级水。

⑤ 稀释液 0.5%石碳酸生理盐水（含 0.5%石碳酸、0.85%NaCl）。

2）材料

① 玻璃板，要求洁净，划成每格 3cm×3cm 的区域，每一格下留少许位置，用于填写血清号。

② 移液器和（或）可调连续加样器及配套的移液器枪头。

③ 试管架和试管 规格为 13mm×100mm，圆底，洁净。

④ 被检血清 按常规方法采血分离血清，血清必须新鲜，无明显蛋白凝固，无溶血，无腐败气味。运送和保存血清样品时，应防止血清冻结和受热，以免影响凝集价。若 3d 内不能送到实验室，可用冷藏方法运送血清。试验时须回至室温。

（2）**操作方法**

1）平板凝试验

① 将玻璃板上各格标上阳性血清、阴性血清和被检血清号，每格各加 25μl 平板凝集

抗原。

② 在各格凝集抗原旁分别加入阳性血清、阴性血清和相应的被检血清 25μl。

③ 用牙签或移液器枪头搅动被检血清和抗原，使之均匀混合，形成直径约 2cm 的液区。轻微振动，室温下于 4min 内观察结果。

④ 每次操作以不超过 20 份血清样品为宜，以免样品干燥而不易观察结果。

2）试管凝集试验

① 稀释被检血清

a. 每份被检血清用 6 支试管，标记检验编号后各管加入 0.5ml 稀释液。

b. 取被检血清 0.5ml，加入第 1 管，充分混匀，从第 1 管中吸取 0.5ml 加入第 2 管，混合均匀后，再从第 2 管吸取 0.5ml 至第 3 管，如此倍比稀释至第 6 管，从第 6 管弃去 0.5ml，稀释完毕。

c. 从第 1 至第 6 管的血清稀释度分别为 1∶2、1∶4、1∶8、1∶16、1∶32、1∶64。

② 加抗原：将 0.5ml 抗原加入已稀释好的各血清管中，并振摇均匀，血清稀释度则依次变为 1∶4、1∶8、1∶16、1∶32、1∶64、1∶128。各反应管反应总量为 1ml。

③ 设立对照：每次试验都应设立下列对照。

a. 阴性血清对照：阴性血清的稀释和加抗原的方法与被检血清同。

b. 阳性血清对照：阳性血清的最高稀释度应超过其效价滴度，加抗原的方法与被检血清同。

c. 抗原对照：在 0.5ml 稀释液中，加 0.5ml 抗原。

④ 配制比浊管：每次试验均须配制比浊管，作为判定凝集反应程度的依据，先将抗原用等量稀释液作 1 倍稀释，然后按表 2-8 配制比浊管。

表 2-8　比浊管配制

试管号	1	2	3	4	5
抗原稀释液	1.00	0.75	0.50	0.25	0
0.5％石炭酸生理盐水	0	0.25	0.50	0.75	1.00
清亮度	0	25	50	75	100
凝集度标记	－	＋	＋＋	＋＋＋	＋＋＋＋

注："＋＋＋＋"表示完全凝集，菌体 100％下沉，上层为 100％液体；

"＋＋＋"表示几乎完全凝集，上层液体 75％清亮；

"＋＋"表示凝集很显著，液体 50％清亮；

"＋"表示有沉淀，液体 25％清亮；

"－"表示无沉淀，液体不清亮。

⑤ 感作：所有试验管充分振荡后，置 37℃温箱感作 20h。

（3）判定

1）平板凝集试验结果判定

当阴性血清对照不出现凝集（－），阳性血清对照出现凝集（＋）时，则试验成立，可以判定，否则应重做。在 4min 内出现肉眼可见凝集现象者判为阳性（＋），不出现凝集者判为阴性（－）。出现阳性反应的样品，可经试管凝集试验定量测定其效价。

2）试管试验结果判定

① 试验成立条件：当阴性血清对照和抗原对照不出现凝集（－），阳性血清的凝集价

达到其标准效价±1个滴度，则证明试验成立，可以判定。否则，试验应重做。

② 确定每份被检血清效价：比照比浊管判读，出现＋＋以上凝集现象的最高血清稀释度为血清凝集价。

待检血清最终稀释度1：4并出现"＋＋"以上的凝集现象时，判为阳性反应。

2. 猪链球菌2型荧光PCR检测方法

依据标准：GB/T 19915.7—2005。

（1）试剂与材料　除另有说明，所用试剂均为分析纯。

1）无水乙醇　—20℃预冷。

2）75％乙醇　用新开启的无水乙醇和无DNA酶的灭菌纯化水配制，—20℃预冷。

3）0.01mol/L pH7.2的PBS　配方见附录A，(121±2)℃、15min高压灭菌后冷却。

4）链球菌2型荧光PCR检测试剂盒：试剂盒的组成、说明及使用注意事项参见附录B。

（2）仪器设备

1）高速台式冷冻离心机　最大转速13000r/min以上。

2）荧光PCR检测仪、计算机。

3）2～8℃冰箱和—20℃冰箱。

4）微量移液器　0.5～10μl，5～20μl，20～200μl，200～1000μl。

5）组织匀浆器

6）混匀器

3. 样品的采集与前处理

采样过程中样本不得交叉污染，采样及样品前处理过程中须戴一次性手套。

（1）取样工具

1）棉拭子、剪刀、镊子、研钵、Eppendorf管。

2）所有上述取样工具必须经（121±2）℃、15min高压灭菌并烘干或经160℃干烤2h。

（2）采样方法

1）生猪拭子样品　咽喉拭子采样，采样时要将拭子深入喉头及上颌来回刮3～5次，取咽喉分泌液。

2）扁桃体、内脏或肌肉样品　用无菌的剪刀和镊子剪取待检样品1.0g于研钵中充分研磨，再加5.0ml PBS混匀，然后将组织悬液转入无菌Eppendorf管中，编号备用。

3）血清或血浆　用无菌注射器直接吸取至无菌Eppendorf管中，编号备用。

（3）存放与运送　采集或处理的样本在2～8℃条件下保存应不超过24h；若需长期保存，须放置—70℃冰箱，但应避免反复冻融（最多冻融3次），采集的样品密封后，采用保温壶或保温桶加冰密封，尽快运送到实验室。

4. 操作方法

（1）样本核酸的提取　在样本处理区进行。

1）提取方法1

① 取 n 个1.5ml灭菌Eppendorf管，其中 n 为待检样品数、一管阳性对照及一管阴性对照之和，对每个管进行编号标记。

② 每管加入 1.0ml 裂解液，然后分别加入待测样本、阴性对照和阳性对照各 100μl，一份样本换用一个吸头；混匀器上振荡混匀 5s。于 4～25℃条件下，10000r/min 离心 10min。

③ 取与①中相同数量的 1.5ml 灭菌 Eppendorf 管，加入 500μl 无水乙醇（-20℃预冷），对每个管进行编号。吸取②离心后各管中的上清液转移至相应的管中，上清液要充分吸取，不要吸出底部沉淀，颠倒混匀。

④ 于 4～25℃条件下，5000r/min 离心 5min（Eppendorf 管开口保持朝离心机转轴方向放置）。轻轻倒去上清，倒置于吸水纸上，吸干液体，不同样品应在吸水纸不同地方吸干，加入 1.0ml 75％乙醇，颠倒洗涤。

⑤ 于 4～25℃条件下，5000r/min 离心 10min（Eppendorf 管开口保持朝离心机转轴方向放置）。轻轻倒去上清液，倒置于吸水纸上，吸干液体，不同样品应在吸水纸不同地方吸干。

⑥ 4000r/min 离心 10s，将管里的残余液体甩到管底部，用微量加样器尽量将其吸干，一份样本换用一个吸头，吸头不要碰到有沉淀的一面，室温干燥 5～15s，不宜过于干燥，以免 DNA 不溶。

⑦ 加入 11μl 无 DNA 酶的灭菌纯化水，轻轻混匀，溶解管壁上的 DNA，2000r/min 离心 5s，冰上保存备用。

2）提取方法 2

① 取 n 个 1.5ml 灭菌 Eppendorf 管，其中 n 为待检样品数、一管阳性对照及一管阴性对照之和，对每个管进行编号标记。

② 每管加入 100μl DNA 提取液 1，然后分别加入待测样本、阴性对照和阳性对照各 100μl，一份样本换用一个吸头，混匀器上振荡混匀 5s，于 4～25℃条件下，13000r/min 离心 10min。

③ 尽可能吸弃上清且不碰沉淀，再加入 10μl DNA 提取液 2，混匀器上振荡混匀 5s。于 4～25℃条件下，2000r/min 离心 10s。

④ 100℃干浴或沸水浴 10min，再加入 40μl 无 DNA 的灭菌纯化水，13000r/min 离心 10min，上清即为提取的 DNA，冰上保存备用。

3）DNA 提取后的处理要求　提取的 DNA 须在 2h 内进行 PCR 扩增或放置于-70℃冰箱。

（2）扩增试剂准备与配制　在反应混合物配制区进行。

从试剂盒中取出猪链球 2 型荧光 PCR 反应液、Taq 酶，在室温下融化后，2000r/min 离心 5s，设所需 PCR 数为 n，其中 n 为待检样品数、一管阳性对照及一管阴性对照之和，每个测试反应体系需使用 15μl PCR 反应液及 0.3μl Taq 酶，计算各试剂的使用量，加入一适当体积试管中，向每个 PCR 管中各分装 15μl，转移至样本处理区。

（3）加样　在样本处理区进行。在各设定的 PCR 中分别加入 1）、⑦或者 2）、④中制备的 DNA 溶液 10μl，使总体积达 25μl，盖紧管盖后，500r/min 离心 30s。

（4）荧光 PCR 反应　在检测区进行。将（3）中加样后的 PCR 管放入荧光 PCR 检测仪内，记录样本摆放顺序，设置反应参数。

第一阶段，预变 92℃ 3min；

第二阶段，92℃ 5s，60℃ 30s，45 个循环，荧光收集设置在第二阶段每次循环的退火延伸时进行。

5. 结果判定

（1）结果分析条件设定　读取检测结果，阈值设定原则以阈值线刚好超过正常阴性对照品扩增曲线的最高点，不同仪器可根据仪器噪声情况进行调整。

（2）质控标准

1）阴性对照无 C_t 值并且无扩增曲线。

2）阳性对照的 C_t 值应≤30.0，并出现特定的扩增曲线。

3）如阴性对照和阳性对照不满足以上条件，此次试验视为无效。

（3）结果描述及判定

1）阴性　无 C_t 值并且无扩增曲线，表明样品无猪链球菌 2 型。

2）阳性　C_t 值≤30.0，且出现特定的扩增曲线，表示样本中存在猪链球菌 2 型。

附录 A
（规范性附录）

磷酸盐缓冲生理盐水配方

A.1　A 液（0.2mol/L 磷酸二氢钠的水溶液）

一水合磷酸二氢钠（$NaH_2PO_4 \cdot H_2O$）27.6g，溶于蒸馏水中，最后稀释至 1000ml。

A.2　B 液（0.2mol/L 磷酸氢二钠水溶液）

七水合磷酸氢二钠（$Na_2HPO_4 \cdot 7H_2O$）53.6g ［或十二水合磷酸氢二钠（$Na_2HPO_4 \cdot 12H_2O$）71.6g 或二水合磷酸氢二钠（$Na_2HPO_4 \cdot 2H_2O$）35.6g］加蒸馏水溶解，最后稀释至 1000ml。

A.3　0.01mol/L、pH7.2 磷酸盐缓冲生理盐水的配制

0.2mol/L A 液	14ml
0.2mol/L B 液	36ml
氯化钠	8.5g

用蒸馏水稀释至 1000ml。

附录 B
（资料性用录）

猪链球菌 2 型荧光 PCR 试剂盒组成、说明及使用时的注意事项

B.1　试剂盒的组成（表 2-9）

表 2-9　试剂盒组成

组成	数量
裂解液（提取方法 1）或 DNA 提取液 1（提取方法 2），DNA 提取液 2（提取方法 2）	48ml×1 盒（裂解液）或 5ml×1 管（DNA 提取液 1），1.6ml×1 管（DNA 提取液 2）
猪链球菌 2 型荧光 PCR 反应液	750μl×1 管
Taq 酶	15μl×1 管
无 DNA 酶的灭菌纯化水	1ml×管

组成	数量
阴性对照	1ml×管
阳性对照	1ml×管

B.2　说明

B.2.1　裂解液为 DNA 提取试剂，外观为浅绿色；DNA 提取液 1、2 为无色液体，－20℃保存。

B.2.2　无 DNA 的灭菌纯化水，用于溶解提取的 DNA。

B.2.3　PCR 反应液中有特异性引物、探针及各种离子。

B.3　使用时的注意事项

B.3.1　由于阳性样品中模板浓度相对较高，检测过程中不得交叉污染。

B.3.2　反应液分装时应尽量避免产生气泡，上机前注意检查各反应管是否盖紧，以免荧光物质泄漏污染仪器。

四、猪附红细胞体

猪附红细胞体病是由猪附红细胞体引起的猪的一种急性、热性传染病。临诊上以发热、贫血、溶血性黄疸、呼吸困难、皮肤发红和虚弱为特征，严重时导致死亡。各种年龄猪都可感染发病，对养猪业的危害很大。

1932 年 Doyle 在印度首次报道了本病，随后在许多国家和地区均有报道，我国附红细胞体病在 20 世纪 80 年代开始报道，在随后的十几年中，有关本病的发生多是一些零星的报道。但随着养猪业的发展、饲养密度的增加以及多种未知因素的存在，2001 年在全国范围内猪附红细胞体病大面积暴发和流行。由于人们对猪附红细胞体病缺乏系统的了解，加上国内外有关附红细胞体病的研究不很深入，因此，这次附红细胞体病的发生和流行给我国的养猪业带来了巨大的经济损失。

(一) 病原特征

猪附红细胞体（*Eperythrozoonosis*）是立克次体目（Anaplasmataceae）、乏浆体科（Anaplasmataceae）的成员，菌体较小，直径 0.2～2.0μm，球形、环形、圆形、杆状、月牙形或逗点状；在自然状态下，光镜检查红细胞呈橘黄色，猪附红细胞体为淡蓝色，且折光性强，多数以单独或呈链状附着在红细胞表面，或围绕在整个红细胞上。少数游离于血浆中。瑞氏染色易于观察到猪附红细胞体，此时红细胞呈淡紫红色，病原体为淡天蓝色，轮廓清晰。由病原所引起的变形的红细胞经过脾脏时会被清除，并发生溶血。

猪附红细胞体对干燥和化学消毒剂的抵抗力不强，一般常用消毒药均可将其杀死，0.5％石炭酸溶液 37℃ 3h 可将其杀死。但对低温抵抗力强，5℃可存活 15h，冰冻凝固的血液中可存活 31d，在加 15％甘油的血清中－70℃可保持感染力 80d，冻干保存可活 765d。

(二) 临床症状

潜伏期 6～10d。临诊上贫血的严重程度与猪附红细胞体在血液中的数量、毒力以及宿主的生理和营养状况有关。按其临诊表现分为急性型、慢性型和亚临诊型。

（1）急性型 病初患猪体温升高达 40～42℃，呈稽留热型，厌食，反应迟钝，不愿活动。随后可见鼻腔分泌物增多，咳嗽，呼吸困难，可视黏膜苍白、黄疸。粪便初期干硬并带有黏液和黏膜，有时便秘和腹泻交替发生。耳廓、尾部和四肢末端皮肤发绀，呈暗红色或紫红色。根据贫血的严重程度，经过治疗可能康复，也可能出现皮肤坏死。由于感染猪不能产生免疫力，再次感染可能随时发生，最后可因衰竭而死亡。多见于断奶仔猪，尤其是阉割后几周内的仔猪。育肥猪的黄疸性贫血较少见。

母猪急性感染时出现厌食，体温升高达 42℃，产奶量下降，缺乏母性或不正常，出现生殖障碍，产出的仔猪贫血、不足标准体重，而且易于发病。多数因产前应激而引起。

（2）慢性型 病猪出现渐进性度弱，消瘦，皮肤苍白、黄染，易继发感染导致死亡。母感染会出现繁殖机能下降、不发情、受胎率低或流产和产弱仔等现象。

（3）亚临诊型 猪群的无症状感染状态可保持相当长的时间，应激因素作用可促使这些猪发病。

（三）病理变化

典型的黄染性贫血为猪附红细胞体病猪死后的特征性病理变化。剖检可见皮肤苍白、血液稀薄、脾脏肿大、淋巴结水肿、腹水、胸腔积水、心包积水。

（四）流行病学特征

易感动物：附红细胞体对宿主的选择并不严格，人、牛、猪、羊等多种动物的附红细胞体病在我国均有报道，实验动物中小鼠、家兔均能感染附红细胞体。

传染源：患病或感染动物是主要的传染源。

传播途径：直接或间接传播。通过摄食血液如舔食断尾的伤口、互相斗殴等直接传播。通过污染的注射器及用来断尾、打耳号、阉割的外科手术器械等机械传播，还可通过交配传播或胎盘传播，也可通过活的媒介如疥螨、虱子、吸血昆虫间接传播。国外已有用厩螯蝇传播绵羊附红细胞体病成功的报道。

流行形式及因素：本病主要发生于温暖季节，夏秋季多发，但冬季也可见到。断奶仔猪互相殴斗、过度拥挤、圈舍卫生条件差、营养不良等都可导致本病的急性发作。

（五）预防及治疗

加强饲养管理、注意环境卫生、给予全价饲料、增强机体的抵抗力，减少不良应激等对本病的预防有重要意义。无病猪群引种时应注意检疫，避免传入本病。同时必须消灭蚊、疥螨和猪虱等吸血昆虫，猪群免疫接种或治疗用的注射针头等外科器械应严格消毒，防止机械性传播病原。

发病猪群用血虫净、土霉素和四环素等药物进行治疗有较好的效果。

（1）血虫净（贝尼尔） 在猪发病初期，采用该药效果较好，按每千克体重 5～7mg 深部肌内注射，间隔 48h 重复用药 1 次。

（2）新胂凡钠明 按每千克体重 15～45mg，以 5%葡萄糖注射液溶解，制成 5%～10%注射液，缓缓静脉注射，一般 3d 后症状可消除。

（3）对氨基苯胂酸钠 对病猪群每吨饲料混入 180g，连用 1 周，以后改为半量，连用1个月。

（4）土霉素或四环素　每千克体重3mg肌内注射，连用1周；同群猪同时拌料。

（5）其他药物　奎宁、青蒿素、青蒿素脂、咪唑苯脲、黄色素等都有一定的疗效。

（6）联合用药　土霉素500mg/kg和阿散酸100mg/kg，同时拌料，连用1周。

治疗过程中应注意以下4个方面的问题，方能取得较好的效果：

① 贝尼尔的毒副作用大，用药时间和剂量一定要掌握好。

② 要对症治疗，因急性附红细胞体病会引起严重的酸中毒和低血糖症，仔猪和慢性感染的猪应进行补铁。

③ 防止继发感染，一旦出现继发感染要及时进行控制。

④ 土霉素或四环素制剂，因各生产厂家的配方和工艺不同，应用效果差异很大，注意选择信誉高、质量好的产品。

（六）实验室检测

猪附红细胞体诊断技术

依据标准：NY/Y 1983—2010。

1. 猪附红细胞体的涂片染色镜检

（1）直接涂片镜检　自耳静脉或前腔静脉无菌采血，将采集的新鲜血样加等量的生理盐水稀释后，吸取一滴置载玻片上，加盖玻片，置400倍（10×40）光学显微镜下观察。猪附红细胞体感染猪可见红细胞发生形态学变化，呈锯齿状、菜花状或星芒状等；健康猪红细胞形态规则。

（2）涂片染色镜检　无菌自耳静脉或前腔静脉采血后抹片，经甲醇固定3～5min并干燥后，浸入盛有吉姆萨染色液（见附录A）的染色缸中染色30min，取出水洗，沥干水分，置400倍（10×40）光学显微镜下观察。猪附红细胞体感染猪红细胞呈波浪状、星芒状、锯齿状改变，且周围有染成紫红色的小体；健康猪红细胞形态规则、边缘光滑、染色均匀。

2. 猪附红细胞体的PCR检测

（1）试剂和材料　除另有规定外，所用生化试剂均为分析纯。

1）TE缓冲液（见附录A）、20%SDS、5%CTAB（十六烷基三甲基溴化铵），以上试剂常温保存。

2）10mg/ml溶菌酶、5mol/L NaCl、Tris饱和酚/氯仿/异成醇（25∶24∶1）、0.1%肝素、1×核酸电泳缓冲液（见附录A）、以上试剂4℃保存。

3）20mg/ml蛋白K，异丙醇，75%乙醇，DNA分子量标准，6×电泳上样缓冲液，以上试剂-20℃保存。

4）阳性对照、阴性对照（见附录A）。

5）PCR扩增用上、下游引物序列见附录B。

6）猪附红细胞体PCR诊断反应体系组成、说明及使用注意事项见附录C。

（2）位器设备　PCR扩增仪、高速冷冻离心机（离心力在12000g以上）、核酸电泳仪和水平电泳槽、恒温水浴锅、2～8℃冰箱，-20℃冰箱，单道微量移液器（0.5～10μl；2～20μl；10～20μl；100～1000μl）、胶成像系统（或紫外透射仪），真空干燥器（非必备）。

（3）样品的采集　采样过程中样本不得交叉污染，采样及样品前处理过程中应戴一次性手套、口罩、帽子。

1）取样工具　一次性无菌注射器、离心管。离心管应经121℃、15min高压灭菌并烘干。

2）采样方法　用无菌注射器先吸入0.1%肝素0.5～1ml，再自耳静脉或前腔静脉采集10倍量血液，快速混匀后转入无菌离心管中，编号备用。

3）存放与运送　采集或处理的样品在2～8℃条件下保存应不超过24h；采集的样品密封后，采用保温壶或保温桶加冰密封，尽快运送到实验室。

（4）样品的处理　取500μl待检样品加入1.5ml离心管中，4℃条件下12000g离心20min，弃上清，沉淀中加入400μl TE缓冲液溶解。取阳性对照、阴性对照各1μl，分别加入400μl TE缓冲液，混匀。

（5）样品DNA的制备

1）取n个1.5ml灭菌离心管，其中，n为待检样品数加一管阳性对照及一管阴性对照之和，对每个离心管进行编号。

2）每管加入15μl溶酶菌，然后分别加入待检样品、阴性对照、阳性对照各200μl，反复吸打混匀（一份样品换用一个吸头），混匀后37℃水浴1h。

3）每管加入10μl蛋白K溶液和35μl SDS液，56℃水浴30min。

4）每管加入100μl 5mol/L的NaCl溶液和160μl 5%CTAB溶液，65℃水浴10min。

5）每管加入等体积的酚/氯仿/异戊醇混合液，充分混匀，4℃条件下12000g离心10min。

6）取与1）中相同数量的1.5ml灭菌离心管，加入150μl在－20℃预冷的异丙醇，对每个管进行编号。吸取本标准按5）中方法离心后，各管中的上清液150μl转移至相应的管中（注意不要吸出中间层），倾倒混匀。

7）4℃条件下12000g离心15min，轻轻倒去上清，倒置于吸水纸上吸干液体，不同样品应置于吸水纸不同地方。加入1ml 75%乙醇，轻轻洗涤。

8）4℃条件下12000g离心5min。轻轻倒去上清液，倒置于吸水纸上吸干液体，不同样品应在吸水纸的不同地方吸干。

9）4℃条件下12000g离心30s，将管壁上的残余液体甩到管底部，用微量移液器尽量将其吸干，一份样品换用一个吸头，吸头不要碰到有沉淀一面，真空抽干3～5min或室温干燥10min。不宜过于干燥，以免DNA难以溶解。

10）加入10μl TE缓冲液，轻轻混匀，溶解管壁上的DNA，2000g离心5min，－20℃冻存备用。

（6）PCR扩增　配制与本标准（5）、1）中相同数量的PCR反应体系n管，向每管中加入（5）、10）中相应的DNA4μl。经充分混匀后瞬时离心，使液体全部聚集于管底，加入25μl石蜡油覆盖液面（若PCR仪具有热盖加热功能时，PCR反应管中也可不加石蜡油，但推荐采用加石蜡油的方法），并对每个管进行相应的编号。

PCR扩增条件：95℃预变性5min，94℃45s，64℃45s，72℃45s，共35个循环，最后72℃延伸10min。扩增反应结束后取出放置于4℃。

（7）PCR扩增产物的电泳检测　称取1.2g琼脂糖加入100ml核酸电泳缓冲液中加

热，充分溶化后稍放凉，加入适量的溴化乙锭，终浓度 0.5g/ml，倒入胶槽制备凝胶板。在电泳槽中加入核酸电泳缓冲液，使液面刚刚没过凝胶。取 5～10μl PCR 扩增产物和 1～2μl 6×上样缓冲液混合后，分别加样到凝胶孔。5V/cm 恒压下电泳 30min 左右。将电泳好的凝胶放到紫外透射仪或胶成像系统上观察结果，进行判定并做好试验记录。

（8）结果分析

1）试验结果成立条件　猪附红细胞体核酸阳性对照的 PCR 产物，经电泳后在 666bp 位置出现特异性条带，同时阴性对照 PCR 产物电泳后在 6bp 位置没有条带，则该次试验结果成立；否则，结果不成立。

2）阳性　在本次试验结果成立的前提下，如果样品的 PCR 产物电泳后在 666bp 的位置上出现特异性条带，判定为猪附红细胞体核酸阳性；若条带极弱，建议作一次复核试验，再次出现 666bp 大小条带，判定为猪附红细胞体核酸阳性；否则，判为阴性。

3）阴性　在本次试验结果成立的前提下，如果样品的 PCR 产物电泳后在 666bp 位置未出现特异性条带，判定为猪附红细胞体核酸阴性。

3. 猪附红细胞体的实时荧光 PCR 检

（1）试剂和材料

1）除不需要 2.、（1）中的 DNA 分子量标准、1×核酸电泳缓冲液、6×电泳上样缓冲液外，其他试剂同 2.、（1）。

2）实时荧光 PCR 扩增用上、下游引物及荧光探针序列见附录 B。

3）猪附红细胞体实时荧光 PCR 诊断反应体系的组成、说明及使用注意事项见附录 D。

（2）仪器设备　除不需要 2.、（2）中 PCR 扩增仪、凝胶成像系统（或紫外透射仪）外，其他仪器设备同 2.、（2），并需要增加荧光定量 PCR 仪 1 台。

（3）样品的采集和处理　同 2.、（3）和 2.、（4）。

（4）样品 DNA 的制备　同 2.、（5）。

（5）实时荧光 PCR 扩增

1）在检测区进行。

2）配制与本标准附录 D 中相同数量的实时荧光 PCR 反应体系 n 管，向每管中加入（4）中相应的 DNA2μl，充分混匀后并使液体全部聚集于管底，按照要加样品的顺序摆放好实时荧光 PCR 反应管（注：不要用笔在荧光 PCR 反应管上直接编号，以免影响荧光信号的收集）。

3）将本试验 2）中加样后的实时荧光 PCR 反应管放入实时荧光定量 PCR 仪内，并记录样本摆放顺序。

4）反应参数设置：第一阶段，预变性 94℃/5min；第二阶段，94℃/30s，60℃/30s，40 个循环，在每个循环的延伸结束时进行荧光信号检测，荧光模式设为 FAM/ TAMRA 双标记模式。

（6）结果分析

1）结果分析条件设定

① 读取检测结果，阈值设定原则以阈值线刚好超过正常阴性对照扩增曲线的最高点。

② 不同仪器可根据仪器噪声情况进行调整。

2）质控标准　阴性对照的检测结果应没有特异性扩增曲线，且 C_t 值＞32.0 或无，阳性对照的 C_t 值应≤30.0；如阴性对照和阳性对照不满足以上条件，此次实验视为无效。

3）结果描述及判定

① 阳性：C_t 值≤30.0，而且出现特定的扩增曲线，表明样品中存在猪附红细胞体。

② 阴性：C_t 值＞32 或无，并且无特异性的扩增曲线，并且阳性对照扩增曲线值＜30，则判定为阴性。

③ 可疑：$30.0 < C_t$ 值≤32.0 的样本应重做，重做结果无 C_t 值或 C_t 值＞32.0 者为阴性，否则为阳性。

4）无效扩增　如果阳性对照没有扩增曲线，或者阴性对照有 C_t 值＜30 的扩增曲线，判定本次试验无效，需要分析试验失败的原因，并重新做试验。

附录 A
（规范性附录）

试剂的配制

A.1　吉姆萨染色液

取吉姆萨染料 0.6g 加入 50ml 甘油中，置 55～60℃水溶液中 1.5～2h 后，加入 50ml 甲醇，静置 1d 以上，过滤后即成吉姆萨染色液原液，贮存备用。临染色前，于每毫升蒸馏水中加入上述原液 1 滴，即成吉姆萨染色液。

A.2　TE 缓冲液

10 mmol/L Tris-HCl（pH8.0），1mmol/L EDTA（pH8.0）。

A.3　1×核酸电泳缓冲液

Tris 碱 24.2g、冰乙酸 5.71ml、10ml 0.5mol/ L EDTA（pH8.0），加蒸馏水定容至 100ml，使用时用蒸馏水作 50 倍稀释，即为 1×核酸电泳冲液。

A.4　阳性对照

猪附红细胞体功能性结构蛋白编码基因 ORF2 的 pGEM-T easy 重组质粒（1.0×10^8 拷贝/μl）。

A.5　阴性对照

pGEM-T easy 空质粒（1.0×10^8 拷贝/μl）。

附录 B
（规范性附录）

猪附红细胞体 PCR 及实时荧光 PCR 诊断方法所用引物

B.1　猪附红细胞体 PCR 扩增用上、下游引物序列（表 2-10）

表 2-10　猪附红细胞体 PCR 扩增用上、下游引物序列

引物名称	引物浓度	引物序列	扩增片段大小/bp
PCR 扩增上游引物	20pmol/μl	5'-ATTTACCGCATGGTAGATATTG-3'	666
PCR 扩增下游引物	20pmol/μl	5'-AGAAACTTTCCACTCTTCTCAC-3'	

B.2 猪附红细胞体实时荧光 PCR 扩增用上、下游引物及探针序列（表 2-11）

表 2-11 猪附红细胞体实时荧光 PCR 扩增用上、下游引物及探针序列

引物名称	浓度	序列	扩增片段大小/bp
实时荧光 PCR 扩增上游引物	0.4μmol/L	5′-ACTGTCCCTACATACTGGTTCTTG-3′	
实时荧光 PCR 扩增下游引物	0.4μmol/L	5′-AGGAGAGGGTCACCCAGATC-3′	86
实时荧光 PCRTaq Man 探针	0.4μmol/L	FAM-5′-AGCCTCACTGCGTCCAAGTTC-3′-TAMRA	

附录 C
（资料性附录）

猪附红细胞体 PCR 诊断反应体系组成、说明及使用注意事项

C.1 猪附红细胞体 PCR 诊断试剂盒组成（表 2-12）

表 2-12 猪附红细胞体 PCR 诊断试剂盒组成

组成成分	数量
PCR 反应体系	20 管(21μl/管)
阳性对照	2ml
阴性对照	2ml
TE 缓冲液(pH8.0)	10ml
溶酶菌(10mg/ml)	340μl
蛋白酶 K(20mg/ml)	240μl
20%SDS	2ml
5mol/LNaCl	3ml
5%CTAB	4ml
酚/氯仿/异戊醇混合液	20ml
异丙醇	12ml
75%的乙醇	12ml
50×TAE 电泳缓冲液	40ml
溴化乙锭溶液	50μl
上样缓冲液	100μl
石蜡油	2ml

C.2 说明

C.2.1 PCR 反应体系成分 10×PCR 缓冲液（含 Mg^{2+}）2.5μl，2.5mmol dNTPs 2μl，PCR 扩增上游物 0.5μl，PCR 扩增下游引物 0.5μl，ExTag DNA 聚合酶 0.5μl (2.5U)，水 15.0μl，总体积为 21μl。

C.2.2 PCR 反应体系中含猪附红细胞体特异性引物对、ExTaq 及各种离子。

C.3 使用时的注意事项

C.3.1 由于阳性样品中模板浓度相对较高，注意检测过程中不得交叉污染。

C.3.2 注意防止试剂盒组分受污染。不同批次试剂盒勿混用。

C.3.3 请按照说明书要求分别在4℃、－20℃保存不同的试剂，试剂盒有效期为6个月。使用时在室温下融化，暂放置于冰上，使用后立即放回。

C.3.4 PCR反应体系应避免反复冻融，在使用前应瞬时离心，以保证反应液集中在管底。

附录 D
（资料性附录）

猪附红细胞体实时荧光 PCR 诊断反应体系组成、说明及使用注意事项

D.1 猪附红细胞体实时荧光 PCR 诊断试剂盒组成（表 2-13）

表 2-13 猪附红细胞体实时荧光 PCR 诊断试剂盒组成

组成成分	数量
PCR 反应体系	20 管（21µl/管）
阳性对照	2ml
阴性对照	2ml
TE 缓冲液（pH8.0）	10ml
溶酶菌（10mg/ml）	340µl
蛋白酶 K（20mg/ml）	240µl
20%SDS	2ml
5mol/LNaCl	3ml
5%CTAB	4ml
酚/氯仿/异戊醇混合液	20ml
异丙醇	12ml
75%的乙醇	12ml

D.2 说明

实时荧光 PCR 反应体系成分：10×PCR Buffer（含 Mg^{2+}）2.5µl，2.5 mmoldNTPs 2µl，猪附红细胞体实时荧光 PCR 扩增上游引物 0.5µl（0.4µmol/L），下游引物 0.5µl（0.4µmol/L），TaqMan 荧光探针 1µl（0.8mmol/L），ExTag 酶 0.25µl（1.25U），无菌双蒸水 16.25µl，均匀混合，总体积为 23µl。

D.3 使用时的注意事项

D.3.1 由于阳性样品中模板浓度相对较高，注意检测过程中不得交叉污染。

D.3.2 注意防止试剂盒组分受污染。不同批次试剂盒勿混用。

D.3.3 请按照说明书要求分别在4℃、－20℃保存不同的试剂，试剂盒有效期为6个月。使用时在室温下融化，暂放置于冰上，使用后立即放回。

C.3.4 PCR反应体系应避免反复冻融，在使用前应瞬时离心，以保证反应液集中在管底。

五、副猪嗜血杆菌病

副猪嗜血杆菌病又称多发性纤维素性浆膜炎和关节炎，也称格拉泽氏病，是由副猪嗜血杆菌引起。这种细菌在环境中普遍存在，甚至在健康的猪群中也能发现，已经在全球范围影响着养猪业的发展，给养猪业带来巨大的经济损失。对于采用无特定病原或早期断奶技术而没有副猪嗜血杆菌污染的猪群，初次感染到这种细菌时后果会相当严重。

（一）病原特征

副猪嗜血杆菌属革兰氏阴性短小杆菌，形态多变，有 15 个以上血清型，其中血清型 5、4、13 最为常见（占 70％以上）。该菌生长时严格需要烟酰胺腺嘌呤二核苷酸（NAD 或 V 因子），不需要 X 因子（血红素或其他卟啉类物质），在血液培养基和巧克力培养基上生长，菌落小而透明，在血液培养基上无溶血现象；在葡萄球菌菌苔周围生长良好，形成卫星现象。一般条件下难以分离和培养，尤其是应用抗生素治疗过病猪的病料，因而给本病的诊断带来困难；据报道，副猪嗜血杆菌的真实发病率可能为实际确诊的 10 倍之多。

（二）临床症状

临床症状取决于炎症部位，包括发热、呼吸困难、关节肿胀、跛行、皮肤及黏膜发绀、站立困难甚至瘫痪、僵猪或死亡。母猪发病可流产，公猪有跛行。哺乳母猪的跛行可能导致母性的极端弱化。死亡时体表发紫，肚子大，有大量黄色腹水，肠系膜上有大量纤维素性渗出，尤其肝脏整个被包住，肺的间质水肿。

（三）病理变化

胸膜炎明显（包括心包炎和肺炎），关节炎次之，腹膜炎和脑膜炎相对少一些。以浆液性、纤维素性渗出为炎症（严重的呈豆腐渣样）特征。肺可有间质水肿、粘连，心包积液、粗糙、增厚，腹腔积液，肝脾肿大、与腹腔粘连，关节病变亦相似。

腹股沟淋巴结呈大理石状，颌下淋巴结出血严重，肠系膜淋巴变化不明显，肝脏边缘出血严重，脾脏边缘有隆起米粒大的血泡，肾乳头出血严重，猪脾边缘有梗死，肾可能有出血点，肺间质水肿，最明显的是心包积液、心包膜增厚、心肌表面有大量纤维素性渗出、喉管内有大量黏液、后肢关节切开有胶冻样物。

（四）流行病学特征

（1）传播　该病通过呼吸系统传播。当猪群中存在繁殖呼吸综合征、流感或地方性肺炎的情况下，该病更容易发生。环境差、断水等情况下该病更容易发生。饲养环境不良时本病多发。断奶、转群、混群或运输也是常见的诱因。副猪嗜血杆菌病曾一度被认为是由应激所引起。

（2）继发感染　这种细菌也会作为继发的病原伴随其他主要病原混合感染，尤其是地方性猪肺炎。在肺炎中，副猪嗜血杆菌被假定为一种随机入侵的次要病原，是一种典型的"机会主义"病原，只在与其他病毒或细菌协同时才引发疾病。近年来，从患肺炎的猪中分离出副猪嗜血杆菌的比例越来越高，这与支原体肺炎的日趋流行有关，也与病毒性肺炎的日趋流行有关。这些病毒主要有猪繁殖与呼吸综合征病毒、圆环病毒、猪流感和猪呼吸道冠状病毒。

（3）多发日龄　副猪嗜血杆菌只感染猪，可以影响从 2 周龄到 4 月龄的青年猪，主要在断奶前后和保育阶段发病，通常见于 5～8 周龄的猪，发病率一般在 10％～15％，严重时死亡率可达 50％。急性病例往往首先发生于膘情良好的猪，病猪发热（40.5～42.0℃）、精神沉郁、食欲下降、呼吸困难、腹式呼吸、皮肤发红或苍白、耳梢发紫、眼睑皮下水肿、行走缓慢或不愿站立，腕关节、跗关节肿大，共济失调，临死前侧卧或四肢呈划水样，有时会无明显症状突然死亡；慢性病例多见于保育猪，主要是食欲下降、咳嗽、呼吸困难、被毛粗乱、四肢无力或跛行、生长不良，直至衰竭而亡。

(五) 预防及治疗

（1）严格的消毒　彻底清理猪舍卫生，用 2％氢氧化钠水溶液喷洒猪圈地面和墙壁，2h 后用清水冲净，再用复合碘喷雾消毒，连续喷雾消毒 4～5d。

（2）加强管理　对全群猪用电解质加维生素 C 粉饮水 5～7d，以增强机体抵抗力，减少应激反应。

（3）治疗　隔离病猪，用敏感的抗生素进行治疗，口服抗生素进行全群性药物预防。为控制本病的发生、发展和耐药菌株出现，应进行药敏试验，科学使用抗生素。

① 重症注射液　肌内注射，每次 0.2ml/kg，每早肌注 1 次，连用 5～7d。

② 硫酸卡那霉素注射液　肌内注射，每次 20mg/kg，每晚肌注 1 次，连用 5～7d。

③ 大群猪口服土霉素纯原粉　30mg/kg，每日 1 次，连用 5～7d。

④ 抗生素饮水　对严重的本病暴发可能无效。一旦出现临床症状，应立即采取抗生素拌料的方式对整个猪群治疗，发病猪大剂量肌注抗生素。大多数血清型的副猪嗜血杆菌对氟苯尼考、替米考星、头孢菌素、庆大霉素、壮观霉素、磺胺及喹诺酮类等药物敏感，对四环素、氨基苷类和林可霉素有一定抵抗力。

⑤在应用抗生素治疗的同时，口服纤维素溶解酶，可快速清除纤维素性渗出物、缓解症状、控制猪群死亡率。

（4）免疫　用自家苗（最好是能分离到该菌，增殖、灭活后加入该苗中）、副猪嗜血杆菌多价灭活苗能取得较好效果。种猪用副猪嗜血杆菌多价灭活苗免疫能有效保护小猪早期发病，降低复发的可能性。

母猪：初免猪产前 40d 一免，产前 20d 二免。经免猪产前 30d 免疫 1 次即可。受本病严重威胁的猪场，小猪也要进行免疫，根据猪场发病日龄推断免疫时间，仔猪免疫一般安排在 7～30 日龄内进行，每次 1ml，最好一免后过 15d 再重复免疫 1 次，二免距发病时间要有 10d 以上的间隔。

消除诱因，加强饲养管理与环境消毒，减少各种应激，在疾病流行期间有条件的猪场仔猪断奶时可暂不混群，对混群的一定要严格把关，把病猪集中隔离在同一猪舍，对断奶后保育猪"分级饲养"。注意保温和温差的变化；在猪群断奶、转群、混群或运输前后可在饮水中加一些抗应激的药物，如维生素 C 等。

(六) 实验室检测

副猪嗜血杆菌检测方法

依据标准：GB/T 34750—2017。

1. 细菌分离与鉴定

（1）样品的采集 无菌采集疑似副猪嗜血杆菌感染病死猪的肺脏、心脏、脑等新鲜组织、胸腔、腹腔、心包积液或关节液、抗凝血等样品。采集或处理的样品在 2～8℃条件下保存应不超过 24h，采集的样品密封后，采用保温壶或保温桶加冰密封，运送到实验室。

（2）分离培养

1）在生物安全柜中用接种环无菌蘸取样品划线接种于 TSA 固体培养基上，37℃培养 24～48h，使之形成菌落，以供鉴定用。

2）取 1）中培养的针尖大小（直径 1～2mm）、圆形、隆起、光滑湿润、无色透明、边缘整齐的小菌落，在 TSA 固体培养基上进行划线接种纯培养，37℃培养 24～48h 后，出现上述小菌落。

（3）涂片染色镜检

1）涂片 在载玻片上滴加 1～2 滴灭菌蒸馏水后，挑取纯培养的小菌落与灭菌蒸馏水混匀并涂成薄菌膜。

2）干燥 将涂片于空气中自然晾干。

3）固定 将已干燥的载玻片涂面朝上，在酒精灯火焰上通过 5～6 次进行固定。

4）染色 采用革兰氏染色法进行染色，具体操作按照革兰氏染色试剂盒说明书进行，置 1000 倍（10×100）光学显微镜下观察。

5）镜检 副猪嗜血杆菌为革兰氏染色阴性短杆状或球杆状小杆菌，菌体大小不等（约 $0.5\mu m$），以纤细杆状居多，无鞭毛，不形成芽孢。

（4）"卫星生长现象"试验 在生物安全柜中无菌挑取纯化培养后的单个菌落，平行划线于无 NAD 的绵羊鲜血平板上，再挑取金黄色葡萄球菌垂直于水平线划线，37℃条件下培养 24～48h 后，观察菌落生长情况。副猪嗜血杆菌无溶血，并具有"卫星生长现象"（金黄色葡萄球菌周的副猪血杆菌菌落较大，而远离葡萄球菌的副猪嗜血杆菌菌落较小）。

（5）增殖培养 在生物安全柜中无菌挑取具有"卫星生长现象"且不溶血的单菌落在 TSA 固体培养基上进行再次纯培养后，挑取单个菌落接种于 5ml TSB 液体培养基中，37℃培养 24～48h 后，液体变混浊，判为增殖培养成功。

（6）生化鉴定

1）糖类发酵试验 在生物安全柜中无菌将生化鉴定管打开，每管按 $10\mu g/ml$ 终浓度加入 NAD，用接种针无菌挑取（5）中增殖培养的菌液分别接种于葡萄糖、乳糖、半乳糖、甘露醇、木糖等微量生化鉴定管中，37℃培养 24h，观察结果，发酵葡萄糖、半乳糖，不发酵乳糖、甘露醇、木糖者为阳性，否则为阴性。

2）触酶试验 吸取（5）中增殖培养的菌液 1 滴于洁净玻片上，然后滴加 1 滴 3% 过氧化氢混匀，30s 观察反应结果，立即出现大量气泡者判为阳性，无气泡者判为阴性。

3）硝酸盐还原试验 将 0.8% 磺胺酸冰醋酸溶液和 0.5% α-萘胺乙醇溶液各 0.2ml 混合，取混合试剂 0.1ml 加至（5）中增殖培养菌液中，立即观察结果，呈现红色者为阳性，无红色出现者为阴性。

4）尿素酶试验 吸取（5）中增殖培养的菌液 100μl 接种于尿素酶试验液体培养基管中，摇匀，于 37℃培养 10min、60min 和 120min 后分别观察结果，粉红色者判为阳性，不变色者判为阴性。

5）氧化酶试验　吸取（5）中增殖培养菌液 1 滴于洁净载玻片上，加盐酸二甲基对苯二胺溶液 1 滴，2min 内观察结果，呈现鲜蓝色者判为阳性，2min 内不变色者判为阴性。

6）全自动微生物鉴定仪鉴定　按照全自动生物鉴定仪使用说明书将（5）中增殖培养的细菌进行微生物鉴定。

7）结果判定　糖类发酵试验结果为发酵葡萄糖、半乳糖，不发酵乳糖、甘露醇、木糖；触酶、硝酸盐还原试验结果均为阳性；尿素酶、氧化酶试验结果均为阴性的判定为副猪嗜血杆菌阳性；或全自动微生物鉴定仪鉴定结果为副猪嗜血杆菌阳性的，判定为副猪嗜血杆菌阳性。

2. 副猪嗜血杆菌巢式 PCR 检测

（1）样品的采集、处理、存放和运送

1）样品的采集和处理

① 组织样品：采取有明显病变的肺脏、心脏、脑等新鲜组织样品。用无菌剪刀和镊子剪取待检样品约 0.5g 于组织匀浆器或研钵中充分匀浆或研磨，加入 0.3～0.5ml PBS 混匀，将组织悬液转入无菌离心管中，编号备用。

② 积液：用无菌注射器采集胸腔、腹腔积液或关节液 2～3ml，转至无菌离心管中，编号备用。

③ 抗凝血：用无菌注射器先吸入抗凝剂（阿氏液）2～3ml，自耳静脉或前腔静脉采集等量血液，快速混匀后转入无菌离心管中，编号备用。

④ 增菌培养物：用无菌滴头吸取增菌培养物 500μl 于无菌离心管中，编号备用。

2）存放和运送　采集或处理的样品在 2～8℃下保存应不超过 24h。采集的样品密封后，采用保温壶或保温桶加冰密封，运送到实验室。

（2）样品 DNA 的制备　警示：酚-氯仿-异戊醇具有毒性，小心操作！

1）取 1.5ml 无菌离心管，于各管中分别加入待测样品、阴性对照、阳性对照各 100μl，再加入 500μl 消化液Ⅰ和 10μl 消化液Ⅱ，吸头反复吸打混匀（一份样品换用一个吸头）；置 55℃水浴 30min～1h。

2）分别加入 500μl 酚-氯仿-异戊醇混合液，混匀，于 4℃条件下 12000r/min 离心 10min。

3）分别吸取离心后的上清液转移至新的 1.5ml 离心管中（注意不要到中间层），加入等体积 -20℃预冷的异丙醇，混匀，室温放置 15min。

4）4℃下 12000r/min 离心 15min（离心管开口保持朝向离心机转轴方向放置）。轻轻倒去上清液，倒置于吸水纸上，吸干液体，不同样品应在吸水纸不同的地方吸干。加入 700μl 75%乙醇，轻轻混匀。

5）4℃下 12000r/min 离心 5min（离心管开口保持朝向离心机转轴方向放置）。轻轻倒去上清液，倒置于吸水纸上，吸干液体，不同样品应在吸水纸不同的地方吸干。

6）4℃下 12000r/min 离心 30s，将管壁上的残余液体甩到管底部，用微量加样器尽量将其吸干，一份样品换用一个吸头，吸头不要碰到有沉淀的一面，真空抽干 3～5min 或室温干燥 10min。

7）加入 10μlTE 缓冲液，轻轻混匀，溶解 DNA，2000r/min 离心 5s，置 -20℃冻存备用。

8）样品 DNA 的制备可采用 1）～7）所述方法提取，也可采用商品化的试剂盒提取。

（3）PCR 扩增

1）第一轮 PCR 扩增

① 配制 PCR 反应体系（见附录 D），室温融化后，瞬时离心使液体全部聚集在管底部，向每管中加入（2）、7）中相应 DNA 2μl，经充分混匀后瞬时离心，使液体全部聚集于管底。

② PCR 扩增条件　95℃预变性 5min 后，94℃ 45s，58℃ 45s，72℃ 45s，共 35 个循环，最后 72℃延伸 10min。反应结束后取出置于 2~8℃条件下保存。

2）第二轮 PCR 扩增

① 配制 PCR 反应体系Ⅱ，室温融化后，瞬时离心使液体全部聚集在管底部，向每管中加入（1）、3）、②中相应的 PCR 产物 2μl，经充分混匀后瞬时离心，使液体全部聚集于管底。

② PCR 扩增条件同 1）、②。

（4）PCR 扩增产物的电泳检测　称取 1.2g 琼脂糖加入 100ml 核酸电泳缓冲液中加热至沸腾，充分溶化后放凉至 50℃左右，加入核酸染色剂 10μl，混匀，倒入胶槽制备凝胶板。在电泳槽中加入 TAE 核酸电泳缓冲液，使液面刚刚没过凝胶。分别取样品 PCR 扩增产物、阴/阳性对照扩增产物约 10μl 和 2μl 6×电样缓冲液混合后，分别加样到各凝胶孔中，取 5μl DNA 分子量标准加到一凝胶孔中。5V/cm 恒压下电泳 30min 左右，将电泳好的凝胶置紫外投射仪或凝胶成像系统中观察结果，进行判定并做好试验记录。

（5）结果判定

1）试验结果成立条件　副猪嗜血杆菌阳性对照的巢式 PCR 扩增产物电泳后在 312bp 位置出现特异性条带，同时阴性对照的 PCR 扩增产物电泳后没有任何条带，则试验结果成立；否则结果不成立。

2）阳性判定　在试验结果成立的前提下，如果样品的 RCR 产物电泳后在 312bp 位置上出现特异性条带，判定为副猪嗜血杆菌核酸检测阳性。

3）阴性判定　在试验结果成立的前提下，如样品在 312bp 位置未出现特异性条带，判定为副猪嗜血杆菌核酸检测阴性。

3. 副猪血杆菌实时荧光 PCR 检测

（1）样品的采集、处理、存放及运送　样品的采集、处理、存放及运送应符合 2.、（1）的规定。

（2）样品 DNA 的制备　样品 DNA 的制备应符合 2.、（2）的规定。

（3）实时荧光 PCR 扩增

1）在检测区配制与（2）中相同数量的实时荧光 PCR 反应体系，向每管中加入（2）中相应 DNA 2μl，充分混匀后并使液体全部聚集于管底，按照要加样品的顺序摆放好实时荧光 PCR 反应管。

2）将 1）中加样后的实时荧光 PCR 反应管放入实时荧光定量 PCR 仪内并记录样本摆放顺序。

3）反应参数设置　第一阶段，预变性 94℃/5min；第二阶段，94℃/30s，60℃/30s，40 个循环，在每个循环的延伸结束时进行荧光信号收集，荧光模式设为 FAM/NONE 双标记模式。

（4）结果判定

1）结果分析条件设定　读取检测结果，阈值设定原则以阈值线刚好超过正常阴性对照品扩增曲线的最高点，不同仪器可根据仪器噪声情况进行调整。

2）质控标准　阴性对照的检测结果应无特定的扩增曲线，且 C_t 值＞32.0 或无；阳性对照的 C_t 值应≤29.0，且出现特定的扩增曲线；如阴性对照和阳性对照结果不满足以上条件，此次实验无效。

3）结果描述及判定

① 阳性：C_t 值≤29.0，而且出现特定的扩增曲线，则判定为阳性。

② 阴性：C_t 值＞32.0 或无，并且无特定扩增曲线，则判定为阴性。

③ 可疑：29.0＜C_t 值≤32.0 且有特定扩增曲线的样品应重做，结果为阳性者判定为阳性，否则判定为阴性。

④ 无效扩增　如果阳性对照没有扩增曲线，或者阴性对照有 C_t 值＜32.0 的扩增曲线，判定本次试验无效，需要分析试验失败原因，并重新试验。

附录 A
（规范性附录）

副猪嗜血杆分离培养和生化鉴定试剂的配制

A.1　TSA 固体培养基的配制

A.1.1　称取 TSA40g 加入 940ml 蒸馏水，充分摇匀后加热至充分溶解，121℃，高压蒸汽灭菌 15min。

A.1.2　冷却至 45℃左右，加入 50ml 过滤除菌的小牛血清、10ml 过滤除菌的 1% NAD，充分摇匀后制备固体培养平板，2～8℃条件下保存。

A.2　TSB 液体培养基的配制

A.2.1　称取 TSB 30g，加入 949ml 蒸馏水，加热至充分溶解后摇匀，121℃高压蒸汽灭菌 15min，2～8℃条件下保存。

A.2.2　使用前，加入 50ml 过滤除菌的小牛血清、1ml 过滤除菌的 1%NAD。

A.3　NAD 贮备液的配制

称取 1g NAD 溶解于 100ml 蒸馏水中，充分摇匀溶解后，用 0.22μm 的细菌滤器过滤，分装于无菌离心管中，置－20℃保存备用。

A.4　硝酸盐还原试验试剂的配制

称取磺胺酸 0.8g，加入 100ml 冰醋酸配制成 0.8%磺胺酸冰醋酸溶液；称取 0.5g α-萘胺，加入 100ml 乙醇，配制成 0.5% α-萘胺乙醇溶液。

A.5　0.1%二盐酸二甲基对苯二胺溶液的配制

称取二盐酸二甲基对苯二胺 0.1g，加入 10ml 蒸馏水，即可配制成 0.1%二盐酸二甲基对苯二胺溶液。

附录 B
（规范性附录）

副猪嗜血杆菌巢式 PCR 和实时荧光 PCR 检测试剂的配制

B.1　消化液 1 的配制

Tris-HCl（pH8.0）终浓度 10mmol/L；EDTA（pH8.0）终浓度 25mmol/L；SDS

终浓度200mg/ml；NaCl 终浓度100mmol/L。

B.2　TE缓冲液的配制

Tris-HCl（pH8.0）终浓度为10mol/L，EDTA（pH8.0）终浓度为1mol/L。

B.3　1×TAE核酸电泳缓冲液的配制

Tris碱24.2g；冰乙酸5.71ml；0.5mol/L EDTA（pH8.0）10ml；加蒸馏水至100ml，使用时用蒸馏水作50倍稀释，即为1×TAE核酸电泳缓冲液。

B.4　酚-氯仿-异戊醇溶液的配制

Tris饱和酚-氯仿-异戊醇按25：24：1的比例混合。

B.5　0.01mol/L（pH7.2）的磷酸盐缓冲液（PBS）的配制

B.5.1　A液（0.2mol/L磷酸二氢钠水溶液）：$NaH_2O_4 \cdot H_2O$ 27.6g，用适量蒸馏水溶解，定容至1000ml。

B.5.2　B液（0.2mol/L磷酸氢二钠水溶液）：$Na_2HPO_4 \cdot 12H_2O$ 71.6g用适量蒸馏水溶解，定容至1000ml。

B.5.3　0.01mol/L PBS的配制

A液14ml，B液36ml，加NaCl 8.5g，用蒸水定容至1000ml；121℃高压灭菌15min，4℃保存备用。

B.6　阿氏液的配制

葡萄糖2.05g，柠檬酸钠0.8g，柠檬酸0.055g，氯化钠0.12g，加蒸馏水定容至100ml，溶解后调pH至6.1，69kPa、15min高压灭菌，4℃保存备用。

B.7　组织悬液的配制

在0.01mol/L PBS液中添加青霉素（2000IU/ml）、链霉素（2mg/ml）、庆大霉素（50Pg/ml）和制霉菌素（10001U/ml），置－20℃保存备用。

B.8　消化液Ⅱ的配制

称取100mg蛋白酶K溶解于5ml灭菌水中。

B.9　阳性对照

灭活的副猪嗜血杆菌标准菌株。

B.10　阴性对照

灭菌的TSB培养基。

附录C

（规范性附录）

副猪嗜血杆菌巢式PCR和实时荧光PCR检测方法所用引物序列

C.1　副猪嗜血杆菌巢式PCR扩增用上、下游引物序列（表2-14）

表2-14　巢式PCR扩增用上、下游引物序列

引物名称	浓度/（µmol/L）	引物序列	扩增片段大小
第一轮PCR扩增上游引物P1	20	5'-TCGGTGATGAGGAAGGGTGA-3'	P1/P2引物对扩增片段820bp； P3/P4引物对扩增片段312bp
第一轮PCR扩增上游引物P2	20	5'-TCGTCACCCTCTGTATGCAC-3'	
第二轮PCR扩增上游引物P3	20	5'-AGGGTGGTGTTTTAATAGAGCAC -3'	
第二轮PCR扩增上游引物P4	20	5'-CACATGAGCGTCAGTATTTTCC -3'	

C. 2 副猪嗜血杆菌实时荧光 PCR 检测方法所用上、下游引物及探针序列（表 2-15）

表 2-15 实时荧光 PCR 检测方法所用上、下游引物及探针序列

引物名称	浓度/(μmol/L)	引物序列	扩增片段大小
实时荧光 PCR 扩增上游引物 FQ-P1	20	5′-AGCAGCCGCGGTAATACG-3′	P1/P2 引物对扩增片段 58bp
实时荧光 PCR 扩增下游引物 FQ-P2	20	5′-CCTTTACGCCCAGTCATTCC-3′	
实时荧光 PCR 扩增 MGB 探针	10	FAM-5′-AGGGTGCGAGCGT-3′-MGB	

附录 D
（规范性附录）

副猪嗜血杆菌巢式 PCR 反应体系组成、说明及使用注意事项

D. 1 检测反应体系组成

检测反应体系组成见表 2-16。

表 2-16 检测反应体系

组成成分	数量
PCR 反应体系 I	20 管（23μl/管）
PCR 反应体系 II	20 管（23μl/管）
阳性对照	300μl
阴性对照	300μl
消化液 I	12ml
消化液 II	240μl
酚-氯仿-异戊醇	12ml
异丙醇	15ml
75% 乙醇	20ml
TE 缓冲液	600μl
50 倍 TAE 电泳缓冲液	20ml
核酸染色剂	50μl
上样缓冲液	50μl

D. 2 说明

D. 2. 1 PCR 反应体系 I 成分 $10\times$ PCR 缓冲液（含 Mg^{2+}）2.5μl；2.5mmol/L dNTPs 2μl；P1 0.5μl；P2 0.5μl；ExTaq DNA 聚合酶 0.25μl（5U）；灭菌双蒸水 17.25μl；总体积为 23μl。

D. 2. 2 PCR 反应体系 II 成分 $10\times$ PCR 缓冲液（含 Mg^{2+}）2.5μl；2.5mmol/L dNTPd 2μl；P3 0.5μl；P4 0.5μl；ExTaq DNA 聚合酶，0.25μl（5U）；灭菌双蒸水，17.25μl；总体积为 23μl。

D. 2. 3 PCR 反应体系中含副猪血杆菌标准株特异性引物对、ExTaq DNA 聚合酶及各种离子。

D. 3 使用时的注意事项

D.3.1 由于阳性样品中模板浓度相对较高，注意检测过程中不得交叉污染。

D.3.2 注意防止试剂组分污染，不同检测体系之间勿混用。

D.3.3 请按照说明书要求分别在4℃、−20℃保存不同的试剂，试剂盒有效期为6个月。使用时在室温下融化，暂放置冰上，使用后立即放回。

D.3.4 PCR反应体系应难免反复冻融，在使用前应瞬时离心，以保证反应液集中在管底。

附录E
（资料性附录）

副猪嗜血杆菌实时荧光PCR检测反应体系组成、说明及使用

E.1 检测反应体系组成

检测反应体系组成见表2-17。

表2-17 检测反应体系

组成	数量
消化液 I	12ml
消化液 II	240μl
酚-氯仿-异戊醇	12ml
异丙醇	15ml
75％乙醇	20ml
TE缓冲液	600μl
荧光PCR反应液	360μl
ExTaq DNA聚合酶	6μl
阴性对照	300μl
阳性对照	300μl

E.2 说明

荧光PCR反应液成分：10×PCR缓冲液（含Mg^{2+}）2.5μl；2.5 mmol/L dNTPs 2μl；ExTaq DNA聚合酶0.25μl（5U）；FQ-P1 0.5μl；FQ-P2 0.5μl；探针1μl；灭菌双蒸水16.25μl；总体积为23μl。

E.3 使用时的注意事项

E.3.1 由于阳性样品中模板浓度相对较高，注意检测过程中不得交叉污染。

E.3.2 注意防止试剂组分污染，不同检测反应体系之间的成分勿混用。

E.3.3 按照说明书要求分别在2～8℃、−20℃保存不同的试剂，试剂盒有效期为6个月，使用时在室温下融化，暂放置于冰上，使用后立即放回。

E.3.4 反应液分装时应尽量避免产生气泡，上机前注意检查各反应管是否密封，以免荧光物质泄漏污染仪器。

六、猪传染性萎缩性鼻炎

猪传染性萎缩性鼻炎是由支气管败血波氏杆菌单独或与产毒性多杀性巴氏杆菌联合引

起的猪的一种慢性传染病。临诊上以鼻炎、鼻梁变形、鼻甲骨萎缩（以鼻甲骨下卷曲部最常见）和生产性能下降为特征。现在已把这种疾病归类于两种：一种是非进行性萎缩性鼻炎（NPAR），这种病主要由支气管败血波氏杆菌所致；另一种是进行性萎缩性鼻炎（PAR），主要由产毒性多杀性巴氏杆菌引起或与其他因子共同感染引起。该病的危害主要是造成病猪生长受阻、饲料报酬降低，一度给不少国家和地区的养猪业造成严重的经济损失。OIE将本病列为B类动物疫病，我国把其列为二类动物疫病。

本病最早于1830年在德国发现，现在广泛分布于世界各地的猪群密集饲养地区，是一种很普遍的传染病。据报道，美国西北地区约半数屠宰猪具有萎缩性鼻炎病变。1964年我国浙江余姚从英国进口"约克"种猪发现本病，20世纪70年代我国一些省、市从欧、美等国家大批引进瘦肉型种猪使猪传染性萎缩性鼻炎多渠道传入我国，一些猪场曾一度发生流行，造成较大经济损失因此，造成猪传染性萎缩性鼻炎在我国传播，主要原因是对国外引进种猪缺乏严格检疫。

（一）病原特征

该病病原为支气管败血波氏杆菌（*Bordetella bronchise ptica*）和产毒性多杀性巴氏杆菌（*Pasteurella multocida*）D型，偶尔为A型；单独感染支气管败血波氏杆菌可引起较温和的非进行性鼻甲骨萎缩，一般无明显鼻甲骨病变；在健康猪群中，几乎所有猪都感染支气管败血波氏杆菌和非产毒性多杀性巴氏杆菌，并伴有程度不同的鼻甲萎缩。感染支气管败血波氏杆菌后继发产毒性多杀性巴氏杆菌时，则常引发严重的萎缩性鼻炎。

支气管败血波氏杆菌为波氏菌属（*Bordetella*），也译作博代氏菌属、博德特氏菌属。是革兰氏阴性小杆菌，两极着染，大小（0.2～0.3）μm×（0.5～1.0）μm，有运动性，但不形成芽孢，为严格需氧菌。本菌在鲜血琼脂中能产生β型溶血，可使马铃薯培养基变黑而菌落呈黄棕色或微带绿色。本菌有三个菌相：Ⅰ相菌毒力较强，Ⅱ、Ⅲ相菌毒力较弱。在各种普通培养基中均易生长，极易发生菌相变异（Ⅰ相→Ⅱ相→Ⅲ相），并伴随抗原变异。本菌具有O、K和H抗原。O抗原耐热，属特异性抗原。K抗原由荚膜抗原和菌毛抗原组成，不耐热。本菌的主要毒力因子是皮肤坏死毒素，不耐热，存在于胞浆内，在细胞裂解后释出，为一种蛋白毒素。56℃30min完全灭活，0.3%甲醛37℃处理20h完全失去毒性但保留免疫原性，以0.1%硫柳汞贮存6个月仍保持部分毒性。另外还产生丝状血凝素和脂多糖内毒素。

本菌对外界环境的抵抗力不强，常用消毒药均可达到消毒的目的。在液体中58℃15min可将其灭活。

（二）临床症状

临诊症状依疾病的不同发展阶段而异。早期病例的表现是3～9周龄仔猪出现喷嚏，少数病猪出现浆液性、黏脓性鼻卡他以及一过性的单侧或两侧鼻出血。喷嚏频率可作为衡量发病严重程度的指标。随着病程的发展，严重病例出现呼吸困难、发绀；由于受到局部炎症的刺激，鼻孔周围瘙痒，病猪不断摩擦鼻端；由于鼻炎导致鼻泪管阻塞，鼻和眼分泌物从眼角流出，从而在眼内角下面皮肤上形成半月状、因尘土黏结而呈灰黑色的斑块，俗称泪斑。病情再进一步发展，病猪在打喷嚏时会喷出黏稠分泌物；出现面部变形，鼻骨和上颌骨缩短，嘴巴向上弯曲，下切齿突出。最后，脸部变形扭曲，严重凹陷和多余皮肤形成皱纹，或者两眼间距变小，整个头部轮廓发生改变呈"哈巴狗面"；如果是鼻甲骨单侧性萎缩则上颌扭向一侧。若鼻炎蔓延到筛板，则可使大脑感染而发生脑炎症状。有时病原体可侵入肺部而引起肺炎。这些变化最常见于8～10周龄的仔猪，偶尔也可发生于年龄更小的仔猪。发病仔猪体温一般正常，生长发育受阻，饲料报降低，甚至形成僵猪。

（三）病理变化

病变限于鼻腔和邻接组织，最有特征的变化是鼻腔软骨组织和骨组织的软化和萎缩，主要是鼻甲骨萎缩，特别是鼻甲骨的下卷曲最为常见。严重病例，鼻甲骨完全消失，鼻中隔弯曲或消失，鼻腔变成为一个鼻道，外膜常附有黏脓性或干酪样渗出物。窦黏膜充血，有时窦内充满黏脓性分泌物。

（四）流行病学特征

易感动物：各种年龄的猪都可感染，但以仔猪的易感性最大。品种不同的猪，易感性也有差异，国内土种猪较少发病。1月龄以内仔猪感染常常在几周内出现鼻炎和鼻甲骨萎缩症状，1月龄以上感染时通常无临诊表现。支气管败血波氏杆菌是猪呼吸道黏膜的常在菌，鼻腔感染几乎存在于每一个猪群，商品猪群感染范围为25％～50％；个别猪群的血清阳性率可达90％。SPF猪群的感染性高于非SPF猪群感染。产毒性D型巴氏杆菌感染在发病猪群中也很普遍，在断奶育肥猪群具有临诊症状的猪中病菌分离率高达50％～80％，在无萎缩性鼻炎猪群中则很少被分离到。有时多杀性巴氏杆菌也可以感染人而造成与猪的病变相似的疾病。

传染源：病猪和带菌猪是主要传染源。其他动物如犬、猫、家畜、兔、鼠、狐及人均可带菌，甚至引起鼻炎、支气管肺炎等，因此也可成为传染源。本菌在鼻腔里繁殖，能连续定居5个月以上，有时可达1年。猫、犬和后备猪的扁桃体中普遍存在巴氏杆菌。

传播方式：该病通常是通过飞沫水平传播，主要通过直接接触和气溶胶传染。感染或发病的母猪，经呼吸道感染仔猪，常使出生后仔猪发生早期感染，不同月龄猪再通过水平传播扩大到全群。

流行形式及因素：猪传染性萎缩性鼻炎在猪群内传播比较缓慢，多为散发或地方流行性。各种应激因素可使发病率增加。猪舍空气中氨气、尘埃和微生物浓度在本病发生和严重程度上起重要作用，过度拥挤、通风不良和卫生条件差等促进本病的扩散和蔓延。感染通常是因为购入感染猪。猪断奶后混群时的扩散机会增高，可造成70％～80％断奶猪被感染，通过减少饲养密度可使感染率降低。

（五）预防及治疗

根据本病的病原学和流行病学特点，要有效地控制该病的流行及其给生产带来的损失，必须有一套综合性的兽医卫生措施，并在生产中严格执行。

（1）规模化猪场在引进种猪时，应进行严格的检疫，防止带菌猪引入猪场，引进后至少观察3周，并放入易感仔猪，经一段时间病原学检测阴性者方可混群。

（2）根据经济评价的结果，在有本病严重流行的猪场，建议采用淘汰病猪、更新猪群的控制措施，并经严格消毒后，重新引进健康种猪群。而在流行范围较小、发病率不高的猪场应及时将感染、发病仔猪及其母猪淘汰出来，防止该病在猪群中扩散和蔓延。

（3）严格执行全进全出和隔离饲养的生产制度，加强4周龄内仔猪的饲养管理，创造良好的生产环境，适当通风，并采取隔离饲养，以防止不同年龄猪只的接触。

（4）适时进行疫苗免疫接种，降低猪群的发病率。目前预防该病的疫苗有支气管败血波氏杆菌1相菌油佐剂灭活菌苗（单苗）、支气管败血波氏杆菌Ⅰ相菌株G10和产毒素D型多杀性巴氏杆菌株Q13-1制备的油佐剂二联灭活菌苗（二联苗）。应用单苗时，为提高仔猪的母源抗体水平，母猪可于产前2个月和1个月分别接种1次；无母源抗体的仔猪可分别在1周龄和3~4周龄分别接种1次。应用二联苗时，要求妊娠母猪在产前1个月接种；有母源抗体仔猪分别在4周龄和8周龄时各注射1次；无母源抗体仔猪分别在1周龄、4周龄和8周龄时各注射1次。

（5）抗生素治疗可明显降低感染猪发病的严重性和副作用。通过抗生素群体治疗能够减少繁殖猪群、断奶前后猪群的发病或病原携带状态。预防性投药一般于产前2周开始，并在整个哺乳期定期进行（如从2日龄开始每周注射1次长效土霉素，连用3次；或每隔1周肌内注射1次增效磺胺，用量为每千克体重12.5mg磺胺嘧啶，加甲氧苄氨嘧啶2.5mg，连用3次），结合哺乳仔猪的鼻腔内用药（2.5%硫酸卡那霉素喷雾，滴注0.1%高锰酸钾液、2%硼酸液等）可以在一定程度上达到预防或治疗的目的。常用的药物包括庆大霉素、卡那霉素、土霉素、金霉素、恩诺沙星、环丙沙星和各种碱胺类药物，但在应用前最好先通过药敏试验选择敏感药物。

（六）实验室检测

猪传染性萎缩性鼻炎诊断技术

依据标准：NY/T 546—2015。

1. 实验室诊断

（1）仪器、材料与试剂　除特别说明以外，本试验所用试剂均为分析纯，水为灭菌双蒸水或超纯水。

1）试剂　蛋白胨、琼脂粉、氯化钠、氯化钾、葡萄糖、乳糖、三号胆盐、中性红、呋喃唑酮、二甲基甲酰胺、牛或绵羊红细胞裂解液、马丁琼脂、脱纤牛血、硫酸新霉素、盐酸林可霉素、多型蛋白胨、牛肉膏、磷酸二氢钾、磷酸氢二钠、硫代硫酸钠、硫酸亚铁铵、混合指示剂、尿素、酸性品红、马铃薯、甘油、盐酸、dNTPs、Taq酶。

2）材料　无菌棉拭子、无菌1.5ml离心管、无菌试管、PCR管、一次性培养皿。

（2）病原分离　由猪鼻腔采取鼻黏液，同时进行支气管败血波氏杆菌Ⅰ相菌及产毒素性多杀巴氏杆菌的分离。猪群检疫以4~16周龄特别是4~8周龄猪的检菌率最高。

1）鼻黏液的采取

①由两侧鼻腔采取鼻黏液，可用一根棉头拭子同时采取两侧鼻黏液，或每侧鼻黏液分别用一根棉头拭子采取。

②拭子的长度和粗细视猪的大小而定，应光滑可弯曲，由竹皮等材料削成，前部钝圆，缠包脱脂棉，装入容器，高压灭菌。

③小猪可仰卧保定，大猪用鼻拧子保定。用拧去多余酒精的酒精棉先将鼻孔内缘清拭，然后清拭鼻孔周围。

④拭子插入鼻孔后，先通过前庭弯曲部，然后直达鼻道中部，旋转拭子将鼻分泌物取出。将拭子插入灭菌空试管中（不要贴壁推进），用试管棉塞将拭子杆上端固定。

⑤ 夏天不能立即涂抹培养基时，应将拭子试管立即放入冰箱或冰瓶内。鼻黏液应在当天最好在几小时内涂抹培养基，拭子仍保存于 4℃ 冰箱备复检。

⑥ 采取鼻汁时病猪往往喷嚏，术者应注意消毒手，防止材料交叉污染。

⑦ 解剖猪时，应采取鼻腔后部（至筛板前壁）和气管的分泌物及肺组织进行培养。鼻锯开术部及鼻锯应火焰消毒，由鼻断端插入拭子直达筛板，采取两侧鼻腔后部的分泌物。由声门插入拭子达气管下部，在气管壁旋转拭子取出气管上下部的分泌物。在肺门部采取肺组织，如有肺炎并在病变部采取组织块；也可以用拭子插入肺断面采取肺汁和碎组织。

2）分离培养　所有病料都直接涂抹在已干燥的分离平板上。分离支气管败血波氏杆菌使用血红素呋喃唑酮改良麦康凯琼脂（HFMA）（配方见附录 A）平板，分离多杀巴氏杆菌使用新霉素洁霉素血液马丁琼脂（NLHMA）（配方见附录 B）平板。棉拭子应尽量将全部分泌物浓厚涂抹于平板表面，对组织块则将各断面同样浓厚涂抹。重要的检疫，如种猪检疫，对每份鼻腔病料应涂抹每种分离平板 2 个。不同种分离平板不能混涂同一拭子（因抑菌剂不同）。对伴有肠道感染（腹泻）的或环境严重污染的猪群，每份鼻腔病料可用一个平板做浓厚涂抹，另一个平板做划线接种，即先将棉拭子病料在平板的一角做浓厚涂抹，然后以铂圈做划线稀释接种。

① 猪支气管败血波氏杆的分离培养。将接种的 FHMA 平板于 37℃ 培养 40～72h，猪支气管败血波氏杆菌集落不变红，直径为 1～2mm，圆整、光滑、隆起、透明，略呈茶色。较大的集落中心较厚，呈茶黄色，对光观察呈浅蓝色。用支气管败血波氏杆菌 OK 抗血清做活菌平板凝集反应呈迅速的典型凝集。有些病例集落黏稠或干韧，在玻片上不能做成均匀菌液，须移植一代才能正常进行活菌平板凝集试验。未发现典型集落时，对所有可疑集落，均需做活菌平板集试验，以防遗漏。如菌落小，可移植增菌后进行检查。如平板上有大肠杆菌类细菌（变红、粉红或不变红）或绿杆菌类细菌（产生或不产生绿色素但不变红）覆盖，应将冰箱保存的棉拭子再进行较稀的涂抹或划线培养检查，或重新采取鼻汁培养检查。平板目的菌落计数分级见附录 C。

② 产毒素性多杀巴氏杆菌的分离培养。将接种的 NLHMA 平板于 37℃ 培养 18～24h，根据菌落形态和荧光结构，挑取可疑集落移植鉴定。多杀巴氏杆菌集落直径 1～2mm，圆整、光滑、隆起、透明，集落或呈黏液状融合；对光观察有明显荧光；以 45°折射光线于暗室内在实体显微镜下扩大约 10 倍观察，呈特征的橘红或灰红色光泽，结构均质，即 FO 虹光型或 FO 类似菌落。间有变异型菌落，光泽变浅或无光泽，有粗纹或结构发粗，或夹有浅色分化扇状区等。平板目的菌落计数分级见附录 C。

（3）分离物的特性鉴定

1）猪支气管败血波氏杆菌分离物的特性鉴定

① 一般特性鉴定。革兰氏阴性小杆菌，氧化和发酵（O/F）试验阴性，即非氧化非发酵严格好氧菌。具有以下生化特性（一般 37℃ 培养 3～5d 记录最后结果）：

a. 包括乳糖、葡萄糖、蔗糖在内的所有糖类不氧化、不发酵（不产酸、不产气），迅速分解蛋白胨明显产碱，液面有厚菌膜；

b. 不产生靛基质；

c. 不产生硫化氢或轻微产生；

d. MR 试验及 VP 试验均阴性；

e. 还原硝酸盐；

f. 分解尿素及利用枸橼酸，均呈明显的阳性反应；

g. 不液化明胶；

h. 石蕊牛乳产碱不消化；

i. 有运动性，在半固体平板表面呈明显的膜状扩散生长，扩散膜边沿比较光滑；但0.05%～0.1%琼脂半固体高层穿刺 37℃ 培养，只在表面或表层生长，不呈扩散生长。

② 菌相鉴定。将分离平板上的典型单个菌落划线接种于绵羊血改良鲍姜氏琼脂（配方见附录 D）平板（凝结水已干燥）上，于 37℃ 潮湿温箱中培养 40～45h。Ⅰ相菌落小，光滑，乳白色，不透明，边沿整齐，隆起呈半圆形或珠状，钩取时质地致密柔软，易制成均匀菌液。菌落周围有明显的 β 溶血环。菌体呈整齐的革兰氏阴性球杆状或球状。活菌玻片凝集定相试验，对 K 抗血清呈迅速的典型凝集，对 O 抗血清完全不凝集。Ⅰ相菌感染病例在平板上应不出现中间相和Ⅲ相菌落。Ⅲ相菌落扁平，光滑，透明度大呈灰白色，比Ⅰ相菌落大数倍，质地较稀软，不溶血。活菌玻片凝集定相试验，对 O 抗血清呈明显凝集，对 K 抗血清完全不凝集。中间相菌落形态在Ⅰ相及Ⅲ相之间，对 K 及 O 抗血清都凝集。中间相及Ⅲ相菌，以杆状为主。

2）产毒素性多杀巴氏杆菌分离物的特性鉴定

① 一般特性鉴定

a. 革兰氏阴性小杆菌呈两极染色，不溶血，无运动性。具有以下生化特性。

ⅰ. 糖管：对蔗糖、葡萄糖、木糖、甘露醇及果糖产酸；对乳糖、麦芽糖、阿拉伯糖及杨苷不产酸。

ⅱ. VP、MR、尿素酶、枸橼酸盐利用、明胶液化、石蕊牛乳均为阴性。

ⅲ. 不产生硫化氢。

ⅳ. 硝酸还原及靛基质产生均为阳性。

b. 对分离平板上的可疑菌落，也可先根据三糖铁脲半固体高层（配方见附录 E）小管穿刺生长特点进行筛检。

将单个集落以接种针由斜面中心直插入底层，轻轻由原位抽出，再在斜面上轻轻涂抹，37℃ 斜放培养 18h。多杀巴氏杆菌生长特点：

ⅰ. 沿穿刺线呈不扩散生长，高层变橘黄色。

ⅱ. 斜面呈薄苔生长，变橘红或橘红黄色。

ⅲ. 凝结水变橘红色，轻浊生长，无菌膜。

ⅳ. 不产气、不变黑。

② 皮肤坏死毒素产生能力检查。体重 350～400g 健康豚鼠，背部两侧注射部剪毛（注意不要损伤皮肤），使用 1ml 注射器及 4～6 号针头，皮内注射分离株马丁肉汤 37℃ 36h（或 36～72h）培养物 0.1ml。注射点距背中线 1.5cm，各注射点相距 2cm 以上。设阳性及阴性参考菌株和同批马丁肉汤注射点为对照。并在大腿内侧肌内注射硫酸庆大霉素 4 万 IU（1ml）。注射后 24h、48h 及 72h 观察并测量注射点皮肤红肿及坏死区的大小。坏死区直径 1.0cm 左右为皮肤坏死毒素产生（DNT）阳性；小于 0.5cm 为可疑；无反应或仅红肿为阴性。可疑须复试。阳性株对照坏死区直径应大于 1.0cm，阴性株及马丁汤对照应均为阴性，阳性结果记为 DNT+，阴性结果记为 DNT−。

③ 荚膜型简易鉴定法

a. 透明质酸产生试验（改良 Carter 氏法）：在 0.2％脱纤牛血马丁琼脂平板上于中线以直径 2mm 铂圈均匀横划一条已知产生透明质酸酶的金黄色葡萄球菌（ATCC25923）或等效的链球菌新鲜血斜培养物，将每株多杀巴氏杆菌分离物的血斜过夜培养物，与该线呈直角于两侧划线，各均匀划种一条同样宽的直线。并设荚膜 A 型及 D 型多杀巴氏杆菌参考株做对照。37℃ 培养 20h，A 型株临接葡萄球菌菌苔应产生生长抑制区。此段菌苔明显薄于远端未抑制区，荧光消失，长度可达 1cm，远端菌生长丰厚，特征虹光型（FO 型）不变，两段差别明显。D 型株则不产生生长抑制区，FO 型虹光不变。个别 A 型分离物不产生明显多量的透明质酸。本法及吖啶黄试验时判定为 D 型，间接血凝试验（Sawada 氏法）则判定为 A 型。

b. 吖啶黄试验（改良 Carter 氏法）：分离株的 0.2％脱纤牛血马丁琼脂 18～24h 培养物，刮取菌苔，均匀悬浮于 pH7.0 0.01mol/L 磷酸盐缓冲生理盐水中。取 0.5ml 细菌悬液加入小试管中，与等容量 0.1％中性吖啶黄蒸馏水溶液振摇混合，室温静置。D 型菌可在 5min 后自凝，出现大块絮状物，30min 后絮状物下沉，上清透明。其他型菌不出现或仅有细小的颗粒沉淀，上清混浊。

（4）PCR 检测

1）样品处理

① 鼻或气管拭子。将鼻或气管拭子浸入 1ml 0.01mol/L PBS 缓冲液（pH7.4）中（配方见附录 F）、反复挤压，将混悬液作为聚合酶链式反应（PCR）的模板。

② 肺组织。将肺组织样品剪碎，取 1g 加入 1ml 0.01mol/L PBS 缓冲液中研磨后，用双层灭菌纱布过滤。收集过滤液于 2ml 灭菌离心管，4℃7500g 离心 15min。弃上清，收集沉淀，用 0.1 ml PBS 缓冲液重悬。

2）PCR 检测

① 反应体系（50μl）

10×PCR buffer（含 Mg^{2+}）	5μl
脱氧三磷酸核苷酸混合液（dNTPs，各 200μmol/L）	4 μl
上游引物（10μmol/L）	1μl
下游引物（10pmol/L）	1μl
模板（上述制备样品）	1μl
无菌超纯水	37.5μl
Tag DNA 聚合酶（5U/μl）	0.5μl

样品检测时，同时要设阳性对照和阴性对照。阳性对照模板为细菌的基因组，阴性对照为不含模板的反应体系。检测所用引物序列见附录 G。

② PCR 反应程序

所有程序均 95℃预变性 5min，然后扩增 35 个循环，如下：

a. 鉴定支气管败血波氏杆菌：94℃30s，55℃30s，72℃20s，35 个循环；72℃ 5min。

b. 鉴定多杀巴氏杆菌：94℃30s，55℃1min，72℃30s，35 个循环；72℃7min。

c. 鉴定产毒素多杀巴氏杆菌：94℃ 30s，50℃ 1min，72℃ 1min，35 个循环；72℃7min。

d. 鉴定 A、D 型多杀巴氏杆菌：94℃ 30s，56℃ 30s，72℃ 1min，35 个循环；

72℃10min。

③ 电泳检测。PCR反应结束，取扩增产物5μl（包括被检样品、阳性对照、阴性对照）与1μl上样缓冲液混合，同时取DL-2000DNA分子质量标准5μl，点样于1%琼脂糖凝胶中，100V电泳30min。

3）PCR试验结果判定

① 将扩增产物电泳后用凝胶成像仪观察，DNA分子质量标准、阳性对照、阴性对照为如下结果时试验方成立，否则应重新试验。

a. DL-2000DNA分子质量标准电泳道，从上到下依次出现2000bp、1000bp、750bp、500bp、250bp、100bp共6条清晰的条带。

b. 阳性样品泳道出现一条约187bp清晰的条带（猪支气管败血波氏杆菌）、457bp的条带（多杀巴氏杆菌）、812bp的条带（产毒素多杀巴氏杆菌）、1050bp（A型多杀巴氏杆菌）或648bp的条带（D型多杀巴氏杆菌）。

c. 阴性对照泳道不出现条带。

② 被检样品结果判定。在同一块凝胶板上电泳后，当DNA分子质量标准、各组对照同时成立时，被检样品电泳道出现一条187bp的条带，判为猪支气管败血波氏杆菌阳性（＋）；被检样品电泳道出现一条457bp的条带，判为多杀巴氏杆菌阳性（＋）；被检样品电泳道出现一条812bp的条带，判为产毒素多杀巴氏杆菌阳性（＋）；被检样品电泳道出现一条1050bp的条带，判为A型多杀巴氏杆菌阳性（＋）；被检样品电冰道出现一条648bp的条带，判为D型多杀巴氏杆菌阳性（＋）；被检样品泳道没有出现以上任一条带，判为阴性（－）。阳性和阴性对照结果不成立时，应检查试剂是否过期、污染等，试验需重做。

（5）血清学检测

1）使用范围

① 本试验是使用猪支气管败血波氏杆菌Ⅰ相菌福尔马林死菌抗原，进行试管或平板凝集反应检测感染猪血清中的特异性K凝集抗体。其中，平板凝集反应适用于对本病进行大批量筛选试验，试管凝集反应作为定性试验。

② 哺乳早期感染的仔猪群，自1月龄左右逐渐出现可检出的K抗体，到5～8月龄期间，阳性率可达90%以上，以后继续保持阳性。最高K抗体价可达1:（320～640）或更高，3周龄以上的猪一般可在感染后10～14d出现K抗体。

③ 感染母猪通过初乳传给仔猪的K抗体，一般在出生后1～2个月内消失；注射过猪支气管败血波氏杆菌菌苗的母猪生下的仔猪，则被动抗体效价延缓消失。

2）试验材料

① 抗原按说明书要求使用。

② 标准阳性和阴性对照血清按说明书要求使用。

③ 被检血清必须新鲜，无明显蛋白凝固，无溶血现象和腐败气味。

④ 稀释液为pH7.0磷酸盐缓冲盐水。配方为：$Na_2HPO_4 \cdot 12H_2O$2.4g（或$Na_2HPO_4$1.2g），NaCl 6.8g，$KH_2PO_4$0.7g，蒸馏水1000ml，加温溶解，两层滤纸滤过，分装，高压灭菌。

3）操作方法及结果判定

① 试管凝集试验

a. 被检血清和阴、阳性对照血清同时置于56℃水浴箱中灭能30min。

b.血清稀释方法　每份血清用一列小试管（口径 8～10mm），第一管加入缓冲盐水 0.8ml，以后各管均加入 0.5ml，加被检血清 0.2ml 于第一管中。换另一支吸管，将第一管稀释血清充分混匀，吸取 0.5ml 加入第二管，如此用同一吸管稀释，直至最后一管，取出 0.5ml，弃去。每管为稀释血清 0.5ml。一般稀释到 1：80，大批检疫时可稀释到 1：40。阳性对照血清稀释到（1：160）～（1：320）；阴性对照血清至少稀释到 1：10。

c.向上述各管内添加工作抗原 0.5ml，振荡，使血清和抗原充分混匀。

d.放入 37℃温箱 18～20h，然后取出在室温静置 2h，记录每管的反应。

e.每批试验均应设有阴、阳性血清对照和抗原缓冲盐水对照（抗原加缓冲盐水 0.5ml）。

f.结果判定

"＋＋＋＋"：表示 100％菌体被凝集。液体完全透明，管底覆盖明显的伞状凝集沉淀物。

"＋＋＋"：表示 75％菌体被凝集。液体略呈混浊，管底伞状凝集沉淀物明显。

"＋＋"：表示 50％菌体被凝集。液体呈中等程度混浊，管底有中等量伞状凝集沉淀物。

"＋"：表示 25％菌体被凝集。液体不透明或透明度不明显，有不太显著的伞状凝集沉淀物。

"－"：表示菌体无凝集。液体不透明，无任何凝集沉淀物。细菌可能沉于管底，但呈光滑圆坨状，振荡时呈均匀混浊。

当抗原缓冲盐水对照管、阴性血清对照管均呈阴性反应，阳性血清对照管反应达到原有滴度时，被检血清稀释度≥10，出现"＋＋"以上，判定为猪支气管败血波氏杆菌阳性反应血清。

② 平板凝集试验

a.被检血清和阴、阳性对照血清均不稀释，可以不加热灭能。

b.于清洁的玻璃板或玻璃平皿上，用玻璃笔划成约 2cm^2 的小方格。以 1ml 吸管在格内加一小滴血清（约 0.03ml），再充分混合一铂圈（直径 8mm）抗原原液，轻轻摇动玻璃板或玻璃平皿，于室温（20～25℃）放置 2min。室温在 20℃以下时，适当延长至 5min。

c.每次平板试验均应设有阴、阳性血清对照和抗原缓冲盐水对照。

d.结果判定

"＋＋＋＋"：表示 100％菌体被凝集。抗原和血清混合后，2min 内液滴中出现大凝集块或颗粒状凝集物，液体完全清亮。

"＋＋＋"：表示约 75％菌体被凝集。在 2min 内液滴有明显凝集块，液体几乎完全透明。

"＋＋"：表示约 50％菌体被凝集。液滴中有少量可见的颗粒状凝集物，出现较迟缓，液体不透明。

"＋"：表示 25％以下菌体被凝集。液滴中仅仅有很少量可以看出的粒状物，出现迟缓，液体混浊。

"－"：表示菌体无任何凝集。液滴均匀混浊。

当阳性血清对照呈"＋＋＋＋"反应，阴性血清和抗原缓冲盐水对照呈"－"反应时，被检血清加抗原出现"＋＋＋"到"＋＋＋＋"反应，判定为猪支气管败血波氏杆菌阳性反应血清。"＋＋"反应判定为疑似，"＋"至"－"反应判定为阴性。

2. 结果判定

对猪群的检疫应综合应用临床检查、细菌检查及血清学检查，并选择病猪作病理解剖检查。检疫猪群诊断有鼻漏带血、泪斑、鼻塞、喷嚏，特别有鼻部弯曲等颜面变形的临床指征病状，鼻腔检出支气管败血波氏杆菌Ⅰ相菌及/或产毒素性多杀巴氏杆菌，判定该猪群为传染性萎缩性鼻炎疫群。具有鼻甲骨萎缩病变，无论有或无鼻部弯曲等症状的猪，诊断为典型病变猪。检出支气管败血波氏杆菌Ⅰ相菌及/或产毒素性多杀巴氏杆菌的猪，诊断为病原菌感染、排菌猪。检出猪支气管败血波氏杆菌K凝集抗体的猪，判定为猪支气管败血波氏杆菌感染血清阳转猪。疫群中的检菌及血清阴性的外观健康猪，需隔离多次复检，才能做最后阴性判定。

附录 A
（规范性附录）

血红素呋喃唑酮改良麦康凯琼脂（HFMA）培养基配制方法

A.1　成分

A.1.1　基础琼脂（改良麦康凯琼脂）

蛋白胨［日本大五牌多型蛋白胨（Polypeptone）或 Oxoid 牌胰蛋白胨（Tryptone）］ 2%

氯化钠 0.5%

琼脂粉（青岛） 1.2%

葡萄糖 1.0%

乳糖 1.0%

三号胆盐（Oxoid） 0.15%

中性红 0.003%（1%水溶液 3ml/L）

蒸馏水加至1000ml。

加热溶化，分装。110℃20min，pH7.0～7.2。培养基呈淡红色。贮存于室温或4℃冰箱备用。

A.1.2　添加物

1%呋喃唑酮二甲基甲酰胺溶液 0.05ml/10ml（呋唑酮最后浓度为5μg/ml）

10%牛或绵羊红细胞裂解液 1ml（最后浓度为1∶1000）

4℃冰箱保存备用。呋喃唑二甲基甲酰胺溶液临用时加热溶解。

A.2　配制方法

基础琼脂水溶加热充分溶化，凉至53～60℃，加入呋喃唑酮二甲基甲酰胺溶液及红细胞裂解液，立即充分摇匀，倒平板，每个平皿20ml（平皿直径90cm）。干燥后使用，或置于4℃冰箱1周内使用。防霉生长可加入两性霉素B 10μg/ml或放线酮30～50μg/ml，对污染较重的鼻腔拭子，可再加入壮观霉素5～10μg/ml（活性成分）。

A.3 用途

用于鼻腔黏液分离支气管败血波氏杆菌。

附录 B
（规范性附录）

新霉素洁霉素血液马丁琼脂（NLHMA）培养基制备方法

B.1 成分

马丁琼脂	pH7.2～7.4
脱纤牛血	0.2%
硫酸新霉素	2μg/ml
盐酸洁霉素（林可霉素）	1μg/ml

B.2 制备方法

马丁琼脂水浴加热充分溶化，凉至约55℃加入脱纤牛血、新霉素及洁霉素，立即充分摇匀，倒平板，每个平皿15～20ml（平皿直径90cm）。干燥后使用，或保存4℃冰箱1周内使用。

B.3 用途

用于鼻腔黏液分离多杀巴氏杆菌。

附录 C
（规范性附录）

分离平板目的菌落计数分级

C.1 一：目的菌落阴性。

C.2 ＋：目的菌落1～10个。

C.3 ＋＋：目的菌落11～50个。

C.4 ＋＋＋：目的菌落51～100个。

C.5 ＋＋＋＋：目的菌落100个以上。

C.6 目的菌落密集成片不能计数。

C.7 非目的菌（如大肠杆菌、铜绿假单胞菌、变形杆菌）生长成片，覆盖平板，不能判定有无目的菌落。

附录 D
（规范性附录）

绵羊血改良鲍姜氏琼脂培养基的配制方法

D.1 成分

D.1.1 基础琼脂（改良鲍姜氏琼脂）

D.1.1.1 马铃薯浸出液

白皮马铃薯（去芽，去皮，切长条）500g，甘油蒸馏水（热蒸馏水1000ml，甘油40ml，甘油最后浓度1%），洗净去水的马铃薯条加入甘油蒸馏水，119～120℃加热30min，不要振荡，倾出上清液使用。

D.1.1.2 琼脂液

氯化钠 16.8g（最终浓度 0.6%），蛋白胨（大五牌多型蛋白胨或 Oxoid 牌胰蛋白胨）14g（最终浓度 0.5%），琼脂粉（青岛）33.6g（最终浓度 1.2%），蒸馏水加至 2100ml。120℃加热溶解 30min，加入马铃薯浸出液的上清液 700ml（即两液比例为 75∶25）。混合，继续加热溶化，4 层纱布滤过，分装，116℃30min。不调 pH，高压灭菌后 pH 一般为 6.4～6.7，贮于 4℃冰箱或室温备用。备做斜面的基础琼脂加蛋白胨，备做平板的不加蛋白胨。

D.1.2 脱纤绵羊血

无菌新采取，支气管败血波氏杆菌 K 和 O 凝集价均<1∶10、10%。

D.2 配制方法

基础琼脂溶化后凉至 55℃，加入脱纤绵羊血，立即充分混合，勿起泡沫，制斜面管或倒平板（直径 90cm，平皿每皿 20ml），放 4℃冰箱约 1 周后使用为佳。

D.3 用途

用于支气管败血波氏杆菌的纯菌培养及菌相鉴定。

附录 E
（规范性附录）

三糖铁脲半固体高层培养基配制方法

E.1 成分

多型蛋白胨（Polypeptone）	1.0%
牛肉膏	0.5%
氯化钠	0.3%
磷酸二氢钾（KH_2PO_4）	0.1%
琼脂粉	0.3%
硫代硫酸钠	0.03%
硫酸亚铁铵	0.03%
混合指示剂	5ml
葡萄糖	0.1%
乳糖	1.0%
尿素	2.0%

【注】混合指示剂配制：0.2% BTB 水溶液（0.2g BTB 溶于 50ml 酒精中，加蒸馏水 50ml）2.0ml，0.2% TB 水溶液（0.4gTB 溶于 17.2ml 0.05mol/L NaOH，加蒸馏水 100ml，再加水稀释 1 倍）1.0ml，0.5%酸性品红水溶液 2.0ml。

E.2 配制方法

将前 7 种成分充分溶解于蒸馏水后，修正 pH 为 6.9。再加入混合指示剂、葡萄糖、乳糖及尿素，充分溶解。每支小试管分装 2～2.5ml，流动蒸气灭菌 100min，冷却放成半斜面，无菌检验，4℃冰箱保存备用。

E.3 用途

用于筛检鼻腔黏液分离平板上的可疑多杀巴氏杆菌集落。

附录 F
（规范性附录）

0.01mol/L PBS 缓冲液（pH7.4）的配制

F.1　成分

NaCl	8g
KCl	0.2g
Na_2HPO_4	1.44g
KH_2PO_4	0.24g

F.2　配制方法

将以上 4 种成分溶于 800ml 蒸馏水中，用 HCl 调节溶液的 pH 至 7.4，最后加蒸馏水定容至 1L。115℃高压灭菌 10～15min，常温保存备用。

附录 G
（规范性附录）

引物序列

G.1　检测猪支气管败血波氏杆菌的引物序列

Bb-F：5′-CAGGAACATGCCCTTTG-3′。

Bb-R：5′-TCCCAAGAGAGAAAGGCT-3′。

G.2　检测多杀巴氏杆菌的引物序列

Pm-F：5′-ATCCGCTATTTACCCAGTGG-3′。

Pm-R：5′-GCTGTAAACGAACTCGCCAC-3′。

G.3　检测产毒素多杀巴氏杆菌的引物序列

T+Pm-F：5′-CTTAGATGAGCGACAAGG-3′。

T+Pm-R：5′-ACATTGCAGCAAATTGTT-3′。

G.4　检测 A 型多杀巴氏杆菌的引物序列

Pm A-F：5′-TGCCAAAATCGCAGTCAG-3′。

Pm A-R：5′-TTGCCATCATIGTCAGTG-3′。

G.5　检测 D 型多杀巴氏杆菌的引物序列

Pm D-F：5′-TTACAAAAGAAAGACTAGGAGCCC-3′。

Pm D-R：5′-CATCTACCCACTCAACCATATCAG-3′。

七、猪支原体肺炎

猪支原体肺炎又称猪地方流行性肺炎（Swine enzootic pneumonia）、猪气喘病，是由猪肺炎支原体引起的猪的一种慢性呼吸道传染病。该病的主要临诊症状是咳嗽和气喘，病变的特征是融合性支气管肺炎，可见肺尖叶、心叶、中间叶和膈叶前缘呈"肉样"或"虾肉样"实变。急性病例以肺水肿和肺气肿为主，亚急性和慢性病例患猪生长缓慢或停止，饲料转化率低，育肥期延长。单独感染时病死率不高，但与 PRRSV 和其他病原混合感染时常引起病死率升高。我国将其列为二类动物疫病。

该病的病原曾认为是病毒，直至 1965 年由 Mre、Switzer 和 Goodwint 等证实为猪肺炎支原体。我国上海畜牧兽医研究所于 1973 年首次分离到一株致病性支原体，以后广东、广西等 8 个省、自治区也相继分离到肺炎支原体。猪支原体肺炎在世界各地广泛分布，发病率高，一般情况下病死率不高，但继发其他病原感染可造成严重的死亡，所致经济损失很大，给养猪业发展带来严重危害。

（一）病原特征

猪肺炎支原体（*Mycoplasma hyopneumoniae*）为支原体属（*Mycoplasma*）。在肉汤中的菌体形态，吉姆萨或瑞氏染色良好，革兰氏染色阴性，着色不佳，常可见几个菌体聚集成团，干燥后观察形态多样，大小 0.3～1μm 不等，以环形为主，也见球状、点状、新月状、丝状、两极杆状，可通过 0.3μm 孔径滤膜。

猪肺炎支原体能在无细胞的人工液体和固体培养基上生长，但生长条件十分苛刻，特别是初次分离培养十分困难。各种液体培养基通常主要由含水解乳蛋白的组织缓冲液、酵母浸液和猪血清等组成，目前多种配方可供选用，使用江苏Ⅱ号培养基可以提高猪肺炎支原体的分离率。固体培养基难以获得满意的菌落，因此很少用于初次分离。

在液体培养基生长时，通常用酚红作指示剂，根据培养基颜色变化来判断支原体的生长状态，但颜色变化的快慢与接种量、培养基新鲜度及菌株的特性相关，而变化程度则又与菌体的毒力和数量有关。猪肺炎支原体兼性厌氧，对营养要求较一般支原体更高，在固体培养基上生长较慢，接种后 7～10d 方能长成肉眼可见的针尖或露珠状菌落。该菌也可进行组织培养，即应用猪肺埋块、猪肾和猪睾丸细胞进行继代培养。若将该菌接种乳兔进行连续传代，则对猪的致病力逐渐减弱，回归猪后可以产生一定程度的免疫力。

猪肺炎支原体对外界环境抵抗力较弱，存活一般不超过 26h。病肺组织中的病原体在 -15℃ 可保存 45d，1～4℃ 可存活 4～7d，在甘油中 0℃ 可保存 8 个月，在 -30℃ 可保存 20 个月仍有感染力。经冷冻干燥的培养物在 4℃ 可存活 4 年。常用的化学消毒剂均有消毒效果，如 1% 氢氧化钠、20% 草木灰等均可数分钟内灭活病原。对放线菌素 D、丝裂菌素 C 最敏感；青霉素、链霉素、红霉素和磺胺药对其无效。泰妙菌素、泰乐菌素、林可霉素、壮观霉素和土霉素等抗生素对其则有不同程度的抑制或杀灭作用。

（二）临床症状

潜伏期人工感染一般为 10～21d，自然传染为 21～30d。但潜伏期的长短与菌株毒力的强弱、感染剂量的大小、气候、个体、应激、饲养管理等因素密切相关。以 X 线检查发现肺炎病灶为标准，最短的潜伏期为 3～5d，最长的可达 1 个月以上。本病的主要临诊症状是咳嗽和气喘，根据临诊经过，大致可分为急性型、慢性型和隐性型。

（1）急性型 常见于新疫区的猪群，尤以妊娠后期至临产前的母猪以及断奶仔猪多见。病猪常无前驱症状，突然精神不振，头下垂，站立一隅或伏卧，体温一般正常，呼吸次数剧增，达 60～120 次/min 以上，呈明显腹式呼吸。咳嗽次数少而低沉，有时也会发生痉挛性阵咳。如有继发感染，病猪呼吸困难，严重者张口伸舌喘气，发出哮鸣声。此时，病猪前肢开张，站立或犬坐姿势，不愿卧地，体温升高可达 40℃ 以上，鼻流浆液性液体，食欲大减甚至废绝，饮水量减少。由于饲养管理和卫生条件的不同，疾病的严重程度及病死率差异很大，条件好则病程较短，症状较轻，病死率低；条件差则易出现并发症，病死率较高。病程一般为 1～2 周。

（2）慢性型　一般由急性病例转变而来，也有部分病猪开始时就取慢性经过。本型常见于老疫区的架子猪、肥育猪和后备母猪，主要症状是咳嗽，初期咳嗽次数少而轻，以后逐渐加剧，咳嗽时病猪站立不动，背弓起，颈伸直，头下垂至地，直至呼吸道的分泌物排出为止。当凌晨气温下降、冷空气刺激、运动及进食后，咳嗽更为明显，严重者呈连续的痉挛性咳嗽。常出现不同程度的呼吸困难，呼吸次数增加，呈腹式呼吸（喘气）。这些症状时而明显、时而缓和，食欲变化不大。病猪的眼、鼻常有分泌物，可视黏膜发绀。若继发巴氏杆菌或其他病原微生物感染则可能发生急性肺炎。病程很长，可拖延二三个月，甚至长达半年以上。

（3）隐性型　可由急性或慢性转变而来，有的猪在较好的饲养管理条件下，感染后不表现症状，但它们体内存在不同程度的肺炎病灶，用 X 线检查或剖杀时可以发现。这些隐性患猪外表看不出明显变化，无明显的临诊表现或轻度咳嗽，呼吸、体温、食欲、大小便常无变化，该型在老疫区猪群中的比例较大。如加强饲养管理，肺炎病变可逐渐吸收消退而康复；反之则病情恶化而出现急性或慢性的症状，甚至引起死亡。

（三）病理变化

主要病理变化部位在肺、肺门淋巴结和纵隔淋巴结。急性病例见肺有不同程度的水肿和气肿，其心叶、尖叶、中间叶及膈叶前缘出现融合性支气管肺炎病灶，以心叶最为显著，尖叶和中间叶次之，然后波及膈叶。初期病灶的颜色多为淡红色或灰红色、半透明状，病变部位界限明显，像鲜嫩的肌肉样，肉变明显。随着病程延长或病情加重，病灶颜色逐渐转为浅红色、灰白色或灰红色。气管和支气管内充满浆液性渗出液，并含有小气泡。肺门淋巴结肿大。若继发细菌感染可导致肺和胸膜的纤维素性、化脓性和坏死性病变。组织学变化主要是早期以间质性肺炎为主，以后则演变为支气管性肺炎。主要表现为支气管和细支气管上皮细胞纤毛数量减少，小支气管周围的肺泡扩大，肺泡间组织出现淋巴细胞浸润，肺泡腔内充满多量炎性渗出物。

（四）流行病学特征

易感动物：该病的自然病例仅见于猪，其他家畜和动物未见发病。不同年龄、性别和品种的猪均能感染，但病情轻重有所不同，以哺乳仔猪和幼猪的易感性最强，发病率和病死率也较高；其次是生产母猪，特别是怀孕后期和哺乳期的母猪有较高的易感性；育肥猪发病较少，病势也较轻。公猪和成年猪多呈慢性或隐性感染。性别与本病的易感性无关。

传染源：病猪和带菌猪是本病的传染源。当猪场从外地引进带菌猪时，常可引起本病的暴发。哺乳仔猪通常从患病的母猪受到感染。有的猪场连续不断地发病是由于病猪在临诊症状消失后仍能在相当长时间内不断排菌的缘故。一旦本病传入后，如不采取严密措施则很难彻底清除。

传播途径：猪肺炎支原体主要通过呼吸道传播，也可经健康猪与病猪的直接接触传播。其他途径如给健康猪皮下、静脉、肌内注射或胃管投入病原菌都不能发病。通过病猪的咳嗽气喘和喷嚏，将含病原体的分泌物喷射出来形成飞沫，相距 2m 以内的猪群可通过飞沫感染该病。因此，当猪群密度过大、猪舍潮湿和通风不良，最易造成该病的发生和流行。

流行形式及因素：本病一年四季均可发生，但在寒冷、多雨、潮湿或气候骤变时，猪群发病率上升。饲养管理和卫生条件较好时可减少发病和死亡；饲料质量差，猪舍拥挤、潮湿、通风不良易诱发本病。继发感染其他病原时，常引起临诊症状加剧和病死率升高，最常见的继发性病原体有 PRSV、多杀性巴氏杆菌、肺炎球菌、嗜血杆菌和猪鼻支原体等。

猪肺炎支原体和 PRRSV 是引起猪呼吸道疾病综合征的主要元凶，尤其是当这两种病原同时感染，将会出现严重的呼吸道症状。

猪呼吸道有三道防线可以阻止外源异物和病菌的侵入。第一道防线是鼻腔，过滤灰尘颗粒和湿润空气；第二道防线是支气管纤毛，黏附清除病菌；第三道防线是肺部巨噬细胞和免疫调理素，清除病毒。

猪肺炎支原体的致病作用就在于破坏了呼吸道的第二道防线即支气管纤毛。猪肺炎支原体黏附在支气管和细支气管的纤毛顶端，引起纤毛发生萎缩或脱落，不能清除各种呼吸道异物，造成气源性病菌长驱直入。同时，猪肺炎支原体感染引起呼吸道免疫力下降，致使其他病原容易侵入。因此，人们将呼吸道病元凶——猪肺炎支原体称之为"呼吸道病钥匙菌"。

PRRSV 主要伤害和破坏肺部巨细胞和单核淋巴细胞，造成肺部抵抗力降低，呼吸道和肺部容易遭受多种细菌的感染。PRRSV 和猪肺炎支原体在临床感染上存在协同效应，可相互增强彼此的致病力。当这两种病原体同时和先后感染猪时，猪的呼吸道病会很严重，病程会很长，病死率也较高。

（五）预防及治疗

预防或消灭猪气喘病主要在于坚持采取综合性的防控措施，疾病的有效控制取决于猪舍的环境，包括空气质量、通风、温度及合适的饲养密度。根据该病的特点应采取的措施主要有以下几点：

（1）目前尚未发病地区和猪场的主要措施　应坚持"自繁、自养、自育"原则，尽量不从外地引进猪只，如必须引进时，应严格隔离和检疫，将引进的猪只至少隔离观察 2 个月才能混群。在一定地区内，加强种猪繁育体系建设，控制传染源，切断传播途径，搞好疫苗接种是规模化猪场疫病控制的重要措施。

（2）发病地区和养猪场的措施　如果该病新传入本地区或养殖场，发病猪只数量不多，涉及的动物群较为局限，为了防止其蔓延和扩散，应通过严格检疫淘汰所有的感染和患病猪只，同时做好环境的严格消毒，若将这一措施在日常生产中始终贯彻执行，发现病猪及时剖杀处理和消毒，猪群中该病的发病率就会逐渐降低，甚至被清除。许多规模化猪场采取这一方法控制该病证明效果非常显著。

（3）有效方法　在感染猪群中控制这种疾病的最有效的办法是尽可能使用严格的全进全出的生产程序。Clark 等（1998）建议在一个猪圈里个体年龄差异不要大于 3 周。

如果该病在一个地区或猪场流行范围广、发病率高，严重影响猪群的生长和出栏，并且由于长期投药控制，产品质量和经济效益出现大幅度下降，此时应根据经济核算的结果考虑该病综合性控制的具体措施，如一次性更新猪群、逐渐更新猪群、免疫预防和/或药物防治等。以康复母猪培育无病后代，建立健康猪群的主要措施是：

① 自然分娩或剖腹取胎，以人工哺乳或健康母猪带乳培育健康仔猪，配合消毒切断传播因素。

② 仔猪按窝隔离，防止串栏，留作种用的架子猪和断奶小猪分舍单独饲养。

③ 利用各种检疫方法清除病猪和可疑病猪，逐步扩大健康猪群。

符合以下健康猪场鉴定标准之一者，可判为无气喘病猪场。

① 观察 3 个月以上未发现有该病猪群，放入易感小猪 2 头同群饲养也不被感染者。

② 一年内整个猪群未发现气喘病症状，所有宰杀或死亡猪的肺部无该病病变者。

③ 母猪连续生产两窝仔猪，在哺乳期，断奶后到架子猪，经观察无气喘病症状，一年内经 X 线检查全部哺乳仔猪和架子猪，间隔 1 个月再行复查，均未发现气喘病病变者。

（4）免疫预防　自然和人工感染的康复猪能产生免疫力，说明猪气喘病能产生主动免疫力。通过乳兔继代减毒、猪胎肺细胞培养、高温培育方法培育弱毒菌苗，其中乳兔减毒和细胞培养制备的菌苗接种猪能产生一定的保护力，但这些弱毒苗尚欠安全，目前尚未广泛推广应用。近年来，推出猪气喘病灭活苗，经一些猪场使用证明免疫效果良好，使用安全。应用疫苗是减少和控制本病的有力武器。我国"七五"期间研制成功了猪气喘病弱毒疫苗，该疫苗主要技术指标：①免疫接种猪 2 个月内定期 X 线透视，观察肺部无反应率 83.8%～100%；②同居猪不感染；③不影响增重；④无副作用；⑤攻毒保护率 80% 左右；⑥免疫期 12 个月以上；⑦冻干疫苗在 4～8℃ 保存 1 个月，－20～－15℃ 保存 12 个月，免疫效力不降低。应用该疫苗免疫应注意：①注射疫苗前 15d 及注射疫苗后 2 个月内不得饲喂或注射土霉素、卡那霉素等对疫苗有抑制作用的药物；②疫苗一定要注入胸腔，注射在肌肉内无免疫效果。根据生产实践，总结出 4 种免疫方法。

种猪场免疫方法之一：①无临诊症状的种猪（包括母猪、公猪、后备猪），每年春秋季各免疫 1 次。②15 日龄以后的哺乳健康仔猪首免 1 次；到 3～4 月龄确定留种用时进行二免，供育肥猪不做二免。③有临诊症状的种猪隔离治疗或逐步淘汰，所产的仔猪单独猪舍饲养管理，不留作种猪。④引种前检疫或观察，确定健康后注射疫苗。

种猪场免疫方法之二：①经过检疫或观察挑选的无该病的后备猪群注射疫苗，单独饲养管理，以此建立免疫健康种猪群代替原来的阳性种猪群；②免疫种猪群建立后每年注射疫苗 1～2 次；③健康仔猪于 15 日龄至断奶前进行首免，3～4 月龄确定留作种用猪进行二免，向社会提供免疫的种猪；④引种前检疫，确定健康后注射疫苗。

商品猪场免疫方法之一：①无临诊症状的种猪、后备猪，每年春秋季各注射疫苗 1 次；②免疫母猪产的仔猪在哺乳期注射疫苗 1 次，直到育肥出栏；③有临诊症状的种猪隔离治疗或逐步淘汰，产的仔猪单独猪舍饲养管埋，个留作种猪；④引种前检疫或观察，确定健康后注射疫苗。

商品猪场免疫方法之二：①无临诊症状种猪、后备猪，每年春秋季各注射疫苗 1 次；②免疫母猪产的仔猪不注射疫苗，集中饲养管理，但必须离开阳性母猪产的仔猪，以免被传染；③有临诊症状母猪隔离治疗或逐步淘汰，产仔猪单独饲养管理，不留作种猪；④引种前检疫或观察，确定健康后注射疫苗。

（5）药物治疗　目前可用于猪气喘病治疗的药物很多，如泰妙菌素、泰乐菌素、林可霉素、壮观霉素、卡那霉素、环丙沙星、恩诺沙星和土霉素等，在治疗猪气喘病时，这些药物的一个疗程一般都是 5～7d，必要时需要进行 2～3 个疗程的投药。在治疗过程中应及时进行药物治疗效果的评价，选择最佳药物和治疗方案。

（六）实验室检测

猪支原体肺炎诊断技术

依据标准：NY/T 1186—2017。

1. 病原学诊断

（1）病原分离与鉴定

1）仪器设备　无菌操作台、CO_2 培养箱、低倍显微镜、移液器、载玻片和微量加样器。

2）试剂　除另有规定外，试剂均为分析纯或生化试剂，试验用水符合 GB/T 6682 的要求。

Hank's 液（见附录 A）、猪肺炎支原体液体培养基（见附录 A）、猪肺炎支原体固体培养基（见附录 A）、瑞士染色配套试剂、青霉素。

3）分离和培养　将采集的肺组织剪成 $2mm^3$ 以下的碎块，用 Hank's 液洗涤一次。

取 3～5 块浸泡在盛有 2ml 猪肺炎支原体液体培养基（含 2000U/ml 青霉素）的西林瓶或试管中，置 37℃传代培养。

第 1～第 3 代分离时，每 3～5d，以 10％～20％的接种量连续进行盲传；随后，每 5～7d 连续传代至第 4～第 5 代，以提高分离率。

连续传代过程中，如培养物变色，进行涂片镜检。

4）染色镜检　瑞氏染色以环形为主，也见球状、两极杆状、新月状、丝状等形态多样、大小不等的疑似菌体。

5）培养鉴定　取 0.2ml 培养物涂布于猪肺炎支原体固体培养基表面，置 37℃，5％～10％CO_2 环境中培养 3～10d。若出现圆形、边缘整齐、似露滴状、中央有颗粒且稍隆起的疑似菌落，将其重新接种猪肺炎支原体液体培养基。待培养物变色后，按照（2）的方法做进一步鉴定。

6）结果判定　样品呈现出镜检和培养的疑似特征，且猪肺炎支原体 PCR 检测结果阳性，则判为病猪猪肺炎支原体分离阳性，表述为检出猪肺炎支原体；否则，表述为未检出猪肺炎支原体。

（2）猪肺炎支原体 PCR 检测

1）仪器　高速冷冻离心机、PCR 扩增仪、核酸电泳仪、恒温水浴锅、组织匀浆器、凝胶成像系统、水平电泳槽、微量加样器（0.5～10μl、2～20μl、20～200μl、100～1000μl）。

2）试剂　除另有规定外，试剂为分析纯或生化试剂，试验用水符合 GB/T 6682 的要求。

① 引物

上游引物：5'- GAGCCTTCAAGCTTCACCAAGA-3'。

下游引物：5'- TGTGTTAGTGACTTTTGCCACC-3'。

② 阳性对照样品与阴性对照样品。以灭活前浓度为 1×10^5～1×10^8 CCU/ml 的猪肺炎支原体菌液培养物，经 PCR 检测不含猪絮状支原体、猪滑液支原体和猪鼻支原体后作为阳性对照样品（由指定单位提供），以灭菌双蒸水为阴性对照样品。

③ Taq 酶、PCR 反应缓冲液（与 Taq 酶匹配）、氯化镁（25mmol/L）、dNTPs

（dATP、dCTP、dGTP、dTTP 各 2.5mmol/L）、酚/三氯甲烷/异戊醇（体积比 25：24：1）、三氯甲烷、异丙醇（－20℃预冷）、琼脂糖、DNA 相对分子量标准物 Marker DL2000。

④ 0.01mol/L PBS 液、DNA 提取液、75％乙醇、TE 溶液（pH8.0）、电泳缓冲液（1×TBE 或 1×TAE）、溴化乙锭溶液（10mg/ml）、上样缓冲液，配制方法见附录 A。

3）样品处理与 DNA 提取

① 肺组织处理与 DNA 提取

a. 取 0.5～1.0g 肺组织样品，先加入少量 0.01mol/L PBS 溶液后，充分匀浆，最终制成 10％～20％的悬液。

b. 肺组织悬液 DNA 提取。取肺组织悬液 200μl，加入 750μl DNA 提取液，65℃温浴 30min。加酚/三氯甲烷/异戊醇 500μl，振荡混匀，12000r/min 离心 5min，吸取上清液加入等体积的三氯甲烷，振荡混匀，12000r/min 离心 5min。吸取 500μl 上清液与 400μl 的异丙醇充分混合，12000r/min 离心 5min，75％乙醇冲洗沉淀一次，12000r/min 离心 5min。弃去上清，沉淀干燥后溶于 30μl TE 溶液中，立即用于检测或保存于－20℃。

② 支气管肺泡灌洗液前处理与 DNA 提取

a. 支气管肺泡灌洗液前处理。取 5～10ml 支气管肺泡灌洗液，12000r/min 离心 20min，弃去上清，沉淀用 200μl、0.01mol/L PBS 溶液重悬。

b. 支气管肺泡灌洗液重悬液 DNA 提取。取支气管肺泡灌洗液重悬液 200μl，按（2）、3）、①、b. 的规定提取 DNA。

③ 鼻拭子前处理与 DNA 提取

a. 鼻拭子前处理。将浸有鼻拭子的离心管振荡 5s，2～8℃放置 2h，用无菌镊子取出棉拭子，即成鼻拭子浸出物。

b. 鼻拭子浸出物 DNA 提取。采用水煮法提取鼻拭子样品 DNA，取鼻拭子浸出物，12000r/min 离心 20min，弃去上清。沉淀用 50μl 灭菌水重悬，于 100℃水浴 10min 后立即放置到冰浴中冷却 10min，于－20℃以下保存作为 DNA 模板。

④ 培养物和阳性对照品处理与 DNA 提取。采用水煮法提取未知培养物样品和阳性对照样品 DNA。取（1）、3）制备的培养菌液 1ml，按（2）、3）、③、b. 的规定提取 DNA。

4）反应体系　10×PCR 缓冲液 2.5μl、dNTPs（10mmol/L）2μl、氯化镁（25mmol/L）2μl、引物（10μmol/L）0.5μl、Taq DNA 聚合酶（5U/μl）0.5μl、模板 DNA 2～5μl，用灭菌的双蒸水补足反应体积至 25μl。

5）PCR 反应程序　95℃预变性 12min 后进入 PCR 循环：94℃变性 20s，60℃退火 30s，72℃延伸 40s，进行 30 个循环；最后 72℃延伸 7min。2～8℃暂存反应物。反应体系与条件可以根据仪器型号或反应预混液类型进行等效评估，并做适当的参数调整。

6）PCR 产物电泳　称取 1.0g 琼脂糖，加入 100ml 电泳缓冲液加热溶解，再加入终浓度为 1μg/ml 的溴化乙锭溶液，制胶。PCR 扩增产物与上样缓冲液按 5：1 混合，加样，同时分别加 Marker DL2000、阴性对照样品和阳性对照样品，100～120V 恒压电泳 20～40min，凝胶成像系统观察并记录结果。

7）结果判定

① 试验成立条件。若阳性对照样品出现 649bp 的目标扩增条带，同时阴性对照样品无目标扩增条带，则试验成立；否则试验不成立。

② 检测结果判定。符合①的要求，被检样品扩增产物出现 649bp 目标条带，判为猪肺炎支原体核酸检出阳性；被检样品未扩增出 649bp 目标条带，则判为猪肺炎支原体核酸检出阴性。

2. 血清学诊断

酶联免疫吸附试验（ELISA）

（1）试剂材料与位器设备　酶标检测仪、恒温培养箱、酶标板、可调移液器（1～10μl、20～200μl、100～1000μl）、猪肺炎支原体抗原（1mg/ml）、猪肺炎支原体阳性对照血清（阳性对照）、猪肺炎支原体阴性对照血清（阴性对照）、辣根过氧化物酶（HRP）标记的抗猪 IgG 抗体。均由指定单位提供。

洗液、包被液、样品稀释液、酶标抗体稀释液、底物溶液、终止液配制方法见附录 A。

（2）操作方法

① 包被抗原。将猪支原体肺炎抗原用包被液稀释成工作浓度，包被酶标板，每孔 100μl，加盖后，置 2～8℃冰箱过夜。

② 封闭。翌日取出酶标板，置 37℃恒温箱或室温 30min 后，弃去包被液，每孔加入 200μl 样品稀释液，37℃作用 1h。

③ 洗板。取出酶标板弃去液体后，每孔加入洗液 300μl 洗板，共 3～5 次。最后一次倒置拍干。

④ 加样。被检血清用样品稀释液做 1：40 稀释，每份血清加 2 孔，每孔 100μl。同时，设立同样稀释与加样的阳性对照、阴性对照和直接加样品稀释液的空白对照各 2 孔。室温（18～25℃）下作用 30min。

⑤ 洗板。按③的规定操作。

⑥ 加 HPR 标记的抗猪 IgG 抗体。用样品稀释液将标记抗体稀释成工作浓度，加样孔中每孔加入 100μl，室温（18～25℃）作用 30min。

⑦ 洗板。按③的规定操作。

⑧ 加底物溶液。加样孔中每孔加 100μl，室温（18～25℃）作用 15min。

⑨ 终止反应。取出酶标板，加样孔中每孔加 100μl 终止液终止反应。

⑩ 测吸光值。酶标板在酶标仪 650nm 波长下，以空白对照为"0"参照，测定加样孔吸光值（OD）。

（3）结果计算

① 只有在阳性对照平均值减去阴性对照平均值的差值≥0.15、阴性对照平均值≤0.15 时，检测结果才有效。

② 计算平均吸光度值。分别计算被检样品和各对照样品的平均值。

③ 计算 S/P 值。样本的 S/P 值按式下列公式计算：

$$S/P = \frac{A-NCx}{PCx-NCx}$$

式中　A——样品的吸光度值；

　　NCx——阴性对照平均值；

　　PCx——阳性结果平均值。

④ 判定标准

阳性反应：被检血清相对平均吸光度值（S/P 值）＞0.40。

可疑反应：被检血清相对平均吸光度值（S/P 值）≥0.30，但≤0.40。

阴性反应：被检血清相对平均吸光度值（S/P 值）＜0.30。

将出现可疑反应的血清重新再检，若仍为可疑反应，则结果判定为阳性反应。

附录 A
（规范性附录）

溶液的配制

A.1　0.01mol/L PBS 溶液（pH7.2～7.4）

准确称量下面各试剂，加入 800ml 蒸馏水中溶解，调节溶液的 pH 至 7.2～7.4，加水定容至 1L。分装后在 121℃、15～20min 下灭菌，或过滤除菌，保存于室温。

氯化钠（NaCl）	8.00g
氯化钾（KCl）	0.20g
磷酸二氢钾（KH_2PO_4）	0.24g
磷酸氢二钠（$Na_2HPO_4 \cdot 12H_2O$）	3.65g

双蒸水加至 1000ml。

A.2　Hank's 液

甲液：

氯化钠（NaCl）	160.00g
氯化钾（KCl）	8.00g
硫酸镁（$MgSO_4 \cdot 7H_2O$）	2.00g
氯化镁（$MgCl_2 \cdot 6H_2O$）	2.00g

加蒸馏水至 800ml。

氯化钙（CaCl）　　　　　　　　　2.80g

加蒸馏水至 1000ml。

将上述两种溶液混合后，加蒸馏水至 1000ml 并加 2ml 氯仿作为防腐剂，保存于 2～8℃。

乙液：

磷酸氢二钠（$Na_2HPO_4 \cdot 12H_2O$）	3.04g
磷酸二氢钾（KH_2PO_4）	1.20g
葡萄糖	20.00g

将上述成分溶于 800ml 蒸馏水中，再加入 100ml 0.4%酚红液。加热馏水至 1000ml，并加 2ml 氯仿作为防腐剂，保存于 2～8℃。

按下述比例配制：

甲液 1 份

乙液 1 份

蒸馏水 18 份

高压灭菌后至 2～8℃保存备用。使用时，于 100ml Hank's 液内加入 35g/L 碳酸氢钠液，pH7.2～7.6。

也可使用经验证的等效的商品化 Hank's 溶液。

A.3　猪肺炎支原体液体培养基

Eagle's 液 50%

1‰水解乳蛋白磷酸缓冲液　　　　　　　　20%

猪血清　　　　　　　　　　　　　　　　20%

鲜酵母浸出汁　　　　　　　　　　　　　1%

青霉素　　　　　　　　　　　　　　　　200U/ml

酚红　　　　　　　　　　　　　　　　　0.002%

NaOH 溶液调 pH 至 7.4～7.6。

上述溶液除血清和青霉素外，115℃高压灭菌 30min，无菌操作加入猪血清和青霉素，2～8℃保存备用。

A.4　猪肺炎支原体的固体培养基

液体培养基中除血清和青霉素外，按 10g/L 加入琼脂。高压灭菌后，冷却至 56℃左右，无菌操作，分别加入猪血清及青霉素，趁热倒成平板，凝固后即成，2～8℃保存备用。

A.5　电泳缓冲液（1×TAE 或 1×TBE）

A.5.1　0.5mol/L EDTA（pH8.0）的配制

称取 Na$_2$EDTA·2H$_2$O 18.61g，用 80ml 蒸馏水充分搅拌，用 NaOH 颗粒调 pH 至 8.0，再用蒸馏水定容至 100ml。

EDTA 二钠盐需要加入 NaOH 将 pH 调至接近 8.0 时，才会溶解。

A.5.2　TAE 的配制

分别准确称取 Tris 碱 242.0g、冰乙酸 57.1g，加入配置好的 0.5mol/L EDTA（pH8.0）100ml，溶解并调 pH 至 8.0，用蒸馏水补足至 1000ml，充分混匀后即为 50×TAE，2～8℃保存备用。使用前，用蒸馏水将其做 5 倍稀释即为 1×TBE，现用现配。

A.6　DNA 提取液

具体配法如下。

500mmol/L Tris-HCl（pH8.0）：称取 15.14g Tris，加入 150ml 蒸馏水，加入 HCl 调 pH 至 8.0，定容至 250ml。

100mmol/L EDTA（pH8.0）：称取 8.46g Na$_2$EDTA·2H$_2$O，加入 200ml 蒸馏水，调 pH 至 8.0，定容至 250ml。

5mol/L NaCl：称取 29.22g NaCl，加入蒸馏水溶解，并定容至 100ml。

10% SDS：称取 10g SDS，加入蒸馏水溶解，并定容至 100ml。

配制 1000ml DNA 提取液：先加入 500mmol/L Trs-HCl（pH8.0）200ml，再加入 100mmol/L EDTA（pH8.0）250ml、5mol/L NaCl 100ml，然后加入 10% SDS 100ml，最后用蒸馏水补足至 1000ml。

也可使用经验证的等效的商品化 DNA 提取试剂盒，具体操作参照试剂盒说明书进行。

A.7　上样缓冲液（6×）

配置终浓度分别为 0.25%溴酚蓝、0.25%二甲苯青、40%糖的混合溶液，混匀后 2～

8℃保存备用。

也可使用商品化的核酸凝胶电泳上样缓冲液，按照说明书要求进行操作。

A.8　TE溶液（pH8.0）

具体配法如下。

1mol/L Tris-HCl（pH8.0）：称取Tris 12.12g，加蒸馏水80ml溶解，滴加浓HCl调pH至8.0，定容至100ml。

0.5mol/L EDTA（pH8.0）：称取$Na_2EDTA \cdot 2H_2O$ 18.61g，用80ml蒸馏水充分搅拌，用NaOH调pH至8.0，再用蒸馏水定容至100ml。EDTA二钠盐需加入NaOH将pH调至接近8.0时，才会溶解。

配制100ml TE溶液（pH8.0）：加入1mol/L Tris-HCl（pH8.0）1ml、0.5mol/L EDTA（pH8.0）0.2ml，用蒸馏水补足至100ml。

A.9　溴化乙锭溶液（10mg/ml）

准确量取溴化乙锭0.1g，加蒸馏水10.0ml，充分溶解后即为10mg/ml溴化乙锭溶液。

也可使用商品化的溴化乙锭溶液或其他等效的商品化的核酸电泳染料，按照说明书要求进行操作。

A.10　75%乙醇

无水乙醇75ml，加双蒸水定量至100ml，充分混匀后，−20℃预冷备用。

A.11　1/15mol/L PBS溶液（pH7.2～7.4）

准确称量磷酸氢二钠（$Na_2HPO_4 \cdot 12H_2O$）1.74g、磷酸二氢钾（KH_2PO_4）0.24g、氯化钠（NaCl）8.5g，加入800ml蒸馏水中溶解，调节溶液的pH至7.2～7.4，加水定容至1L。分装后在121℃灭菌15～20min，或过滤除菌，保存于室温。

A.12　1/15mol/L PBS溶液（pH6.4）

准确称量磷酸氢二钠（$Na_2HPO_4 \cdot 12H_2O$）0.64g、磷酸二氢钾（KH_2PO_4）0.66g、氯化钠（NaCl）8.5g加入800ml蒸馏水中溶解，调节溶液pH至6.4，加水定容至1L。分装后在121℃灭菌5～20min，或过滤除菌，保存于室温。

A.13　1%戊二醛溶液

将4ml戊二醛溶液（25%）加入96ml 1/15mol/L PBS溶液（pH7.2～7.4）中，混匀，现配现用。

A.14　0.005%鞣酸溶液

称取0.5g鞣酸粉末，溶于100ml 1/15mol/L PBS溶液（pH7.2～7.4），37℃水充分溶解，制成100×鞣酸母液；将100×鞣酸母液用1/15mol/L PBS溶液（pH7.2～7.4）做1∶100稀释，即成0.005%鞣酸溶液，现配现用。

A.15　ELISA包被液（0.05mol/L碳酸盐缓冲液，pH 9.6）

准确称量Na_2CO_3 1.59g、$NaHCO_3$ 2.93g，用950ml灭菌双蒸水溶解，调节溶液pH至9.6，加双蒸水定容至1000ml。

A.16　样品稀释液（ELISA用）

每100ml 0.01mol/L pH7.2 PEBS溶液中加牛血清白蛋白（BSA）0.2～1g，加50μl吐温-20（0.05%Tween-20），即成稀释液。

A.17 洗液（ELISA用）

每100ml 0.01 mol/L pH7.2 PBS溶液中加50μl吐温-20，即成洗液。

A.18 底物溶液的配制（ELISA用）

按每21mg 3，3′，5，5′-四甲基联苯按（TMB）溶于5ml无水乙醇，制备底物溶液A；按每33mg尿素过氧化氢（UHP）溶于200ml磷酸盐缓冲液（$Na_2HPO_4 \cdot 12H_2O$ 2.7g，KH_2PO_4 13.2g），定容于500ml无菌去离子水，pH 5.2）制备底物溶液B，0.22μm滤膜过滤除菌，2~8℃避光保存；临用前，按照底物液A与底物液B体积比为1∶40进行混合，制备酶底物溶液。

也可使用商品化的TMB底物溶液，按照说明书要求进行操作。

A.19 ELISA终止液（2 mol/L H_2SO_4）

取分析纯硫酸（H_2SO_4）22.2ml（含量95%~98%）缓慢加入177.8ml蒸馏水中，混匀即成2ml/L硫酸（H_2SO_4）溶液。

第三节
牛、羊病

一、布鲁氏菌病

布鲁氏菌病是由布氏杆菌引起的人和动物共患的慢性传染病。本病以引起雌性动物流产不孕等为特征，故又称之为传染性流产病；雄性动物则出现睾丸炎；人也可感染，表现为长期发热、多汗、关节痛、神经痛及肝、脾肿大等症状。本病严重损害人和动物的健康，OIE将本病列为B类动物疫病，我国把其列为二类动物疫病。

本病流行范围甚广，几乎遍及世界各地，但其分布不均。1981年报告家畜中有本病的国家和地区160个，在160个国家和地区中有123个国家和地区的人有本病发生。我国的内蒙古、东北、西北等牧区曾一度有该病的流行，北方农区也有散发。通过多年的检疫淘汰，目前该病已基本得到控制；但资料显示近年发病率有上升的趋势，应加强监测，密切注视疫情动态。本病的危害是双重性的，即人、畜两个方面均受损害。由于病畜常常出现流产、不孕、空怀、繁殖成活率降低，致使生产效益明显减少，还直接影响优良品种的改良和推广。病人常因误诊误治而转成慢性，反复发作长期不愈，影响健康。

（一）病原特征

布氏杆菌又名布鲁菌、布鲁氏菌，为布氏杆菌属（Brucella），革兰氏阴性短小杆菌，初次分离时多呈球状和卵圆形，传代培养后渐呈短小杆状。菌体无鞭毛，不形成芽孢，有毒力的菌株可带菲薄的荚膜。WHO布鲁氏菌病专家委员会根据其病原性、生化特性等的不同将布鲁氏菌属分为6个种20个生物型，即马耳他布鲁氏菌（羊布鲁氏菌）有3个生物型（1、2、3型）、流产布鲁氏菌（牛种布鲁氏菌）有9个生物型（1～9型）、猪布鲁氏菌有5个生物型（1～5型）、绵羊附睾种布鲁氏菌有1个生物型、沙林鼠布鲁氏菌有1个生物型、犬布鲁氏菌有1个生物型。

本属细菌在肝汤琼脂、胰蛋白培养基上生长良好，初代培养需7～10d。除绵羊附睾种和大部分牛种菌需增加CO_2方可生长外，其他的则不需要。绵羊附睾种、犬种和猪种的第5生物型为粗糙型，其余均属光滑型。光滑型菌落呈露滴状，色微蓝，边缘整齐，有荧光。在不良环境下，如培养基中加入抗生素时本菌易发生变异。在培养过程中该菌的菌落易发生S-R变异。当胞壁的肽聚糖受损时，细菌可失去胞壁或形成胞壁不完整的L形布鲁氏菌，并可在机体内长期存在，只有当环境条件改善后再恢复原有的特性。

本菌有A、M、G3种抗原成分，一般牛布鲁氏菌以A抗原为主，A与M之比为20∶1；羊布鲁氏菌M和A之比为20∶1；猪种菌A和M之比为2∶1；G为共同抗原。制备单价A、M抗原可用来鉴定菌种。布鲁氏菌的抗原与伤寒杆菌、副伤寒杆菌、沙门氏菌、霍乱弧菌、变形杆菌OX19等菌体的抗原有某些共同成分。

布鲁氏菌在自然环境中生活力较强，在患病动物的分泌物、排泄物及病死动物的脏器中能生存4个月左右，在食品中约生存2个月；在干燥的土壤中可生存2个月；在毛、皮中可生存3～4个月之久。但由于气温、酸碱度的不同，各个种的细菌在自然条件下的生存时间有差异。在日光直射、消毒药的作用和干燥条件下，抵抗力较弱，在腐败的动物体中很快死亡；60℃30min、80～95℃5min可将其杀死；对常用化学消毒剂均较敏感。

（二）临床症状

牛布鲁氏菌病：潜伏期长短不一，通常依赖于病原菌毒力、感染剂量及感染时母牛的妊娠阶段，一般在14～180d。患牛多为隐性感染。怀孕母牛的流产多发生于怀孕后6～8个月，流产后常伴有胎衣滞留和子宫内膜炎。通常只发生1次流产，第2胎多正常，这是因为布鲁氏菌长期存在于体内，已获得免疫力的结果，即使再度发生也属少见。有的病牛发生关节炎、淋巴结炎和滑液囊炎。公牛发生睾丸炎和附睾炎、睾丸肿大，触之疼痛。

当布鲁氏菌进入妊娠期母牛的生殖系统以后，胎儿、胎盘和羊水便成为其繁殖最旺盛的场所。首先在绒毛膜的绒毛上皮中增殖，并在绒毛膜和子宫黏膜之间扩散，使绒毛膜发生纤维素性化脓性炎和坏死性炎，同时产生纤维蛋白性脓样渗出物，逐渐使胎儿胎盘与母体胎盘松离导致胎儿明显的血液循环障碍，因而发生死亡并流产。在病程缓慢的母体，由于胎盘结组织的增生，使之与胎儿胎盘牢固粘连，出现胎停滞现象。除此之外，常患子宫炎及阴道黏膜红肿，间或有小结节，从阴道流出灰黄色的黏性分泌物。早期流产的牛，常在流产前已经死亡。发育完全的牛，流产后可存活1～2d。

羊布鲁氏菌病：是由羊种布鲁氏菌所引起的。山羊流产时，一般为无症状经过。有的在流产前2～3d长期躺卧，食欲减退，常发生阴户炎和阴道炎，从阴道排出黏性或黏液血样分泌物。在流产后5～7d内，仍有黏性红色分泌物从阴道流出。母羊流产多发生在妊娠期的第3～第4个月，也有提前或推迟的。不论流产的早与晚，都容易从胎盘及胎儿中分离到布鲁氏菌。病母羊一生中很少出现第2次流产，胎衣不下也不多见，病母羊有时可出现子宫炎、关节炎或体温反应。公羊发病时，常见睾丸炎和附睾炎。

猪布鲁氏菌病：是由猪种布鲁氏菌所引起的。感染大部分为隐性经过，少数呈现典型症状，表现为流产、不孕、睾丸炎、后肢麻痹及跛行、短暂发热或无热，很少发生死亡。

母猪的症状是流产，常发生在妊娠后的 4~12 周，但也有提早或推迟的。流产前母猪出现精神抑郁、食欲不振、乳房和阴唇肿胀，有时可从阴道排出黏性脓样分泌物，分泌物通常于 1 周左右消失。很少出现胎盘停滞。子宫黏膜常出现灰黄色粟粒大结节或卵巢脓肿，以致不孕。正常分娩或早产时，除可产下虚弱的仔猪外，还可排出死胎，甚至木乃伊胎。病猪如发生脊椎炎，可致后躯麻痹。发生脓性关节炎、滑液囊炎时，可出现跛行。病公猪常呈现一侧或两侧睾丸炎，病初睾丸肿大、硬固、热痛。病程长时，常导致睾丸萎缩，病公猪性欲减退，甚至消失，失去配种能力。

绵羊附睾种布鲁氏菌病：仅限于公绵羊。表现体温上升，附睾肿胀，睾丸萎缩，以致两者愈合在一起，触诊时无法区别。本病多发生在一侧睾丸。

犬种布鲁氏菌病：多发生在犬。母犬表现为流产或不孕，无体温反应，长期从阴道排出分泌物。流产胎儿伴有出血和浮肿，大多为死胎，也有活胎但往往在数小时或数天内死亡，感染胎儿有肺炎和肝炎变化，全身淋巴结肿大。公犬常发生附睾炎、睾丸炎、睾丸萎缩、前列腺炎和阴囊炎等，性欲消失，睾丸常常出现萎缩和缺乏精子，晚期附睾可肿大4~5 倍。但大多数病犬缺乏明显的临诊症状，尤其是青年犬和未妊娠犬。犬感染牛、羊或猪种布鲁氏菌时，常呈隐性经过，缺乏明显的临诊症状。

马布鲁氏菌病：多数是由牛种布鲁氏菌或猪种布鲁氏菌所引起。患病母马并不流产，最具特征的症状是项部和鬐甲部的滑液囊炎，从发炎的滑液囊中流出一种清澈丝状或琥珀黄色的渗出液，逐渐成为脓性。晚期病例可出现项瘘和甲鬐瘘。有的可引起关节炎或腱鞘炎，患肢跛行。

鹿布鲁氏菌病：鹿感染布鲁氏菌后多呈慢性经过，初期无明显症状，随后可见食欲减退，身体衰弱，皮下淋巴结肿大。有的病鹿呈波状发热。母鹿流产多发生在妊娠第 6~8个月，分娩前后可见从子宫内流出污褐色或乳白色的脓性分泌物，带恶臭味。流产胎儿多为死胎。母鹿产后常发生乳腺炎、胎衣不下、不孕等。公鹿感染后出现睾丸炎和附睾炎，呈一侧性或两侧性肿大。

（三）病理变化

牛布鲁氏菌病：除流产外，最特征的变化是在绒毛叶上有多数出血点和淡灰色不洁渗出物，并覆有坏死组织。胎膜粗糙、水肿，严重充血或有出血点，并覆盖一层脓性纤维蛋白物质。子宫黏膜呈卡他性炎或化脓性内膜炎，以及脓肿病变，胎儿胃底腺有淡黄色黏液样絮状或块状物。皮下组织和肌肉间结缔组织呈出血性浆液性的浸润，淋巴结、肝、脾明显肿胀。病母牛常常有输卵管炎、卵巢炎或乳腺炎。公牛患本病时，精囊常有出血和坏死病灶。囊壁和输精管的壶部变厚或变硬。睾丸和附睾肿大，出现脓性病灶、坏死病灶或整个睾丸坏死。

羊布鲁氏菌病：主要表现是流产，病变多发生在生殖器官，子宫增大，黏膜充血和水肿，质地松弛，肉阜明显增大出血，周围被黄褐色黏液性物质所包围，表面松软污秽。公羊可发生睾丸肿大、质地坚硬，附睾可见到脓肿。

猪布鲁氏菌病：胎儿变化与牛基本相似，但距流产或分娩前较久死亡的胎儿，可成为木乃伊胎。胎衣上绒毛充血、水肿或伴有小出血点，或为灰棕色渗出物所覆盖。即使没有怀孕的子宫深层黏膜，也可见到灰黄色针头大乃至粟粒大的结节，此即所谓子宫颗粒性布鲁氏菌病，这是猪布鲁氏菌病的特征。公猪患病时，可见到结节性退行性变化的睾丸炎。

鹿布鲁氏菌病：剖检可见鹿流产时胎衣变化明显，多呈黄色胶样浸润，有些部位覆盖灰色或黄绿色纤维蛋白及脓性絮片，有时还见有脂肪状物，胎儿胃内有淡黄色或黄绿色絮状物，胃肠和膀胱黏膜有点状出血或线状出血，淋巴结、脾脏和肝脏有程度不同的肿胀，并有散在的炎性坏死灶。胎儿和新生鹿仔有肺炎病灶。公鹿的精囊有出血点和坏死灶，睾丸和附睾有炎性坏死和化脓灶。

（四）流行病学特征

易感动物：家畜、人和野生动物均易感染。各种布鲁氏菌对相应动物具有最强的致病性，而对其他种类动物的致病性较弱或缺乏致病性，但目前已知有 60 多种家畜、驯养动物、野生动物是布鲁氏菌的宿主，家禽及啮齿动物被感染的也不少见。其中羊布鲁氏菌对绵羊、山羊、牛、鹿和人的致病性较强；牛布鲁氏菌对牛、水牛、牦牛、马和人的致病力较强；猪布鲁氏菌对猪、野兔、人等的致病力较强；绵羊附种布鲁氏菌只感染绵羊；犬种、沙林鼠种布鲁氏菌只感染本种动物。

传染源：发病及带菌的羊、牛、猪是本病的主要传染源，其次是犬。患病动物的分泌物、排泄物、流产胎儿及乳汁等含有大量病菌，患睾丸肿的公畜精液中也有病菌。

传播途径：传播途径包括消化道、皮肤黏膜、呼吸道以及苍蝇携带和吸血昆虫叮咬等。经口感染是本病的主要传播途径，如健畜摄取被污染的饲料、水源等，通过消化道而感染。经皮肤感染也较常见。布鲁氏菌不仅可从有轻微损伤的皮肤，而且可由健康皮肤侵入机体而致病。此外，也可经配种和呼吸道感染。

流行因素及形式：一年四季都有发生，但有明显的季节性。羊种布病春季开始，夏季达高峰，秋季下降；牛种布病以夏秋季节发病率较高。牧区发病率明显高于农区，牧区存在自然疫源地，但其流行强度受布鲁氏菌种、型及气候、牧场管理等因素的影响。造成本病的流行有社会因素和自然因素。社会因素，如检疫制度不健全，集市贸易和频繁的流动，毛、皮收购与销售等，都能促进布鲁氏菌病的传播。自然因素，如暴风雪、洪水或干旱的袭击，迫使家畜到处流窜，很容易增加传播机会，甚至暴发成灾。动物是长期带菌者，除相互传染外，还能传染给人。

（五）预防及治疗

布鲁氏菌病的传播机会较多，在防控方法上必须采取综合性防控措施，早期发现病畜，彻底消灭传染源和切断传播途径，防止疫情扩散。

布鲁氏菌病的非疫区，应通过严格的动物检疫阻止带菌动物被引入该区；加强动物群的保护措施，不从疫区引进可能被病菌污染的饲草、饲料和动物产品；尽量减少动物群的移动，防止误入疫区。

该病疫区应采取有效措施控制其流行。对易感动物群每 2～3 个月进行一次检疫，检出的阳性动物及时清除淘汰，直至全群获得 2 次以上阴性结果为止。如果动物群经过多次检疫并将患病动物淘汰后仍有阳性动物不断出现，则可应用菌苗进行预防注射。

（1）免疫接种　采用菌苗接种，提高畜群免疫力，是综合性防控措施中的重要一环。除不受感染威胁的健康畜群及清净的种畜场外，其他畜群均宜进行预防接种。如畜群中有散在的阳性病畜和有从外围环境侵入的危险时，应及早进行接种。

目前国际上已广泛使用的活菌苗有牛种 19 号菌苗和羊种 Revl 菌苗。灭活菌苗有牛种

45/20 和羊种 53H38。牛种 19 号菌苗对牛有坚强的免疫力，犊牛生后 6 个月左右接种 1 次，18 个月左右再接种 1 次，免疫效果可达数年之久。羊种 Revl 菌苗又称返祖 1 号变种，对山羊、绵羊的效果较好，但其毒力稍强，10 亿个活菌可引起流产或由乳排菌，1 万个菌给人接种可典型发病。牛种 45/20 和羊种 58H38 菌苗，虽免疫效果很好，但使用剂量较大，免疫期也短，不适合大面积使用。

羊种五号弱毒菌苗（简称 M 菌苗）是我国研制的弱毒菌苗，其毒力低，安全，稳定，对牛、山羊、绵羊、鹿都有良好的免疫力。被免疫动物的血清凝集素消失比较快，为鉴别人工免疫和自然感染提供了方便，在使用过程中已收到了良好的效果。猪种二号弱毒菌苗（简称 S 菌苗）是由我国自行培育的弱毒菌种所制成，毒力稳定，安全，对牛、羊、猪都具有良好的免疫力，已在生产中广泛应用。

在免疫方法上，我国在免疫过程中根据具体情况也有所改进。M、S 两菌苗除常用于皮下接种外，对大群牲畜免疫时，多采用气雾、饮水和喂服等方法进行。不仅节省了大量劳动力，效果也很满意。

上述各种活菌苗，虽属弱毒菌苗，但仍具有一定的剩余毒力，为此防疫中的有关人员应注意自身防护。

（2）建立检疫隔离制度，彻底消灭传染源 根据畜群的清净与否，每年检疫次数应有所区别。健康畜群（牛、羊群），每年至少检疫 1 次。对污染群，每年至少检疫 2～3 次，连年检疫直至无病畜出现时再减少检疫次数。在不同畜群中，对所检出的阳性牲畜以及随时发现的病畜，均需隔离饲养管理。病畜所生的仔畜，应另设群以培育健康幼畜。所检出的阳性病畜，如数量不多，宜采取淘汰办法处理。如数量较大，应成立病畜群，严格控制与健康畜群等直接或间接接触，并制定相应的消毒制度，防止疫病外传。污染畜群及病畜群所生的仔畜，犊牛生后喂以健康乳或消毒乳，羔羊在离乳后，分别设群培育，每隔 2～3 个月检疫 1 次，连续 1 年呈阴性反应的，即可认为健康幼畜。病猪所生仔猪，在离乳后进行检疫，阴性的隔离饲养，阳性的淘汰。

（3）切断传播途径，防止疫情扩大 杜绝污染群、病畜群与清净地区的畜群接触，人员往来、工具使用、牧区划分和水源管理等必须严加控制。购入新畜时，应选自非疫区，虽呈阴性反应的动物，也应隔离观察 2～3 个月，方可混群。因布鲁氏菌病流产的牲畜，除立即隔离处理外，所有流产物、胎儿等应深埋或烧毁。对所污染的环境、用具均应彻底消毒。消毒通常用 10% 石灰乳、10% 漂白粉或 3%～5% 来苏尔，病畜的肉、乳采取加热消毒方法处理，皮、毛在自然干燥条件下存放 3～4 个月，使布鲁氏菌自然死亡。病畜的粪便，应堆放在安全地带，用泥土封盖，发酵后利用。

（4）治疗 对一般病畜应淘汰，不做治疗。对价值昂贵的种畜，可在隔离条件下进行治疗。对流产伴发子宫内膜炎的母畜，可用 0.1% 高锰酸钾溶液冲洗阴道和子宫，每天早、晚各 1 次。必要时可用磺胺和抗生素（四环素、土霉素和链素等）治疗。

（六）实验室检测

布鲁氏菌病诊断技术

依据标准：GB/T 18646—2018。

1. 范围

本规程规定了布鲁氏菌病虎红平板凝集试验、试管凝集试验、全乳环状反应试验和补体结合试验，适用于布鲁氏菌病的检疫。

2. **虎红平板凝集试验**

（1）试剂　布鲁氏菌病虎红平板凝集抗原，标准阳性、阴性血清。

（2）操作方法

1）备一块洁净玻璃板，画成若干个 $4cm^2$ 小格。或直接使用虎红平板凝集试验卡片。

2）取被检血清和抗原（抗原使用前应充分摇匀）各 1 滴等量混合，充分摇匀，在 4min 内读取结果，同时作阴、阳性对照。

3）被检血清在规定时间内出现凝集反应者判为阳性，不出现凝集者为阴性。

4）本试验出现阳性反应的动物，需经补体结合试验或其他辅助试验方可定性。

3. **试管凝集试验**

（1）试剂

1）抗原、阳性血清、阴性血清，由中国兽药监察所生产。

2）试验用稀释液　石炭酸生理盐水，用化学纯石炭酸 5g 和化学氯化钠 8.5g 加至 1000ml 蒸馏水中制成，经高压灭菌后备用。

（2）操作方法　被检血清必须新鲜，无明显蛋白凝固，无溶血现象和腐败气味。

1）被检血清的稀释　一般情况，牛、马和骆驼用 1∶50、1∶100、1∶200 和 1∶400 四个稀释度；猪、山羊、绵羊和狗用 1∶25、1∶50、1∶100、1∶200 四个稀释度。大规模检疫时也可用两个稀释度，即牛、马和骆驼为 1∶50 和 1∶100；猪、山羊、绵羊和狗 1∶25 和 1∶50。

2）血清稀释（以羊、猪为例）和加入抗原的方法　每份血清用 5 支小试管（口径 8～10mm），第一管加入 2.3ml 石炭酸生理盐水，第二管不加，第三、第四和第五管各加入 0.5ml。用 1ml 吸管吸取被检血清 0.2ml，加入第一管中，并混合均匀。

混匀后，以该吸管吸取混合液分别加入第二管和第三管，每管 0.5ml。以该吸管将第三管的混合液混匀吸取 0.5ml 加入第四管混匀后，又从第四管吸出 0.5ml 加入第五管，第五管混匀完毕弃 0.5ml。如此稀释之后从第二管起血清稀释度分别为 1∶12.5、1∶25、1∶50 和 1∶100。

血清规定用 0.5％石炭酸生理盐水稀释，但检验羊血清时用 0.5％石炭酸、10％盐水溶液稀释。

加入抗原的方法：先以 0.5％石炭酸生理盐水将抗原原液作 20 倍稀释（如果血清用 0.5％石炭酸、10％盐水溶液稀释，则抗原原液亦用 0.5％石炭酸、10％盐水稀释），然后加入上述各管（第一管不加，留作血清蛋白凝集对照），每管 0.5ml，振摇均匀，加入抗原后，第二管至第五管各管混合液的容积均为 1ml，血清稀释度从第二管起依次变为 1∶25、1∶50、1∶100 和 1∶200。

牛、马和骆驼血清稀释和加抗原法：具体方法与上述一致，不同的是，第一管加 2.4ml 0.5％石炭酸生理盐水和 0.1ml 被检血清，加抗原后从第二管到第五管血清稀释度为 1∶50、1∶100、1∶200 和 1∶400。

3）对照管的制作　每次试验须作三种对照各一份。

阴性血清对照：阴性血清的稀释和加抗原的方法与被检血清同。

阳性血清对照：阳性血清对照须稀释到其原有滴度，加抗原的方法与被检血清相同。

抗原对照（了解抗原是否有自凝现象）：加 1：20 抗原稀释液 0.5ml 于试管中，再加 0.5ml 0.5％石炭酸生理盐水（如果血清用 0.5％、石炭酸 10％盐水溶液稀释，则也加入 0.5％石炭酸、10％盐水溶液）。

4）比浊管的制作　每次试验须配制比浊管作为判定清亮程度（凝集反应程度）的依据，配制方法如下：取本次试验用的抗原稀释液（即抗原原液的 20 倍稀释液）5～10ml 加入等量的 0.5％石炭酸生理盐水（如果血清用 0.5％石炭酸、10％盐水稀释，则加入 0.5％石炭酸、10％盐水溶液）作对倍稀释，然后按表 2-18 配制比浊管。

表 2-18　配制比浊管

管号	抗原稀释液/ml	石炭酸生理盐水/ml	清亮度	标记
1	0.0	1.0	100％	＋＋＋＋
2	0.25	0.75	75％	＋＋＋
3	0.50	0.50	50％	＋＋
4	0.75	0.25	25％	＋
5	1.0	0.0	0％	－

5）全部试管于充分振荡后置于 37～38℃恒温箱中 22～24h，然后检查并记录结果。

6）记录结果　根据各管中上层液体的清亮度记录凝集反应的强度（凝集价），特别是 50％清亮度（即"＋＋"的凝集）与判定结果关系很大，需用比浊管对照判定。

＋＋＋＋：完全凝集和沉淀，上层液体 100％清亮（即 100％菌体下沉）。

＋＋＋：几乎完全凝集和沉淀，上层液体 75％清亮。

＋＋：沉淀明显，液体 50％清亮。

＋：无沉淀，液体 25％清亮。

－：无沉淀，不清亮。

确定每份血清的效价时，应以出现"＋＋"以上的凝集现象（即 50％的清亮）的最高血清稀释度为血清的凝集价。

（3）结果判定

1）牛、马和骆驼于 1：100 稀释度，猪、山羊、绵羊和狗于 1：50 稀释度出现"＋＋"以上的凝集现象时，被检血清判定为阳性反应。

牛、马和骆驼于 1：50 稀释度，猪、山羊、绵羊和狗于 1：25 稀释度出现"＋＋"以上凝集现象，被检血清判定为可疑反应。

2）可疑反应的牲畜，经 3～4 周，须重新采血检验。在牛和羊，如果重检时仍为可疑，该畜判定为阳性；在猪和马重检时，如果凝集价仍然保持可疑反应水平，而农场的牲畜没有临床症状和大批阳性反应的患畜出现，该血清判定为阴性。

3）鉴于猪血清常有个别出现非特异性凝集反应，在试验时须结合流行病学判定结果。如果被检血清中有个别出现阳性反应［例如凝集价为（1：100）～（1：200）］，但猪群中所有的猪只均无布氏杆菌临床症状（流产、关节炎、睾丸炎等），可考虑此种反应为非特异性，经 3～4 周可采血重检。

4.全乳环状反应试验

（1）试剂　布鲁氏菌病全乳环状反应抗原，标准阳性、阴性血清，由中国兽药监察所生产。

（2）操作方法　取牛新鲜全乳 1ml 于小试管内，加入本抗原 1 滴，充分混合，置 37℃温箱中作用 1h，取出读取结果。

（3）结果判定

＋＋＋：强阳性反应，乳柱上层乳脂形成明显红色环带，乳柱白色，临界分明。

＋＋：阳性反应，乳脂层呈红色，但不显著，乳柱略带颜色。

＋：弱阳性反应，乳脂层环带颜色，乳柱不褪色。

±：疑似反应，乳脂层环带颜色不明显，

5. 补体结合试验

（1）试验材料

1）37℃水浴箱，普通离心机，普通冰箱，吸管，凝集试验管，试管架等。

2）稀释液　生理盐水。

3）溶血素　由兽医生物药品厂生产提供。

4）补体　选择健康豚鼠 3～5 只，于使用前一天早晨饲喂前或停食后 6h 从心脏采血，分离血清后混合保存于普通冰箱中，也可从兽医生物药品厂购买冻干补体，使用前加稀释液恢复原量后使用。各种被检动物血清的灭能温度和时间见表 2-19。

表 2-19　各种被检动物血清的灭能温度和时间

血清类别	灭能温度/℃	灭能时间/min
羊	58～59	30
马	58～59	30
驴、骡	63～64	30
黄牛、水牛、猪	56～57	30
骆驼	54	30

5）绵羊红细胞悬液　采取成年公绵羊血，按常规方法脱纤、洗涤、离心，用稀释液洗涤 3～4 次，最后一次以 2000r/min 离心沉淀 10min，取下沉的红细胞，以稀释液配制成 2.5％红细胞悬液。

6）阴、阳性血清对照　由兽医生物药品厂提供。

7）抗原　由中国兽药监察所生产。

8）被检血清　以常规方法采血和分离血清，用稀释液将血清作 1∶10 稀释，按表 2-19 规定在水浴箱中灭能。

（2）预备试验　正式试验前，将试验的各种成分进行测定。

1）溶血素效价测定

① 稀释溶血素。取 0.2ml 含等量甘油防腐的溶血素，加 9.8ml 稀释液配成 1∶100 的基础稀释液，按下表方法作进一步稀释。

② 按表 2-20 加入各成分，而后 37～38℃水浴 20min。

表 2-20　溶血素稀释法　　　　　　　　单位：ml

管号	1	2	3	4	5	6	7	8	9	10	11
1∶100 溶血素	0.2	0.1	0.1	0.1	0.1	0.1	0.1	0.1	0.1	0.1	0.1

管号	1	2	3	4	5	6	7	8	9	10	11
稀释液	0.8	0.9	1.4	1.9	2.4	2.9	3.4	3.9	4.4	4.9	5.4
溶血素稀释倍数	500	1000	1500	2000	2500	3000	3500	4000	4500	5000	5500

③ 溶血素效价。从水浴中取出，立即判定结果，用1：20补体0.5ml在37～38℃水浴20min，能使2.5%红细胞液0.5ml完全溶血的最小量溶血素为溶血素效价或称一单位溶血素。以表2-21为例，对照管均不溶血，1～6管完全溶血，测定溶血素效价为3000倍。

正式试验时溶血素的工作效价为滴度效价的倍量或称二单位溶血素，以表2-21为例：工作效价为1500倍。

表 2-21　溶血素效价测定表　　　　　　　　　　　　　单位：ml

管号		1	2	3	4	5	6	7	8	9	10	11	对照管		
													溶血素	补体	稀释液
溶血素	稀释倍数	500	1000	1500	2000	2500	3000	3500	4000	4500	5000	5500	100		
	加入量	0.5	0.5	0.5	0.5	0.5	0.5	0.5	0.5	0.5	0.5	0.5	0.5	0	0
稀释液		1.0	1.0	1.0	1.0	1.0	1.0	1.0	1.0	1.0	1.0	1.0	1.5	1.5	2.0
1：20 补体		0.5	0.5	0.5	0.5	0.5	0.5	0.5	0.5	0.5	0.5	0.5		0.5	
2.5% 红细胞		0.5	0.5	0.5	0.5	0.5	0.5	0.5	0.5	0.5	0.5	0.5	0.5	0.5	0.5
37～38℃水浴20min															
结果（例）		—	—	—	—	—	—	+	+	++	+++	#	#	#	#
		全部溶血					部分溶血			全部不溶血					

效价测定后，2～3个月内可按此效价使用，不必重测。

2）补体效价测定　每次补体结合试验，应于当日测定补体的效价。

① 稀释补体并加各种成分。用稀释液配制1：20稀释补体，按表2-21加入各种成分后，前后经37～38℃水浴20min 2次。

② 补体效价。经过2次水浴，在2单位溶血素存在的情况下，阳性血清加抗原的试管完全不溶血，而在阳性血清未加抗原及阴性血清无论有无抗原的试管发生完全溶血所需要的最小补体量，就是所测得的补体效价。

③ 原补体在使用时应稀释倍数的计算

原补体应稀释倍数＝（补体稀释倍数/测得效价）×使用时每管加入量。

以表2-22为例，按公式计算：（20/0.25）×0.5＝40倍。即此例补体应作40倍稀释，每管加0.5ml，即为一个补体单位。考虑补体性质不稳定，操作过程中效价会降低，正式试验时使用浓度比补体效价要大10%左右，本例补体工作单位应作1：36稀释，每管使用0.5ml。

3）抗原效价测定　一般按照兽医生物制品厂产品说明书的效价使用。在初次使用或过久等原因需要测定时，按下述步骤进行。

表 2-22　补体效价测定　　　　　　　　　　　　　　　　　单位：ml

管号	1	2	3	4	5	6	7	8	9	10	对照		
											11	12	13
1∶20补体加入量	0.10	0.13	0.16	0.19	0.22	0.25	0.28	0.31	0.34	0.37	0.5	0	0
稀释液加入量	0.40	0.37	0.34	0.31	0.28	0.25	0.22	0.19	0.16	0.13	1.5	1.5	2.0
工作量抗原加入量(不加抗原管加稀释液)	0.5	0.5	0.5	0.5	0.5	0.5	0.5	0.5	0.5	0.5	0	0	0
10倍稀释阳(阴)性血清	0.5	0.5	0.5	0.5	0.5	0.5	0.5	0.5	0.5	0.5	0.5	0.5	0.5
振荡均匀后,37~38℃水浴20min													
二单位溶血素	0.5	0.5	0.5	0.5	0.5	0.5	0.5	0.5	0.5	0.5	0.5	0.5	0
2.5%红细胞悬液	0.5	0.5	0.5	0.5	0.5	0.5	0.5	0.5	0.5	0.5	0.5	0.5	0.5
振荡均匀后,37~38℃水浴20min													
结果(例) 阳性血清加抗原	#	#	#	#	#	#	#	#	#	#	#	#	#
结果(例) 阳性血清不加抗原	#	#	+++	++	+	—	—	—	—	—	#		#
结果(例) 阴性血清加抗原	#	#	+++	++	+	—	—	—	—	—	#		#
结果(例) 阴性血清不加抗原	#	#	+++	++	+	—	—	—	—	—	#		#

① 须取用2份阳性血清（分别为强阳性和弱阳性血清）和1份阴性血清来测定抗原效价。

② 阴性血清和阳性血清稀释。用稀释液对阴性对照血清作1∶10稀释，阳性对照血清稀释成1∶10、1∶25、1∶50、1∶75和1∶100 5个稀释度。

③ 稀释抗原。用稀释液将抗原稀释成1∶10、1∶50、1∶75、1∶100、1∶150、1∶200、1∶300、1∶400和1∶500等稀释度。

④ 按表2-22加入各种成分并经37~38℃水浴20min 2次。

⑤ 记录抗原测定结果。从水浴中取出反应管，观察溶血百分数，记录结果（溶血程度的标准比色管配制见（3）、4)）。

⑥ 抗原效价。抗原对阴性血清完全溶血。对两份阳性血清各稀释度发生抑制溶血最强的抗原最高稀释度为抗原效价。

在正式试验时，抗原的稀释度应比测定的效价高25%，其效价为1∶150，正式试验时按1∶112.5稀释使用（表2-23）。

表 2-23　布鲁氏菌补体结合抗原效价测定　　　　　　　　　　单位：ml

管号		1	2	3	4	5	6	7	8	9	对照	
											10	11
抗原	稀释倍数	10	50	75	100	150	200	300	400	500	补体对照	溶血素对照
抗原	加入量	0.5	0.5	0.5	0.5	0.5	0.5	0.5	0.5	0.5	0.5	0

管号	1	2	3	4	5	6	7	8	9	对照	
										10	11
各种血清稀释度加入量	0.5	0.5	0.5	0.5	0.5	0.5	0.5	0.5	0.5	0	0
工作量补体	0.5	0.5	0.5	0.5	0.5	0.5	0.5	0.5	0.5	0.5	0
37~38℃水浴 20min											
二单位溶血素	0.5	0.5	0.5	0.5	0.5	0.5	0.5	0.5	0.5	0.5	0.5
2.5%红细胞	0.5	0.5	0.5	0.5	0.5	0.5	0.5	0.5	0.5	0.5	0.5
37~38℃水浴 20min											

（3）正式试验

1）根据预备试验测定的效价稀释配制各成分的工作液，按布鲁氏菌补体结合试验的正式试验表程序进行正式试验（表 2-24），每次试验设一组对照。

表 2-24　布鲁氏菌补体结合试验的正式试验　　　　　　　　单位：ml

血清	被检血清		对照管						
			阳性血清		阴性血清		抗原	溶血素	补体
血清加入量	0.5	0.5	0.5	0.5	0.5	0.5	0	0	0
稀释液	0	0.5	0	0.5	0	0.5	0	1.5	1.5
抗原	0.5	0	0.5	0	0.5	0	1.0	0	0
工作量补体	0.5	0.5	0.5	0.5	0.5	0.5	0.5	0	0.5
37~38℃水浴 20min									
二单位溶血素	0.5	0.5	0.5	0.5	0.5	0.5	0.5	0.5	0
2.5%红细胞	0.5	0.5	0.5	0.5	0.5	0.5	0.5	0.5	0.5
37~38℃水浴 20min									
判定结果举例	++++	—	++++	—	—	—	—	++++	++++

2）各试验管经 37~38℃水浴 20min 2 次，加温完毕后取出立即进行第一次判定。要求不加抗原的阳性血清对照管、不加或加抗原的阴性血清对照管、抗原对照管呈完全溶血反应。

3）初步判定后静置 12h 作第 2 次判定，第 2 次判定时要求溶血素对照管、补体对照管呈完全抑制溶血。对照正确无误即可对被检血清进行判定，被检血清加抗原管的判定参照标准比色管［见 4）］记录结果。

4）溶血程度的标准比色管的配制　标准比色管的配制方法及反应判定标准，牛、羊和猪补体结合反应判定标准均相同（表 2-25）。

表 2-25　标准比色管的配制方法及反应判定标准

溶血程度/%	0	10	20	30	40	50	60	70	80	90	100
溶血溶液	0	0.25	0.50	0.75	1.00	1.25	1.50	1.75	2.00	2.25	2.50
2.5%红细胞溶液	0.50	0.45	0.40	0.35	0.30	0.25	0.20	0.15	0.10	0.05	0

溶血程度/%	0	10	20	30	40	50	60	70	80	90	100
稀释液	2.00	1.80	1.60	1.40	1.20	1.00	0.80	0.60	0.40	0.20	0
判定符号	++++	++++	+++	+++	+++	++	++	++	+	+	—
判定标准	阳性			可疑		阴性					

二、牛结核病

牛结核病是由牛分枝杆菌引起的人和动物共患的一种慢性传染病,目前在牛群中最常见。临诊特征是病程缓慢、渐进性消瘦、咳嗽、衰竭,病理特征是在体内多种组织器官中形成特征性肉芽肿、干酪样坏死和钙化的结节性病灶。OIE 将本病列为 B 类动物疫病,我国把其列为二类动物疫病。

该病是一种古老的传染病,曾广泛流行于世界各国,以奶牛业发达国家最为严重,1882 年 Koch 发现并确认了该病的病原。由于各国政府都十分重视结核病的防治,一些国家已有效地控制或消灭了此病,但在有些国家和地区仍呈地区性散发和流行。该病造成的经济损失是巨大的,表现为患病奶牛的寿命短、产奶量显著减少、不孕,以及执行本病控制措施的人力、物力消耗等。

(一) 病原特征

牛分枝杆菌 (M. bovis) 属于分枝杆菌属 (Mycobacterium)。本菌为平直或微弯的细长杆菌,大小为 (0.2~0.6)μm×(1.0~10)μm,在陈旧培养基上或干酪性淋巴结内的菌体,偶尔可见分枝现象,常呈单独或平行排列。不产生芽孢,无荚膜,不能运动。牛分枝杆菌比人型短而粗,菌体着色不均匀,常呈颗粒状。革兰氏染色阳性,用可鉴别分枝杆菌的 Zie-hl-Neelsen 抗酸染色法染成红色。

本菌为专性需氧菌,对营养要求严格,生长最适 pH 为 5.9~6.9,最适温度为 37~38℃,初代分离时可用劳文斯坦-杰森氏 (劳杰二氏) 培养基 (Lowenstain-Jensen) 培养,半个月左右可长出粗糙型菌落,有的菌初代分离需要 2 个多月。在培养基中加入适量的全蛋、蛋黄或蛋白及动物血清或分枝杆菌素等均有利于此菌快速生长。

由于本菌细胞壁中含丰富的脂类,因此对外界环境的抵抗力较强。特别是对干燥、腐败及一般消毒药耐受性强,在干燥的痰中 10 个月、粪便土壤中 6~7 个月、常水中 5 个月、奶中 90d、直射阳光下 2h 仍可存活。对低温抵抗力强,在 0℃可存活 4~5 个月。对湿热抵抗力弱,水中 60~70℃经 10~15min、100℃立即死亡。对紫外线敏感,波长 265nm 的紫外线杀菌力最强。一般的消毒药作用不大,对 4% NaOH、3% HCl、6% H₂SO₄ 有抵抗力,15min 不受影响,对无机酸、有机酸、碱类和季铵盐类等也具有抵抗力。对 1:75000 的结晶紫或 1:13000 的孔绿有抵抗力,加在培养基中可抑制杂菌生长。5%来苏尔 48h、5%甲醛溶液 12h 方可杀死本菌,而在 70%的乙醇溶液、10%漂白粉溶液中很快死亡,碘化物消毒效果最佳。本菌对磺胺药、青霉素和其他广谱抗生素均不敏感,而对链霉素、异烟肼、利福平、乙胺丁醇、卡那霉素、对氨基水杨酸、环丝氨酸等药物有不同程度的敏感性。但长期应用上述药物治疗结核病易产生耐药菌株。白及、百部、黄芩等中草药对本菌有一定程度的抑制作用。

（二）临床症状

潜伏期一般为16～45d，长者可达数月或数年。通常取慢性经过。根据侵害部位的不同，本病可分为以下几型。

肺结核：以长期顽固的干咳为特点，且以清晨最明显。病初食欲、反刍无明显变化，常发生短而干的咳嗽，随着病情的发展咳嗽逐渐加重、频繁，并有黏液性鼻涕，呼吸次数增加，严重时发生气喘。胸部听诊常有啰音和摩擦音。病牛日渐消瘦、贫血。肩前、股前、腹股沟、颌下、咽及颈淋巴结肿大。纵隔淋巴结肿大时可压迫食管，引起慢性瘤胃臌气。病势恶化时可见病牛体温升高（达40℃以上），呈弛张热或稽留热，呼吸更加困难，最后可因心力衰竭而死亡。

淋巴结核：见于结核病的各个病型。常见肩前、股前、腹股沟、颌下、咽及颈淋巴结等肿大，无热痛。

肠道结核：多见于犊牛，以消瘦和持续性下痢或便秘交替出现为特点。表现消化不良，食欲不振，顽固性下痢，粪便带血或带汁，味腥臭。

生殖器官结核：以性机能紊乱为特点。母牛发情频繁，且性欲亢进，慕雄狂与不孕；妊娠牛流产。公牛出现附睾及睾丸肿大，阴茎前部发生结节、糜烂等。

脑与脑膜结核：常引起神经症状，如病样发作或运动障碍等。

乳房结核：一般先是乳房上淋巴结肿大，继而两乳区患病，以发生局限性或弥散性硬结为特点，硬结无热无痛，泌乳量逐渐下降，乳汁初期无明显变化，严重时乳汁常变得稀薄如水。由于肿块形成和乳腺萎缩，两侧乳房变得不对称，乳头变形、位置异常，甚至泌乳停止。

（三）病理变化

结核病变随各种动物机体的反应性而不同，可分为增生性和渗出性结核两种，有时在机体内两种病同时混合存在。抵抗力强时机体对结核菌的反应常以细胞增生为主，形成增生性结核结节，即由类上皮细胞和巨细胞集结在结核菌周围构成特异性的肉芽肿，外周是一层密集的淋巴细胞和成纤维细胞，从而形成非特异性的肉芽组织。抵抗力低时，机体的反应则以渗出性炎症为主，即在组织中有纤维蛋白和淋巴细胞的弥漫性沉积，随后发生干酪样坏死、化脓或钙化，这种变化主要见于肺和淋巴结。

牛结核的肉眼病变：最常见于肺、肺门淋巴结、纵隔淋巴结，其次为肠系膜淋巴结，其表面或切面常有很多突起的白色或黄色结节，切开后有干酪样坏死，有的见有钙化，刀切时有沙砾感。有的坏死组织溶解和软化，排出后形成空洞。胸腔或腹腔浆膜可发生密集的结核结节，这些结节质地坚硬，果粒大至豆大，呈灰白色的半透明或不透明状，即所谓"珍珠病"。胃肠黏膜可能有大小不等的结核结节或溃疡。乳房结核多发生于进行性病例，是由血行蔓延到乳房而发生。切开乳房可见大小不等的病灶，内含干酪样物质。

（四）流行病学特征

易感动物：主要侵害牛，亦可感染人、灵长目动物、绵羊、山羊、猪及犬、猫等肉食动物，其中以奶牛的易感性最高。最敏感的实验动物是兔，豚鼠次之，对仓鼠、小鼠有中等致病力。病人和牛互相感染的现象在结核病防治中应给予充分注意。

传染源：病牛和病人，特别是开放型患者是主要传染源，其粪尿、乳汁、生殖道分泌物及痰液中都含有病菌，污染饲料、食物、饮水、空气和环境而散播传染。

传播途径：本病主要通过呼吸道和消化道感染，也可通过交配感染。饲草饲料被污染后通过消化道感染是一个重要的途径；犊牛的感染主要是吮吸带菌奶或喂了病牛奶而引起。成年牛多因与病牛、病人直接接触而感染。

流行形式及因素：多呈散发性。无明显的季节性和地区性。各种年龄的牛均可感染发病。饲养管理不当，营养不良，使役过重，牛舍过于拥挤、通风不良、潮湿、阳光不足、卫生条件差、缺乏运动等是造成本病扩散的重要因素。

本菌的致病过程是以细胞内寄生和形成局部病灶为特点。既不产生外毒素，也没有内毒素，其致病原因尚不清楚。一般认为主要是本菌在机体组织中大量繁殖后，其菌体成分（如脂质、蛋白质、多糖质）和代谢产物对机体的直接损害作用以及由菌体蛋白刺激而引起的变态反应所致。

机体的抗结核作用主要是细胞免疫，并通过致敏淋巴细胞和被激活的单核细胞互相协作完成；体液免疫的抗菌作用在结核免疫中是次要的。结核免疫的另一个特点是传染性免疫和传染性变态反应同时存在。传染性免疫是指只有分枝杆菌在体内存在时，才能刺激机体产生抗结核的特异性免疫力，故又叫做带菌免疫。若菌体和抗原消失后，免疫力也随之消失。1977 年，Tenzin 发现结核病的细胞免疫存在分离现象，细胞免疫随病情的加重而减弱，体液免疫则随病情的加重而增强。凡病情得到控制或康复的动物，其细胞免疫可达到一定水平，而血清中抗体水平较低。重症动物的细胞免疫反应低下，甚至消失，血清中特异性抗体显著增加。传染性变态反应是指机体初次被结核杆菌感染后，机体被致敏，当再次接触菌体抗原时，机体反应性大大提高，炎性反应较强烈，这种变态反应是在结核感染过程中出现的，所以叫传染性变态反应。由于机体对结核菌的免疫反应和变态反应同时产生，相伴存在，故可用结核菌素做变态反应来检查机体对结核杆菌有无免疫力，或有无感染和带菌现象。

侵入机体的分枝杆菌，主要通过呼吸道侵入机体肺泡，被巨噬细胞吞噬，但不被消化降解，而在巨噬细胞内繁殖，形成病灶，产生干酪样坏死。当机体抵抗力强，原发性病灶包囊化，使局部病灶局限化，长期或终生不扩散，形成瘢痕或钙化而痊愈。当机体免疫力低下时，这种局限性病灶可能破溃，菌体排入支气管，随痰咳出体外；或者病灶液化，扩散进入血流及其他器官，造成机体死亡。

本病可分为初次感染和二次感染。二次感染多发于成年牛，可能是外源性的（再感染），也可能是内源性的（复发）。二次感染的特点是由于特异性免疫作用而使病变只局限于某个器官。结核杆菌侵入机体局部组织后，引起细胞增生和渗出性炎症，表现为结核结节和渗出性结节，这两种炎症类型在实际病例中常混合发生，但以某一种为主。

（五）预防及治疗

该病的综合性防控措施通常包括以下几方面：加强引进动物的检疫，防止引进带菌动物；净化污染群，培育健康动物群；加强饲养管理和环境消毒，增强动物的抗病能力、消灭环境中存在的牛分枝杆菌等。

（1）引进动物时，应进行严格的隔离检疫，经结核菌素变态反应确认为阴性时方可解除隔离、混群饲养。

（2）每年对牛群进行反复多次的普检，淘汰变态反应阳性病牛。通常牛群每隔 3 个月进行 1 次检疫，连续 3 次检疫均为阴性者为健康牛群。检出的阳性牛应及时淘汰处理，其所在的牛群应定期进行检疫和临诊检查，必要时进行病原学检查，以发现可能被感染的病牛。

（3）每年定期进行 2～4 次环境消毒。发现阳性病牛时要及时进行 1 次临时大消毒。常用的消毒药为 20％石灰水或 20％漂白粉悬液。

（4）患结核病的动物应无害化处理，不提倡治疗。

（六）实验室检测

牛结核分枝杆菌 PPD 皮内变态反应试验

依据标准：GB/T 18645—2002。

用结核分枝杆菌 PPD 进行的皮内变态反应试验对检查活畜结核病是很有用的。该试验用牛型结核分枝杆菌 PPD 进行。

1. 牛的牛型结核分枝杆菌 PPD 皮内变态反应试验

出生后 20d 的牛即可用本试验进行检疫。

（1）操作方法

1）注射部位及术前处理　将牛只编号后在颈侧中部上三分之一处剪毛（或提前一天剃毛），三个月以内的犊牛，也可在肩胛部进行，直径约 10cm，用卡尺测量术部中央皮皱厚度，作好记录，注意术部应无明显的病变。

2）注射剂量　不论大小牛只，一律皮内注射 0.1ml（含 2000IU），即将牛型结核分枝杆菌 PPD 稀释成每毫升含 2 万 IU 后，皮内注射 0.1ml。

3）注射方法　先以 75％酒精消毒术部，然后皮内注射定量的牛结核分枝杆菌 PPD，注射后局部应出现小疱，如对注射结果有疑问，应另选 15cm 以外的部位或对侧重作。

4）注射次数和观察反应　皮内注射后经 72h 判定，仔细观察局部有无热痛、肿胀等炎性反应，并以卡尺测量皮皱厚度，做好详细记录。对疑似反应牛应立即在另一侧以同一批 PPD 同一剂量进行第二次皮内注射，再经 72h 观察反应结果。

对阴性牛和疑似反应牛，于注射后 96h 和 120h 再分别观察一次，以防个别牛出现较晚的迟发型变态反应。

（2）结果判定

1）阳性反应　局部有明显的炎性反应，皮厚差大于或等于 4.0mm。

2）疑似反应　局部炎性反应不明显，皮厚差大于或等于 2.0mm、小于 4.0mm。

3）阴性反应　无炎性反应，皮厚差在 2.0m 以下。

凡判定为疑似反应的牛只，于第一次检疫 60d 后进行复检，其结果仍为疑似反应时，经 60d 再复检，如仍为疑似反应，应判为阳性。

其他动物牛型结核分枝杆菌 PPD 皮内变态反应试验参照牛的牛型结核分核杆菌 PPD 皮内变态反应试验进行。

三、牛传染性胸膜肺炎

牛传染性胸膜肺炎也称牛肺疫，是由丝状支原体丝状亚种所致牛的一种特殊的传染性肺炎，以纤维素性肺炎和胸膜肺炎为主要特征，本病是牛的一种重要传染病，被 OIE 列入 A 类动物疫病，我国也将其列为一类动物疫病。

本病最早于 1693 年在德国和瑞士发现，18 世纪传遍欧洲，19 世纪传入美洲、大洋洲和非洲，20 世纪传入亚洲各国。全世界各养牛国均受到不同程度侵害，造成巨大损失。19 世纪末许多国家采取扑灭措施，相继消灭了本病。目前非洲大陆、拉丁美洲、大洋洲和亚洲还有一些国家存在本病。

我国最早发现本病是 1910 年在内蒙古西林河上游一带，系由俄国西伯利亚贝加尔地区传来，此后我国一些地区时有发生和流行。中华人民共和国成立后，由于成功地研制出了有效的牛肺疫弱毒疫苗，结合严格的综合性防控措施，已于 1997 年宣布在全国范围内消灭了此病。

（一）病原特征

病原为丝状支原体丝状亚种（*Mycoplasma subsp. mycoides*），是属于支原体科（Mycoplasmataceae）支原体属（*Mycoplasma*）的微生物。过去经常用的名称为类胸膜肺炎微生物（PPLO）。支原体极其多形，可呈球菌样、丝状、螺旋体与颗粒状；细胞的基本形状以球菌样为主，还有环状、球杆状、丝状、分枝状、双球状、杆状、纺锤状、卵圆状、星芒状等不定形态；它对一般染料着色较差，以吉姆萨氏液或瑞氏液染色较好，革兰氏染色阴性；在加有血清的肉汤琼脂中可生长成典型菌落。

支原体对外界环境因素抵抗力不强。暴露在空气中，特别在直射日光下，几小时即失去毒力。干燥、高温都可使其迅速死亡，例如 55℃ 15min、60℃ 5min 均能将其杀死；反之，在冰冻下却能保存很久，−20℃ 以下能存活数月，真空冻干低温保存可活 10 年之久。对化学消毒药抵抗力不强，常用的消毒剂都能将它彻底杀死，如乙醚、0.01% 升汞、生石灰、1% 石炭酸 3min，0.5% 福尔马林 30s 可灭活；但对青霉素、磺胺类药物、醋酸铊和龙胆紫则有抵抗力。

（二）临床症状

潜伏期一般为 2～4 周，短者 8d，长者可达 4 个月。症状发展缓慢者，常是在清晨冷空气或冷饮刺激或运动时才发生短干咳嗽（起初咳嗽次数少，进而逐渐增多），继之食欲减退，反刍迟缓，泌乳减少，此症状易被忽视；症状发展迅速者则以体温升高 0.5～1℃ 开始，随着病程发展，症状逐渐明显。按其经过可分为急性和慢性两型。

（1）急性型　症状明显而有特征性，主要呈急性胸膜肺炎的症状。体温升高到 40～42℃，呈稽留热，干咳，呼吸加快而有呻吟声，鼻孔扩张，前肢外展，呼吸极度困难，发出"吭"音，按压肋间有疼痛反应。由于胸部疼痛不愿行动或下卧，呈腹式呼吸。咳嗽逐渐频繁，呈疼痛性短咳，咳声低沉、弱而无力。有时流出浆液性或脓性鼻液，可视黏膜发绀。呼吸困难加重后，叩诊胸部，有浊音或实音区。听诊患部，可听到湿性音，肺泡音减弱乃至消失，代之以支气管呼吸音，无病变部分则呼吸音增强，有胸膜炎发生时，则可听到摩擦音，叩诊可引起疼痛。病后期，心脏常衰弱，脉搏细弱而快，每分钟可达 80～120 次，有时因胸腔积液，只能听到微弱心音或不能听到。此外，还可见到胸下部及肉垂水肿，食欲丧失，泌乳停止，尿量减少而比重增加，便秘与腹泻交替出现。病畜体况迅速衰弱，眼球下陷，眼无神，呼吸更加困难，常因窒息而死。急性病程一般在症状明显后经过 5～8d，约半数转归为死亡；有些患畜病势趋于缓和，全身状态改善，体温下降，逐渐痊愈；有些患畜则转为慢性。整个急性病程为 15～60d。

（2）慢性型　多数由急性转来，少数病畜一开始即取慢性经过。除体况消瘦，多数无明显症状。病牛食欲时好时坏，体瘦无力，偶发生短咳，胸部听诊、叩诊变化不明显，胸前、腹下、颈部常有浮肿。此种患畜在良好的护理及妥善治疗下，可以逐渐恢复，但常成为带菌者。若病变区域广泛，或饲养管理不好或使役过度，则患畜日益衰弱，预后不良。

（三）病理变化

特征性病变主要在肺脏和胸腔。典型病例是大理石样肺和浆液性、纤维素性胸膜肺炎。肺和胸膜的变化，按其发生发展过程，分为初期、中期和后期三个时期，初期病变以小叶性支气管肺炎为特征。肺炎灶充血、水肿，呈鲜红色或紫红色。中期呈典型的浆液性-纤维素性胸膜肺炎。病肺肿大、增重，灰白色，多为一侧性，以右侧较常见，多发生在膈叶，也有在心叶或尖叶者。肺实质同时存在不同阶段的病变，切面红灰相间，呈大理石样花纹。肺间质水肿变宽，呈灰白色，淋巴管扩张，也可见到坏死灶。胸膜增厚，表面有纤维素性附着物，多数病例的胸腔内积有淡黄透明或混浊液体，多的可达 1 万～2 万毫升，内杂有纤维素凝块或凝片。胸膜常见有出血、肥厚、粗糙，并与肺病部粘连，肺膜表面有纤维蛋白附着物；心包膜也有同样变化，心包内有积液，心肌脂肪变性。肝、脾、肾无特殊变化，胆囊肿大。

后期肉眼病变有两种。一种是不完全治愈型，局部病灶包裹不完全，灶内仍保留病变肺组织的原有结构，即坏死组织。在此坏死组织内有时发生液化，液化物可被包囊四壁伸展的肉芽组织所吸收，形成脓腔或空洞；也可经淋巴、血液转移，或由呼吸道排出，局部结缔组织增生，形成瘢痕。另一种是完全治愈型，病灶完全瘢痕化或钙化。

本病病变还可见腹膜炎、浆液性纤维性关节炎等。

（四）流行病学特征

易感动物：本病易感动物主要是牦牛、奶牛、黄牛、水牛、绵牛、驯鹿及羚羊，其中奶牛最易感。各种牛对本病的易感性，依其品种、生活方式及个体抵抗力不同而有区别，发病率为 60%～70%，病死率为 30%～50%；山羊、绵羊及骆驼在自然情况下不易感染，其他动物及人无易感性。

传染源：主要是病牛、康复牛及隐性带菌牛，病牛康复 15 个月甚至 2～3 年后还能感染健牛。病原主要由呼吸道随飞沫排出，也可由尿及乳汁排出，在产犊时还可由子宫分泌物中排出。

传播途径：自然感染的主要传播途径是呼吸道，也可经消化道传播，牛吸入污染的空气、尘埃或食入污染的饲料、饮水即可感染发病。

流行因素及形式：年龄、性别、季节和气候等因素对易感性无影响，饲养管理条件差、畜舍拥挤、转群或气温突然降低，均可促进本病的流行。引进带菌牛入易感牛群，常引起本病的急性暴发，以后转为地方性流行。牛群中流行本病时，流行过程很长；舍饲者一般在数周后病情逐渐明显，全群患病要经过数月。

（五）预防及治疗

我国消灭牛肺疫的经验证明，根除传染源、坚持开展疫苗接种是控制和消灭本病的主要措施，即根据疫区的实际情况，扑杀病牛和与病牛有过接触的牛只，同时在疫区及受威胁区每年定期接种牛肺疫兔化弱毒疫苗或兔化绵羊化毒疫苗，连续 3～5 年，我国研制的牛肺疫兔化弱毒疫苗和牛肺疫兔化羊化弱毒疫苗免疫效果良好，曾在全国各地广泛使用，对消灭曾在我国存在达 80 年之久的牛肺疫起到了重要作用。

（1）预防措施　本病的预防工作应注意自繁自养，不从疫区引进牛，必须引进时，对引进牛要进行检疫。做补体结合反应两次，证明为阴性者接种疫苗，经 4 周后启运，到达后隔离观察 3 个月，确证无病时，才能与原有牛群接触。原牛群也应事先接种疫苗。

（2）扑灭措施　严格按《中华人民共和国动物防疫法》及有关规定，采取紧急、强制性、综合性的扑灭措施。

（3）治疗措施　治愈的牛长期带菌，是危险的传染源，因此，对病牛必须扑杀并进行无害化处理。对特殊用途的病牛可用新肿矾纳明（914）静脉注射进行治疗。有人用土霉素盐酸盐实验性治疗本病，效果比 914 好，与链霉素联合治疗也有效果。也可使用红霉素、卡那霉素、泰乐菌素等进行治疗。

（六）实验室检测

牛传染性胸膜肺炎诊断技术

依据标准：GB/T 18649—2014。

补体结合试验

1. 材料准备

（1）试验用巴比妥缓冲液，使用时 1：5 稀释，配制方法见附录 A。

（2）绵羊红细胞悬液使用阿氏液，制备方法见附录 B。

（3）6％绵羊红细胞悬液制备见附录 C。

（4）抗原，标准阳性血清、阴性血清采用国际标准品，溶血素由兽医生物药品厂供应，按说明书使用。溶血素效价测定见附录 D。

（5）致敏绵羊红细胞备　使用 12 单位 HD_{50}（50％溶血程度）的溶血素与等体积的 6％绵羊红细胞混合，37℃水浴 30min，其间间隔 5min 摇动 1 次。

（6）补体效价测定方法见附录 E。

（7）抗原效价测定方法见附录 F。

2. 操作方法

（1）被检血清，标准阴性血清、阳性血清均用巴比妥要缓冲液作 1：10 稀释，于 56℃水浴中灭活 30 min。

（2）在 96 孔微量反应板中，每孔加入 25μl 抗原、25μl 被检血清、25μl 2.5U 补体，振荡混匀后，37℃水浴 30min。

（3）每孔加入 25μl 致敏后的绵羊红细胞，振荡混匀后 37℃水浴 30min。

（4）设标准阳性血清、阴性血清，补体对照，溶血素对照，红细胞对照以及抗原抗补体活性对照，具体试验步骤见表2-26。

表 2-26　具体试验步骤

步骤编号	1	2	3	4	5	6	7
试剂	抗原	被检血清	补体	振荡混匀后37℃孵育30min	致敏绵羊红细胞	振荡混匀后37℃孵育30min	观察实验结果
剂量	25μl	25μl	25μl		25μl		

3. 结果判定

（1）95孔微量反应板125g离心2min或静止10min，当所有对照成立的情况下，判定被检孔补体结合百分率。

（2）判定补体结合百分率的方法见附录G。

（3）判定标准　当所有对照成立的情况下判定＋＋＋＋为阳性；＋、＋＋、＋＋＋为疑似；－为阴性。对于疑似样需重新采集血清进行复检，如果仍为疑似，则应做病理学检查和病原学检查。

附录 A
（规范性附录）

巴比妥缓冲液（VB）配制

氯化钠	85g
巴比妥酸	5.75g
巴比妥钠	3.75g
氯化镁	1.68g
氯化钙	0.37g
灭菌双蒸水	2000ml

用盐酸调节pH至7.3，使用时用灭菌双蒸水作1：5稀释。

附录 B
（规范性附录）

阿氏液的配制

A液：

葡萄糖	20.5g
灭菌双蒸水	200ml

B液：

柠檬酸钠	12.0g
氯化钠	4.2g
灭菌双蒸水	800ml

用5％柠檬酸调节B液pH至6.1。混合A液、B液，用莱式滤器过滤除菌。

附录 C
（规范性附录）

6%绵羊红细胞悬液的制备

无菌采集健康公绵羊静脉血，脱纤后用阿氏液悬浮，1500g 离心洗涤 3 次，每次 10min。收集红细胞沉淀，用阿氏液配成 6％悬液，4℃放置 48h 后使用，但最多使用不超过 3 周。

附录 D
（规范性附录）

溶血素效价测定

取 0.1ml 溶血素做 10 倍系列稀释至 1：1000 作为基础液，其稀释方法见表 2-27。

表 2-27　溶血素效价测定

试管号	1	2	3	4	5	6	7	8
稀释度	1：2000	1：3000	1：4000	1：5000	1：6000	1：8000	1：10000	1：15000
1：1000溶血素/ml	1.0	1.0	1.0	1.0	1.0	1.0	1.0	1.0
巴比妥缓冲液/ml	1.0	2.0	3.0	4.0	5.0	7.0	9.0	14.0
总量/ml	2.0	3.0	4.0	5.0	6.0	8.0	10.0	15.0

按照表 2-28 程序加入各种试验成分，在 37℃水浴 30min，1500g 离心 10min。将 100％溶血管的液体与等体积巴比妥缓冲液混合制成 50％溶血比色管。能使红细胞液 50％溶血的溶血素最大稀释度作为溶血素效价，使用 12 个单位的 HD_{50}。

表 2-28　试剂加入程序

试管号	1	2	3	4	5	6	7	8	9	10	11
溶血素稀释度	1：100	1：1000	1：2000	1：3000	1：4000	1：5000	1：6000	1：8000	1：10000	1：15000	
溶血素用量/ml	0.2	0.2	0.2	0.2	0.2	0.2	0.2	0.2	0.2	0.2	
1：20补体/ml	0.1	0.1	0.1	0.1	0.1	0.1	0.1	0.1	0.1	0.1	
6％红细胞/ml	0.2	0.2	0.2	0.2	0.2	0.2	0.2	0.2	0.2	0.2	0.2
巴比妥缓冲液/ml	0.50	0.50	0.50	0.50	0.50	0.50	0.50	0.50	0.50	0.50	0.8
振荡后 37～38℃水浴 30min											
结果判定	－	－	－	－	－	－	±	±	±	±	＋

注："＋"抑制溶血，"±"部分溶血，"－"全部溶血。

表 2-28 中第 8 管溶血程度达到 50％，而空白对照管都没有溶血现象，则该批溶血素的效价即为 1：8000，使用 12 个单位的 HD_{50}，则应将溶血素作 8000/12＝666.7 倍稀释。

附录 E
（规范性附录）

补体效价测定

使用巴比妥缓冲液稀释补体，具体操作见表 2-29 和表 2-30。

表 2-29　具体操作

管号	1	2	3	4	5	6
巴比妥缓冲液/ml	1.45	1.70	1.95	2.20	2.45	2.70
补体/ml	0.05	0.05	0.05	0.05	0.05	0.05
0.05 稀释度	1:30	1:35	1:40	1:45	1:50	1:55

表 2-30　具体操作

管号	1	2	3	4	5	6
补体稀释度	1:30	1:35	1:40	1:45	1:50	1:55
巴比妥缓冲液/ml	0.5	0.5	0.5	0.5	0.5	0.5
补体/ml	0.5	0.5	0.5	0.5	0.5	0.5
最终补体稀释度	1:60	1:70	1:80	1:90	1:100	1:110

将 (1:30) ～ (1:110) 各稀释度补体 25μl 加入 1.5ml 离心管中，每个补体稀释度孔中加入 25μl 巴比妥缓冲液，再加入 25μl 致敏后的绵羊红细胞，振荡混匀后 37℃ 水浴 30min 后 125g 离心 2min，判定结果。

补体效价判定：使绵羊红细胞 100% 溶解的补体最高稀释度即该补体效价。检测时使用 2.5U 补体。

附录 F
（规范性附录）

抗原效价测定

F.1　用 VB 液 2 倍连续稀释抗原，从 1:10 到 1:640。

F.2　用 VB 液 2 倍连续稀释阳性血清，从 1:10 到 1:128。

F.3　使用 96 孔微量反应板对抗原进行方阵滴定。具体操作如表 2-31。每孔分别加入对应稀释度的抗原 25μl、阳性血清 25μl、2.5U 补体 25μl，振荡混匀后 37℃ 水浴 30min。每孔加入致敏后的绵羊红细胞 25μl，振荡混匀后 37℃ 水浴 30min。125g 离心 2min 判定结果。同时设 0.5U、1U、2.5U 补体对照、致敏红细胞对照、每个抗原稀释度的抗补体对照。

表 2-31　96 孔微量反应板对抗原方阵滴定

	1	2	3	4	5	6	7	8	抗原
A	++++	++++	++++	++++	+++	+	—	—	1:10
B	++++	++++	++++	++++	++++	++	+	—	1:20
C	++++	++++	++++	++++	++++	+++			1:40
D	++++	++++	++++	++++	++++	+++	+		1:80
E	+	++	+++	++	++	+			1:160
F	—	—	—	—					1:320
G	—	—	—	—					1:640
阳性血清	1:10	1:20	1:40	1:80	1:160	1:320	1:640	1:1280	

F.4 当对照全部成立的情况下，补体被100％结合的阳性血清最高稀释度对应的抗原最高稀释度即抗原效价。

附录 G
（规范性附录）

补体结合百分率判定（表2-32）

表 2-32　补体结合百分率判定

补体结合百分率	判定结果
100％	＋＋＋＋
75％	＋＋＋
50％	＋＋
25％	＋
0	－

四、牛出血性败血病

牛出血性败血症是由多杀性巴氏杆菌感染引起的一种以败血症和组织器官出血为主要症状的传染性疾病，发病后如果治疗不及时将会造成很高的死亡率。主要病因是由于牛吃了被污染的饲料和饮水，或吸入含病菌的飞沫尘埃而传染，也可经外伤、昆虫叮咬等引起传染。牛出血性败血症是一种条件性疾病，致病菌广泛存在于健康牛的上呼吸道和消化道黏膜上，通常情况下不会引起发病，当牛受到诸如天气变化、长途运输、卫生条件不佳、营养缺乏、饲料突变等不良反应因素的作用导致身体抵抗能力下降，病菌就会乘虚而入，在体内大量繁殖，从淋巴进入血液，出现内源性感染，最终造成严重的经济损失。

（一）病原特征

本病病原是多杀性巴氏杆菌，为革兰氏阴性菌。本菌存在于病畜全身各组织、体液、分泌物及排泄物里，只有少数慢性病例存在于肺脏小病灶中，健康家畜的上呼吸道中可能带菌。本菌在外界的抵抗力较低，普通消毒药常用的浓度对它都有良好的消毒效果。除多杀性巴氏杆菌外，溶血性巴氏杆菌对牛也有致病力。

畜群中发生巴氏杆菌病时，往往查不出传染源，巴氏杆菌是家畜的常在菌，平时就存在于家畜体内，如呼吸道内，由于寒冷、闷热、气候剧变、潮湿、拥挤、圈舍通风不良、营养缺乏、饲料突变、长途运输、寄生虫病等诱因，家畜抵抗力降低，病菌可乘机经淋巴进入血液发生内源感染，由病畜排泄物排出病菌污染饲草、饮水用具和外界环境，经消化道传染给健畜，或经咳嗽、喷嚏排出病菌通过飞沫经呼吸道传染。

（二）临床症状

潜伏期2～5d，病程可分为败血型、水肿型、肺炎型和慢性型。

（1）败血型　病初体温急剧上升到 41～42℃，结膜潮红，呼吸和脉搏加快，食欲减退、全身衰弱，精神沉郁，鼻孔流出带血泡沫，有的腹泻，粪便带血，恶臭，被毛粗乱，肌肉震颤，常伏卧不起，流泪，有时头、颈出现水肿。一般一昼夜内虚脱死亡。

（2）水肿型　病牛的咽喉、头、颈、前胸等处的皮下组织发生炎性水肿，严重时可波及下腹。触压时硬而痛、灼热。有时可见到肛门、会阴等处也发生水肿，舌及周围组织肿胀。常伴发血便。呼吸困难，眼红肿，结膜发炎，流泪，可视黏膜变成蓝紫色。口流涎呈细丝状、连绵不断。头、颈直伸，难以转动。最后窒息而亡。一般病程 1～3d。此病多见于水牛、牦牛或犊牛。

（3）肺炎型　病牛以痛性干咳开始，张口伸舌，呼吸高度困难，气喘，鼻内流出无色或带血泡沫，或浆液性、脓性鼻液。可视黏膜呈蓝紫色。听诊有啰音及胸膜摩擦音。叩诊有浊音区及痛感。下痢，粪便恶臭，混有血液，2 岁以下的小牛多伴有带血的剧烈腹泻，胃肠黏膜严重出血。病牛最后多因衰竭而亡。病程 3d 左右。

（4）慢性型　较为少见，多是由急性型转变而来。病牛长期咳嗽，慢性腹泻，消瘦无力。长期下去失去使役能力。

（三）病理变化

根据流行病学和临床病症及剖检变化（败血型呈一般败血症变化，内脏器官出血，淋巴结显著水肿，胸腹腔有大量渗出液；浮肿型在咽喉或颈下有浆液浸润，切开浮肿部流出深黄色透明液体，间或杂有出血，咽周组织和会咽软骨韧带呈黄色胶样浸润，咽淋巴结和颈前淋巴结高度急性肿胀；肺炎型主要表现为胸膜炎和格鲁布氏肺炎，胸腔中有大量浆液性纤维素性渗出，肺切面呈大理石状，心包与胸膜粘连，内有干酪样坏死物）可作出诊断。确诊有赖于化验室细菌学检查，但本病还应与炭疽、气肿疽和恶性水肿相区别。

（四）流行病学特征

本病无明显季节性，但季节交替、气候剧变、闷热、潮湿、多雨时较多发，一般为散发。

（五）预防及治疗

根据本病的传播特点，平时注意饲养管理，避免拥挤和受寒，清除能降低牛抵抗力的因素，圈舍、围栏应定期消毒，每年可作定期预防接种。本病发生时，对同群的假定健康牛用高免血清作紧急预防接种，与青霉素、链霉素、四环素或磺胺类药物联用，可提高疗效。

治疗处方 1：抗出血性败血病血清，大牛 60～100ml，小牛 20～40ml，皮下注射或静脉注射。注射后 12～24h 内病情未见好转，可重复应用 1 次。

治疗处方 2：①青霉素，200 万～300 万 IU，肌内注射，每日 4 次。②硫酸链霉素，200 万 IU，肌内注射，每日 2 次。直至体温下降、全身症状好转后，继续用药 2 日。本方与治疗处方 1 合用效果更好。

治疗处方 3：10%磺胺嘧啶（或磺胺噻唑）钠注射液 200～300ml，静脉注射，1 日 2 次。直至体温下降、全身症状好转后，再继续用药 2 日。犊牛剂量减半；15 岁以上老牛剂量酌减，与治疗处方 1 合并用药效果更好。

治疗处方 4：盐酸土霉素，5～10ml/kg 体重，肌内注射或溶于 5％葡萄糖注射液中静脉注射，1 日 2 次，首次量加倍，连用 3～5 日。

治疗处方 5：新生霉素钠，2～5mg/kg 体重，注射用水溶解后肌内注射，或加入生理盐水静脉注射，1 日 2 次。

治疗处方 6：新肿凡纳明，2～3g（极量 4g），5％葡萄糖注射液 500～1000ml，静脉注射。本方用于肺炎型病例，必要时隔 3～5 日重复应用 1 次。

治疗处方 7：10％～20％磺胺二甲基嘧啶钠注射液，100～150ml，肌内或静脉注射。

治疗处方 8：氯霉素，成年牛每次 2.5～3g，2～3 岁小牛 6～8mg。每日 2～3 次，肌内注射。

治疗处方 9：四环素，10mg/kg 体重，葡萄糖生理盐水每千克体重 50ml，静脉注射，每日 2 次，连用 2 日。

（六）实验室检测

依据标准：GB/T 27530—2011。
病原学诊断

1.病料采集及处理

无菌采集病死动物的体腔渗出液、血液、肝脏、脾脏、淋巴结等新鲜病料，及时送检或置冷暗处保存备用，死亡时间较长的病例可采集长骨骨髓作为病料，可现场制作病料涂片或触片，供染色镜检。

2.染色镜检

采集病料涂片或触片，染色后置显微镜下观察。革兰氏染色可见革兰氏阴性的短杆菌或球杆菌，菌体大小为（0.2～0.4）μm×（0.6～2.5）μm。瑞氏染色和亚甲蓝染色时菌体两极浓染，印度墨汁染色（见附录 A）可见明显的荚膜。

慢性病例或腐败材料常不易发现典型细菌，应该经分离培养后再行染色镜检。

镜检观察到典型菌体，结合流行特点、症状和病变，可初步诊断为本病。进一步进行病原分离鉴定以作出确切诊断。

3.病原分离鉴定

（1）病原分离 病料分别接种麦康凯琼脂培养基（见附录 B）、酪蛋白-蔗糖-酵母（CSY）琼脂培养基（见附录 B）和鲜血琼脂培养基（见附录 B），置 37℃条件下培养 18～24h 后，挑选可疑菌落进行鉴定，当病料中细菌含量小时，可用 5％血清肉汤于 37℃进行增菌培养。

（2）病原鉴定

1）培养特性 多杀性巴氏杆菌在麦康凯琼脂培养基上不生长。在鲜血琼脂培养基上经 18～24h 后可长成圆形、光滑、湿润、有灰白色光泽的半透明菌，直径约 1mm，菌落周围无溶血现象。在 CSY 琼培养基上菌落通常大于鲜血琼脂培养基上的菌落。老龄培养物，特别是在无血培养基上的老龄培养物，形成的菌落小于鲜血琼脂培养基上的菌落。

2）菌体形态 取鲜血琼脂培养基上生长 18～24h 的典型菌落涂片，革兰氏染色镜检可见革兰氏阴性的球杆菌，菌体大小为（0.2～0.4）μm×（0.6～2.5）μm。

3）生化试验

① 取纯培养的待检菌少许接种发酵管（见附录B），置37℃培养，每天观察并记录结果。多杀性巴氏杆菌可分解葡萄糖、果糖、半乳糖、蔗糖和甘露糖，产酸不产气；不发酵棉子糖、乳糖、鼠李糖、菊糖、水杨苷、肌醇。

② MR、VP试阴性。

③ 引哚试验阳性。

④ 氧化酶试验、过氧化氢试验阳性，β-半乳糖苷酶试验、脲酶试验阴性。

⑤ 硝酸盐还原试验阳性，柠檬酸盐利用试验阴性。

⑥ 硫化氢试验阴性，明胶液化试验阴性。

⑦ 依据病原培养特性、菌体形态、生化试验，符合多杀性巴氏杆菌特征者可作出确定诊断。必要时进行血清分型试验和动物接种试验。

附录 A
（规范性附录）

溶液及电泳介质的配制

A.1　印度墨汁染色

A.1.1　试剂：印度墨汁。

A.1.2　操作：将标本与一滴印度墨汁染色液在玻片上混合，加玻片，轻压一下，使标本混合液变薄，在显微镜下观察。

A.2　阿氏液（Alsever's液）

A.2.1　成分

葡萄糖	2.05g
柠檬酸钠	0.80g
柠檬酸	0.05g
NaCl	0.42g

A.2.2　制法

上述成分加蒸馏水至100ml，混合过滤，116℃灭菌15min备用。

A.3　0.2mol/L磷酸盐缓冲液（PB）

A.3.1　成分

$NaH_2PO_4 \cdot 2H_2O$

$Na_2HPO_4 \cdot 12H_2O$

A.3.2　制法

先配制0.2mol/L的$NaH_2PO_4 \cdot 2H_2O$（A液）和0.2mol/L的$Na_2HPO_4 \cdot 12H_2O$（B液），两者按一定比例混合即成0.2mol/L酸盐缓冲液。

A液：称取$NaH_2PO_4 \cdot 2H_2O$ 31.2g，加双蒸水充分溶解定容至1000ml。

B液，称取$Na_2HPO_4 \cdot 12H_2O$ 71.632g，加双蒸水充分溶解定容至1000ml。取A液19.0ml，B液81.0ml混合后摇匀即得0.2mol/L pH7.4的PB。

A.4　巴比妥醋酸盐冲液（巴比妥缓冲液）

巴比妥钠29.24g，无水醋酸钠11.70g，0.1moL/L盐酸180ml，加蒸馏水到3L，调整pH为8.8。

A.5 对流免疫电泳介质

对流免疫电泳介质成分：糖 2.0g，巴比妥钠 2.06g，二乙基巴比妥酸 0.37g，水 180ml 及 0.01% 的硫柳汞 20ml。

附录 B
（规范性附录）
培养基的配制

B.1 麦康凯琼脂培养基

称取适量干粉麦康凯琼脂培养基，按使用说明制作培养平板。

B.2 酪蛋白-蔗糖-酵母（CSY）琼脂培养基

B.2.1 成分

水解酪蛋白	3g
蔗糖	3g
酵母浸膏	5g
氯化钠	5g
无水磷酸氢二钾	3g

B.2.2 制法

加蒸馏水至 1L，完全溶解后调 pH 至 7.3～7.4 后加入 1.5% 琼脂，116℃高压灭菌 15min。冷却至 45～50℃时加入 5% 的犊牛血清并倾注平皿制成平板培养基。

B.3 鲜血琼脂培养基

B.3.1 成分

牛肉膏	5g
蛋白胨	10g
氯化钠	5g
磷酸氢二钾	1.0g
琼脂粉	25g
蒸馏水	1000ml

B.3.2 制法

先将牛肉膏、蛋白胨、氯化钠和磷酸氢二钾溶于蒸馏水，调 pH 至 7.4～7.6，再加入琼脂粉，混匀并高压灭菌后，冷却至 50℃时加入无菌脱纤家兔鲜血 5%，充分混合后倾注平皿制成平板培养基。

B.4 糖发酵管

B.4.1 成分

蛋白胨	10g
氯化钠	5g
糖（醇、苷）	10g
0.2% 的溴香草酚蓝溶液	12ml
蒸馏水	1000ml

B.4.2 制法

各成分加热溶于水中并调 pH 至 7.4，分装试管，116℃高压灭菌 15min。

五、魏氏梭菌病

魏氏梭菌病是由产气荚膜梭菌（旧称魏氏梭菌）引起的多种动物的一类传染病的总称，包括猪梭菌性肠炎、家畜 A 型魏氏梭菌病、羊肠毒血症（注：三类疫病）、羊猝狙、羔羊痢疾、兔梭菌性腹泻、鹿肠毒血症、鸡坏死性肠炎、犊牛肠毒血症等。我国把其列入二类动物疫病。

产气荚膜菌（*Cl. perfringens*）旧称魏氏梭菌（*Cl. welchii*）或产气荚膜杆菌，为梭菌属（*Clostridium*），是两端钝圆的粗大杆菌，大小为（1～1.5）μm×（4～8）μm，单在或成双排列，无鞭毛，不能运动，在动物体内形成荚膜，能产生与菌体直径相同的卵圆形芽孢，位于菌体中央或近端。革兰氏染色阳性，但陈旧培养物可变为阴性。对厌氧要求不十分严格，在普通培养基上迅速生长。在葡萄糖血液琼脂上形成中央隆起、表面有放射状条纹、边缘呈锯齿状、灰白色、半透明的大菌落，直径 2～4mm，菌落周围有棕绿色溶血区，有时出现双层溶血环，内环透明为 β 型溶血、外环透明为 α 型溶血。在厌氧肉肝汤中生长迅速，5～6h 出现混浊，产生大量气体。大多数菌株发酵葡萄糖、麦芽糖、乳糖和蔗糖；不发酵甘露醇；发酵水杨苷不稳定；发酵的主要产物有乙酸和丁酸；液化明胶，吲哚阴性。在蛋黄琼脂上生长，说明该菌产生卵磷脂，但不产生酯酶。在牛乳培养基中能迅速分解糖产酸，凝固酪蛋白，产生大量气体，并将凝固的酪蛋白迅速冲散成海绵状碎块，称为"暴发酵"（Stormy fermentation），这是本菌的特征。

根据主要致死性毒素及其抗毒素的中和试验，本菌可分为 A，B，C，D、E 5 个型。A 型菌主要是引起人气性坏疽和食物中毒的病原，也引起动物的气性坏疽，还可引起牛、羔羊、新生羊驼、野山羊、驯鹿、仔猪、家兔等的肠毒血症；B 型菌主要引起羔羊痢疾，还可引起驹、犊牛、羔羊、绵羊和山羊的"肠毒血症或坏死性肠炎"；C 型菌是绵羊猝狙的病原，也引起羔羊、犊牛、仔猪、绵羊的肠毒血症和坏死性肠炎以及人的坏死性肠炎；D 型菌引起羔羊、绵羊、山羊、牛以及灰鼠的肠毒血症；E 型菌可致犊牛、羔羊肠毒血症，但很少发生。

该菌在自然界分布极广泛，可见于土壤、污水、饲料、粪便以及人畜肠道中。

一般消毒药均易杀死本菌繁殖体，但芽孢抵抗力较强，在 95℃下经 2.5h 方可杀死；冻干保存至少 10 年其毒力和抗原性不发生变化。环境消毒时，必须用强力消毒药如 20％漂白粉、3％～5％的氢氧化钠溶液等。

（一）家畜 A 型魏氏梭菌

近年来，国内许多地区的牛、羊、猪、马、鹿等家畜流行一种以急性死亡为特征的疾病，俗称"猝死症"。经全国性的调查研究，已明确此病的主要病原为魏氏梭菌，优势菌为 A 型魏氏梭菌，少数为 C 型、D 型魏氏梭菌。

（1）病原学　河南等十多个省（自治区）的有关资料表明，对猪、牛、羊等动物取其心、肝、脾、肾作分别镜检时，均可看到两端钝圆、有荚膜、无芽孢的革兰氏阳性粗短杆菌，单个或呈短链状存在；后经分离培养及接种试验（厌气培养、需氧培养、生化试验、动物试验、泡沫肝脏试验、毒性测定、毒素中和试验等）鉴定为魏氏梭菌。用标准魏氏梭菌抗毒素，对能致死的小鼠作中和保护试验时，结果绝大多数为 A 型魏氏梭菌肠毒素，C

型和 D 型只占少数。但是，也有人主张是与其他细菌联合致病的。因为除魏氏梭菌外，还培养出巴氏杆菌（*Bacillus hastert*）或普通大肠杆菌（*Escherichiacoli*）。

（2）流行病学　多种家畜均可发病，无性别之差；膘情中或上等的家畜，发病率较高。新购入或引进的品种其发病率及病死率较高，各种年龄的家畜均可发病，但猪在 2～6 月龄、羊在 0.5～2 岁、牛在 2～5 岁或以上的期间，感染发病率较高。

本病的发生无明显的季节性，但以冬春发病较多（大约占 3/4），夏季显著减少，秋季又逐渐回升；长期休闲的牛，突使重役时发病较多。同时又有一定的区域性，在我国南方各省（自治区）猪发生的较多，而北方各省（自治区）则以反刍类动物（牛、羊）较为严重。本病的病死率较高，以牛为例，有人报道了在 1003 头发病的商品肉牛中，死亡 921 头，病死率高达 91.8%；耕牛也与此相差无几，有人统计发病 32 例，死亡 30 例，病死率高达 93.8%。

（3）临床症状　主要特征是发病急，死亡快，因此又称为"暴死症"或"急性死亡征候群"（Acute death syndrome, ADS）。一般分为最急性型、急性型、亚急性型三个型。

① 最急性型：无前驱症状，常突然发病，死亡前突然倒地，四肢划动或蹦跳，哞叫数声，立即死亡，病程只有数分钟或数十分钟。

② 急性型：多突然发生抽搐、震颤、被毛逆立，继而倒地，常试图挣扎站起，结果往往失败；继而有呼吸困难，大量流涎，磨牙，腹胀腹痛，体温下降，有的口鼻流出多量带有泡沫的红色水样物；特别是使役的牛只，突然出现不愿行走、臀部肌肉颤抖、步态蹒跚、后肢软弱无力、倒地后四肢划动，并呈游泳状，多于一日内死亡。

③ 亚急性型：精神沉郁，食欲减少或废绝，口腔黏膜发绀，阵发性不安，精神高度紧张，视力模糊，反应迟钝，肌肉震颤，站立困难，走路摇摆或后肢蹒跚，有的呈犬坐姿势或拱腰，体温偏低并继而下降，排粪排尿频繁而量少，粪中带有黏液或血液，全身出汗，眼睛对光过敏，心跳加速，心律不齐，继而昏迷，静脉血液黏稠而色暗紫，角膜反射消失，瞳孔散大，多于两三天内死亡。

牛、羊、猪等其临诊症状都相差无几；不过，猪发病多属于最急性型或急性型，短则几分钟、长也不过数小时，而且神经症状比较明显。猪患病后大多横冲直撞，时而转圈，时而向前盲目奔跑，不顾阻挡，冲撞障碍物时随即倒下，口吐白沫，肌肉紧张抽搐，四肢不断划动（猪若为白色者，可见其腹底部、耳根、鼻盘部发绀），空嚼，嚎叫，随后很快死亡。牛羊发病后呈急性经过，而且致死率极高。牛、山羊临诊表现为呼吸迫促、不安，并出现神经症状，"死前惨叫"为本病特征之一；绵羊患本病的临诊表现及病理变化与绵羊肠毒血症基本一致。

（4）病理变化　动物死亡后，尸僵完全，肛门外翻，腹部迅速膨胀，口鼻流出混有气泡的液体或血液，眼结膜发绀，舌、口腔与结膜有出血点；体表可见挣扎时留下的擦伤痕迹。内部的病理变化，主要表现为全身性的"实质器官"出血或充血等。胃（反刍动物的瘤胃）及肠腔广泛胀气。胸腔内蓄积有多量暗红色液体。

心包腔积液呈黄绿色，心脏和心内膜有针尖或稻米粒大小的出血点，有的心外膜呈大片状出血，心肌变性和脆弱，有的还呈条状出血；心脏质地变软，心冠状沟呈弥漫性出血，后腔大动脉均有出血点，心耳有紫黑色的淤血块，有的心脏扩大。肺水肿，并有充血和出血，呈鲜红色，有的呈典型的"间质性肺炎"变化；支气管和细支气管内，有大量的黏液或充满带血之泡沫。肝、脾、肾肿大，质脆易碎。肝脏轻度淤血，胆囊肿大，胆汁淤积（呈茶色）。脾脏略微肿大，边缘有小出血点；也有严重肿大者，并呈紫黑色；有的髓质糜烂，脾小梁明显。个别还有胰腺淤血或出血。肾的颜色较淡，被膜紧张，易剥离，但切面不外翻；肾脏表面有淡黄色之斑块和点状出血，有的则呈广泛出血；膀胱亦有出血点，而且多半积有血样尿。

反刍动物瘤胃充盈，真胃空虚，胃底黏膜有出血点或弥漫性出血或有溃疡；贲门也有出血点。肠道有不同程度的卡他性或出血性炎症，肠黏膜严重脱落；尤以空肠、回肠为重，呈紫红色或蓝紫色，个别局部坏死；有的全部肠道呈深红色，肠内容物呈酱油状，并高度臌气，肠壁变薄。肠系膜淋巴结肿胀和出血，切面呈暗紫色，或有坏死现象。

普遍性脑血管扩张，脑膜充血或出血，大脑回变浅；纵切大脑半球时，可见灰质部有出血点，脑室微血管有出血，延脑、桥脑等也有密集的出血点。

（5）预防及治疗

1）预防　主要应做好以下几方面的工作：

① 对圈舍、畜体、饲槽及其内外应保持经常性的环境卫生。

② 注意定期消毒，实践证明，用3％甲醛溶液或2％氢氧化钠溶液消毒效果较好。

③ 注意家畜饲草饲料的合理搭配，补充富含营养的草料，并依据不同的自然环境条件，添加适量的铜或硒等微量元素。

④ 加强饲养管理，减少应激性刺激，农区大家畜的休闲与使役要有机结合，休闲时加强运动，使役时逐渐增加劳动强度。

⑤ 使用疫苗预防接种具有一定效果，例如在流行地区使用魏氏梭菌-巴氏杆菌二联疫苗具有显著的效果，牛5ml/次、羊及猪3ml/次，1个月后再加强免疫注射1次。亦可使用羊三联疫苗（羊快疫-羊猝击-羊肠毒血症），对牛、羊、猪等进行免疫注射。

2）治疗　由于死亡迅速，往往来不及治疗，看不出何种药物真正有效；一般是采取抗菌消炎和强心、镇静等方法。例如，氨比西林3000～4000IU/kg、地塞米松注射液0.1g/kg、樟脑磺酸钠0.1～0.2ml/kg，肌内注射。若见好转，以上药物可再使用1次，并进行各种对症治疗。亦可使用卡那霉素等抗生素、安钠咖、甘露醇、葡萄糖盐水、维生素B族和维生素C等药物。为了急救，发病时亦可首先由其耳静脉、尾尖、舌底静脉放血，冷水喷淋患畜头部，并适当灌服白酒（牛150～200ml、猪50～100ml等），而后用药。

（二）羊猝击

羊猝击又称羊猝狙，是由C型魏氏梭菌引起的一种毒血症，以急性死亡、腹膜炎和肠炎为特征。

本病最早发现于英国，1931年Mcewen和Robert将其命名为Struck。本病在美国和前苏联也曾发生过。1953年夏季，我国内蒙古东部地区发生羊快疫及羊猝狙的混合感染，造成流行。在我国其他地区，也曾发生过类似疫情。

（1）流行病学特征　本病发生于成年羊，以1～2岁的绵羊发病较多。常流行于低洼、沼泽地区，发于冬春季节。主要经消化道感染，常呈地方性流行。

（2）临床症状　病程短促，常未见到症状即突然死亡。有时发现病羊掉群、卧地、表现不安、衰弱和痉挛，在数小时内死亡。

（3）病理变化　主要见于消化道和循环系统。十二指肠和空肠黏膜严重充血、糜烂，有的区段可见大小不等的溃疡。胸腔、腹腔和心包大量积液，暴露于空气后可形成纤维蛋白絮块。浆膜上有小点出血。死亡后骨骼肌出现气肿和严重出血。

（4）预防及治疗　由于本病的病程短促，往往来不及治疗，因此，必须加强防疫措施。发生本病时，将病羊隔离，对病程较长的病例进行对症治疗。当本病发生严重时转移牧地，可减少发病或停止发病，同时用羊快疫-羊猝狙二联菌苗进行紧急接种。

平时加强饲养管理和环境卫生。对常发地区，每年可定期注射1～2次羊快疫-羊猝狙二联苗或羊快疫-羊猝狙-肠毒血症三联苗。近年来，我国又研制成功厌气菌七联干粉苗（羊快疫-羊猝狙-羔羊痢疾-肠毒血症-黑疫-肉毒中毒-破伤风七联菌苗）。怀孕母羊在产前进行两次免疫，第一次在产前1～1.5个月，第二次在产前15～30d，母羊产生的抗体，可经初乳使羔羊获得母源抗体。但在发病季节，羔羊也应接种菌苗。

（三）羔羊痢疾

羔羊痢疾是由B型魏氏梭菌引起的初生羔羊的一种急性毒血症，以剧烈腹泻和小肠发生溃疡为特征。常引起羔羊大批死亡，该病可给养羊业造成重大的经济损失。

（1）流行病学特征　该病主要发生于7日龄以内羔羊，尤以2～3日龄羔羊发病最多，7日龄以上的羔羊很少患病。主要经过消化道感染，也可通过脐带或创伤感染。本病呈地方性流行。

促使羔羊痢疾发生的不良诱因，主要是母羊怀孕期营养不良，羔羊体质瘦弱；气候寒冷，特别是大风雪后，羔羊受冻；哺乳期哺乳不当、饥饱不匀或卫生不良。因此，羔羊痢疾的发生和流行，就表现出一系列明显的规律性。饲草质量差而又没有搞好补饲的年份常易发生；气候最冷和变化较大的月份，发病最为严重；纯种细毛羊的适应性差，发病率和病死率最高，杂种羊则介于纯种与土种羊之间，其中杂交代数愈高者，发病率和病死率也愈高。

（2）临床症状　潜伏期1～2d。病初精神委顿，低头拱背，不想吃奶、不久即发生腹泻，粪便恶臭，有的稠如面糊，有的稀薄如水，粪便呈黄绿色、黄白色甚至灰白色。后期粪便带血并含有黏液和气泡；肛门失禁、严重脱水、卧地不起，若不及时治疗常在1～2d死亡，只有少数病轻者可能自愈。个别病羔表现腹胀而不下痢或只排少量稀粪（也可能带血），主要出现神经症状（四肢瘫软，卧地不起，呼吸急促，口吐白沫，最后昏迷，头向后仰），体温下降至常温以下，于数小时至十几小时内死亡。

（3）病理变化　尸体严重脱水，尾部沾有稀粪痕迹。真胃内有未消化的乳凝块。小肠（尤其是回肠）黏膜充血发红，常可见到直径为1～2mm的溃疡，溃疡周围有一出血带环绕，有的肠内容物呈血色。肠系膜淋巴结肿胀充血或出血。心包积液，心内膜可见出血点。肺常有允血区和淤斑。

（4）防控措施　加强饲养管理，增强孕羊体质，产羔季节注意保暖，做好消毒隔离工作并及时给羔羊哺以新鲜、清洁的初乳，每年秋季注射羔羊痢疾菌苗或五联苗，母羊产前14～21d再接种1次可以提高其抗体水平，使新生羔羊获得足够的母源抗体。

羔羊出生后可灌服抗菌药物，每日1次，连用3d有一定预防效果。

用土霉素、磺胺类药等药物治疗，同时根据其他症状进行对症治疗。

（四）实验室检测

家畜魏氏梭菌病诊断技术

依据标准：NY/T 3073—2017。

1. 产气荚膜梭菌的分离、鉴定

（1）仪器、材料的准备

1）仪器　光学显微镜、超净工作台、高压灭菌锅、厌氧培养箱。

2）培养基和试剂　胰胨-亚硫酸盐-环丝氨酸琼脂基础培养基（TSC，配制方法见附录A）、血琼脂平板（配制方法见附录A）、增菌培养基（配制方法见附录A）、鲜牛乳、生化鉴定试剂、革兰氏染色液。

（2）涂片、镜检　采取洁净玻片在病死动物肠道病变部位黏膜进行组织触片，革兰氏染色、镜检。观察到视野中革兰氏染色反应阳性，一般是直径 $0.8\sim1.5\mu m$、长 $5\sim17\mu m$ 的蓝紫色细菌。

（3）样品采集　无菌采集病死动物的肠内容物或粪便 5g，加入 45ml 灭菌营养肉汤培养基中增菌，在厌氧环境 43℃培养 24h。

（4）细菌分离培养　接种环取 3～5 环，接种在胰胨-亚硫酸盐-环丝氨酸琼脂基础培养基上，43℃厌氧培养 24h。观察菌落形态，将黑色可疑菌落再接种到血琼脂平板上（血琼脂基础＋5％公绵羊血＋1％葡萄糖），43℃厌氧培养 24h 分离培养。血琼脂平板上菌落直径 1～2mm、双溶血环，平板从培养箱取出后，有异臭味，菌落颜色由灰褐色变为绿色。

（5）产气荚膜梭菌纯培养　挑取疑似菌落，涂片镜检。再对疑似菌落纯分离培养，得到纯分离株。

（6）生化鉴定　进行葡萄糖、麦芽糖、蔗糖、果糖、乳糖、木糖、甘露醇、水杨苷、吲哚、H_2S、MR、还原性硝酸盐、明胶液化的生化试验。把分离株菌液加入生化反应发酵管中，厌氧培养 24h，观察生化试验结果。

（7）牛乳培养基进行暴烈发酵试验　该菌能使牛奶培养基"暴烈发酵"。

（8）结果判定　TSC 培养基上可疑菌落为黑色；血平板上可疑菌落双溶血环，平板从培养箱取出后，菌落颜色由灰褐变为绿色。生化反应是葡萄糖＋、麦芽糖＋、蔗糖＋、果糖－、乳糖＋、木糖－、甘露醇－、水杨苷－、吲哚试验－、H_2S 试验＋、MR＋、还原性硝酸盐试验＋、明胶液化＋，以及牛奶培养基"暴烈发酵"的分离株可判定为产气荚膜梭菌。

2. 产气荚膜梭菌毒素基因的 PCR 检测

（1）材料准备

1）仪器　厌氧培养箱、超净工作台、PCR 仪、电泳仪、凝胶成像仪、数显恒温水浴锅、振荡器、离心机、高压灭菌锅。

2）培养基和试剂　血琼脂平板、增菌培养基、Taq DNA 聚合酶、DNA 模板、dNTPs、双蒸水。

（2）引物　根据产气荚膜梭菌 4 种主要毒素基因序列和国内外公开发表的引物序列合成通用引物（见表 2-23）。

表 2-23　引物序列

基因(bp)	上游引物(5′→3′)	下游引物(5′→3′)
α(alpHa)cpa(325)	GCTAATGTTACTGCCGTTGA	CCTCTGATACATCGTGTAAG
β(beta)cpb(196)	GCGAATATGCTGAATCATCTA	GCAGGAACATTAGTATATCTTC

基因(bp)	上游引物(5′→3′)	下游引物(5′→3′)
ε(epsilon)etx(656)	GCGGTGATATCCATCTATTC	CCACTTACTTGTCCTACTAAC
τ(iota)iap(146)	ACTACTCTCAGACAAGACAG	CTTTCCTTCTATTACTATACG

（3）DNA 模板的制备

1）增菌　分离鉴定的产气荚膜菌接种于营养肉汤培养基中，43℃厌氧培养 12h。

2）模板制备　取增菌培养物于 1ml 离心管中，8000g 离心 1.5～2min，弃去上清，加入 100LTE（配制方法见附录 B）混匀作为模板。

（4）PCR 反应体系（25μl）

1）PCR 反应体系

10×Taq buffer（含 Mg^{2+}）	2.5μl
dNTPs	2.5μl
上游和下游引物（10pmol/μl）	各 1L
模板	2μl
无菌双蒸水	15.75μl
Tag DNA 聚合酶	0.25μl

2）对照　同时设立阳性对照、阴性对照和空白对照，用 B 型（NCTC8533）、E 型（NCTC8084）产气荚膜梭菌标准菌株的菌体做阳性对照，用肠杆菌标准菌株的菌体做阴性对照，用无菌双蒸水做空白对照。

（5）PCR 反应　94℃变性 5min。然后 30 个循环，分别为：94℃变性 30s；53℃退火 30s；72℃延伸 1min。最后 72℃延伸 10min，4℃保存。

（6）电泳　用 TAE 制备 1% 琼后糖凝胶，加样 6～8μl，在电压 80～100V、电流 40mA 下进行电泳 30～40min。

（7）结果判定　用凝胶成像仪观察扩增条带，在阴性对照和空白对照泳道无条带，阳性对照泳道出现 α325bp、β196bp、ε656bp、τ446bp 的清晰条带的条件下，根据阳性条带大小判断样品阳性或者阴性。

附录 A
(规范性附录)

培养基的配制

A.1　TSC 平板

TSC 培养基	47.0g
0.5%D 环丝氨酸溶液	80ml

TSC 培养基加热溶解于 1000ml 蒸馏水中，121℃高压灭菌 15min。冷至 50℃时，加入过滤除菌的 0.5%D 环丝氨酸溶液 80ml，倾倒平皿。

A.2　血琼脂平板

血琼脂基础培养基 40.0g、葡萄糖 10g，加热溶解于 1000ml 蒸馏水中，116℃、30min 灭菌，冷至 45～50℃时，加入 5% 的无菌脱纤维公绵羊血，混匀，倾入无菌平皿。

A.3 增菌培养基

营养肉汤培养基 33.0g，溶解于 1000ml 蒸馏水中，116℃、30min 灭菌。

附录 B
（规范性附录）

PCR 反应溶液的配制

B.1 TE 缓冲液（pH7.6）配制

Tris 碱	6.06g（0.05mol/L）
$Na_2EDTA \cdot 2H_2O$	0.37g（1mol/L）
NaCl	8.77g（0.151mol/L）
双蒸水	930ml

将上述混合物完全溶解后，加入 57.1ml 的醋酸充分搅拌溶解，加双蒸水至 1L 后，置室温保存。应用前，用双蒸水将 50×TAE 电泳缓冲液 50 倍稀释。

≡ 附　录 ≡
相关法律、法规

附录一

中华人民共和国动物防疫法（2015年修正）

第一章 总 则

第一条 为了加强对动物防疫活动的管理，预防、控制和扑灭动物疫病，促进养殖业发展，保护人体健康，维护公共卫生安全，制定本法。

第二条 本法适用于在中华人民共和国领域内的动物防疫及其监督管理活动。进出境动物、动物产品的检疫，适用《中华人民共和国进出境动植物检疫法》。

第三条 本法所称动物，是指家畜家禽和人工饲养、合法捕获的其他动物。本法所称动物产品，是指动物的肉、生皮、原毛、绒、脏器、脂、血液、精液、卵、胚胎、骨、蹄、头、角、筋以及可能传播动物疫病的奶、蛋等。本法所称动物疫病，是指动物传染病、寄生虫病。本法所称动物防疫，是指动物疫病的预防、控制、扑灭和动物、动物产品的检疫。

第四条 根据动物疫病对养殖业生产和人体健康的危害程度，本法规定管理的动物疫病分为下列三类：（一）一类疫病，是指对人与动物危害严重，需要采取紧急、严厉的强制预防、控制、扑灭等措施的；（二）二类疫病，是指可能造成重大经济损失，需要采取严格控制、扑灭等措施，防止扩散的；（三）三类疫病，是指常见多发、可能造成重大经济损失，需要控制和净化的。前款一、二、三类动物疫病具体病种名录由国务院兽医主管部门制定并公布。

第五条 国家对动物疫病实行预防为主的方针。

第六条 县级以上人民政府应当加强对动物防疫工作的统一领导，加强基层动物防疫队伍建设，建立健全动物防疫体系，制定并组织实施动物疫病防治规划。乡级人民政府、城市街道办事处应当组织群众协助做好本管辖区域内的动物疫病预防与控制工作。

第七条 国务院兽医主管部门主管全国的动物防疫工作。县级以上地方人民政府兽医主管部门主管本行政区域内的动物防疫工作。县级以上人民政府其他部门在各自的职责范围内做好动物防疫工作。军队和武装警察部队动物卫生监督职能部门分别负责军队和武装警察部队现役动物及饲养自用动物的防疫工作。

第八条 县级以上地方人民政府设立的动物卫生监督机构依照本法规定，负责动物、动物产品的检疫工作和其他有关动物防疫的监督管理执法工作。

第九条 县级以上人民政府按照国务院的规定，根据统筹规划、合理布局、综合设置的原则建立动物疫病预防控制机构，承担动物疫病的监测、检测、诊断、流行病学调查、疫情报告以及其他预防、控制等技术工作。

第十条 国家支持和鼓励开展动物疫病的科学研究以及国际合作与交流，推广先进适用的科学研究成果，普及动物防疫科学知识，提高动物疫病防治的科学技术水平。

第十一条　对在动物防疫工作、动物防疫科学研究中做出成绩和贡献的单位和个人，各级人民政府及有关部门给予奖励。

第二章　动物疫病的预防

第十二条　国务院兽医主管部门对动物疫病状况进行风险评估，根据评估结果制定相应的动物疫病预防、控制措施。国务院兽医主管部门根据国内外动物疫情和保护养殖业生产及人体健康的需要，及时制定并公布动物疫病预防、控制技术规范。

第十三条　国家对严重危害养殖业生产和人体健康的动物疫病实施强制免疫。国务院兽医主管部门确定强制免疫的动物疫病病种和区域，并会同国务院有关部门制定国家动物疫病强制免疫计划。省、自治区、直辖市人民政府兽医主管部门根据国家动物疫病强制免疫计划，制订本行政区域的强制免疫计划；并可以根据本行政区域内动物疫病流行情况增加实施强制免疫的动物疫病病种和区域，报本级人民政府批准后执行，并报国务院兽医主管部门备案。

第十四条　县级以上地方人民政府兽医主管部门组织实施动物疫病强制免疫计划。乡级人民政府、城市街道办事处应当组织本管辖区域内饲养动物的单位和个人做好强制免疫工作。饲养动物的单位和个人应当依法履行动物疫病强制免疫义务，按照兽医主管部门的要求做好强制免疫工作。经强制免疫的动物，应当按照国务院兽医主管部门的规定建立免疫档案，加施畜禽标识，实施可追溯管理。

第十五条　县级以上人民政府应当建立健全动物疫情监测网络，加强动物疫情监测。国务院兽医主管部门应当制定国家动物疫病监测计划。省、自治区、直辖市人民政府兽医主管部门应当根据国家动物疫病监测计划，制定本行政区域的动物疫病监测计划。动物疫病预防控制机构应当按照国务院兽医主管部门的规定，对动物疫病的发生、流行等情况进行监测；从事动物饲养、屠宰、经营、隔离、运输以及动物产品生产、经营、加工、贮藏等活动的单位和个人不得拒绝或者阻碍。

第十六条　国务院兽医主管部门和省、自治区、直辖市人民政府兽医主管部门应当根据对动物疫病发生、流行趋势的预测，及时发出动物疫情预警。地方各级人民政府接到动物疫情预警后，应当采取相应的预防、控制措施。

第十七条　从事动物饲养、屠宰、经营、隔离、运输以及动物产品生产、经营、加工、贮藏等活动的单位和个人，应当依照本法和国务院兽医主管部门的规定，做好免疫、消毒等动物疫病预防工作。

第十八条　种用、乳用动物和宠物应当符合国务院兽医主管部门规定的健康标准。种用、乳用动物应当接受动物疫病预防控制机构的定期检测；检测不合格的，应当按照国务院兽医主管部门的规定予以处理。

第十九条　动物饲养场（养殖小区）和隔离场所，动物屠宰加工场所，以及动物和动物产品无害化处理场所，应当符合下列动物防疫条件：（一）场所的位置与居民生活区、生活饮用水源地、学校、医院等公共场所的距离符合国务院兽医主管部门规定的标准；（二）生产区封闭隔离，工程设计和工艺流程符合动物防疫要求；（三）有相应的污水、污物、病死动物、染疫动物产品的无害化处理设施设备和清洗消毒设施设备；（四）有为其服务的动物防疫技术人员；（五）有完善的动物防疫制度；（六）具备国务院兽医主管部门规定的其他动物防疫条件。

第二十条　兴办动物饲养场（养殖小区）和隔离场所，动物屠宰加工场所，以及动物和动物产品无害化处理场所，应当向县级以上地方人民政府兽医主管部门提出申请，并附具相关材料。受理申请的兽医主管部门应当依照本法和《中华人民共和国行政许可法》的规定进行审查。经审查合格的，发给动物防疫条件合格证；不合格的，应当通知申请人并说明理由。动物防疫条件合格证应当载明申请人的名称、场（厂）址等事项。经营动物、动物产品的集贸市场应当具备国务院兽医主管部门规定的动物防疫条件，并接受动物卫生监督机构的监督检查。

第二十一条　动物、动物产品的运载工具、垫料、包装物、容器等应当符合国务院兽医主管部门规定的动物防疫要求。染疫动物及其排泄物、染疫动物产品，病死或者死因不明的动物尸体，运载工具中的动物排泄物以及垫料、包装物、容器等污染物，应当按照国务院兽医主管部门的规定处理，不得随意处置。

第二十二条　采集、保存、运输动物病料或者病原微生物以及从事病原微生物研究、教学、检测、诊断等活动，应当遵守国家有关病原微生物实验室管理的规定。

第二十三条　患有人畜共患传染病的人员不得直接从事动物诊疗以及易感染动物的饲养、屠宰、经营、隔离、运输等活动。人畜共患传染病名录由国务院兽医主管部门会同国务院卫生主管部门制定并公布。

第二十四条　国家对动物疫病实行区域化管理，逐步建立无规定动物疫病区。无规定动物疫病区应当符合国务院兽医主管部门规定的标准，经国务院兽医主管部门验收合格予以公布。本法所称无规定动物疫病区，是指具有天然屏障或者采取人工措施，在一定期限内没有发生规定的一种或者几种动物疫病，并经验收合格的区域。

第二十五条　禁止屠宰、经营、运输下列动物和生产、经营、加工、贮藏、运输下列动物产品：（一）封锁疫区内与所发生动物疫病有关的；（二）疫区内易感染的；（三）依法应当检疫而未经检疫或者检疫不合格的；（四）染疫或者疑似染疫的；（五）病死或者死因不明的；（六）其他不符合国务院兽医主管部门有关动物防疫规定的。

第三章　动物疫情的报告、通报和公布

第二十六条　从事动物疫情监测、检验检疫、疫病研究与诊疗以及动物饲养、屠宰、经营、隔离、运输等活动的单位和个人，发现动物染疫或者疑似染疫的，应当立即向当地兽医主管部门、动物卫生监督机构或者动物疫病预防控制机构报告，并采取隔离等控制措施，防止动物疫情扩散。其他单位和个人发现动物染疫或者疑似染疫的，应当及时报告。接到动物疫情报告的单位，应当及时采取必要的控制处理措施，并按照国家规定的程序上报。

第二十七条　动物疫情由县级以上人民政府兽医主管部门认定；其中重大动物疫情由省、自治区、直辖市人民政府兽医主管部门认定，必要时报国务院兽医主管部门认定。

第二十八条　国务院兽医主管部门应当及时向国务院有关部门和军队有关部门以及省、自治区、直辖市人民政府兽医主管部门通报重大动物疫情的发生和处理情况；发生人畜共患传染病的，县级以上人民政府兽医主管部门与同级卫生主管部门应当及时相互通报。国务院兽医主管部门应当依照我国缔结或者参加的条约、协定，及时向有关国际组织或者贸易方通报重大动物疫情的发生和处理情况。

第二十九条 国务院兽医主管部门负责向社会及时公布全国动物疫情，也可以根据需要授权省、自治区、直辖市人民政府兽医主管部门公布本行政区域内的动物疫情。其他单位和个人不得发布动物疫情。

第三十条 任何单位和个人不得瞒报、谎报、迟报、漏报动物疫情，不得授意他人瞒报、谎报、迟报动物疫情，不得阻碍他人报告动物疫情。

第四章　动物疫病的控制和扑灭

第三十一条 发生一类动物疫病时，应当采取下列控制和扑灭措施：（一）当地县级以上地方人民政府兽医主管部门应当立即派人到现场，划定疫点、疫区、受威胁区，调查疫源，及时报请本级人民政府对疫区实行封锁。疫区范围涉及两个以上行政区域的，由有关行政区域共同的上一级人民政府对疫区实行封锁，或者由各有关行政区域的上一级人民政府共同对疫区实行封锁。必要时，上级人民政府可以责成下级人民政府对疫区实行封锁。（二）县级以上地方人民政府应当立即组织有关部门和单位采取封锁、隔离、扑杀、销毁、消毒、无害化处理、紧急免疫接种等强制性措施，迅速扑灭疫病。（三）在封锁期间，禁止染疫、疑似染疫和易感染的动物、动物产品流出疫区，禁止非疫区的易感染动物进入疫区，并根据扑灭动物疫病的需要对出入疫区的人员、运输工具及有关物品采取消毒和其他限制性措施。

第三十二条 发生二类动物疫病时，应当采取下列控制和扑灭措施：（一）当地县级以上地方人民政府兽医主管部门应当划定疫点、疫区、受威胁区。（二）县级以上地方人民政府根据需要组织有关部门和单位采取隔离、扑杀、销毁、消毒、无害化处理、紧急免疫接种、限制易感染的动物和动物产品及有关物品出入等控制、扑灭措施。

第三十三条 疫点、疫区、受威胁区的撤销和疫区封锁的解除，按照国务院兽医主管部门规定的标准和程序评估后，由原决定机关决定并宣布。

第三十四条 发生三类动物疫病时，当地县级、乡级人民政府应当按照国务院兽医主管部门的规定组织防治和净化。

第三十五条 二、三类动物疫病呈暴发性流行时，按照一类动物疫病处理。

第三十六条 为控制、扑灭动物疫病，动物卫生监督机构应当派人在当地依法设立的现有检查站执行监督检查任务；必要时，经省、自治区、直辖市人民政府批准，可以设立临时性的动物卫生监督检查站，执行监督检查任务。

第三十七条 发生人畜共患传染病时，卫生主管部门应当组织对疫区易感染的人群进行监测，并采取相应的预防、控制措施。

第三十八条 疫区内有关单位和个人，应当遵守县级以上人民政府及其兽医主管部门依法作出的有关控制、扑灭动物疫病的规定。任何单位和个人不得藏匿、转移、盗掘已被依法隔离、封存、处理的动物和动物产品。

第三十九条 发生动物疫情时，航空、铁路、公路、水路等运输部门应当优先组织运送控制、扑灭疫病的人员和有关物资。

第四十条 一、二、三类动物疫病突然发生，迅速传播，给养殖业生产安全造成严重威胁、危害，以及可能对公众身体健康与生命安全造成危害，构成重大动物疫情的，依照法律和国务院的规定采取应急处理措施。

第五章　动物和动物产品的检疫

第四十一条　动物卫生监督机构依照本法和国务院兽医主管部门的规定对动物、动物产品实施检疫。动物卫生监督机构的官方兽医具体实施动物、动物产品检疫。官方兽医应当具备规定的资格条件，取得国务院兽医主管部门颁发的资格证书，具体办法由国务院兽医主管部门会同国务院人事行政部门制定。本法所称官方兽医，是指具备规定的资格条件并经兽医主管部门任命的，负责出具检疫等证明的国家兽医工作人员。

第四十二条　屠宰、出售或者运输动物以及出售或者运输动物产品前，货主应当按照国务院兽医主管部门的规定向当地动物卫生监督机构申报检疫。动物卫生监督机构接到检疫申报后，应当及时指派官方兽医对动物、动物产品实施现场检疫；检疫合格的，出具检疫证明、加施检疫标志。实施现场检疫的官方兽医应当在检疫证明、检疫标志上签字或者盖章，并对检疫结论负责。

第四十三条　屠宰、经营、运输以及参加展览、演出和比赛的动物，应当附有检疫证明；经营和运输的动物产品，应当附有检疫证明、检疫标志。对前款规定的动物、动物产品，动物卫生监督机构可以查验检疫证明、检疫标志，进行监督抽查，但不得重复检疫收费。

第四十四条　经铁路、公路、水路、航空运输动物和动物产品的，托运人托运时应当提供检疫证明；没有检疫证明的，承运人不得承运。运载工具在装载前和卸载后应当及时清洗、消毒。

第四十五条　输入到无规定动物疫病区的动物、动物产品，货主应当按照国务院兽医主管部门的规定向无规定动物疫病区所在地动物卫生监督机构申报检疫，经检疫合格的，方可进入；检疫所需费用纳入无规定动物疫病区所在地地方人民政府财政预算。

第四十六条　跨省、自治区、直辖市引进乳用动物、种用动物及其精液、胚胎、种蛋的，应当向输入地省、自治区、直辖市动物卫生监督机构申请办理审批手续，并依照本法第四十二条的规定取得检疫证明。跨省、自治区、直辖市引进的乳用动物、种用动物到达输入地后，货主应当按照国务院兽医主管部门的规定对引进的乳用动物、种用动物进行隔离观察。

第四十七条　人工捕获的可能传播动物疫病的野生动物，应当报经捕获地动物卫生监督机构检疫，经检疫合格的，方可饲养、经营和运输。

第四十八条　经检疫不合格的动物、动物产品，货主应当在动物卫生监督机构监督下按照国务院兽医主管部门的规定处理，处理费用由货主承担。

第四十九条　依法进行检疫需要收取费用的，其项目和标准由国务院财政部门、物价主管部门规定。

第六章　动物诊疗

第五十条　从事动物诊疗活动的机构，应当具备下列条件：（一）有与动物诊疗活动相适应并符合动物防疫条件的场所；（二）有与动物诊疗活动相适应的执业兽医；（三）有与动物诊疗活动相适应的兽医器械和设备；（四）有完善的管理制度。

第五十一条　设立从事动物诊疗活动的机构，应当向县级以上地方人民政府兽医主管部门申请动物诊疗许可证。受理申请的兽医主管部门应当依照本法和《中华人民共和国行政许可法》的规定进行审查。经审查合格的，发给动物诊疗许可证；不合格的，应当通知申请人并说明理由。

第五十二条　动物诊疗许可证应当载明诊疗机构名称、诊疗活动范围、从业地点和法定代表人（负责人）等事项。动物诊疗许可证载明事项变更的，应当申请变更或者换发动物诊疗许可证。

第五十三条　动物诊疗机构应当按照国务院兽医主管部门的规定，做好诊疗活动中的卫生安全防护、消毒、隔离和诊疗废弃物处置等工作。

第五十四条　国家实行执业兽医资格考试制度。具有兽医相关专业大学专科以上学历的，可以申请参加执业兽医资格考试；考试合格的，由省、自治区、直辖市人民政府兽医主管部门颁发执业兽医资格证书；从事动物诊疗的，还应当向当地县级人民政府兽医主管部门申请注册。执业兽医资格考试和注册办法由国务院兽医主管部门商国务院人事行政部门制定。本法所称执业兽医，是指从事动物诊疗和动物保健等经营活动的兽医。

第五十五条　经注册的执业兽医，方可从事动物诊疗、开具兽药处方等活动。但是，本法第五十七条对乡村兽医服务人员另有规定的，从其规定。执业兽医、乡村兽医服务人员应当按照当地人民政府或者兽医主管部门的要求，参加预防、控制和扑灭动物疫病的活动。

第五十六条　从事动物诊疗活动，应当遵守有关动物诊疗的操作技术规范，使用符合国家规定的兽药和兽医器械。

第五十七条　乡村兽医服务人员可以在乡村从事动物诊疗服务活动，具体管理办法由国务院兽医主管部门制定。

第七章　监督管理

第五十八条　动物卫生监督机构依照本法规定，对动物饲养、屠宰、经营、隔离、运输以及动物产品生产、经营、加工、贮藏、运输等活动中的动物防疫实施监督管理。

第五十九条　动物卫生监督机构执行监督检查任务，可以采取下列措施，有关单位和个人不得拒绝或者阻碍：（一）对动物、动物产品按照规定采样、留验、抽检；（二）对染疫或者疑似染疫的动物、动物产品及相关物品进行隔离、查封、扣押和处理；（三）对依法应当检疫而未经检疫的动物实施补检；（四）对依法应当检疫而未经检疫的动物产品，具备补检条件的实施补检，不具备补检条件的予以没收销毁；（五）查验检疫证明、检疫标志和畜禽标识；（六）进入有关场所调查取证，查阅、复制与动物防疫有关的资料。动物卫生监督机构根据动物疫病预防、控制需要，经当地县级以上地方人民政府批准，可以在车站、港口、机场等相关场所派驻官方兽医。

第六十条　官方兽医执行动物防疫监督检查任务，应当出示行政执法证件，佩戴统一标志。动物卫生监督机构及其工作人员不得从事与动物防疫有关的经营性活动，进行监督检查不得收取任何费用。

第六十一条　禁止转让、伪造或者变造检疫证明、检疫标志或者畜禽标识。检疫证明、检疫标志的管理办法，由国务院兽医主管部门制定。

第八章　保障措施

第六十二条　县级以上人民政府应当将动物防疫纳入本级国民经济和社会发展规划及年度计划。

第六十三条　县级人民政府和乡级人民政府应当采取有效措施，加强村级防疫员队伍建设。县级人民政府兽医主管部门可以根据动物防疫工作需要，向乡、镇或者特定区域派驻兽医机构。

第六十四条　县级以上人民政府按照本级政府职责，将动物疫病预防、控制、扑灭、检疫和监督管理所需经费纳入本级财政预算。

第六十五条　县级以上人民政府应当储备动物疫情应急处理工作所需的防疫物资。

第六十六条　对在动物疫病预防和控制、扑灭过程中强制扑杀的动物、销毁的动物产品和相关物品，县级以上人民政府应当给予补偿。具体补偿标准和办法由国务院财政部门会同有关部门制定。因依法实施强制免疫造成动物应激死亡的，给予补偿。具体补偿标准和办法由国务院财政部门会同有关部门制定。

第六十七条　对从事动物疫病预防、检疫、监督检查、现场处理疫情以及在工作中接触动物疫病病原体的人员，有关单位应当按照国家规定采取有效的卫生防护措施和医疗保健措施。

第九章　法律责任

第六十八条　地方各级人民政府及其工作人员未依照本法规定履行职责的，对直接负责的主管人员和其他直接责任人员依法给予处分。

第六十九条　县级以上人民政府兽医主管部门及其工作人员违反本法规定，有下列行为之一的，由本级人民政府责令改正，通报批评；对直接负责的主管人员和其他直接责任人员依法给予处分：（一）未及时采取预防、控制、扑灭等措施的；（二）对不符合条件的颁发动物防疫条件合格证、动物诊疗许可证，或者对符合条件的拒不颁发动物防疫条件合格证、动物诊疗许可证的；（三）其他未依照本法规定履行职责的行为。

第七十条　动物卫生监督机构及其工作人员违反本法规定，有下列行为之一的，由本级人民政府或者兽医主管部门责令改正，通报批评；对直接负责的主管人员和其他直接责任人员依法给予处分：（一）对未经现场检疫或者检疫不合格的动物、动物产品出具检疫证明、加施检疫标志，或者对检疫合格的动物、动物产品拒不出具检疫证明、加施检疫标志的；（二）对附有检疫证明、检疫标志的动物、动物产品重复检疫的；（三）从事与动物防疫有关的经营性活动，或者在国务院财政部门、物价主管部门规定外加收费用、重复收费的；（四）其他未依照本法规定履行职责的行为。

第七十一条　动物疫病预防控制机构及其工作人员违反本法规定，有下列行为之一的，由本级人民政府或者兽医主管部门责令改正，通报批评；对直接负责的主管人员和其他直接责任人员依法给予处分：（一）未履行动物疫病监测、检测职责或者伪造监测、检测结果的；（二）发生动物疫情时未及时进行诊断、调查的；（三）其他未依照本法规定履行职责的行为。

第七十二条　地方各级人民政府、有关部门及其工作人员瞒报、谎报、迟报、漏报或者授意他人瞒报、谎报、迟报动物疫情，或者阻碍他人报告动物疫情的，由上级人民政府或者有关部门责令改正，通报批评；对直接负责的主管人员和其他直接责任人员依法给予处分。

第七十三条　违反本法规定，有下列行为之一的，由动物卫生监督机构责令改正，给予警告；拒不改正的，由动物卫生监督机构代作处理，所需处理费用由违法行为人承担，可以处一千元以下罚款：（一）对饲养的动物不按照动物疫病强制免疫计划进行免疫接种的；（二）种用、乳用动物未经检测或者经检测不合格而不按照规定处理的；（三）动物、动物产品的运载工具在装载前和卸载后没有及时清洗、消毒的。

第七十四条　违反本法规定，对经强制免疫的动物未按照国务院兽医主管部门规定建立免疫档案、加施畜禽标识的，依照《中华人民共和国畜牧法》的有关规定处罚。

第七十五条　违反本法规定，不按照国务院兽医主管部门规定处置染疫动物及其排泄物，染疫动物产品，病死或者死因不明的动物尸体，运载工具中的动物排泄物以及垫料、包装物、容器等污染物以及其他经检疫不合格的动物、动物产品的，由动物卫生监督机构责令无害化处理，所需处理费用由违法行为人承担，可以处三千元以下罚款。

第七十六条　违反本法第二十五条规定，屠宰、经营、运输动物或者生产、经营、加工、贮藏、运输动物产品的，由动物卫生监督机构责令改正、采取补救措施，没收违法所得和动物、动物产品，并处同类检疫合格动物、动物产品货值金额一倍以上五倍以下罚款；其中依法应当检疫而未检疫的，依照本法第七十八条的规定处罚。

第七十七条　违反本法规定，有下列行为之一的，由动物卫生监督机构责令改正，处一千元以上一万元以下罚款；情节严重的，处一万元以上十万元以下罚款：（一）兴办动物饲养场（养殖小区）和隔离场所，动物屠宰加工场所，以及动物和动物产品无害化处理场所，未取得动物防疫条件合格证的；（二）未办理审批手续，跨省、自治区、直辖市引进乳用动物、种用动物及其精液、胚胎、种蛋的；（三）未经检疫，向无规定动物疫病区输入动物、动物产品的。

第七十八条　违反本法规定，屠宰、经营、运输的动物未附有检疫证明，经营和运输的动物产品未附有检疫证明、检疫标志的，由动物卫生监督机构责令改正，处同类检疫合格动物、动物产品货值金额百分之十以上百分之五十以下罚款；对货主以外的承运人处运输费用一倍以上三倍以下罚款。违反本法规定，参加展览、演出和比赛的动物未附有检疫证明的，由动物卫生监督机构责令改正，处一千元以上三千元以下罚款。

第七十九条　违反本法规定，转让、伪造或者变造检疫证明、检疫标志或者畜禽标识的，由动物卫生监督机构没收违法所得，收缴检疫证明、检疫标志或者畜禽标识，并处三千元以上三万元以下罚款。

第八十条　违反本法规定，有下列行为之一的，由动物卫生监督机构责令改正，处一千元以上一万元以下罚款：（一）不遵守县级以上人民政府及其兽医主管部门依法作出的有关控制、扑灭动物疫病规定的；（二）藏匿、转移、盗掘已被依法隔离、封存、处理的动物和动物产品的；（三）发布动物疫情的。

第八十一条　违反本法规定，未取得动物诊疗许可证从事动物诊疗活动的，由动物卫生监督机构责令停止诊疗活动，没收违法所得；违法所得在三万元以上的，并处违法所得一倍以上三倍以下罚款；没有违法所得或者违法所得不足三万元的，并处三千元以上三万元以下罚款。动物诊疗机构违反本法规定，造成动物疫病扩散的，由动物卫生监督机构责令改正，处一万元以上五万元以下罚款；情节严重的，由发证机关吊销动物诊疗许可证。

第八十二条　违反本法规定，未经兽医执业注册从事动物诊疗活动的，由动物卫生监督机构责令停止动物诊疗活动，没收违法所得，并处一千元以上一万元以下罚款。执业兽医有下列行为之一的，由动物卫生监督机构给予警告，责令暂停六个月以上一年以下动物诊疗活动；情节严重的，由发证机关吊销注册证书：（一）违反有关动物诊疗的操作技术规范，造成或者可能造成动物疫病传播、流行的；（二）使用不符合国家规定的兽药和兽医器械的；（三）不按照当地人民政府或者兽医主管部门要求参加动物疫病预防、控制和扑灭活动的。

第八十三条　违反本法规定，从事动物疫病研究与诊疗和动物饲养、屠宰、经营、隔离、运输，以及动物产品生产、经营、加工、贮藏等活动的单位和个人，有下列行为之一的，由动物卫生监督机构责令改正；拒不改正的，对违法行为单位处一千元以上一万元以下罚款，对违法行为个人可以处五百元以下罚款：（一）不履行动物疫情报告义务的；（二）不如实提供与动物防疫活动有关资料的；（三）拒绝动物卫生监督机构进行监督检查的；（四）拒绝动物疫病预防控制机构进行动物疫病监测、检测的。

第八十四条　违反本法规定，构成犯罪的，依法追究刑事责任。违反本法规定，导致动物疫病传播、流行等，给他人人身、财产造成损害的，依法承担民事责任。

第十章　附　　则

第八十五条
本法自 2008 年 1 月 1 日起施行。

附录二
重大动物疫情应急条例

第一章　总　　则

第一条　为了迅速控制、扑灭重大动物疫情，保障养殖业生产安全，保护公众身体健康与生命安全，维护正常的社会秩序，根据《中华人民共和国动物防疫法》，制定本条例。

第二条　本条例所称重大动物疫情，是指高致病性禽流感等发病率或者死亡率高的动物疫病突然发生，迅速传播，给养殖业生产安全造成严重威胁、危害，以及可能对公众身体健康与生命安全造成危害的情形，包括特别重大动物疫情。

第三条　重大动物疫情应急工作应当坚持加强领导、密切配合，依靠科学、依法防治、群防群控、果断处置的方针，及时发现，快速反应，严格处理，减少损失。

第四条　重大动物疫情应急工作按照属地管理的原则，实行政府统一领导、部门分工负责，逐级建立责任制。

县级以上人民政府兽医主管部门具体负责组织重大动物疫情的监测、调查、控制、扑灭等应急工作。

县级以上人民政府林业主管部门、兽医主管部门按照职责分工，加强对陆生野生动物疫源疫病的监测。

县级以上人民政府其他有关部门在各自的职责范围内，做好重大动物疫情的应急工作。

第五条　出入境检验检疫机关应当及时收集境外重大动物疫情信息，加强进出境动物及其产品的检验检疫工作，防止动物疫病传入和传出。兽医主管部门要及时向出入境检验检疫机关通报国内重大动物疫情。

第六条　国家鼓励、支持开展重大动物疫情监测、预防、应急处理等有关技术的科学研究和国际交流与合作。

第七条　县级以上人民政府应当对参加重大动物疫情应急处理的人员给予适当补助，对作出贡献的人员给予表彰和奖励。

第八条　对不履行或者不按照规定履行重大动物疫情应急处理职责的行为，任何单位和个人有权检举控告。

第二章　应急准备

第九条　国务院兽医主管部门应当制定全国重大动物疫情应急预案，报国务院批准，并按照不同动物疫病病种及其流行特点和危害程度，分别制定实施方案，报国务院备案。

县级以上地方人民政府根据本地区的实际情况，制定本行政区域的重大动物疫情应急预案，报上一级人民政府兽医主管部门备案。县级以上地方人民政府兽医主管部门，应当按照不同动物疫病病种及其流行特点和危害程度，分别制定实施方案。

重大动物疫情应急预案及其实施方案应当根据疫情的发展变化和实施情况，及时修改、完善。

第十条　重大动物疫情应急预案主要包括下列内容：

（一）应急指挥部的职责、组成以及成员单位的分工；

（二）重大动物疫情的监测、信息收集、报告和通报；

（三）动物疫病的确认、重大动物疫情的分级和相应的应急处理工作方案；

（四）重大动物疫情疫源的追踪和流行病学调查分析；

（五）预防、控制、扑灭重大动物疫情所需资金的来源、物资和技术的储备与调度；

（六）重大动物疫情应急处理设施和专业队伍建设。

第十一条　国务院有关部门和县级以上地方人民政府及其有关部门，应当根据重大动物疫情应急预案的要求，确保应急处理所需的疫苗、药品、设施设备和防护用品等物资的储备。

第十二条　县级以上人民政府应当建立和完善重大动物疫情监测网络和预防控制体系，加强动物防疫基础设施和乡镇动物防疫组织建设，并保证其正常运行，提高对重大动物疫情的应急处理能力。

第十三条　县级以上地方人民政府根据重大动物疫情应急需要，可以成立应急预备队，在重大动物疫情应急指挥部的指挥下，具体承担疫情的控制和扑灭任务。

应急预备队由当地兽医行政管理人员、动物防疫工作人员、有关专家、执业兽医等组成；必要时，可以组织动员社会上有一定专业知识的人员参加。公安机关、中国人民武装警察部队应当依法协助其执行任务。

应急预备队应当定期进行技术培训和应急演练。

第十四条　县级以上人民政府及其兽医主管部门应当加强对重大动物疫情应急知识和重大动物疫病科普知识的宣传，增强全社会的重大动物疫情防范意识。

第三章　监测、报告和公布

第十五条　动物防疫监督机构负责重大动物疫情的监测，饲养、经营动物和生产、经营动物产品的单位和个人应当配合，不得拒绝和阻碍。

第十六条　从事动物隔离、疫情监测、疫病研究与诊疗、检验检疫以及动物饲养、屠宰加工、运输、经营等活动的有关单位和个人，发现动物出现群体发病或者死亡的，应当立即向所在地的县（市）动物防疫监督机构报告。

第十七条　县（市）动物防疫监督机构接到报告后，应当立即赶赴现场调查核实。初步认为属于重大动物疫情的，应当在2h内将情况逐级报省、自治区、直辖市动物防疫监督机构，并同时报所在地人民政府兽医主管部门；兽医主管部门应当及时通报同级卫生主管部门。

省、自治区、直辖市动物防疫监督机构应当在接到报告后1h内，向省、自治区、直辖市人民政府兽医主管部门和国务院兽医主管部门所属的动物防疫监督机构报告。

省、自治区、直辖市人民政府兽医主管部门应当在接到报告后1h内报本级人民政府和国务院兽医主管部门。

重大动物疫情发生后，省、自治区、直辖市人民政府和国务院兽医主管部门应当在4h内向国务院报告。

第十八条　重大动物疫情报告包括下列内容：

（一）疫情发生的时间、地点；

（二）染疫、疑似染疫动物种类和数量、同群动物数量、免疫情况、死亡数量、临床症状、病理变化、诊断情况；

（三）流行病学和疫源追踪情况；

（四）已采取的控制措施；

（五）疫情报告的单位、负责人、报告人及联系方式。

第十九条　重大动物疫情由省、自治区、直辖市人民政府兽医主管部门认定；必要时，由国务院兽医主管部门认定。

第二十条　重大动物疫情由国务院兽医主管部门按照国家规定的程序，及时准确公布；其他任何单位和个人不得公布重大动物疫情。

第二十一条　重大动物疫病应当由动物防疫监督机构采集病料，未经国务院兽医主管部门或者省、自治区、直辖市人民政府兽医主管部门批准，其他单位和个人不得擅自采集病料。

从事重大动物疫病病原分离的，应当遵守国家有关生物安全管理规定，防止病原扩散。

第二十二条　国务院兽医主管部门应当及时向国务院有关部门和军队有关部门以及各省、自治区、直辖市人民政府兽医主管部门通报重大动物疫情的发生和处理情况。

第二十三条　发生重大动物疫情可能感染人群时，卫生主管部门应当对疫区内易受感染的人群进行监测，并采取相应的预防、控制措施。卫生主管部门和兽医主管部门应当及时相互通报情况。

第二十四条　有关单位和个人对重大动物疫情不得瞒报、谎报、迟报，不得授意他人瞒报、谎报、迟报，不得阻碍他人报告。

第二十五条　在重大动物疫情报告期间，有关动物防疫监督机构应当立即采取临时隔离控制措施；必要时，当地县级以上地方人民政府可以作出封锁决定并采取扑杀、销毁等措施。有关单位和个人应当执行。

第四章　应急处理

第二十六条　重大动物疫情发生后，国务院和有关地方人民政府设立的重大动物疫情应急指挥部统一领导、指挥重大动物疫情应急工作。

第二十七条　重大动物疫情发生后，县级以上地方人民政府兽医主管部门应当立即划定疫点、疫区和受威胁区，调查疫源，向本级人民政府提出启动重大动物疫情应急指挥系统、应急预案和对疫区实行封锁的建议，有关人民政府应当立即作出决定。

疫点、疫区和受威胁区的范围应当按照不同动物疫病病种及其流行特点和危害程度划定，具体划定标准由国务院兽医主管部门制定。

第二十八条　国家对重大动物疫情应急处理实行分级管理，按照应急预案确定的疫情等级，由有关人民政府采取相应的应急控制措施。

第二十九条　对疫点应当采取下列措施：

（一）扑杀并销毁染疫动物和易感染的动物及其产品；

（二）对病死的动物、动物排泄物、被污染饲料、垫料、污水进行无害化处理；

（三）对被污染的物品、用具、动物圈舍、场地进行严格消毒。

第三十条　对疫区应当采取下列措施：

（一）在疫区周围设置警示标志，在出入疫区的交通路口设置临时动物检疫消毒站，对出入的人员和车辆进行消毒；

（二）扑杀并销毁染疫和疑似染疫动物及其同群动物，销毁染疫和疑似染疫的动物产品，对其他易感染的动物实行圈养或者在指定地点放养，役用动物限制在疫区内使役；

（三）对易感染的动物进行监测，并按照国务院兽医主管部门的规定实施紧急免疫接种，必要时对易感染的动物进行扑杀；

（四）关闭动物及动物产品交易市场，禁止动物进出疫区和动物产品运出疫区；

（五）对动物圈舍、动物排泄物、垫料、污水和其他可能受污染的物品、场地，进行消毒或者无害化处理。

第三十一条　对受威胁区应当采取下列措施：

（一）对易感染的动物进行监测；

（二）对易感染的动物根据需要实施紧急免疫接种。

第三十二条　重大动物疫情应急处理中设置临时动物检疫消毒站以及采取隔离、扑杀、销毁、消毒、紧急免疫接种等控制、扑灭措施的，由有关重大动物疫情应急指挥部决定，有关单位和个人必须服从；拒不服从的，由公安机关协助执行。

第三十三条　国家对疫区、受威胁区内易感染的动物免费实施紧急免疫接种；对因采取扑杀、销毁等措施给当事人造成的已经证实的损失，给予合理补偿。紧急免疫接种和补偿所需费用，由中央财政和地方财政分担。

第三十四条　重大动物疫情应急指挥部根据应急处理需要，有权紧急调集人员、物资、运输工具以及相关设施、设备。

单位和个人的物资、运输工具以及相关设施、设备被征集使用的，有关人民政府应当及时归还并给予合理补偿。

第三十五条　重大动物疫情发生后，县级以上人民政府兽医主管部门应当及时提出疫点、疫区、受威胁区的处理方案，加强疫情监测、流行病学调查、疫源追踪工作，对染疫和疑似染疫动物及其同群动物和其他易感染动物的扑杀、销毁进行技术指导，并组织实施检验检疫、消毒、无害化处理和紧急免疫接种。

第三十六条　重大动物疫情应急处理中，县级以上人民政府有关部门应当在各自的职责范围内，做好重大动物疫情应急所需的物资紧急调度和运输、应急经费安排、疫区群众救济、人的疫病防治、肉食品供应、动物及其产品市场监管、出入境检验检疫和社会治安维护等工作。

中国人民解放军、中国人民武装警察部队应当支持配合驻地人民政府做好重大动物疫情的应急工作。

第三十七条　重大动物疫情应急处理中，乡镇人民政府、村民委员会、居民委员会应当组织力量，向村民、居民宣传动物疫病防治的相关知识，协助做好疫情信息的收集、报告和各项应急处理措施的落实工作。

第三十八条　重大动物疫情发生地的人民政府和毗邻地区的人民政府应当通力合作，相互配合，做好重大动物疫情的控制、扑灭工作。

第三十九条　有关人民政府及其有关部门对参加重大动物疫情应急处理的人员，应当采取必要的卫生防护和技术指导等措施。

第四十条　自疫区内最后一头（只）发病动物及其同群动物处理完毕起，经过一个潜伏期以上的监测，未出现新的病例的，彻底消毒后，经上一级动物防疫监督机构验收合格，由原发布封锁令的人民政府宣布解除封锁，撤销疫区；由原批准机关撤销在该疫区设立的临时动物检疫消毒站。

第四十一条　县级以上人民政府应当将重大动物疫情确认、疫区封锁、扑杀及其补偿、消毒、无害化处理、疫源追踪、疫情监测以及应急物资储备等应急经费列入本级财政预算。

第五章 法律责任

第四十二条 违反本条例规定，兽医主管部门及其所属的动物防疫监督机构有下列行为之一的，由本级人民政府或者上级人民政府有关部门责令立即改正、通报批评、给予警告；对主要负责人、负有责任的主管人员和其他责任人员，依法给予记大过、降级、撤职直至开除的行政处分；构成犯罪的，依法追究刑事责任：

（一）不履行疫情报告职责，瞒报、谎报、迟报或者授意他人瞒报、谎报、迟报，阻碍他人报告重大动物疫情的；

（二）在重大动物疫情报告期间，不采取临时隔离控制措施，导致动物疫情扩散的；

（三）不及时划定疫点、疫区和受威胁区，不及时向本级人民政府提出应急处理建议，或者不按照规定对疫点、疫区和受威胁区采取预防、控制、扑灭措施的；

（四）不向本级人民政府提出启动应急指挥系统、应急预案和对疫区的封锁建议的；

（五）对动物扑杀、销毁不进行技术指导或者指导不力，或者不组织实施检验检疫、消毒、无害化处理和紧急免疫接种的；

（六）其他不履行本条例规定的职责，导致动物疫病传播、流行，或者对养殖业生产安全和公众身体健康与生命安全造成严重危害的。

第四十三条 违反本条例规定，县级以上人民政府有关部门不履行应急处理职责，不执行对疫点、疫区和受威胁区采取的措施，或者对上级人民政府有关部门的疫情调查不予配合或者阻碍、拒绝的，由本级人民政府或者上级人民政府有关部门责令立即改正、通报批评、给予警告；对主要负责人、负有责任的主管人员和其他责任人员，依法给予记大过、降级、撤职直至开除的行政处分；构成犯罪的，依法追究刑事责任。

第四十四条 违反本条例规定，有关地方人民政府阻碍报告重大动物疫情，不履行应急处理职责，不按照规定对疫点、疫区和受威胁区采取预防、控制、扑灭措施，或者对上级人民政府有关部门的疫情调查不予配合或者阻碍、拒绝的，由上级人民政府责令立即改正、通报批评、给予警告；对政府主要领导人依法给予记大过、降级、撤职直至开除的行政处分；构成犯罪的，依法追究刑事责任。

第四十五条 截留、挪用重大动物疫情应急经费，或者侵占、挪用应急储备物资的，按照《财政违法行为处罚处分条例》的规定处理；构成犯罪的，依法追究刑事责任。

第四十六条 违反本条例规定，拒绝、阻碍动物防疫监督机构进行重大动物疫情监测，或者发现动物出现群体发病或者死亡，不向当地动物防疫监督机构报告的，由动物防疫监督机构给予警告，并处 2000 元以上 5000 元以下的罚款；构成犯罪的，依法追究刑事责任。

第四十七条 违反本条例规定，擅自采集重大动物疫病病料，或者在重大动物疫病病原分离时不遵守国家有关生物安全管理规定的，由动物防疫监督机构给予警告，并处 5000 元以下的罚款；构成犯罪的，依法追究刑事责任。

第四十八条 在重大动物疫情发生期间，哄抬物价、欺骗消费者，散布谣言、扰乱社会秩序和市场秩序的，由价格主管部门、工商行政管理部门或者公安机关依法给予行政处罚；构成犯罪的，依法追究刑事责任。

第六章 附 则

第四十九条 本条例自公布之日起施行。

附录三
病原微生物实验室生物安全管理条例

（2004 年 11 月 12 日中华人民共和国国务院令第 424 号公布 根据 2016 年 2 月 6 日《国务院关于修改部分行政法规的决定》第一次修订 根据 2018 年 3 月 19 日《国务院关于修改和废止部分行政法规的决定》第二次修订）

第一章 总 则

第一条 为了加强病原微生物实验室（以下称实验室）生物安全管理，保护实验室工作人员和公众的健康，制定本条例。

第二条 对中华人民共和国境内的实验室及其从事实验活动的生物安全管理，适用本条例。

本条例所称病原微生物，是指能够使人或者动物致病的微生物。

本条例所称实验活动，是指实验室从事与病原微生物菌（毒）种、样本有关的研究、教学、检测、诊断等活动。

第三条 国务院卫生主管部门主管与人体健康有关的实验室及其实验活动的生物安全监督工作。

国务院兽医主管部门主管与动物有关的实验室及其实验活动的生物安全监督工作。

国务院其他有关部门在各自职责范围内负责实验室及其实验活动的生物安全管理工作。

县级以上地方人民政府及其有关部门在各自职责范围内负责实验室及其实验活动的生物安全管理工作。

第四条 国家对病原微生物实行分类管理，对实验室实行分级管理。

第五条 国家实行统一的实验室生物安全标准。实验室应当符合国家标准和要求。

第六条 实验室的设立单位及其主管部门负责实验室日常活动的管理，承担建立健全安全管理制度，检查、维护实验设施、设备，控制实验室感染的职责。

第二章 病原微生物的分类和管理

第七条 国家根据病原微生物的传染性、感染后对个体或者群体的危害程度，将病原微生物分为四类：

第一类病原微生物，是指能够引起人类或者动物非常严重疾病的微生物，以及我国尚未发现或者已经宣布消灭的微生物。

第二类病原微生物，是指能够引起人类或者动物严重疾病，比较容易直接或者间接在人与人、动物与人、动物与动物间传播的微生物。

第三类病原微生物，是指能够引起人类或者动物疾病，但一般情况下对人、动物或者环境不构成严重危害，传播风险有限，实验室感染后很少引起严重疾病，并且具备有效治疗和预防措施的微生物。

第四类病原微生物，是指在通常情况下不会引起人类或者动物疾病的微生物。

第一类、第二类病原微生物统称为高致病性病原微生物。

第八条　人间传染的病原微生物名录由国务院卫生主管部门商国务院有关部门后制定、调整并予以公布；动物间传染的病原微生物名录由国务院兽医主管部门商国务院有关部门后制定、调整并予以公布。

第九条　采集病原微生物样本应当具备下列条件：

（一）具有与采集病原微生物样本所需要的生物安全防护水平相适应的设备；

（二）具有掌握相关专业知识和操作技能的工作人员；

（三）具有有效的防止病原微生物扩散和感染的措施；

（四）具有保证病原微生物样本质量的技术方法和手段。

采集高致病性病原微生物样本的工作人员在采集过程中应当防止病原微生物扩散和感染，并对样本的来源、采集过程和方法等作详细记录。

第十条　运输高致病性病原微生物菌（毒）种或者样本，应当通过陆路运输；没有陆路通道，必须经水路运输的，可以通过水路运输；紧急情况下或者需要将高致病性病原微生物菌（毒）种或者样本运往国外的，可以通过民用航空运输。

第十一条　运输高致病性病原微生物菌（毒）种或者样本，应当具备下列条件：

（一）运输目的、高致病性病原微生物的用途和接收单位符合国务院卫生主管部门或者兽医主管部门的规定；

（二）高致病性病原微生物菌（毒）种或者样本的容器应当密封，容器或者包装材料还应当符合防水、防破损、防外泄、耐高（低）温、耐高压的要求；

（三）容器或者包装材料上应当印有国务院卫生主管部门或者兽医主管部门规定的生物危险标识、警告用语和提示用语。

运输高致病性病原微生物菌（毒）种或者样本，应当经省级以上人民政府卫生主管部门或者兽医主管部门批准。在省、自治区、直辖市行政区域内运输的，由省、自治区、直辖市人民政府卫生主管部门或者兽医主管部门批准；需要跨省、自治区、直辖市运输或者运往国外的，由出发地的省、自治区、直辖市人民政府卫生主管部门或者兽医主管部门进行初审后，分别报国务院卫生主管部门或者兽医主管部门批准。

出入境检验检疫机构在检验检疫过程中需要运输病原微生物样本的，由国务院出入境检验检疫部门批准，并同时向国务院卫生主管部门或者兽医主管部门通报。

通过民用航空运输高致病性病原微生物菌（毒）种或者样本的，除依照本条第二款、第三款规定取得批准外，还应当经国务院民用航空主管部门批准。

有关主管部门应当对申请人提交的关于运输高致病性病原微生物菌（毒）种或者样本

的申请材料进行审查，对符合本条第一款规定条件的，应当即时批准。

第十二条　运输高致病性病原微生物菌（毒）种或者样本，应当由不少于2人的专人护送，并采取相应的防护措施。

有关单位或者个人不得通过公共电（汽）车和城市铁路运输病原微生物菌（毒）种或者样本。

第十三条　需要通过铁路、公路、民用航空等公共交通工具运输高致病性病原微生物菌（毒）种或者样本的，承运单位应当凭本条例第十一条规定的批准文件予以运输。

承运单位应当与护送人共同采取措施，确保所运输的高致病性病原微生物菌（毒）种或者样本的安全，严防发生被盗、被抢、丢失、泄漏事件。

第十四条　国务院卫生主管部门或者兽医主管部门指定的菌（毒）种保藏中心或者专业实验室（以下称保藏机构），承担集中储存病原微生物菌（毒）种和样本的任务。

保藏机构应当依照国务院卫生主管部门或者兽医主管部门的规定，储存实验室送交的病原微生物菌（毒）种和样本，并向实验室提供病原微生物菌（毒）种和样本。

保藏机构应当制定严格的安全保管制度，作好病原微生物菌（毒）种和样本进出和储存的记录，建立档案制度，并指定专人负责。对高致病性病原微生物菌（毒）种和样本应当设专库或者专柜单独储存。

保藏机构储存、提供病原微生物菌（毒）种和样本，不得收取任何费用，其经费由同级财政在单位预算中予以保障。

保藏机构的管理办法由国务院卫生主管部门会同国务院兽医主管部门制定。

第十五条　保藏机构应当凭实验室依照本条例的规定取得的从事高致病性病原微生物相关实验活动的批准文件，向实验室提供高致病性病原微生物菌（毒）种和样本，并予以登记。

第十六条　实验室在相关实验活动结束后，应当依照国务院卫生主管部门或者兽医主管部门的规定，及时将病原微生物菌（毒）种和样本就地销毁或者送交保藏机构保管。

保藏机构接受实验室送交的病原微生物菌（毒）种和样本，应当予以登记，并开具接收证明。

第十七条　高致病性病原微生物菌（毒）种或者样本在运输、储存中被盗、被抢、丢失、泄漏的，承运单位、护送人、保藏机构应当采取必要的控制措施，并在2h内分别向承运单位的主管部门、护送人所在单位和保藏机构的主管部门报告，同时向所在地的县级人民政府卫生主管部门或者兽医主管部门报告，发生被盗、被抢、丢失的，还应当向公安机关报告；接到报告的卫生主管部门或者兽医主管部门应当在2h内向本级人民政府报告，并同时向上级人民政府卫生主管部门或者兽医主管部门和国务院卫生主管部门或者兽医主管部门报告。

县级人民政府应当在接到报告后2h内向设区的市级人民政府或者上一级人民政府报告；设区的市级人民政府应当在接到报告后2h内向省、自治区、直辖市人民政府报告。省、自治区、直辖市人民政府应当在接到报告后1h内，向国务院卫生主管部门或者兽医主管部门报告。

任何单位和个人发现高致病性病原微生物菌（毒）种或者样本的容器或者包装材料，应当及时向附近的卫生主管部门或者兽医主管部门报告；接到报告的卫生主管部门或者兽医主管部门应当及时组织调查核实，并依法采取必要的控制措施。

第三章　实验室的设立与管理

第十八条　国家根据实验室对病原微生物的生物安全防护水平，并依照实验室生物安全国家标准的规定，将实验室分为一级、二级、三级、四级。

第十九条　新建、改建、扩建三级、四级实验室或者生产、进口移动式三级、四级实验室应当遵守下列规定：

（一）符合国家生物安全实验室体系规划并依法履行有关审批手续；

（二）经国务院科技主管部门审查同意；

（三）符合国家生物安全实验室建筑技术规范；

（四）依照《中华人民共和国环境影响评价法》的规定进行环境影响评价并经环境保护主管部门审查批准；

（五）生物安全防护级别与其拟从事的实验活动相适应。

前款规定所称国家生物安全实验室体系规划，由国务院投资主管部门会同国务院有关部门制定。制定国家生物安全实验室体系规划应当遵循总量控制、合理布局、资源共享的原则，并应当召开听证会或者论证会，听取公共卫生、环境保护、投资管理和实验室管理等方面专家的意见。

第二十条　三级、四级实验室应当通过实验室国家认可。

国务院认证认可监督管理部门确定的认可机构应当依照实验室生物安全国家标准以及本条例的有关规定，对三级、四级实验室进行认可；实验室通过认可的，颁发相应级别的生物安全实验室证书。证书有效期为5年。

第二十一条　一级、二级实验室不得从事高致病性病原微生物实验活动。三级、四级实验室从事高致病性病原微生物实验活动，应当具备下列条件：

（一）实验目的和拟从事的实验活动符合国务院卫生主管部门或者兽医主管部门的规定；

（二）通过实验室国家认可；

（三）具有与拟从事的实验活动相适应的工作人员；

（四）工程质量经建筑主管部门依法检测验收合格。

第二十二条　三级、四级实验室，需要从事某种高致病性病原微生物或者疑似高致病性病原微生物实验活动的，应当依照国务院卫生主管部门或者兽医主管部门的规定报省级以上人民政府卫生主管部门或者兽医主管部门批准。实验活动结果以及工作情况应当向原批准部门报告。

实验室申报或者接受与高致病性病原微生物有关的科研项目，应当符合科研需要和生物安全要求，具有相应的生物安全防护水平。与动物间传染的高致病性病原微生物有关的科研项目，应当经国务院兽医主管部门同意；与人体健康有关的高致病性病原微生物科研项目，实验室应当将立项结果告知省级以上人民政府卫生主管部门。

第二十三条　出入境检验检疫机构、医疗卫生机构、动物防疫机构在实验室开展检测、诊断工作时，发现高致病性病原微生物或者疑似高致病性病原微生物，需要进一步从事这类高致病性病原微生物相关实验活动的，应当依照本条例的规定经批准同意，并在具备相应条件的实验室中进行。

专门从事检测、诊断的实验室应当严格依照国务院卫生主管部门或者兽医主管部门的规定，建立健全规章制度，保证实验室生物安全。

第二十四条　省级以上人民政府卫生主管部门或者兽医主管部门应当自收到需要从事高致病性病原微生物相关实验活动的申请之日起15日内作出是否批准的决定。

对出入境检验检疫机构为了检验检疫工作的紧急需要，申请在实验室对高致病性病原微生物或者疑似高致病性病原微生物开展进一步实验活动的，省级以上人民政府卫生主管部门或者兽医主管部门应当自收到申请之时起2h内作出是否批准的决定；2h内未作出决定的，实验室可以从事相应的实验活动。

省级以上人民政府卫生主管部门或者兽医主管部门应当为申请人通过电报、电传、传真、电子数据交换和电子邮件等方式提出申请提供方便。

第二十五条　新建、改建或者扩建一级、二级实验室，应当向设区的市级人民政府卫生主管部门或者兽医主管部门备案。设区的市级人民政府卫生主管部门或者兽医主管部门应当每年将备案情况汇总后报省、自治区、直辖市人民政府卫生主管部门或者兽医主管部门。

第二十六条　国务院卫生主管部门和兽医主管部门应当定期汇总并互相通报实验室数量和实验室设立、分布情况，以及三级、四级实验室从事高致病性病原微生物实验活动的情况。

第二十七条　已经建成并通过实验室国家认可的三级、四级实验室应当向所在地的县级人民政府环境保护主管部门备案。环境保护主管部门依照法律、行政法规的规定对实验室排放的废水、废气和其他废物处置情况进行监督检查。

第二十八条　对我国尚未发现或者已经宣布消灭的病原微生物，任何单位和个人未经批准不得从事相关实验活动。

为了预防、控制传染病，需要从事前款所指病原微生物相关实验活动的，应当经国务院卫生主管部门或者兽医主管部门批准，并在批准部门指定的专业实验室中进行。

第二十九条　实验室使用新技术、新方法从事高致病性病原微生物相关实验活动的，应当符合防止高致病性病原微生物扩散、保证生物安全和操作者人身安全的要求，并经国家病原微生物实验室生物安全专家委员会论证；经论证可行的，方可使用。

第三十条　需要在动物体上从事高致病性病原微生物相关实验活动的，应当在符合动物实验室生物安全国家标准的三级以上实验室进行。

第三十一条　实验室的设立单位负责实验室的生物安全管理。

实验室的设立单位应当依照本条例的规定制定科学、严格的管理制度，并定期对有关生物安全规定的落实情况进行检查，定期对实验室设施、设备、材料等进行检查、维护和更新，以确保其符合国家标准。

实验室的设立单位及其主管部门应当加强对实验室日常活动的管理。

第三十二条　实验室负责人为实验室生物安全的第一责任人。

实验室从事实验活动应当严格遵守有关国家标准和实验室技术规范、操作规程。实验室负责人应当指定专人监督检查实验室技术规范和操作规程的落实情况。

第三十三条　从事高致病性病原微生物相关实验活动的实验室的设立单位，应当建立健全安全保卫制度，采取安全保卫措施，严防高致病性病原微生物被盗、被抢、丢失、泄漏，保障实验室及其病原微生物的安全。实验室发生高致病性病原微生物被盗、被抢、丢失、泄漏的，实验室的设立单位应当依照本条例第十七条的规定进行报告。

从事高致病性病原微生物相关实验活动的实验室应当向当地公安机关备案，并接受公安机关有关实验室安全保卫工作的监督指导。

第三十四条　实验室或者实验室的设立单位应当每年定期对工作人员进行培训，保证其掌握实验室技术规范、操作规程、生物安全防护知识和实际操作技能，并进行考核。工作人员经考核合格的，方可上岗。

从事高致病性病原微生物相关实验活动的实验室，应当每半年将培训、考核其工作人员的情况和实验室运行情况向省、自治区、直辖市人民政府卫生主管部门或者兽医主管部门报告。

第三十五条　从事高致病性病原微生物相关实验活动应当有2名以上的工作人员共同进行。

进入从事高致病性病原微生物相关实验活动的实验室的工作人员或者其他有关人员，应当经实验室负责人批准。实验室应当为其提供符合防护要求的防护用品并采取其他职业防护措施。从事高致病性病原微生物相关实验活动的实验室，还应当对实验室工作人员进行健康监测，每年组织对其进行体检，并建立健康档案；必要时，应当对实验室工作人员进行预防接种。

第三十六条　在同一个实验室的同一个独立安全区域内，只能同时从事一种高致病性病原微生物的相关实验活动。

第三十七条　实验室应当建立实验档案，记录实验室使用情况和安全监督情况。实验室从事高致病性病原微生物相关实验活动的实验档案保存期，不得少于20年。

第三十八条　实验室应当依照环境保护的有关法律、行政法规和国务院有关部门的规定，对废水、废气以及其他废物进行处置，并制定相应的环境保护措施，防止环境污染。

第三十九条　三级、四级实验室应当在明显位置标示国务院卫生主管部门和兽医主管部门规定的生物危险标识和生物安全实验室级别标志。

第四十条　从事高致病性病原微生物相关实验活动的实验室应当制定实验室感染应急处置预案，并向该实验室所在地的省、自治区、直辖市人民政府卫生主管部门或者兽医主管部门备案。

第四十一条　国务院卫生主管部门和兽医主管部门会同国务院有关部门组织病原学、免疫学、检验医学、流行病学、预防兽医学、环境保护和实验室管理等方面的专家，组成国家病原微生物实验室生物安全专家委员会。该委员会承担从事高致病性病原微生物相关实验活动的实验室的设立与运行的生物安全评估和技术咨询、论证工作。

省、自治区、直辖市人民政府卫生主管部门和兽医主管部门会同同级人民政府有关部门组织病原学、免疫学、检验医学、流行病学、预防兽医学、环境保护和实验室管理等方面的专家，组成本地区病原微生物实验室生物安全专家委员会。该委员会承担本地区实验室设立和运行的技术咨询工作。

第四章　实验室感染控制

第四十二条　实验室的设立单位应当指定专门的机构或者人员承担实验室感染控制工

作，定期检查实验室的生物安全防护、病原微生物菌（毒）种和样本保存与使用、安全操作、实验室排放的废水和废气以及其他废物处置等规章制度的实施情况。

负责实验室感染控制工作的机构或者人员应当具有与该实验室中的病原微生物有关的传染病防治知识，并定期调查、了解实验室工作人员的健康状况。

第四十三条　实验室工作人员出现与本实验室从事的高致病性病原微生物相关实验活动有关的感染临床症状或者体征时，实验室负责人应当向负责实验室感染控制工作的机构或者人员报告，同时派专人陪同及时就诊；实验室工作人员应当将近期所接触的病原微生物的种类和危险程度如实告知诊治医疗机构。接诊的医疗机构应当及时救治；不具备相应救治条件的，应当依照规定将感染的实验室工作人员转诊至具备相应传染病救治条件的医疗机构；具备相应传染病救治条件的医疗机构应当接诊治疗，不得拒绝救治。

第四十四条　实验室发生高致病性病原微生物泄漏时，实验室工作人员应当立即采取控制措施，防止高致病性病原微生物扩散，并同时向负责实验室感染控制工作的机构或者人员报告。

第四十五条　负责实验室感染控制工作的机构或者人员接到本条例第四十三条、第四十四条规定的报告后，应当立即启动实验室感染应急处置预案，并组织人员对该实验室生物安全状况等情况进行调查；确认发生实验室感染或者高致病性病原微生物泄漏的，应当依照本条例第十七条的规定进行报告，并同时采取控制措施，对有关人员进行医学观察或者隔离治疗，封闭实验室，防止扩散。

第四十六条　卫生主管部门或者兽医主管部门接到关于实验室发生工作人员感染事故或者病原微生物泄漏事件的报告，或者发现实验室从事病原微生物相关实验活动造成实验室感染事故的，应当立即组织疾病预防控制机构、动物防疫监督机构和医疗机构以及其他有关机构依法采取下列预防、控制措施：

（一）封闭被病原微生物污染的实验室或者可能造成病原微生物扩散的场所；

（二）开展流行病学调查；

（三）对病人进行隔离治疗，对相关人员进行医学检查；

（四）对密切接触者进行医学观察；

（五）进行现场消毒；

（六）对染疫或者疑似染疫的动物采取隔离、扑杀等措施；

（七）其他需要采取的预防、控制措施。

第四十七条　医疗机构或者兽医医疗机构及其执行职务的医务人员发现由于实验室感染而引起的与高致病性病原微生物相关的传染病病人、疑似传染病病人或者患有疫病、疑似患有疫病的动物，诊治的医疗机构或者兽医医疗机构应当在 2h 内报告所在地的县级人民政府卫生主管部门或者兽医主管部门；接到报告的卫生主管部门或者兽医主管部门应当在 2h 内通报实验室所在地的县级人民政府卫生主管部门或者兽医主管部门。接到通报的卫生主管部门或者兽医主管部门应当依照本条例第四十六条的规定采取预防、控制措施。

第四十八条　发生病原微生物扩散，有可能造成传染病暴发、流行时，县级以上人民政府卫生主管部门或者兽医主管部门应当依照有关法律、行政法规的规定以及实验室感染应急处置预案进行处理。

第五章　监督管理

第四十九条　县级以上地方人民政府卫生主管部门、兽医主管部门依照各自分工，履行下列职责：

（一）对病原微生物菌（毒）种、样本的采集、运输、储存进行监督检查；

（二）对从事高致病性病原微生物相关实验活动的实验室是否符合本条例规定的条件进行监督检查；

（三）对实验室或者实验室的设立单位培训、考核其工作人员以及上岗人员的情况进行监督检查；

（四）对实验室是否按照有关国家标准、技术规范和操作规程从事病原微生物相关实验活动进行监督检查。

县级以上地方人民政府卫生主管部门、兽医主管部门，应当主要通过检查反映实验室执行国家有关法律、行政法规以及国家标准和要求的记录、档案、报告，切实履行监督管理职责。

第五十条　县级以上人民政府卫生主管部门、兽医主管部门、环境保护主管部门在履行监督检查职责时，有权进入被检查单位和病原微生物泄漏或者扩散现场调查取证、采集样品，查阅复制有关资料。需要进入从事高致病性病原微生物相关实验活动的实验室调查取证、采集样品的，应当指定或者委托专业机构实施。被检查单位应当予以配合，不得拒绝、阻挠。

第五十一条　国务院认证认可监督管理部门依照《中华人民共和国认证认可条例》的规定对实验室认可活动进行监督检查。

第五十二条　卫生主管部门、兽医主管部门、环境保护主管部门应当依据法定的职权和程序履行职责，做到公正、公平、公开、文明、高效。

第五十三条　卫生主管部门、兽医主管部门、环境保护主管部门的执法人员执行职务时，应当有 2 名以上执法人员参加，出示执法证件，并依照规定填写执法文书。

现场检查笔录、采样记录等文书经核对无误后，应当由执法人员和被检查人、被采样人签名。被检查人、被采样人拒绝签名的，执法人员应当在自己签名后注明情况。

第五十四条　卫生主管部门、兽医主管部门、环境保护主管部门及其执法人员执行职务，应当自觉接受社会和公民的监督。公民、法人和其他组织有权向上级人民政府及其卫生主管部门、兽医主管部门、环境保护主管部门举报地方人民政府及其有关主管部门不依照规定履行职责的情况。接到举报的有关人民政府或者其卫生主管部门、兽医主管部门、环境保护主管部门，应当及时调查处理。

第五十五条　上级人民政府卫生主管部门、兽医主管部门、环境保护主管部门发现属于下级人民政府卫生主管部门、兽医主管部门、环境保护主管部门职责范围内需要处理的事项的，应当及时告知该部门处理；下级人民政府卫生主管部门、兽医主管部门、环境保护主管部门不及时处理或者不积极履行本部门职责的，上级人民政府卫生主管部门、兽医主管部门、环境保护主管部门应当责令其限期改正；逾期不改正的，上级人民政府卫生主管部门、兽医主管部门、环境保护主管部门有权直接予以处理。

第六章　法律责任

第五十六条　三级、四级实验室未经批准从事某种高致病性病原微生物或者疑似高致病性病原微生物实验活动的，由县级以上地方人民政府卫生主管部门、兽医主管部门依照各自职责，责令停止有关活动，监督其将用于实验活动的病原微生物销毁或者送交保藏机构，并给予警告；造成传染病传播、流行或者其他严重后果的，由实验室的设立单位对主要负责人、直接负责的主管人员和其他直接责任人员，依法给予撤职、开除的处分；构成犯罪的，依法追究刑事责任。

第五十七条　卫生主管部门或者兽医主管部门违反本条例的规定，准予不符合本条例规定条件的实验室从事高致病性病原微生物相关实验活动的，由作出批准决定的卫生主管部门或者兽医主管部门撤销原批准决定，责令有关实验室立即停止有关活动，并监督其将用于实验活动的病原微生物销毁或者送交保藏机构，对直接负责的主管人员和其他直接责任人员依法给予行政处分；构成犯罪的，依法追究刑事责任。

因违法作出批准决定给当事人的合法权益造成损害的，作出批准决定的卫生主管部门或者兽医主管部门应当依法承担赔偿责任。

第五十八条　卫生主管部门或者兽医主管部门对出入境检验检疫机构为了检验检疫工作的紧急需要，申请在实验室对高致病性病原微生物或者疑似高致病性病原微生物开展进一步检测活动，不在法定期限内作出是否批准决定的，由其上级行政机关或者监察机关责令改正，给予警告；造成传染病传播、流行或者其他严重后果的，对直接负责的主管人员和其他直接责任人员依法给予撤职、开除的行政处分；构成犯罪的，依法追究刑事责任。

第五十九条　违反本条例规定，在不符合相应生物安全要求的实验室从事病原微生物相关实验活动的，由县级以上地方人民政府卫生主管部门、兽医主管部门依照各自职责，责令停止有关活动，监督其将用于实验活动的病原微生物销毁或者送交保藏机构，并给予警告；造成传染病传播、流行或者其他严重后果的，由实验室的设立单位对主要负责人、直接负责的主管人员和其他直接责任人员，依法给予撤职、开除的处分；构成犯罪的，依法追究刑事责任。

第六十条　实验室有下列行为之一的，由县级以上地方人民政府卫生主管部门、兽医主管部门依照各自职责，责令限期改正，给予警告；逾期不改正的，由实验室的设立单位对主要负责人、直接负责的主管人员和其他直接责任人员，依法给予撤职、开除的处分；有许可证件的，并由原发证部门吊销有关许可证件：

（一）未依照规定在明显位置标示国务院卫生主管部门和兽医主管部门规定的生物危险标识和生物安全实验室级别标志的；

（二）未向原批准部门报告实验活动结果以及工作情况的；

（三）未依照规定采集病原微生物样本，或者对所采集样本的来源、采集过程和方法等未作详细记录的；

（四）新建、改建或者扩建一级、二级实验室未向设区的市级人民政府卫生主管部门或者兽医主管部门备案的；

（五）未依照规定定期对工作人员进行培训，或者工作人员考核不合格允许其上岗，或者批准未采取防护措施的人员进入实验室的；

（六）实验室工作人员未遵守实验室生物安全技术规范和操作规程的；

（七）未依照规定建立或者保存实验档案的；

（八）未依照规定制定实验室感染应急处置预案并备案的。

第六十一条　经依法批准从事高致病性病原微生物相关实验活动的实验室的设立单位未建立健全安全保卫制度，或者未采取安全保卫措施的，由县级以上地方人民政府卫生主管部门、兽医主管部门依照各自职责，责令限期改正；逾期不改正，导致高致病性病原微生物菌（毒）种、样本被盗、被抢或者造成其他严重后果的，责令停止该项实验活动，该实验室2年内不得申请从事高致病性病原微生物实验活动；造成传染病传播、流行的，该实验室设立单位的主管部门还应当对该实验室的设立单位的直接负责的主管人员和其他直接责任人员，依法给予降级、撤职、开除的处分；构成犯罪的，依法追究刑事责任。

第六十二条　未经批准运输高致病性病原微生物菌（毒）种或者样本，或者承运单位经批准运输高致病性病原微生物菌（毒）种或者样本未履行保护义务，导致高致病性病原微生物菌（毒）种或者样本被盗、被抢、丢失、泄漏的，由县级以上地方人民政府卫生主管部门、兽医主管部门依照各自职责，责令采取措施，消除隐患，给予警告；造成传染病传播、流行或者其他严重后果的，由托运单位和承运单位的主管部门对主要负责人、直接负责的主管人员和其他直接责任人员，依法给予撤职、开除的处分；构成犯罪的，依法追究刑事责任。

第六十三条　有下列行为之一的，由实验室所在地的设区的市级以上地方人民政府卫生主管部门、兽医主管部门依照各自职责，责令有关单位立即停止违法活动，监督其将病原微生物销毁或者送交保藏机构；造成传染病传播、流行或者其他严重后果的，由其所在单位或者其上级主管部门对主要负责人、直接负责的主管人员和其他直接责任人员，依法给予撤职、开除的处分；有许可证件的，并由原发证部门吊销有关许可证件；构成犯罪的，依法追究刑事责任：

（一）实验室在相关实验活动结束后，未依照规定及时将病原微生物菌（毒）种和样本就地销毁或者送交保藏机构保管的；

（二）实验室使用新技术、新方法从事高致病性病原微生物相关实验活动未经国家病原微生物实验室生物安全专家委员会论证的；

（三）未经批准擅自从事在我国尚未发现或者已经宣布消灭的病原微生物相关实验活动的；

（四）在未经指定的专业实验室从事在我国尚未发现或者已经宣布消灭的病原微生物相关实验活动的；

（五）在同一个实验室的同一个独立安全区域内同时从事两种或者两种以上高致病性病原微生物的相关实验活动的。

第六十四条　认可机构对不符合实验室生物安全国家标准以及本条例规定条件的实验室予以认可，或者对符合实验室生物安全国家标准以及本条例规定条件的实验室不予认可的，由国务院认证认可监督管理部门责令限期改正，给予警告；造成传染病传播、流行或者其他严重后果的，由国务院认证认可监督管理部门撤销其认可资格，有上级主管部门的，由其上级主管部门对主要负责人、直接负责的主管人员和其他直接责任人员依法给予撤职、开除的处分；构成犯罪的，依法追究刑事责任。

第六十五条　实验室工作人员出现该实验室从事的病原微生物相关实验活动有关的感染临床症状或者体征，以及实验室发生高致病性病原微生物泄漏时，实验室负责人、实室工作人员、负责实验室感染控制的专门机构或者人员未依照规定报告，或者未依照规定采取控制措施的，由县级以上地方人民政府卫生主管部门、兽医主管部门依照各自职责，责令限期改正，给予警告；造成传染病传播、流行或者其他严重后果的，由其设立单位对实验室主要负责人、直接负责的主管人员和其他直接责任人员，依法给予撤职、开除的处分；有许可证件的，并由原发证部门吊销有关许可证件；构成犯罪的，依法追究刑事责任。

第六十六条　拒绝接受卫生主管部门、兽医主管部门依法开展有关高致病性病原微生物扩散的调查取证、采集样品等活动或者依照本条例规定采取有关预防、控制措施的，由县级以上人民政府卫生主管部门、兽医主管部门依照各自职责，责令改正，给予警告；造成传染病传播、流行以及其他严重后果的，由实验室的设立单位对实验室主要负责人、直接负责的主管人员和其他直接责任人员，依法给予降级、撤职、开除的处分；有许可证件的，并由原发证部门吊销有关许可证件；构成犯罪的，依法追究刑事责任。

第六十七条　发生病原微生物被盗、被抢、丢失、泄漏，承运单位、护送人、保藏机构和实验室的设立单位未依照本条例的规定报告的，由所在地的县级人民政府卫生主管部门或者兽医主管部门给予警告；造成传染病传播、流行或者其他严重后果的，由实验室的设立单位或者承运单位、保藏机构的上级主管部门对主要负责人、直接负责的主管人员和其他直接责任人员，依法给予撤职、开除的处分；构成犯罪的，依法追究刑事责任。

第六十八条　保藏机构未依照规定储存实验室送交的菌（毒）种和样本，或者未依照规定提供菌（毒）种和样本的，由其指定部门责令限期改正，收回违法提供的菌（毒）种和样本，并给予警告；造成传染病传播、流行或者其他严重后果的，由其所在单位或者其上级主管部门对主要负责人、直接负责的主管人员和其他直接责任人员，依法给予撤职、开除的处分；构成犯罪的，依法追究刑事责任。

第六十九条　县级以上人民政府有关主管部门，未依照本条例的规定履行实验室及其实验活动监督检查职责的，由有关人民政府在各自职责范围内责令改正，通报批评；造成传染病传播、流行或者其他严重后果的，对直接负责的主管人员，依法给予行政处分；构成犯罪的，依法追究刑事责任。

第七章　附　　则

第七十条　军队实验室由中国人民解放军卫生主管部门参照本条例负责监督管理。

第七十一条　本条例施行前设立的实验室，应当自本条例施行之日起6个月内，依照本条例的规定，办理有关手续。

第七十二条　本条例自公布之日起施行。

附录四
病原微生物实验室生物安全环境管理办法

第一条　为规范病原微生物实验室（以下简称"实验室"）生物安全环境管理工作，

根据《病原微生物实验室生物安全管理条例》和有关环境保护法律和行政法规，制定本办法。

第二条　本办法适用于中华人民共和国境内的实验室及其从事实验活动的生物安全环境管理。

本办法所称的病原微生物，是指能够使人或者动物致病的微生物。

本办法所称的实验活动，是指实验室从事与病原微生物菌（毒）种、样品有关的研究、教学、检测、诊断等活动。

第三条　国家根据实验室对病原微生物的生物安全防护水平，并依照实验室生物安全国家标准的规定，将实验室分为一级、二级、三级和四级。

一级、二级实验室不得从事高致病性病原微生物实验活动。

第四条　国家环境保护总局制定并颁布实验室污染控制标准、环境管理技术规范和环境监督检查制度。

第五条　国家环境保护总局设立病原微生物实验室生物安全环境管理专家委员会。专家委员会主要由环境保护、病原微生物以及实验室管理方面的专家组成。

病原微生物实验室生物安全环境管理专家委员会的主要职责是：审议有关实验室污染控制标准和环境管理技术规范，提出审议建议；审查有关实验室环境影响评价文件，提出审查建议。

第六条　新建、改建、扩建实验室，应当按照国家环境保护规定，执行环境影响评价制度。

实验室环境影响评价文件应当对病原微生物实验活动对环境可能造成的影响进行分析和预测，并提出预防和控制措施。

第七条　新建、改建、扩建三级、四级实验室或者生产、进口移动式三级、四级实验室，应当编制环境影响报告书，并按照规定程序报国家环境保护总局审批。

承担三级、四级实验室环境影响评价工作的环境影响评价机构，应当具备甲级评价资质和相应的评价范围。

第八条　实验室应当按照国家环境保护规定、经审批的环境影响评价文件以及环境保护行政主管部门批复文件的要求，安装或者配备污染防治设施、设备。

污染防治设施、设备必须经环境保护行政主管部门验收合格后，实验室方可投入运行或者使用。

第九条　建成并通过国家认可的三级、四级实验室，应当在取得生物安全实验室证书后15日内填报三级、四级病原微生物实验室备案表，报所在地的县级人民政府环境保护行政主管部门。

第十条　县级人民政府环境保护行政主管部门应当自收到三级、四级病原微生物实验室备案表之日起10日内，报设区的市级人民政府环境保护行政主管部门；设区的市级人民政府环境保护行政主管部门应当自收到三级、四级病原微生物实验室备案表之日起10日内，报省级人民政府环境保护行政主管部门；省级人民政府环境保护行政主管部门应当自收到三级、四级病原微生物实验室备案表之日起10日内，报国家环境保护总局。

第十一条　实验室的设立单位对实验活动产生的废水、废气和危险废物承担污染防治责任。

实验室应当依照国家环境保护规定和实验室污染控制标准、环境管理技术规范的要求，建立、健全实验室废水、废气和危险废物污染防治管理的规章制度，并设置专（兼）职人员，对实验室产生的废水、废气及危险废物处置是否符合国家法律、行政法规及本办法规定的情况进行检查、督促和落实。

第十二条　实验室排放废水、废气的，应当按照国家环境保护总局的有关规定，执行排污申报登记制度。

实验室产生危险废物的，必须按照危险废物污染环境防治的有关规定，向所在地县级以上地方人民政府环境保护行政主管部门申报危险废物的种类、产生量、流向、贮存、处置等有关资料。

第十三条　实验室对其产生的废水，必须按照国家有关规定进行无害化处理；符合国家有关排放标准后，方可排放。

第十四条　实验室进行实验活动时，必须按照国家有关规定保证大气污染防治设施的正常运转；排放废气不得违反国家有关标准或者规定。

第十五条　实验室必须按照下列规定，妥善收集、贮存和处置其实验活动产生的危险废物，防止环境污染：

（一）建立危险废物登记制度，对其产生的危险废物进行登记。登记内容应当包括危险废物的来源、种类、重量或者数量、处置方法、最终去向以及经办人签名等项目。登记资料至少保存3年。

（二）及时收集其实验活动中产生的危险废物，并按照类别分别置于防渗漏、防锐器穿透等符合国家有关环境保护要求的专用包装物、容器内，并按国家规定要求设置明显的危险废物警示标识和说明。

（三）配备符合国家法律、行政法规和有关技术规范要求的危险废物暂时贮存柜（箱）或者其他设施、设备。

（四）按照国家有关规定对危险废物就地进行无害化处理，并根据就近集中处置的原则，及时将经无害化处理后的危险废物交由依法取得危险废物经营许可证的单位集中处置。

（五）转移危险废物的，应当按照《固体废物污染环境防治法》和国家环境保护总局的有关规定，执行危险废物转移联单制度。

（六）不得随意丢弃、倾倒、堆放危险废物，不得将危险废物混入其他废物和生活垃圾中。

（七）国家环境保护法律、行政法规和规章有关危险废物管理的其他要求。

第十六条　实验室建立并保留的实验档案应当如实记录与生物安全相关的实验活动和设施、设备工作状态情况，以及实验活动产生的废水、废气和危险废物无害化处理、集中处置以及检验的情况。

第十七条　实验室应当制定环境污染应急预案，报所在地县级人民政府环境保护行政主管部门备案，并定期进行演练。

实验室产生危险废物的，应当按照国家危险废物污染环境防治的规定，制定意外事故的防范措施和应急预案，并向所在地县级以上地方人民政府环境保护行政主管部门备案。

《病原微生物实验室生物安全管理条例》施行前已经投入使用的三级实验室，应当按照所在地县级人民政府环境保护行政主管部门的要求，限期制定环境污染应急预案和监测计划，并报环境保护行政主管部门备案。

第十八条　实验室发生泄露或者扩散，造成或者可能造成严重环境污染或者生态破坏的，应当立即采取应急措施，通报可能受到危害的单位和居民，并向当地人民政府环境保护行政主管部门和有关部门报告，接受调查处理。

当地人民政府环境保护行政主管部门应当按照国家环境保护总局污染事故报告程序规定报告上级人民政府环境保护行政主管部门。

第十九条　县级以上人民政府环境保护行政主管部门应当定期对管辖范围内的实验室废水、废气和危险废物的污染防治情况进行监督检查。发现有违法行为的，应当责令其限期整改。检查情况和处理结果应当予以记录，由检查人员签字后归档并反馈被检查单位。

第二十条　县级以上人民政府环境保护行政主管部门在履行监督检查职责时，有权进入被检查单位和病原微生物泄漏或者扩散现场调查取证，采集样品，查阅、复制有关资料，被检查单位应当予以配合，不得拒绝、阻挠。

需要进入三级或者四级实验室调查取证、采集样品的，应当指定或者委托专业机构实施。

环境保护行政主管部门应当为实验室保守技术秘密和业务秘密。

第二十一条　违反本办法有关规定，有下列情形之一的，由县级以上人民政府环境保护行政主管部门责令限期改正，给予警告；逾期不改正的，处 1000 元以下罚款：

（一）未建立实验室污染防治管理的规章制度，或者未设置专（兼）职人员的；

（二）未对产生的危险废物进行登记或者未保存登记资料的；

（三）未制定环境污染应急预案的。

违反本办法规定的其他行为，环境保护法律、行政法规已有处罚规定的，适用其规定。

第二十二条　环境保护行政主管部门应当及时向社会公告依据本办法被予以处罚的实验室名单，并将受到处罚的实验室名单通报中国实验室国家认可委员会。

第二十三条　本办法自 2006 年 5 月 1 日起施行。

附录五
动物疫情报告管理办法

第一条　根据《中华人民共和国动物防疫法》及有关规定，制定本办法。

第二条　本办法所称动物疫情指动物疫病发生、发展的情况。

第三条　国务院畜牧兽医行政管理部门主管全国动物疫情报告工作，县级以上地方人民政府畜牧兽医行政管理部门主管本行政区内的动物疫情报告工作。

国务院畜牧兽医行政管理部门统一公布动物疫情。未经授权，其他任何单位和个人不得以任何方式公布动物疫情。

第四条　各级动物防疫监督机构实施辖区内动物疫情报告工作。

第五条　动物疫情实行逐级报告制度。

县、地、省动物防疫监督机构、全国畜牧兽医总站建立四级疫情报告系统。

国务院畜牧兽医行政管理部门在全国布设的动物疫情测报点（简称"国家测报点"）直接向全国畜牧兽医总站报告。

第六条　动物疫情报告实行快报、月报和年报制度。

（一）快报

有下列情形之一的必须快报：

1. 发生一类或者疑似一类动物疫病；

2. 二类、三类或者其他动物疫病呈暴发性流行；

3. 新发现的动物疫情。

4. 已经消灭又发生的动物疫病。

县级动物防疫监督机构和国家测报点确认发现上述动物疫情后，应在24h之内快报至全国畜牧兽医总站。全国畜牧兽医总站应在12h内报国务院畜牧兽医行政管理部门。

（二）月报

县级动物防疫监督机构对辖区内当月发生的动物疫情，于下一个月5日前将疫情报告地级动物防疫监督机构；地级动物防疫监督机构每月10日前，报告省级动物防疫监督机构；省级动物防疫监督机构于每月15日前报全国畜牧兽医总站；全国畜牧兽医总站将汇总分析结果于每月20日前报国务院畜牧兽医行政管理部门。

（三）年报

县级动物防疫监督机构每年应将辖区内上一年的动物疫情在1月10日前报告地（市）级动物防疫监督机构；地（市）级动物防疫监督机构应当在1月20日前报省级动物防疫监督机构；省级动物防疫监督机构应当在1月30日前报全国畜牧兽医总站；全国畜牧兽医总站将汇总分析结果于2月10日前报国务院畜牧兽医行政管理部门。

第七条　各级动物防疫监督机构和国家测报点在快报、月报、年报动物疫情时，必须同时报告当地畜牧兽医行政管理部门。

省级动物防疫监督机构和国家测报点报告疫情时，须同时报告国务院畜牧兽医行政管理部门，并抄送农业部动物检疫所进行分析研究。

第八条　疫情报告以报表形式上报。需要文字说明的，要同时报告文字材料。全国畜牧兽医总站统一制定动物疫情快报、月报、年报报表。

第九条　从事动物饲养、经营及动物产品生产、经营和从事动物防疫科研、科学、诊疗及进出境动物检疫等单位和个人，应当建立本单位疫情统计、登记制度，并定期向当地动物防疫监督机构报告。

第十条　对在动物疫情报告工作中作出显著成绩的单位或个人，由畜牧兽医行政管理部门给予表彰或奖励。

第十一条　违反本办法规定，瞒报、谎报或者阻碍他人报告动物疫情的，按《中华人民共和国动物防疫法》及有关规定给予处罚，对负有直接责任的主管人员和其他直接责任人员，依法给予行政处分。

第十二条　违反本办法规定，引起重大动物疫情，造成重大经济损失，构成犯罪的，移交司法机关处理。

第十三条　本办法由国务院畜牧兽医行政管理部门负责解释。

第十四条 本办法从公布之日起实施。

附录六
兽医实验室生物安全管理规范

1 适用范围

本规范规定了兽医实验室生物安全防护的基本原则、实验室的分级、各级实验室的基本要求和管理。本规范为最低要求。

本规范适用于各级兽医实验室的建设、使用和管理。

2 引用标准

本规范引用下列文件中的条款作为本规范的条款。凡注日期的引用文件，其随后所有的修改（不包括勘误的内容）或修订版均不适用于本规范。凡不注日期的引用文件，其最新版本适用于本规范。

《中华人民共和国动物防疫法》（1997）

《中华人民共和国进出境动植物检疫法》（1992）

《中华人民共和国进出境动植物检疫法实施条例》（1995）

《农业转基因生物安全管理条例》（2001 国务院 304 号令）

《农业生物基因工程安全管理实施办法》（1996 农业部 7 号令）

《实验动物管理条例》（1988 国家科委 2 号令）

GB 14925—2001	实验动物 环境与设施
GB/T 15481—2000	检测和校准实验室能力的通用要求
GB/T 16803—1997	采暖、通风、空调、净化设备术语
GB/T 14295—93	空气过滤器
GB/T 13554—92	高效空气过滤器
GB 50155—92	采暖通风与空气调节术语标准
GBJ 19—87	采暖通风与空气调节设计规范
WS 233—2002	微生物和生物医学实验室生物安全通用准则
OIE 2002	国际动物卫生法典
JCJ 71—90	洁净室施工及验收规范
NF EN 12021	可呼吸空气生产标准

3 定义

本规范采用下列定义：

兽医实验室（Veterinary Laboratory）：一切从事兽医病原微生物、寄生虫研究与使用，以及兽医临床诊疗和疫病检疫监测的实验室。

动物（Animal）：本规范涉及的动物是指家畜家禽和人工饲养、合法捕获其他动物。

兽医微生物（Veterinary Microorganisms）：一切能引起动物传染病或人畜共患病的细菌、病毒和真菌等病原体。

人畜共患病（Zoonosis）：可以由动物传播给人并引起人类发病的传染性疾病。

外来病（Exotic Diseases）：在国外存在或流行的，但在国内尚未证实存在或已消灭的动物疫病。

实验室生物安全防护（Biosafety Containment of Laboratories）：实验室工作人员在处理病原微生物、含有病原微生物的实验材料或寄生虫时，为确保实验对象不对人和动物造成生物伤害，确保周围环境不受其污染，在实验室和动物实验室的设计与建造、使用个体防护装置、严格遵守标准化的工作及操作程序和规程等方面所采取的综合防护措施。

微生物危害评估（Hazard Assessment of Microbes）：对病原微生物或寄生虫可能给人、动物和环境带来的危害所进行的评估。

气溶胶（Aerosol）：悬浮于气体介质中粒径为 $0.001\sim100\mu m$ 的固体、液体微小粒子形成的胶溶状态分散体系。

通风橱（Chemical Hood）：是通过管道直接排出操作化学药品时所产生的有害或挥发性气体、气溶胶和微粒的通风装置。

高效空气过滤器（HEPA，High Efficiency Particulate Air-filter）：在额定风量下，对粒径大于等于 $0.3\mu m$ 的粒子捕集效率在 99.97% 以上及气流阻力在 245Pa 以下的空气过滤器。

物理防护设备（Physical Containment Device）：是用于防止病原微生物逸出和对操作者实施防护的物理或机械设备。

生物安全柜（Biosafety Cabinet）：处理危险性微生物时所用的箱形负压空气净化安全设备。分为Ⅰ、Ⅱ和Ⅲ级。

生物安全柜的简单分类及应用

柜子		应用		
类型及面速度（英尺/分）	气流方式	放射性元素/有毒化学物操作	生物安全水平	产品防护
Ⅰ级前开门式 75	前面进，后面出，顶部通过 HEPA 过滤器	不能	2,3	无
Ⅱ级 A 型 75	70% 通过 HEPA 循环，通过 HEPA 排出	不能	2,3	有
B1 型 100	30% 通过 HEPA 循环，通过 HEPA 和严格管道排出	能（低水平/挥发性）	2,3	有
B2 型 100	无循环，全部通过 HEPA 和严格管道排出	能	2,3	有
B3 型 100	同ⅡA，但箱内呈负压和管道排气	能	2,3	有
Ⅲ级无要求	供气进口和排气通过两道 HEPA 过滤器	能	3,4	有

4　实验室生物安全防护的基本原则

4.1　总则

4.1.1　兽医实验室生物安全防护内容包括安全设备、个体防护装置和措施（一级防护），实验室的特殊设计和建设要求（二级防护），严格的管理制度和标准化的操作程序与规程。

4.1.2　兽医实验室除了防范病原体对实验室工作人员的感染外，还必须采取相应措施防止病原体的逃逸。

4.1.3　对每一特定实验室，应制定有关生物安全防护综合措施，编写各实验室的生物安全管理手册，并有专人负责生物安全工作。

4.1.4　生物安全水平根据微生物的危害程度和防护要求分为 4 个等级，即Ⅰ、Ⅱ、Ⅲ、Ⅳ级。

4.1.5　有关 DNA 重组操作和遗传工程体的生物安全应参照《农业生物基因工程安全管理实施办法》执行。

4.2　安全设备和个体防护

确保实验室工作人员不与病原微生物直接接触的初级屏障。

4.2.1　实验室必须配备相应级别的生物安全设备。所有可能使病原微生物逸出或产生气溶胶的操作，必须在相应等级的生物安全控制条件下进行。

4.2.2　实验室工作人员必须配备个体防护用品（防护帽、护目镜、口罩、工作服、手套等）。

4.3　实验室选址、设计和建造的要求

实验室的选址、设计和建造应考虑对周围环境的影响。

4.3.1　实验室必须依据所需要的防护级别和标准进行设计和建造，并满足本规范中的最低设计要求和运行条件。

4.3.2　动物实验室除满足相应生物安全级别要求外，还应隔离，并根据其相应生物安全级别，保持与中心实验室的相应压差。

4.4　生物安全操作规程

4.4.1　本规范规定了不同级别的兽医实验室生物安全操作规程，必须在各实验室的生物安全管理手册中明列，并结合实际制定相应的实施方案。

4.4.2　本规范对各种病原微生物均有明确的生物危害分类，各实验室应根据其操作的对象，制定相应的特殊生物安全操作规程，并列入其生物安全管理手册。

4.5　危害性微生物及其毒素样品的引进、采集、包装、标识、传递和保存

4.5.1　采集的样品应放入安全的防漏容器内，传递时必须包装结实严密，标识清楚牢固，容器表面消毒后由专人送递或邮寄至相应实验室。

4.5.2　进口危害性微生物及其毒素样品时，申请者必须要有与该微生物危害等级相应的生物安全实验室，并经国务院畜牧兽医行政管理部门批准。

4.5.3　危害性微生物及其毒素样品的保存应根据其危害等级分级保存。

4.6　使用放射性同位素的生物安全防护要求参照《放射性同位素与射线装置放射防护条例》执行

4.7　去污染与废弃物（废气、废液和固形物）处理

4.7.1　去污染包括灭菌（彻底杀灭所有微生物）和消毒（杀灭特殊种类的病原体），是防止病原体扩散造成生物危害的重要防护屏障。

4.7.2　被污染的废弃物或各种器皿在废弃或清洗前必须进行灭菌处理；实验室在病原体意外泄漏、重新布置或维修、可疑污染设备的搬运以及空气过滤系统检修时，均应对实验室设施及仪器设备进行消毒处理。

4.7.3　根据被处理物的性质选择适当的处理方法，如高压灭菌、化学消毒、熏蒸、

γ-射线照射或焚烧等。

4.7.4 对实验动物尸体及动物产品应按规定作无害化处理。

4.7.5 实验室应尽量减少用水，污染区、半污染区产生的废水必须排入专门配备的废水处理系统，经处理达标后方可排放。

4.8 管理制度

兽医实验室必须建立健全管理制度。

4.9 微生物危害评估

按照微生物危害分为4级。在建设实验室之前，必须对拟操作的病原微生物进行危害评估，结合人和动物对其易感性、气溶胶传播的可能性、预防和治疗的获得性等因素，确定相应生物安全水平等级。

5 微生物危害分级

5.1 微生物危害通常分为以下4级

生物危害1级：对个体和群体危害程度低，已知的不能对健康成年人和动物致病的微生物。

生物危害2级：对个体危害程度为中度，对群体危害较低，主要通过皮肤、黏膜、消化道传播。对人和动物有致病性，但对实验人员、动物和环境不会造成严重危害的动物致病微生物，具有有效的预防和治疗措施。

生物危害3级：对个体危害程度高，对群体危害程度较高。能通过气溶胶传播的，引起严重或致死性疫病，导致严重经济损失的动物致病微生物，或外来的动物致病微生物。对人引发的疾病具有有效的预防和治疗措施。

生物危害4级：对个体和群体的危害程度高，通常引起严重疫病的、暂无有效预防和治疗措施的动物致病微生物。通过气溶胶传播的，有高度传染性、致死性的动物致病微生物；或未知的危险的动物致病微生物。

5.2 根据对象微生物本身的致病特征确定微生物的危害等级时必须考虑下列因素

- 微生物的致病性和毒力
- 宿主范围
- 所引起疾病的发病率和死亡率
- 疾病的传播媒介
- 动物体内或环境中病原的量和浓度
- 排出物传播的可能性
- 病原在自然环境中的存活时间
- 病原的地方流行特性
- 交叉污染的可能性
- 获得有效疫苗、预防和治疗药物的程度

5.3 除考虑特定微生物固有的致病危害外，危害评估还应包括

- 产生气溶胶的可能性
- 操作方法（体外、体内或攻毒）
- 对重组微生物还应评估其基因特征（毒力基因和毒素基因）、宿主适应性改变、基因整合、增殖力和回复野生型的能力等。

6 兽医实验室的分类、分级及其适用范围

6.1 分类：兽医实验室分两类。

6.1.1 生物安全实验室

是指对病原微生物进行试验操作时所产生的生物危害具有物理防护能力的兽医实验室。适用于兽医微生物的临床检验检测、分离培养、鉴定以及各种生物制剂的研究等工作。

6.1.2 生物安全动物实验室

是指对病原微生物的动物生物学试验研究时所产生的生物危害具有物理防护能力的兽医实验室。也适用于动物传染病临床诊断、治疗、预防研究等工作。

6.2 分级

上述两类实验室，根据所用病原微生物的危害程度、对人和动物的易感性、气溶胶传播的可能性、预防和治疗的可行性等因素，其实验室生物安全水平各分为四级，一级最低，四级最高。

6.2.1 生物安全水平分级依据

一级生物安全水平（BSL-1）：能够安全操作，对实验室工作人员和动物无明显致病性的，对环境危害程度微小的，特性清楚的病原微生物的生物安全水平。

二级生物安全水平（BSL-2）：能够安全操作，对实验室工作人员和动物致病性低的，对环境有轻微危害的病原微生物的生物安全水平。

三级生物安全水平（BSL-3）：能够安全地从事国内和国外的，可能通过呼吸道感染，引起严重或致死性疾病的病原微生物工作的生物安全水平。与上述相近的或有抗原关系的，但尚未完全认知的病原体，也应在此种水平条件下进行操作，直到取得足够的数据后，才能决定是继续在此种安全水平下工作还是在其它等级生物安全水平下工作。

四级生物安全水平（BSL-4）：能够安全地从事国内和国外的，能通过气溶胶传播，实验室感染高度危险，严重危害人和动物生命和环境的，没有特效预防和治疗方法的微生物工作的生物安全水平。与上述相近的或有抗原关系的，但尚未完全认识的病原体也应在此种水平条件下进行操作，直到取得足够的数据后，才能决定是继续在此种安全水平下工作还是在低一级安全水平下工作。

6.2.2 动物实验生物安全水平（ABSL）

一级动物实验生物安全水平（ABSL-1）：能够安全地进行没有发现肯定能引起健康成人发病的，对实验室工作人员、动物和环境危害微小的、特性清楚的病原微生物感染动物工作的生物安全水平。

二级动物实验生物安全水平（ABSL-2）：能够安全地进行对工作人员、动物和环境有轻微危害的病原微生物感染动物的生物安全水平。这些病原微生物通过消化道和皮肤、黏膜暴露而产生危害。

三级动物实验生物安全水平（ABSL-3）：能够安全地从事国内和国外的，可能通过呼吸道感染、引起严重或致死性疾病的病原微生物感染动物工作的生物安全水平。与上述相近的或有抗原关系的但尚未完全认识的病原体感染，也应在此种水平条件下进行操作，直到取得足够的数据后，才能决定是继续在此种安全水平下工作还是在低一级安全水平下工作。

四级动物实验生物安全水平（ABSL-4）：能够安全地从事国内和国外的，能通过气溶胶传播，实验室感染高度危险、严重危害人和动物生命和环境的，没有特效预防和治疗方法的微生物感染动物工作的生物安全水平。与上述相近的或有抗原关系的，但尚未完全认知的病原体动物试验也应在此种水平条件下进行操作，直到取得足够的数据后，才能决定是继续在此种安全水平下工作还是在低一级安全水平下工作。

6.3 实验室致病微生物的生物安全等级

见附表一。

7 实验室生物安全的物理防护分级和组合

7.1 初级物理防护屏障

实验室生物安全必须配备初级物理防护屏障，它包括各级生物安全设备和个人防护器具。

7.2 次级物理防护屏障

实验室的设施结构和通风设计构成次级物理防护屏障。次级物理防护的能力取决于实验室分区和室内气压，要根据实验室的安全要求进行设计。一般把实验室分为洁净、半污染和污染三个区。实验室保持密闭，通风的气流方向始终保持：外界→HEPA→洁净区→半污染区→污染区→HEPA→外界。三级和四级生物安全水平的实验室中，污染区和半污染区的气压相对于大气压的压差分别不应小于-50Pa 和-30Pa.

7.3 生物安全水平（BSL）的构成

生物安全水平依赖于初级防护屏障、次级防护屏障和操作规程。三者不同形式的组合构成了 4 个级别生物安全水平，Ⅰ、Ⅱ、Ⅲ、Ⅳ级安全水平逐级提高，从而构成Ⅰ、Ⅱ、Ⅲ、Ⅳ级实验室生物安全。应根据实验的生物安全要求进行各种组合的设计。

7.4 各级生物安全实验室要求

7.4.1 一级生物安全实验室

指按照 BSL-1 标准建造的实验室，也称基础生物实验室。在建筑物中，实验室无需与一般区域隔离。实验室人员需经一般生物专业训练。其具体标准、微生物操作、安全设备、实验室设施要求如下。

7.4.1.1 标准操作

- 工作一般在桌面上进行，采用微生物的常规操作。工作台面至少每天消毒一次。
- 工作区内不准吃、喝、抽烟、用手接触隐形眼镜、存放个人物品（化妆品、食品等）。
- 严禁用嘴吸取试验液体，应该使用专用的移液管。
- 防止皮肤损伤。
- 所有操作均需小心，避免外溢和气溶胶的产生。
- 所有废弃物在处理之前用公认有效的方法灭菌消毒。从实验室拿出消毒后的废弃物应放在一个牢固不漏的容器内，并按照国家或地方法规进行处理。
- 昆虫和啮齿类动物控制方案应参照其它有关规定进行。

7.4.1.2 特殊操作 无

7.4.1.3 安全设备（初级防护屏障）

- BSL-1 实验室可不配置特殊的物理防护设备。
- 工作时应穿着实验室专用长工作服。
- 戴乳胶手套。

- 可佩戴防护眼镜或面罩。

7.4.1.4 实验室设施（次级防护屏障）

- 实验室有控制进出的门。
- 每个实验室应有一个洗手池。
- 室内装饰便于打扫卫生，不用地毯和垫子。
- 工作台面不漏水、耐酸碱和中等热度、抗化学物质的腐蚀。
- 实验室内器具安放稳妥，器具之间留有一定的距离，方便清扫。
- 实验室的窗户，必须安纱窗。

7.4.2 二级生物安全实验室

指按照 BSL-2 标准建造的实验室，也称为基础生物实验室。在建筑物中，实验室无需与一般区域隔离。实验室人员需经一般生物专业训练。其具体标准微生物操作、特殊操作、安全设备、实验室设施要求如下。

7.4.2.1 标准操作

- 工作一般在桌面上进行，采用微生物的常规操作和特殊操作。
- 工作区内禁止吃、喝、抽烟、用手接触隐形眼镜和使用化妆品。食物贮藏在专门设计的工作区外的柜内或冰箱内。
- 使用移液管吸取液体，禁止用嘴吸取。
- 操作传染性材料后要洗手，离开实验室前脱掉手套并洗手。
- 制定对利器的安全操作对策（见 7.4.3.2 的避免利器感染）。
- 所有操作均须小心，以减少实验材料外溢、飞溅、产生气溶胶。
- 每天完成实验后对工作台面进行消毒。实验材料溅出时，要用有效的消毒剂消毒。
- 所有培养物和废弃物在处理前都要用高压蒸汽灭菌器消毒。消毒后的物品要放入牢固不漏的容器内，按照国家法规进行包装，密闭传出处理。
- 昆虫和啮齿类动物的控制应参照其它有关规定进行。
- 妥善保管菌、毒种，使用要经负责人批准并登记使用量。

7.4.2.2 特殊操作

- 操作传染性材料的人员，由负责人指定。一般情况下受感染概率增加或受感染后后果严重的人不允许进入实验室。例如，免疫功能低下或缺陷的人受感染危险增加。
- 负责人要告知工作人员工作中的潜在危险和所需的防护措施（如免疫接种），否则不能进入实验室工作。
- 操作病原微生物期间，在实验室入口必须标记生物危险信号，其内容包括微生物种类、生物安全水平、是否需要免疫接种、研究者的姓名和电话号码、进入人员必须佩戴的防护器具、遵守退出实验室的程序。
- 实验室人员需操作某些人畜共患病病原体时应接受相应的疫苗免疫或检测试验（如狂犬病疫苗和 TB 皮肤试验）。
- 应收集和保存实验室人员和其他受威胁人的基础血清，进行试验病原微生物抗体水平的测定，以后定期或不定期收取血清样本进行监测。
- 实验室负责人应制定具体的生物安全规则和标准操作程序，或制定实验室特殊的安全手册。
- 实验室负责人对实验人员和辅助人员要进行针对性的生物危害防护的专业训练，

定期培训。必须防止微生物暴露、学会评价暴露危害的方法。

• 必须高度重视污染利器包括针头、注射器、玻璃片、吸管、毛细管和手术刀的安全对策（见 7.4.3.2 的避免利器感染）。

• 培养物、组织或体液标本的收集、处理、加工、储存、运输过程，应放在防漏的容器内进行。

• 操作传染性材料后，应对使用的仪器表面和工作台面进行有效的消毒，特别是发生传染性材料外溢、溅出，或其它污染时更要严格消毒。污染的仪器在送出设施检修、打包、运输之前都要给予消毒。

• 发生传染性材料溅出或其它事故要立即报告负责人，负责人要进行恰当的危害评价、监督、处理，并记录存档。

• 非本实验所需动物不允许进入实验室。

7.4.2.3　安全设备（初级防护屏障）

• 实验室内工作必须穿防护工作服。离开实验室到非工作区（如餐厅、图书室和办公室）之前要脱掉工作服。所有工作服或在实验室处理或由洗衣房清洗，不准带回家。

• 可能接触传染性材料和接触污染表面时要戴乳胶手套。完成传染性材料工作之后需经过消毒处理，方可脱掉手套。待处理的手套不能接触清洁表面（微机键盘、电话等），不能丢弃至实验室外面。脱掉手套后要洗手。如果手套破损，先消毒后脱掉。

• 能产生传染物外溢、溅出和气溶胶的操作，包括离心、研磨、搅拌、强力振荡混合、超声波破碎、打开装有传染性材料的容器、动物鼻腔注射、收取感染动物和孵化卵的组织等，都要使用Ⅱ级生物安全柜和物理防护设备。

• 离心高浓度和大容量的传染性材料时，如果使用密闭转头、带有安全帽的离心机可在开放的实验室内进行，否则只能在生物安全柜内进行。

• 当操作（微生物）不得不在安全柜外面进行时，应采取严格的面部安全防护措施（护目镜、口罩、面罩或其它设施），并防止气溶胶发生。

7.4.2.4　实验室设施（次级屏障）

• 设施门要加锁，限制人员进入。

• 实验设施地点离开公共区。

• 每个实验室设一个洗手池。要求设置非手动或自动开关。

• 实验室结构要便于清洁卫生，禁止使用地毯和垫子。

• 工作台面不渗水，应耐酸、碱、耐热和有机溶剂等。

• 实验室家具应预先设计，便于摆放和使用，表面应便于消毒，并在其间留有空隙便于清洁。

• 生物安全柜的安装，室内的送、排风要符合物理防护参数要求。远离门口、风口和能开的窗户，远离室内人员经常走动的地方，远离其它可能干扰的仪器，以保证生物安全柜的气流参数和物理防护功能。

• 建立冲洗眼睛的紧急救护点。

• 照明适合于室内一切活动，避免反射和耀眼，以免干扰视线。

• 只要求一般舒适空调，没有特殊通风要求。但是，新设施应该考虑机械通风系统能够提供通向室内的单向气流。如果有通向室外的窗户，必须安装纱窗。

7.4.3 三级生物安全实验室

指按照 BSL-3 标准建造的实验室，也称为生物安全实验室。实验室需与建筑物中的一般区域隔离。其具体标准微生物操作、特殊操作、安全设备、实验室设施要求如下。

7.4.3.1 标准操作

· 完成传染性材料操作后，对手套进行消毒冲洗，离开实验室之前，脱掉手套并洗手。

· 设施内禁止吃、喝、抽烟，不准触摸隐形眼镜和使用化妆品。戴隐形眼镜的人也要佩戴防护镜或面罩。食物只能存放在工作区以外的地方。

· 禁止用嘴吸取试验液体，要使用专用的移液管。

· 一切操作均要小心，以减少和避免产生气溶胶。

· 实验室卫生至少每天清洁一次，工作后随时消毒工作台面，传染性材料外溢、溅出污染时要立即消毒处理。

· 所有培养物、储存物和其它日常废弃物在处理之前都要用高压灭菌器进行有效的灭菌处理。需要在实验室外面处理的材料，要装入牢固不漏的容器内，加盖密封后传出实验室。实验室的废弃物在送到处理地点之前应消毒、包装，避免污染环境。

· 对 BSL-3 内操作的菌、毒种必须由两人保管，保存在安全可靠的设施内，使用前应办理批准手续，说明使用剂量，并详细登记，两人同时到场方能取出。试验要有详细使用和销毁记录。

· 昆虫和啮齿类动物控制应参照其它有关规定执行。

7.4.3.2 特殊操作

· 制定安全细则

实验室负责人要根据实际情况制定本实验室特殊而全面的生物安全规则和具体的操作规程，以补充和细化本规范的操作要求，并报请生物安全委员会批准。工作人员必须了解细则，认真贯彻执行。

· 生物危害标志

要在实验室入口的门上标记国际通用生物危害标志。实验室门口标记实验微生物种类、实验室负责人的名单和电话号码，指明进入本实验室的特殊要求，诸如需要免疫接种、佩戴防护面具或其它个人防护器具等。

实验室使用期间，谢绝无关人员参观。如参观必须经过批准并在个体条件和防护达到要求时方能进入。

· 生物危害警告

实验过程中实验室或物理防护设备里放有传染性材料或感染动物时，实验室的门必须保持紧闭，无关人员一律不得进入。

门口要示以危害警告标志，如挂红牌或文字说明实验的状态，禁止进入或靠近。

· 进入实验室的条件

实验室负责人要指定、控制或禁止进入实验室的实验人员和辅助人员。

未成年人不允许进入实验室。

受感染概率增加或感染后果严重的实验室工作人员不允许进入实验室。

只有了解实验室潜在的生物危害和特殊要求并能遵守有关规定合乎条件的人才能进入实验室。

与工作无关的动植物和其它物品不允许带入实验室。

· 工作人员的培训

对实验室工作人员和辅助人员要进行与工作有关的定期和不定期的生物安全防护专业培训。实验人员需经专门生物专业训练和生物安全训练，并由有经验的专家指导，或在生物安全委员会指导监督下工作。

必须学会气溶胶暴露危害的评价和预防方法。

在 BSL-3 实验室做传染性工作之前，实验室负责人要保证和证明，所有工作人员熟练掌握了微生物标准操作和特殊操作，熟练掌握本实验室设备、设施的特殊操作运转技术。包括操作致病因子和细胞培养的技能，或实验室负责人特殊培训的内容，或包括在安全微生物工作方面具有丰富经验的专家和安全委员会指导下规定的内容。

避免气溶胶暴露：一切传染性材料的操作不可直接暴露于空气之中，不能在开放的台面上和开放的容器内进行，都应在生物安全柜内或其它物理防护设备内进行。

需要保护人体和样品的操作可在室内排放式 2A 型生物安全柜内进行。

只保护人体不保护样品的操作可在 I 级生物安全柜内进行。

如果操作带有放射性或化学性有害物时应在 2B2 型生物安全柜。

禁止使用超净工作台。

避免利器的感染：对可能污染的利器，包括针头、注射器、刀片、玻璃片、吸管、毛细吸管和解剖刀等，必须经常地采取高度有效的防范措施，必须预防经皮肤的实验室感染。

在 BSL-3 实验室工作，尽量不使用针头、注射器和其它锐利的器件。只有在必要时，如实质器官的注射、静脉切开、或从动物体内和瓶子（密封胶盖）里吸取液体时才能使用，尽量用塑料制品代替玻璃制品。

在注射和抽取传染性材料时，使用一次性注射器（针头与注射器一体的）。使用过的针头在消毒之前避免不必要的操作，如不可折弯、折断、破损，不要用手直接盖上原来的针头帽；要小心地把其放在固定方便且不会刺破的处理利器的容器里，然后进行高压消毒灭菌。

破损的玻璃不能用手直接操作，必须用机械的方法清除，如刷子、夹子和镊子等。

· 污染的清除和消毒

传染性材料操作完成之后，实验室设备和工作台面应用有效的消毒剂进行常规消毒，特别是传染材料溢出、溅出其它污染，更要及时消毒。

溅出的传染性材料的消毒由适合的专业人员处理和清除，或由其它经过训练和有使用高浓度传染物工作经验的人处理。

一切废弃物处理之前都要高压灭菌，一切潜在的实验室污物（如，手套、工作服等）均需在处理或丢弃之前消毒。

需要修理、维护的仪器，在包装运输之前要进行消毒。

· 感染性样品的储藏运输

一切感染性样品如培养物、组织材料和体液样品等在储藏、搬动、运输过程中都要放在不泄漏的容器内，容器外表面要彻底消毒，包装要有明显、牢固的标记。

· 病原体痕迹的监测

采集所有实验室工作人员和其他有关人员的本底血清样品，进行病原体痕迹跟踪检测。依据被操作病原体和设施功能情况或实际中发生的事件，定期、不定期采集血清样本，进行特异性检测。

- 医疗监督与保健

在 BSL-3 实验室工作期间对工作者进行医疗监督和保健，对于实验室操作的病原体，工作人员要接受相应的试验或免疫接种（如狂犬病疫苗，TB 皮肤试验）。

- 暴露事故的处理

当生物安全柜或实验室出现持续正压时，室内人员应立即停止操作并戴上防护面具，采取措施恢复负压。如不能及时恢复和保持负压，应停止实验，及早按规程退出。

发生此类事故或具有传染性暴露潜在危险的其它事故和污染，当事者除了采取紧急措施外，应立即向实验室负责人报告，听候指示，同时报告国家兽医实验室生物安全管理委员会。负责人和当事人应对其事故进行紧急科学、合理的处理。事后，当事人和负责人应提供切合实际的医学危害评价，进行医疗监督和预防治疗。

实验室负责人对事件的过程要予以调查和公布，写出书面报告呈报国家兽医实验室生物安全管理委员会同时抄报实验室安全委员会并保留备份。

7.4.3.3 安全设备（初级防护屏障）

- 防护服装

实验室内，工作人员要穿防护性实验服，如长服装、短套装，或有护胸的工作服装。消毒后清洗，如有明显的污染应及时换掉，作为污弃物处理。

在实验室外面不能穿工作服。

- 防护手套

在操作传染性材料、感染动物和污染的仪器时必须戴手套，戴双层为好，必要时再戴上不易损坏的防护手套。

更换手套前，戴在手上消毒冲洗，一次性手套不得重复使用。

- 生物安全柜

感染性材料的操作，如感染动物的解剖，组织培养、鸡胚接种、动物体液的收取等，都应在Ⅱ级以上生物安全柜内进行。

离心、粉碎、搅拌等不能在Ⅱ级生物安全柜内进行的工作可在较大或特制的Ⅰ级生物安全柜内进行。

- 其它物理防护

当操作不能在生物安全柜内进行时，个人防护（Ⅲ级以上类似防护设备的具体要求）和其它物理防护设备（离心机安全帽，或密封离心机转头）并用。

- 面部保护

污染区、半污染区应备有防护面具以便紧急使用，当房间内有感染动物时要戴面具保护。

建立紧急防护工作点。

- 紧急防护用品

污染区或半污染区备用防护面具、冲洗眼睛的器具和药品等，随时可用。

7.4.3.4 实验室设施（次级防护屏障）

BSL-3 生物安全实验室里所有病原微生物的操作均在Ⅱ级以上（含Ⅱ级）生物安全柜内进行，其次级屏障标准如下：

- 建筑结构和平面布局

建筑物抗震能力七级以上，防鼠、防虫、防盗。

实验室内净高应在 2.6 米以上，管道层净高宜不低于 2.0 米。

建筑物内实验室应与活动不受限制的公共区域隔开，设置安全门并安装门锁，禁止无关人员进入。

进入设施的通道设带闭门器的双扇门，其后是更衣室，分成一更室（清洁区）和二更室（半污染区），二更室后面为后室或称缓冲室（半污染区），进出缓冲室的门应为自动互锁。如果是多个实验室共用一个公用的走廊（或缓冲室），则进入每个实验室宜经过一个连锁的气闸（锁）门。

实验室应有安全通道和紧急出口，并有明显标识。

半污染区与清洁区之间必须设置传递窗。

洗刷室、机房等附属区域应是清洁区，但应尽量缩短与实验室的距离，方便工作。

实验室内可设密闭观察窗。

• 密闭性和内表面

一切设施、设备外表无毛刺、无锐利棱角，尽量减少水平表面面积，便于清洁和消毒。

各种管道通过的孔洞必须密封。

墙和顶棚的表面要光滑，不刺眼、不积尘、不受化学物和常用消毒剂的腐蚀，无渗水、不凝集蒸气。

地表面应该是一体、防滑、耐磨、耐腐、不反光、不积尘、不漏水，如能按污染区划分给予颜色区别更好。

工作台面不能渗水，耐中等热、有机溶剂、酸、碱和常用消毒剂的损害和腐蚀。

实验室必要的桌椅橱柜等用具事先设计，便于稳妥安放和使用，彼此留有一定空间便于清洁卫生，表面消毒方便、耐腐。

• 消毒灭菌设施

必须安装双扉式高压蒸汽灭菌器，安装在半污染区与洗刷室之间。灭菌器的两个门应互为连锁，灭菌器应满足生物安全二次灭菌要求。

污染区、半污染区的房间或传递窗内可安装紫外灯。

室内应配制人工或自动消毒器具（如消毒喷雾器、臭氧消毒器）并备有足够的消毒剂。

一切实验室内的废弃物都要分类集中装在可靠的容器内，都要在设施内进行消毒处理（高压、化学、焚化、其它处理），仪器的消毒选择适当的方法，如传递式臭氧消毒柜、环氧乙烷消毒袋等，如果废弃物需要传至实验室外，应该消毒后并装入密封容器、包装。

• 净化空调

实验室污染区和半污染区采用负压单向流全新风净化空调系统。

污染区和半污染区不允许安装暖气、分体空调，不可用电风扇。

温度 23℃±2℃、相对湿度 40%～70%。

室内噪声不超过 60 分贝。

气流方向始终保证由清洁区流向污染区，由低污染区流向高污染区。空调系统应安装压力无关装置，以保证系统压力平衡，排风应采用一用一备自动切换系统。发生紧急情况时，应关闭送风系统，维持排风，保证实验室内安全负压。

供气需经 HEPA 过滤。排出的气体必须经过至少两级 HEPA 过滤排放，不允许在任何区域循环使用。

室内洁净度高于万级。

实验室送风口应在一侧的棚顶，出风口应在对面墙体的下部，尽量减少室内气流死角。保持单向气流，矢流方式较为合适。

实验室门口安装可视装置，能够确切表明进入实验室的气流方向。

Ⅱ级生物安全柜每年检测一次。2A 型的排气可进入室内，$2B_2$ 型安全柜和Ⅲ级安全柜的排风要通过实验室总排风系统排出。如果Ⅲ级安全柜是带有二次 HEPA 过滤、移动式，气流亦可在室内排气，但排气口应靠近室内排风口。

如有其它设备如液体消毒传递窗、药物熏蒸消毒器等的抽气系统，必须经过 HEPA 过滤，并根据需要更换。

• 水的净化处理

每个房间出口附近设置一个非手动开关的洗手池。

污染区、半污染区和有可能被污染的供水管道应采取防止回流措施。如有下水，水池或地漏要设置消毒设施。下水下方必须设有水封，并始终充盈消毒剂，水封的排气应加 HEPA 过滤装置。可能污染的下水只能排放到消毒装置内，消毒后再排至公共下水道。如没有下水排放，或不外排的所有废水均须收集并高压处理。洁净区域的下水可直接排入公共下水道。

• 污染物和废弃物处理

对可能污染的物品和其它废弃物要放在专用的防止污染扩散或可消毒的容器里，以便消毒或高压灭菌处理。

• 实验室监控系统

应对实验室各种状态及设施全面设置监控报警点，构成完善的实验室安全报警系统。

• 备用电源

非双路供电情况下，应配有备用电源，在停电时，至少能够保证空调系统、警铃、灯光、进出控制和生物安全设备的工作。

• 照明

照明应适合室内的一切活动，不反射、不刺眼，不影响视线。照明灯最好把灯具的部件装在顶棚里，或采取减少积尘措施。

• 通讯

实验室内外应有适合的通讯联系设施（电话、传真、计算机等），进行无纸化操作。

• 验收和年检

BSL-3 设施和运行必须是指令性的。

实验室的验收或年检应参考 ISO 10648 标准检测方法进行密封性测试，其检测压力不低于 250Pa，半小时的小时泄漏率不超过 10%，以保证维护结构的可靠性。

新建设施的功能必须检测验收，确认设计和运作参数合乎要求方能使用。

运行后每年再进行一次检测确认。

7.4.4　四级生物安全实验室

指按照 BSL-4 标准建造的实验室，也称为高度实验室生物安全。实验室为独立的建筑物，或在建筑物内一切其它区域相隔离的可控制的区域。

为防止微生物传播和污染环境，BSL-4实验室必须实施特殊的设计和工艺。在此没有提到的BSL-3要求的各条款在BSL-4中都应做到。

其具体的标准微生物操作、特殊操作、安全设备和实验室设施要求如下：

7.4.4.1 标准操作

- 限制进入实验室的人员数量。
- 制定安全操作利器的规程。
- 减少或避免气溶胶发生。
- 工作台面每天至少消毒一次，任何溅出物都要及时消毒。
- 一切废弃物在处理前要高压灭菌。
- 昆虫和啮齿类动物控制按有关规定执行。
- 严格控制菌、毒种（见前）。

7.4.4.2 特殊操作

- 人员进入

只有工作需要的人员和设备运转需要的人员经过系统的生物安全培训，并经过批准后方能进入实验室。负责人或监督人有责任慎重处理每一个情况，确定进入实验室工作的人员。

采用门禁系统限制人员进入。

进入人员由实验室负责人、安全控制员管理。

人员进入前要告知他们潜在的生物危险，教会他们使用安全装置。

工作人员要遵守实验室进出程序。

制定应对紧急事件切实可行的对策和预案。

- 危害警告

当实验室内有传染性材料或感染动物时，在所有的入口门上展示危险标志和普遍防御信号，说明微生物的种类、实验室负责人和其他责任人的名单和进入此区域特殊的要求。

- 负责人职责

实验室负责人有责任保证，在BSL-4内工作之前，所有工作人员已经高度熟练掌握标准微生物操作技术、特殊操作和设施运转的特殊技能。这包括实验室负责人和具有丰富的安全微生物操作和工作经验专家培训时所提供的内容和安全委员会的要求。

- 免疫接种

工作人员要接受试验病原体或实验室内潜在病原微生物的免疫注射。

- 血清学监督

对实验室所有工作人员和其他有感染危险的人员采集本底血清并保存，再根据操作情况和实验室功能不定期血样采集。进行血清学监督。对致病微生物抗体评价方法要注意适用性。项目进行中，要保证每个阶段血清样本的检测，并把结果通知本人。

- 安全手册

制定生物安全手册。告知工作人员特殊的生物危险，要求他们认真阅读并在实际工作当中严格执行。

- 技术培训

工作人员必须经过操作最危险病原微生物的全面培训，建立普遍防御意识，学会对暴露危害的评价方法，学习物理防护设备和设施的设计原理和特点。每年训练一次，规程一旦修改要增加训练次数。由对这些病原微生物工作受过严格训练和具有丰富工作经验的专家或安全委员会指导、监督进行工作。

- 紧急通道

只有在紧急情况下才能经过气闸门进出实验室。实验室内要有紧急通道的明显标识。

- 在安全柜型实验室中，工作人员的衣服在外更衣室脱下保存。穿上全套的实验服装（包括外衣、裤子、内衣或者连衣裤、鞋、手套）后进入。在离开实验室进入淋浴间之前，在内更衣室脱下实验服装。服装洗前应高压灭菌。在防护服型实验室中，工作人员必须穿正压防护服方可进入。离开时，必须进入消毒淋浴间消毒。

- 实验材料和用品要通过双扉高压灭菌器、熏蒸消毒室或传递窗送入，每次使用前后对这些传递室进行适当消毒。

- 对利器，包括针头、注射器、玻璃片、吸管、毛细管和解剖刀，必须采取高度有效的防范措施。

尽量不使用针头、注射器和其它锐利的器具。只有在必要时，如实质器官的注射、静脉切开或从动物体内和瓶子里吸取液体时才能使用，尽量用塑料制品代替玻璃制品。

在注射和抽取传染性材料时，只能使用锁定针头的或一次性的注射器（针头与注射器一体的）。使用过的针头在处理之前，不能折弯、折断、破损，要精心操作，不要盖上原来的针头帽；放在固定方便且不会刺破的用于处理利器的容器里。不能处理的利器，必须放在器壁坚硬的容器内，运输到消毒区，高压消毒灭菌。

可以使用套管针管和套管针头、无针头注射器和其它安全器具。

破损的玻璃不能用手直接操作，必须用机械的方法清除，如刷子、簸箕、夹子和镊子。盛污染针头、锐利器具、碎玻璃等，在处理前一律消毒，消毒后处理按照国家或地方的有关规定实施。

- 从 BSL-4 拿出活的或原封不动的材料时，先将其放在坚固密封的一级容器内，再密封在不能破损的二级容器里，经过消毒剂浸泡或消毒熏蒸后通过专用气闸取出。

- 除活体或原封不动的生物材料以外的物品，除非经过消毒灭菌，否则不能从 BSL-4 拿出。不耐高热和蒸汽的器具物品可在专用消毒通道或小室内用熏蒸消毒。

- 完成传染性材料工作之后，特别是有传染性材料溢出、溅出或污染时，都要严格彻底地灭菌。实验室内仪器要进行常规消毒。

- 传染性材料溅出的消毒清洁工作，由适宜的专业人员进行。并将事故的经过在实验室内公示。

- 建立报告实验室暴露事故、雇员缺勤制度和系统，以便对与实验室潜在危险相关的疾病进行医学监督。对该系统要建造一个病房或观察室，以使需要时，检疫、隔离、治疗与实验室相关的病人。

- 与实验无关的物品（植物、动物和衣物）不许进入实验室。

7.4.4.3 安全设备（初级防护屏障）

在设施污染和半污染工作区域内的一切操作都应在Ⅲ级生物安全柜内进行。如工作人员穿着具有生命支持通风系统的正压防护服，可在Ⅱ级生物安全柜内进行实验操作。

7.4.4.4 实验室设施（次级防护屏障）

BSL-4 实验室有两种类型：安全柜型，即所有病原微生物的操作均在Ⅲ级生物安全柜内或隔离器进行；防护服型，即工作人员穿正压防护服工作，操作可在Ⅱ级生物安全柜内进行。也可以在同一设施内穿正压防护服，并使用Ⅲ级生物安全柜。

- 安全柜型

BSL-4 建筑物或独立，或在系统建筑中由一个清洁区或隔墙把它与其它区域隔离开。

中心实验室（污染区）装有Ⅲ级生物安全柜，实验室周围为足够宽的隔离带，如环形走廊（半污染区）。从隔离带进出实验室必须通过一个缓冲间。

在污染区和半污染区之间，安装两台以上生物安全型高压蒸汽灭菌器（一次灭菌），互为备用。

外更衣室（清洁区）与内更衣室（半污染区）由淋浴间（清洁区）隔开，人员进出经过淋浴间。在清洁区与半污染区之间设置一个通风的双门传递通道，为不可通过更衣室进入实验室的实验材料、实验用品或仪器通过物理屏障时提供通道和消毒。在清洁区与半污染区之间同样安置一台生物安全型高压灭菌器，用于二次消毒。

每天工作开始之前，检查所有物理防护参数（如压差）。

实验区的墙、地和天棚整体密封，便于熏蒸消毒。内表面耐水和化学制剂、便于消毒。实验区任何液体必须排放到有消毒装置的储液罐，经过有效灭菌达标排放。通风口和在线管道都要安装 HEPA 过滤器。

工作台面不渗水、耐中等热、有机溶剂、酸、碱和常用消毒剂的腐蚀。

实验室用具事先设计，便于安放稳妥和使用，彼此留有一定空间便于清洁卫生，桌椅表面易于消毒。

内外更衣室和实验室进出门附近安装非手动或自动开关的洗手池。

排风经过 2 个串联的 HEPA 过滤，送、排风过滤器安装应便于消毒和更换。

供水、供气均安装防止回流的装置加以保护。

如果提供水源（消防喷枪），其开关应该是安装在实验室外面走廊里，开关自动或非手动。此系统与实验室区域供水分配系统分开，配备防止回流装置。

实验室进出门自动锁闭。

实验室内所有窗户都必须是封闭窗。

从Ⅲ级安全柜和实验室传出的材料必须经双扉高压灭菌器灭菌。灭菌器与周围物理屏障的墙之间要密封。灭菌器的门自动连锁控制，以保证只有在灭菌过程全部完成后才能开启外门。

从Ⅲ级安全柜或实验室内要拿出的材料和仪器，不能用高压灭菌消毒的要通过液体浸泡消毒、气体熏蒸消毒或同等效果的消毒装置进行消毒和传递。

来自内更衣室（包括厕所）和实验室内的洗手、地漏、高压灭菌器的废水以及其它废水，在排入公共下水之前，都要使用可靠的方法消毒（热处理比较合适）。淋浴和清洁区一侧厕所的废水不需特殊处理就可排入公共下水。所用废水消毒方法必须具有物理学和生物学的监测措施和法规确认。

非循环的负压通风系统，供、排风系统应采用压力无关装置保持动态平衡，保证气流从最低危险区向最高危险区的方向流动。对相邻区域的压差或气流方向进行监测，能进行系统声光报警。应安装一套能指示和确认实验室压差、适用而可视的气压监测装置，其显示部分安装在外更衣室的进口处。Ⅲ级生物安全柜与排风系统相连。

实验室的供排气都要经过 HEPA 过滤。为了缩短工作管道潜在的污染，HEPA 尽可能安装在靠近工作的地方。所有 HEPA 每年均须检测一次，同时在靠近 HEPA 的地方应安装零泄露气密阀，便于过滤器安装与消毒更换。HEPA 上游安装预过滤器可延长其使用寿命。

安全柜型生物安全水平Ⅳ级实验室的设计和操作程序是指令性的。实验室必须经过检测、鉴定和验收。只有合乎设计要求和运行标准的才能启用。实验室的验收或年检应参考 ISO 10648 标准检测方法进行密封性测试，其检测压力不低于 500Pa，半小时的小时泄漏率不超过 10％，以保证维护结构的可靠性。实验室每年必须检测一次，确认合乎设计和运行参数的要求，才能继续运行。

实验室内外应有适合的通讯联系设施（电话、传真、计算机等），进行无纸化操作。

• 防护服型

BSL-4 建筑物独立，或在系统建筑中由一个清洁区或隔墙把它与建筑物其它区域隔开。

实验室房间的安排与安全柜型基本相同。不同的是在进入实验室（可用Ⅱ级生物安全柜代替Ⅲ级生物安全柜）之前要穿上有生命支持系统的正压防护服。生命支持系统所供气体应满足可呼吸空气生产标准，同时应增加紧急排风设施及配有备用电源。

进入 BSL-4 实验室之前要设置一个更衣和消毒区（设在实验室的一角或环形走廊内侧）。工作人员离开此区之前应在专用消毒室对防护服表面进行药物喷淋和熏蒸，时间不短于 5min。

备用电源，在停电时应能够保证排风、生命支持系统、警铃、灯光、进出控制和生物安全柜的应急工作。

所有通向实验区、消毒淋浴室、气闸的空隙都要封闭。

每天实验开始之前，要完成对所有物理防护参数（如压差等）和正压防护服的检测，以保证实验室安全运行。

在实验区跨墙安装双扉高压灭菌器，对从实验区拿出的废弃物进行一次消毒。高压灭菌器与物理防护的壁板间要密闭。

设置渡槽、熏蒸消毒传递小室（柜），供不能通过更衣室进入实验区的实验材料、用品或仪器的消毒和传递使用。这些设施还能用于不能高压的材料、用品和仪器安全地取出。在清洁区与半污染区之间同样安置一台双扉生物安全型高压灭菌器，用于二次消毒。

实验区的墙、地和天棚整体密封，便于熏蒸消毒。内表面耐水和化学制剂、便于消毒。实验区任何液体必须排放到有消毒装置的储液罐，经过有效灭菌达标排放。通风口和在线管道都要安装 HEPA 过滤器。

实验区内部附属设施，如灯的固定、空气管道、功能管道等的安排尽可能减少水平面面积。

工作台面不渗水，中等耐热、抗有机溶剂、酸、碱和常用消毒剂的腐蚀。

实验用具要简单、分体、适用、牢固，不选用多孔材料。桌、柜、仪器之间保持一定空间，便于清洁和消毒。实验用椅和其它用具的表面应易于消毒。

实验区、内外更衣室的洗手池设非手动开关。

中央真空系统设在实验区内，在线 HEPA 过滤器靠近每一个使用点或开关。过滤器安装便于消毒和更换。其它进入实验区的供水、供气由防止回流装置加以控制。

实验区的门采用门禁系统。消毒淋浴、气闸室的内外门连锁。

来自污染区内的洗手池、地漏、灭菌器和其它来源的废水必须排放到有消毒装置的储液罐，经过有效灭菌达标排放。来自淋浴和厕所的废水经处理后排入下水道。所用的废水消毒方法的效果要有物理学和生物学的证据。

全新风通风系统。供、排风系统应采用压力无关装置保持动态平衡，保证气流从最低危险区向最高危险区的流动。对相邻区域的压差或气流方向进行监测，能进行系统声光报警。应安装一套能指示和确认实验室压差、适用而可视的气压监测装置，其显示部分安装在外更衣室的进口处。

实验区的供气要通过一个 HEPA 过滤处理，排气要通过串连的 2 个 HEPA 过滤处理。空气向高空排放，远离进气口。为了缩短工作管道潜在的污染，HEPA 尽可能安装在靠近工作的地方。所有 HEPA 每年均须检测一次，同时在靠近 HEPA 的地方应安装零泄露气密阀，便于过滤器安装与消毒更换。HEPA 上游安装预过滤器可延长其使用寿命。

防护服型生物安全IV级实验室设计和运转要求是指令性的。实验室必须经过检测、鉴定和验收。只有合乎设计要求和运行标准的才能启用。实验室的验收或年检应参考 ISO 10648 标准检测方法进行密封性测试，其检测压力不低于 500Pa，半小时内的小时泄漏率不超过 10%，以保证维护结构的可靠性。实验室每年必须检测一次，确认合乎设计和运行参数的要求，才能继续运行。

实验室内外应有适合的通讯联系设施（电话、传真、计算机等），进行无纸化操作。

8　动物实验生物安全水平标准

8.1　动物实验生物安全实验室分级：

动物实验安全实验室分 4 级，所配备的动物设施、设备和操作分别适用于生物安全 I - IV 级的病原微生物感染动物的工作，安全水平逐级提高。

8.2　各级动物生物安全实验室的要求

8.2.1　一级动物实验生物安全实验室

指按照 ABSL-1 标准建造的实验室，也称动物实验基础实验室。

8.2.1.1　标准操作

• 动物实验室工作人员需经专业培训才能进入实验室。人员进入前，要熟知工作中潜在的危险，并由熟练的安全员指导。

• 动物实验室要有适当的医疗监督措施。

• 制定安全手册，工作人员要认真贯彻执行，知悉特殊危险。

• 在动物实验室内不允许吃、喝、抽烟、处理隐形眼镜和使用化妆品、储藏食品等。

• 所有实验操作过程均须十分小心，以减少气溶胶的产生和外溢。

• 实验中，病原微生物意外溢出及其它污染时要及时消毒处理。

• 从动物室取出的所有废弃物，包括动物组织、尸体、垫料，都要放入防漏带盖的容器内，并焚烧或做其它无害化处理，焚烧要合乎环保要求。

• 对锋利物要制定安全对策。

• 工作人员在操作培养物和动物以后要洗手消毒，离开动物设施之前脱去手套、洗手。

• 在动物实验室入口处都要设置生物安全标志，写明病原体名称、动物实验室负责人及其电话号码，指出进入本动物实验室的特殊要求（如需要免疫接种和呼吸道防护）。

8.2.1.2　特殊操作　无。

8.2.1.3　安全设备（初级防护屏障）

常见动物疫病实验室检测汇编

- 工作人员在设施内应穿实验室工作服。
- 与非人灵长类动物接触时应考虑其黏膜暴露对人的感染危险，要戴保护眼镜和面部防护器具。
- 不要使用净化工作台，需要时使用Ⅰ级或2A型生物安全柜。

8.2.1.4　设施（次级防护屏障）

- 建筑物内动物设施与人员活动不受限制的开放区域用物理屏障分开。
- 外面门自关自锁，通向动物室的门向内开并自关，当有实验动物时保持关闭状态，大房间内的小室门可向外开，为水平或垂直滑动拉门。
- 动物设施设计防虫、防鼠、防尘，易于保持室内整洁。内表面（墙、地板和天棚）要防水、耐腐蚀。
- 内部设施的附属装置，如灯的固定附件、风管和功能管道排列整齐并尽可能减少水平表面。
- 建议不设窗户，如果动物设施内有窗户并需开启，必须安纱窗。所有窗户必须牢固，不易破裂。
- 如果有地漏都要始终用水或消毒剂充满水封。
- 排风不循环。建议动物室与邻室保持负压。
- 动物室门口设有一个洗手水槽。
- 人工或机器洗涤动物笼子，最终洗涤温度至少达到82℃。
- 照明要适合所有的活动，不反射耀眼以免影响视觉。

8.2.2　二级动物实验生物安全实验室

指按照ABSL-2标准建造的动物实验室。

8.2.2.1　标准操作

- 设施制度除了制定紧急情况下的标准安全对策、操作程序和规章制度外，还应依据实际需要制定特殊的对策。把特殊危险告知每位工作人员，要求他们认真贯彻执行安全规程。
- 尽可能减少非熟练的新成员进入动物室。为了工作或服务必须进入者，要告知其工作潜在的危险。
- 动物实验室应有合适的医疗监督，根据试验微生物或潜在微生物的危害程度，决定是否对实验人员进行免疫接种或检验（例如狂犬病疫苗和TB皮试）。如有必要，应该实施血清监测。
- 在动物室内不允许吃、喝、抽烟、处理隐形眼镜和使用化妆品、储藏个人食品。
- 所有实验操作过程均须十分小心，以减少气溶胶的产生和防止外溢。
- 操作传染性材料以后所有设备表面和工作表面用有效的消毒剂进行常规消毒，特别是有感染因子外溢，和其它污染时更要严格消毒。
- 所有样品收集放在密闭的容器内并贴标签，避免外漏。所有动物室的废弃物（包括动物尸体、组织、污染的垫料、剩下的饲料、锐利物和其它垃圾）应放入密闭的容器内，高压蒸汽灭菌，然后建议焚烧。焚烧地点应是远离城市、人员稀少、易于空气扩散的地方。
- 对锐利物的安全操作（见前面所述）。
- 工作人员操作培养物和动物以后要洗手，离开设施之前脱掉手套并洗手。

- 当动物室内操作病原微生物时，在入口处必须有生物危害的标志。危害标志应说明使用感染病原微生物的种类，负责人的名单和电话号码。特别要指出对进入动物室人员的特殊要求（如免疫接种和面罩）。
- 严格执行菌（毒）种保管制度。

8.2.2.2　特殊操作

- 对动物管理人员和试验人员应进行与工作有关的专业技术培训，必须避免微生物暴露，了解评价暴露的方法。每年定期培训，保存培训记录，当安全规程和方法变化时要进行培训。一般来讲，感染危险可能性增加的人和感染后果可能严重的人不允许进入动物设施，除非有办法除去这种危险。
- 只允许用做实验的动物进入动物实验室。
- 所有设备拿出动物室之前必须消毒。
- 造成明显病原微生物暴露的实验材料外溢事故，必须立刻妥善处理并向设施负责人报告，及时进行医学评价、监督和治疗，并保留记录。

8.2.2.3　安全设备（初级防护屏障）

- 动物室内工作人员穿工作服。在离开动物实验室时脱去工作服。在操作感染动物和传染性材料时要戴手套。
- 在评价认定危害的基础上使用个人防护器具。在室内有传染性非人灵长类动物时要戴防护面罩。
- 进行容易产生高危险气溶胶的操作时，包括对感染动物和鸡胚的尸体、体液的收集和动物鼻腔接种，都要同时使用生物安全柜或其它物理防护设备和个人防护器具（例如口罩和面罩）。
- 必要时，把感染动物饲养在和动物种类相宜的一级生物安全设施里。建议鼠类实验使用带过滤帽的动物笼具。

8.2.2.4　设施（次级防护屏障）

- 建筑物内动物设施与开放的人员活动区分开。
- 进入设施要经过牢固的气闸门，其外门自关自锁。进入动物室的门应自动关闭，有实验动物时要关紧。
- 设施结构易于保持清洁，内表面（墙、地板和天棚）防水、耐腐。
- 设施内部附属装置，如灯架、气道、功能管道尽可能整齐并减少水平表面积。
- 一般不设窗户，如有窗户必须牢固并设纱窗。
- 如果有地漏，管道水封始终充满消毒液。
- 人工或冲洗器洗刷动物笼子，冲洗最终温度至少 82℃。
- 设施内传染性废弃物要高压灭菌。
- 在感染动物室内和设施其它地方安装一个洗手池。
- 照明要适合于所有室内活动，不反射耀眼。

8.2.3　三级动物实验生物安全实验室

指按照 ABSL-3 标准建造的实验室，适合于具有气溶胶传播潜在危害和引起致死性疾病的微生物感染动物的工作。

8.2.3.1　标准操作

- 制定安全手册或手册草案。除了制定紧急情况下的标准安全对策、操作程序和规章制度，还应根据实际需要制定特殊适用的对策。

- 限制对工作不熟悉的人员进入动物室。为了工作或服务必须进入者，要告知他们工作中潜在的危险。
- 动物室应有合适的医疗监督，根据试验微生物或潜在微生物的危害程度，决定是否对实验人员进行免疫接种或检验（例如狂犬病疫苗和 TB 皮试）。如有必要，应该实施血清监测。
- 不允许在动物室内吃、喝、抽烟、处理隐形眼镜和使用化妆品、储藏人的食品。
- 所有实验操作过程均须十分小心，以减少气溶胶的产生和防止外溢。
- 操作传染性材料以后所有设备表面和工作台面用适当的消毒剂进行常规消毒，特别是有传染性材料外溢和其它污染时更要严格消毒。
- 所有动物室的废弃物（包括动物组织、尸体、污染的垫料、动物饲料、锐利物和其它垃圾）放入密闭的容器内并加盖，容器外表面消毒后进行高压蒸汽灭菌，然后建议焚烧。焚烧要合乎环保要求。
- 对锐利物进行安全操作。
- 工作人员操作培养物和动物以后要洗手，离开设施之前脱掉手套、洗手。
- 动物室的入口处必须有生物危害的标志。危害标志应说明使用病原微生物的种类，负责人的名单和电话号码，特别要指出对进入动物室人员的特殊要求（如免疫接种和面罩）。
- 所有收集的样品应贴上标签，放在能防止微生物传播的传递容器内。
- 实验和实验辅助人员要经过与工作有关的潜在危害防护的针对性培训。
- 建立评估暴露的方法，避免暴露。
- 对工作人员进行专业培训，所有培训记录要归档。
- 严格执行菌（毒）种保管和使用制度。

8.2.3.2　特殊操作

- 用过的动物笼具清洗拿出之前要高压蒸汽灭菌或用其它方法消毒。设施内仪器设备拿出检修打包之前必须消毒。
- 实验材料发生了外溢，要消毒打扫干净。如果发生传染性材料的暴露必须立刻向设施负责人报告，同时报国家兽医实验室生物安全管理委员会，最后的处理评估报告，也要及时报国家兽医实验室生物安全管理委员会，同时报实验室生物安全委员会回负责人。及时提供正确医疗评价、医疗监督和处理并保存记录。
- 所有的动物室内废弃物在焚烧或进行其它最终处理之前必须高压灭菌。
- 与实验无关的物品和生物体不允许带入动物实验室。

8.2.3.3　安全设备（初级防护屏障）

- 在危害评估确认的基础上使用个人防护器具。操作传染性材料和感染动物都要使用个体防护器具。工作人员进入动物实验室前要按规定穿戴工作服，再穿特殊防护服。不得穿前开口的工作服。离开动物室前必须脱掉工作服，并进行适合的包装，消毒后清洗。
- 操作感染动物时要戴手套，实验后以正确方式脱掉，在处理之前和动物实验室其它废弃物一同高压灭菌。
- 将感染动物饲养放在Ⅱ级生物安全设备中（如负压隔离器）。
- 操作具有产生气溶胶危害的感染动物和鸡胚的尸体、收取的组织和体液，或鼻腔接种动物时，应该使用Ⅱ级以上生物安全柜，戴口罩或面具。

8.2.3.4 设施（次级防护屏障）

三级动物生物安全实验室的感染动物在Ⅱ级或Ⅱ级以上生物安全设备中（如负压隔离器）饲养，所有操作均在Ⅱ级或Ⅱ级以上生物安全柜内进行，其次级屏障标准如下：

- 建筑物中的动物设施与人员活动区分开。
- 进入设施的门要安装闭门器。外门可由门禁系统控制。进入后为一更室（清洁区），其后是二更室（半污染区）。传递窗（室）和双扉高压灭菌器设置在清洁区与半污染区之间，为实验用品、设备和废弃物进出设施提供安全通道。从二更室进入动物室（污染区）经过自动互连锁门的缓冲室，进入动物房的门要向外开。
- 设施的设计、结构要便于打扫和保持卫生。内表面（墙、地板、天棚）应防水、耐腐。穿过墙、地板和天棚物件的穿孔要密封，管道开口周围要密封，门和门框间也要密封。
- 每个动物室靠近出口处设置一个非手动洗手池，每次使用后洗手池水封处用适合的消毒剂充满。
- 设施内的附属配件，如灯架、气道和功能管道排列尽可能整齐、减小水平表面。
- 所有窗户都要牢固和密封。
- 所有地漏的水封始终充以适当的消毒剂。
- 气流方向始终保证由清洁区流向污染区，由低污染区流向高污染区。空调系统应安装压力无关装置，以保证系统压力平衡，排风应采用一用一备自动切换系统。发生紧急情况时，应关闭送风系统，维持排风，保证实验室内安全负压。
- 供气需经 HEPA 过滤。排出的气体必须经过两级 HEPA 过滤排放，不允许在任何区域循环使用。

室内洁净度高于万级。

实验室送风口应在一侧的棚顶，出风口应在对面墙体的下部，尽量减少室内气流死角。保持单向气流，矢流方式较为合适。

实验室门口安装可视装置，能够确切表明进入实验室的气流方向。

Ⅱ级生物安全柜每年检测一次。2A 型的排气可进入室内，$2B_2$ 型安全柜和Ⅲ级安全柜的排风要通过实验室总排风系统排出。如果Ⅲ级安全柜是带有二次 HEPA 过滤、移动式，气流亦可在室内自循环。

- 动物笼在洗刷池内清洗，如用机器清洗最终温度达到 82℃。
- 感染性废弃物从设施拿出之前必须高压灭菌。
- 有真空（抽气）管道（中心或局部）的，每一个管道连接应该安装液体消毒罐和 HEPA，安装在靠近使用点或靠近开关处。过滤器安装应易于消毒更换。
- 照明要适应所有的活动，不反射耀眼，以免影响视觉。
- 上述的 3 级生物安全设施和操作程序是强制性规定。

实验室的验收或年检应参考 ISO 10648 标准检测方法进行密封性测试，其检测压力不低于 250Pa，半小时的小时泄漏率不超过 10%，以保证维护结构的可靠性。

新建设施的功能必须检测验收，确认设计和运作参数合乎要求方能使用。

运行后每年进行一次检测确认。

8.2.4 四级动物实验生物安全实验室

指按照 ABSL-4 标准建造的实验室，适用于本国和外来的、通过气溶胶传播或不知其传播途径的、引起致死性疾病的高度危害病原体的操作。必须使用Ⅲ级生物安全柜系列的特殊操作和正压防护服的操作。

8.2.4.1 标准操作

• 应该制定特殊的生物安全手册或措施。除了制定紧急情况下的对策、程序和草案外，还要制定适当的针对性对策。

• 未经培训的人员不得进入动物实验室。因为工作或实验必须进入者，应对其说明工作的潜在危害。

• 所有进入 ABSL-4 设施的人必须建立医疗监督，监督项目必须包括适当免疫接种、血清收集及暴露危险等有效性协议和潜在危害预防措施。一般而言，感染危险性增加者或感染后果可能严重的人不允许进入动物设施，除非有特殊办法能避免额外危险。这应由专业保健医师做出评价。

• 负责人要告知工作人员工作中特殊的危险，让他们熟读安全规程并遵照执行。

• 设施内禁止吃、喝、抽烟、处理隐形眼镜、使用化妆品和储藏食品。

• 所有操作均须小心，尽量减少气溶胶的产生和外溢。

• 传染性工作完成之后，工作台面和仪器表面要用有效的消毒液进行常规消毒，特别是有传染性材料溢出和溅出或其它污染时更要严格消毒。

• 外溢污染一旦发生，应由具有从事传染性实验工作训练和有经验的人处理。外溢事故明显造成传染性材料暴露时要立即向设施负责人报告，同时报国家兽医实验室生物安全管理委员会，最后的处理评估报告，也要及时报国家兽医实验室生物安全管理委员会，同时报实验室生物安全委员会回负责人。及时提供正确医疗评价、医疗监督和处理并保存记录。

• 全部废弃物（含动物组织、尸体和污染垫料）、其它处理物和需要洗的衣服均需用安装在次级屏障墙壁上的双扉高压蒸汽灭菌器消毒。废弃物要焚烧。

• 要制定使用利器的安全对策。

• 传染性材料存在时，设施进口处标示生物安全符号，标明病原微生物的种类、实验室负责人的名单和电话号码，说明对进入者的特殊要求（如免疫接种和呼吸道防护）。

• 动物实验室工作人员要接受与工作有关的潜在危害的防护培训，懂得避免暴露的措施和暴露评估的方法。每年定期培训，操作程序发生变化时还要增加培训，所有培训都要记录、归档。

• 动物笼具在清洗和拿出动物实验室之前要进行高压灭菌或用其它可靠方法消毒。用传染性材料工作之后，对工作台面和仪器应用适当的消毒剂进行常规消毒。特别是传染材料外溅时更要严格消毒。仪器修理和维修拿出之前必须消毒。

• 进行传染性实验必须指派 2 名以上的实验人员。在危害评估的基础上，使用能关紧的笼具，操作动物要对动物麻醉，或者用其它的方法，必须尽可能减少工作中感染因子的暴露。

• 与实验无关的材料不许进入动物实验室。

• 严格执行菌（毒）种保管和使用制度。

8.2.4.2 特殊操作

• 必须控制人员进入或靠近设施（24h 监视和登记进出）。人员进出只能经过更衣室和淋浴间，每一次离开设施都要淋浴。除非紧急情况，不得经过气锁门离开设施。

• 在安全柜型实验室中，工作人员的衣服在外更衣室脱下保存。穿上全套的实验服装（包括外衣、裤子、内衣或者连衣裤、鞋、手套）后进入。在离开实验室进入淋浴间之前，在内更衣室脱下实验服装。服装洗前应高压灭菌。在防护服型实验室中，工作人员必须穿正压防护服方可进入。离开时，必须进入消毒淋浴间消毒。

• 进入设施的实验用品和材料要通过双扉高压锅或传递消毒室。高压灭菌器应双门互连锁，不排蒸汽，冷凝水自动回收灭菌，避免外门处于开启状态。

• 建立事故、差错、暴露、雇员缺勤报告制度和动物实验室有关潜在疾病的医疗监督系统，这个系统要附加以潜的和已知的与动物实验室有关疾病的检疫、隔离和医学治疗设施。

• 定期收集血清样品进行检测并把结果通知本人。

8.2.4.3 安全设备（初级防护屏障）

• 在安全柜型实验室中，感染动物均在Ⅲ级生物安全设备中（如手套箱型隔离器）饲养，所有操作均在Ⅲ级生物安全柜内进行，并配备相应传递和消毒设施。在防护服型实验室中，工作人员必须穿正压防护服方可进入。感染动物可饲养在局部物理防护系统中（如把开放的笼子放在负压层流柜或负压隔离器中），操作可在Ⅱ级生物安全柜内进行。

• 重复使用的物品，包括动物笼在拿出设施前必须消毒。废弃物拿出设施之前必须高压消毒，然后焚烧。焚烧应符合环保要求。

8.2.4.4 设施（次级防护屏障）

• ABSL-4 与 BSL-4 的设施要求基本相同，两者必须紧密结合在一起进行统一考虑，或者说，与前面讨论的规定（安全实验室）相匹配。本节没有提到的均应按Ⅳ级生物安全水平要求执行。

• 动物饲养方法要保证动物气溶胶经过高效过滤净化后方可排放至室外，不能进入室内。

• 一般情况，操作感染动物，包括接种、取血、解剖、更换垫料、传递等，都要在物理防护条件下进行。能在Ⅲ级安全柜内进行的必须在其内操作。

• 根据实验动物的大小、数量，要特殊设计感染动物的消毒和处理设施，保证不危害人员、不污染环境。污染区与半污染区之间的灭菌器（一次灭菌）安装位置、数量和方法见"Ⅳ级生物安全水平"部分。此外，在半污染区与清洁区之间的再安装一台双扉高压蒸汽灭菌器（二次病菌），以便灭菌其他污染物，必要时进行再次高压灭菌。

• 特殊情况，不能在Ⅲ级安全柜内饲养的大动物或动物数量较多时，动物实验室要根据情况特殊设计。

确定动物实验室容积，结构密闭合乎要求，设连锁的气闸门。

要有足够的换气次数，负压过滤通风采用矢流方式，避免死角。

高压灭菌的尸体可经二次灭菌传出，亦可密闭包装、表面消毒通过设置在污染区与清洁区之后的气闸门送出、焚烧。

实验室的验收或年检应参考 ISO 10648 标准检测方法进行密封性测试，其检测压力不低于 500Pa，半小时的小时泄漏率不超过 10%，以保证维护结构的可靠性。实验室每年必须检测一次，确认合乎设计和运行参数的要求，才能继续运行。

实验室内外应有适合的通讯联系设施（电话、传真、计算机等），进行无纸化操作。

9 生物危害标志及使用

9.1 生物危害标志

如图所示：

9.2 生物危害标志的使用

9.2.1 在 BSL-2/ABSL-2 级兽医生物安全实验室入口的明显位置必须粘贴标有危险级别的生物危害标志。

9.2.2 在 BSL-3/ABSL-3 级及以上级别兽医生物安全实验室所在的建筑物入口、实验室入口及操作间均必须粘贴标有危害级别的生物危害标志，同时应标明正在操作的病原微生物种类。

生物危险等级
注：标志为红色，
文字为黑色

9.2.3 凡是盛装生物危害物质的容器、运输工具、进行生物危险物质操作的仪器和专用设备等都必须粘贴标有相应危害级别的生物危害标志。

附表：

致病微生物的生物安全等级

安全水平	病原微生物	操作	安全设备（一级屏障）	设施（二级屏障）	备注
BSL-1	对个体和群体危害程度低，已知的不能对健康成年人和动物致病。包括所有一、二、三类动物疫病的不涉及活病原的血清学检测以及疫苗用新城疫、猪瘟等弱毒株。 危害 1 级	标准微生物操作[实验室诊断，病原的分离、鉴定(毒型和毒力)，动物实验等及相关试验研究和操作]	无要求	要求开放台面，有洗手池	
BSL-2	对个体危害程度为中度，对群体危害较低，主要通过皮肤、黏膜、消化道传播。对人和动物有致病性，但对实验人员、动物和环境不会造成严重危害，具有有效的预防和治疗措施。 BSL-1 含的病原微生物外，还包括三类动物疫病，二类动物疫病(布病、结核病、狂犬病、马传贫、马鼻疽及炭疽病等芽孢杆菌引起的疫病除外)。 危害 2 级	实验室诊断，病原的分离、鉴定(毒型和毒力)，动物实验等及相关试验研究和操作。 BSL-1 操作加： ◇ 限制进入； ◇ 生物危害标志； ◇ "锐器伤"预防； ◇ 生物安全手册应明确废弃物的去污染处理和监督措施。	一级屏障包括：对引起传染性飞溅物或气溶胶的病原体的所有操作使用的 I 或 II 级生物安全柜或其它防护设备。 个人防护装备：必需的实验室工作外套和手套，必要时要有防护面罩	BSL-1 实验室加： ◇ 高压灭菌	猪瘟等疫病的免疫荧光、免疫组化试验可在本级实验室进行
BSL-3	对个体危害程度高，对群体危害程度较高。通过气溶胶传播的，起严重的或致死性疫病。对人引发的疾病具有有效的预防和治疗措施。 除 BSL-2 含的病原微生物外，还包括一类动物疫病(口蹄疫、猪水泡病、猪瘟、非洲猪瘟、非洲马瘟、牛瘟、牛传染性胸膜肺炎、牛海绵状脑病、痒病、蓝舌病、小反刍兽疫、绵羊痘和山羊痘、高致病性禽流感、鸡新城疫等)、二类动物疫病中布病、结核病、狂犬病、马传贫、马鼻疽及炭疽等芽孢杆菌引起的疫病、所有新发病和部分外来病。从事外来病的调查和可疑病料的处理分析。 危害 3 级	实验室诊断，病原的分离、鉴定(毒型和毒力)，动物实验等及相关试验研究和操作。 BSL-2 操作加： ◇ 控制进入； ◇ 所有废弃物去污染； ◇ 实验室衣服在清洗之前要灭菌； ◇ 工作人员保留血清本底样品	一级屏障包括：用于操作病原体的 I 或 II 级生物安全柜或其它防护设备。 个人防护装备：必需的实验室工作外套和手套，必要时要有呼吸防护面罩	BSL-2 实验室加： ◇ 与走廊通道物理隔离； ◇ 有连锁门的缓冲间； ◇ 全新风通风系统； ◇ 室内负压	

安全水平	病原微生物	操作	安全设备 (一级屏障)	设施 (二级屏障)	备注
BSL-4	对个体和群体的危害程度高,通常引起严重疫病的、暂无有效预防和治疗措施的动物疫病。通过气溶胶传播的,引起高度传染性、致死性的动物致病;或导致未知的危险的疫病。 与BSL-4微生物相近或有抗原关系的微生物也应在此种水平条件下进行操作,直到取得足够的数据后才能决定,是继续在此种安全水平下工作还是在低一级安全水平下工作,以及从事外来病原微生物的研究分析。 国家根据防治规划和计划需要另有规定的。即除BSL-3含的病原微生物外,还包括一部分外来病(如裂谷热病毒、尼帕病毒、埃博拉病毒)等疫病。 危害4级	实验室诊断,病原的分离、鉴定(毒型和毒力),动物实验等及相关试验研究和操作。 BSL-3操作加: ◇ 进入之前更换衣物; ◇ 在出口处淋浴; ◇ 实验室拿出的所有材料在出口处消毒灭菌	一级屏障包括:所有操作应在Ⅲ级生物安全柜或穿上全身正压供气的个人防护服,使用Ⅰ或Ⅱ级生物安全柜	BSL-3实验室加: ◇ 独立建筑物或隔离带; ◇ 专用供气、排气、真空和净化系统; ◇ 全新风通风系统和消毒灭菌设备等	

附录七
兽药管理条例

第一章 总 则

第一条 为了加强兽药管理,保证兽药质量,防治动物疾病,促进养殖业的发展,维护人体健康,制定本条例。

第二条 在中华人民共和国境内从事兽药的研制、生产、经营、进出口、使用和监督管理,应当遵守本条例。

第三条 国务院兽医行政管理部门负责全国的兽药监督管理工作。县级以上地方人民政府兽医行政管理部门负责本行政区域内的兽药监督管理工作。

第四条 国家实行兽用处方药和非处方药分类管理制度。兽用处方药和非处方药分类管理的办法和具体实施步骤,由国务院兽医行政管理部门规定。

第五条 国家实行兽药储备制度。发生重大动物疫情、灾情或者其他突发事件时,国务院兽医行政管理部门可以紧急调用国家储备的兽药;必要时,也可以调用国家储备以外的兽药。

第二章 新兽药研制

第六条 国家鼓励研制新兽药，依法保护研制者的合法权益。

第七条 研制新兽药，应当具有与研制相适应的场所、仪器设备、专业技术人员、安全管理规范和措施。研制新兽药，应当进行安全性评价。从事兽药安全性评价的单位应当遵守国务院兽医行政管理部门制定的兽药非临床研究质量管理规范和兽药临床试验质量管理规范。省级以上人民政府兽医行政管理部门应当对兽药安全性评价单位是否符合兽药非临床研究质量管理规范和兽药临床试验质量管理规范的要求进行监督检查，并公布监督检查结果。

第八条 研制新兽药，应当在临床试验前向省、自治区、直辖市人民政府兽医行政管理部门提出申请，并附具该新兽药实验室阶段安全性评价报告及其他临床前研究资料；省、自治区、直辖市人民政府兽医行政管理部门应当自收到申请之日起 60 个工作日内将审查结果书面通知申请人。研制的新兽药属于生物制品的，应当在临床试验前向国务院兽医行政管理部门提出申请，国务院兽医行政管理部门应当自收到申请之日起 60 个工作日内将审查结果书面通知申请人。研制新兽药需要使用一类病原微生物的，还应当具备国务院兽医行政管理部门规定的条件，并在实验室阶段前报国务院兽医行政管理部门批准。

第九条 临床试验完成后，新兽药研制者向国务院兽医行政管理部门提出新兽药注册申请时，应当提交该新兽药的样品和下列资料：（一）名称、主要成分、理化性质；（二）研制方法、生产工艺、质量标准和检测方法；（三）药理和毒理试验结果、临床试验报告和稳定性试验报告；（四）环境影响报告和污染防治措施。研制的新兽药属于生物制品的，还应当提供菌（毒、虫）种、细胞等有关材料和资料。菌（毒、虫）种、细胞由国务院兽医行政管理部门指定的机构保藏。研制用于食用动物的新兽药，还应当按照国务院兽医行政管理部门的规定进行兽药残留试验并提供休药期、最高残留限量标准、残留检测方法及其制定依据等资料。国务院兽医行政管理部门应当自收到申请之日起 10 个工作日内，将决定受理的新兽药资料送其设立的兽药评审机构进行评审，将新兽药样品送其指定的检验机构复核检验，并自收到评审和复核检验结论之日起 60 个工作日内完成审查。审查合格的，发给新兽药注册证书，并发布该兽药的质量标准；不合格的，应当书面通知申请人。

第十条 国家对依法获得注册的、含有新化合物的兽药的申请人提交的其自己所取得且未披露的试验数据和其他数据实施保护。自注册之日起 6 年内，对其他申请人未经已获得注册兽药的申请人同意，使用前款规定的数据申请兽药注册的，兽药注册机关不予注册；但是，其他申请人提交其自己所取得的数据的除外。除下列情况外，兽药注册机关不得披露本条第一款规定的数据：（一）公共利益需要；（二）已采取措施确保该类信息不会被不正当地进行商业使用。

第三章 兽药生产

第十一条 从事兽药生产的企业，应当符合国家兽药行业发展规划和产业政策，并具备下列条件：（一）与所生产的兽药相适应的兽医学、药学或者相关专业的技术人员；

（二）与所生产的兽药相适应的厂房、设施；（三）与所生产的兽药相适应的兽药质量管理和质量检验的机构、人员、仪器设备；（四）符合安全、卫生要求的生产环境；（五）兽药生产质量管理规范规定的其他生产条件。符合前款规定条件的，申请人方可向省、自治区、直辖市人民政府兽医行政管理部门提出申请，并附具符合前款规定条件的证明材料；省、自治区、直辖市人民政府兽医行政管理部门应当自收到申请之日起 40 个工作日内完成审查。经审查合格的，发给兽药生产许可证；不合格的，应当书面通知申请人。

第十二条　兽药生产许可证应当载明生产范围、生产地点、有效期和法定代表人姓名、住址等事项。兽药生产许可证有效期为 5 年。有效期届满，需要继续生产兽药的，应当在许可证有效期届满前 6 个月到发证机关申请换发兽药生产许可证。

第十三条　兽药生产企业变更生产范围、生产地点的，应当依照本条例第十一条的规定申请换发兽药生产许可证；变更企业名称、法定代表人的，应当在办理工商变更登记手续后 15 个工作日内，到发证机关申请换发兽药生产许可证。

第十四条　兽药生产企业应当按照国务院兽医行政管理部门制定的兽药生产质量管理规范组织生产。省级以上人民政府兽医行政管理部门，应当对兽药生产企业是否符合兽药生产质量管理规范的要求进行监督检查，并公布检查结果。

第十五条　兽药生产企业生产兽药，应当取得国务院兽医行政管理部门核发的产品批准文号，产品批准文号的有效期为 5 年。兽药产品批准文号的核发办法由国务院兽医行政管理部门制定。

第十六条　兽药生产企业应当按照兽药国家标准和国务院兽医行政管理部门批准的生产工艺进行生产。兽药生产企业改变影响兽药质量的生产工艺的，应当报原批准部门审核批准。兽药生产企业应当建立生产记录，生产记录应当完整、准确。

第十七条　生产兽药所需的原料、辅料，应当符合国家标准或者所生产兽药的质量要求。直接接触兽药的包装材料和容器应当符合药用要求。

第十八条　兽药出厂前应当经过质量检验，不符合质量标准的不得出厂。兽药出厂应当附有产品质量合格证。禁止生产假、劣兽药。

第十九条　兽药生产企业生产的每批兽用生物制品，在出厂前应当由国务院兽医行政管理部门指定的检验机构审查核对，并在必要时进行抽查检验；未经审查核对或者抽查检验不合格的，不得销售。强制免疫所需兽用生物制品，由国务院兽医行政管理部门指定的企业生产。

第二十条　兽药包装应当按照规定印有或者贴有标签，附具说明书，并在显著位置注明"兽用"字样。兽药的标签和说明书经国务院兽医行政管理部门批准并公布后，方可使用。兽药的标签或者说明书，应当以中文注明兽药的通用名称、成分及其含量、规格、生产企业、产品批准文号（进口兽药注册证号）、产品批号、生产日期、有效期、适应症或者功能主治、用法、用量、休药期、禁忌、不良反应、注意事项、运输贮存保管条件及其他应当说明的内容。有商品名称的，还应当注明商品名称。除前款规定的内容外，兽用处方药的标签或者说明书还应当印有国务院兽医行政管理部门规定的警示内容，其中兽用麻醉药品、精神药品、毒性药品和放射性药品还应当印有国务院兽医行政管理部门规定的特殊标志；兽用非处方药的标签或者说明书还应当印有国务院兽医行政管理部门规定的非处方药标志。

第二十一条　国务院兽医行政管理部门，根据保证动物产品质量安全和人体健康的需要，可以对新兽药设立不超过 5 年的监测期；在监测期内，不得批准其他企业生产或者进口该新兽药。生产企业应当在监测期内收集该新兽药的疗效、不良反应等资料，并及时报送国务院兽医行政管理部门。

第四章 兽药经营

第二十二条 经营兽药的企业，应当具备下列条件：（一）与所经营的兽药相适应的兽药技术人员；（二）与所经营的兽药相适应的营业场所、设备、仓库设施；（三）与所经营的兽药相适应的质量管理机构或者人员；（四）兽药经营质量管理规范规定的其他经营条件。符合前款规定条件的，申请人方可向市、县人民政府兽医行政管理部门提出申请，并附具符合前款规定条件的证明材料；经营兽用生物制品的，应当向省、自治区、直辖市人民政府兽医行政管理部门提出申请，并附具符合前款规定条件的证明材料。县级以上地方人民政府兽医行政管理部门，应当自收到申请之日起 30 个工作日内完成审查。审查合格的，发给兽药经营许可证；不合格的，应当书面通知申请人。

第二十三条 兽药经营许可证应当载明经营范围、经营地点、有效期和法定代表人姓名、住址等事项。兽药经营许可证有效期为 5 年。有效期届满，需要继续经营兽药的，应当在许可证有效期届满前 6 个月到发证机关申请换发兽药经营许可证。

第二十四条 兽药经营企业变更经营范围、经营地点的，应当依照本条例第二十二条的规定申请换发兽药经营许可证；变更企业名称、法定代表人的，应当在办理工商变更登记手续后 15 个工作日内，到发证机关申请换发兽药经营许可证。

第二十五条 兽药经营企业，应当遵守国务院兽医行政管理部门制定的兽药经营质量管理规范。县级以上地方人民政府兽医行政管理部门，应当对兽药经营企业是否符合兽药经营质量管理规范的要求进行监督检查，并公布检查结果。

第二十六条 兽药经营企业购进兽药，应当将兽药产品与产品标签或者说明书、产品质量合格证核对无误。

第二十七条 兽药经营企业，应当向购买者说明兽药的功能主治、用法、用量和注意事项。销售兽用处方药的，应当遵守兽用处方药管理办法。兽药经营企业销售兽用中药材的，应当注明产地。禁止兽药经营企业经营人用药品和假、劣兽药。

第二十八条 兽药经营企业购销兽药，应当建立购销记录。购销记录应当载明兽药的商品名称、通用名称、剂型、规格、批号、有效期、生产厂商、购销单位、购销数量、购销日期和国务院兽医行政管理部门规定的其他事项。

第二十九条 兽药经营企业，应当建立兽药保管制度，采取必要的冷藏、防冻、防潮、防虫、防鼠等措施，保持所经营兽药的质量。兽药入库、出库，应当执行检查验收制度，并有准确记录。

第三十条 强制免疫所需兽用生物制品的经营，应当符合国务院兽医行政管理部门的规定。

第三十一条 兽药广告的内容应当与兽药说明书内容相一致，在全国重点媒体发布兽药广告的，应当经国务院兽医行政管理部门审查批准，取得兽药广告审查批准文号。在地方媒体发布兽药广告的，应当经省、自治区、直辖市人民政府兽医行政管理部门审查批准，取得兽药广告审查批准文号；未经批准的，不得发布。

第五章　兽药进出口

第三十二条　首次向中国出口的兽药，由出口方驻中国境内的办事机构或者其委托的中国境内代理机构向国务院兽医行政管理部门申请注册，并提交下列资料和物品：（一）生产企业所在国家（地区）兽药管理部门批准生产、销售的证明文件；（二）生产企业所在国家（地区）兽药管理部门颁发的符合兽药生产质量管理规范的证明文件；（三）兽药的制造方法、生产工艺、质量标准、检测方法、药理和毒理试验结果、临床试验报告、稳定性试验报告及其他相关资料；用于食用动物的兽药的休药期、最高残留限量标准、残留检测方法及其制定依据等资料；（四）兽药的标签和说明书样本；（五）兽药的样品、对照品、标准品；（六）环境影响报告和污染防治措施；（七）涉及兽药安全性的其他资料。申请向中国出口兽用生物制品的，还应当提供菌（毒、虫）种、细胞等有关材料和资料。

第三十三条　国务院兽医行政管理部门，应当自收到申请之日起 10 个工作日内组织初步审查。经初步审查合格的，应当将决定受理的兽药资料送其设立的兽药评审机构进行评审，将该兽药样品送其指定的检验机构复核检验，并自收到评审和复核检验结论之日起 60 个工作日内完成审查。经审查合格的，发给进口兽药注册证书，并发布该兽药的质量标准；不合格的，应当书面通知申请人。在审查过程中，国务院兽医行政管理部门可以对向中国出口兽药的企业是否符合兽药生产质量管理规范的要求进行考查，并有权要求该企业在国务院兽医行政管理部门指定的机构进行该兽药的安全性和有效性试验。国内急需兽药、少量科研用兽药或者注册兽药的样品、对照品、标准品的进口，按照国务院兽医行政管理部门的规定办理。

第三十四条　进口兽药注册证书的有效期为 5 年。有效期届满，需要继续向中国出口兽药的，应当在有效期届满前 6 个月到发证机关申请再注册。

第三十五条　境外企业不得在中国直接销售兽药。境外企业在中国销售兽药，应当依法在中国境内设立销售机构或者委托符合条件的中国境内代理机构。进口在中国已取得进口兽药注册证书的兽用生物制品的，中国境内代理机构应当向国务院兽医行政管理部门申请允许进口兽用生物制品证明文件，凭允许进口兽用生物制品证明文件到口岸所在地人民政府兽医行政管理部门办理进口兽药通关单；进口在中国已取得进口兽药注册证书的其他兽药的，凭进口兽药注册证书到口岸所在地人民政府兽医行政管理部门办理进口兽药通关单。海关凭进口兽药通关单放行。兽药进口管理办法由国务院兽医行政管理部门会同海关总署制定。兽用生物制品进口后，应当依照本条例第十九条的规定进行审查核对和抽查检验。其他兽药进口后，由当地兽医行政管理部门通知兽药检验机构进行抽查检验。

第三十六条　禁止进口下列兽药：（一）药效不确定、不良反应大以及可能对养殖业、人体健康造成危害或者存在潜在风险的；（二）来自疫区可能造成疫病在中国境内传播的兽用生物制品；（三）经考查生产条件不符合规定的；（四）国务院兽医行政管理部门禁止生产、经营和使用的。

第三十七条　向中国境外出口兽药，进口方要求提供兽药出口证明文件的，国务院兽医行政管理部门或者企业所在地的省、自治区、直辖市人民政府兽医行政管理部门可以出具出口兽药证明文件。国内防疫急需的疫苗，国务院兽医行政管理部门可以限制或者禁止出口。

第六章　兽药使用

第三十八条　兽药使用单位，应当遵守国务院兽医行政管理部门制定的兽药安全使用规定，并建立用药记录。

第三十九条　禁止使用假、劣兽药以及国务院兽医行政管理部门规定禁止使用的药品和其他化合物。禁止使用的药品和其他化合物目录由国务院兽医行政管理部门制定公布。

第四十条　有休药期规定的兽药用于食用动物时，饲养者应当向购买者或者屠宰者提供准确、真实的用药记录；购买者或者屠宰者应当确保动物及其产品在用药期、休药期内不被用于食品消费。

第四十一条　国务院兽医行政管理部门，负责制定公布在饲料中允许添加的药物饲料添加剂品种目录。禁止在饲料和动物饮用水中添加激素类药品和国务院兽医行政管理部门规定的其他禁用药品。经批准可以在饲料中添加的兽药，应当由兽药生产企业制成药物饲料添加剂后方可添加。禁止将原料药直接添加到饲料及动物饮用水中或者直接饲喂动物。禁止将人用药品用于动物。

第四十二条　国务院兽医行政管理部门，应当制定并组织实施国家动物及动物产品兽药残留监控计划。县级以上人民政府兽医行政管理部门，负责组织对动物产品中兽药残留量的检测。兽药残留检测结果，由国务院兽医行政管理部门或者省、自治区、直辖市人民政府兽医行政管理部门按照权限予以公布。动物产品的生产者、销售者对检测结果有异议的，可以自收到检测结果之日起 7 个工作日内向组织实施兽药残留检测的兽医行政管理部门或者其上级兽医行政管理部门提出申请，由受理申请的兽医行政管理部门指定检验机构进行复检。兽药残留限量标准和残留检测方法，由国务院兽医行政管理部门制定发布。

第四十三条　禁止销售含有违禁药物或者兽药残留量超过标准的食用动物产品。

第七章　兽药监督管理

第四十四条　县级以上人民政府兽医行政管理部门行使兽药监督管理权。兽药检验工作由国务院兽医行政管理部门和省、自治区、直辖市人民政府兽医行政管理部门设立的兽药检验机构承担。国务院兽医行政管理部门，可以根据需要认定其他检验机构承担兽药检验工作。当事人对兽药检验结果有异议的，可以自收到检验结果之日起 7 个工作日内向实施检验的机构或者上级兽医行政管理部门设立的检验机构申请复检。

第四十五条　兽药应当符合兽药国家标准。国家兽药典委员会拟定的、国务院兽医行政管理部门发布的《中华人民共和国兽药典》和国务院兽医行政管理部门发布的其他兽药质量标准为兽药国家标准。兽药国家标准的标准品和对照品的标定工作由国务院兽医行政管理部门设立的兽药检验机构负责。

第四十六条　兽医行政管理部门依法进行监督检查时，对有证据证明可能是假、劣兽药的，应当采取查封、扣押的行政强制措施，并自采取行政强制措施之日起 7 个工作日内作出是否立案的决定；需要检验的，应当自检验报告书发出之日起 15 个工作日内作出是否立案的决定；不符合立案条件的，应当解除行政强制措施；需要暂停生产的，由国务院兽医行政管理部门或者省、自治区、直辖市人民政府兽医行政管理部门按照权限作出决定；需要暂停经营、使用的，由县级以上人民政府兽医行政管理部门按照权限作出决定。未经行政强制措施决定机关或者其上级机关批准，不得擅自转移、使用、销毁、销售被查封或者扣押的兽药及有关材料。

第四十七条　有下列情形之一的，为假兽药：（一）以非兽药冒充兽药或者以他种兽药冒充此种兽药的；（二）兽药所含成分的种类、名称与兽药国家标准不符合的。有下列情形之一的，按照假兽药处理：（一）国务院兽医行政管理部门规定禁止使用的；（二）依照本条例规定应当经审查批准而未经审查批准即生产、进口的，或者依照本条例规定应当经抽查检验、审查核对而未经抽查检验、审查核对即销售、进口的；（三）变质的；（四）被污染的；（五）所标明的适应症或者功能主治超出规定范围的。

第四十八条　有下列情形之一的，为劣兽药：（一）成分含量不符合兽药国家标准或者不标明有效成分的；（二）不标明或者更改有效期或者超过有效期的；（三）不标明或者更改产品批号的；（四）其他不符合兽药国家标准，但不属于假兽药的。

第四十九条　禁止将兽用原料药拆零销售或者销售给兽药生产企业以外的单位和个人。禁止未经兽医开具处方销售、购买、使用国务院兽医行政管理部门规定实行处方药管理的兽药。

第五十条　国家实行兽药不良反应报告制度。兽药生产企业、经营企业、兽药使用单位和开具处方的兽医人员发现可能与兽药使用有关的严重不良反应，应当立即向所在地人民政府兽医行政管理部门报告。

第五十一条　兽药生产企业、经营企业停止生产、经营超过6个月或者关闭的，由发证机关责令其交回兽药生产许可证、兽药经营许可证。

第五十二条　禁止买卖、出租、出借兽药生产许可证、兽药经营许可证和兽药批准证明文件。

第五十三条　兽药评审检验的收费项目和标准，由国务院财政部门会同国务院价格主管部门制定，并予以公告。

第五十四条　各级兽医行政管理部门、兽药检验机构及其工作人员，不得参与兽药生产、经营活动，不得以其名义推荐或者监制、监销兽药。

第八章　法律责任

第五十五条　兽医行政管理部门及其工作人员利用职务上的便利收取他人财物或者谋取其他利益，对不符合法定条件的单位和个人核发许可证、签署审查同意意见，不履行监督职责，或者发现违法行为不予查处，造成严重后果，构成犯罪的，依法追究刑事责任；尚不构成犯罪的，依法给予行政处分。

第五十六条　违反本条例规定，无兽药生产许可证、兽药经营许可证生产、经营兽药的，或者虽有兽药生产许可证、兽药经营许可证，生产、经营假、劣兽药的，或者兽药经营企业经营人用药品的，责令其停止生产、经营，没收用于违法生产的原料、辅料、包装材料及生产、经营的兽药和违法所得，并处违法生产、经营的兽药（包括已出售的和未出售的兽药，下同）货值金额2倍以上5倍以下罚款，货值金额无法查证核实的，处10万元以上20万元以下罚款；无兽药生产许可证生产兽药，情节严重的，没收其生产设备；

生产、经营假、劣兽药，情节严重的，吊销兽药生产许可证、兽药经营许可证；构成犯罪的，依法追究刑事责任；给他人造成损失的，依法承担赔偿责任。生产、经营企业的主要负责人和直接负责的主管人员终身不得从事兽药的生产、经营活动。擅自生产强制免疫所需兽用生物制品的，按照无兽药生产许可证生产兽药处罚。

第五十七条　违反本条例规定，提供虚假的资料、样品或者采取其他欺骗手段取得兽药生产许可证、兽药经营许可证或者兽药批准证明文件的，吊销兽药生产许可证、兽药经营许可证或者撤销兽药批准证明文件，并处5万元以上10万元以下罚款；给他人造成损失的，依法承担赔偿责任。其主要负责人和直接负责的主管人员终身不得从事兽药的生产、经营和进出口活动。

第五十八条　买卖、出租、出借兽药生产许可证、兽药经营许可证和兽药批准证明文件的，没收违法所得，并处1万元以上10万元以下罚款；情节严重的，吊销兽药生产许可证、兽药经营许可证或者撤销兽药批准证明文件；构成犯罪的，依法追究刑事责任；给他人造成损失的，依法承担赔偿责任。

第五十九条　违反本条例规定，兽药安全性评价单位、临床试验单位、生产和经营企业未按照规定实施兽药研究试验、生产、经营质量管理规范的，给予警告，责令其限期改正；逾期不改正的，责令停止兽药研究试验、生产、经营活动，并处5万元以下罚款；情节严重的，吊销兽药生产许可证、兽药经营许可证；给他人造成损失的，依法承担赔偿责任。违反本条例规定，研制新兽药不具备规定的条件擅自使用一类病原微生物或者在实验室阶段前未经批准的，责令其停止实验，并处5万元以上10万元以下罚款；构成犯罪的，依法追究刑事责任；给他人造成损失的，依法承担赔偿责任。

第六十条　违反本条例规定，兽药的标签和说明书未经批准的，责令其限期改正；逾期不改正的，按照生产、经营假兽药处罚；有兽药产品批准文号的，撤销兽药产品批准文号；给他人造成损失的，依法承担赔偿责任。兽药包装上未附有标签和说明书，或者标签和说明书与批准的内容不一致的，责令其限期改正；情节严重的，依照前款规定处罚。

第六十一条　违反本条例规定，境外企业在中国直接销售兽药的，责令其限期改正，没收直接销售的兽药和违法所得，并处5万元以上10万元以下罚款；情节严重的，吊销进口兽药注册证书；给他人造成损失的，依法承担赔偿责任。

第六十二条　违反本条例规定，未按照国家有关兽药安全使用规定使用兽药的、未建立用药记录或者记录不完整真实的，或者使用禁止使用的药品和其他化合物的，或者将人用药品用于动物的，责令其立即改正，并对饲喂了违禁药物及其他化合物的动物及其产品进行无害化处理；对违法单位处1万元以上5万元以下罚款；给他人造成损失的，依法承担赔偿责任。

第六十三条　违反本条例规定，销售尚在用药期、休药期内的动物及其产品用于食品消费的，或者销售含有违禁药物和兽药残留超标的动物产品用于食品消费的，责令其对含有违禁药物和兽药残留超标的动物产品进行无害化处理，没收违法所得，并处3万元以上10万元以下罚款；构成犯罪的，依法追究刑事责任；给他人造成损失的，依法承担赔偿责任。

第六十四条　违反本条例规定，擅自转移、使用、销毁、销售被查封或者扣押的兽药及有关材料的，责令其停止违法行为，给予警告，并处5万元以上10万元以下罚款。

第六十五条　违反本条例规定，兽药生产企业、经营企业、兽药使用单位和开具处方的兽医人员发现可能与兽药使用有关的严重不良反应，不向所在地人民政府兽医行政管理部门报告的，给予警告，并处5000元以上1万元以下罚款。生产企业在新兽药监测期内不收集或者不及时报送该新兽药的疗效、不良反应等资料的，责令其限期改正，并处1万元以上5万元以下罚款；情节严重的，撤销该新兽药的产品批准文号。

第六十六条　违反本条例规定，未经兽医开具处方销售、购买、使用兽用处方药的，责令其限期改正，没收违法所得，并处5万元以下罚款；给他人造成损失的，依法承担赔偿责任。

第六十七条　违反本条例规定，兽药生产、经营企业把原料药销售给兽药生产企业以外的单位和个人的，或者兽药经营企业拆零销售原料药的，责令其立即改正，给予警告，没收违法所得，并处2万元以上5万元以下罚款；情节严重的，吊销兽药生产许可证、兽药经营许可证；给他人造成损失的，依法承担赔偿责任。

第六十八条　违反本条例规定，在饲料和动物饮用水中添加激素类药品和国务院兽医行政管理部门规定的其他禁用药品，依照《饲料和饲料添加剂管理条例》的有关规定处罚；直接将原料药添加到饲料及动物饮用水中，或者饲喂动物的，责令其立即改正，并处1万元以上3万元以下罚款；给他人造成损失的，依法承担赔偿责任。

第六十九条　有下列情形之一的，撤销兽药的产品批准文号或者吊销进口兽药注册证书：（一）抽查检验连续2次不合格的；（二）药效不确定、不良反应大以及可能对养殖业、人体健康造成危害或者存在潜在风险的；（三）国务院兽医行政管理部门禁止生产、经营和使用的兽药。被撤销产品批准文号或者被吊销进口兽药注册证书的兽药，不得继续生产、进口、经营和使用。已经生产、进口的，由所在地兽医行政管理部门监督销毁，所需费用由违法行为人承担；给他人造成损失的，依法承担赔偿责任。

第七十条　本条例规定的行政处罚由县级以上人民政府兽医行政管理部门决定；其中吊销兽药生产许可证、兽药经营许可证、撤销兽药批准证明文件或者责令停止兽药研究试验的，由发证、批准部门决定。上级兽医行政管理部门对下级兽医行政管理部门违反本条例的行政行为，应当责令限期改正；逾期不改正的，有权予以改变或者撤销。

第七十一条　本条例规定的货值金额以违法生产、经营兽药的标价计算；没有标价的，按照同类兽药的市场价格计算。

第九章　附　则

第七十二条　本条例下列用语的含义是：（一）兽药，是指用于预防、治疗、诊断动物疾病或者有目的地调节动物生理机能的物质（含药物饲料添加剂），主要包括：血清制品、疫苗、诊断制品、微生态制品、中药材、中成药、化学药品、抗生素、生化药品、放射性药品及外用杀虫剂、消毒剂等。（二）兽用处方药，是指凭兽医处方方可购买和使用的兽药。（三）兽用非处方药，是指由国务院兽医行政管理部门公布的、不需要凭兽医处方就可以自行购买并按照说明书使用的兽药。（四）兽药生产企业，是指专门生产兽药的企业和兼产兽药的企业，包括从事兽药分装的企业。（五）兽药经营企业，是指经营兽药的专营企业或者兼营企业。（六）新兽药，是指未曾在中国境内上市销售的兽用药品。（七）兽药批准证明文件，是指兽药产品批准文号、进口兽药注册证书、允许进口兽用生物制品证明文件、出口兽药证明文件、新兽药注册证书等文件。

第七十三条 兽用麻醉药品、精神药品、毒性药品和放射性药品等特殊药品，依照国家有关规定管理。

第七十四条 水产养殖中的兽药使用、兽药残留检测和监督管理以及水产养殖过程中违法用药的行政处罚，由县级以上人民政府渔业主管部门及其所属的渔政监督管理机构负责。

第七十五条 本条例自2004年11月1日起施行。

附录八
动物诊疗机构管理办法

第一章 总 则

第一条 为了加强动物诊疗机构管理，规范动物诊疗行为，保障公共卫生安全，根据《中华人民共和国动物防疫法》，制定本办法。

第二条 在中华人民共和国境内从事动物诊疗活动的机构，应当遵守本办法。

本办法所称动物诊疗，是指动物疾病的预防、诊断、治疗和动物绝育手术等经营性活动。

第三条 农业部负责全国动物诊疗机构的监督管理。

县级以上地方人民政府兽医主管部门负责本行政区域内动物诊疗机构的管理。

县级以上地方人民政府设立的动物卫生监督机构负责本行政区域内动物诊疗机构的监督执法工作。

第二章 诊疗许可

第四条 国家实行动物诊疗许可制度。从事动物诊疗活动的机构，应当取得动物诊疗许可证，并在规定的诊疗活动范围内开展动物诊疗活动。

第五条 申请设立动物诊疗机构的，应当具备下列条件：

（一）有固定的动物诊疗场所，且动物诊疗场所使用面积符合省、自治区、直辖市人民政府兽医主管部门的规定；

（二）动物诊疗场所选址距离畜禽养殖场、屠宰加工场、动物交易场所不少于200米；

（三）动物诊疗场所设有独立的出入口，出入口不得设在居民住宅楼内或者院内，不得与同一建筑物的其他用户共用通道；

（四）具有布局合理的诊疗室、手术室、药房等设施；

（五）具有诊断、手术、消毒、冷藏、常规化验、污水处理等器械设备；

（六）具有1名以上取得执业兽医师资格证书的人员；

（七）具有完善的诊疗服务、疫情报告、卫生消毒、兽药处方、药物和无害化处理等管理制度。

第六条　动物诊疗机构从事动物颅腔、胸腔和腹腔手术的，除具备本办法第五条规定的条件外，还应当具备以下条件：

（一）具有手术台、X光机或者B超等器械设备；

（二）具有3名以上取得执业兽医师资格证书的人员。

第七条　设立动物诊疗机构，应当向动物诊疗场所所在地的发证机关提出申请，并提交下列材料：

（一）动物诊疗许可证申请表；

（二）动物诊疗场所地理方位图、室内平面图和各功能区布局图；

（三）动物诊疗场所使用权证明；

（四）法定代表人（负责人）身份证明；

（五）执业兽医师资格证书原件及复印件；

（六）设施设备清单；

（七）管理制度文本；

（八）执业兽医和服务人员的健康证明材料。

申请材料不齐全或者不符合规定条件的，发证机关应当自收到申请材料之日起5个工作日内一次告知申请人需补正的内容。

第八条　动物诊疗机构应当使用规范的名称。不具备从事动物颅腔、胸腔和腹腔手术能力的，不得使用"动物医院"的名称。

第九条　发证机关受理申请后，应当在20个工作日内完成对申请材料的审核和对动物诊疗场所的实地考察。符合规定条件的，发证机关应当向申请人颁发动物诊疗许可证；不符合条件的，书面通知申请人，并说明理由。

专门从事水生动物疫病诊疗的，发证机关在核发动物诊疗许可证时，应当征求同级渔业行政主管部门的意见。

第十条　动物诊疗许可证应当载明诊疗机构名称、诊疗活动范围、从业地点和法定代表人（负责人）等事项。

动物诊疗许可证格式由农业部统一规定。

第十一条　申请人凭动物诊疗许可证到动物诊疗场所所在地工商行政管理部门办理登记注册手续。

第十二条　动物诊疗机构设立分支机构的，应当按照本办法的规定另行办理动物诊疗许可证。

第十三条　动物诊疗机构变更名称或者法定代表人（负责人）的，应当在办理工商变更登记手续后15个工作日内，向原发证机关申请办理变更手续。

动物诊疗机构变更从业地点、诊疗活动范围的，应当按照本办法规定重新办理动物诊疗许可手续，申请换发动物诊疗许可证，并依法办理工商变更登记手续。

第十四条　动物诊疗许可证不得伪造、变造、转让、出租、出借。

动物诊疗许可证遗失的，应当及时向原发证机关申请补发。

第十五条　发证机关办理动物诊疗许可证，不得向申请人收取费用。

第三章 诊疗活动管理

第十六条 动物诊疗机构应当依法从事动物诊疗活动，建立健全内部管理制度，在诊疗场所的显著位置悬挂动物诊疗许可证和公示从业人员基本情况。

第十七条 动物诊疗机构应当按照国家兽药管理的规定使用兽药，不得使用假劣兽药和农业部规定禁止使用的药品及其他化合物。

第十八条 动物诊疗机构兼营宠物用品、宠物食品、宠物美容等项目的，兼营区域与动物诊疗区域应当分别独立设置。

第十九条 动物诊疗机构应当使用规范的病历、处方笺，病历、处方笺应当印有动物诊疗机构名称。病历档案应当保存 3 年以上。

第二十条 动物诊疗机构安装、使用具有放射性的诊疗设备的，应当依法经环境保护部门批准。

第二十一条 动物诊疗机构发现动物染疫或者疑似染疫的，应当按照国家规定立即向当地兽医主管部门、动物卫生监督机构或者动物疫病预防控制机构报告，并采取隔离等控制措施，防止动物疫情扩散。

动物诊疗机构发现动物患有或者疑似患有国家规定应当扑杀的疫病时，不得擅自进行治疗。

第二十二条 动物诊疗机构应当按照农业部规定处理病死动物和动物病理组织。

动物诊疗机构应当参照《医疗废弃物管理条例》的有关规定处理医疗废弃物。

第二十三条 动物诊疗机构的执业兽医应当按照当地人民政府或者兽医主管部门的要求，参加预防、控制和扑灭动物疫病活动。

第二十四条 动物诊疗机构应当配合兽医主管部门、动物卫生监督机构、动物疫病预防控制机构进行有关法律法规宣传、流行病学调查和监测工作。

第二十五条 动物诊疗机构不得随意抛弃病死动物、动物病理组织和医疗废弃物，不得排放未经无害化处理或者处理不达标的诊疗废水。

第二十六条 动物诊疗机构应当定期对本单位工作人员进行专业知识和相关政策、法规培训。

第二十七条 动物诊疗机构应当于每年 3 月底前将上年度动物诊疗活动情况向发证机关报告。

第二十八条 动物卫生监督机构应当建立健全日常监管制度，对辖区内动物诊疗机构和人员执行法律、法规、规章的情况进行监督检查。

兽医主管部门应当设立动物诊疗违法行为举报电话，并向社会公示。

第四章 罚 则

第二十九条 违反本办法规定，动物诊疗机构有下列情形之一的，由动物卫生监督机构按照《中华人民共和国动物防疫法》第八十一条第一款的规定予以处罚；情节严重的，并报原发证机关收回、注销其动物诊疗许可证：

（一）超出动物诊疗许可证核定的诊疗活动范围从事动物诊疗活动的；

（二）变更从业地点、诊疗活动范围未重新办理动物诊疗许可证的。

第三十条　使用伪造、变造、受让、租用、借用的动物诊疗许可证的，动物卫生监督机构应当依法收缴，并按照《中华人民共和国动物防疫法》第八十一条第一款的规定予以处罚。

出让、出租、出借动物诊疗许可证的，原发证机关应当收回、注销其动物诊疗许可证。

第三十一条　动物诊疗场所不再具备本办法第五条、第六条规定条件的，由动物卫生监督机构给予警告，责令限期改正；逾期仍达不到规定条件的，由原发证机关收回、注销其动物诊疗许可证。

第三十二条　动物诊疗机构连续停业两年以上的，或者连续两年未向发证机关报告动物诊疗活动情况，拒不改正的，由原发证机关收回、注销其动物诊疗许可证。

第三十三条　违反本办法规定，动物诊疗机构有下列情形之一的，由动物卫生监督机构给予警告，责令限期改正；拒不改正或者再次出现同类违法行为的，处以 1000 元以下罚款：

（一）变更机构名称或者法定代表人未办理变更手续的；

（二）未在诊疗场所悬挂动物诊疗许可证或者公示从业人员基本情况的；

（三）不使用病历，或者应当开具处方未开具处方的；

（四）使用不规范的病历、处方笺的。

第三十四条　动物诊疗机构在动物诊疗活动中，违法使用兽药的，或者违法处理医疗废弃物的，依照有关法律、行政法规的规定予以处罚。

第三十五条　动物诊疗机构违反本办法第二十五条规定的，由动物卫生监督机构按照《中华人民共和国动物防疫法》第七十五条的规定予以处罚。

第三十六条　兽医主管部门依法吊销、注销动物诊疗许可证的，应当及时通报工商行政管理部门。

第三十七条　发证机关及其动物卫生监督机构不依法履行审查和监督管理职责，玩忽职守、滥用职权或者徇私舞弊的，依照有关规定给予处分；构成犯罪的，依法追究刑事责任。

第五章　附　则

第三十八条　乡村兽医在乡村从事动物诊疗活动的具体管理办法由农业部另行规定。

第三十九条　本办法所称发证机关，是指县（市辖区）级人民政府兽医主管部门；市辖区未设立兽医主管部门的，发证机关为上一级兽医主管部门。

第四十条　本办法自 2009 年 1 月 1 日起施行。

本办法施行前已开办的动物诊疗机构，应当自本办法施行之日起 12 个月内，依照本办法的规定，办理动物诊疗许可证。

附录九
执业兽医管理办法

第一章 总 则

第一条 为了规范执业兽医执业行为，提高执业兽医业务素质和职业道德水平，保障执业兽医合法权益，保护动物健康和公共卫生安全，根据《中华人民共和国动物防疫法》，制定本办法。

第二条 在中华人民共和国境内从事动物诊疗和动物保健活动的兽医人员适用本办法。

第三条 本办法所称执业兽医，包括执业兽医师和执业助理兽医师。

第四条 农业部主管全国执业兽医管理工作。县级以上地方人民政府兽医主管部门主管本行政区域内的执业兽医管理工作。县级以上地方人民政府设立的动物卫生监督机构负责执业兽医的监督执法工作。

第五条 县级以上人民政府兽医主管部门应当对在预防、控制和扑灭动物疫病工作中做出突出贡献的执业兽医，按照国家有关规定给予表彰和奖励。

第六条 执业兽医应当具备良好的职业道德，按照有关动物防疫、动物诊疗和兽药管理等法律、行政法规和技术规范的要求，依法执业。执业兽医应当定期参加兽医专业知识和相关政策法规教育培训，不断提高业务素质。

第七条 执业兽医依法履行职责，其权益受法律保护。鼓励成立兽医行业协会，实行行业自律，规范从业行为，提高服务水平。

第二章 资格考试

第八条 国家实行执业兽医资格考试制度。执业兽医资格考试由农业部组织，全国统一大纲、统一命题、统一考试。

第九条 具有兽医、畜牧兽医、中兽医（民族兽医）或者水产养殖专业大学专科以上学历的人员，可以参加执业兽医资格考试。

第十条 执业兽医资格考试内容包括兽医综合知识和临床技能两部分。

第十一条 农业部组织成立全国执业兽医资格考试委员会。考试委员会负责审定考试科目、考试大纲、考试试题，对考试工作进行监督、指导和确定合格标准。

第十二条 农业部执业兽医管理办公室承担考试委员会的日常工作，负责拟订考试科目、编写考试大纲、建立考试题库、组织考试命题，并提出考试合格标准建议等。

第十三条 执业兽医资格考试成绩符合执业兽医师标准的，取得执业兽医师资格证书；符合执业助理兽医师资格标准的，取得执业助理兽医师资格证书。执业兽医师资格证书和执业助理兽医师资格证书由省、自治区、直辖市人民政府兽医主管部门颁发。

第三章 执业注册和备案

第十四条 取得执业兽医师资格证书，从事动物诊疗活动的，应当向注册机关申请兽医执业注册；取得执业助理兽医师资格证书，从事动物诊疗辅助活动的，应当向注册机关备案。

第十五条 申请兽医执业注册或者备案的，应当向注册机关提交下列材料：（一）注册申请表或者备案表；（二）执业兽医资格证书及其复印件；（三）医疗机构出具的6个月内的健康体检证明；（四）身份证明原件及其复印件；（五）动物诊疗机构聘用证明及其复印件；申请人是动物诊疗机构法定代表人（负责人）的，提供动物诊疗许可证复印件。

第十六条 注册机关收到执业兽医师注册申请后，应当在20个工作日内完成对申请材料的审核。经审核合格的，发给兽医师执业证书；不合格的，书面通知申请人，并说明理由。注册机关收到执业助理兽医师备案材料后，应当及时对备案材料进行审查，材料齐全、真实的，应当发给助理兽医师执业证书。

第十七条 兽医师执业证书和助理兽医师执业证书应当载明姓名、执业范围、受聘动物诊疗机构名称等事项。兽医师执业证书和助理兽医师执业证书的格式由农业部规定，由省、自治区、直辖市人民政府兽医主管部门统一印制。

第十八条 有下列情形之一的，不予发放兽医师执业证书或者助理兽医师执业证书：（一）不具有完全民事行为能力的；（二）被吊销兽医师执业证书或者助理兽医师执业证书不满2年的；（三）患有国家规定不得从事动物诊疗活动的人畜共患传染病的。

第十九条 执业兽医变更受聘的动物诊疗机构的，应当按照本办法的规定重新办理注册或者备案手续。

第二十条 县级以上地方人民政府兽医主管部门应当将注册和备案的执业兽医名单逐级汇总报农业部。

第四章 执业活动管理

第二十一条 执业兽医不得同时在两个或者两个以上动物诊疗机构执业，但动物诊疗机构间的会诊、支援、应邀出诊、急救除外。

第二十二条 执业兽医师可以从事动物疾病的预防、诊断、治疗和开具处方、填写诊断书、出具有关证明文件等活动。

第二十三条 执业助理兽医师在执业兽医师指导下协助开展兽医执业活动，但不得开具处方、填写诊断书、出具有关证明文件。

第二十四条 兽医、畜牧兽医、中兽医（民族兽医）、水产养殖专业的学生可以在执业兽医师指导下进行专业实习。

第二十五条 经注册和备案专门从事水生动物疫病诊疗的执业兽医师和执业助理兽医

师，不得从事其他动物疫病诊疗。

第二十六条　执业兽医在执业活动中应当履行下列义务：（一）遵守法律、法规、规章和有关管理规定；（二）按照技术操作规范从事动物诊疗和动物诊疗辅助活动；（三）遵守职业道德，履行兽医职责；（四）爱护动物，宣传动物保健知识和动物福利。

第二十七条　执业兽医师应当使用规范的处方笺、病历册，并在处方笺、病历册上签名。未经亲自诊断、治疗，不得开具处方药、填写诊断书、出具有关证明文件。执业兽医师不得伪造诊断结果，出具虚假证明文件。

第二十八条　执业兽医在动物诊疗活动中发现动物染疫或者疑似染疫的，应当按照国家规定立即向当地兽医主管部门、动物卫生监督机构或者动物疫病预防控制机构报告，并采取隔离等控制措施，防止动物疫情扩散。执业兽医在动物诊疗活动中发现动物患有或者疑似患有国家规定应当扑杀的疫病时，不得擅自进行治疗。

第二十九条　执业兽医应当按照国家有关规定合理用药，不得使用假劣兽药和农业部规定禁止使用的药品及其他化合物。执业兽医师发现可能与兽药使用有关的严重不良反应的，应当立即向所在地人民政府兽医主管部门报告。

第三十条　执业兽医应当按照当地人民政府或者兽医主管部门的要求，参加预防、控制和扑灭动物疫病活动，其所在单位不得阻碍、拒绝。

第三十一条　执业兽医应当于每年3月底前将上年度兽医执业活动情况向注册机关报告。

第五章　罚　　则

第三十二条　违反本办法规定，执业兽医有下列情形之一的，由动物卫生监督机构按照《中华人民共和国动物防疫法》第八十二条第一款的规定予以处罚；情节严重的，并报原注册机关收回、注销兽医师执业证书或者助理兽医师执业证书：（一）超出注册机关核定的执业范围从事动物诊疗活动的；（二）变更受聘的动物诊疗机构未重新办理注册或者备案的。

第三十三条　使用伪造、变造、受让、租用、借用的兽医师执业证书或者助理兽医师执业证书的，动物卫生监督机构应当依法收缴，并按照《中华人民共和国动物防疫法》第八十二条第一款的规定予以处罚。

第三十四条　执业兽医有下列情形之一的，原注册机关应当收回、注销兽医师执业证书或者助理兽医师执业证书：（一）死亡或者被宣告失踪的；（二）中止兽医执业活动满2年的；（三）被吊销兽医师执业证书或者助理兽医师执业证书的；（四）连续2年没有将兽医执业活动情况向注册机关报告，且拒不改正的；（五）出让、出租、出借兽医师执业证书或者助理兽医师执业证书的。

第三十五条　执业兽医师在动物诊疗活动中有下列情形之一的，由动物卫生监督机构给予警告，责令限期改正；拒不改正或者再次出现同类违法行为的，处1000元以下罚款：（一）不使用病历，或者应当开具处方未开具处方的；（二）使用不规范的处方笺、病历册，或者未在处方笺、病历册上签名的；（三）未经亲自诊断、治疗，开具处方药、填写诊断书、出具有关证明文件的；（四）伪造诊断结果，出具虚假证明文件的。

第三十六条　执业兽医在动物诊疗活动中，违法使用兽药的，依照有关法律、行政法规的规定予以处罚。

第三十七条　注册机关及动物卫生监督机构不依法履行审查和监督管理职责，玩忽职守、滥用职权或者徇私舞弊的，对直接负责的主管人员和其他直接责任人员，依照有关规定给予处分；构成犯罪的，依法追究刑事责任。

第六章　附　　则

第三十八条　本办法施行前，不具有大学专科以上学历，但已取得兽医师以上专业技术职称，经县级以上地方人民政府兽医主管部门考核合格的，可以参加执业兽医资格考试。

第三十九条　本办法施行前，具有兽医、水产养殖本科以上学历，从事兽医临床教学或者动物诊疗活动，并取得高级兽医师、水产养殖高级工程师以上专业技术职称或者具有同等专业技术职称，经省、自治区、直辖市人民政府兽医主管部门考核合格，报农业部审核批准后颁发执业兽医师资格证书。

第四十条　动物饲养场（养殖小区）、实验动物饲育单位、兽药生产企业、动物园等单位聘用的取得执业兽医师资格证书和执业助理兽医师资格证书的兽医人员，可以凭聘用合同申请兽医执业注册或者备案，但不得对外开展兽医执业活动。

第四十一条　省级人民政府兽医主管部门根据本地区实际，可以决定取得执业助理兽医师资格证书的兽医人员，依照本办法第三章规定的程序注册后，在一定期限内可以开具兽医处方笺。前款期限由省级人民政府兽医主管部门确定，但不得超过 2017 年 12 月 31 日。经注册的执业助理兽医师，注册机关应当在其执业证书上载明"依法注册"字样和期限，并按执业兽医师进行执业活动管理。

第四十二条　乡村兽医的具体管理办法由农业部另行规定。

第四十三条　外国人和香港、澳门、台湾居民申请执业兽医资格考试、注册和备案的具体办法另行制定。

第四十四条　本办法所称注册机关，是指县（市辖区）级人民政府兽医主管部门；市辖区未设立兽医主管部门的，注册机关为上一级兽医主管部门。

第四十五条　本办法自 2009 年 1 月 1 日起施行。

附录十
一、二、三类动物疫病名录

一类动物疫病

口蹄疫、猪水泡病、猪瘟、非洲猪瘟、高致病性猪蓝耳病、非洲马瘟、牛瘟、牛传染性胸膜肺炎、牛海绵状脑病、痒病、蓝舌病、小反刍兽疫、绵羊痘和山羊痘、高致病性禽流感、新城疫、鲤春病毒血症、白斑综合征、H7N9 禽流感（中华人民共和国农业部公告第 1919 号规定，对动物感染 H7N9 禽流感病毒，临时采取一类动物疫病的预防控制措施）。

二类动物疫病

多种动物共患病（9 种）：狂犬病、布鲁氏菌病、炭疽、伪狂犬病、魏氏梭菌病、副结核病、弓形虫病、棘球蚴病、钩端螺旋体病。

绵羊和山羊病（2 种）：山羊关节炎脑炎、梅迪-维斯纳病。

猪病（12 种）：猪繁殖与呼吸综合征（经典猪蓝耳病）、猪乙型脑炎、猪细小病毒病、猪丹毒、猪肺疫、猪链球菌病、猪传染性萎缩性鼻炎、猪支原体肺炎、旋毛虫病、猪囊尾蚴病、猪圆环病毒病、副猪嗜血杆菌病。

马病（5 种）：马传染性贫血、马流行性淋巴管炎、马鼻疽、马巴贝斯虫病、伊氏锥虫病。

禽病（18 种）：鸡传染性喉气管炎、鸡传染性支气管炎、传染性法氏囊病、马立克氏病、产蛋下降综合征、禽白血病、禽痘、鸭瘟、鸭病毒性肝炎、鸭浆膜炎、小鹅瘟、禽霍乱、鸡白痢、禽伤寒、鸡败血支原体感染、鸡球虫病、低致病性禽流感、禽网状内皮组织增殖症。

兔病（4 种）：兔病毒性出血病、兔黏液瘤病、野兔热、兔球虫病。

蜜蜂病（2 种）：美洲幼虫腐臭病、欧洲幼虫腐臭病。

鱼类病（11 种）：草鱼出血病、传染性脾肾坏死病、锦鲤疱疹病毒病、刺激隐核虫病、淡水鱼细菌性败血症、病毒性神经坏死病、流行性造血器官坏死病、斑点叉尾鮰病毒病、传染性造血器官坏死病、病毒性出血性败血症、流行性溃疡综合征。

甲壳类病（6 种）：桃拉综合征、黄头病、罗氏沼虾白尾病、对虾杆状病毒病、传染性皮下和造血器官坏死病、传染性肌肉坏死病。

三类动物疫病

多种动物共患病（8 种）：大肠杆菌病、李氏杆菌病、类鼻疽、放线菌病、肝片吸虫病、丝虫病、附红细胞体病、Q 热。

牛病（5 种）：牛流行热、牛病毒性腹泻/黏膜病、牛生殖器弯曲杆菌病、毛滴虫病、牛皮蝇蛆病。

绵羊和山羊病（6 种）：肺腺瘤病、传染性脓疱、羊肠毒血症、干酪性淋巴结炎、绵羊疥癣、绵羊地方性流产。

马病（5 种）：马流行性感冒、马腺疫、马鼻腔肺炎、溃疡性淋巴管炎、马媾疫。

猪病（5 种）：猪传染性胃肠炎、猪流行性感冒、猪副伤寒、猪密螺旋体痢疾、猪甲型 H1N1 流感（中华人民共和国农业部公告第 1663 号规定结合当前全国甲型 H1N1 流感防控实际，决定对国内猪感染甲型 H1N1 流感按三类动物疫病采取预防控制措施）。

禽病（4 种）：鸡病毒性关节炎、禽传染性脑脊髓炎、传染性鼻炎、禽结核病。

蚕、蜂病（7 种）：蚕型多角体病、蚕白僵病、蜂螨病、瓦螨病、亮热厉螨病、蜜蜂孢子虫病、白垩病。

犬猫等动物病（7 种）：水貂阿留申病、水貂病毒性肠炎、犬瘟热、犬细小病毒病、犬传染性肝炎、猫泛白细胞减少症、利什曼病。

鱼类病（7 种）：鲴类肠败血症、迟缓爱德华氏菌病、小瓜虫病、黏孢子虫病、三代虫病、指环虫病、链球菌病。

甲壳类病（2种）：河蟹颤抖病、斑节对虾杆状病毒病。

贝类病（6种）：鲍脓疱病、鲍立克次体病、鲍病毒性死亡病、包纳米虫病、折光马尔太虫病、奥尔森派琴虫病。

两栖与爬行类病（2种）：鳖腮腺炎病、蛙脑膜炎败血金黄杆菌病。

参考文献

[1] 吴志明等主编. 动物疫病防控知识宝典. 北京: 中国农业出版社. 2006.

[2] 曹杰伟等主编. 动物疫病实验室检验手册. 陕西: 陕西人民教育出版社. 2010.

[3] 中国农业标准汇编(上). 北京: 中国标准出版社. 2009.

[4] 中国农业标准汇编(下). 北京: 中国标准出版社. 2009.

[5] 郭定宗主编. 兽医实验室诊断指南. 北京: 中国农业出版社. 2013.

[6] 安丽英主编. 兽医实验室诊断. 北京: 中国农业大学出版社. 2000.

[7] 蔡宝祥主编. 家畜传染病学(第四版). 北京: 中国农业大学出版社. 2001.

[8] 宣华主编. 牛病防治手册. 北京: 金盾出版社. 1991.